高等医药院校教材

实用仪器分析

（第 4 版）

杨根元 主编

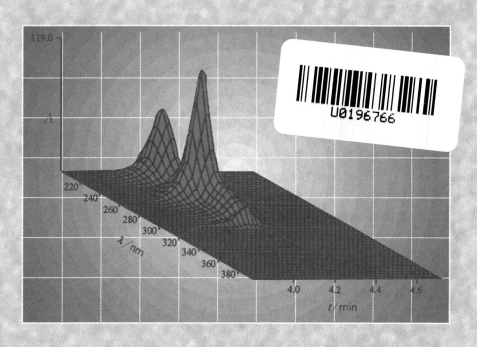

北京大学出版社

PEKING UNIVERSITY PRESS

图书在版编目(CIP)数据

实用仪器分析/杨根元主编.—4 版.—北京：北京大学出版社,2010.2
(高等医药院校教材)
ISBN 978-7-301-05596-0

Ⅰ.实… Ⅱ.杨… Ⅲ.仪器分析 Ⅳ.O657

中国版本图书馆 CIP 数据核字(2010)第 009107 号

书 名：**实用仪器分析(第 4 版)**
著作责任者：**杨根元 主编**
责 任 编 辑：赵学范
封 面 设 计：张 虹
标 准 书 号：ISBN 978-7-301-05596-0/O·0545
出 版 发 行：北京大学出版社
地 址：北京市海淀区成府路 205 号 100871
网 址：http://www.pup.cn
电 话：邮购部 62752015 发行部 62750672 编辑部 62752038 出版部 62754962
电 子 信 箱：zpup@pup.pku.edu.cn
印 刷 者：三河市博文印刷有限公司
经 销 者：新华书店
787 毫米×1092 毫米 16 开本 26 印张 680 千字
2010 年 2 月第 4 版 2022 年 4 月第 11 次印刷
印 数：31201～33200 册
定 价：50.00 元

未经许可,不得以任何方式复制或抄袭本书之部分或全部内容。
版权所有,侵权必究
举报电话：(010)62752024 电子信箱：fd@pup.pku.edu.cn

第 4 版 编 委 会

主　编　杨根元

副主编　张克凌　于铁力

主　审　徐葆筠（青岛大学医学院　教授）

编　委　（按姓氏笔划排序）

　　　　于铁力（北华大学医学院　教授）

　　　　刘　坤（青岛大学医学院　教授）

　　　　张克凌（青岛大学医学院　教授）

　　　　杨根元（江苏大学化学化工学院　教授）

　　　　徐德选（江苏大学化学化工学院　讲师）

　　　　黄亚励（贵阳医学院　教授）

内 容 提 要

本书结合医药界实际应用的需要,介绍了光谱分析、电化学分析、色谱分析等常用仪器分析方法的原理和应用,还介绍了发展中的新方法和技术以及高效毛细管电泳、自动分析技术、生物试样前处理等内容。

全书约68万字,共23章,分成4篇:光谱分析、电化学分析、色谱法及其他分析技术选读。综观全书,其内容简明扼要,图文并茂;选材适当,紧密结合专业,符合教学大纲要求;书中融入了编者丰富的教学经验,具有启发性和实用性。此外,本书第4版的修订除广泛汲取全国18余所医药院校使用第3版后反馈的意见和要求外,还增补了一些新内容,如联用技术、计算机与仪器分析自动化、核磁共振波谱法、质谱法等。修订后的第4版更具备专业特色,实用性更强,文字流畅,易读易懂,全书的质量和水平较之第3版有明显提高。

本书可作为医学检验专业和药学专业本科教材,也可供学习和从事卫生检验、营养学、法医学、生物工程、分子生物学、化学化工、环境分析等专业的师生使用。此外,相关专业的科技人员及分析工作者还可用做参考书。

第4版前言

仪器分析是医学检验专业和药学专业的重要专业基础课。通过本课程学习，使学生能掌握仪器分析的基本原理、基本方法、基本知识和常用仪器的基本操作技能，并培养学生分析问题和解决问题的能力，为学习后续专业课程和今后的工作打下必要的基础。为了提高医学院校仪器分析课的教学质量，需有一本适用的好教材。本书第3版自2001年问世以来，经全国近20所医学院校多年使用，学生学、教师讲都得心应手，是一本比较理想的教材：其选材适当、深浅适宜、符合教学大纲要求；内容安排紧凑、简明扼要、针对性、实用性强；文字流畅、易读易懂；专业名词及计量单位的使用比较规范；紧密结合专业，并且书中融入了编者的教学经验。鉴于第3版的使用已近10年，为满足教学需要，现修订出第4版。

在修订新版时，编者们既虚心接受了各院校在使用中的意见和建议，也考虑到仪器分析发展迅速的现实，对各章内容作了不同程度的修改，有的作了精简，有的适当增补了一些新内容，有的进行了重写，还新增加了毛细管电泳、联用技术、计算机与自动化分析、原子荧光分光光度法等内容。总之，本版篇幅有所增加，内容比前一版更加丰富。在修订中我们始终贯彻"实用"两字，力求使修订后全书质量和水平在原有基础上有明显提高，使其更具专业特色，针对性、实用性更强。

全书（以编写章次为顺序）由杨根元（前言、第1、11、14、16、17章）、徐葆筠（第1、18、19、21、22章）、于铁力（第2、5、10章）、黄亚励（第3、4章）、徐德选（第6、7、8章）、刘坤（第9、12、20章）、张克凌（第13、15、23章）等7人参加编写。本书初稿经主编、副主编、主审进行审阅，编者修改后，再由主编统稿。全书文字的润饰、统一由主编和主审共同完成。

本教材供医学检验专业、药学专业本科教学使用，也可供卫生检验、营养学、法医学、生物工程、分子生物学、化学化工、环境分析等专业使用。有关专业科技人员及分析工作者也可作参考。

本教材采用了国家法定计量单位，书中化学名词遵照1991年全国自然科学名词审定委员会审定公布的《化学名词》统一使用。

本教材在编写过程中，参考了国内外出版的优秀教材和专著，引用了其中某些数据和图表等，在此向有关作者表示衷心感谢。

编委会特请青岛大学医学院徐葆筠教授担任主审。期望他以深厚的学术造诣、丰富的教学经验，把好质量关，使本教材编写得精辟出新。

　　本书编写过程中得到了许多院校领导和专家的支持和鼓励,在此表示衷心感谢。虽然我们尽了最大努力,但由于编者水平所限,书中可能还有不少缺点甚或错误,殷切希望读者能为我们指出,以便下一版时修正。

编　者

2008 年 12 月

第 3 版前言

仪器分析方法是化学、物理学、电子学等多种学科相互渗透的产物。因它在确定物质组成、状态和结构的测试中具有高灵敏度和快速等优点,因此,科研、生产及社会生活等诸多领域已广泛应用。

仪器分析是医学检验专业的重要专业基础课之一。通过本课程的学习,学生可掌握仪器分析的基本原理、基本方法、基本知识和常用仪器的基本操作技能,培养学生分析问题和解决问题的能力,为学习后续专业课程和今后的工作打下必要的基础。为了提高医学院校仪器分析课的教学质量,必须有一本好教材,为此目的我们编写了《实用仪器分析》,现已出了两版。《实用仪器分析》第 2 版自 1997年 9 月出版以来,历时三年多,经镇江医学院、青岛大学医学院、天津医科大学、重庆医科大学、大连医科大学、上海第二医科大学、北华大学医学院、蚌埠医学院、温州医学院、齐齐哈尔医学院、山西医科大学汾阳学院、第三军医大学等共 18 所医学院校使用,一致认为本教材选材适当、深浅适宜、符合教学大纲要求;内容安排紧凑、简明扼要;针对性、实用性强;文字流畅、易读易懂;专业名词及计量单位的使用比较规范;紧密结合专业,并且其中融合了编者的丰富教学经验;学生学、教师讲都很得心应手,是一本较为理想的教材。鉴于第 2 版印刷的书即将用完,为满足教学需要,现修订出版第 3 版。

本教材第 3 版,除光谱分析部分章次顺序有较大变动外,其余仍维持第 2 版的章次顺序,同时也考虑各院校在使用中的意见和建议,对各章内容作了不同的修改,有的作了精简,有的适当增补了一些新内容,有的进行了重写。如光谱分析部分的光谱分析基础和原子吸收分光光度法进行了重写,分子发光分析和原子荧光分光光度法合并写成发光分析法,紫外-可见分光光度法增写了紫外-可见分光光度法在医学检验中的应用,原子发射光谱分析增加了 ICP-MS 联用分析法;色谱分析部分,为了更好地适应教学的需要,将色谱法基础、气相色谱法和高效液相色谱法进行了统一协调和分工,将色谱法基本理论和分离度划归色谱法基础,将色谱法定性、定量分析方法划归气相色谱,根据分工将此三章分别进行了重写,在重写中增加了一些反映学科前沿的新内容;薄层色谱法进行了重写,并增加了高效薄层色谱法;其他有关技术选编部分增写了核磁共振波谱法和质谱分析法一章,电泳法增写了生命科学及其他学科实验室中一种常见的分析手段——毛细管电泳法,自动分析技术一章进行了适当扩写,生物试样的前处理进行了较大的修改,增加了一些消化新方法和固相提取法等。在修订中我们始终贯彻"实用"两字。力求使修订后的全书(第 3 版)质量和水平在原有基础上有明显提高,使之更具专业特色,针对性、实用性更强。考虑到有些医学院校也将此书用作药学专业教材,为此,我们编写了红外光谱法、核磁共振波谱法和质谱法,以适应它们的教学需要。对医学检验专业的学生该两章可不作要求,或可取可舍。

为便于集思广益,第 3 版适当吸收了新编者,以便充分发挥第一线主讲教师的聪明才智,把本书编写得更好。全书(以编写章次为顺序)由杨根元(前言、第 1 章、第 10 章、第 11 章、第 17 章)、彭茵(第 2 章)、曾成鸣(第 3 章)、刘有训(第 4 章)、徐德选(第 5 章)、黄亚励(第 6 章)、赵志伟(第 7 章)、刘坤(第 8 章)、于铁力(第 9 章)、张克凌(第 12 章、第 13 章、第 19 章)、徐葆筠(第 1 章、第 13 章、第 18 章)、李蕙芬(第 14 章)、李红梅(第 10 章、第 11 章、第 15 章)、丁世家(第 3 章、第 16 章)、倪蕾(第 11 章)等 15 人参加编写。全书由主编统稿,文字的润饰、笔调的统一由主编和主审携手完成。

徐葆筠教授是本教材编写主要创始人之一,虽年事已高,但精力充沛,学术造诣较高,故仍请他担任本教材主审。

本教材第 3 版编写过程中得到了许多院校领导和专家的支持和鼓励。北京大学出版社的赵学范编审对本书的编写给予热忱关注,并提出了一些有价值的建议;她对本书的手稿进行了极为细致和全面的加工,还对一些内容的修改提出了看法。北京大学化学学院的叶宪曾教授认真细致地审校了全书,并补充修改了某些段落。在此一并表示感谢。虽然我们在编写中尽了最大努力,以求把第 3 版编写得更好,但由于编者水平有限,不足之处在所难免,敬请读者批评指正,以便在第 4 版时修正。

编 者

2000 年 12 月

第 2 版前言

本教材自 1993 年 8 月出版以来,历时 3 年多。经 10 余所医学院校使用后,一致认为本教材选材适当,份量合宜,符合教学大纲要求,紧密结合专业,其中融合了编者丰富的教学经验,学生学、教师讲都很得心应手,是一本比较理想的教材。此外,也提出了一些宝贵的意见和建议,一致要求修订再版。鉴于第 1 版印刷的 6000 册书即将用完,为满足教学需要,现修订再版。

本教材第 2 版仍维持原来章次顺序,各章内容有若干修订和补充,特别是增补了一些新的内容。如:光学分析部分增加了原子荧光光度法;电化学分析部分增加了离子选择性微电极的内容,并对电化学分析基础与电位分析法进行了重写;气相色谱法中适当扩写了毛细管色谱柱,并介绍了液晶固定相、裂解色谱和顶空色谱技术;高效液相色谱法中增加了三角形优化法选择溶剂系统,对亲和色谱法也进行了补充。这些修订将使本教材更具有专业特色,质量和水平在原有的基础上有明显的提高。

原主编徐葆筠教授因年事已高,现不再参加教学工作,故不继续担任主编。但鉴于徐葆筠教授学术造诣较高,教学经验丰富,对编写本教材贡献较大,编委会特请他担任本教材的主审。

为便于集思广益,第 2 版适当增加了编者。全书由杨根元(第 1 章,第 10～11 章,第 16 章),金瑞祥(第 4 章,第 14 章,附录),应武林(第 7 章,第 18 章),孙发山、刘有训(第 2 章,第 6 章),曾成鸣、丁世家(第 3 章),刘海卫、张棘(第 5 章),刘坤(第 8 章,第 17 章),于铁力、倪蕾(第 9 章),周汝驷(第 12～13 章),何亚楠(第 15 章),徐德选(第 11 章),徐葆筠(第 1 章,第 17 章)等 15 人参加编写。

在本书第 2 版的修订过程中,我们得到许多院校领导和专家的支持和鼓励,在此表示衷心感谢。此外,虽然我们尽了最大努力,以求把本教材修订得更好,但由于编者业务水平有限,加之时间仓促,缺点和错误在所难免。殷切希望专家、读者给予批评斧正。

编 者

1996 年 12 月

第1版前言

仪器分析近年来发展非常迅速,新方法、新技术、新仪器不断出现,它在生产和科学技术各领域,都发挥着重要作用。各种学科的相互渗透促进了科学的发展,仪器分析向医学的渗透是相当广泛和深入的,特别在医学检验、药物监测、卫生分析等方面都大量使用了仪器分析方法;在临床医学中,仪器分析对疾病的诊断、治疗和预后起着重要作用;近些年兴起的生命科学的研究,也离不开仪器分析,它能为之提供大量的有用信息。仪器分析对医学的重要性,促使医学院校各有关专业都纷纷开设了仪器分析课程。因为各种专业要求不同,所设学时差别也不少,目前还没有一本能适应这种情况的仪器分析教材,所以我们合编了这本书,定名为实用仪器分析。本书既包括应用广泛的仪器分析方法,也编写了实用分析技术,兼顾基础理论、技术和应用。我们把各种仪器分析方法分别编写成章,以便不同专业根据教学需要灵活选用。

全书分为光谱分析、电化学分析、色谱分析、有关技术四篇,包括绪论,共十八章。在选材上紧密结合医学检验实际,对那些很少应用的方法(如电解法、库仑法)和那些仪器昂贵的方法(如质谱法)则不纳入本书。光谱分析应用很多,故作重点叙述;溶出伏安法、薄层色谱法应用也较多,故也各成一章。

本教材供医学检验专业本科教学使用,也可供卫生检验、营养学、药学、法医学、分子生物学等专业使用。环境监测、化验人员及其他分析工作者可作为参考。

本书执行了我国计量法,全书采用了国家法定计量单位。书中化学名词遵照1991年全国自然科学名词审定委员会审定公布的《化学名词》统一使用。

本书初稿经主、副编进行审阅,编者修改后,于今年12月初由编委会讨论定稿。

在编写过程中,得到许多院校领导和专家的支持和鼓励,在此一并表示谢意。

由于编者学识水平和教学经验有限,缺点和错误在所难免,恳请专家、读者给予批评指正,以便再版时修正。

编　者
1992 年 12 月

目　　录

第二篇 电化学分析

附　录

第 1 章 绪 论

分析化学是化学学科的一个分支,它包括化学分析(chemical analysis)以及仪器分析(instrumental analysis)两大类。前者是利用化学反应及其计量关系进行分析的方法,发展较早,是经典的分析方法;后者则是用精密分析仪器测量表征物质的某些物理或物理化学性质的参数,以确定其化学组成、含量以及化学结构的一类分析方法,因此过去又称物理和物理化学分析法。仪器分析是近几十年发展起来的,当今发展迅速,方法门类众多,能够适应各个领域所提出的新任务,已成为现代分析化学的主要组成部分。

1.1 仪器分析方法

物质的物理或物理化学性质很多,如光学性质、电化学性质、放射性质等,它们大都可用于仪器分析,从而发展了相应的仪器分析方法,故仪器分析通常根据用于测量的物质性质来分类(表 1.1)。

表 1-1 仪器分析方法分类

方法分类	主要分析方法	被测物理性质
光谱分析	原子发射光谱分析,火焰光度分析 分子发光分析法,放射化学分析法	辐射的发射
	紫外-可见分光光度法,原子吸收分光光度法 红外光谱法,核磁共振波谱法	辐射的吸收
	比浊法,拉曼光谱法	辐射的散射
非光谱法	折射法,干涉法	辐射的折射
	X 射线衍射法,电子衍射法	辐射的衍射
	偏振法	辐射的旋转
电化学分析	电位法	电极电位
	电导法	电导
	极谱法,伏安法,溶出伏安法	电流、电位
	库仑法	电量
色谱法	气相色谱法,液相色谱法,薄层色谱法,超临界流体色谱法,毛细管电泳法	两相间的分配
热分析	热重分析,差热分析	热性质
其他方法	质谱法,……	质荷比,……

(1)光谱分析——根据物质发射的辐射能或辐射能与物质相互作用而建立起来的分析方法。

(2)电化学分析——以电化学理论和被测物质在溶液中的各种电化学性质(电极电位、电流、电量、电导或电阻等)为基础建立起来的分析方法。

(3)色谱法——根据混合物各组分以在互不相溶的两相(固定相与流动相)中的吸附、分配或其他亲和作用等性能的差异作为分离依据的分析方法。

除了表 1.1 所列各种方法外，还有许多新发展起来的方法、技术及仪器。由于仪器分析方法繁多，本书不可能一一介绍，仅根据医药卫生专业的需要，在光谱分析、电化学分析和色谱法中有选择地介绍一些最常用的重要方法。此外，书中也介绍了一些其他仪器分析方法和技术，如毛细管电泳法、自动分析和生物试样的预处理等。

1.2　仪器分析的特点

化学分析和仪器分析都是从生产实践和科学研究中发展起来的，它们各有所长，各有特点。仪器分析的主要特点如下所述。

（1）灵敏度高。

仪器分析方法的灵敏度远高于化学分析，故可以测定含量极低（如 10^{-6}、10^{-9}，甚至 10^{-12} 级）[①]的组分，也可以测定微量试样中的组分。因此仪器分析应用广泛，特别适用于超纯物质中杂质的测定、环境监测中痕量物质的测定和生命物质的测定等等。

（2）选择性好，适于复杂组分试样的分析。

仪器分析的选择性比化学分析好得多，所以仪器分析方法可进行多组分的同时测定。在单组分测定时，只要把仪器调整到适宜条件，常可避免其他组分的干扰。

（3）分析迅速，适于批量试样分析。

用精密分析仪器测量时速度很快，加上计算机技术的应用，分析操作的自动化，结果的自动记录、数据的自动处理、数字的显示，使分析更为迅速。试样经预处理后直接上机测定，仅需数分钟即可得出分析结果。有些仪器分析方法，如原子发射光谱法、伏安法、色谱法等，可一次测定多种组分。采用自动化系统，还可以在很短时间内分析批量同种试样。

（4）适于痕量组分的测定。

仪器分析相对误差较大，但测定痕量组分时，绝对误差则较小，因此仪器分析虽不适于测定常量组分，但适于测定痕量组分。

（5）适应性强，应用广泛。

仪器分析方法有数十种之多，方法功能各不相同。所以仪器分析的适应性很强，不但可用于定性和定量分析，还可以用于结构状态、空间分布、微观分布等有关特征分析，还可以进行微区分析、遥测分析等。仪器分析灵敏度极高，所需试样量很少，有时只需数微克，甚至可以在不损坏试样的情况下进行无损分析，这对活组织分析、考古分析、产品仿制等具有重要意义。仪器分析可以满足医药卫生的需要，可以适应生命科学、环境科学、材料科学提出的要求。此外，仪器分析还可用于化学基础理论研究和物理化学参数的测定，如配合物组成和不稳定常数的测定等。

（6）易于自动化。

仪器分析使用精密分析仪器测量，被测组分的理化性质经检测器可转化为电信号而记录下来，特别是将微机与分析仪器相连接，很多操作过程都可实现自动化。不但可以处理数据，运算分析结果，而且可以由仪器准确无误地进行操作，包括分析条件控制、测量、工作曲线校

---

①$10^{-6}$，10^{-9}，10^{-12} 过去曾表示成 ppm，ppb，ppt，它们在分析化学界沿用已久，现已不提倡再使用。其中：ppm 为 parts per million 的缩写，即百万分之一；ppb 为 parts per billion 的缩写，即十亿分之一；ppt 为 parts per trillion 的缩写，即万亿分之一。

准、分析程序控制等。如设计出自动化体系,则可实现高度自动化,将大大提高例行分析速度。

1.3　仪器分析的发展

　　分析化学的孕育和发展经历了一个漫长的历程。20 世纪头 25 年,分析化学已经确立为一门科学,那时建立起来的是经典的化学分析。从 20 世纪 40 年代开始,由于生产科研的需要,加之物理学和电子学的发展和渗透,仪器分析开始发展起来。特别在第二次世界大战以后一段时间,工业生产和新兴科学领域对分析化学提出了新要求、新课题,如对试样中痕量组分进行测定、对食品中痕量农药残留量的测定、蛋白质分子中二十几种氨基酸的测定及其排列顺序的推断等等。这样,经典的化学分析已不再能适应新的要求,需要寻求新方法。分析化学家为了解决一系列新课题,广泛地吸收了各学科的新成就,工业和其他科学技术的发展也为发展新方法提供了客观条件。于是,各种类型的仪器分析方法便迅速发展起来,它们和 19 世纪发展起来的化学分析共同奠定了现代分析化学的基础。

　　从 20 世纪 70 年代末,分析化学进入第三次大变革时期,生产和科学技术的发展要求分析化学提供更多更全面的信息。这一时期分析化学吸取了当代科学技术的新成就,如电子计算机、激光等,结合生物学和数学建立了许多仪器分析的新方法、新技术,仪器分析在现代分析化学中已取代了化学分析的主导地位,当代仪器分析正展现出极大的活力。

　　以上概括地介绍了仪器分析的发展情况。现就各种仪器分析方法的发展,再做进一步的简略介绍。

1. 光谱分析

　　光谱分析发展较早,建立于 19 世纪 60 年代,20 世纪 30 年代得到迅速发展。其中最早发展起来的是原子发射光谱分析,它已有 160 年的历史,在 20 世纪 50 年代以前几乎是唯一的原子光谱法,40 年代中期由于电子学中光电倍增管的出现,促进了原子发射光谱分析、红外光谱法、紫外-可见分光光度法和 X 射线荧光光谱法的发展。50 年代,原子物理学的发展促进了原子吸收分光光度法、原子荧光光谱法的兴起。60 年代,等离子体、傅里叶变换和激光技术的出现,促进了光谱分析的深入发展。70 年代,出现了等离子体-原子发射光谱分析、傅里叶变换红外光谱法、激光光谱法等一系列分析技术。值得一提的是 70 年代发展起来的激光共振电离光谱法,它的灵敏度达到了极限,可以检测单个原子。等离子体发射光谱法经 30 多年的发展,现在已被公认为是最有前途的常规分析技术之一。紫外-可见分光光度法在 50 年代后期发展势头减弱。红外光谱法在 50 年代问世,70 年代推出了傅里叶变换红外光谱仪,现已日趋完善。

2. 电化学分析

　　电化学分析具有悠久的发展历史。作为分析手段,早在 19 世纪末就有了电解分析,也称电重量法。20 世纪初迅速发展了电位滴定法,20 年代制成玻璃电极,不但可简捷地测量溶液 pH,也为电位分析中的酸碱滴定创造了条件。电导滴定始于 20 世纪初,40 年代出现了高频电导滴定。30 年代已发展了各类电滴定法。1922 年海洛夫斯基(J. Heyrovsky)首创了极谱分析,并发展为极谱学,标志着电化学分析已迈进了新的历史阶段。60 年代,离子选择电极和固定化制作的酶电极相继问世,促进了电位法的发展。70 年代,又推出了化学修饰电极,发展了多种生物传感器和微电极伏安法,适应了生物分析和生命科学研究的需要。80 年代,在研究开发化学修饰电极、超微电极、纳米电极、光导纤维化学传感器等方面,在技术上和应用上都得到了很大进展。综观电化学的发展,目前正呈现出蓬勃上升的趋势。

3. 色谱法

色谱法为应用广泛的分离分析技术,也是分离提纯的重要制备手段。色谱法发展较晚,但发展极为迅速。20 世纪 40 年代,首创了液-液分配色谱法,继之又推出气相色谱法和纸色谱法。50 年代,出现了薄层色谱法。由于色谱法的分离性能优越,而质谱法对单一化合物能有效地进行结构鉴定,因此 60 年代出现了联用技术,如气相色谱-质谱联用、液相色谱-质谱联用,后来又发展了色谱和核磁共振波谱的联用等。因为联用后仪器的优越性能充分发挥,所以发展迅速,已成为色谱法的重要组成部分。70 年代,研究并提高了输液高压泵和柱填料的性能,在此基础上崛起了高效液相色谱法,克服了经典液相色谱法的缺陷,为生物分析和生命科学研究提供了有效手段,其应用范围已超过气相色谱法。70 年代中期,还发展了离子色谱法和离子对色谱法,可进行各种阴、阳离子包括金属离子的分析,也可用于生物分析。80 年代,发展了超临界流体色谱法,可弥补气相色谱法和液相色谱法的不足。90 年代以后,急剧发展了毛细管电泳法,它具有进样体积小、分离效率高和速度快、灵敏度高等特点,很具活力,适用于生物分析。综观色谱法的现状,虽然只有 50 多年的历史,但其发展蓬勃,充满了活力,预期将会有更大的发展。

综观现代仪器分析的发展趋向,可归纳为以下几个方面。

(i) 引进当代科学成就,革新原有仪器分析方法,开发新的仪器分析方法,研制相应的分析仪器。

(ii) 分析仪器实现计算机化、自动化、智能化和微型化。

(iii) 发挥各种仪器分析的方法特长,实行不同分析仪器的联用。

(iv) 各学科互相渗透,与各学科所提出的新要求、新任务紧密结合,促进仪器分析的新发展。

(v) 随着仪器分析的发展,进一步研究新理论和新技术,深入进行基础理论研究。

1.4 现代分析化学——分析科学

分析化学正处在第三次大变革中,由于生产和现代科学技术的发展,特别是生命科学、材料科学和环境科学的发展和以计算机应用为主要标志的信息社会的到来,给各学科带来了巨大的冲击,分析化学也同样面临着新的挑战。社会对分析化学的新的需求正日益增长,现在的检测目的已不再只是获得已知分析物组成的定性、定量数据,而是要求用较少时间、人力、物力和财力来获得有关研究体系的更深入的定性、定量和结构方面的信息,使之成为生产和科研问题的解决者。在这样的现实条件下,分析化学于第三次大变革中,汲取了当代科学技术的最新成就(包括化学、物理学、电子学、数学、生物学、化学计量学等),利用物质一切可以利用的性质,建立了表征测量的新方法、新技术,研制了新仪器,开拓了新领域,扩展了分析化学的基础理论。目前,分析化学正处于飞跃发展的新时期,成为当下最具活力的学科之一。现代分析化学不仅可以进行经典分析化学所进行的常量的定性分析、定量分析,而且还可进行结构分析、形态分析、控制分析、微粒分析、微区表面、分布及逐层分析、快速反应追踪分析、无损分析、在线(on line)分析、原位(in situ)分析、实时(real time)分析、活体(in vivo)分析、遥测分析等等。在上述分析中,都是以仪器分析为主。在发展上述分析方法过程中,仪器分析也随之得到了飞跃发展。所以现代分析化学比之经典分析化学,在定义、基础、原理、方法、技术及仪器等方面都发生了根本变化。与经典分析化学相关的是定性分析、重量法、滴定法(即容量法)、溶液反应、四大平衡,基本原理是化学热力学及部分化学动力学;而与现代分析化学相关的是过程控制、传感器、自动化分析、联用技术、机器人、专家系统、界面、固定化、胶束介质、生物技术、生物过程、免疫分析、化学计量学(chemometrics)等等。

随着计算机应用的拓展,分析仪器的发展也跨上了计算机化的新台阶,由微机控制的自动化程度很高的分析仪器大量涌现,再加上各种化学计量学软件以及数据库、谱图检索的专家系统等的使用,构成了现代分析仪器的特征组件,极大地提高了分析仪器提供信息的能力。因之,过去获取精确的原始分析数据是分析过程中最为困难、费力、费时的步骤,而现代分析仪器可在相对短的时间内,提供大量原始分析数据,甚至能连续提供具有很高时间、空间分辨率的多维分析数据,如何处理好这些数据,从中最大限度地获取尽可能高质量的信息,就变得极为重要。当前分析工作已不能只限于利用数据的统计方法,进行分析量测结果的统计表述,而必须借助化学计量学进行数据处理。化学计量学是计算机科学以及数学、统计学的接口,它借助于数学、统计学和计算机科学的方法,对分析数据进行处理、分类、解析和预测,可以从中获取尽可能高质量的信息和知识,可用来进行判别和决策,以解决生产和科研问题,所以现代分析化学已发展成为名副其实的信息科学。

前已述及,为了满足现代科技和生产发展的需要,现代分析化学利用物质一切可以利用的性质,采用其他学科发展所提供的有利条件,汲取边缘学科和前沿学科的新进展、新概念、新方法、新技术,尽全力提供有用信息,这样一来,现代分析化学已与多种学科互相渗透、交叉融入,所以它的发展已远远超出化学范畴。可以说,现代分析化学已把化学与数学、物理学、生物学、计算机科学、精密仪器制造学结合起来,正发展成一门社会迫切需要的、综合的、多科性的边缘学科,即分析科学。

1.5　仪器分析与化学分析

在分析化学的第二次大变革中,诞生了仪器分析,打破了化学分析的一统格局,开创了仪器分析的新时代。由于仪器分析的优异性能在第三次大变革中得到了迅猛发展,奠定了它在分析化学中的主导地位。人们利用一切可能利用的物质性质,发明创造了众多的能适应时代要求的各种仪器分析方法,同时实现了分析仪器的计算机化,并逐步向自动化、智能化和微型化迈进。

仪器分析在现代分析化学中的重要性,不仅体现在发展迅速、方法众多方面,更重要的是这些方法的性能和作用突出。有许多仪器分析方法的发明,在当时堪称是开创性的突破,影响深远,具有划时代意义,如分配色层法的发明、极谱法的发明、核磁共振的精细测量方法、高分辨电子光谱法、激光光谱学、高分辨核磁共振波谱等的发展,发明者都先后获得了诺贝尔奖,这足以说明这些方法的重要意义。

至于现代分析化学中的化学分析,与仪器分析相比,发展缓慢,已逐渐失去它的重要地位。目前化学分析仍由定性分析系统、重量分析和滴定分析所组成。定性分析系统已很少使用,重量分析因操作繁复费时,使用也日见减少,滴定分析在某些场合还有不少应用。虽然如此,化学分析仍然是分析化学的基础,发挥着应有的、不可取代的作用。化学分析的准确度和精密度都高,仪器设备简单,投资少,消耗费用低,所以在一些实验室的常量分析、工业生产中的例行检验常用,其他,如标准溶液的标定、理化常数的测定等也还在使用。此外,应当提出的是,仪器分析自动化程度目前还不是很高,分析试样在用分析仪器测试前常要经预处理,在预处理中,仍需化学分析操作步骤,如分解、溶解、沉淀、萃取、过滤、离心、蒸馏、升华等,因此仪器分析也离不开化学分析。可以说,二者相辅相成、相互依存,在解决分析问题时,各自发挥着不同的作用。因此我们在大力发展仪器分析的同时,也应适当关注化学分析的发展。

1.6 仪器分析在医药卫生领域中的应用

医学检验是医学的一个重要分支,它所涉及的范围相当广泛。医学各专业为了获得自身所需要的信息,发展了各专业的医学检验。为了患者疾病的诊断、治疗、预后而发展了临床医学检验,其中包括临床血液学检验、临床细菌学检验、临床免疫学检验、临床化学检验等。在基础医学的各个领域中,也都发展了相应的分析检验,如药物分析、毒物分析、卫生学检验、免疫学检验、预防医学检验等。在以上这些范畴中,都在不同程度地使用仪器分析方法。由此可知,无论是测定人体试样或药物中的无机物组分或有机物组分,或确定其结构,都大量地使用了仪器分析方法。

各种学科都是相互渗透而得以发展的,仪器分析向医学检验的渗透相当广泛、相当深入。如果没有仪器分析的渗入和参与,医学检验的发展将是非常困难的。仪器分析中的自动分析技术,由于分析迅速,能在短时间内为临床诊断提供大量信息,因而已成为临床检验的重要组成部分,它不但能分析人体微量元素,也能检验人体活性物质。与医学紧密相关的生命科学研究已经兴起,并取得了迅速进展。它所提出的新课题目前集中在多肽、蛋白质、核酸等生物大分子的分析上;还包括生物药品分析、超痕量生物活性物质的分析,如单细胞内神经传递物质多巴胺的分析、活体分析等。在生物无机分析领域中,痕量元素分析已深入到研究元素在生物组织层、单细胞(甚至细胞膜)、人体蛋白质碎片内的微分布及与蛋白质结合形式等。这些问题的解决,也非仪器分析莫属。

第一篇
光谱分析

第2章 光学分析基础

2.1 概 述

光学分析法(optical analysis)是根据物质发射电磁辐射以及电磁辐射与物质相互作用为基础而建立起来的一类分析方法。光学分析法可分为光谱分析法和非光谱分析法。光谱分析法是测定物质与电磁辐射相互作用时所产生的发射、吸收辐射的波长和强度进行定性、定量和结构分析的方法,包括发射光谱法、吸收光谱法和散射光谱法。

非光谱分析法是通过测量电磁辐射与物质相互作用时其散射、折射、衍射和偏振等性质的变化而建立起来的一类分析方法,包括折射法、偏振法、光散射法、干涉法、旋光法等。表2-1列出了常见的各类光学分析方法。

表2-1 光学分析法分类

方法分类	主要分析方法	与电磁辐射作用方式
光谱分析法	原子发射光谱分析法,火焰光度分析法	辐射的发射
	X射线荧光分析法,原子荧光分析法	辐射的发射
	分子荧光分析法,分子磷光分析法	辐射的发射
	化学发光分析法	辐射的发射
	紫外-可见分光光度法	辐射的吸收
	原子吸收光谱法	辐射的吸收
	红外光谱法	辐射的吸收
	核磁共振波谱法	辐射的吸收
	拉曼光谱法	辐射的散射
非光谱分析法	比浊法,折射法,干涉法	辐射的散射、折射或干涉
	X射线衍射法,电子衍射法	辐射的衍射
	偏振法	辐射的旋转

本篇主要讨论光谱分析法。

2.2 电磁辐射和电磁波谱

2.2.1 电磁辐射

电磁辐射是高速通过空间的光子流,通常简称为光,它具有波粒二象性,即波动性和粒子性。波动性表现在光的传播、反射、衍射、干涉、折射和散射等现象,可以用速率、频率、波长和振幅等参数来表征。粒子性表现在光电效应等现象,可用每个光子具有的能量来表征。

每个光子具有的能量(E)与其频率(ν)、波长(λ)及波数(σ)之间的关系为

$$E = h\nu = h\frac{c}{\lambda} = hc\sigma \tag{2-1}$$

式中：h 为普朗克(Planck)常数，为 6.626×10^{-34} J·s；ν 为频率，单位为 Hz；c 为光速，为 2.9979×10^{10} cm·s^{-1}；σ 为波数(wave number)，单位为 cm^{-1}；λ 为波长(wave length)，单位为 cm；能量 E 的单位常用电子伏特(eV)和焦[耳](J)表示。由式(2-1)可知：光子能量与它的频率成正比，或与波长成反比，而与光的强度无关。该式统一了属于粒子概念的光子的能量 E 与属于波动概念的光的频率 ν 两者之间的关系。

普朗克认为，物质对辐射能的吸收和发射是不连续的，是量子化的。当物质内的分子或原子发生能级跃迁时，若以辐射能的形式传递能量，则辐射能一定等于物质的能级变化，即

$$\Delta E = E = h\nu = h\frac{c}{\lambda} \tag{2-2}$$

【示例 2-1】 某电子在能量差为 3.375×10^{-19} J 的两能级间跃迁，其吸收或发射光的波长为多少纳米？

解　根据式(2-2)，有

$$\lambda = h\frac{c}{\Delta E}$$

$$= 6.626 \times 10^{-34} \text{ J·s} \times \frac{2.9979 \times 10^{10} \text{ cm·s}^{-1}}{3.375 \times 10^{-19} \text{ J}}$$

$$= 5.886 \times 10^{-5} \text{ cm} = 588.6 \text{ nm}$$

2.2.2　电磁波谱

电磁波按波长顺序排列得电磁波谱，各波谱区所具有的能量不同，其产生的机理也各不相同。例如，红外光区的光是由分子的转动能级和振动能级跃迁产生的，近紫外区的光是由原子及分子的价电子或成键电子能级跃迁产生的，因此可根据所使用的不同波谱区，建立起不同的分析方法。表 2-2 列出了电磁波谱区的波长范围和相应能量及跃迁能级类型。

表 2-2　电磁波谱

波谱区名称	波长范围[a]	光子能量[b]/J	跃迁能级类型
γ 射线	$5 \times 10^{-3} \sim 0.14$ nm	$4.0 \times 10^{-13} \sim 1.3 \times 10^{-15}$	核能级
X 射线	$0.01 \sim 10$ nm	$1.9 \times 10^{-13} \sim 2.0 \times 10^{-17}$	内层电子能级
远紫外区	$10 \sim 200$ nm	$2.0 \times 10^{-17} \sim 9.6 \times 10^{-19}$	同上
近紫外区	$200 \sim 400$ nm	$9.6 \times 10^{-19} \sim 5.0 \times 10^{-19}$	原子及分子价电子或成键电子
可见区	$400 \sim 760$ nm	$5.0 \times 10^{-19} \sim 2.7 \times 10^{-19}$	同上
近红外区	$0.75 \sim 2.5$ μm	$2.7 \times 10^{-19} \sim 8.0 \times 10^{-20}$	分子振动能级
中红外区	$2.5 \sim 50$ μm	$8.0 \times 10^{-20} \sim 3.2 \times 10^{-21}$	同上
远红外区	$50 \sim 1000$ μm	$3.2 \times 10^{-21} \sim 6.8 \times 10^{-23}$	分子转动能级
微波区	$0.1 \sim 100$ cm	$6.8 \times 10^{-23} \sim 6.4 \times 10^{-26}$	电子自旋及核自旋
射频区	$1 \sim 1000$ m	$6.4 \times 10^{-26} \sim 6.4 \times 10^{-29}$	同上

[a] 1 m $= 10^2$ cm $= 10^6$ μm $= 10^9$ nm；　[b] 1 eV $= 1.6020 \times 10^{-19}$ J。

2.2.3　电磁辐射与物质的相互作用

电磁辐射与物质的相互作用是普遍发生的物理现象，有涉及物质内能变化的吸收，如产生荧光、磷光和拉曼散射等，也有不涉及物质内能变化的透射、折射、非拉曼散射、衍射和旋光等。

而光谱分析法就是基于研究物质对电磁辐射的发射和吸收的特性及强度而建立起来的一类分析方法。

1. 物质对电磁辐射的发射

粒子(原子、分子或离子)吸收外界能量后,便从基态或低能态跃迁(transit)到高能态(激发态)。高能态的粒子大约在 10^{-8} s 内又返回到基态或低能态,并在此过程中将吸收的能量以辐射或热的方式释放。如果释放能量的方式属于前者,便得到发射光谱。由于不同的原子、分子或离子的跃迁能级不同,因而发射光谱便各不相同,即各具其光谱特征。故可以利用特征光谱对元素进行定性,利用发射光谱的强度对元素进行定量。

基于物质发射电磁辐射而建立起来的分析方法叫发射光谱分析法。常用的发射光谱分析方法有原子发射光谱法、X 射线荧光法、原子荧光光谱法、分子荧光和分子磷光光谱法等。

2. 物质对电磁辐射的吸收

当基态或低能态粒子受到电磁辐射的照射,选择性地吸收其中某些频率的辐射能而跃迁到激发态,这一现象称为物质对电磁辐射的吸收。由于粒子具有不连续量子化能级,故只能吸收辐射中与其两个能级差相等的能量。如果以 E_2 和 E_1 分别表示粒子激发态和基态或低能态的能量,则辐射中被吸收的能量或频率可以通过普朗克方程求得。只有辐射大小等于两能级能量差(ΔE)的能量方能被粒子吸收,太大或太小的能量均不能被吸收。即任何粒子对电磁辐射的吸收都具有选择性。由于不同粒子所具有的能级数目和能级间的能量差各不相同,所以它们对电磁辐射的吸收状况也不相同,得到的吸收光谱便各具特征。

根据粒子对辐射吸收所引起的激发状况不同,可将物质对电磁辐射的吸收分为原子吸收(atomic absorption)和分子吸收(molecular absorption)。基于粒子对辐射吸收原理而建立的分析方法称为吸收光谱法。常用的吸收光谱分析方法有原子吸收光谱法、紫外-可见分光光度法、红外吸收光谱法、核磁共振波谱法、X 射线吸收光谱法等。

2.3 原子光谱和分子光谱

产生光谱的基本粒子是物质的分子或原子。由于原子和分子的结构不同,其产生的光谱特征也明显不同。

2.3.1 原子光谱

原子核外电子在不同能级间跃迁而产生的光谱称为原子光谱(atomic spectrum)。原子光谱是由一条条明锐的彼此分离的谱线组成的线状光谱,每一条光谱线对应于一定的波长。这种线状光谱只反映原子或离子的性质而与原子或离子来源的分子状态无关,所以原子光谱可以确定试样物质的元素组成和含量,但不能给出物质分子的结构信息。本书只讨论由原子外层电子跃迁产生的三种光谱:原子发射光谱、原子吸收光谱和原子荧光光谱。

2.3.2 分子光谱

在辐射能作用下,分子能级间的跃迁产生的光谱称为分子光谱(molecular spectrum)。

分子光谱比原子光谱复杂得多,这是因为在分子中,除了有原子的核能 E_n、质心在空间的平动能 E_t 外,还有电子运动能 E_e、原子间的相对振动能 E_v 以及分子作为整体的转动能 E_r 等。分子中的这些不同运动状态都对应有一定的能级,且都是量子化的。

若不考虑各种运动形式之间的相互作用,则分子的总能量可写为

$$E = E_n + E_t + E_e + E_v + E_r$$

由于 E_n 在一般化学实验条件下不发生变化,分子的平动能 E_t 又比较小,因此当分子能级发生跃迁时,能量的改变为

$$\Delta E = \Delta E_e + \Delta E_v + \Delta E_r$$

即分子能级的变化可包括电子能级的变化、振动能级的变化和转动能级的变化。图 2-1 表示双原子分子的能级图。

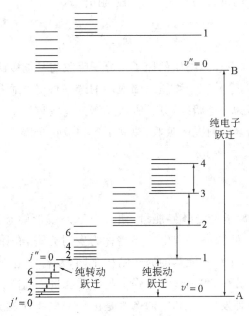

图 2-1　双原子分子能级图

由图可见,电子的能级间距最大,在每一电子能级上有许多间隔较小的振动能级,在每一振动能级上又有许多间隔更小的转动能级。各能级变化所对应的波谱区及方法名称列于表 2-3。

表 2-3　分子中各能级的变化范围及所对应的光谱分析方法的名称

能级	变化范围/J	波谱区名称	方法名称
ΔE_e	$1.6 \times 10^{-19} \sim 3.2 \times 10^{-18}$	紫外、可见区	电子光谱
ΔE_v	$8.0 \times 10^{-21} \sim 1.6 \times 10^{-19}$	近红外、中红外区	振动光谱
ΔE_r	$1.6 \times 10^{-23} \sim 8.0 \times 10^{-21}$	远红外、微波区	转动光谱

当用远红外光或微波照射分子时,能得到纯粹的转动光谱。若用能量较高的红外光照射分子时,可引起振动能级的跃迁,但由于分子中的同一振动能级上还有许多间隔很小的转动能级,这样在振动能级变化时,还伴随着转动能级的变化,所以振动光谱也叫振动-转动光谱。当振动能级发生跃迁时,得到的不是一条谱线,而是一组组密集的谱线,当仪器分辨率不高时,就得到有一定宽度的谱带;同样,电子能级的跃迁也伴随着振动能级和转动能级的跃迁,因此电子光谱(也称紫外-可见光谱)得到的也是有许多谱线聚集而成的谱带,是复杂的带状光谱(见第 3 章的图 3-1)。

分子光谱法就是以测量分子转动能级、分子中基因的振动能级(包括分子转动能级)和分

11

子电子能级（包括振动-转动能级）跃迁所产生的分子光谱为基础的定性、定量和物质结构分析方法。对分子光谱有意义的能级跃迁包括吸收外来的辐射和把吸收的能量再以光辐射形式发出而回复到基态的两个过程。分子的能级和原子一样都是量子化的，但由于分子能级的精细结构关系，除转动光谱以外，其他类型的分子光谱皆为带状或有一定宽度的谱带。

2.4　吸收光谱和发射光谱

光谱按获得方式的不同可分为吸收光谱和发射光谱。

2.4.1　吸收光谱

当电磁辐射通过某些物质时，物质的原子或分子吸收与其能级跃迁相对应的能量，由基态或低能态跃迁到较高能态，这种基于物质对辐射能的选择性吸收而得到的原子或分子光谱为吸收光谱。原子吸收光谱为一些暗线，分子吸收光谱为一些暗带。

根据物质对不同波谱区辐射能的吸收，建立了各种吸收光谱法，如紫外-可见分光光度法、红外光谱法、原子吸收光谱法等。

2.4.2　发射光谱

物质的分子、原子或离子接受外界能量，使其由基态或低能态跃迁至高能态（激发态），再由高能态返回到基态或低能态而产生的光谱称为发射光谱，有原子发射光谱、荧光光谱。

对于原子发射光谱，由于每种元素的原子结构不同，发射的谱线各有其特征性，可以根据元素的特征谱线进行定性分析，根据谱线的强度与物质含量之间的关系进行定量分析。

荧光光谱实质上是一种发射光谱，它的产生是由于某些物质的分子或原子在辐射能作用下跃迁至激发态，再返回到基态的过程中，先以无辐射跃迁的形式释放出部分能量，回到第一激发态的最低振动能级，然后再以辐射的形式回到基态，由此产生的光谱称为荧光光谱。荧光光谱可分为分子荧光光谱和原子荧光光谱两种。

根据物质对不同波谱区辐射能的吸收和发射，可建立不同的光谱分析方法。表 2-4 给出常见光谱分析方法及其主要用途。

表 2-4　光谱分析方法及其主要用途

方　法　名　称	辐射能作用的物质	主　要　用　途
紫外-可见分光光度法	分子外层价电子	微量单元素或分子定量
原子吸收光谱法	气态原子外层电子	痕量单元素定量
红外光谱法	分子振动或转动	结构分析及有机物定性定量
原子发射光谱法	气态原子外层电子	痕量元素连续或同时定性定量
原子荧光光谱法	气态原子外层电子	微量单元素定量
X 射线荧光光谱法	原子内层电子	常量元素定性定量
分子荧光光谱法	分子外层价电子	微量单元素或分子定量
光电子能谱法	原子或分子轨道电子	表面及表层定性定量

2.5　光谱分析仪器

用于研究吸收或发射的电磁辐射强度和波长关系的仪器称为光谱仪或分光光度计。光谱分析仪器种类、型号较多,其基本结构主要由光源、分光系统、样品池、检测器、记录系统五部分组成,如图 2-2 所示。

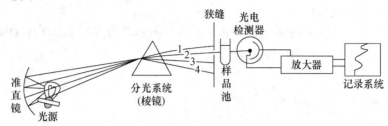

图 2-2　光谱仪或分光光度计

1. 光源

光源的作用是提供使试样蒸发、离解、原子化和激发所需要的能量或提供被测分子、原子所吸收的各种波长的辐射能。光谱分析使用的光源应该是稳定的,并具有一定的强度。光源采用高压放电或加热的方式获得,而且要用稳压装置以保证获得稳定的外加电压。

在光谱分析中,光源有连续光源、线光源和激光光源等。有关各种光源的种类和性能方面的知识将在相应的章节作介绍。

2. 分光系统

分光系统是光谱仪器的核心部件,主要由入射狭缝和出射狭缝、准直镜以及色散元件(如棱镜或光栅等)组成。其作用是将复合光分解为单色光或将与分析线相邻的谱线分开。分光系统的性能直接影响着出射光的纯度,从而对测定的灵敏度、选择性以及校准曲线的线性范围产生影响,而其质量的好坏主要取决于色散元件的质量。

3. 样品池

盛放试样的样品池是由透明材料制成,在不同的波段区域应选用不同材质的吸收池:在紫外光区工作时应采用石英材料;可见光区则用玻璃;红外光区应根据不同的波长范围选用不同材料的晶体制成吸收池窗口。

吸收池的形状有方形、圆柱形等,其光程长度有 1 cm、2 cm、10 cm 等。

4. 检测器

检测器是将光信号转变为电信号的装置,通常分为两类。

(i) 量子化检测器,即光子检测器,它包括单道光子检测器和多道光子检测器。单道光子检测器常见的有光电池、光电管、光电倍增管等;多道光子检测器,如光二极管阵列检测器和电荷转移元件阵列检测器等。

(ii) 热检测器,如真空热电偶、热电检测器等。

5. 记录系统

检测器将光信号转变为电信号后,由记录系统将信号处理器放大并以适当的方式显示或记录下来,如直读检流计、电位调节计、数字显示器、记录仪、打印机、荧光屏或计算机处理等。

习　题

2.1　解释下列名词：

(1) 发射光谱；(2) 吸收光谱；(3) 原子光谱；(4) 分子光谱。

2.2　光谱分析法的仪器由哪几部分组成？它们的作用是什么？

2.3　对下列单位进行换算：

(1) 0.170 nm　X 射线的波数(cm^{-1})；(2) 589.0 nm 钠线的频率(Hz)；(3) 3300 cm^{-1} 波数的波长(nm)；(4) Cu 324.7 nm 相应的能量(eV)。

第 3 章 紫外-可见分光光度法

3.1 概　述

　　紫外-可见分光光度法(ultraviolet-visible spectrophotometry)是利用物质的分子或离子吸收紫外-可见波段范围(200～800 nm)单色辐射对物质进行定性、定量或结构分析的一种方法。

　　紫外-可见分光光度法是在比色法(colorimetry)的基础上发展起来的,两者所依据的原理基本上相同。由于分光光度法采用了更为先进的单色系统和光检测系统,使得分光光度法在灵敏度、准确度、精密度及应用范围上都大大地优于比色法。

　　紫外-可见分光光度法广泛应用于物质的定性、定量和结构分析。其灵敏度和选择性较好,被测物质的最低可测浓度可达 10^{-5}～10^{-6} mol·L^{-1},相对误差为±(2%～5%);分析速度较快,所使用的仪器设备简便,易于操作。因而,紫外-可见分光光度法应用范围较广,已成为医药、化工、冶金、环境保护、地质等领域必不可少的一类测试手段。

3.2　紫外-可见吸收光谱

3.2.1　分子吸收光谱的形成

　　分子内有电子(e)相对于原子核(n)的运动、原子核的相对振动(v)、分子作为整体绕着重心的转动(r)以及分子的平动(t)。分子的总能量 E 可由下式表示

$$E = E_n + E_t + E_e + E_v + E_r$$

式中：E_n 是分子固有的内能,不随运动而改变；E_t 是分子在空间做自由运动所需要的能量,是连续变化的,它仅是温度的函数；E_e 是分子中电子相对于原子核运动所具有的能量；E_v 是分子内原子在平衡位置附近振动的能量；E_r 是分子绕着重心转动的能量。分子中电子能量、振动能量和转动能量是量子化的。当分子吸收外界电磁辐射后,总能量变化 ΔE 是电子运动能量变化 ΔE_e、振动能量变化 ΔE_v 和转动能量变化 ΔE_r 的总和,即

$$\Delta E = \Delta E_e + \Delta E_v + \Delta E_r$$

三类能量的大小为

$$\Delta E_e > \Delta E_v > \Delta E_r$$

以双原子分子的能级示意图为例,如图 3-1 所示。

　　分子的紫外-可见吸收光谱是由价电子能级的跃迁产生的,需要的能量在 $1.6×10^{-19}$～$3.2×10^{-18}$ J之间。在分子发生电子能级跃迁的同时总是伴随着振动能级和转动能级的跃迁。在分子的电子光谱中,包含有不同振动能级跃迁和转动能级跃迁所产生的若干吸收谱带,因此电子光谱中振动能级和转动能级跃迁所产生的谱线结构难以分辨,观察到的只是这些谱

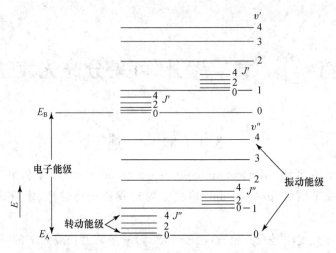

图 3-1 分子中电子能级、振动能级和转动能级示意图

线合并在一起形成的较宽的吸收带。所以通常又将分子的电子光谱称为带状光谱。

图 3-2是四氮杂苯($C_2H_2N_4$)在不同测量条件下的紫外吸收光谱。在图 3-2 中,从光谱 a 可清楚地看到振动和转动能级跃迁产生的光谱精细结构;光谱 b 尚可分辨出振动效应的谱带;而在光谱 c 中,由于溶剂极性的影响,精细结构完全消失,得到的是很宽的吸收峰。

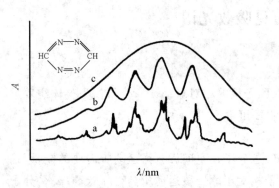

图 3-2 四氮杂苯的紫外吸收光谱

a—蒸气态 b—环己烷溶液 c—水溶液

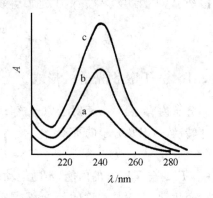

图 3-3 抗坏血酸在 $0.1\ mol\cdot L^{-1}$ 醋酸水溶液中的紫外吸收光谱图

a,b,c 依次为 10,20,30 mg·L^{-1}

为了测量一种物质的吸收光谱,用经过分光后的不同波长的光依次透过该物质(这种物质可以是液体也可以是固体或气体,通常是物质的溶液),通过测量物质对不同波长单色光的吸收程度(吸光度),以波长为横坐标,吸光度为纵坐标作图,就可以得到该物质在测量波长范围内的吸收曲线(absorption curve),称为吸收光谱(absorption spectrum)。吸收光谱体现了物质对不同波长光的吸收能力。图 3-3 是抗坏血酸在醋酸溶液中的紫外吸收光谱,其中在 241 nm 处有一最大吸收,称为最大吸收波长,用 λ_{max} 表示。溶液浓度不同时,各波长处的吸光度值不一样,但吸收曲线的形状相似,λ_{max} 不变。不同浓度溶液的吸光度在最大吸收波长处的差值最大,所以通常选择在 λ_{max} 处进行物质含量的测定。

16

3.2.2　有机化合物的紫外-可见吸收光谱

1. 有机化合物的电子跃迁

有机化合物的紫外-可见吸收光谱取决于分子中外层价电子的性质。与紫外-可见吸收光谱有关的电子有三种,即形成单键的 σ 电子、形成不饱和键的 π 电子以及未形成键的 n 电子(孤对电子)。分子内各种电子的能级高低的次序为

$$\sigma^* > \pi^* > n > \pi > \sigma$$

在大多数有机化合物分子中,价电子总是处在 n 轨道以下的各个轨道中,当受到光照射时,处在较低能级的电子将跃迁至较高能级。其跃迁类型主要有 $\sigma \rightarrow \sigma^*$、$n \rightarrow \sigma^*$、$\pi \rightarrow \pi^*$ 和 $n \rightarrow \pi^*$ 等四种,其相对能量依次为

$$\sigma \rightarrow \sigma^* > n \rightarrow \sigma^* > \pi \rightarrow \pi^* > n \rightarrow \pi^*$$

(i) $\sigma \rightarrow \sigma^*$ 是分子中成键 σ 电子被激发到 σ^* 反键轨道上的跃迁。这是一切饱和有机化合物都可能产生的电子跃迁类型,它需要的辐射能量很大,处于真空紫外区。如甲烷的 λ_{max} 为 125 nm,乙烷的 λ_{max} 为 135 nm。

(ii) $n \rightarrow \sigma^*$ 是分子中未成键的 n 电子被激发到 σ^* 反键轨道上的跃迁。所有含有杂原子(如 N、S、O、P 和卤素原子等)的饱和烃衍生物都可能发生这种跃迁,它需要的能量较 $\sigma \rightarrow \sigma^*$ 小,但大多数吸收峰仍出现在低于 200 nm 区域内。上述两类跃迁产生的吸收光谱一般要在真空条件下才能观察到,实际应用价值不大。

(iii) $n \rightarrow \pi^*$ 跃迁发生在含有杂原子的不饱和化合物中,它们的最大摩尔吸收系数 ε_{max}(表示物质对光吸收能力大小的参量)比较小。在 $n \rightarrow \pi^*$ 跃迁中,基态 n 电子与极性溶剂形成氢键,降低了基态能量,使激发态与基态之间的能量差变大,导致 λ_{max} 向短波长区移动,即产生蓝移(blue shift)。表 3-1 列出了一些常见生色团 $n \rightarrow \pi^*$ 跃迁的吸收特性。

表 3-1　常见生色团 $n \rightarrow \pi^*$ 跃迁的吸收特性

生色团	化合物	溶剂	λ_{max}/nm	ε_{max}
羰基	CH_3COCH_3	正己烷	280	16
羧基	CH_3COOH	乙醇	204	41
硝基	CH_3NO_2	异辛烷	280	22
亚硝基	C_4H_9NO	乙醚	665	20

(iv) $\pi \rightarrow \pi^*$ 跃迁可能发生在任何具有不饱和键的有机化合物分子中,它们的最大摩尔吸光系数很大。在 $\pi \rightarrow \pi^*$ 跃迁中,激发态极性大于基态,当使用极性大的溶剂时,由于溶剂与溶质相互作用,激发态 π^* 比基态 π 能级的能量下降多,因而激发态与基态之间的能量差减小,导致 λ_{max} 向长波长区移动,即产生红移(red shift)。表 3-2 列出了一些常见生色团 $\pi \rightarrow \pi^*$ 跃迁的吸收特性。

表 3-2　常见生色团 $\pi \rightarrow \pi^*$ 跃迁的吸收特性

生色团	化合物	溶剂	λ_{max}/nm	ε_{max}
羰基	$CH_3-\overset{O}{\underset{\parallel}{C}}-CH_3$	正己烷	188	900
烯	$C_6H_{13}CH{=}CH_2$	正庚烷	177	13 000
炔	$C_5H_{11}C{\equiv}CCH_3$	正庚烷	178	10 000

有机化合物中由 $n \to \pi^*$ 和 $\pi \to \pi^*$ 跃迁产生的吸收光谱最为有用,它们的吸收峰大多数在近紫外光区或可见光区。由吸收带波长可以预测未知有机化合物的某些官能团或由有机化合物的结构推算最大吸收波长。这类跃迁要求分子中含有不饱和键,这种含有不饱和键的基团称为生色团(chromophore)。

图 3-4 为各种电子跃迁相应的吸收峰和能量示意图。从图中可知,不同类型电子跃迁所需要吸收的能量大小以及相应的吸收峰波长范围。

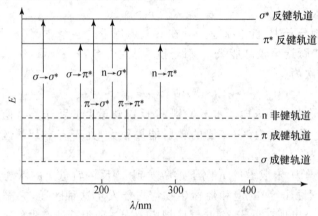

图 3-4　各种电子跃迁相应的吸收峰和能量示意图

溶剂极性的不同会引起某些化合物吸收光谱发生改变,这种作用称为溶剂效应。图 3-5 表明了溶剂极性对 $n \to \pi^*$ 和 $\pi \to \pi^*$ 跃迁能量的影响。

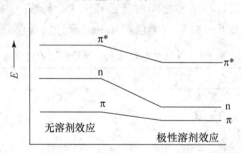

图 3-5　溶剂极性对 $n \to \pi^*$ 和 $\pi \to \pi^*$ 跃迁能量的影响

在不饱和有机化合物分子中,若含有几个不饱和键,但它们被两个以上的 σ 单键隔开,处于非共轭状态,此时,有机化合物的吸收带位置不变,而吸收带强度略有增加。如果不饱和键处于共轭状态时,则有机化合物原吸收带消失而产生新的吸收带。由于共轭后的 π 电子运动范围增大,成键性增强,跃迁所需的能量变小,使 π 电子更易激发,所以共轭作用使吸收峰波长红移,同时吸收强度增大。共轭的不饱和键越多,红移现象就越显著。表 3-3 列出了一些有共轭结构的化合物的吸收特性。

另一些基团,它们本身并不产生吸收峰,但与生色团共存于同一分子时,可引起吸收峰的位移和吸收强度的改变,这些基团称为助色团(auxochrome)。如苯环的一个氢原子被一些基团取代后,苯环在 254nm 处的吸收带的最大吸收位置和强度就会发生改变(表 3-4)。表中所列化合物中,卤原子、甲氧基、羟基等都是助色团,它们都含有未成键的 n 电子。n 电子能使生色团的 $\pi \to \pi^*$ 跃迁能量降低,使生色团的吸收峰产生红移,同时增大了吸收强度。

表 3-3　具有共轭结构化合物的吸收特性

化　合　物	共轭双键数	λ_{max}/nm	ε_{max}
$CH_2{=}CH_2$	0	195	5 000
$CH_2{=}CHCOOH$	2	200	10 000
$CH_2{=}CH{-}CH{=}CH_2$	2	217	21 000
$CH_3{-}(CH{=}CH)_2{-}COOH$	3	254	25 000
$H(CH{=}CH)_3H$	3	258	35 000

表 3-4　苯及其单取代衍生物的吸收特性[a]

化　合　物	取代基	λ_{max}/nm	ε_{max}
苯		254	300
氯苯	—Cl	264	320
溴苯	—Br	262	325
苯酚	—OH	273	1 780
苯甲醚	—OCH₃	272	2 240

[a] 溶剂一般为环己烷。

2. 有机化合物的吸收带

在紫外-可见吸收光谱中,吸收峰在光谱中的波带位置,称为吸收带(absorption band)。根据电子及分子轨道的种类,可将吸收带分为 4 种类型。

(i) R 吸收带。R 吸收带由生色团的 n→π* 跃迁所产生,由于 ε 值太小,常被附近的强吸收所掩盖。

(ii) K 吸收带。K 吸收带由 π→π* 跃迁所产生,含有共轭生色团的化合物其吸收光谱上都会出现这类吸收带。

(iii) B 吸收带。B 吸收带是芳香族化合物的特征吸收带,在苯的紫外吸收光谱图中(图 3-6),在 230~270 nm 处($\lambda_{max}=254$ nm,$\varepsilon=300$)有一系列较弱的吸收峰,称为 B 吸收带或精细结构吸收带,是由 π→π* 跃迁和苯环的骨架振动重叠所引起。苯环在极性溶剂中的 B 吸收带由于溶剂化的影响,精细结构消失,如图 3-7 所示。

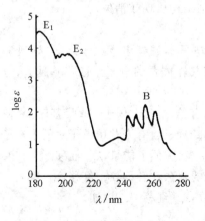

图 3-6　苯的紫外吸收光谱

溶剂:环己烷

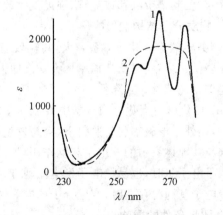

图 3-7　苯酚的吸收光谱

1—庚烷　2—乙醇

(iv) E 吸收带。E 吸收带也是芳香族化合物的特征吸收带,ε 值为 2 000～14 000。苯的两个 E 吸收带分别在 180 nm(E_1 带)和 200 nm(E_2 带)处,是由苯环中的共轭体系跃迁所产生。当苯环上有取代基时,E 吸收带因其影响发生红移,吸收强度有所改变。取代基的性质及其取代位置也会对 E 吸收带的位置产生影响。详细内容可查阅有关结构分析的专著。

3.2.3 无机化合物的紫外-可见吸收光谱

1. 配位体场吸收带

配位体场吸收带是在配位体场的作用下,某些无机离子内层电子发生 f-f 和 d-d 跃迁所产生的吸收带,配位体场吸收带主要用于配合物结构的研究。

(i) f-f 电子跃迁吸收带。位于紫外-可见光区,是由镧系和锕系元素离子的 4f 和 5f 电子跃迁所产生的。由于 f 轨道被已填满的外层轨道屏蔽,几乎不受金属离子所处配位环境的影响,因此这类吸收带由一些狭窄的特征吸收峰所组成。

(ii) d-d 电子跃迁吸收带。位于可见光区,是由于 d 电子层未填满的第一、二过渡金属离子的 d 电子,在不同能量的 d 轨道(在配位体场影响下 d 轨道发生分裂所致)之间的跃迁所产生的。这种光谱吸收带比较宽,吸收峰强烈地受配位环境的影响。例如 Cu^{2+} 的水合离子的吸收峰位于 794 nm,而 Cu^{2+} 的氨合离子的吸收峰为 663 nm。这类吸收带的吸收强度不大,ε_{max} 约为 $0.1～100(L \cdot mol^{-1} \cdot cm^{-1})$,较少用于定量分析。

2. 电荷转移光谱

某些化合物的分子同时具有电子给予体特性的部分和电子接受体特性的部分。当上述化合物的分子受到外来电磁辐射照射时,电子从给予体外层轨道向接受体跃迁时会产生较强的吸收,所得到的光谱称为电荷转移光谱。如金属配合物中的配位体是电子给予体,中心原子是电子接受体,电子从配位体轨道跃迁到中心原子的外层轨道,就可以产生电荷转移光谱。这种谱带的吸收强度大,ε_{max} 大于 $10^4(L \cdot mol^{-1} \cdot cm^{-1})$,用这类光谱进行定量分析有利于提高测定的灵敏度。

3.2.4 影响紫外-可见吸收光谱的因素

物质的分子结构和测量条件如溶剂的极性、温度和溶液的 pH 等因素都会影响紫外-可见吸收光谱,使其谱带红移或蓝移、强度发生改变、精细结构出现或消失。

1. 物质分子结构的影响

(i) 共轭效应。共轭体系越大,共轭效应越强,电子离域到多个原子之间,导致 $\pi \rightarrow \pi^*$ 跃迁能量降低越多,同时跃迁概率增大,ε_{max} 增大;具有共轭体系的分子中取代基越大,分子共平面性越差,λ_{max} 蓝移,ε_{max} 降低。

(ii) 取代基。当化合物分子中共轭体系的两端有给电子或吸电子取代基时,易使电子发生流动,在外来电磁辐射的照射下,容易发生电子的跃迁。含有未共用电子对的给电子基团由于能够与共轭体系中的 π 电子相互作用,形成 p-π 共轭,降低了能量,λ_{max} 红移。当在共轭体系中引入吸电子基时,也易使电子发生流动,产生电子的永久性转移,λ_{max} 红移,ε_{max} 增大。给电子基与吸电子基同时存在时,产生分子内电荷转移吸收,λ_{max} 红移,ε_{max} 增加。

2. 测量条件的影响

(i) 温度。低温时,由于分子的热运动减弱,邻近分子间的能量交换减少,使吸收峰产生红移,同时吸收峰变得比较尖锐,吸收强度有所增大。室温范围,温度对吸收光谱的影响不大。

温度较高时,分子的碰撞频率增加,谱带变宽,谱带精细结构消失。

(ii) 溶剂。紫外-可见吸收光谱的测定大多是在溶液中进行。同一种物质由于使用的溶剂不同,得到的紫外-可见吸收光谱的形状和 λ_{max} 位置可能不一样,所以在测定物质的吸收光谱时,一定要注明所使用的溶剂。如果要与标准品的吸收光谱相比较,必须采用相同的溶剂。

紫外-可见吸收光谱中常用的溶剂有己烷、庚烷、环己烷、水、乙醇等。溶剂极性不同,对溶质吸收峰的波长、强度及形状可能产生影响。如用极性较大的溶剂,一般使 $\pi \rightarrow \pi^*$ 跃迁的 λ_{max} 红移;而使 $n \rightarrow \pi^*$ 跃迁的 λ_{max} 蓝移。后者的移动一般比前者大,其原因是激发态的极性比基态极性大,非键电子(n 电子)与极性溶剂之间形成较强的氢键。

溶剂极性除了对 λ_{max} 的位置有影响外,还影响吸收强度和精细结构。例如,B 吸收带的精细结构在非极性溶液中比较清晰,但在极性溶液中较弱,有时会消失而出现一个宽峰。如苯酚的 B 吸收带的精细结构在非极性溶剂庚烷中清晰可见,而在极性溶剂乙醇中,则完全消失而呈现一宽峰,因此,在溶解度允许的情况下,测量吸收光谱时应选择极性较小的溶剂。另外,溶剂本身也具有一定的吸收带,若和溶质的吸收带有重叠,将妨碍对溶质吸收带的观察。表 3-5 是紫外吸收光谱中常用溶剂的截止波长,低于此波长时,溶剂的吸收不可忽视。

表 3-5　溶剂的使用波长

溶　剂	截止波长/nm	溶　剂	截止波长/nm
乙醚	220	1,2-二氧乙烷	230
环己烷	210	二氯甲烷	233
正丁醇	210	氯仿	245
水	210	乙酸正丁酯	260
异丙醇	210	乙酸乙酯	260
甲醇	210	甲酸甲酯	260
甲基环己烷	210	甲苯	285
乙醇	215	吡啶	305
2,3,4-三甲戊烷	215	丙酮	330
对二氧六环	220	二硫化碳	380
正己烷	220	苯	280
甘油	220		

(iii) pH。不少化合物分子中都具有酸性和碱性可离解基团,在不同 pH 的溶液中,分子的离解形式可能发生改变,其吸收光谱的形状、λ_{max} 的位置和吸收强度都可能不一样,如图 3-8 所示。所以测定这些化合物的吸收光谱时,必须注意溶液的 pH。

(iv) 浓度。溶液的浓度过高或过低时,由于分子的离解、缔合、互变异构等作用,也可使物质的存在形式发生变化,从而使吸收光谱发生改变。

(v) 狭缝宽度。仪器的狭缝宽度也可影响吸收光谱的形状。狭缝宽度越大,光的单色性越差,吸收光谱的细微结构就可能消失。

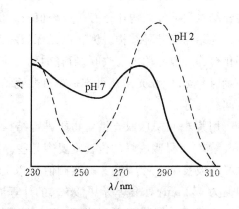

图 3-8　胞苷三磷酸在 pH 2 和 7 时的吸收光谱

3.2.5　紫外-可见吸收光谱的应用

紫外-可见吸收光谱一般用于物质的定量测定,这是本章后面要详细介绍的内容。除此以外,紫外-可见吸收光谱还用于物质的定性分析、纯度鉴定、结构分析以及某些物理化学参数的测定。

1. 定性分析

紫外-可见吸收光谱法对无机元素的定性分析应用较少,无机元素的定性分析可用原子发射光谱法或化学分析的方法。在有机化合物的定性鉴定和结构分析中,由于紫外-可见吸收光谱较简单,特征性不强,因此该法的应用也有一定的局限性。但是它适用于不饱和有机化合物,特别是共轭体系的鉴定,以此推断未知物的骨架结构。此外,可配合红外光谱、核磁共振波谱法和质谱法进行定性鉴定和结构分析,因此仍不失为一种有用的辅助方法。特别是如果有标准样品进行比较或利用标准吸收光谱图进行对照,仍可有效地对未知物进行鉴定。

利用标准试样对未知物进行鉴定时,对两者吸收光谱中吸收峰的位置、数目、形状和相对吸收强度进行比较,如果两者完全一致,就可初步确定为同一物质。有时为了进一步确认,可更换溶剂,再在相同条件下进行测定。如果使用文献报道的图谱或其他来源的标准图谱进行对照,则在测定未知物的吸收光谱时,要求使用精度比较高的分光光度计,其波长要按规定进行校正。

2. 纯度鉴定

用紫外吸收光谱确定试样的纯度是比较方便的。如果在一种不吸收紫外区某波段辐射的化合物中,混有在该波段有吸收的杂质,则很容易检出。例如,在甲醇中含有少量苯时,被沾污甲醇的紫外吸收光谱在254nm处就会出现苯的特性吸收。如果所测化合物和杂质都在同一光谱区域内有吸收,只要它们的最大吸收峰波长不同,也可根据吸收光谱作出纯度鉴定。例如,对核酸($\lambda_{max}=260nm$)和蛋白质($\lambda_{max}=280\ nm$),就可以利用其纯物质的吸光度比值作为指标进行纯度检验。已知纯核酸的吸光度比值为 $A_{280}/A_{260}=0.5$,而纯蛋白质的吸光度比值为 $A_{280}/A_{260}=1.8$。

3. 结构分析

紫外-可见吸收光谱一般不用于化合物的结构分析,但利用紫外吸收光谱鉴定化合物中的共轭结构和芳环结构还是有一定价值的。例如,某化合物在近紫外区内无吸收,说明该物质没有共轭结构和芳环结构。饱和五元环和六元环状化合物在 200 nm 以上无吸收峰;而不饱和杂环化合物一般有两个吸收峰;当有助色团作为取代基时,吸收峰产生红移,吸收强度增大。此外,利用紫外吸收光谱还可辨别具有共轭结构化合物的异构体、氢键强度以及配合物的组成及空间结构等。

用紫外-可见吸收光谱对物质进行结构分析有一定的局限性;但反过来,由分子的结构判断其紫外-可见吸收峰的位置则要容易些。例如,根据一些经验规则计算出麦角甾醇的最大吸收峰的波长(λ_{max})为 283 nm,实测值为 282 nm;全反式 β-胡萝卜素 λ_{max} 计算值为 453 nm,而实测值为 452 nm;对-氨基苯甲酸 λ_{max} 的计算值和实测值皆为 288 nm。

由此可见,根据物质的分子结构,可对物质的紫外-可见吸收光谱在一定程度上进行预测。

3.3　朗伯-比尔(Lambert-Beer)定律

3.3.1　透射比和吸光度

当一束平行光通过均匀的液体介质时,光的一部分被吸收,一部分透过溶液,还有一部分被器皿表面反射。设入射光强度为 I_0,吸收光强度为 I_a,透射光强度为 I_t,反射光强度为 I_r,则

$$I_0 = I_a + I_t + I_r \qquad (3-1)$$

在吸收光谱分析中,通常将被测溶液和参比溶液分别置于同样材料和厚度的吸收池中,让强度为 I_0 的单色光分别通过两个吸收池,再测量透射光的强度。所以,反射光强度基本相同,其影响可以相互抵消,上式可简化为

$$I_0 = I_a + I_t \qquad (3-2)$$

透射光的强度(I_t)与入射光强度(I_0)之比为透射比(transmittance),用 T 表示。

$$T = \frac{I_t}{I_0} \qquad (3-3)$$

溶液的透射比越大,表示它对光的吸收越小;反之,透射比越小,表示它对光的吸收越大。为了表示物质对光的吸收强度,常采用吸光度(absorbance)这一概念,其定义为

$$A = \lg \frac{1}{T} = \lg \frac{I_0}{I_t} \qquad (3-4)$$

A 值越大,表示物质对光的吸收越大。透射比和吸光度都是物质对光吸收程度的量度,透射比以百分率表示,吸光度为无因次的量。两者可由式(3-4)相互换算。

3.3.2　朗伯-比尔定律

朗伯(Lambert)和比尔(Beer)分别于 1760 年和 1852 年研究了溶液的吸光度与溶液液层厚度以及溶液浓度间的定量关系。

朗伯定律可表述为:当用一适当波长的平行单色光照射一固定浓度的溶液时,其吸光度与液层厚度成正比,即

$$A = k'l \qquad (3-5)$$

式中:l 为液层厚度,k' 为比例系数。朗伯定律对所有均匀吸收介质都是适用的。

比尔定律描述了溶液浓度与吸光度间的定量关系。比尔定律可表述为:当用一适当波长的单色光照射一溶液时,若液层厚度一定,则吸光度与溶液浓度成正比,即

$$A = k''c \qquad (3-6)$$

式中:c 为溶液浓度,k'' 为比例系数。与朗伯定律不同的是,比尔定律不是对所有的吸光溶液都适用,很多因素都可导致吸光度不能严格与溶液的浓度成正比。

如果溶液的浓度(c)和透光液层厚度(l)都是不固定的,就必须同时考虑 c 和 l 对光吸收的影响。将式(3-5)和式(3-6)合并,得到

$$A = kcl \qquad (3-7)$$

式中:比例系数 k 与吸光物质的本性、入射光波长和温度等因素有关。式(3-7)即是朗伯-比尔定律的数学表达式。它是均匀、非散射介质对光吸收的基本定律,是分光光度法进行定量分析的基础。

第一篇　光谱分析

朗伯-比尔定律的推导如下：如图 3-9 所示，设一束强度为 I_0 的平行单色光通过一横截面积为 S 的均匀介质，在吸收介质中，光的强度为 I_x，当通过吸收层（$\mathrm{d}x$）后，减弱了 $\mathrm{d}I_x$，则厚度为 $\mathrm{d}x$ 的吸收层对光的吸收率为 $-\mathrm{d}I_x/I_x$。由于厚度（$\mathrm{d}x$）为无限小，所以横截面上所有吸光分子所占的横截面积之和（$\mathrm{d}S$）与横截面积（S）之比为 $\mathrm{d}S/S$，可视为该横截面上光子被吸收的概率，即有

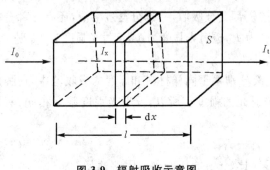

图 3-9　辐射吸收示意图

$$-\frac{\mathrm{d}I_x}{I_x} = \frac{\mathrm{d}S}{S} \qquad (3\text{-}8)$$

若吸收介质内含有 m 种吸光分子，a_i 为第 i 种吸光分子对指定波长光子的吸收横截面积，$\mathrm{d}n_i$ 是第 i 种吸光分子的数目，则

$$\mathrm{d}S = \sum_{i=1}^{m} a_i \mathrm{d}n_i \qquad (3\text{-}9)$$

将式（3-9）代入式（3-8），得到

$$-\frac{\mathrm{d}I_x}{I_x} = \frac{1}{S}\sum_{i=1}^{m} a_i \mathrm{d}n_i \qquad (3\text{-}10)$$

当光束通过厚度为 l 的吸收层时，对上式两边积分，得到

$$\ln\frac{I_0}{I_t} = \frac{1}{S}\sum_{i=1}^{m} a_i n_i \qquad (3\text{-}11)$$

根据吸光度的定义

$$A = \lg\frac{I_0}{I_t} = \frac{0.4343}{S}\sum_{i=1}^{m} a_i n_i$$

将横截面积（S）用均匀介质的体积（V）和光程长度（l）表示，即 $S=V/l$，代入上式，得

$$A = 0.4343\,\frac{l}{V}\sum_{i=1}^{m} a_i n_i = \sum_{i=1}^{m} 0.4343 N_\mathrm{A} a_i l\,\frac{n_i}{N_\mathrm{A}V}$$

式中：N_A 为阿伏伽德罗常数，$n_i/N_\mathrm{A}V$ 即为第 i 种分子在均匀介质中的浓度（c_i）。将 $0.4343 N_\mathrm{A} a_i$ 合并为常数（ε_i），则

$$A = \sum_{i=1}^{m} \varepsilon_i l c_i \qquad (3\text{-}12)$$

式（3-12）表明，总吸光度等于吸收介质内各吸光物质吸光度之和，即吸光度具有加和性，这是进行多组分光度分析的理论基础。当吸收介质内只有一种吸光物质时，式（3-12）简化为

$$A = \varepsilon c l \qquad (3\text{-}13)$$

此即朗伯-比尔定律的一种表达形式。

3.3.3　吸光系数

吸光系数的物理意义是吸光物质在单位质量浓度及单位液层厚度时的吸光度。在一定条件（单色光波长、溶剂、温度等）下，吸光系数是物质的特性常数之一，可作为物质定性鉴定的重要依据。在式（3-7）中，吸光系数是斜率，是物质定量分析的重要依据，其值愈大，测定的灵敏度愈高。根据浓度（c）和液层厚度（l）采用的单位不同，吸光系数有以下几种常用的表达方式。

1. 吸光系数

当 l 以 cm、c 以 $g \cdot L^{-1}$ 为单位时,式(3-7)中的 k 称为吸光系数(absorptivity),以 a 表示。式(3-7)则变为

$$A = acl \qquad (3\text{-}14)$$

式中:a 的单位为 $L \cdot (g \cdot cm)^{-1}$。

2. 摩尔吸光系数

当 l 以 cm、c 以 $mol \cdot L^{-1}$ 为单位时,式(3-7)中的 k 称为摩尔吸光系数(molar absorptivity),用 ε 表示。ε 比 a 更为常用,单位为 $L \cdot (mol \cdot cm)^{-1}$,它表示物质的浓度为 $1 \ mol \cdot L^{-1}$、液层厚度为 1 cm 时溶液的吸光度。此时式(3-7)即为式(3-13)。

显然,不能直接测量浓度为 $1 \ mol \cdot L^{-1}$ 溶液的吸光度。ε 一般是由稀浓度溶液的吸光度计算求得。由于 ε 值与入射光波长有关,故在表示某物质溶液的 ε 时,常用下标注明入射光的波长。

ε 值越大,方法的灵敏度越高。如 ε 为 10^4 数量级,测定该物质浓度范围可达到 $10^{-6} \sim 10^{-5} \ mol \cdot L^{-1}$,灵敏度比较高;当 ε 小于 10^3 时,其测定浓度范围在 $10^{-4} \sim 10^{-3} \ mol \cdot L^{-1}$ 左右,灵敏度就要低得多。

3. 比吸光系数

在化合物组成成分不明的情况下,物质的相对分子质量是无从知道的,因而摩尔浓度无法确定,就无法使用摩尔吸光系数。为了方便起见,在医药学中还常采用比吸光系数(specific absorptivity)这一概念,比吸光系数是指在指定浓度为 $1 \ g \cdot (100 \ mL)^{-1}$、$l$ 为 1 cm 时吸光度值,用 $A_{1 \ cm}^{1\%}$ 表示。$A_{1 \ cm}^{1\%}$ 与 ε 之间的关系式为

$$\varepsilon = 0.1 M A_{1 \ cm}^{1\%} \qquad (3\text{-}15)$$

式中:M 为吸光物质的摩尔质量。

3.3.4　偏离朗伯-比尔定律的因素

在进行定量分析时,通常吸收池的厚度不变。按照朗伯-比尔定律,浓度与吸光度之间的关系应该是一条通过直角坐标原点的直线,称为校准曲线(calibration curve),又称标准曲线。但在实际工作中,吸光度与浓度往往会偏离线性而发生弯曲,即对朗伯-比尔定律发生偏离。若在曲线的弯曲部分进行定量分析,将产生较大的分析误差。导致偏离朗伯-比尔定律的因素很多,归纳起来主要有两类:一类与样品溶液有关,另一类与仪器性能有关。下文分别讨论。

1. 与样品溶液有关的因素

朗伯-比尔定律一般只有在溶液浓度小于 $0.01 \ mol \cdot L^{-1}$ 的稀溶液中才能成立。在高浓度时,由于吸光质点间的平均距离缩小,邻近质点彼此的电荷分布会产生相互影响,导致它们对特定辐射的吸收能力发生变化,致使吸光系数改变,造成对朗伯-比尔定律的偏离。

朗伯-比尔定律的推导是基于样品溶液中各组分之间没有相互作用的假设。但随着溶液浓度增加,各组分之间不可避免地发生离解、缔合、光化反应、互变异构及配合物配位数变化等作用,使被测组分的吸收曲线发生明显改变,吸收峰的位置、高度以及光谱微细结构等都会不同,吸光度与溶液浓度的线性关系发生改变,致使其偏离朗伯-比尔定律。

在紫外-可见分光光度法中广泛使用的各种溶剂对样品溶液中待测组分之生色团的吸收峰高度、波长位置产生影响。溶剂有时也会影响待测物质的物理性质和组成,从而影响其光谱特性,包括谱带的电子跃迁类型等。

当试样为胶体、乳状液或有悬浮物质时,入射光通过溶液后有一部分光会因为散射而损失,使吸光度增大,导致对朗伯-比尔定律的正偏离。质点的散射强度是与入射光波长的四次方成反比,所以散射对紫外区的测定影响更大。

2. 与仪器性能有关的因素

在所有偏离朗伯-比尔定律的因素中,非单色光是较为重要的因素。严格讲,朗伯-比尔定律只适用于单色光。但在紫外-可见分光光度法中,从光源发出的光经单色器分光,在吸光度实际测量中需有足够光强,故狭缝必须有一定的宽度。因此,由出射狭缝投射到被测溶液的光并不是理论上要求的单色光,而是包含一小段波长范围的复合光。由于吸光物质对不同波长的光的吸光能力不一样,就导致了对朗伯-比尔定律的负偏离。在所使用的波长范围内,吸光物质的吸收能力变化越大,这种偏离就越明显,例如,按图3-10所表示的吸收光谱,谱带Ⅰ的吸光系数变化不大,用谱带Ⅰ进行分析,造成的偏离就比较小。而谱带Ⅱ的吸光系数变化较大,用谱带Ⅱ进行分析就会造成较大的负偏离。所以通常选择吸光物质的最大吸收波长作为分析波长,这样不仅能保证测定有较高的灵敏度,而且此处曲线较为平坦,吸光系数变化不大,对朗伯-比尔定律的偏离程度就比较小。并且在保证一定光强的前提下,应使用尽可能窄的带宽,同时应尽量避免采用尖锐的吸收峰进行定量测定。

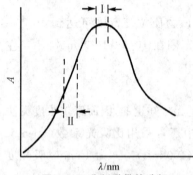

图 3-10　分析谱带的选择

此外,光的折射、溶液中的物质产生的荧光、非平行光等都可造成对朗伯-比尔定律的偏离。但这些因素造成的偏离对测定的影响,一般可忽略不计,例如,在入射光束与光轴的夹角为5°时非平行光引起吸光度的最大相对偏差仅为0.2%。

3.4　紫外-可见分光光度计

3.4.1　基本结构

各种型号的紫外-可见分光光度计(ultraviolet-visible spectrophotometer),就其基本结构来说,都是由光源、单色器、吸收池、检测器和信号显示系统五部分组成(图3-11)。

图 3-11　紫外-可见分光光度计基本结构示意图

1. 光源

光源是提供入射光的装置。光度测量对光源的要求是能够发射强度足够而且稳定的连续光谱,而且辐射能量随波长的变化应尽可能小。为了保持光源稳定,要求采用电源稳压器供电。在紫外-可见分光光度计中,常用的光源有两类:热辐射光源和气体放电光源。热辐射光源用于可见光区,如钨丝灯和卤钨灯;气体放电光源用于紫外光区,如氢灯和氘灯。

(i) 钨丝灯。钨灯是固体炽热发光,又称白炽灯。作为可见光源,其波长范围是360～

1000 nm。钨灯的发光强度与供电电压的 3～4 次方成正比,电源电压的微小波动就会引起发射光强的很大变化。因此,必须使用稳压电源,使光源发光强度稳定。

(ii) 卤钨灯。卤钨灯是在钨灯灯泡内充碘或溴的低压蒸气,钨丝灯在工作时挥发出的钨原子与卤素作用生成卤化物,卤化物分子在灯丝上受热分解为钨原子和卤素,使钨原子重新返回到钨丝上,这样就大大减少了钨原子的蒸发,提高了灯的使用寿命。此外,卤钨灯比普通钨丝灯的发光效率也要高得多。所以,不少类型的分光光度计已采用卤钨灯作为可见光区和近红外区的光源。

(iii) 氢灯和氘灯。氢灯和氘灯都是气体放电发光,发射 150～400 nm 的紫外连续光谱,具有石英窗或用石英灯管制成,用作紫外区光源。氢灯可用的上限波长为 375 nm,高于此波长时,氢灯的能量太小,应该用钨丝灯。氘灯的灯管内充有氢的同位素氘,它是紫外光区应用最广泛的一种光源,其光谱分布与氢灯类似,但光强度比相同功率的氢灯要大 3～5 倍。气体放电发光需先激发,同时应控制稳定的电流,所以都配有专用的电源装置。

2. 单色器

单色器(monochromator)是把来自光源的复合光分解为单色光,并分离出所需要波段光束的装置,是分光光度计的重要部件,其主要组成为入射狭缝、出射狭缝、色散元件和准直镜等。入射狭缝的作用是限制杂散光进入;色散元件的作用是将复合光分解为单色光,它可以是棱镜或光栅;准直镜的作用是把来自狭缝的光束转换为平行光,并将来自于色散元件的平行光束聚焦于出射狭缝上;出射狭缝的作用是将额定波长范围的光射出单色器。出射光束的波长和带宽可由狭缝在一定范围内调节。

单色器的性能直接影响出射光的纯度,从而影响测定的灵敏度、选择性及校准曲线的线性范围;其质量的优劣,主要决定于色散元件的质量。色散元件棱镜和光栅现介绍如下。

紫外-可见分光光度计常用的棱镜有玻璃棱镜和石英棱镜两种。玻璃棱镜有较大的角色散,但不能用于紫外区;石英棱镜对紫外光有较大的角色散,但在可见光区的色散性能不及玻璃棱镜。

(1) 棱镜

棱镜(prism)是根据透明物质的折射率与光的波长这一性质制成的。透明物质的折射率(n)与入射光的波长(λ)的关系为

$$n = A + \frac{B}{\lambda^2} + \frac{C}{\lambda^4} + \cdots \qquad (3-16)$$

式中：A、B、C 是与透明物质的性质有关的常数。从式(3-16)可以看出,波长越长,折射率越小。当复合光通过棱镜时,由于多种波长的光在棱镜内的折射率不同,各种波长的光就可以被分开,这就是棱镜的色散作用,其色散过程如图 3-12 所示。图中的 λ_1、λ_2、λ_3 表示为三种不同波长的光,$\lambda_1 < \lambda_2 < \lambda_3$,光线通过棱镜产生两次折射;$\alpha$ 为

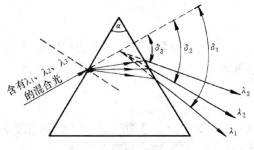

图 3-12　棱镜色散示意图

棱镜的顶角;δ_1、δ_2、δ_3 为光线经第二次折射后的偏向角。各种波长的光有不同的偏向角,波长越短,偏向角越大,即 $\delta_1 > \delta_2 > \delta_3$。

棱镜的主要光学特性是它的角色散(angular dispersion)、线色散(linear dispersion)和分

辨本领(resolving power)。角色散(D)表示波长相差 $d\lambda$ 的谱线被分开角度 $d\delta$

$$D = \frac{d\delta}{d\lambda} = \frac{d\delta}{dn} \cdot \frac{dn}{d\lambda} \tag{3-17}$$

式中：$d\delta/dn$ 项取决于棱镜的几何条件，其值随顶角(α)加大而迅速增大，但反射损失也同时增大。通常采用棱镜的顶角为 $60°$ 左右；$dn/d\lambda$ 项与棱镜的材料特性有关，是选择棱镜材料的依据。从上式可看出，棱镜的角色散随波长的增加而减小。线色散 $dl/d\lambda$ 是波长差为 $d\lambda$ 的两条谱线在焦面上被分开的距离。通常采用的是倒数线色散(reciprocal linear dispersion)，其意义是单位长度内容纳的波长数，单位是 $nm \cdot mm^{-1}$。色散元件分辨本领的定义是

$$R = \frac{\lambda}{\Delta\lambda} \tag{3-18}$$

式中：$\Delta\lambda$ 是恰能分辨的两条谱线的波长差，λ 是两条谱线波长的平均值。例如，某棱镜恰好能分辨出钠的 $589.0\ nm$ 和 $589.6\ nm$ 两条谱线，其分辨本领为

$$R = \frac{589.3}{0.6} = 980$$

（2）光栅

现代分光光度计多采用光栅(grating)作为色散光元件。光栅分为透射式光栅和反射式光栅两种，在分光光度计中采用的光栅绝大多数都为平面反射光栅(通常指闪耀光栅)。在平面反射光栅上，每毫米(mm)上刻有 600 条或 1200 条三角形线槽，每一个线槽形成的小反面与光栅平面成一定角度(图 3-13)。在光的照射下，光栅的每条刻线都产生衍射，使光分布在一个较大的角度内。每条刻线所衍射的光又互相干涉，产生干涉条纹。当光的入射角和刻线距离一定时，条纹中心位置只与波长有关，这些按波长排列的干涉条纹，就构成了光栅光谱，在光栅衍射中，获得谱线的条件为

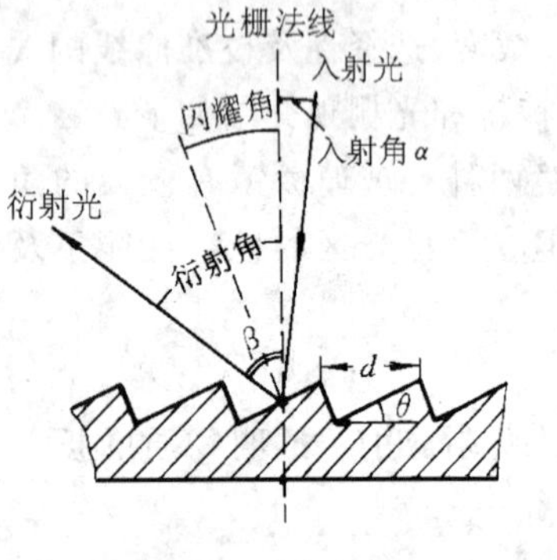

$$m\lambda = d(\sin\alpha \pm \sin\beta) \tag{3-19}$$

式中：m 为干涉级数，d 为光栅常数，α 为入射角，β 为光的衍射角。式(3-19)为光栅方程。

光栅的角色散可由光栅方程微分求得，即

$$\frac{d\beta}{d\lambda} = \frac{m}{d\cos\beta} \tag{3-20}$$

线色散为

$$\frac{dl}{d\lambda} = \frac{mf}{d\cos\beta} \tag{3-21}$$

图 3-13　平面反射光栅

式中：f 为物镜焦距。在光栅法线附近，衍射角 β 很小，$\cos\beta \approx 1$，即在同一级光谱中，色散本领基本上不随波长改变，近似于线性色散。光栅的分辨本领为

$$R = \frac{\lambda}{\Delta\lambda} = mN \tag{3-22}$$

式中：N 为光栅的总刻线数。例如，某光栅的宽度为 $40\ mm$，每毫米上刻线数为 1200 条，则该光栅一级光谱的理论分辨本领为

$$R = mN = 1 \times 40 \times 1200 = 48\ 000$$

光栅作为色散元件性能比棱镜要优越，例如，光栅的分辨本领比棱镜要高，光栅的可使用波长范围比较宽。此外，光栅的色散是近乎线性的，而棱镜的色散非线性。这样，利用光栅作为单色器时，仪器的狭缝宽度就不必随波长而变化，简化了仪器的结构。

3. 吸收池

吸收池(absorption cell)又称为比色皿或比色杯,按材料可分为玻璃吸收池和石英吸收池两种,前者不能用于紫外区。吸收池的光径可在 0.1～10 cm 之间变化,其中以 1 cm 光径吸收池最为常用;在用于高浓度或低浓度溶液测定时,可相应采用光径较小或较大的吸收池。吸收池的透光性能稍有差异,对精密的测量,需选用 2～4 个透光性能相近的吸收池,分别固定使用空白或标准溶液。

4. 检测器

检测器(detector)的作用是检测光信号,并将光信号转变为电信号。现今使用的分光光度计大多采用光电管或光电倍增管作为检测器。光电管是在石英泡内放置一个金属丝圈阳极和一个半圆筒体阴极(图 3-14),其适用的波长范围取决于阴极上的光电发射材料。阴极表面涂有锑和铯的蓝敏光电管,适用波长范围为 200～625 nm;阴极表面涂有银或氧化铯的红敏光电管,适波长范围为 625～1000 nm。光电管在受光照射时,阴极发射出电子,入射光越强,产生的光电流越大。光电管的工作电压通常为 90 V,此时光电流正比于入射光强度,而与所施加电压无关。光电管在未受光照射时,由于电极热电子的发射产生暗电流,暗电流是光电管的重要技术

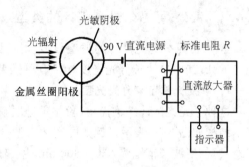

图 3-14　光电管示意图

指标之一,暗电流越小,光电管的质量越好。在仪器中通常设有一个补偿电路以消除暗电流。

光电倍增管(photomultiplier)是检测弱光最常用的光电元件,其灵敏度比光电管要高得多。光电倍增管由一个光阴极和多个二次发射极(打拿极)所组成(图 3-15)。光照射阴极时

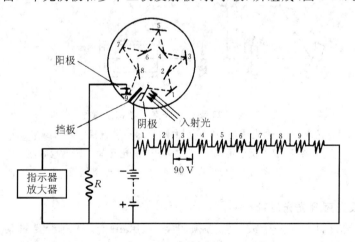

图 3-15　光电倍增管结构示意图

引起电子发射,这些光电子在真空管中被电场加速到第一个打拿极。每个光电子引起多个二次电子发射,这些电子又被加速到下一个打拿极,如此重复多次(一般光电管有 9 个打拿极),每个光电子可产生 10^6～10^8 个电子。实际测量的是最后一个打拿极与阳极之间的电流,它与入射光强度和光电倍增管的增益成正比。通过改变所加电压,可以在较广的范围内改变增益。

光电倍增管的响应时间很短,可检测 $10^{-8} \sim 10^{-9}$ s级的脉冲信号。光电倍增管的灵敏度与光电管一样,受暗电流的限制。暗电流主要来自于光阴极和次级的热电子发射以及各极间的漏电流。电极电压较低时,暗电流主要来自于漏电流;电极电压较高时,则主要来自于热电子发射。光电倍增管不能用来测定强光,否则光阴极和二次发射极容易疲劳,使信号漂移,灵敏度降低,并且光电倍增管可因阳极电流过大而损坏。

5. 信号显示装置

在紫外-可见分光光度计中,常用的信号显示装置有直读检流计、电位调节指零装置以及自动记录和数字显示装置等。很多型号的分光光度计都装配有微处理器,一方面可对分光光度计进行操作控制,另一方面可进行数据处理。

3.4.2 紫外-可见分光光度计的类型

紫外-可见分光光度计的类型很多。按其光学系统可分为单波长分光光度计和双波长分光光度计,其中单波长分光光度计又有单光束和双光束分光光度计两种。

1. 单波长单光束分光光度计

这种分光光度计结构简单、价格低廉、操作方便、维修也比较容易,适用于常规分析。它的基本结构如图 3-16 表示。例如国产 721 型分光光度计采用自准式棱镜色散系统,属单光束非记录式,使用波长范围为 $360 \sim 800$ nm,用钨丝灯做光源,光电流从微安表上读出。属于单波长单光束分光光度计的还有国产 722 型、751 型、724 型、XG-125 型等。

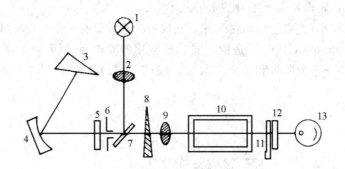

图 3-16 721 型分光光度计结构示意图

1—光源 2—聚光透镜 3—色散棱镜 4—准直镜 5—保护玻璃

6—狭缝 7—反射镜 8—光栏 9—聚光透镜 10—吸收池

11—光门 12—保护玻璃 13—光电倍增管

2. 单波长双光束分光光度计

单光束分光光度计每换一个波长都必须用空白(blank)校准。若要对某一试样做某波长范围的吸收图谱则很不方便,且单光束分光光度计要求光源和检测系统必须有较高的稳定性。双光束分光光度计能自动比较透过空白和试样的光束强度,此比值即为试样的透射比,并把它作为波长的函数记录下来。这样,通过自动扫描就能迅速地将试样的吸收光谱记录下来。

图 3-17 为双光束分光光度计的光路示意图。在双光束分光光度计中,来自光源的光束经单色器(M_0)后,分离出的单色光经反射镜(M_1)分解为强度相等的两束光,分别通过试样池(S)和参比池(R),然后在平面反射镜(M_3)和(M_4)的作用下重新汇合,投射到光电倍增管

(PM)上。当调制器 T 带动 M_1 和 M_4 同步旋转时,两光束分别通过参比池 R 和试样池 S,然后经过 M_3 和 M_4 分别投射到光电倍增管 PM 上。这样,检测器就可以在不同的瞬间接收和处理参比信号和试样信号,其信号差再通过对数转化为吸光度。单波长双光束分光光度计大多都设计为自动记录型。使用双光束的优点除了能自动扫描吸收光谱外,还可自动消除光源电压波动的影响,减少放大器增益的漂移,但其结构较单光束分光光度计复杂。这类仪器有国产710 型、730 型、740 型等。

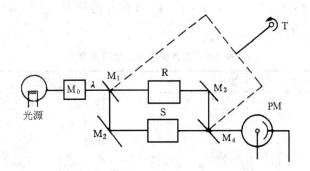

图 3-17　单波长双光束分光光度计原理图
M_0—单色器　$M_1 \sim M_4$—反射镜　R—参比池
S—样品池　T—旋转装置　PM—光电倍增管

3. 双波长分光光度计

双波长分光光度计的基本光路如图 3-18 表示。从同一光源发出的光分为两束,分别经过两个单色器,得两束不同波长(λ_1 和 λ_2)的单色光,利用切光器使两束光以一定的频率交替照射同一吸收池,最后由检测器显示出两个波长下的吸光度差值(ΔA)。双波长分光光度计的优点是可以测定多组分混合物、混浊试样(如生物组织液),以及在有背景干扰或共存组分吸收干扰的情况下对某组分进行定量测定。此外,还可以利用双波长分光光度计获得导数光谱和进行系数倍率法测定。双波长分光光度计设有工作方式转换机构,能够很方便地转换为单波长工作方式。

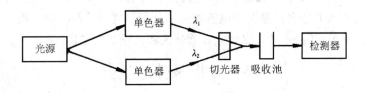

图 3-18　双波长分光光度计结构示意图

3.4.3　分光光度计的校正和检验

1. 波长校正

分光光度计常需波长校正,检查仪器的波长刻度与实际波长是否能较好地保持一致,以减小测量误差。稀土玻璃(如镨钕玻璃、钬玻璃)在相当宽的波长范围内有特征吸收峰,如通常采用镨钕玻璃在 573 nm 和 586 nm 的双峰以及 741 nm 和 808 nm 等处的吸收峰来对分光光度计的波长刻度进行校正。一般情况下,可见分光光度计的波长误差允许在±3 nm 范围内。利用某些本身有较强特征谱线的光源也可对波长进行校正,如氘灯和汞灯就广泛用于紫外分光光度计的校正。此外,苯蒸气在紫外区有很强的特征吸收峰,用它来校正波长也比较方便。

2. 吸光度校正

在实际工作中,有时需要对仪器的吸光度标度进行检查和校正。校正的方法是将 0.0303 g 干燥衡重的 $K_2Cr_2O_7$ 溶于 1 L 0.05 mol·L^{-1} 的 H_2SO_4 溶液中,用 1 cm 吸收池,在 25℃ 测定不同波长下的吸光度(表 3-6)。

表 3-6　重铬酸钾溶液的吸光度

波长/nm	吸光度	透射比/(%)	波长/nm	吸光度	透射比/(%)	波长/nm	吸光度	透射比/(%)
220	0.446	35.8	300	0.149	70.9	380	0.932	11.7
230	0.171	67.4	310	0.048	89.5	390	0.695	20.2
240	0.295	50.7	320	0.063	86.4	400	0.396	40.2
250	0.496	31.9	330	0.149	71.0	420	0.124	75.1
260	0.633	23.3	340	0.316	48.3	440	0.054	88.2
270	0.745	18.0	350	0.559	27.6	460	0.018	96.0
280	0.712	19.4	360	0.830	14.8	480	0.004	99.1
290	0.428	37.3	370	0.987	10.3	500	0.000	100

3. 杂散光的检验

由于仪器光源表面对光的反射和散射,单色光中含有一定的杂散光。杂散光可影响摩尔吸光系数(ε)与吸光度(A)间的直线关系。在仪器的光路系统中,往往采用一定的措施避免杂散光的影响。如在 721 型分光光度计中就装有保护玻璃片,以减少杂散光的影响。杂散光的检验是在较短波长下,测定某选定溶液的透射比(T)。药典规定用一定浓度的 NaI(220 nm) 或 $NaNO_2$ 溶液(380 nm)检查,其透射比应小于规定值。

4. 稳定性的检验

稳定性通常检验如下:将仪器预热后,精确调节透射比为 0%,在规定时间内观察其变化量是否符合要求。0%T 稳定性是与暗电流有关的指标。在 0%T 稳定性检验合格后,再检验 100%T 稳定性。紫外-可见分光光度计应在紫外区和可见光区各测一次。

3.5　分析条件的选择

在分析工作中,要使分析方法有较高的灵敏度和准确度,就要选择最佳的试样测定条件,这些条件包括仪器测量条件、试样反应条件以及参比溶液的选择等。

3.5.1　仪器测量条件的选择

1. 适宜的吸光度范围

偏离朗伯-比尔定律的一些因素可以给测量带来误差;除此以外,仪器光源不稳定、实验条件的偶尔变动、读数精度变动等也可以带来测量误差。这些因素特别是对浓度较大或浓度较小的试样的测定结果影响较大,这就要求选择适宜的吸光度范围,以使测量结果的误差最小。

根据朗伯-比尔定律,有

$$A = -\lg T = \varepsilon l c$$

微分后,得

$$d \lg T = 0.4343 \times \frac{dT}{T} = -\varepsilon l\, dc$$

或

$$0.4343 \times \frac{\Delta T}{T} = -\varepsilon l \Delta c \tag{3-23}$$

将式(3-23)代入朗伯-比尔定律,得

$$\frac{\Delta c}{c} = \frac{0.4343 \times \Delta T}{T \lg T} \tag{3-24}$$

要使测定结果得相对误差最小,上式两边对 T 求导,应有一极小值,即应满足条件

$$\frac{d}{dT}\left(\frac{0.4343 \times \Delta T}{T \lg T}\right) = \frac{0.4343 \times \Delta T (\lg T + 0.4343)}{(T \lg T)^2} = 0 \tag{3-25}$$

解得 $\lg T = -0.4343$。即当吸光度 A 等于 0.4343 时,吸光度测量误差最小。图 3-19 为浓度测量相对误差与溶液透射比的关系。

　　实际上,只有当 ΔT 主要由暗噪声(dark noise)形成时,才可以将式(3-24)中的 ΔT 看作为常量。暗噪声主要取决于电子元件和线路结构的质量、工作状态及环境条件。由于仪器制作工艺的改进,现今的分光光度计的暗噪声已经很低。高精度仪器由暗噪声产生的 ΔT 可低至 0.01%。此时 ΔT 主要由信号噪声(signal shot noise)所造成的。信号噪声与被测光强度成正比,还与光的波长和光敏元件的质量有关。图 3-20 表明在暗噪声和信号噪声的影响下,测定结果的相对误差与吸光度之间的关系。由图可知,由信号噪声造成的测量误差,在比较大的吸光度值范围(0.1~2.0)内都比较小,这对于测定来说是有利的。

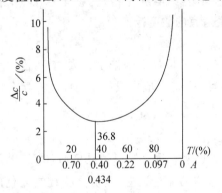

图 3-19　浓度测量相对误差($\Delta c/c$)
与溶液透射比(T)的关系

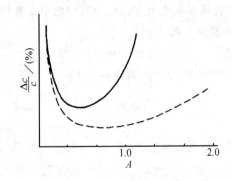

图 3-20　测定结果相对误差与吸光度值的关系
——暗噪声　……信号噪声

2. 入射光波长的选择

　　通常是根据被测组分的吸收光谱、选择最强吸收带的最大吸收波长为入射光波长。这样可以得到最大的测量灵敏度,称为最大吸收原则。当最强吸收峰的峰形比较尖锐时,往往选用吸收稍低、峰形稍平坦的次强峰或肩峰进行测定。

3. 狭缝宽度的选择

较为精密的分光光度计的狭缝宽度都是可调节的。狭缝宽度直接影响测定的灵敏度和校准曲线的线性范围。狭缝宽度增大,入射光的单色性降低,在一定程度上都会使灵敏度下降,或使校准曲线偏离朗伯-比尔定律。当然,并不是狭缝宽度越小越好。为了选择合适的狭缝宽度,应以减小狭缝宽度时试样的吸光度不再增加为准。一般来说,狭缝宽度大约是试样吸收峰半波度的10%。

3.5.2　显色反应条件的选择

在无机分析中,很少利用金属离子本身的颜色进行光度分析,因为其吸光系数值都较小。进行测定时,都是选用适当的试剂,与待测离子反应生成对紫外或可见光有较大吸收的物质再进行测定。这种反应称为显色反应。所用的试剂称为显色剂。常见的显色反应有配位反应、氧化还原反应以及增加生色团的衍生化反应等。显色反应一般应满足下述要求:(i)反应的生成物必须在紫外-可见光区有较强的吸光能力,即摩尔吸光系数较大;(ii)反应有较高的选择性,被测组分经反应生成的化合物的吸收光谱与其他共存组分的吸收光谱有明显的差别;(iii)反应生成物有足够的稳定性,以保证测量过程中溶液的吸光度不改变;(iv)反应生成物的组成恒定。要使显色反应达到上述要求,就需要控制显色反应的条件,以保证被测组分最有效地转变为适宜于测定的化合物。

1. 酸度

多数显色剂都是有机弱酸或弱碱,介质的酸度会直接影响显色剂的离解程度,从而影响显色反应的完全程度。溶液酸度的影响可表现在许多方面,如被测组分的存在形式、显色反应的颜色变化、有机弱酸的配位反应等。显色反应的最适宜酸度范围可通过实验来确定:测量某一固定浓度试样溶液吸光度随酸度的变化,以吸光度为纵坐标,溶液的pH为横坐标作图。曲线的平直即吸光度恒定部分所对应的pH范围,就是最适宜的酸度范围。

2. 显色剂的用量

加入过量的显色剂(developer)可使显色反应趋于完全。但显色剂浓度过大,有可能改变化合物的组成,使溶液的颜色发生变化。例如,Mo(V)与SCN^-反应生成一系列配比的配合物

$$Mo(SCN)_3^{2+} \xrightleftharpoons{2SCN^-} Mo(SCN)_5 \xrightleftharpoons{SCN^-} Mo(SCN)_6^-$$

$$\text{浅红} \qquad\qquad \text{橙红} \qquad\qquad \text{浅红}$$

在利用上述反应测定Mo(V)时,通常是测定$Mo(SCN)_5$的吸光度。所以当显色剂SCN^-的用量过大时,会因生成$Mo(SCN)_6^-$而使吸光度减小。像这样的显色反应,则应严格控制显色剂的用量。

3. 显色时间和温度

各种显色反应的反应速率各有不同。有些显色反应在实验条件下可瞬间完成,颜色很快达到稳定,并在较长的时间范围内变化不大。但有的显色反应需要一段时间颜色才能达到稳定。在实际工作中应通过实验测定溶液在某波长下的吸光度随时间变化的曲线,以确定显色反应所需的最佳时间。显色反应大多是在室温下进行,但有些反应在室温下进行较慢,需要加热才能完成。应该注意的是某些反应产物在加热条件下会发生分解。所以,对需要加热完成的反应,也应通过实验测定吸光度与温度的变化曲线来选择显色反应的适宜温度。

3.5.3　参比溶液的选择

测量试样溶液的吸光度时,先要用参比溶液(有时称为空白溶液)调节透射比为 100%,以消除溶液中其他成分以及吸收池和溶剂对光的反射和吸收所带来的误差。参比溶液的组成视试样溶液的性质而定,合理地选择参比溶液也很重要。

1. 溶剂参比

当试样溶液的组成较为简单,共存的其他组分很少且对测定波长的光几乎无吸收时,可采用溶剂作为参比溶液,可消除溶剂、吸收池等因素的影响。

2. 试剂参比

如果显色剂或其他试剂在测定波长有吸收,按显色反应相同条件,只是不加入试样,同样加入试剂和溶剂作为参比溶液。这种参比溶液可消除试剂中能产生吸收的组分的影响。

3. 试样参比

如果试样基体溶液在测定波长有吸收,而显色剂不与试样基体显色时,可按与显色反应相同条件来处理试样,只是不加入显色剂。这种参比溶液适用于试样中有较多的共存组分、加入的显色剂量不大、显色剂在测定波长无吸收的情况。

4. 平行操作参比

用不含被测组分的试样,在相同的条件下与被测试样同时进行处理,由此得到平行操作参比溶液。如在进行某种药物浓度监测时,取正常人的血样和待测血药浓度的血样进行平行操作处理,前者得到的溶液即可作为平行操作参比溶液。

3.6　测 定 方 法

3.6.1　单组分定量方法

单组分是指样品溶液中只含有一种组分,或者在多组分试液中待测组分的吸收峰与其他共存物质的吸收峰无重叠。其定量方法包括校准曲线法、标准对比法和吸收系数法,其中校准曲线法用得最多。这些定量方法不仅适用于紫外-可见分光光度法,对其他一些仪器分析方法也适用。

1. 校准曲线法

校准曲线法(calibration curve method)又称标准曲线法。其方法是:配置一系列不同含量的标准溶液,以不含被测组分的空白溶液作为参比,在相同条件下测定标准溶液的吸光度,绘制吸光度-浓度曲线(图 3-21),该曲线就是校准曲线。在相同条件下测定未知试样的吸光度,从校准曲线上就可以找到与之相对应的未知试样的浓度。根据朗伯-比尔定律,在吸收池厚度不变,其他条件相同的情况下,吸光度与浓度间有线性关系。但因前面述及的一些因素的影响,在某些浓度范围内吸光度与浓度间有时会不再具有线性关系,即偏离朗伯-比尔定律。所以,在建立一个方法时,首先要确定符合朗伯-比尔定律的浓度范围(线性范围)。具体的定量测定一般在线性范围内进行。

校准曲线的制作方法:(i)按选定的浓度,配置一系列不同浓度的标准溶液,浓度范围应包括未知试样

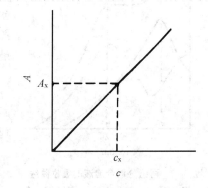

图 3-21　校准曲线法确定未知试样浓度

的浓度的可能变化范围；(ii) 测定时每一浓度至少应同时做两管(平行管)，同一浓度平行管测得的吸光度值基本相同，取其平均值；(iii) 用坐标纸绘制校准曲线。近年来，由于计算机和计算器的普及，可求出校准曲线的一元线性回归直线方程，由该方程即可求出未知物浓度。方法是由一系列的吸光度-浓度数据求回归方程，其公式如下

$$A = Kc + B$$

式中

$$K = \frac{n \sum c_s A_s - \sum c_s \sum A_s}{n \sum c_s^2 - \left(\sum c_s \right)^2}, \quad B = \frac{\sum c_s^2 A_s - \sum c_s \sum c_s A_s}{n \sum c_s^2 - \left(\sum c_s \right)^2}, \quad c = \frac{A - B}{K}$$

c_s 和 A_s 分别为所配制标准溶液浓度及所对应的吸光度值，c 和 A 为未知物浓度和吸光度值。

校准曲线应经常重复检查。工作条件有变化时，如更换标准溶液、仪器维修、更换光源时，都应重新作校准曲线。

2. 标准对比法

在相同条件下测定试样溶液和某一浓度的标准溶液的吸光度(A_x)和(A_s)，由标准溶液的浓度(c_s)可计算出试样中被测物浓度(c_x)

$$A_s = Kc_s, \quad A_x = Kc_x, \quad c_x = \frac{c_s A_x}{A_s} \tag{3-26}$$

这种方法就是标准对比法。该法比较简单，但误差较大。只有在测定的浓度区间内溶液完全遵守朗伯-比尔定律并且 c_s 和 c_x 很接近时，才能得到较为准确的答案。

3. 比吸光系数法

吸光系数法是利用标准的 $A_{1\,cm}^{1\%}$ 值进行定量测定。将标准物质分别在已校准过的不同型号的分光光度计上进行测定，计算出比吸光系数 $A_{1\,cm}^{1\%}$；也可以从手册上查出其标准值，再与样品的实验值($A_{1\,cm}^{1\%}$)比较，计算出样品含量(体积分数或质量分数)。我国的药典中规定某些药物的测定一般采用此法。例如，纯痢特灵的 $A_{1\,cm}^{1\%}$ 367(nm) = 746，在相同条件下，测定浓度为 0.001% 的痢特灵样品的吸光度为 $A = 0.739$，得出 $A_{1\,cm}^{1\%} = 739$，因此该样品中痢特灵的质量分数为

$$\frac{739}{746} \times 100\% = 99.06\%$$

3.6.2 多组分定量方法

对于含有多种吸光组分的溶液，在测定波长下，其总吸光度为各个组分的吸光度之和，即各组分的吸光度具有加和性。所以，当溶液中各组分的吸收光谱互相重叠时，只要各组分的吸光度能符合朗伯-比尔定律，就可以根据吸光度的加和性原则确定各个组分的浓度。图 3-22 是两个组分的吸收光谱和它们混合后的吸收光谱，设 A_1 和 A_2 是在波长 λ_1 和 λ_2 下测得的总吸光度，ε_{11} 和 ε_{12} 分别是两种物质在波长 λ_1 处的摩尔吸光系数，ε_{21} 和 ε_{22} 分别是两种物质在波长 λ_2 处的摩尔吸光系数；设吸收池厚度为 1 cm。根据朗伯-比尔定律，可得如下的联立方程组

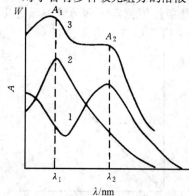

图 3-22　两组分混合溶液的吸收曲线

1—组分 1　2—组分 2　3—两组分混合

$$\begin{cases} A_1 = \varepsilon_{11} c_1 + \varepsilon_{12} c_2 \\ A_2 = \varepsilon_{21} c_1 + \varepsilon_{22} c_2 \end{cases} \tag{3-27}$$

由公式可解出 c_1 和 c_2。为了提高测量的精度，在选择波

长时,应使 ε_{11} 和 ε_{12} 尽可能的小,ε_{21} 和 ε_{22} 尽可能大。

联立方程组法也可以用于两种以上吸光组分的同时测定。但是,测量组分增多分析结果的误差也会增大。近年来,由于电子计算机的广泛应用,多组分同时测定从理论上和方法上得到了快速的发展。比较成熟的方法有矩阵分析法、卡尔曼滤波及因子分析法等。这些方法利用电子计算机处理数据,提取有用的信息,在多组分同时分析中取得了令人满意的结果。

3.6.3　双波长法

当吸收光谱相互重叠的两种组分共存时,利用双波长法可对单个组分进行测定或同时对两个组分进行测定。如图 3-23 所示,当 a、b 两组分共存时,如果要测定组分 b 的含量,组分 a 的干扰可通过选择具有对 a 组分等吸收的两个波长 λ_1 和 λ_2 加以消除。以 λ_1 为参比波长、λ_2 为测定波长,对混合液进行测定,可得如下方程

$$\begin{cases} A_1 = A_{1a} + A_{1b} + A_{1s} \\ A_2 = A_{2a} + A_{2b} + A_{2s} \end{cases} \quad (3\text{-}28)$$

式中:A_{1s} 和 A_{2s} 是在波长 λ_1 和 λ_2 下的背景吸收。当两个波长相距较近时,可认为背景吸收相等,故通过试样吸收池的两个波长的光的吸光度差值为

$$\Delta A = (A_{2a} - A_{1a}) + (A_{2b} - A_{1b}) \quad (3\text{-}29)$$

由于干扰组分 a 在 λ_1 和 λ_2 处具有等吸收,即 $A_{2a} = A_{1a}$,故上式为

$$\Delta A = A_{2b} - A_{1b} = (\varepsilon_{2b} - \varepsilon_{1b})lc \quad (3\text{-}30)$$

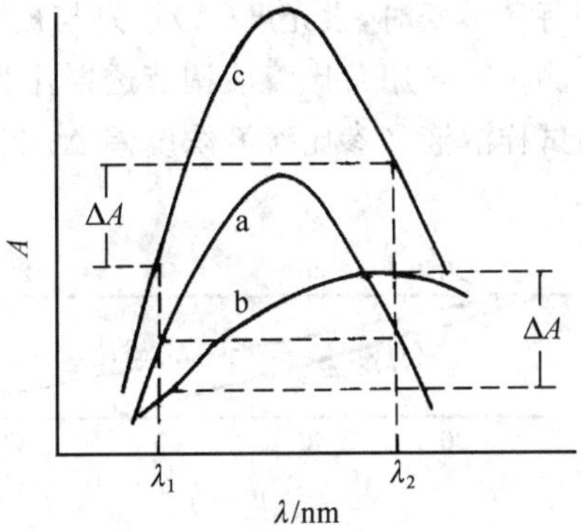

图 3-23　双波长法测定示意图
a—组分 a 的吸收曲线　b—组分 b 的吸收曲线　c—两组分混合后的吸收曲线

对于被测组分 b 来说,$(\varepsilon_{2b} - \varepsilon_{1b})$ 为一定值,吸收池厚度 (l) 也固定,所以 ΔA 与组分 b 的浓度 (c) 成正比。这就是双波长法进行定量分析的基础。同样,适当选择组分 b 具有等吸收的两个波长,也可以对组分 a 进行定量测定。该法称为双波长等吸收测定法。

当干扰组分吸收曲线在测量的波长范围内无吸收峰时,等吸收法就无法应用,此时可采用系数倍率法进行测定。系数倍率法采用具有双波长功能的分光光度计来完成。设被测组分为 x,干扰组分为 y,选取两波长 λ_1 和 λ_2,使 λ_1 和 λ_2 的两束光分别通过吸收池,得到 2 个吸光度值 A_1 和 A_2;然后由函数放大器分别放大 k_1 和 k_2 倍,由此得到差示信号 S

$$S = k_2 A_2 - k_1 A_1 \quad (3\text{-}31)$$

式中:A_1 和 A_2 分别是两组分混合物在波长 λ_1 和 λ_2 处的吸光度,即

$$A_1 = A_{1x} + A_{1y}, \quad A_2 = A_{2x} + A_{2y}$$

则

$$S = k_2(A_{2x} + A_{2y}) - k_1(A_{1x} + A_{1y}) = k_2 A_{2y} - k_1 A_{1y} + k_2 A_{2x} - k_1 A_{1x} \quad (3\text{-}32)$$

调节信号放大器,选取 k_1 和 k_2,使之满足

$$\frac{k_2}{k_1} = \frac{A_{1y}}{A_{2y}} \quad (3\text{-}33)$$

此时组分 y 在 λ_1 和 λ_2 处显示等同信号,即 $k_2 A_{2y} - k_1 A_{1y} = 0$。在这一条件下

$$S = k_2 A_{2x} - k_1 A_{1x} = k_2 \varepsilon_2 lc_x - k_1 \varepsilon_1 lc_x = (k_2 \varepsilon_2 - k_1 \varepsilon_1)lc_x \quad (3\text{-}34)$$

这样,差示信号 (S) 就只与被测组分 (x) 的浓度 (c_x) 有关,因而有可能测定出混合物中组分 x 的

含量。

3.6.4　示差分光光度法

　　一般的分光光度法只适用于测定微量组分的含量,当待测组分含量较高时,吸光度值不在能够准确测量的线性范围,测量结果的相对误差就比较大。若采用示差分光光度法,有时可以弥补这一缺点。示差分光光度法(differential spectrophotometry)是采用浓度与试样含量接近的已知浓度 c_s 的标准溶液作为参比溶液,来测量未知试样的吸光度 A 值,并依此计算试样的含量。所测得的吸光度 A 实际上是试样溶液的吸光度(A_x)和参比溶液吸光度(A_s)的差值

$$A = \Delta A = |A_x - A_s| = \varepsilon l |c_x - c_s| = \varepsilon l \Delta c \tag{3-35}$$

当保持 c_s 不变时,吸光度(A)就只与被测试液的浓度(c_x)有关。

　　测定时先用参比溶液调节透射比为 100%,即吸光度为 0,然后测量试样溶液的吸光度 A,它与试样溶液和参比溶液浓度差 Δc 成正比,且处在正常的读数范围(图 3-24)。以 ΔA 与 Δc 作校准曲线,根据测得 ΔA 的查得相应的 Δc,则 $c_x = c_s + \Delta c$。用此法测定常量组分时,分析误差甚至可以达到滴定分析的允许范围。

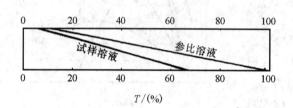

图 3-24　示差分光光度法测定原理示意图

　　由于用已知浓度的标准溶液作参比,如果该参比溶液的透射比为 20%,现调至 100%,即是将仪器透射比标尺扩展了 5 倍,如待测试液的透射比原是 10%,用示差分光光度法测量时将是 50%,测量值落在正常范围内,测量结果的相对误差较小。

3.6.5　导数光谱法

1. 基本原理

　　导数光谱法(derivative spectrometry)是解决干扰物质与被测物质的吸收光谱互相重叠、消除胶体和悬浮物散射影响和背景吸收、提高光谱分辨率的一种技术。

　　根据朗伯-比尔定律,有

$$I = I_0 \exp(-\varepsilon l c) \tag{3-36}$$

对波长(λ)求一阶导数,得

$$\frac{dI}{d\lambda} = \frac{dI_0}{d\lambda} \exp(-\varepsilon l c) - \frac{d\varepsilon}{d\lambda} I_0 l c \exp(-\varepsilon l c) \tag{3-37}$$

若通过仪器自动控制狭缝和自动电路调节,使入射光强度在整个波长范围内保持恒定,即使 $dI_0/d\lambda = 0$,则

$$\frac{dI}{d\lambda} = -I l c \frac{d\varepsilon}{d\lambda} \tag{3-38}$$

此时导数信号与浓度成正比,测定的灵敏度与 $d\varepsilon/d\lambda$ 有关。将 $dI/d\lambda$ 继续求导,可得

$$\frac{d^2 I}{d\lambda^2} = I l^2 c^2 \left(\frac{d\varepsilon}{d\lambda}\right)^2 - I l c \frac{d^2\varepsilon}{d\lambda^2} \tag{3-39}$$

$$\frac{d^3 I}{d\lambda^3} = -I l^3 c^3 \left(\frac{d\varepsilon}{d\lambda}\right)^3 + 3 l^2 c^2 \frac{d\varepsilon}{d\lambda} \frac{d^2\varepsilon}{d\lambda^2} - I l c \frac{d^3\varepsilon}{d\lambda^3} \tag{3-40}$$

当 $d\varepsilon/d\lambda = 0$,时,上两式变为

$$\frac{d^2 I}{d\lambda^2} = - Ilc\,\frac{d^2 \varepsilon}{d\lambda^2} \tag{3-41}$$

$$\frac{d^3 I}{d\lambda^3} = - Ilc\,\frac{d^3 \varepsilon}{d\lambda^3} \tag{3-42}$$

此时二阶和三阶导数信号与浓度成正比,测定的灵敏度分别与 $d^2\varepsilon/d\lambda^2$ 和 $d^3\varepsilon/d\lambda^3$ 有关。

2. 获得导数光谱的方法

（1）人工作图法

从原吸收光谱数据中每隔一个波长间隔（$\Delta\lambda$ 约 1~2 nm）,逐点计算出 $\Delta A/\Delta\lambda$ 的值,用这些数值对波长描绘成图像,就得到了一阶导数光谱。用类似方法又可从导数光谱中获得高一阶的导数光谱。

（2）仪器扫描法

用双波长分光光度计以固定间隔（$\Delta\lambda$ 约 1~2 nm）的两束单色光同时扫描,记录样品对两束光吸光度的差值 ΔA,便得到样品的一阶导数光谱。利用微处理机的记忆和处理数据的功能,分光光度计可以直接存储吸收光谱的数据并加以处理,可描绘出一阶、二阶、三阶等多阶导数光谱。

图 3-25 为某物质的吸收光谱（零阶导数光谱）及其 1~4 阶导数光谱。从图中可以看出,随着导数阶次增加,谱带变得更加尖锐,分辨率提高。一些物质,如核糖核酸酶、细胞色素 c、过氧化氢 E 酶等,其高阶导数光谱所表现出来的精细结构具有它们各自的特征性,称之为"指纹"光谱,可用于这些物质的鉴定和纯度检验。

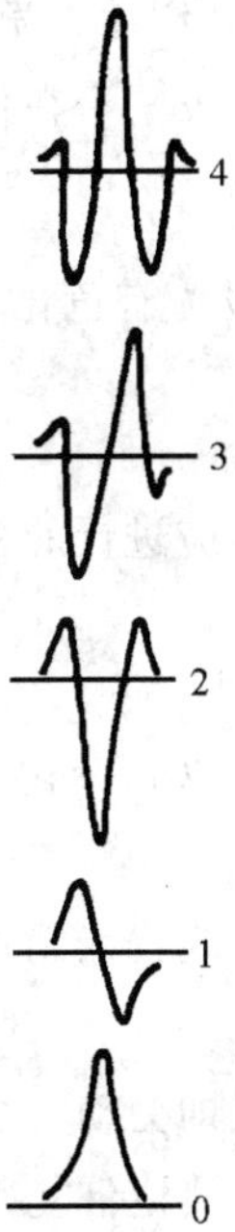

3. 定量方法

一般采用工作曲线法或标准对比法。首先根据灵敏度的要求和共存物干扰情况选择适宜的波长和求导条件,如单色光的谱带宽（狭缝宽）、波长间距（$\Delta\lambda$）、导数的阶（一般在四阶以内）等。在选定的条件下,先用标准样品求得测量值与浓度之间的关系,绘制工作曲线或求出直线方程,然后根据样品在相同条件下的测量值,利用工作曲线或直线方程求得样品中的被测物质含量。

图 3-25　某物质的吸收光谱及其 1~4 阶导数光谱

从导数光谱获取定量用数据（导数值）的方法主要有以下三种,如图 3-26 所示。

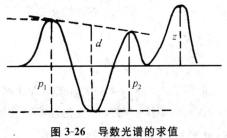

图 3-26　导数光谱的求值

d—正切法　p_1, p_2—峰谷法　z—峰零法

（i）正切法。画一条直线正切于两个邻近的极大或极小,然后测量中间极值至切线的距

离(d)。这种方法可应用于线性背景干扰的试样的测定。

(ii) 峰谷法。在多组分的定量分析中多采用两个相邻极值(极大和极小)间的距离作为导数值。

(iii) 峰零法。极值到零线之间的距离(z)也可作为导数值。这种方法适用于信号对称于横坐标的较高阶导数的求值。

3.6.6 动力学分光光度法

动力学分光光度法是利用反应速率与反应物、产物、催化剂浓度间的定量关系,通过测量吸光度从而对被测组分进行定量分析的一种方法。下面以测定反应体系中的催化剂浓度为例,介绍动力学分光光度法的基本原理及其测定方法。

设一个在催化剂(F)的作用下进行的显色反应

$$aA + bB \xrightleftharpoons{F} dD + eE$$

若 D 为有色化合物,则 D 的生成速率(显色反应速率)可表示为

$$\frac{dc_D}{dt} = k' c_A^a c_B^b c_F \tag{3-43}$$

在反应进行的初期 A、B 的浓度较大,反应消耗的 A 和 B 可以忽略不计,则 c_B 和 c_A 可视为常数

$$\frac{dc_D}{dt} = k'' c_F \tag{3-44}$$

由于以 c_F 变化也很小,可视为常数。对上式积分,得

$$c_D = k'' c_F t \tag{3-45}$$

将上式代入朗伯-比尔定律,有

$$A = \varepsilon l c_D = \varepsilon l k'' c_F t = k c_F t \tag{3-46}$$

此式即为动力学分光光度法的基本关系式。

测定催化剂(F)的方法通常有固定时间法、固定浓度法和斜率法三种。

(i) 固定时间法。是在反应进行一固定时间后终止,然后测量反应体系的吸光度(A)

$$A = k_1 c_F \tag{3-47}$$

以不同的催化剂浓度(c_F)测得相应反应体系的 A 值,作出校准曲线,然后由加入试样的反应体系 A 值求出试样中 F 的浓度。

(ii) 固定浓度法。是测量产物(D)达到一定浓度所需的时间,此时式(3-45)中的 c_D 为常数,则

$$c_F = k_2 \frac{1}{t} \tag{3-48}$$

同样的可以作出 c_F-($1/t$)校准曲线,由试样体系的 t 值求出催化剂(F)的含量。

(iii) 斜率法。是根据吸光度(A)随反应时间的变化速率来测定 c_F。根据关系式 $A = k c_F t$,在不同的 c_F 下测得 A-t 曲线,分别求出其斜率值($k c_F$),作出 $k c_F$-c_F 校准曲线。斜率法的校准曲线由更多的实验数据获得,因而其准确度较高。

动力学分光光度法具有灵敏度高、选择性好、应用范围广等特点,其缺点是影响因素多、不易严格控制、测定的误差较大。

酶催化分光光度法在临床化学中应用较广,它不仅可以测定酶的浓度,还可以测定酶的底物及抑制剂的浓度。例如血或尿样中 F⁻ 的测定就是基于 F⁻ 对下述酶催化反应的抑制作用

$$乙酸正丁酯＋水 \xrightarrow{\text{肝酯酶}} 乙酸＋正丁醇$$

在一定时间内产生的正丁醇的量与 F⁻ 的含量成反比,利用此方法可以测出 $0.1 \sim 0.5\ \mu g$ 的 F⁻。

3.7　紫外-可见分光光度法在医药卫生领域中的应用

近二十年多来,紫外-可见分光光度法在医药卫生领域中的应用相当广泛,以下是分光光度法在医药卫生领域中的一些应用实例。

【示例 3-1】　血清铜含量测定[①]

血清中的铜大多以与蛋白结合的形式存在。分析时,先加 HCl 于血清中,使与蛋白结合的铜游离出来,用三氯乙酸沉淀分离蛋白后,加入显色剂二乙氨基二硫代甲酸钠,生成黄色配合物。该黄色配合物在 420 nm 处有最大吸收,可在此波长下进行测定。在测定条件下,血清中的铁也会显色而干扰铜的测定,所以常加入焦磷酸钠和柠檬酸钠消除干扰。

【示例 3-2】　血清白蛋白含量测定[②]

血清白蛋白在 pH 4.2 的环境中带正电荷,在有非离子去垢剂聚氧化乙烯月桂醚(Brij-35)存在时,与带正电荷染料溴甲酚绿(BCG)结合形成蓝绿色化合物,颜色深浅与白蛋白浓度成正比。将其与同样处理的白蛋白标准比较,可求得血清中白蛋白含量。

【示例 3-3】　盐酸氯丙嗪注射液含量测定

利用盐酸氯丙嗪在碱性介质中,氯丙嗪转化为游离碱,被有机溶剂乙醚定量提取,然后将氯丙嗪的乙醚提取液用盐酸溶液提取,使氯丙嗪再转化为盐酸氯丙嗪,在 254 ± 1 nm 波长处进行测定,以盐酸氯丙嗪 $A_{1\,cm}^{1\%}$ 为 915 进行计算。经过两次萃取,使盐酸氯丙嗪与注射液处方中其他组分得到了分离,以消除对测定的干扰,使测定结果更准确。

【示例 3-4】　水中 NO_2^- 含量测定

NO_2^- 是水、食品的重要检测指标之一。水中的 NO_2^- 一般来源于污水、农田排水和工业废水等,饮用水中不应检测到 NO_2^-。NO_2^- 在酸性条件下与对氨基苯磺酰胺发生重氮化反应生成重氮酸盐,进而再与盐酸萘乙二胺发生耦合反应,生成紫红色的偶氮化合物,在 540 nm 波长处用分光光度法测定。

---

① 湖南医学院第二附属医院检验科.临床生化检验.长沙:湖南科技出版社,1981
② 王霞文主编.临床生化检验技术.南京:南京大学出版社,1995

反应式如下

$$HNO_2 + H_2N-\bigcirc-SO_2NH_2 + HCl \longrightarrow \left[H_2NO_2S-\bigcirc-N^+\equiv N\right]Cl^- + 2H_2O$$

$$\left[H_2NO_2S-\bigcirc-N^+\equiv N\right]Cl^- + \bigcirc\bigcirc-NH(CH_2)_2NH_2\cdot 2HCl$$

$$\longrightarrow H_2NO_2S-\bigcirc-N=N-\bigcirc\bigcirc-NH(CH_2)_2NH_2\cdot 2HCl+HCl$$

(紫红色)

【示例 3-5】　食品中铅含量测定

含铅的工业三废等对水、土壤和农作物的污染使食品中铅含量明显增加。人体铅的主要来源为食品。铅对人体神经系统、消化系统、造血系统等都会产生危害。食品中的铅可采用双硫腙分光光度法进行测定。食品经湿法消化处理使铅转变成 Pb^{2+}；Pb^{2+} 在 pH 为 $8.0\sim11.5$ 的溶液中与双硫腙反应，生成的红色配合物用三氯甲烷萃取，于 510 nm 波长处进行分光光度法测定。

反应式如下

$$Pb^{2+} + 2\left[S=C\begin{matrix}NH-NH-C_6H_5\\N=N-C_6H_5\end{matrix}\right] \rightleftharpoons S=C\cdots Pb \cdots C=S + 2H^+$$

(红色)

样品中的 Cu^{2+}、Zn^{2+}、Fe^{3+}、Fe^{2+}、Ca^{2+}、Mg^{2+}、Al^{3+} 等多种离子的干扰可用氰化钾和柠檬酸铵做掩蔽剂加以消除。

习　题

3.1　分子吸收光谱有何特点？

3.2　简述在紫外-可见分光光度中，极性溶液对 $n\to\pi^*$ 和 $\pi\to\pi^*$ 跃迁产生的吸收带的影响情况。

3.3　什么是吸收曲线？什么是标准曲线？

3.4　某溶液用 2 cm 吸收池测量时，$T=60\%$，若改用 1 cm 和 3 cm 吸收池，T 和 A 各为多少？

(77.4％,0.111;46.4％,0.333)

3.5　浓度为 $0.51\ \mathrm{mg\cdot L^{-1}}$ 的 Cu^{2+} 溶液，用环己酮草酰二腙显色后，于波长 600 nm 处用 2 cm 吸收池测量，测得 $T=50.5\%$，求吸光度、摩尔吸光系数和比吸光系数 $A_{1\ cm}^{1\%}$。$[A_r(Cu)=63.55]$

$(2.9\times10^2, 1.85\times10^4, 2.91\times10^3)$

3.6　某化合物浓度为 c_1，在波长 λ_1 处，用厚度为 1 cm 的吸收池测量，求得摩尔吸光系数为 ε_1；在浓度为 $3c_1$ 时，在波长 λ_1 处，用厚度为 3 cm 的吸收池测量，求得摩尔吸光系数为 ε_2。试推导 ε_1 和 ε_2 之间的关系。

3.7 某溶液在 2 cm 吸收池中测得的透射比为 5%。若仪器透射比读数误差 $T=1\%$,问测得的相对误差是多少? 若改为 1 cm 吸收池,其相对误差是多少?

(6.68%,3.0%)

3.8 光栅与棱镜比较,性能有哪些优越性?

3.9 光电倍增管有何特性? 使用时应注意哪些问题?

3.10 以环己烷作为溶剂,配置下列浓度的苯酚标准系列和被测溶液。在 272 nm 处,以环己烷为参比溶液,测得其透射比如下表,求试样中苯酚的浓度。

苯酚/(mg·mL^{-1})	0.02	0.04	0.06	0.08	0.10	试 样
$T/(\%)$	70.0	48.8	34.2	24.0	17.4	40.7

(0.05 mg·mL^{-1})

3.11 用普通分光光度法测定 1.00×10^{-3} mol·L^{-1} Zn 标准溶液和含 Zn 试样的溶液,分别测得 $A_{标}=0.700$ 和 $A_{样}=1.00$。如用 1.00×10^{-3} mol·L^{-1} 作为参比溶液,此时试样溶液的吸光度为多少? 示差分光光度法与普通分光光度法比较,读数标尺放大了多少倍?

(0.301,5 倍)

3.12 用分光光度法测定某合金试样中的 Cr 和 Mn。称取 0.9250 g 试样,溶解后稀释到 50.00 mL,将其中的 Cr 氧化成 $Cr_2O_7^{2-}$,Mn 氧化成 MnO_4^-,然后在 440 nm 和 545 nm 用 1.0 cm 吸收池测得吸光度值分别为 0.204 和 0.860。已知在 440 nm 时 $Cr_2O_7^{2-}$ 和 MnO_4^- 的摩尔吸光系数分别为 369.0 L·(mol·cm)$^{-1}$ 和 95.0 L·(mol·cm)$^{-1}$;在 545 nm 时 $Cr_2O_7^{2-}$ 和 MnO_4^- 的摩尔吸光系数分别为 11.0 L·(mol·cm)$^{-1}$ 和 2.35×10^3 L·(mol·cm)$^{-1}$。求此试样中 Cr 和 Mn 的质量分数。[$A_r(Cr)=52.00$,$A_r(Mn)=54.94$]

(0.26%,0.11%)

第 4 章　红外光谱法

4.1　概　　述

红外光谱法(infrared spectrometry，IR)是利用红外辐射与物质分子振动或转动的相互作用，通过记录试样的红外吸收光谱进行定性、定量和结构分析的方法。1950 年以后出现了自动记录式红外分光光度计。1970 年以后出现了傅里叶变换红外光谱仪。红外测定技术如全反射红外、显微红外、光声光谱以及色谱-红外联用等也不断发展和完善，使红外光谱得到了广泛应用。

4.1.1　红外光区的划分

红外光谱在可见光区和微波区之间，波长范围为 $0.76\sim1000\ \mu m$。其光谱区域的细分见表 4-1。其中中红外光区是研究和应用最多的区域，常说的红外光谱就是指中红外区的红外光谱。本章只介绍这方面的内容。

表 4-1　红外光谱的 3 个波区

区　　域	$\lambda/\mu m$	σ/cm^{-1}	能级跃迁类型
近红外区(泛频区)	$0.76\sim2.5$	$13158\sim4000$	OH、NH 及 CH 键的倍频吸收
中红外区(基本振动区)	$2.5\sim25$	$4000\sim400$	分子振动、伴随转动
远红外区(转动区)	$25\sim1000$	$400\sim10$	分子转动

红外吸收光谱图中的纵坐标为透射比(T)，故吸收峰向下；横坐标既可用波长(λ)，也可以用波数(σ)来表达，后者常用。

波数是波长的倒数，单位为 cm^{-1}，表示 1 cm 之内含有多少个波长；在红外光谱中波长的单位常用 μm 表示，$1\ \mu m=10^{-4}\ cm$，所以，常用下式(4-1)进行波数(σ/cm^{-1})和波长(λ/cm)之间的换算

$$\sigma = \frac{1}{\lambda} = \frac{10^4}{\lambda} \tag{4-1}$$

必须注意的是，横坐标分别用波长($\lambda/\mu m$)和波数(σ/cm^{-1})表示的同一样品的红外光谱图的外貌是有差异的。如图 4-1 所示。

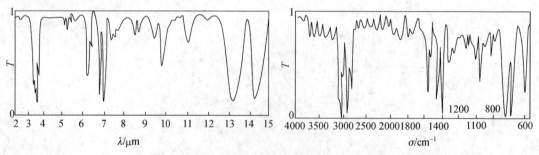

图 4-1　聚苯乙烯红外光谱

4.1.2　红外光谱法的特点

红外光谱与紫外-可见吸收光谱都属于吸收光谱,但与其他光谱法相比较,红外光谱法有如下一些特点。

(i) 红外光谱法是根据样品在红外光区(一般指中红外区)吸收带的位置、强度、形状、个数,并参照谱带与溶剂、样品浓度等的关系来推测分子的空间构型,计算化学键的力常数、键长和键角,推测分子中某些官能团是否存在及其邻近基团,确定化合物的分子结构。

(ii) 红外光谱法适用于任何状态的样品,且对样品不会发生破坏作用。样品可以是气体、液体、可研细的固体或薄膜,制样简单,测定方便。

(iii) 红外光谱法分析时间短。使用色散型红外光谱分析一个样品可在几分钟之内完成。采用傅里叶变换红外光谱仪,可在 1 s 之内完成多次扫描,为快速分析提供了十分有用的工具。

(iv) 红外光谱的特征性强。红外光谱是振动-转动光谱,每个官能团有不同的振动形式,光谱复杂,信息量大,因此,除了极少数化合物外,每个化合物都有其特征性红外光谱。因此人们也常称红外光谱为“分子指纹光谱”。可用于一些同分异构体、几何异构体和互变异构体的鉴定。

由于以上特点,使得红外光谱法成为现代分析化学和结构化学不可缺少的工具。当然,对于复杂化合物的结构测定,还需配合紫外光谱、质谱和核磁共振波谱等其他方法,才能得到满意的结果。此外,在生物化学中还可用于细菌检验,以及研究细胞和其他活组织的结构。因此,红外光谱法在药学、医学检验等领域得到了广泛应用。红外光谱法的主要缺点是定量分析稍差,虽可供选择的波长比较多,但操作麻烦,且准确度也不如紫外-可见分光光度法。

4.2　红外光谱法的基本原理

4.2.1　产生红外吸收的条件

分子产生红外吸收必须同时满足以下两个条件。

(i) 分子在振动时,必须有瞬间偶极矩的变化。这样的振动称为具有红外活性的振动。例如 CO_2 分子是线性分子,虽然其永久偶极矩为零,但当它在作不对称振动,即在一个氧原子移向碳原子的同时,另一个氧原子却背离碳原子运动,其电荷分布将发生周期性的变化,使正负电荷中心不重合,产生了瞬间偶极矩变化,结果在 $2349 \ cm^{-1}$ 处发生了吸收。而 CO_2 分子的对称振动,2 个氧原子同时离开或移向碳原子,2 个键产生的瞬间偶极矩大小相等,方向相反,分子的正负电荷中心重合,整体而言,偶极矩没有变化,始终为零,所以该振动不产生红外吸收。

(ii) 只有当分子的某种振动能级差与照射分子的红外辐射的能量相等时,分子才能吸收红外辐射,产生红外光谱。

4.2.2　双原子分子的振动

红外光谱是由于分子振动能级(同时不可避免地伴随转动能级)跃迁而产生的,因此通常测得的红外光谱实际上是振动-转动光谱。

为了讨论问题的方便,先讨论双原子分子的纯振动光谱。

可把双原子分子近似地看作谐振子,把 2 个原子 A 和 B 设想成刚体小球,将 2 个原子之间的化学键看成质量可以忽略不计的弹簧,那么,2 个原子间的伸缩振动,可以近似地看成沿键轴方向的简谐振动。由经典力学或量子力学均可推出基本振动频率的计算公式

$$\nu = \frac{1}{2\pi}\sqrt{\frac{k}{m'}} \tag{4-2}$$

或

$$\sigma = \frac{1}{2\pi c}\sqrt{\frac{k}{m'}} \tag{4-3}$$

式中:k 为谐振子的力常数,即化学键的力常数。其定义为:将两原子由平衡位置伸长单位长度时的回复力。单键、双键和叁键的力常数分别近似为 5、10 和 15 N·cm^{-1}。m' 为折合质量

$$m' = \frac{m(A) \cdot m(B)}{m(A) + m(B)} \tag{4-4}$$

式中:$m(A)$ 和 $m(B)$ 分别为 A、B 两原子的质量。

如果用 A、B 两原子的折合相对原子质量(A_r')代替 m',根据原子质量和折合相对原子质量的关系,代入阿伏伽德罗常数 N_A,并将 $1\ N = 1 \times 10^5\ g \cdot cm \cdot s^{-2}$ 代入,式(4-3)可以改变为

$$\sigma = \frac{\sqrt{10^5\ N_A}}{2\pi c}\sqrt{\frac{k}{A_r'}} = 1302\sqrt{\frac{k}{A_r'}} \tag{4-5}$$

式中:A_r' 为折合相对原子质量。如果 A、B 两原子的相对原子质量分别为 $A_r'(A)$ 和 $A_r'(B)$,则

$$A_r' = \frac{A_r(A) \cdot A_r(B)}{A_r(A) + A_r(B)} \tag{4-6}$$

对于双原子分子或多原子分子中其他因素影响较小的化学键,用式(4-5)计算,所得波数(σ)与实验值是比较接近的。

由式(4-5)可见,化学键力常数(k)越大,折合相对原子质量(A_r')越小,则波数(σ)越高。这大致说明了为什么折合相对原子质量较小的含 H 单键和化学键力常数大的叁键具有较高的基本振动频率,它们的红外吸收谱带位于较高波数区域。

需要指出的是,上述用经典方法来处理分子的振动是宏观处理方法,或是近似处理方法,

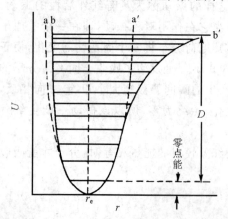

图 4-2　谐振子和双原子分子的位能曲线

aa′—谐振子　bb′—双原子分子

r—原子间距离　D—离解能

但一个真实分子的振动能量变化是量子化的。另外,分子中基团与基团之间,基团中的化学键之间都会相互影响,基本振动频率除了受化学键两端的原子质量、化学键的力常数影响外,还与内部因素(结构因素)和外部因素(化学环境)有关。

双原子分子并非理想的谐振子,其位能曲线如图 4-2 所示。

图 4-2 中虚线表示谐振子振动能曲线,水平线代表各振动能级。在原子振动的振幅较小时,可以近似地用谐振子模型处理,如图中虚线。振幅较大时,原子间的振动已不是对称的谐振动,势能曲线如图中的实线所示的抛物线。若原子振动的振幅大到一定的程度。核间距离大到一定的数值,核间吸引力近似为零。此时,势能与核间距 r 无关,势

能曲线显示一条水平线,分子也就解离了。常温下分子处于最低振动能级,即基态,当分子吸收一定波长的红外辐射后,它可以从基态跃迁到第一激发态,此过程的跃迁产生的吸收带较强,称为基频或基峰;除此以外,也会产生从基态跃迁到第二激发态甚至第三激发态的跃迁,这些跃迁产生的吸收带依次减弱,称为倍频。

4.2.3　多原子分子的振动

多原子分子中组成分子的原子数目增多,分子中化学键或基团以及空间结构也较为复杂,其振动要比仅有沿键轴方向伸缩振动的双原子分子复杂得多,但是可以把它们的振动分解成许多简单的基本振动,即简正振动(normal vibration)。

1. 简正振动

简正振动的振动状态是:分子质心保持不变,整体不转动,每个原子都在其平衡位置附近做简谐振动,其振动频率和相位都相同,即每个原子都在同一瞬间通过其平衡位置,而且同时达到最大位移值,分子中任何一个复杂振动都可以看成这些简正振动的叠加(即线性组合)。

2. 简正振动的基本形式

一般将简正振动分为以下两大类。

(1) 伸缩振动(stretching vibration)

伸缩振动是指原子沿键轴方向伸缩使键长发生变化的振动,用符号 ν 表示,它又分为对称伸缩振动(符号 ν_s)和不对称伸缩振动(符号 ν_{as})。一般不对称伸缩振动的频率高于对称伸缩振动。

(2) 变角振动(deformation vibration)

变角振动又称弯曲振动,它是基团的键角发生周期变化的振动,一般用 δ 表示。它有对称变角振动(δ_s),不对称变角振动(δ_{as}),面内变角(剪式)振动(δ),面外变角(扭曲)振动(τ),面内摇摆振动(ρ)和面外摇摆振动(ω)等,见图 4-3。变角振动的力常数比伸缩振动小,因而振动频率较低,相应的红外吸收谱带位于较低波数区域。

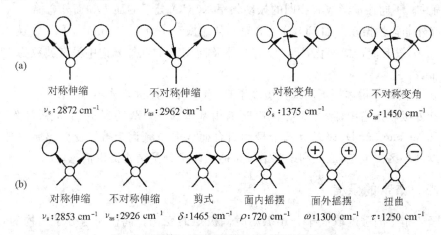

图 4-3　甲基(a)及亚甲基(b)的简正振动形式

3. 振动自由度

简正振动的数目称为振动自由度,每个振动自由度相应于一个简正振动。设分子由 n 个原子组成,在三维空间里,每个原子都能有 x、y、z 3 个坐标方向的独立运动,即有 3 个自由度,

47

因此分子总共有 $3n$ 个自由度。但是,分子作为一个整体,可有 x、y、z 3 个独立的平动方向,即有 3 个平动自由度。整个分子还可以绕 x、y、z 轴转动,即有 3 个转动自由度。自由度总数扣除平动自由度和转动自由度,剩下的就是振动自由度。因此,对于非直线型的分子,振动自由度为 $3n-6$。例如,水分子的振动自由度为 $3 \times 3 - 6 = 3$,其简正振动形式如图 4-4 表示。

对称伸缩   不对称伸缩   弯曲振动
ν_s:3652 cm^{-1} ν_{as}:3756 cm^{-1} δ:1595 cm^{-1}

图 4-4　水分子的简正振动形式

对于直线形分子,由于以键轴为轴的转动质量为零,只有 2 个转动自由度,所以其振动自由度为 $3n-5$。例如 CO_2 分子振动自由度为 $3 \times 3 - 5 = 4$,其简正振动形式如图 4-5 表示。

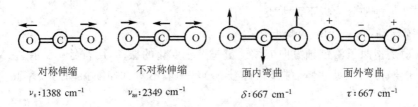

对称伸缩   不对称伸缩   面内弯曲   面外弯曲
ν_s:1388 cm^{-1} ν_{as}:2349 cm^{-1} δ:667 cm^{-1} τ:667 cm^{-1}

图 4-5　CO_2分子的简正振动形式

每种简正振动都有其特有的振动频率,似乎都应有相应的红外吸收谱带。实际上,红外光谱中吸收谱带的数目与公式计算出来的结果并不相同。基频谱带的数目常小于振动自由度,其原因如下:

　　(i) 简并。不同振动形式有相同的振动频率,如 CO_2 分子的面内和面外弯曲。

　　(ii) 红外非活性振动。如 CO_2 分子的对称伸缩振动 ν_s 为 1388 cm^{-1}。因 CO_2 为对称分子,该振动 $\Delta\mu = 0$,没有偶极矩变化,所以没有红外吸收,CO_2 的红外光谱中没有波数为 1388 cm^{-1} 的吸收谱带。

　　(iii) 由于仪器分辨本领不高或灵敏度不高,有些峰不能分辨或不能检出。

在中红外吸收光谱中,除了基频谱带,还有由基态($\nu=0$)跃迁到 $\nu=2$、3、… 激发态引起的泛频谱带(overtone band),以及有几个振动组合而成的组频谱带等。泛频谱带一般较弱,且多出现在近红外区。但是,泛频和组频谱带也能为确定分子结构提供信息。

4.2.4　吸收谱带的强度

　　红外吸收谱带的强度取决于分子振动时偶极矩的变化。偶极矩与分子结构的对称性有关,对称性越强,偶极矩就越小,吸收谱带的强度也就越弱。因而,一般说来,极性较强的基团(如 C=O,C—X 等)的振动,吸收强度较大;极性较弱的基团(如 C=C,C—C,N=N 等)的振动,吸收较弱。例如,三氯乙烯结构不对称,在 1585 cm^{-1} 处有 ν(C=C)吸收;而四氯乙烯结构对称,红外光谱上就没有 ν(C=C)吸收带。此外,吸收谱带的强度还与振动形式、氢键影响、溶剂等因素有关。

与紫外-可见吸收谱带相比,即使很强的红外吸收谱带的强度也要小得多,相差 2～3 个数量级。红外光谱仪测定时一般需要用较宽的狭缝,这就使红外吸收峰的摩尔吸光系数 ε 难于测准,测得值常随仪器而异,因此,一般仅定性地用很强(vs)、强(s)、中(m)、弱(w)和很弱(vw)来表示红外吸收谱带的强度。

4.2.5　基团频率

1. 基团频率及有关概念

在红外光谱中,某些化学基团虽处在不同的分子中,但它们的吸收谱带总是出现在同一个较窄的频率区间,此吸收谱带称为特征振动频率,简称基团频率(group frequency)。例如羰基总是在 1870～1650 cm^{-1} 间出现强吸收峰,不随分子结构变化而出现较大的改变。它们可用作鉴别官能团的依据。最有分析价值的基团频率在 4000～1300 cm^{-1} 之间,这一区域称为基团频率区或特征区。该区域吸收峰比较稀疏,易于辨认。例如,对比正十五烷和正十六腈的红外光谱(图 4-6),很容易看出,后者在约等于 2250 cm^{-1} 处有一个吸收峰而前者没有,其他峰则基本一致,两者的分子结构仅差一个氰基。其他含氰基的化合物,其红外光谱也都在 2250 cm^{-1} 附近有吸收峰。因此,该频率为氰基的基团频率。

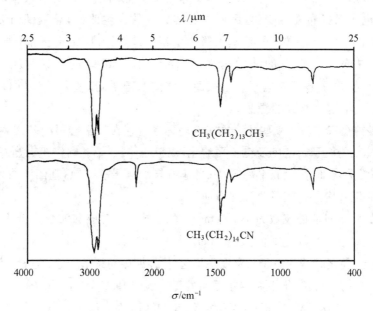

图 4-6　正十五烷和正十六腈的红外吸收光谱

分子的有些振动与整个分子的结构有关。如 C—X(X＝C、N、O)单键的伸缩振动及各种变角振动等多数会受到分子其余部分结构的强烈影响。这些振动的吸收谱带频率常在 1330～667 cm^{-1} 之间。该区域谱带较密,其不同分子有不同的特征,犹如人的指纹,因而称为指纹区(fingerprint region)。分子结构上的微小变化,都会引起指纹区光谱的明显改变。指纹区对于指认结构类似的化合物有很多帮助,而且可以作为化合物存在某种基团的旁证。

多数情况下,一个官能团有数种振动形式,因而有若干个相互依存而又可相互佐证的吸收谱带,称为相关吸收峰,简称相关峰。例如醇羟基的振动(图 4-7)存在以下谱带:① O—H 键的伸缩振动,ν_{OH} 对应的波数为 3700~3200 cm^{-1};② O—H 键的面内弯曲振动,δ_{OH} 对应的波数为 1410~1260 cm^{-1};③ C—O 键的伸缩振动,ν_{C-O} 对应的波数为 1250~1000 cm^{-1};④ O—H 键的面外弯曲振动,τ_{OH} 对应的波数为 750~650 cm^{-1}。

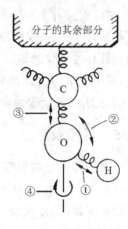

图 4-7　醇羟基的振动

用一组相关峰确定一个基团的存在,是红外光谱解析的一个重要原则。

2. 影响基团频率的因素

双原子分子中特征吸收谱带的位置由键力常数和原子折合质量决定。在多原子分子中,某一基团的特征吸收频率同时还要受到分子结构和外界条件的影响。同一种基团的特征吸收频率会因其周围的化学环境不同而在一定范围内波动。

(1) 分子结构对基团频率的影响

影响基团频率的结构因素主要有诱导反应、共轭效应、氢键、杂化轨道、振动耦合等。

(i) 诱导反应(I效应)。分子中某一基团邻近带有不同电负性的取代基时,由于诱导效应使得分子中电子云分布发生变化,因而引起键力常数发生改变,导致基团频率发生变化。一般吸电子基团(-I效应)常使邻近基团吸收谱带的波数升高;给电子基(+I效应)使波数降低。例如,丙酮的 $\nu_{C=O}$ 对应的波数为 1715 cm^{-1},而乙酰氯的 $\nu_{C=O}$ 对应的波数为 1807 cm^{-1}。这是因为吸电子基团使电子云由氧原子移向双键中间,增大了 C 与 O 之间电子云密度,从而增大了化学键力常数的缘故。

(ii) 共轭效应(C效应)。某些化合物中共轭体系的存在经常会影响基团频率。共轭效应使分子中共轭体系的电子云密度及键长平均化,双键略伸长,单键略缩短。当基团与吸电子基共轭,基团键力常数增加,其吸收频率升高;当基团与给电子基共轭,基团键力常数减小,其吸收频率降低。共轭效应总是使吸收强度增加。

例如丙酮的 $\nu_{C=O}$ 对应的波数为 1715 cm^{-1},苯乙酮 $\nu_{C=O}$ 对应的波数降低为 1685 cm^{-1},而二苯甲酮的 $\nu_{C=O}$ 对应的波数更降低为 1665 cm^{-1}。

(iii) 氢键。氢键的形成使电子云密度平均化,使伸缩振动频率降低,吸收强度增加,峰变宽;使变形振动频率升高,但其变化不如伸缩振动显著。例如 RCOOH(游离)中 $\nu_{C=O}$ 为 1760 cm^{-1},在二聚体中 $\nu_{C=O}$ 为 1710 cm^{-1}。形成二聚体后,其 OH 吸收也移向低频。当游离态与二聚体、多聚体同时存在时,吸收谱带呈现为宽峰。分子内氢键不受浓度影响;分子间氢键则受浓度影响较大,随浓度稀释吸收谱带位置将发生变化。

(iv) 杂化影响。碳原子的杂化轨道中 s 成分越多,C—H 伸缩振动频率越大。饱和碳氢(sp³ 杂化)的伸缩振动 ν_{CH} 对应的波数约为 3000~2850 cm^{-1},烯烃(sp² 杂化)中 $\nu_{=C-H}$ 对应的波数约为 3095~3000 cm^{-1},而炔烃中(sp 杂化)$\nu_{\equiv C-H}$ 约为 3300 cm^{-1}。

(v) 振动耦合。振动耦合发生在邻近的两个基团同时具有大约相等的振动频率时,其结果是产生两个吸收带。如羧酸酐中的两个羰基发生振动耦合,吸收谱带分裂成两个峰,波数分别为 1820 cm^{-1}（反称耦合）和 1760 cm^{-1}（对称耦合）。

影响基团频率的其他结构因素还有空间位阻效应、费米共振、互变异构、环的张力等，可参考有关专著。

(2) 外界条件对基团频率的影响

(i) 物态效应。同一化合物的红外光谱随着其存在状态不同会有较大的差异。一般在气体状态下测定的谱带波数最高，在液态或固态下测定的谱带波数较低。例如，丙酮的 $\nu_{C=O}$ 在样品为气态时在 1742 cm^{-1}，为液态时在 1710 cm^{-1}，而且强度也有变化。

(ii) 溶剂效应。用溶液法测定化合物的红外光谱时，所使用的溶剂的种类对图谱会产生影响。溶剂与溶质分子的缔合可改变溶质分子吸收带的位置和强度。一般，极性基团的伸缩振动频率随溶剂极性增加而向低波数方向移动。

此外，制样方法对谱图也有影响。因此，查阅谱图时应注意保持试样状态和制作方法的一致，才能比较。另外，还应注意仪器色散元件、温度等对基团频率的影响。

3. 红外光谱的重要区段

利用红外光谱分析化合物的结构，需要熟悉基团的频率。表 4-2 给出了一些典型有机化合物的重要基团频率。

为了便于初学者掌握，通常将红外光谱划分为 4 个重要区段。

(1) X(X=O、N、C)—H 伸缩振动区（4000～2500 cm^{-1}）

该区段主要包括 3 种伸缩振动。

(i) O—H 伸缩振动。波数为 3700～3200 cm^{-1}，强吸收。它是判断分子中有无羟基的重要依据。有氢键形成时，峰形变宽，频率降低。羧酸的 ν_{OH} 对应的波数为 3400～2500 cm^{-1}，峰形很宽，容易辨认。

(ii) N—H 伸缩振动。波数为 3500～3300 cm^{-1}，强度中等。伯氨基（—NH$_2$）因振动耦合而呈现双峰；仲氨基（—NHR）为单峰；脂肪氨谱带强度较弱；芳香氨峰较强，峰形也较尖锐。

(iii) C—H 伸缩振动。波数为 3300～2700 cm^{-1}，可将其再分为：不饱和 C—H 伸缩振动，波数为 3300～3000 cm^{-1}；饱和 C—H 伸缩振动的波数低于 3000 cm^{-1}；醛基上的伸缩振动呈现为弱双峰，波数约为 2820 cm^{-1} 和 2720 cm^{-1}（w），是鉴别醛基的特征频率。

(2) 叁键和累积双键区（2400～2100 cm^{-1}）

该区段主要包括 C≡C、C≡N 等叁键的伸缩振动和 C＝C＝C、C＝C＝O 等累积双键的不对称伸缩振动。在红外光谱中，波数在 2400～2100 cm^{-1} 区域内的谱带较少，因为含叁键和累积双键的化合物不多。

(3) 双键伸缩振动区（2000～1500 cm^{-1}）

该区段主要包括 3 种伸缩振动。

(i) C＝O 伸缩振动。波数为 1900～1650 cm^{-1}，是红外光谱中最强的吸收谱带。酸酐的碳基吸收谱带由于振动耦合而呈现双峰。

(ii) C＝C 伸缩振动。烯烃的 $\nu_{C=C}$ 对应的波数为 1680～1620 cm^{-1}，一般较弱。单核芳烃的 $\nu_{C=C}$ 对应的波数在 1600 cm^{-1} 和 1500 cm^{-1} 附近有 2～4 个峰，是芳环骨架的伸缩振动，用于鉴别有无芳核的存在。

表 4-2 典型有机化合物的重要基团频率ª (σ/cm^{-1})

化合物	基团	X—H伸缩振动区	叁键区	双键伸缩振动区	部分单键振动和指纹区
烷烃	—CH₃	ν_{asCH}:2962±10(s) ν_{sCH}:2872±10(s)			δ_{asCH}:1450±10(m) δ_{sCH}:1375±5(s)
	—CH₂—	ν_{asCH}:2926±10(s) ν_{sCH}:2853±10(s)			δ_{CH}:1465±20(m)
	—CH—	ν_{CH}:2890±10(w)			δ_{CH}:~1340(w)
烯烃	C=C (H,H)	ν_{CH}:3040~3010(m)		$\nu_{C=C}$:1696~1540(m)	δ_{CH}:1310~1295(m) τ_{CH}:770~665(s)
	C=C (H)	ν_{CH}:3040~3010(m)		$\nu_{C=C}$:1696~1540(m)	τ_{CH}:970~960(s)
炔烃	—C≡C—H	ν_{CH}:≈3300(m)	$\nu_{C≡C}$:2270~2100(w)		
芳烃	⬡	ν_{CH}:3100~3000(变)		泛频:2000~1667(w) $\nu_{C=C}$:1650~1430(m) 2~4个峰	单取代:770~730(vs) ≈700(s) 邻双取代:770~735(vs) 间双取代:810~750(vs) 725~680(m) 900~860(m) 对双取代:860~790(vs)
醇类	R—OH	ν_{CH}:3700~3200(变)			δ_{OH}:1410~1260(w) ν_{CO}:1250~1000(s) τ_{OH}:750~650(s)

续表

化合物类	基团	X—H 伸缩振动区	叁键区	双键伸缩振动区	部分单键振动和指纹区
酚类	Ar—OH	ν_{CH}:3705~3125(s)		$\nu_{C=C}$:1650~1430(m)	δ_{OH}:1390~1315(m) ν_{CO}:1335~1165(s)
脂肪醚	R—O—R'				ν_{CO}:1230~1010(s)
酮	R—C(=O)—R'			$\nu_{C=O}$:≈1715(vs)	
醛	R—C(=O)—H	ν_{CH}:≈2820, ≈2720(w)双峰		$\nu_{C=O}$:≈1725(vs)	
羧酸	R—C(=O)—OH	ν_{OH}:3400~2500(m)		$\nu_{C=O}$:1740~1690(m)	δ_{OH}:1450~1410(w) ν_{CO}:1266~1205(m)
酸酐	C(=O)—O—C(=O)			$\nu_{asC=O}$:1850~1880(s) $\nu_{sC=O}$:1780~1740(s)	ν_{CO}:1170~1050(s)
酯	—C(=O)—O—R	泛频:$\nu_{C=O}$:≈3450(w)		$\nu_{C=O}$:1770~1720(s)	ν_{COC}:1300~1000(s)
胺	—NH₂	ν_{NH}:3500~3300(m)双峰		δ_{NH}:1650~1590(s,m)	ν_{CN}(脂肪):1220~1020(m,w) ν_{CN}(芳香):1340~1250(s)
	—NH	ν_{NH}:3500~3300(m)		δ_{NH}:1650~1550(vw)	ν_{CN}(脂肪):1220~1020(m,w) ν_{CN}(芳香):1350~1280(s)
酰胺	—C(=O)—NH₂	ν_{asNH}:3350(s) ν_{sNH}:3180(s)		$\nu_{C=O}$:1680~1650(s) δ_{NH}:1650~1250(s)	ν_{CN}:1420~1400(m)
	—C(=O)—NHR	ν_{NH}:3270(s)		$\nu_{C=O}$:1680~1630(s) $\delta_{CN}+\tau_{NH_2}$:1750~1515(m)	$\nu_{CN}+\tau_{NH_2}$:1310~1200(m)

续表

化合物	基团	X—H伸缩振动区	叁键区	双键伸缩振动区	部分单键振动和指纹区
酰 卤	$-\overset{\text{O}}{\underset{\|}{C}}-\text{NRR}'$			$\nu_{C=O}:1670\sim1630$	
	$-\overset{\text{O}}{\underset{\|}{C}}-X$			$\nu_{C=O}:1810\sim1790(s)$	
腈	$-C\equiv N$		$\nu_{C\equiv N}:2260\sim2240(s)$		
硝基化合物	$R-NO_2$			$\nu_{asNO_2}:1565\sim1543(s)$	$\nu_{sNO_2}:1365\sim1335(s)$ $\nu_{CN}:920\sim800(m)$
	$Ar-NO_2$			$\nu_{asNO_2}:1550\sim1510(s)$	$\nu_{sNO_2}:1365\sim1335(s)$ $\nu_{CN}:860\sim840(s)$
吡啶类	(吡啶环)	$\nu_{CH}:\approx3030(w)$		$\nu_{C=C}$及$\nu_{C=N}:1667\sim1430(m)$	不明:$\approx750(s)$ $\delta_{CH}:1175\sim1000(w)$ $\tau_{CH}:910\sim665(s)$
嘧啶类	(嘧啶环)	$\nu_{CH}:3060\sim3010(w)$		$\nu_{C=C}$及$\nu_{C=N}:1580\sim1520(m)$	$\delta_{CH}:1000\sim960(m)$ $\tau_{CH}:825\sim775(m)$

a 表中vs,s,m,w,vw用于定性地表示吸收强度很强,强,中,弱,很弱。

(iii) 苯的衍生物的泛频谱带。波数为 $2000\sim1667$ cm^{-1}，强度弱，但在鉴别苯环取代类型方面很有用（见图 4-8）。

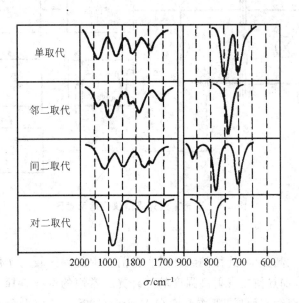

σ/cm^{-1}

图 4-8　苯的衍生物在 $2000\sim1667$ cm^{-1} 和 $900\sim650$ cm^{-1} 的红外吸收图形

（4）部分单键振动和指纹区（$1500\sim400$ cm^{-1}）

该区域光谱复杂，其中 1375 cm^{-1} 附近的谱带为甲基的对称弯曲振动 $\delta_{\mathrm{C-H}}$，对于判断甲基十分有用。C—O 的伸缩振动在 $1300\sim1000$ cm^{-1}，常是该区域最强的峰，较易识别。芳烃的面外弯曲振动 $\tau_{\mathrm{C-H}}$ 在 $900\sim650$ cm^{-1} 区域（见图 4-8），对于确定苯环的取代类型十分有用，甚至可用于苯环邻、间、对位异构体的定量分析。

4.3　红外光谱仪和傅里叶变换红外光谱仪

目前红外光谱仪主要有两种，即色散型的红外光谱仪（infrared spectrometer）和傅里叶变换红外光谱仪（Fourier transform infrared spectrometer，FTIR）。

4.3.1　色散型红外光谱仪

色散型红外光谱仪的组成部件与紫外-可见分光光度计相似，但每一个部件的结构、所用材料及性能、排列顺序等与紫外-可见分光光度计有所不同。红外光谱仪的样品放在光源与单色器之间，而在紫外-可见分光光度计中是放在单色器之后。

图 4-9 是色散型双光束红外光谱仪原理示意图。

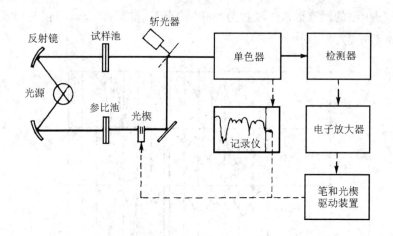

图 4-9　双光束红外光谱仪原理示意图

1. 光源

光源的作用是产生高强度、连续的红外光。目前在中红外区较为实用的红外光源通常是一种惰性固体,使用电加热使之发射高强度的红外光。常用的有硅碳棒和能斯特灯。硅碳棒由硅碳砂加压成型并经煅烧而成,工作温度在 $1300 \sim 1500℃$,工作寿命 $1000\ h$,不需要预热,坚固、发光面积大,且价格便宜。能斯特灯是用氧化锆、氧化钇和氧化钍烧结而成的中空棒或实心棒,工作温度 $1300 \sim 1700℃$,使用寿命可达 $2000\ h$。能斯特灯有负的电阻系数,在室温下不导电,工作之前需要预热到 $700℃$ 以上,灯发光后即切断预热电流。能斯特灯的优点是发光强度高,尤其是在大于 $1000\ cm^{-1}$ 的高波数区域,寿命长,稳定性好。缺点是价格相对较高,机械强度差,操作不如硅碳棒方便。

其他光源还有镍铬丝螺管、可调激光器等。

2. 吸收池

因玻璃、石英等材料不能透过红外光,红外吸收池需使用能透过红外光的 NaCl、KBr、CsI、KRS-5(TlI 58%,TlBr 42%)等材料制成窗片。NaCl、KBr、CsI 等材料制成的窗片需注意防潮。KRS-5 窗片不吸潮,但透光较差。固体试样也常与纯 KBr 混匀压片,然后直接进行测定。

3. 单色器

单色器由色散元件、准直镜和狭缝构成。用于红外光谱仪的色散元件有两类:棱镜和光栅。前者主要用于早期的红外分光光度计中。目前多采用光栅作色散元件,其优点是不会受水汽的侵蚀,使用的波长范围宽,操作范围内分辨率恒定,分辨本领较高,改进了对长波部分红外辐射的分离,易于维护,而且价廉。为了避免各级光谱互相重叠,需要配几个适当的滤光片,或将几个光栅串联起来。

狭缝越窄,分辨率越高,但是使光源能量的输出减少,这在红外光谱分析中尤为突出。为减少长波部分能量的损失,改善检测器的响应,可以采用程序增减狭缝宽度的办法,即随辐射能量减少,狭缝宽度自动增加,使恒定范围的能量到达检测器。

4. 检测器

用于红外辐射的检测器可分为两大类:热检测器和量子检测器。热检测器是把大量入射光子的累积能量,经过热效应转变成可测响应期。量子检测器实为一种半导体装置,利用光导效应进行检测。

(i) 热电偶检测器。它由两种温差电势不同的金属丝焊接在一起,如铋、锑,并将一接点安装上涂黑的接受面上,封装在高真空的外壳中。当红外光经过透光窗照射到接受面上时,接受面及接点温度升高,使它与另一接点之间产生温差电动势而被检测。此电位差与红外辐射强度成正比。对温度变化响应较慢是这种检测器的主要缺点。

(ii) 测热辐射计。将极薄的黑化金属片做受光面,并作为惠斯顿电桥的一臂。当红外辐射投射到受光面而使它的温度改变,从而引起电阻值改变,电桥就有信号输出。此信号大小与红外辐射强度成比例。

(iii) 热释电检测器。它是利用硫酸三苷肽$(NH_2CH_2COOH)_3H_2SO_4$(简称 TGS)这类热电材料的单晶薄片作为检测元件。TGS 在一定温度(其居里点为 49℃)以下能产生很大的极化效应,其极化强度与温度有关,温度升高,极化强度降低。将 $10\sim20\ \mu m$ 厚的 TGS 薄片的正面真空镀铬(半透明)、反面镀金,形成两电极,并连接至放大器,将 TGS 与放大器一同封存入带有红外透光窗片的高真空玻璃外壳内。将红外光照射到 TGS 薄片上时,温度升高,TGS 极化度改变,表面电荷减少,这相当于 TGS“释放”了部分电荷,所释放的电荷经放大器放大后记录。由于其响应极快,因此可进行高速扫描。傅里叶变换红外光谱仪也采用这种检测器。目前常采用氘化了的 TGS(简称 DTGS),其居里点为 62℃,热电系数小于 TGS。

(iv) 半导体检测器。由于红外辐射能量低,不足以激发一般光电检测器的电子,而一些半导体材料的带隙所需的激发能较小,可利用此性质制成可用于红外光谱的检测器。半导体检测器属于量子化检测器。目前使用的半导体检测器为半导体 HgTe-CdTe 的混合物,即碲化汞镉(简称 MCT)检测器。MCT 检测器比 TGS 检测器有更快的响应时间和更高的灵敏度。因此 MCT 检测器更适合于傅里叶变换红外光谱仪。但 MTC 检测器工作时,必须使用液氮冷却(77 K)。

5. 记录系统

红外光谱复杂,需要自动记录谱图。红外光谱仪一般都有记录器。新型的仪器还配有微处理机或小型计算机,以控制仪器的操作、进行谱图中各种参数计算和谱图的检索等。

红外光谱仪一般均采用双光束,如图 4-9。将光源发射的红外光分成两束,一束通过试样池,另一束通过参比池,利用斩光器(扇面镜)使试样光束和参比光束交替通过单色器,然后被检测器检测。

测量方式有两种,即光学零点法和电学零点法。光学零点法的原理是:当试样光束和参比光束强度相等时,检测器不产生交流信号;当试样有吸收,两束光强度不等时,检测器产生交流信号,通过机械装置推动锥齿形的光楔,使参比光束减弱,直至与试样光束强度相等,与光楔连动的记录笔就在图纸上记下了吸收峰。电学零点法是分别将两光束的强度大小变成电信号,经过放大,然后测量两个电信号的比例。双光束光学零点法的仪器能消除光源和检测器不稳定性带来的误差,大气中二氧化碳、水等吸收也可相互抵消,因而普遍使用。

4.3.2　傅里叶变换红外光谱仪(FTIR)

以光栅作为色散元件的红外光谱仪由于采用了狭缝,光的能量受到限制,扫描速率太慢,使得一些动态的研究以及与其他仪器如色谱的联用发生困难,对一些吸收红外光很强的或者信号很弱的样品的测定及痕量组分的分析也受到一定的限制。随着光学、电子学特别是计算机技术的迅速发展,20 世纪 70 年代出现了新一代的红外光谱测量技术和仪器,它就是基于干涉调频分光的傅里叶变换红外光谱仪。图 4-10 为傅里叶变换红外光谱仪工作原理示意图。

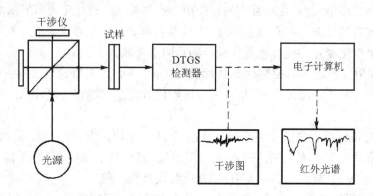

图 4-10　傅里叶变换红外光谱仪工作原理示意图

光源发射红外光进入迈克耳孙干涉仪,获得干涉图。若入射光为恒定的单色光,其干涉图应为余弦曲线,即

$$I(x) = I(\nu)\cos(2\pi x\nu) \tag{4-7}$$

式中:$I(\nu)$为入射光强度,ν 为其频率;x 为光程差,它随干涉仪中动镜的移动而改变;$I(x)$为干涉光强度。若入射光为混合光,其干涉图应为式(4-7)的积分,即

$$I(x) = \int_{-\infty}^{\infty} I(\nu)\cos(2\pi x\nu)\mathrm{d}\nu \tag{4-8}$$

当混合光波长连续且强度一致时,所得干涉图具有中间极大并向两边对称的迅速衰减的形状。当混合光通过试样时,由于试样对不同波长光的选择吸收,干涉图曲线发生变化。用 DTGS 检测器检测,在经电子计算机进行快速傅里叶变换,就可得到普通的红外光谱图 $I(\nu)$。

$$I(\nu) = \int_{-\infty}^{\infty} I(x)\cos(2\pi x\nu)\mathrm{d}x \tag{4-9}$$

式(4-9)是傅里叶变换红外光谱学的基本方程。这一变换十分复杂,不能写出简单的解析式,计算光谱时必须将它变成加和公式,用电子计算机来完成数值计算。

傅里叶变换红外光谱仪不用狭缝,可以同时获得光谱所有频率的所有信息,而且消除了狭缝对于通过它的分析光能的限制,因而具有许多优点:测量时间短,可在 1 s 内获得红外光谱,适于对快速反应过程的追踪,也便于和色谱法连用;灵敏度较高,可以分析 10^{-9} g 的微量试样;分辨本领高,波数精度高,可达 0.01 cm^{-1};光谱范围广,可研究整个红外区(10 000～10 cm^{-1})的光谱。但是,由于价格昂贵,目前尚不普及。

4.4　实验技术和应用

4.4.1　试样的处理和制备

红外光谱测定时试样的制备是成功测试的关键。必须根据试样的状态、性质、分析的目的、仪器性能等选择一种最适合的制样方法。

1. 红外光谱法对试样的要求

试样可以是固体、液体或气体，一般应符合以下要求。

(i) 试样应纯净。试样的纯度应大于 99%，或者符合商业规格。这样才便于与纯化合物的标准光谱进行对照。多组分试样在测定前应预先用分馏、萃取、重结晶、区域熔融或色谱法进行分离提纯，否则各组分的光谱互相重叠，难于解析（GC-FTIR 法例外）。

(ii) 试样应干燥。对含水分和溶剂的试样应进行干燥处理。水有红外吸收，与羟基峰干扰，而且会侵蚀吸收池的盐窗，因此，所用试样应当经过干燥处理。

(iii) 试样的浓度和测试厚度应选择适当，以使光谱图中的大多数吸收峰的透射比处于 10%～80% 范围内。

2. 制样方法

红外试样的制备方法要根据试样的状态而异。

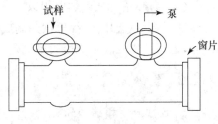

图 4-11　气体池

(1) 气体试样

气态试样一般使用气体池进行测定。其长度可以选择，用玻璃或金属制成圆筒，其两端粘有红外透光的 NaCl 或 KBr 窗片。圆筒两边装有 2 个活塞，供气体进出，先将气体池用减压抽气的方法抽真空，再将试样注入。如图 4-11 所示。

(2) 液体和溶液试样

(i) 液膜法。把试样滴在两块盐片之间，用专用夹具夹住，进行测定。此法适用于沸点较高的试样。黏度大的试样可以直接涂在一块盐片上测定。

(ii) 液体池法。低沸点易挥发的试样应注入封闭的吸收池中测定，液层厚度为 0.01～1 mm。某些红外吸收很强的液体可制成溶液，然后注入吸收池中测定。配制溶液应考虑溶剂本身应无吸收干扰。常用的试剂有 CCl_4（适用于 4000～1350 cm^{-1}）和 CS_2（适用于 1350～1600 cm^{-1}）。

(iii) 衰减全反射法（attenuated total reflection，ATR）。该方法将试样溶液点于 ATR 晶体两侧待溶剂挥发成薄膜。测定时红外光在试样薄膜之间多次全反射，被选择吸收，只需极少量的试样（单分子层的膜）就可以获得清晰的红外光谱。如图 4-12。

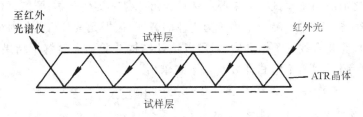

图 4-12　ATR 法示意图

(3) 固体试样

常用的方法包括以下几种。

(i) 压片法。将 1～2 mg 试样与 200 mg 纯 KBr 或 KCl 在研钵中研细混匀，使粒度小于 2.5 μm，以免色散光影响，然后将其置于模具中，在真空条件下用油压机压成 1～2 mm 厚的透明薄片，即可用于测定。KBr 易吸收水分，干扰羟基的测定，所以在制样过程中应尽量避免水分的影响。该方法操作简便，而且吸光度 A 正比于试样质量 m 而与片的厚度无关，可用于定量分析。该方法的缺点是需要专用的模具和油压机。不稳定的化合物,如易发生分解、异构化、升华等变化的化合物则不宜使用压片法。

(ii) 糊状法。将干燥处理后的试样研细,与出峰少且不干扰样品吸收谱带的液体如石蜡或全氟代烃等混合,调成糊状,夹在两个窗片(盐片)之间测定。此法适用于可以研细的固体试样。试样调制容易,但不能用于定量分析。

(iii) 溶液法。将试样溶于适当的溶剂中,然后注入液体池进行测定的方法。液体池有固定池、可拆池和其他特殊池(如微量池、加热池、低温池等)。液体池一般由框架、垫片、间隔片及红外透光窗片组成。

(iv) 薄膜法。某些难以用以上几种方法测试的试样,可以使用薄膜法。可将样品溶于挥发性试剂,涂在盐片上,挥干试剂制成薄膜来测定。某些找不到合适溶剂,但熔融时不分解的试样,也可用热压法制成薄膜来测定。不溶、难溶又难粉碎的固体可以用机械切片法成膜。

4.4.2　红外光谱的应用

1. 定性分析和结构分析

有机化合物的红外光谱具有鲜明的特征性,其谱带的数目、位置、形状和强度都随化合物而各不相同。因此,红外光谱法是定性鉴定和结构分析的有力工具。

(1) 已知物的鉴定

将试样的谱图与用试样的标准品所测量的谱图相对照,或者与文献上的谱图(例如与《药品红外光谱图集》、Sadtler 标准光谱、Sadtler 商业光谱等)相对照,即可进行定性。红外光谱的谱图由于谱图的表示方式、仪器的性能和操作条件的不同而有所差异。使用文献上的谱图时应当注意保持试样状态和制样方法的一致性,如试样的物态、结晶形状、溶剂、测定条件以及所用仪器类型等因素。

(2) 未知物结构测定

未知物如果不是新化合物,标准光谱已有收载的,可有两种方法来查对标准光谱: (i) 利用标准光谱的谱带索引,寻找标准光谱中与试样光谱吸收带相同的谱带; (ii) 进行光谱解析,判断试样可能的结构,然后由化学分类索引查找标准光谱对照核实。

解析光谱之前应当了解试样的来源以估计其可能是哪类化合物;测定试样的物理常数,如熔点、沸点、溶解度、折射率、旋光率等作为定性的旁证;根据元素分析及相对分子质量的测定,求出化学式并计算化合物的不饱和度 Ω,用以估计结构并验证光谱解析结果的合理性。若分子中只含有 1~4 价元素,不饱和度 Ω 可由下式求出

$$\Omega = \frac{2 + 2n_4 + n_3 - n_1}{2} \tag{4-10}$$

式中:n_1、n_3、n_4 分别为分子中含有 1 价、3 价、4 价元素原子的个数。当计算得 $\Omega=0$ 时,应为链状饱和烃及其衍生物(不含双键);$\Omega=1$ 时,可能有一个双键或脂环;$\Omega=2$ 时,可能有两个双键或脂环,也可能有一个叁键;$\Omega=4$ 时,可能有一个苯环。

解析光谱的一般程序为:先从特征区中最强谱带入手,推测未知物可能含有的基团,判断不可能含有的基团,再用指纹区的谱带验证,找出可能含有基团的相关峰,用一组相关峰来确认一个基团的存在。对于简单化合物,确认几个基团之后,便可初步确定分子结构,然后查对标准光谱核实。

【示例 4-1】　某化合物沸点 107.16℃,化学式 C_7H_9N,其红外吸收光谱如图 4-13 所示。其中:峰①为 3460,3360 cm^{-1} 双峰;②3040 cm^{-1};③2920 cm^{-1};④1600,1500 cm^{-1};⑤1460 cm^{-1};⑥780,690 cm^{-1}。试通过光谱解析判断其可能的结构式。

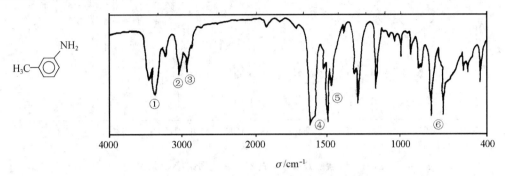

图 4-13　未知化合物 C_7H_9N 的红外光谱

解　计算不饱和度,$\Omega = \dfrac{2+2\times7+1-9}{2} = 4$,可能有一个苯环。

图谱解析　特征区最强谱带为④1600,1500 cm^{-1},是苯环的骨架振动 ν_Φ;特征区次强谱带为峰①3460,3360 cm^{-1} 双峰,是伯氨基的基团频率 ν_{NH_2};其他吸收带:②3040 cm^{-1} 为 $\nu_{\Phi H}$;③2920 cm^{-1}为 ν_{CH}(饱和);⑤1460 cm^{-1} 为 $\delta_{CH_3}^{as}$;⑥780,690 cm^{-1} 为 $\gamma_{\Phi H}$,间二取代。因此,可能的结构为间-甲基苯胺,如图4-13左侧所示,再查对标准光谱核实。

由于红外光谱的主要特点是提供官能团的结构信息,对于复杂化合物,尤其是全未知的新化合物,单靠红外光谱是不能解决问题的,需要与核磁共振波谱、质谱、紫外光谱等分析手段互相配合,进行综合光谱解析,才能确定分子结构。

在医药卫生领域,红外光谱法定性最重要的应用是药品的鉴别。我国出版了《药品红外光谱图集》,它收载了红外光谱 582 帧,是药品检验的重要工具书。

【示例 4-2】　盐酸普鲁卡因与盐酸普鲁卡因胺的鉴别

见表 4-3、图 4-14、图 4-15。

表 4-3　盐酸普鲁卡因与盐酸普鲁卡因胺的红外吸收光谱的主要区别

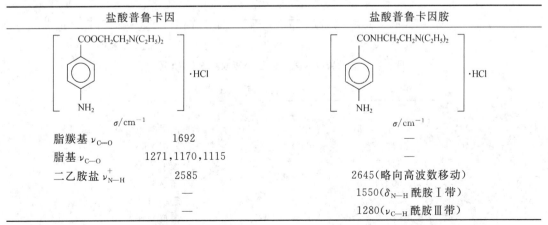

盐酸普鲁卡因		盐酸普鲁卡因胺	
	σ/cm^{-1}		σ/cm^{-1}
脂羰基 $\nu_{C=O}$	1692	—	
脂基 ν_{C-O}	1271,1170,1115	—	
二乙胺盐 ν_{N-H}^{+}	2585	2645(略向高波数移动)	
	—	1550(δ_{N-H} 酰胺Ⅰ带)	
	—	1280(ν_{C-H} 酰胺Ⅲ带)	

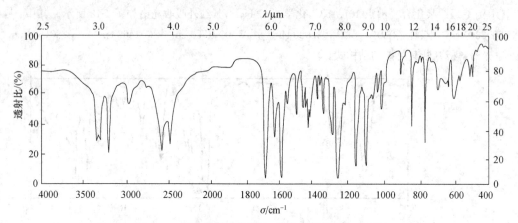

图 4-14　盐酸普鲁卡因的红外吸收图谱（KCl 压片）

盐酸普鲁卡因的红外吸收图谱分析

σ/cm^{-1}	归	属
3315,3200	$\nu_{\mathrm{NH_2}}$	（伯胺）
2585	$\nu_{\mathrm{N-H}}^{+}$	（胺基）
1692	$\nu_{\mathrm{C-O}}$	（脂羰基）
1645	$\nu_{\mathrm{N-H}}$	（胺基）
1604,1520	$\nu_{\mathrm{C-C}}$	（苯环）
1271,1170,1115	$\nu_{\mathrm{C-O}}$	（脂基）

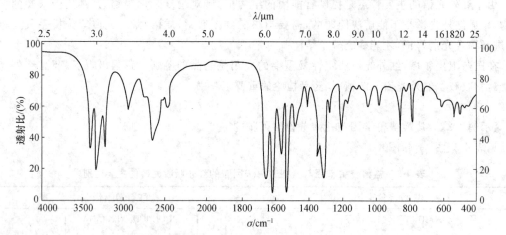

图 4-15　盐酸普鲁卡因胺的红外吸收图谱（KCl 压片）

盐酸普鲁卡因胺的红外吸收图谱分析

σ/cm^{-1}	归	属
3100~3500	$\nu_{\mathrm{NH_2}}$	（酰胺）
2645	$\nu_{\mathrm{N-H}}^{+}$	（胺基）
1640	$\nu_{\mathrm{C-O}}$	（酰胺 I 带）
1600,1515	$\nu_{\mathrm{C-C}}$	（苯环）
1550	$\delta_{\mathrm{N-H}}$	（酰胺 II 带）
1280	$\nu_{\mathrm{C-N}}$	（酰胺 III 带）

此外,对于应用红外光谱研究氨基酸、多肽、蛋白质和核酸的结构以及进行细胞、病毒、酶等方面的研究,上述书中均有报道。

2. 定量分析

紫外-可见分光光度法定量分析的有关理论,也适用于红外光谱定量分析。可对单组分进行定量,也可测定多组分的含量。红外光谱有许多谱带可供选择,可不用分离进行含量测定。例如,利用红外光谱中 1793 cm^{-1} 吸收峰测定牛骨髓中脂肪酸脂含量;用红外光谱测定人血浆中类脂和蛋白质含量。此外,红外光谱定量可不受样品状态的限制。气相色谱法难以测定的异构体、过氧化物和高分子化合物等也可用红外光谱法进行测量。

红外光谱定量时吸光度的测定常用基线法(base-line method),如图 4-16。假定背景的吸收在试样吸收峰两侧不变(或透射比呈线性变化),就可用画出的基线来表示该吸收峰不存在时的背景吸收线,于是图中 I 与 I_0 之比就是透射比(T)。因红外光谱仪测定时需用较宽狭缝,ε 不能测准,所以一般用校准曲线法或者与对照品比较定量,不用吸光系数法。

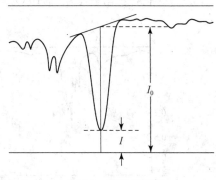

图 4-16　基线的画法

红外光谱定量分析的主要缺点是:分析灵敏度较低,$\varepsilon < 10^3$,不适于进行微量分析;另外,由于池厚度小,单色器狭缝宽度大等原因,测量误差也较大。所以,红外光谱定量分析远不如紫外-可见分光光度法定量分析应用广泛。

3. 红外光谱中的新技术——差示光谱

在光谱分析中,常常需要知道两种光谱之差。例如,在物质溶液的光谱中去掉溶剂的光谱,获得纯溶质的光谱;在二元混合物的光谱中去掉一个组分的光谱,得到另外一个组分的光谱,这些光谱称为差示光谱。

使用差示光谱技术可不经化学分离而直接鉴定出未知混合物的各个组分。因此差示光谱技术可在一定程度上解决理化分离技术所不能解决的一些问题,称之为"光谱分离"技术。

习　　题

4.1　试简述红外吸收光谱和紫外吸收光谱的异同点。

4.2　是否所有的分子振动都会产生红外吸收?简正振动的数目是否就是基频谱带的数目?为什么?

4.3　什么是基团频率?影响基团频率的因素有哪些?

4.4　在 C—C、C—H、N—H、O—H 单键伸缩振动中,产生吸收带最强的和最弱的各是哪一种?为什么?(不考虑分子中其他结构的影响)

4.5　试计算 C=O 双键和 C—Cl 键伸缩振动的基本振动频率(波数)。已知化学键力常数分别为 12.1 和 3.4 N·cm^{-1},估计乙酰氯的羰基峰位并说明理由。

$$(\sigma_{C=O} = 1730 \text{ cm}^{-1}, \sigma_{C—Cl} = 802 \text{ cm}^{-1})$$

4.6　在红外吸收光谱中,乙烯分子的 C—H 不对称伸缩振动具有(　　　)

(1)红外活性;　(2)非红外活性。

(1)

4.7　分子的 C—H 对称伸缩振动的红外吸收带频率与弯曲振动的相比,其结果为:

(1)相当;　(2)高;　(3)低。

(2)

4.8　某化合物的红外光谱在 3050～3000 cm^{-1} 和 1680～1630 cm^{-1} 处有吸收带,该化合物可能是
（　　）

(1) CH_3 ;　(2) CH_2 ;　(3) OH ;　(4) O ;　(5) 。

(2)

4.9　某化合物化学式为 $C_9H_{10}O$,其红外光谱如图 4-17。试推断其结构式。

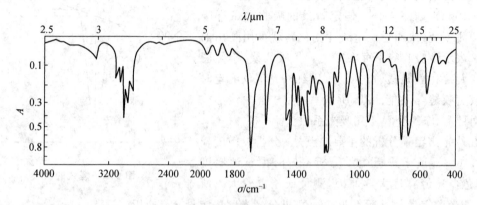

图 4-17　化合物 $C_9H_{10}O$ 的红外光谱

$$\left[\underset{}{\boxed{}} CH_2 - \overset{O}{\underset{\|}{C}} - CH_3 \right]$$

4.10　某化合物化学式为 C_7H_7Br,其红外光谱如图 4-18。其中:峰①3037 cm^{-1};②2934,2877 cm^{-1};
③1626,1581 cm^{-1};④1489 cm^{-1};⑤1396 cm^{-1};⑥805 cm^{-1}。试判断可能的结构。

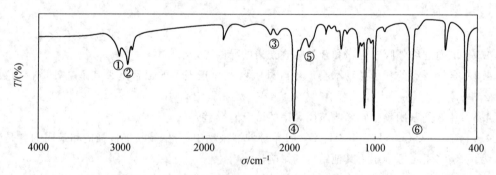

图 4-18　化合物 C_7H_7Br 的红外光谱

$$\left(CH_3 - \underset{}{\boxed{}} - Br \right)$$

4.11　某化合物化学式为 C_4H_5N，其红外光谱如图 4-19。试推断其结构式。

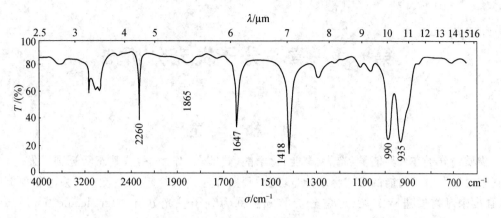

图 4-19　化合物 C_4H_5N 的红外光谱

$$(CH_2 \!=\! CH\!-\!CH_2\!-\!C\!\equiv\!N)$$

第 5 章 分子发光分析法

5.1 概　　述

物质的分子在外界能量(光能、电能、化学能、热能等)作用下,从基态跃迁到激发态,在返回基态时以发射辐射能的形式释放能量,这种现象称为分子发光,通过测量其发射辐射能的特性、强度来对物质进行定性、定量分析的方法称为分子发光分析法(molecule luminescence analysis)。分子发光分析主要包括分子荧光分析(molecule fluorescence analysis)、磷光分析(phosphorescence analysis)、化学发光分析(chemiluminescence analysis)和生物发光分析(bioluminescence analysis)等。

物质的分子因吸收了光能而被激发发光现象称为光致发光。分子荧光分析和分子磷光分析就是基于光致发光现象而建立起来的分析方法。若在化学反应中,产物分子吸收了反应过程中释放的化学能而被激发发光,称为化学发光。根据化学发光强度或化学发光总量来确定物质组分含量的方法称为化学发光分析法。而发生在生物体内并有酶类物质参加的化学发光反应称为生物发光,其对应的分析方法称为生物发光法。本章主要讨论分子荧光分析法、化学发光分析法,也扼要介绍磷光分析法和生物发光分析法。

分子发光分析法由于其仪器设备简单、操作简便、灵敏度高、特异性强等优点,目前已逐步广泛地应用于临床医学检验、生化测定、免疫测定、药品检验、环境监测等各个领域。

5.2 分子荧光分析法理论基础

物质的基态分子经紫外-可见光照后,被激发至激发态,在返回基态时会发射出波长与入射光相同或较长的紫外-可见荧光。对此荧光的特性和强度进行分析的方法称为分子荧光分析法。

分子荧光的产生是受激发光激发所致,下面我们就从分子受激发后的去活过程入手,来讨论分子荧光的产生机理。

5.2.1 分子荧光的产生机理

1. 分子激发态

每个分子都具有一系列严格分立的电子能级,它包括基态以及各个激发态。正常的多原子分子在基态是通常具有多对自旋成对的电子,这些电子在各个原子或分子轨道上运动,方向相反。电子的自旋状态可以用自旋量子数(s)表示,$m_s = \pm \frac{1}{2}$,所以配对电子自旋总和是零。如果一个分子所有的电子自旋是成对的,那么这个分子光谱项的多重性 $M = 2S+1$,此时,所处的电子能态称为单重态(singlet state),以 S_0 表示。当配对电子中一个电子被激发到某一较高能级时,将可能形成两种激发态,一种是受激电子的自旋仍然保持方向相反,称为激发单重态,以 S 表示;另一种是受激电子自旋反转,2 个电子的自旋相互平行,此时多重性 $M=3$,称为激发三重态(triplet state),以 T 表示。

激发单重态与激发三重态的性质有明显不同。其主要不同点是:(i) 激发单重态分子是抗磁性分子,而激发三重态分子则是顺磁性的;(ii) 激发单重态的平均寿命约为 10^{-8} s,而激发三重态的平均寿命长达 $10^{-4} \sim 1$ s 以上;(iii) 基态单重态到激发单重态的激发容易发生,为允许跃迁,而基态单重态到激发三重态的激发概率只相当于前者的 10^{-6},实际上属于禁阻跃迁;(iv) 激发三重态的能量较激发单重态的能量低。

2. 分子去活化过程

去活化过程是指分子中处于激发态的电子以辐射跃迁的方式或无辐射跃迁的方式释放多余能量。辐射跃迁主要是指发射荧光或磷光释放多余的能量;无辐射跃迁是指分子以热的形式释放多余能量,包括振动弛豫、内转换、系间跨越和猝灭等。各种跃迁方式发生的可能性及程度与荧光物质的分子结构和环境有关。

当处于基态单重态(S_0)的分子吸收波长为 λ_1 和 λ_2 的辐射后,分别被激发至第一激发单重态(S_1^*)和第二激发单重态(S_2^*)的任一振动能级上,见图 5-1,而后发生下述过程。

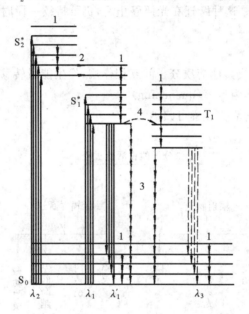

图 5-1　光能的吸收、转换及发射示意图

1—振动弛豫　2—内转换　3—猝灭　4—系间跨越　S—单重态　T—三重态

(λ_1,λ_2—激发光　λ_1'—荧光　λ_3—磷光)

(1) 振动弛豫

在溶液中,受激的溶质分子与溶剂分子碰撞,而失去过剩的能量,以 $10^{-13} \sim 10^{-11}$ s 的极快速度,降至同一电子态的最低振动能级上,这一过程属无辐射跃迁,称为振动弛豫。

(2) 内转换

当 2 个电子能级非常靠近以致其振动能级有重叠时,如第一激发单重态的较高振动能级与第二激发单重态的某一较低能级的位能相同,可发生电子由高电子能级以无辐射跃迁的方式跃迁至低能级上,称为内转换。此过程效率高、速度快,一般只需 $10^{-13} \sim 10^{-11}$ s 时间。

通过内转换和振动弛豫,较高能级的电子均返回到第一电子激发态(S_1^*)的最低振动能级($\nu=0$)上。

(3) 荧光发射

处于激发单重态的最低振动能级的分子,也存在几种可能的去活化过程。若以 $10^{-9} \sim 10^{-7}$ s 左右的时间发射光量子回到基态的各振动能级,这一过程就有荧光发生,称为荧光发射。

(4) 系间跨越

是激发单重态与激发三重态之间的无辐射跃迁。此时,激发态电子自旋反转,分子的多重性发生变化。如单重态(S_1^*)的较低能级与三重态 T_1 较高振动能级有重叠,电子有可能发生自旋状态的改变而发生系间跨越。含有重原子(如溴、碘)的分子中,系间跨越最为常见。

(5) 磷光发射

分子经系间跨越跃迁后,接着就发生快速的振动弛豫而达到三重激发态 T_1 的最低振动能级($\nu=0$)上,再发生光辐射而降至基态的各个振动能级上,这个辐射光叫做磷光。磷光的发光速率较慢,约为 $10^{-4} \sim 1$ s。这种跃迁在光照停止后,仍可持续一段时间,因此磷光比荧光的寿命长。

(6) 猝灭

激发分子与溶剂分子或其他溶质分子间互相作用,发生能量转移,使荧光强度或磷光强度减弱甚至消灭,这一现象称为猝灭(quenching)。

总之,激发态分子的去活化过程可归纳为

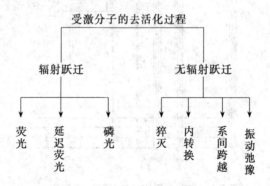

由于不同物质的分子结构及分析时所处的环境不同,因此各去活化过程的速率也就不同。如果荧光发射过程比其他去活化过程速率更快,就可观察到荧光现象;相反,如果无辐射跃迁过程具有更大的速率常数,荧光将消失或者强度将减弱。

5.2.2　激发光谱和荧光光谱

1. 激发光谱和荧光光谱

任何荧光物质都具有两个特征光谱,即激发光谱(excitation spectrum)和荧光光谱(fluorescence spectrum)。它们是荧光分析中定性、定量的基础。

(i) 激发光谱。荧光物质常用紫外光或波长较短的可见光激发而产生荧光。如果将激发光的光源用单色器分光,测定不同波长激发照射下荧光强度,以激发波长(λ)为横坐标,荧光强度(I_F)为纵坐标作图,便可得到荧光物质的激发光谱。

(ii) 荧光光谱。固定激发光波长和强度,让物质发射的荧光通过单色器,然后测定不同波长的荧光强度。以荧光的波长(λ)作横坐标,荧光强度(I_F)为纵坐标作图,得到的是荧光光谱。

图 5-2 和图 5-3 分别为硫酸奎宁和蒽的激发光谱和荧光光谱。荧光物质的最大激发波长(λ_{ex})和最大荧光波长(λ_{em})是鉴定物质的根据,也是定量测定时最灵敏的条件。

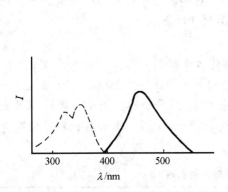

图 5-2　硫酸奎宁的激发光谱及荧光光谱
‥‥激发光谱 ——荧光光谱

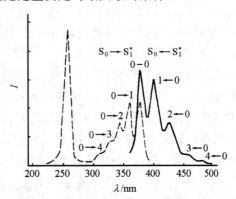

图 5-3　蒽的激发光谱及荧光光谱
‥‥激发光谱 ——荧光光谱

2. 激发光谱和荧光光谱的形状及其相互关系

荧光物质的激发光谱与紫外吸收光谱形状相似。这是因为物质分子吸收了一定波长的紫外光后,才能发射荧光。吸收越强,发射的荧光强度也越强。因此荧光物质的激发光谱实质就是它的紫外吸收光谱,但因测量信号不同,图形的形状不完全相同,一般把激发光谱看做是荧光物质的表观吸收光谱。

硫酸奎宁和蒽的激发光谱均有两个吸收带,而对应的荧光光谱均为一个谱带,这是因为物质分子可以从基态跃迁到第一或第二电子激发态,因此激发光谱有两个谱带。但由于内转换及振动弛豫的速度远远大于由 S_2^* 返回基态发射荧光的速度,故在荧光发射时,不论用哪一个波长的光辐射激发,电子都是从第一激发态的最低振动能级回至基态的各个振动能级,所以荧光光谱只能出现一个谱带。不论用 λ_1、λ_2 或 λ_3 波长激发,荧光光谱的形状、位置都相同;但激发波长不同时荧光物质发射的荧光强度不同,最大激发波长下产生的荧光最强。

由于激发态分子是经过无辐射跃迁回到第一激发单重态(S_1^*)的最低振动能级,然后再回到基态各个振动能级而发射荧光,无辐射跃迁时损失了部分能量,因此荧光波长一般比激发波长要长。

比较蒽的荧光光谱和激发光谱的形状可见,两者呈现大致的镜像对称关系,这是因为大多数分子的基态振动能级分布和第一电子激发态振动能级分布相似,于是,激发光谱中跃迁能量最小的和最大波长分别和荧光光谱中发射能量最大和最小的波长相对应。

5.2.3　物质的分子结构和荧光的关系

物质的分子结构与荧光的发生及荧光强度的大小紧密相关。分子产生荧光必须具备下述两个条件。

(i) 物质分子必须具有能吸收一定频率紫外-可见光的特定结构。

（ii）物质分子在吸收了特征频率的辐射能之后,必须具有较高的荧光效率(fluorescence efficiency)用 Φ_F 表示

$$\Phi_F = \frac{\text{发出荧光的量子数}}{\text{吸收激发光的量子数}} \times 100\%$$

荧光效率愈大,荧光的发射强度愈大,无辐射跃迁的概率就愈小。当荧光效率等于零时就意味着不能发射荧光。因此,荧光物质必须具有较大的荧光效率。一种物质的吸光能力和其荧光效率与物质的分子结构和所处的环境条件,如温度、溶剂、pH 等有关。

1. 具有共轭双键体系的分子

大多数荧光物质都含有芳香环或杂环,因此这些化合物都具有易发生 $\pi \rightarrow \pi^*$ 或 $n \rightarrow \pi^*$ 跃迁的电子共轭结构,其中 $\pi \rightarrow \pi^*$ 跃迁的摩尔吸光系数较 $n \rightarrow \pi^*$ 跃迁大 $100\sim1000$ 倍。当 π 电子的共轭程度越大,即 π 电子的非定域越大,就越容易被激发,分子的荧光效率越大,其荧光光谱也将红移。因此,凡能提高 π 电子共轭程度的结构,如对-苯基化、间-苯基化和乙烯基化的作用都会增大荧光强度,并使荧光光谱红移(见表 5-1)。

表 5-1　共轭结构对荧光效率的影响

化合物(在环己烷中)	Φ_F	λ/nm
苯	0.07	283
联苯	0.18	316
1,3,5-三苯基苯	0.27	355
蒽	0.36	402
9-苯基蒽	0.49	419
9-乙烯基蒽	0.76	432

含有脂肪族和脂环族羰基结构或高共轭双键结构的化合物也可能发生荧光,如含有高共轭双键的脂肪烃维生素 A 也常有荧光,但这一类化合物数目要比芳香类化合物少。

2. 具有刚性平面结构的分子

刚性的不饱和的平面结构具有较高的荧光效率,分子刚性及共平面性越大,荧光效率越高,并使荧光波长发生红移。如将酚酞和荧光素相比较,尽管结构相似,但荧光素多一个氧桥,使分子的 3 个环形成一个平面,其共平面性增加,减少分子的振动,从而可减少体系的系间跨越和碰撞去活的可能性,使 π 电子的共轭程度增加,因而荧光素有强烈荧光,而酚酞的荧光很弱。

本来不发生荧光或荧光很弱的物质一旦与金属离子螯合后其平面构型和刚性增强,就可以发生荧光或增强荧光。以 8-羟基喹啉为例,它是一种弱荧光物质,当其与 Zn^{2+}、Mg^{2+}、Al^{3+} 等离子螯合后,荧光就增强。

酚酞　　　　　　　　荧光素　　　　　　8-羟基喹啉的镁螯合物

相反,如果原来结构中平面性较好,但分子上取代了较大基团后,由于位阻的原因,使分子的共平面性下降,因而荧光减弱(见表 5-2)。

表 5-2　共平面性对荧光效率的影响

化 合 物	Φ_F
1-二甲氨基萘-4-磺酸盐	0.48
1-二甲氨基萘-5-磺酸盐	0.53
1-二甲氨基萘-7-磺酸盐	0.75
1-二甲氨基萘-8-磺酸盐	0.03

表 5-2 表明,1-二甲氨基萘-8-磺酸盐与前三者的荧光效率相差悬殊,这是由于磺酸盐基团与二甲氨基之间的位阻效应,使分子发生了扭转,两个环不能共平面,因而使荧光大大减弱。

同理,对于顺反异构体,顺式分子的 2 个基团在同一侧,由于位阻原因不能共平面,而没有荧光。以 1,2-二苯乙烯为例,其反式异构体[(a)式]有强烈荧光,而顺式异构体[(b)式]则无荧光。

（a）　　　　　　（b）

3. 苯环上取代基的类型

芳香化合物的芳香环上,不同取代基对该化合物的荧光强度和荧光光谱有很大影响。通常有以下三类。

(i) 给电子基团。如 —OH、—NH₂、—NHR、—NR₂、—OR 等,常使荧光增强。

(ii) 与 π 电子体系相互作用较小的取代基。如 —SO₃H、—NH₃⁺ 和烷基等,对分子荧光影响不明显。

(iii) 吸电子基团。如 —COOH、—C=O、—NO₂、—NO、—N=N— 及卤素等,会减弱甚至破坏荧光。

卤素随着原子序数的增大,会使 π 体系的磷光增强,荧光减弱。如氟苯、氯苯、溴苯、碘苯的荧光效率分别为 0.16、0.05、0.01,碘苯则无荧光。

5.3　环境对荧光测定的影响

荧光物质所处的环境,如温度、溶剂、pH 等都会影响荧光效率,甚至影响分子结构和立体构象,从而影响荧光强度。

5.3.1　温度的影响

一般地说,温度改变并不影响辐射过程,但非辐射去活的效率将随温度升高而增强,因此当温度升高时荧光强度通常会下降。如荧光素的乙醇溶液在 0℃ 以下每降低 10℃,荧光效率增加 3%;冷至 −80℃ 时,荧光效率为 100%。

71

5.3.2　溶剂的影响

同一种荧光物质溶于不同溶剂,其荧光光谱的位置和强度可能有明显不同。溶剂的影响主要来自以下三方面。

(i) 极性。一般情况,随着溶剂极性的增加,荧光物质的 $\pi \rightarrow \pi^*$ 跃迁概率增加,荧光强度将增强,荧光波长也发生红移。

(ii) 黏度。溶剂的黏度减小时,可以增加分子间碰撞机会,使无辐射跃迁概率增加而使荧光强度减弱。

(iii) 散射光。溶剂的散射光是影响荧光测定的重要因素。

当一束平行光投射在液体试样上,大部分被吸收和透过,小部分由于光子和物质分子相碰撞,使光子的运动方向发生改变,而向不同方向散射,这种光称为散射光(scattering light),包括瑞利散射光(Rayleigh scattering light)和拉曼散射光(Raman scattering light)。

当光子与溶剂、溶质胶体、容器壁等发生碰撞引起散射,但碰撞时并无能量的交换,仅光子运动方向发生改变,散射光波长与激发光波长几乎相等,称为瑞利散射光。如果碰撞后除发生运动方向改变外,还发生能量转移,若光子将部分能量转移给溶剂分子,光子能量将减少,此时散射光的波长比入射光长;若溶剂分子把能量转移给光子,光子能量将增加,此时散射光的波长比入射光短,这样释放出较激发光波长稍长或稍短的光线即为拉曼散射光。

瑞利散射光和拉曼散射光对荧光测定有干扰作用。尤其具有比入射光波长更长的拉曼光,因其波长接近荧光光谱,且常在空白溶剂中出现,测量时,荧光物质的荧光光谱与此种散射光重叠或部分重叠,干扰较大,必须予以消除。由于溶剂的拉曼光随激发光波长而改变(见表5-3),而荧光的波长与激发光波长无关,因此可通过选择适当的激发光波长以消除溶剂的拉曼光对测定的影响。

表 5-3　在不同波长激发光下主要溶剂的拉曼光波长

散射光　激发光　溶剂	λ/nm				
	248	313	365	405	436
水	271	350	416	469	511
乙醇	267	344	409	459	500
环己烷	267	344	408	458	499
四氯化碳	—	320	375	418	450

例如硫酸奎宁在硫酸溶液中,分别用 320 nm、350 nm 波长的光激发时,其最大荧光波长都在 448 nm 处,如图 5-4 所示。而溶剂为 0.05 mol · L^{-1} H_2SO_4 的拉曼峰的位置却不同,当用 320 nm光激发时,其拉曼峰在 360 nm 处;改用 350 nm 光激发时,其拉曼峰移至 400 nm 处。可见用 320 nm 光激发时,拉曼光对荧光的测定几乎无影响;当用 350 nm 光激发时,溶剂的拉曼光谱将与荧光光谱发生部分重叠,使荧光测定产生正误差。由于不同溶剂受同一波长激发光激发所产生的拉曼光波长不同,因此也可通过更换溶剂来消除溶剂拉曼光对荧光测定的干扰。如四氯化碳的拉曼光与激发光的波长极为接近,因此用其作溶剂对荧光测定几乎不干扰,而水、乙醇、环己烷等的拉曼光波长较长,使用时必须注意。在测量时,也可采用适当的复合滤光

片或调节狭缝宽度以减弱散射光。

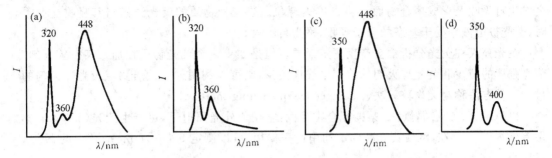

图 5-4　硫酸奎宁及其溶剂在不同波长激发下的荧光及散射光

(a) 硫酸奎宁,320 nm 激发　(b) 0.05 mol·L^{-1} H$_2$SO$_4$,320 nm 激发
(c) 硫酸奎宁,350 nm 激发　(d) 0.05 mol·L^{-1} H$_2$SO$_4$,350 nm 激发

5.3.3　溶液 pH 的影响

当荧光物质是弱酸或弱碱时,溶液的 pH 对荧光强度有较大的影响。这是因为弱酸或弱碱在不同酸度中,分子和离子的电离平衡会发生改变,而荧光物质的荧光强度会因其离解状态发生变化。以苯胺为例,它在 pH 7~12 的溶液中会产生蓝色荧光,在 pH<2 或 pH>13 的溶液中都不产生荧光。

这表示产生荧光的是苯胺分子,而其正负离子都不产生荧光。金属离子与有机试剂所形成的荧光配合物,在 pH 改变时,配位比也要改变,从而会影响荧光的发生或使荧光强度发生改变。

5.3.4　猝灭剂的影响

荧光猝灭是指荧光物质分子与溶剂分子或其他溶质分子相互作用,引起荧光强度降低、消失或荧光强度与浓度不呈线性关系的现象。引起荧光猝灭的物质称为猝灭剂(quencher),如卤素离子、重金属离子、氧分子以及硝基化合物、重氮化合物、羰基化合物等均为常见的猝灭剂。

荧光猝灭的形式主要有以下 5 种。

(i) 处于单重激发态的荧光物质分子与猝灭剂分子碰撞,使荧光物质分子以无辐射跃迁的方式回到基态,引起荧光猝灭,这是荧光猝灭的主要原因。

(ii) 荧光物质分子与猝灭剂分子作用生成了不发生荧光的配合物。

(iii) 在荧光物质的分子中引入溴或碘,易发生系间跨越,变成三重态。

(iv) 溶解氧的存在,使荧光物质氧化,或由于氧分子的顺磁性,易使单重激发态的荧光分子转变成顺磁性的三重态分子。

73

（v）荧光物质浓度较大（>1g・L^{-1}）时，由于荧光物质分子之间的碰撞引起能量损失，因之发生自吸收及形成聚合物而产生自猝灭现象。当荧光物质的荧光光谱与其吸收光谱重叠时，荧光被溶液中处于基态的分子吸收，称为自吸收。

荧光猝灭在荧光分析中会产生测定误差。但是如果一个荧光物质在加入某一猝灭剂后，荧光强度的减少和荧光猝灭剂的浓度呈线性关系，则可以利用这一性质测定荧光猝灭剂的含量。这种方法称为荧光猝灭法（fluorescence quenching method）。

以 Al-1-(2-吡咯偶氮)-2-萘酚配合物为例，它在紫外光照射下，可产生荧光（570 nm）。如果有微量 Ni^{2+} 存在，将使荧光减弱。利用这一作用，可以测定 $0.06\sim6$ ng・mL^{-1} 的 Ni^{2+}，干扰很小。

5.4　荧光分析的定量方法

5.4.1　荧光强度与溶液浓度之间的关系

当一束强度为 I_0 的紫外光照射于一盛有浓度为 c 的溶液、厚度为 l（cm）的液槽时，可在液槽的各个方向观察到荧光，其强度为 I_F，透射光强度为 I_t，吸收光强度为 I_a。由于激发光的一部分能透过液槽，因此，一般在与激发光源垂直的方向上测量荧光强度（I_F），参见图 5-5。

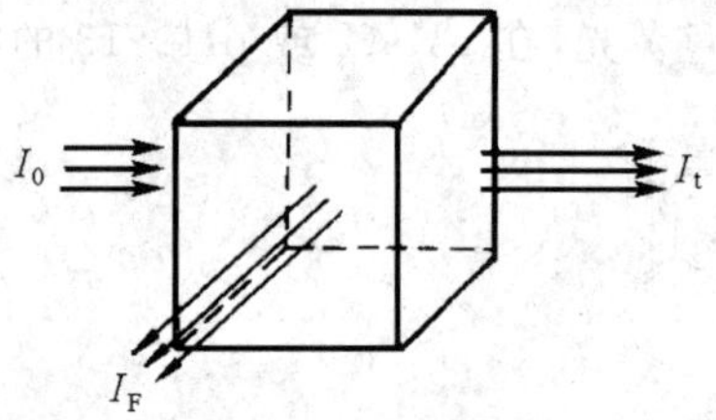

$$I_F = \Phi_F \cdot I_a \tag{5-1}$$

根据比尔定律

$$I_a = I_0 - I_t$$

$$\frac{I_t}{I_0} = 10^{-\varepsilon lc}$$

$$I_t = I_0 \times 10^{-\varepsilon lc}$$

$$I_a = I_0 - I_0 \times 10^{-\varepsilon lc} = I_0(1 - e^{-2.303\varepsilon lc}) \tag{5-2}$$

由于
$$e^x = 1 + x + \frac{x^2}{2!} + \cdots + \frac{x^n}{n!}$$

图 5-5　溶液的荧光
I_0—激发光强度
I_t—透过光强度
I_F—荧光强度

所以
$$e^{-2.303\varepsilon lc} = 1 - 2.303\varepsilon lc + \frac{(-2.303\varepsilon lc)^2}{2!} + \frac{(-2.303\varepsilon lc)^3}{3!} + \cdots \tag{5-3}$$

对于很稀的溶液，若投射到试样溶液上被吸收的激发光不到 2%，也就是 $\varepsilon lc <0.05$ 时，从第三项开始数值很小，可忽略不计。此时，式（5-3）可简化为

$$e^{-2.303\varepsilon lc} = 1 - 2.303\varepsilon lc \tag{5-4}$$

代入式（5-2），则

$$I_a = I_0(1 - 1 + 2.303\varepsilon lc) = 2.303 I_0 \varepsilon lc \tag{5-5}$$

将式（5-5）代入式（5-1），则得

$$I_F = 2.303 \Phi_F I_0 \varepsilon lc \tag{5-6}$$

当荧光效率（Φ_F）、入射光强度（I_0）、物质的摩尔吸光系数（ε）、液层厚度（l）固定不变时，荧光强度（I_F）与溶液的浓度（c）成正比，可写成

$$I_F = Kc \tag{5-7}$$

但上式只适用于 $\varepsilon lc \leqslant 0.05$ 的稀溶液；对于 $\varepsilon lc >0.05$ 的浓溶液，荧光强度与浓度的线性关系

将向浓度轴偏离。

5.4.2 定量分析方法

1. 校准曲线法

荧光分析一般多采用校准曲线法,即以已知量的标准物质按试样相同方法处理后,配成一系列不同浓度的标准溶液,在仪器调零后再以浓度最大的标准溶液作为基准,调节荧光强度读数为 100(或某一较高值);然后,测出其他标准溶液的相对荧光强度和空白溶液的相对荧光强度;扣除空白值以后,以荧光强度为纵坐标、标准溶液浓度为横坐标,绘制校准曲线;然后将处理后的试样配成一定浓度的溶液,在同一条件下测定其相对荧光强度,扣除空白值以后,从校准曲线上求出其含量。

由于影响荧光分析灵敏度的因素很多,为了使同一个实验在不同时间所测的数据前后一致,在每次测绘校准曲线或每次测定试样前,应当用一个稳定的荧光物质(其荧光峰与待测物的荧光峰相近)的标准溶液作为基准进行校正。如测定维生素 B_1 时,用硫酸奎宁作为基准。

2. 标准对照法

如果荧光物质的校准曲线通过零点,就可选择在其线性范围,用标准对照法进行测定。取已知量的纯荧光物质,配成浓度在线性范围内的标准溶液,测定其荧光强度($I_{F(s)}$)。然后在同样条件下测定试样溶液的荧光强度($I_{F(x)}$)。分别扣除空白($I_{F(0)}$),由标准溶液的浓度和两个溶液的荧光强度比,求得试样中荧光物质的含量。

$$\frac{I_{F(s)} - I_{F(0)}}{I_{F(x)} - I_{F(0)}} = \frac{c_s}{c_x} \tag{5-8}$$

$$c_x = c_s \frac{I_{F(x)} - I_{F(0)}}{I_{F(s)} - I_{F(0)}} \tag{5-9}$$

3. 多组分混合物的荧光分析

在荧光分析中,也可以像紫外-可见分光光度法一样,从混合物中不经分离测定多个组分的含量。

如果混合物中各组分荧光峰相距较远,且相互间无显著干扰,则可分别在不同波长测量各个组分的荧光强度,从而直接求出各个组分的含量。如不同组分的荧光光谱相互重叠,则可利用荧光强度的加和性质,在适宜波长处测量混合物的荧光强度。再根据被测物质各自在适宜荧光波长的最大荧光强度,列出联立方程式,求算各个组分的含量。

5.5 荧光分光光度计

5.5.1 荧光分析仪的主要类型

荧光分析使用的仪器主要分为荧光计(fluorometer)和荧光分光光度计(spectrofluorophoto-meter)两种类型,如图 5-6 及 5-7 所示。它们通常都由激发光源、单色器(或滤光片)、样品池、检测器和放大显示系统组成。由激发光源发出的光,经第一单色器(激发单色器)色散后,得到所需要的激发光波长,照射到放有荧光物质的样品池上,产生荧光。让与光源方向垂直的荧光经第二单色器(发射单色器)滤去激发光所发生的反射光、溶剂的散射光和溶液中的杂质荧光,只让被测组分的一定波长的荧光通过。然后由检测器把荧光变成电信号,经放大后显示结果。

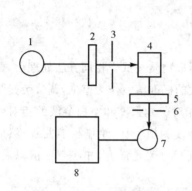

图 5-6　荧光计示意图

1—光源　2—第一滤光片　3,6—狭缝

4—样品池　5—第二滤光片

7—检测器　8—信号输出

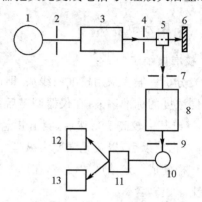

图 5-7　荧光分光光度计结构示意图

1—光源　2,4—狭缝　3—激发单色器

5—样品池　6—表面吸光物质　7,9—狭缝

8—发射单色器　10—检测器　11—放大器

12—指示器　13—记录器

　　如日本岛津 RF-501 型荧光分光光度计,其光学系统示意图见图 5-8。它采用了双孪生型单色器,也就是激发光单色器及荧光单色器都采用双色散单色器,以提高分辨本领和降低散射光的干扰。该仪器的激发单色器系用一个石英棱镜配上一个光栅,而荧光单色器则采用两个光栅,光栅刻线均为 600 条·mm^{-1}。激发光单色器及荧光单色器的分辨率分别为 0.5 及 0.2 nm,色散分别为 7.5 及 2.7 nm·mm^{-1}。并以 500 W 氙灯作光源,用滤光片滤去 200~800 nm 的高次反射光。有些荧光分光光度计如美国 Amlno-Bowman 厂生产的荧光分光光度计、日本日立 MPF-3 型及岛津 RF-502 型荧光分光光度计,还增加了光谱能量校正补偿装置,使光谱能量以量子能量表示,就可得到绝对荧光光谱。

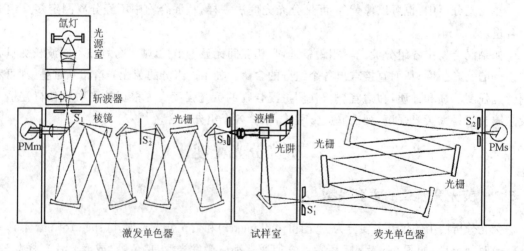

图 5-8　岛津 RF-501 型荧光分光光度计光学系统示意图

　　此外,常用荧光分析仪的型号还有上海分析仪器厂的 930 型、960 型,杭州的 WYC-1 型(用于固体试样分析),美国 Turner 公司的 210 型,日本日立 F-4000 型、F-3010 型和 850 型,日

本岛津 RF-540 型,意大利 Optica 厂的 115 型等。

5.5.2　仪器主要部件及作用

1. 激发光源

激发光源应具有稳定性好、强度大、适用波长范围宽等特点,因为光源的稳定性直接影响到测定重现性和精确度,而光源的强度直接影响测定的灵敏度。可见区常用的光源有高压汞灯、氙灯、卤钨灯。高压汞灯常用在荧光计中,发射强度大而稳定,但不是连续光源,荧光分析中常用 365、405、436 nm 三条谱线。而荧光分光光度计大都采用 150 W 和 500 W 的高压氙灯作光源,发射强度大,能在紫外、可见区给出比较好的连续光源,可用在 200～700 nm 波长范围,在 300～400 nm 波段内辐射线强度几乎相等,但氙灯需要稳定电源以保证电源的稳定。

2. 单色器

荧光计通常采用两块滤光片作单色器。放在光源和样品池之间的滤光片称激发滤光片,其作用是让所选择的激发光透过并照射于被测试样上。放在试样池和检测器之间的滤光片称为荧光滤光片,它的作用是把激发光所发生的容器表面的散射光、瑞利散射光和拉曼光以及溶液中杂质荧光滤去,让荧光物质的荧光通过而照射到检测器上。它们的功能比较简单,价格也便宜,适宜于固定试样的常规分析。当采用高压汞灯 365 nm 的汞线为激发光时,激发滤光片一般采用 2 mm 厚的伍德玻璃,它几乎使全部可见光及紫外光无法通过,仅让 365 nm 光通过。若用 436 nm 的蓝光作激发光时,则采用紫色及绿色复合滤光片为激发滤光片,以滤去 365 nm 及其附近的紫外线。荧光滤光片常采用截止滤光片,它的选择应根据荧光光谱、激发光的波长、溶剂散射光波长来决定。例如:采用 365 nm 为激发光时,荧光物质水溶液产生 450 nm 荧光,最好选择能除去 430 nm 以下的截止滤光片,它既能除去瑞利散射光(365 nm),又能除去水的拉曼光(416 nm)。

大部分荧光分光光度计采用光栅作为单色器,因为光栅的散射是线性的,而且从光栅色散后得到的谱线强度比石英棱镜的要强,测定灵敏度比较高。荧光分光光度计的入射狭缝及出射狭缝是用以控制通过波长的谱带宽度以及照射到测定试样上的光能强度的。测定的目的不同可以选择不同的狭缝,以获得较好的测定结果。

3. 样品池

荧光分析用的试样池需用低荧光材料制成,常用石英为材料。样品池的形状以散射光较小的方形为宜。有的荧光计附有恒温装置,以便控制温度。测定低温荧光时,在石英池外套上一个盛有液氮的石英真空瓶,以便降低温度。

4. 检测器

荧光的强度比较弱,因此要求检测器有较高的灵敏度。在荧光计中常用光电池或光电管;在荧光分光光度计中常用光电倍增管。其输出可用高灵敏度的微电计测量,或再经放大后输入记录器中自动描绘光谱图。

5.6　磷　光　分　析

与荧光一样,任何发射磷光的物质也都具有两个特征光谱,即磷光的激发光谱和磷光光谱。但荧光与磷光的发光机理、激发态寿命及发光环境不同。

荧光是单重激发态的最低振动能级跃迁到单重基态各振动能级产生的辐射,而磷光是三重激发态的最低振动能级跃迁到单重基态各振动能级所产生的辐射。物质分子从单重激发态到三重激发态之间的系间跨越,其概率要比单重激发态到单重基态小得多。另外,处于三重激发态的某些分子还可以通过又一次系间跨越至单重激发态各个能级,再通过发射荧光回到基态,这个过程需时间较长,称延迟荧光(delayed fluorescence)。这种情况下,就不发射磷光。因此磷光比较少见。

单重激发态的平均寿命约为 10^{-8} s,而三重激发态的平均寿命数量级为 $10^{-4} \sim 1$ s,因此,荧光寿命短,撤除激发光源后荧光立即消失,而磷光还可持续一段时间。由于三重激发态比单重激发态寿命长,因而同溶剂分子或溶质分子碰撞而以热能的形式失去激发能的概率增大,以至室温下很少能观察到溶液中的磷光现象。如将溶液温度降至液氮温度(77 K),则许多介质形成刚性玻璃体,此时,几乎所有处于三重激发态分子都会发出明亮的磷光。一般,大多数具有共轭体系的环状化合物在低温下都会发出明亮的磷光。

5.6.1　磷光计

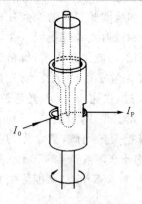

图 5-9　旋转圆筒磷光计
I_0—激发光　I_P—磷光

测量磷光的仪器与测量荧光的仪器基本相同。由于低温有利于磷光发射,因此盛溶液的石英管套在盛液氮的石英真空瓶内。又因为发射磷光的物质也会发射荧光,为了能使发射的荧光与磷光分开,需要附加一个机械斩光装置,构成磷光计。斩光装置的一种是放试样管的石英真空瓶外面再套上一个可以转动的圆筒。圆筒上有一个或几个孔,圆筒转动时,激发光时而被圆筒外壁所挡,时而从小孔中照射单色器的入射狭缝。如果试样面向激发单色器的出射狭缝时,试样受激产生荧光和磷光,当圆筒继续旋转至溶液面向发射单色器的入射狭缝时,激发光被遮断,荧光随之消失,而磷光尚存,进入发射单色器,即可测量磷光的强度。控制圆筒旋转速度,便可以改变试样从被激发到测量的时间间隔,因而可测量磷光的寿命。图 5-9 为旋转圆筒磷光计。

5.6.2　磷光的测定

磷光测定常用的溶液是按 5∶5∶2 比例混合的二乙醚、异戊烷和乙醇的混合液,通常称 EPA 混合溶剂。它在液氮中冷冻后成为透明的玻璃状物质。

磷光强度同分析物浓度之间的关系与荧光相似

$$I_P = 2.303 \Phi_P \varepsilon l c I_0 \tag{5-10}$$

式中:I_P 为磷光强度,Φ_P 为磷光效率。

当激发光强度、样品池厚度一定时

$$I_P = k'c \tag{5-11}$$

与荧光一样,只有当浓度很小时,才符合上式关系,但磷光的线性范围要比荧光大一些。

磷光分析主要用于生物体液中痕量药物的分析。表 5-4 列出了某些稠环芳烃的磷光特性和测定范围。

某些致癌的稠环芳烃的混合物经硅胶 G 薄层色谱分离后可用磷光法测定。农药中含有对硝基苯胺基团的一些化合物可用磷光法测至纳克(ng,10^{-9} g)数量级,磷光分析还曾用于石油馏分中含氮和含硫的芳香族化合物的分析。

表 5-4　某些有机化合物的磷光分析

测 定 物 质	试　　样	测 定 范 围
乙酰水杨酸(阿司匹林)	血清或血浆	$1\sim100$ mg $\cdot$ $(100$ mL$)^{-1}$
普鲁卡因	血液	$0.30\sim300$ μg $\cdot$ $(10$ mL$)^{-1}$
可卡因	血或尿	$0.03\sim3.0$ μg $\cdot$ mL^{-1}
苯巴比妥	血	$10\sim1000$ μg $\cdot$ mL^{-1}
阿托品	尿	$40\sim400$ μg $\cdot$ $(5$ mL$)^{-1}$
对硝基苯酚	尿	$0.28\sim140$ μg $\cdot$ $(100$ mL$)^{-1}$
犬尿烯酸	尿	$10\sim200$ μg $\cdot$ mL^{-1}

5.7　化学发光和生物发光分析

5.7.1　化学发光分析

化学发光是指化学反应过程中所释放的化学能激发反应产物的分子,使其发射光子的现象。根据发光光谱的特性、强度对待测物进行定性、定量分析的方法称为化学发光分析法。

化学发光分析法具有高灵敏度、高选择性、测定线性范围宽、分析速度快等特点,现已广泛应用于生物医学检验、药物分析、环境监测等领域,成为痕量物质分析的重要方法之一。

1. 原理

(1) 化学发光反应条件

某些化学反应体系中,反应生成物为发光物质,其分子吸收了化学反应快速释放出的足够大的自由能而被激发,在返回基态时以辐射的形式释放能量。其反应过程可表示为

$$A \quad + \quad B \longrightarrow C^* \qquad C^* \longrightarrow C \quad + \quad h\nu$$

式中:A 或 B 为被测物,C^* 为反应生成的激发态产物,当 C^* 返回基态时,发射出光量子。

产生化学发光反应必须具备以下条件:(i) 反应中,必须快速释放足够大的能量,即反应的焓变$(-\Delta H)$介于 $160\sim420$ kJ $\cdot$ mol^{-1} 之间,从而使产物分子被激发;(ii) 反应历程要有利于激发态产物的形成;(iii) 激发态分子要以辐射跃迁的方式返回基态,而非释放热量的方式返回基态。

目前,化学发光分析最常应用的光谱区域为可见光谱区,能在可见光谱区发生化学发光反应的物质,大多为有机化合物,有机发色基团激发态能量通常在 $150\sim400$ kJ $\cdot$ mol^{-1} 范围,许多氧化还原反应所提供的能量与此相当,因此,大多数化学发光反应为氧化还原反应。

(2) 化学发光效率

化学发光反应的发光效率(Φ_{CL})又称为化学发光的总量子产率,可定义为

$$\Phi_{CL} = \frac{发光的分子数}{参加反应的分子数} = \Phi_{CE}\Phi_{EM} \tag{5-12}$$

化学发光效率决定于生成激发态产物分子的化学激发效率(Φ_{CE})和化学激发态发光效率(Φ_{EM})。化学发光反应的发光效率、光辐射的能量以及光谱范围,完全由参加反应物质的化学反应所控制,每一个化学发光反应都具有其特征的化学发光光谱及化学发光效率。一般化学发光反应的效率都小于 0.01。

(3) 发光强度与反应物浓度的关系

分子的化学发光的强度(I_{CL})与化学发光效率和反应物浓度(c)间有如下关系

$$I_{CL} = \Phi_{CL} \frac{dc}{dt} \tag{5-13}$$

由于化学发光的光强度随反应剂的消耗而变化,因此这与荧光法不同,荧光法的光强度与时间无关,而化学发光的光强度随时间变化并逐渐减少。为此,要测定反应物总量,必须对上式积分

$$\int I_{CL} dt = \Phi_{CL} \int \frac{dc}{dt} dt = \Phi_{CL} c \tag{5-14}$$

发光强度的积分值与反应物浓度成正比。因此,可根据已知时间内发光总量来实现对反应物的定量。

2. 化学发光反应分类

常见的用于分析的化学发光反应有气相化学发光和液相化学发光两大类。

(1) 气相化学发光

例如臭氧与 NO 反应属气相化学发光

$$NO + O_3 \longrightarrow NO_2^* + O_2$$
$$\downarrow$$
$$NO_2 + h\nu$$

借此,可在 600~875 nm 范围内测定 NO 含量。气相发光常应用于大气污染监测。

(2) 液相化学发光

液相化学反光反应数量较多,应用范围广,液相化学发光反应中,常用的发光物质有鲁米诺、光泽精、洛酚碱、没食子酸、过氧草酸盐等;另外,还需要合适的氧化剂和催化剂。例如:鲁米诺(3-氨基苯-二甲苯酰肼)与过氧化氢(或氧),其在碱性溶液中的化学发光反应为

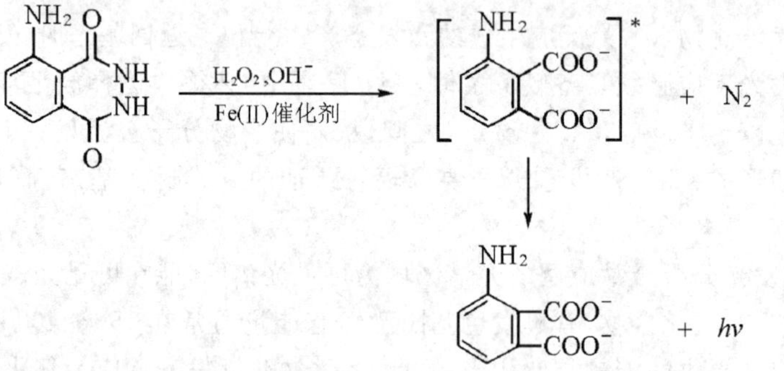

此反应 Φ_{CL} 介于 0.01~0.05 之间,最大发射波长为 425 nm。利用上述发光反应,可检测低至 10^{-9} mol·L^{-1} 的 H_2O_2。

再如,洛酚碱(2,4,5-三苯基咪唑)在碱性介质中被氧氧化而发光,反应为下式

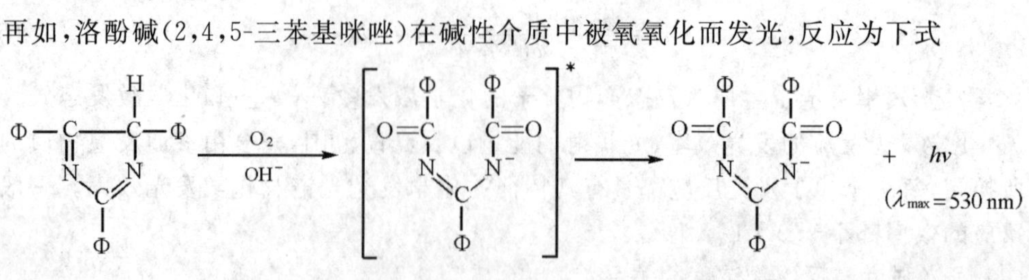

鲁米诺、洛酚碱等化学发光反应都能被很多金属离子所催化,并使光强度增强。反应中若

氧化剂、鲁米诺或洛酚碱过量时,则发光强度与金属离子浓度成正比。利用这一现象,可以测定废水和天然水中的金属离子。

鲁米诺化学发光体系还可以用于许多生化物质的测定和反应的研究。在这些反应中,通常都涉及到 H_2O_2 的参与或产生。例如氨基酸的测定中,在氨基酸氧化酶的作用下,可产生定量的 H_2O_2。

$$氨基酸 + O_2 \xrightarrow{\text{氨基酸氧化酶}} 酮酸 + NH_3 + H_2O_2$$

H_2O_2 再与鲁米诺产生化学发光反应

$$鲁米诺 + H_2O_2 \longrightarrow 产物 + h\nu$$

通过测量发光强度,可求得氨基酸含量。当氨基酸浓度一定时,可用上述反应研究酶促反应动力学。

3. 检测仪器

化学发光检测仪器比较简单。一般由试样室、光检测器、放大器及信号输出装置等六部分组成,见图 5-10。

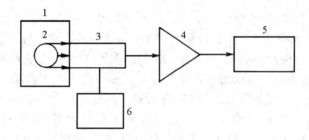

图 5-10 化学发光检测仪示意图
1—试样室 2—试样池 3—光检测器 4—放大器 5—信号输出装置 6—高压稳压电源

化学发光反应在试样池中进行。多数化学发光速率较快,反应剂与试样一经混合,反应立即发生。如果混合后没有立即测定,就会造成信号损失乃至全部消失,故要求混合和测定均在光电倍增管窗口前进行。混合方式的重复性是化学发光分析精确度好坏的关键。因此,不同类型的化学发光检测仪的检测系统大致相同,而混合方式则随仪器类型的不同而具有各自的特点。检测仪器大致可以分为两类。

(i) 利用注射或其他方法将反应剂和试样以相同方式加入光电倍增管窗口前的试样池中,靠搅动或注射时的冲击力使之混匀,在静态下测定化学发光信号,根据发光峰的面积和积分值或者峰高进行定量测定。

(ii) 样品与反应剂的混合过程、反应过程以及检测过程都在流动下进行,利用峰高进行定量,称流动式化学发光检测仪。

近十年来,随着化学发光检测仪器开发与应用,化学发光分析在医学领域里的应用越来越广泛和深入,特别是在免疫学研究中发挥出它的独特作用,例如白细胞的功能测定:白细胞受到外来刺激时,氧化代谢增强,产生中间产物而发光,根据发光反应的速率和强度,可检测血清的调理功能和白细胞的氧化代谢功能。临床上还用于某些免疫缺陷的诊断、患者白细胞免疫水平的检测与临床监护以及免疫病理学和基础免疫学的研究。

5.7.2 生物发光分析

生物发光可视为一种特殊形式的化学发光,其量子效率和特异性比化学发光高。生物发光分析为生化、免疫分析提供了一条新途径,使生化、免疫分析趋于痕量,特异性、灵敏度和分析速度都得以提高。生物发光分析常涉及酶促反应和发光反应,常用生物发光有萤火虫发光和细菌发光两个体系。

1. 萤火虫荧光素(LH_2)-虫荧光素酶(E)-三磷酸腺苷(ATP)体系

生物发光分析中,萤火虫荧光素(LH_2)-虫荧光素酶(E)-三磷酸腺苷(ATP)体系的研究和应用最为普遍。虫荧光素酶是一种独特的生物催化剂,它能将酶反应的能量转变为光

$$E + LH_2 \rightleftharpoons E \cdot LH_2$$
$$E + ATP - Mg^{2+} \rightleftharpoons E \cdot ATP - Mg^{2+}$$
$$E \cdot LH_2 \cdot ATP - Mg^{2+} \xrightarrow{\quad PPi \quad} E \cdot LH_2 - AMP$$
$$E + P \rightleftharpoons E \cdot P \xleftarrow[hv]{O_2} E \cdot P_1$$

LH_2 有 2 个独立的键合位置,能分别与 E 和 ATP 键合,快速形成三元配合物。PPi 为焦磷酸,P_1 和 P 分别为中间产物和最终产物。反应的量子产率主要决定于 LH_2 和 E 的纯度,最高可达 0.97。这一反应已广泛应用于 ATP 的测定,灵敏度可达 10^{-19} mol,在生物医学、生命科学、宇宙科学、药物学和农业生物学方面都有成功的应用。那些同生成或消耗 ATP 有关的反应,都可以同这一生物发光反应相耦合,用于测定有关物质如腺嘌呤核苷二磷酸(ADP)、腺嘌呤核苷-磷酸(AMP)、鸟嘌呤核苷三磷酸(GTP)、鸟嘌呤核苷二磷酸(GDP)、鸟嘌呤核苷一磷酸(GMP)、环腺苷酸(cAMP)、6-磷酸葡萄糖(G-6-P)、1,3-二磷酸甘油酸(1,3-DPG),等等。通过这一耦合反应系统测定的物质已达 40 多种。这一耦合反应用于免疫分析的典型例子是丙酮酸激酶标记物催化 ADP 与磷酸烯醇丙酮酸,生成的 ATP 用生物发光反应进行检测,已成功用于磷酸烯醇丙酮酸的免疫分析。

2. 细菌发光

由于烟酰胺腺嘌呤二核苷酸(NADH)和烟酰胺腺嘌呤二核苷酸磷酸(NADPH)能可逆地脱氢与加氢,因而具有传递氢的作用,是生物氧化不可缺少的物质。利用 NADPH 和 FMN(黄素单核苷酸)氧化还原酶和细菌荧光素酶催化的发光反应,可以测定 NADPH

$$NADPH + FMN + H^+ \xrightarrow{NADPH:FMN \text{ 氧化还原酶}} FMNH_2 + NADP^+$$
$$FMNH_2 + O_2 + RCHO \xrightarrow{\text{细菌荧光素酶}} FMN + RCOOH + H_2O + hv$$

这一生物发光反应还能同许多有脱氢酶参加的反应相耦合,用以测定许多代谢产物,如:NADH、乙醇、葡萄糖、甘油、丙酮酸盐、甘油-5-磷酸、胆汁酸、乳酸 DH、17β-雌二醇 DH、3α,20β-类固醇 DH、3β-类固醇 DH、天冬氨酸氨基转移酶、丙氨酸氨基转移酶,等等。

烟酰胺腺嘌呤二核苷酸(NADH)的测定是在黄酶菌的作用下,有氧化型黄素单核苷酸(FMN)存在时,发生下列生物发光反应

$$H^+ + NADH + FMN \xrightarrow{NADH \text{ 脱氢酶}} MAD^+ + FMNH_2$$
$$FMNH_2 + RCHO + O_2 \xrightarrow{\text{黄素酶}} FMN + RCOOH + H_2O + hv$$

$$(\lambda_{max} = 495 \text{ nm})$$

细菌发光的生物发光过程是光呼吸过程,受氰化物和汞、镉、钴、银、铜等金属离子的抑制,

故可以根据这些物质对于细菌发光的抑光效率对它们进行定量测定。

近年来,化学发光法和生物发光法作为一种超灵敏的自由基研究方法已逐渐渗入自由基生物学的各个领域,许多种酶促和非酶促的反应都可产生活性氧和自由基,这些活性氧和自由基的能量可激发反应体系中某些共存物,从而产生发光现象,利用此特性可以筛选抗氧剂或自由基的清除剂。例如酶促反应

$$\left.\begin{array}{c}\text{黄嘌呤(X)}\\\text{或次黄嘌呤(HX)}\end{array}\right\} + 2O_2 + \text{黄嘌呤氧化酶(XO)} \longrightarrow \text{尿酸} + 2H^+ + 2O_2^{\bar{\ }}$$

在此反应体系中存在鲁米诺(Luminol)时,$O_2^{\bar{\ }}$ 的能量转移给鲁米诺,使后者激发,在其回基态时产生 425 nm 的光。这种光较强,很易为一般的发光计所测得。超氧化物歧化酶(SOD)能歧化 $O_2^{\bar{\ }}$,即

$$2O_2^{\bar{\ }} + 2H^+ \xrightarrow{\text{SOD}} H_2O_2 + O_2$$

使该体系的化学发光强度下降。发光强度下降 50% 作为 SOD 的一个活力单位,可用以判断 SOD 的活性[①]。此法已广泛被用来筛查动植物、微生物、中草药、食物中类 SOD 物质。

5.8　发光分析法在医药卫生领域中的应用

随着仪器技术研究的逐步深入,通过利用更灵敏的检测手段和利用更多的物理参数来加以分辨,从而进一步提高了发光分析法的灵敏度和选择性。随着电子计算机的广泛应用,许多新的发光分析技术得到确认和发展。如导数荧光法、偏振荧光法、同步荧光法、时间分辨荧光法、相分辨荧光法、激光荧光法、显微荧光法、多维荧光法、光学多道分析法、电子计数技术、酶促放大荧光免疫分析法、微离子酶荧光免疫法,等等。

荧光分析法和化学发光分析法因其仪器简单、操作方便等优点,应用范围广泛,常常用于一些无机物、有机物、药物、蛋白质、酶的测定。近年来一些新的发光分析技术在免疫分析和环境监测方面也有更广泛的应用。例如时间分辨荧光法这一技术已在免疫检测中显示出它的优越性,在医学学科中,如内分泌激素的检查、肿瘤标志物的检测,以及体内各种内或外源性超微量物质的分析等方面应用已有越来越多的报道,已有多种诊断用试剂盒的商品提供。而荧光偏振技术在临床医学检验中已用于测定血清中的苯巴比妥、甲状腺素、地高辛、环孢菌素等药物,以及一些特异性抗体;此法还用于测定血液或尿液中一些毒品如:安非太明、可卡因及其代谢物[②,③]。另外,也用于食品分析和环境监测、生物酶含量及活性。酶放大化学发光分析法除可检测甲状腺激素、生殖激素、肿瘤标记物外,还可用于免疫过敏实验。

【示例 5-1】　碱性品红荧光法测定脱氧核糖核酸[④]

生物体内重要的遗传物质 DNA 本身无明显的荧光,所以需寻求 DNA 的外部探针。在中性溶液中,以 $\lambda_{ex}=365$ nm 激发,碱性品红(RL)与 DNA 作用产生的荧光光谱发生变化,不仅荧光强度随着 DNA 量的增加而增加,而且荧光峰也紫移近 20 nm,荧光峰 $\lambda_{em}=504.7$ nm,以此性质可以测定脱氧核糖核酸。

---

①　李益新等.生物化学与生物物理进展,2:95,1983
②　Kraemer T, el. B:Biomed. Sci. Appl. ,738:107~118,2000
③　Williams R H,el. J. Anal. Toxicol. ,24:478~481,2000
④　余英等.分析化学,32(5):628~632,2004

【示例 5-2】　表面活性剂敏化的铽离子荧光探针测定氧氟沙星[①]

氧氟沙星是第三代喹诺酮类药。氧氟沙星能与稀土 Tb^{3+} 形成络合物,加入表面活性剂十二烷基苯磺酸钠(SDBS)能大大增加体系的荧光强度,以 $\lambda_{ex}=300$ nm 激发,在 $\lambda_{em}=545$ nm 处产生荧光。以此性质可以对氧氟沙星进行定量、定性测定。

【示例 5-3】　鲁米诺-过硫酸钠化学发光体系测定硝苯地平[②]

硝苯地平(nifedipine)又名心痛定、利心平,在临床上主要用于治疗高血压和冠心病、心绞痛。在 NaOH 碱性介质中,过硫酸钠可以直接氧化鲁米诺而产生微弱化学发光,而硝苯地平能大大增强该体系的化学发光强度。利用这个性质在该体系产生化学发光后,根据发光强度可对硝苯地平进行定量分析。

【示例 5-4】　时间分辨荧光免疫法直接测定血清或血浆中的雌二醇[③]

测定血清或血浆中的雌二醇(E_2)的含量对于诊断某些妇科和内分泌系统的疾病有很高的价值。人体内 E_2 的含量很低,血清中男性为 19 ± 3.2 ng·L^{-1},女性则大于 25 ng·L^{-1}。使用洗脱增强-时间分辨荧光免疫分析法测定血清中的雌二醇,浓度范围为 $1.0\times10^{-2}\sim1.0\times10^{-3}$ μg·L^{-1},最低检出限为 5.6 ng·L^{-1},灵敏度高于目前国外同类方法,可望在临床上广泛应用。

习　　题

5.1　解释下列名词:(1) 荧光;(2) 磷光;(3) 荧光效率;(4) 荧光猝灭;(5) 系间跨越;(6) 振动弛豫;(7) 瑞利散射光;(8) 拉曼散射光;(9) 化学发光分析法。

5.2　试从原理、仪器两方面对分子荧光、磷光和化学发光进行比较。

5.3　哪些分子结构的物质能发生荧光?影响荧光强弱的因素有哪些?

5.4　何为荧光的激发光谱和荧光光谱?它们之间有什么关系?

5.5　简述荧光分光光度计的基本结构及各部件的基本作用、与紫外-可见分光光度计的区别。

5.6　化学发光反应必须具备哪些条件?

5.7　下列化合物中,哪一个荧光效率大?为什么?

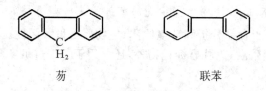

芴　　　　　　　　　　　　　联苯

5.8　当溶液 pH 为 3.3 时,磺胺 $\left(H_2N-\bigcirc-SO_2NH_2 \right)$ 主要以分子形式存在,能发射荧光。当溶液的 pH 逐渐增大时,磺胺的荧光强度是增大还是减弱?

5.9　分子处于激发态后,在去活过程中有哪些方式?它们的区别何在?

5.10　在 5 只 25 mL 的容量瓶中分别加入 25 μg·mL^{-1} 的维生素 B_2 标准溶液 0.00、0.50、1.00、

①　童裳伦等.分析化学,32(5):619~621,2004

②　何树华等.分析化学,32(4):474~476,2004

③　唐棣等.分析化学,27(8):899~903,1999

1.50、2.00 mL，用 1‰ HAc 溶液稀释至刻度，摇匀，在激发光波长为 452 nm、荧光波长为 516 nm 处用适当浓度的荧光素钠溶液调节荧光强度（I_F）至刻度 100 格处，分别测定溶剂空白和上述标准溶液的 I_F，读数。另取含维生素 B_2 的样品溶液 1.50 mL 于 25 mL 容量瓶中，用 1‰ HAc 溶液稀释至刻度，摇匀，在同样条件下测量其读数。请根据测定结果（见下表），计算样品溶液中维生素 B_2 的含量（$\mu g \cdot mL^{-1}$）。

V（标准溶液）/mL	0.00	0.50	1.00	1.50	2.00	1.50（样品）
I_F/格	1	23.10	45.05	67.15	89.30	55.00

$$(20.33\ \mu g \cdot mL^{-1})$$

5.11 有一谷物制品的试样 1.00 g，用酸处理，分离出核黄素及少量无关杂质。加入少量的 $KMnO_4$，将核黄素氧化，过量的 $KMnO_4$ 用 H_2O_2 除去，将此溶液移入 50 mL 容量瓶中，用水稀释至刻度，摇匀。吸取 25 mL 放入试样池中测量荧光强度（核黄素中常含有发生荧光的杂质叫光化黄）。事先将荧光计用硫酸奎宁调整至刻度 100 处。测得氧化液的读数为 6.0 格。加入少量连二亚硫酸钠（$Na_2S_2O_4$），使氧化态核黄素（无荧光）重新转化为核黄素，这时荧光计读数为 55 格。在另一试样池中重新加入 24 mL 被氧化的核黄素溶液以及 1 mL 核黄素标准溶液（0.5 $\mu g \cdot mL^{-1}$），这一混合溶液的读数为 92 格。计算试样中核黄素的含量（$\mu g \cdot g^{-1}$）。

此外，水中核黄素的激发光谱和荧光光谱如图 5-11 所示，试选择测定核黄素的激发和发射光的最佳波长。

$$(0.57\ \mu g \cdot mL^{-1})$$

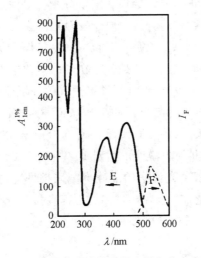

图 5-11　水中核黄素的激发光谱和荧光光谱

第 **6** 章　原子发射光谱法

6.1　概　　述

原子发射光谱法(atomic emission spectrometry, AES)是依据待测物质的气态原子或离子在热激发或电激发下,发射特征的电磁辐射,而进行元素的定性与定量分析的方法,它是光谱学分析中历史最悠久的一种分析方法。早在 19 世纪 60 年代已确立了光谱定性分析的基础;20 世纪 30 年代建立了光谱定量分析法,60 年代以后,由于各种新型光源和现代电子技术的应用,使原子发射光谱分析法得到了迅猛的发展,现已成为现代仪器分析的重要方法之一。

原子发射光谱法的一般分析步骤为:在激发光源中,将被测定物质蒸发、离解、电离、激发,产生光辐射;将被测定物质发射的复合光经分光装置色散成光谱;通过检测器检测被测定物质中元素光谱线的波长和强度,进行光谱定性和定量分析。该法可对约 70 种元素(金属元素及磷、硅、砷、碳、硼等非金属元素)进行分析。原子发射光谱法具有以下特点。

(i) 选择性好。每种被测元素激发后,均可产生不受其他元素干扰的一组特征谱线,根据这些特征谱线,可准确无误地确定该元素是否存在。许多化学性质相近而难以分别分析的元素,虽然它们的光谱性质有较大差异,但只要选择适宜的分析条件,一次摄谱也可同时测定。

(ii) 灵敏度高。灵敏度的高低与仪器的工作条件、被测元素的性质及试样的组成有关。对多数金属元素及部分非金属元素(如 C、B、P、As)含量低至 0.001% 时亦可检出。绝对灵敏度一般可达到 $10^{-8}\sim10^{-9}$ g,相对灵敏度可达到 $10^{-7}\sim10^{-5}$ g。

(iii) 准确度较高。原子发射光谱法的准确度随采用的光源和试样中被测成分的含量不同而变化。若被测成分的含量在 0.1%～1% 时,准确度接近化学分析法;若被测成分含量低于 0.1%,采用一些新的光源,其准确度接近原子吸收光谱法。因此,发射光谱法适用于微量元素或痕量元素分析。

(iv) 分析速度快,取样量少。可直接进行固体、液体和气体试样的分析,一般只需几毫克至几十毫克的试样。一份试样可进行多元素分析,多个试样连续分析。若采用光电直读光谱仪,可在几分钟内给出合金中 20 多种金属元素的分析结果。

(v) 应用范围广。原子发射光谱法在地质、冶金、机械、原子能、半导体、土壤、医药卫生等领域都有广泛的应用。

原子发射光谱法也有其局限性,对高含量元素分析准确度较差,主要应用于金属元素分析,对一些非金属元素测定的灵敏度很低。原子发射光谱法是一种相对分析法,需要有一套标准试样对照,由于试样组成多样及标准试样不易配制,给光谱定量分析带来一定困难。此外,光谱仪价格较贵。

6.2　原子发射光谱法的基本原理

6.2.1　原子发射光谱的产生

　　物质由各种元素的原子组成,原子有结构紧密的原子核,核外围绕着不断运动的电子,电子处在一定的能级上,具有一定的能量。从整个原子来看,在一定的运动状态下,它也是处在一定的能级上,具有一定的能量。在一般情况下,大多数原子处在最低的能级状态,即基态。基态原子在激发光源(即外界能量)的作用下,获得足够的能量,外层电子跃迁到较高能级状态的激发态,这个过程叫激发。处在激发态的原子很不稳定,在极短的时间内(10^{-8} s),按照光谱选择定则,以光辐射形式释放出能量,返回到较低能级或基态,就产生原子发射光谱。原子发射光谱线的波长反映单个光子辐射的能量,它取决于跃迁前后两能级的能量差,即要符合玻尔的能量定律

$$\Delta E = E_2 - E_1 = E_p = h\nu = \frac{hc}{\lambda} = h\sigma c \tag{6-1}$$

式中:E_2 及 E_1 分别是高能态与低能态的能量,E_p 为辐射光子的能量,ν、λ、σ 分别为辐射的频率、波长、波数,c 为光速,h 为普朗克常数。

　　不同的元素其原子结构不同,原子的能级状态也不同,因此,原子发射线的波长也不同,每种元素都有其特征光谱,这是光谱定性分析的依据。在光谱学中,原子发射的谱线称为原子线,通常在元素符号后用罗马字母 I 表示;离子发射的谱线称为离子线,一级和二级离子线分别在元素符号后用 II、III 表示。如 Mg I 285.213 nm、Mg II 279.553 nm、Mg III 82.897 nm 等。同种元素的原子和离子所产生的原子线和离子线都是该元素的特征光谱,习惯上统称为原子光谱。原子光谱线和离子光谱线各有其相应的激发电位和电离电位,都可在元素谱线表查得。

6.2.2　谱线的强度

　　原子由某一激发态 j 向基态或较低能级跃迁所发射的谱线的强度,与激发态原子数成正比。在激发光源高温条件下,温度一定,处于热力学平衡状态时,单位体积基态原子数 N_0 与激发态原子数 N_j 之间遵循玻尔兹曼(Boltzmann)分布定律

$$\frac{N_j}{N_0} = \frac{g_j}{g_0}\exp\left(-\frac{E_j - E_0}{kT}\right) \tag{6-2}$$

式中:g_j 和 g_0 分别为激发态和基态的统计权重,E_j 为激发能,k 为玻尔兹曼常数,T 为激发温度。设原子的外层电子在 i、j 两个能级之间跃迁,其发射谱线强度 I_{ij} 为

$$I_{ij} = N_i A_{ij} h\nu_{ij} \tag{6-3}$$

式中:A_{ij} 为两个能级之间的跃迁概率,ν_{ij} 为发射谱线的频率。将式(6-2)代入式(6-3),有

$$I_{ij} = \frac{g_j}{g_0} A_{ij} h\nu_{ij} N_0 \exp\left(-\frac{E_j - E_0}{kT}\right) \tag{6-4}$$

由式(6-4)可见,影响谱线强度的因素为

　　(i) 激发能。谱线强度与激发能成负指数关系,激发能越大,谱线强度越小。激发能最低的共振线通常是强度最大的线。

(ii) 跃迁概率。谱线强度与跃迁概率成正比,跃迁概率是一个原子在单位时间内在两个能级间跃迁的概率,可通过实验数据计算出。

(iii) 统计权重。谱线强度与激发态和基态的统计权重之比 g_j/g_0 成正比。

(iv) 激发温度。激发温度对谱线强度的影响比较复杂,由式(6-2)可以看出,温度升高谱线强度增大。但当温度超过一定之后,随着电离原子数目的增加,原子线的强度逐渐减弱,离子线的强度逐渐增大。若温度再升高,一级离子线的强度也减弱。因此,每条谱线均有其最适合的激发温度(与采用激发光源有关),在此温度下,谱线强度最大。

(v) 基态原子数。谱线的强度与其基态原子数目成正比。在特定实验条件下,基态原子数与试样中被测元素的浓度成正比,所以谱线的强度与被测元素的浓度有一定关系,据此关系可进行光谱定量分析。

6.2.3　谱线的自吸与自蚀

原子发射光谱的激发光源都有一定的体积,在光源中,粒子密度与温度在各部位的分布并

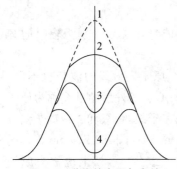

图 6-1　谱线的自吸与自蚀

不均匀,中心部位的温度高,边缘部位温度低。处于光源中心部位原子或离子的辐射被光源边缘处于基态或较低能态的同类原子吸收,使发射线强度减弱,这种现象称为谱线的自吸。谱线的自吸不仅影响谱线的强度,而且影响谱线的形状,如图6-1所示。当元素的含量很小时,即原子密度低时,谱线不呈现自吸现象;当原子密度增大时,谱线便产生自吸;当元素含量增达到一定程度时,由于自吸现象严重,谱线的峰值强度会完全被吸收,这种现象称为谱线的自蚀。当被测元素含量很高时,元素的共振线常有自蚀现象。

原子发射光谱中,由于自吸现象影响谱线的强度和形状,使光谱定量分析的灵敏度和准确度下降。因此,应该注意控制被测元素的含量范围,并且尽量避免选择自吸线为元素的分析线。

6.3　原子发射光谱仪

原子发射光谱法所用的仪器通常包括激发光源、光谱仪及谱线检测仪三大部分。

6.3.1　激发光源和试样的激发

激发光源的作用是提供试样蒸发、原子化和激发所需要的能量,并产生辐射信号。激发光源对发射光谱法的准确度、精密度和元素的检出限影响很大。对激发光源的要求是:激发能力强,灵敏度高,稳定性好,结构简单,操作方便,使用安全。目前常用的激发光源有电感耦合高频等离子体、电弧、电火花和激光探针等。

1. 激发光源

(1) 电感耦合高频等离子体

(i) 工作原理。电感耦合高频等离子体(ICP)是 20 世纪 60 年代提出、70 年代获得迅速发展的一种新型的激发光源,由于它的性能优越,现在已获广泛应用。等离子体在总体上是一种呈中性的气体,由离子、电子、中心原子和分子所组成,其正负电荷密度几乎相等。电感耦合高

频等离子体装置的原理示意如图 6-2 所示。通常,它是由高频发生器、等离子炬管和雾化器三部分组成。

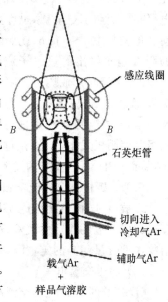

高频发生器的作用是产生高频磁场,供给等离子体能量。它的频率一般为 30~40 MHz,最大输出功率 2~4 kW。等离子炬管是由一个三层同心石英玻璃管组成,外层管内通入冷却气 Ar,以避免等离子炬烧坏石英管。中层石英管出口做成喇叭形状,通入 Ar 以维持等离子体。内层石英管内径为 1~2 mm,由载气(一般用 Ar)将试样气溶胶从内管引入等离子体。使用单原子惰性气体 Ar,在于它性质稳定,不与试样形成难离解的化合物,而且它本身的光谱简单。

当高频电源与围绕在等离子炬管外的负载感应线圈(用圆铜管或方铜管绕成 2~5 匝的水冷却线圈)接通时,高频感应电流流过线圈,产生轴向高频磁场。此时向炬管的外管内切线方向通入冷却气 Ar,中层管内轴向(或切向)通入辅助气体 Ar,并用高频点火装置引燃,使气体触发产生载流子(离子和电子)。当载流子多至足以使气体有足够的导电率时,在垂直于磁场方向的截面上产生环形涡电流。几百安的强大感应电流瞬间将气体加热至 10 000 K,在管口形成一个火炬状的稳定的等离子炬。

图 6-2　ICP 炬焰示意图

等离子炬形成后,从内管通入载气,在等离子炬的轴向形成一通道。由雾化器供给的试样气溶胶经过该通道由载气带入等离子炬中,进行蒸发、原子化和激发。

典型的电感耦合高频等离子体是一个非常强而明亮的白炽不透明的"核",核心延伸至管口数毫米处,顶部有一个火焰似的尾巴。电感耦合高频等离子体分为焰心区、内焰区和尾焰区三个部分。焰心区呈白炽不透明,是高频电流形成的涡电流区,温度高达 10 000 K。由于黑体辐射,氩或其他离子同电子的复合产生很强的连续背景光谱。试液气溶胶通过该区时被预热和蒸发,又称预热区。气溶胶在该区停留时间较长,约 2 ms。内焰区在焰心上方,在感应线圈以上约 10~20 mm,呈淡蓝色半透明,温度约 6000~8000 K,试液中原子主要在该区被激发、电离,并产生辐射,故又称测光区。试样在内焰处停留约 1 ms,比在电弧光源和高压火花光源中的停留时间 10^{-2}~10^{-3} ms 长。这样,在焰心和内焰区使试样得到充分的原子化和激发,对测定有利。尾焰区在内焰的上方,呈无色透明,温度约 6000 K,仅激发易激发的试样。

(ii) 分析性能。光源具有稳定性好,激发温度高,有利于难激发元素的激发;原子化温度高,原子在测光区停留时间长,原子化完全,化学干扰小,基体效应小;离子线强度大,有利于灵敏度线为离子线的元素的测定;线性范围宽,可达 4~6 个数量级,检出限低达 10^{-9}~10^{-10} g;自吸和自蚀效应小,不受电极材料污染;它应用范围广,能测定数十种元素。但它的雾化效率较低,设备也较昂贵。

等离子体光源除电感耦合高频等离子体外,还有直流等离子体(DCP)和微波诱导等离子体(MIP)等。

(2) 直流电弧光源

(i) 工作原理。直流电弧发生器(见图 6-3)由一个电压为 220~380 V、电流为 5~30 A 的直流电源,一个铁芯自感线圈和一个镇流电阻所组成。其中,铁芯自感线圈 L 用于防止电流的波动,镇流电阻 R 用于调节和稳定电流。分析间隙 G 一般以两个碳电极为阴、阳两极,试样装在下电极的凹孔内。它利用直流电源作为激发能源,使上下电极接触短路引燃电弧,也可用高频引燃电弧。引燃电弧后使两电极相距 4～6 mm,就形成了电弧光源。燃弧后,从灼热的阴极端发射出的热电子流,高速穿过分析间隙而飞向阳极,冲击阳极时形成灼热的阳极斑,使阳极温度达 3800 K,阴极温度 3000 K,使试样在电极表面蒸发和原子化。产生的原子与电子碰撞,再次产生的电子向阳极奔去,正离子则冲击阴极又使阴极发射电子,该过程连续不断地进行,使电弧不灭,从而产生原子、离子的发射光谱。

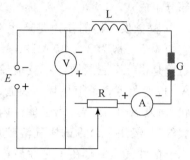

图 6-3　直流电弧发生器

(ii) 分析性能。直流电弧光源的弧焰温度(激发温度)约为 4000～7000 K,激发能力强;由于持续放电,电极温度高达 3800 K,蒸发能力强,试样进入分析间隙的量多,分析的绝对灵敏度高。但放电的稳定性较差,定量分析的精密度不高。该激发光源常用于定性分析及矿石难熔物中低含量组分的定量测定。

(3) 低压交流电弧

(i) 工作原理。低压交流电弧发生器由高频引弧电路(Ⅰ)和低压电弧电路(Ⅱ)组成,如图 6-4 所示。220 V 的交流电通过变压器 T_1 使电压升至 3000 V 左右向电容器 C_1 充电,充电速度由 R_2 调节。当 C_1 的充电能量随交流电压每半周升至放电盘 G' 击穿电压时,放电盘击穿,此时 C_1 通过电感 L_1 向 G' 放电,在 L_1C_1 回路中产生高频振荡电流,振荡速度由放电盘的距离和

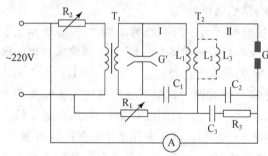

图 6-4　低压交流电弧发生器

充电速度来控制,使半周只振荡一次。高频振荡电流经高频变压器 T_2 耦合到低压电弧回路,并升压至 10 kV,通过电容器 C_2 使分析间隙 G 的空气电离,形成导电通道。低压电流沿着已造成电离的空气通道,通过 G 引燃电弧。当电压降至低于维持电弧放电所需的电压时,弧焰熄灭。此时,第二个半周又开始,该高频电流在每半周使电弧重新点燃一次,使弧焰不熄。

(ii) 分析性能。由于交流电弧是间隙性脉冲放电,电流密度比直流电弧大,因此弧焰温度可达 4000～8000 K,激发能力强。但电弧光源的电极温度较低,其蒸发能力稍差。光源的稳定性较好,定量分析的精密度较高。该激发光源广泛用于金属、合金中低含量元素的定量分析。此外,低压交流电弧的工作电压为 110～220 V,设备简单,操作安全。

(4) 高压电火花光源

(i) 工作原理。高压火花发生器的电路如图 6-5 所示。220 V 交流电压经变压器 T 升压至 1×10^4 V 以上,通过扼流线圈 D 向电容器 C 充电。当电容器 C 两端的充电电压达到分析间隙的击穿电压时,通过电感 L 向分析间隙 G 放电而产生电火花。在交流电下半周时,电容器

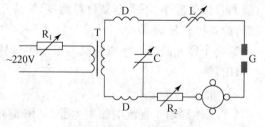

图 6-5　高压火花发生器

C 又重新充电、放电,如此反复进行。

(ii) 分析性能。高压火花放电的稳定性好,放电时间极短,瞬时通过分析间隙的电流密度极大,它的激发能力强,激发产生的谱线主要是元素的离子线,适用于难激发元素的定量分析。但是,由于放电间隙时间较长,电极温度较低,并且弧焰半径小,其蒸发能力差,因此,该光源适用于低熔点金属和合金的定量分析。但是,火花光源的背景较大,分析的灵敏度不高,适用于高含量组分定量分析,不适用于微量或痕量元素的测定。

(5) 激光微探针

激光探针适用于试样表面上一个微小区域内的检测,如图 6-6 所示。显微镜将一个高强度的脉冲激光束聚焦在一个直径约 $10\sim 50\ \mu m$ 的微小区域内,激光照射在两电极之间,电极放在试样表面上方约 $25\ \mu m$ 处。激光将试样蒸发,被蒸发的试样通过两电极间隙时,电极放电将试样激发,产生光谱。

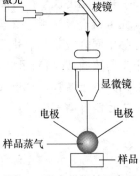

图 6-6　激光微探针示意图

2. 试样的激发

发射光谱法一般可把试样直接置于激发光源中,使试样蒸发、原子化和激发。也可用化学方法把试样进行预处理,使其转化为溶液或气体后引入激发光源中。

根据试样的形态不同,激发试样的方法也不同,可分为如下几种。

(1) 固体自电极法

因金属或合金自身导电,通常可直接制成电极激发,这种电极称为自电极。此种方法简单快速,重现性好。

(2) 粉末法

通常是把非金属的固体试样制成粉末,装入辅助电极(如碳或石墨电极)小孔中作为激发光源的下电极,用电弧光源将试样蒸发到弧焰中激发,产生光谱。

(3) 溶液法

把液体试样或不均匀的固体试样预先制成溶液,借助雾化器以气溶胶形式引入光源(如火焰和 ICP)中激发;或把试样溶液预先滴在辅助电极平头(或凹槽)上,干燥后用电弧法激发。

6.3.2　光谱仪

光谱仪包括分光系统和检测系统。通过照相方式将谱线记录在感光板上的光谱仪器称为摄谱仪,按分光系统使用的色散元件不同分为棱镜摄谱仪和光栅摄谱仪。直接利用光电检测系统将谱线的光信号转换为电信号,并通过计算机处理、打印分析结果的光谱仪器称为光电直读光谱仪。摄谱仪现正在被光电直读光谱仪所取代。

根据测量方式不同,光电直读光谱仪又分为多通道光电直读光谱仪和单通道扫描光电直读光谱仪,这类仪器采用 ICP 作为激发光源,目前在原子发射光谱分析中,ICP 光电直读光谱仪已被广泛采用。

1. 多通道光电直读光谱仪

多通道光电直读光谱仪包括两种模式:一种是采用多色分光光学系统,使用几十只光电倍增管作为检测器;另一种是采用阵列检测器,即使用二维的电荷注入元件(CID)阵列或电荷耦合元件(CCD)阵列作为检测器。

根据检测方式的不同,通常将它们分别称为多色光谱仪、电荷注入(CID)光谱仪和电荷耦合光谱仪。

(1) 多色光谱仪

多色光谱仪是在凹面光栅的焦平面上安装多个出射狭缝,每个出射狭缝的后面可固定一只光电倍增管检测一条谱线。在有些仪器中,可安装多达 60 只光电倍增管,这样可以在一个样品中同时检测几十种元素的存在和含量。图 6-7 是多色光谱仪的示意图,图中入射狭缝,每个出射狭缝,凹面光栅均沿着罗兰(Rowland)圆的圆周安装,每个出射狭缝的辐射用反射镜反射到光电倍增管,经积分的光信号输入到计算机处理、显示及打印等。整个光谱测量过程由计算机控制自动完成。

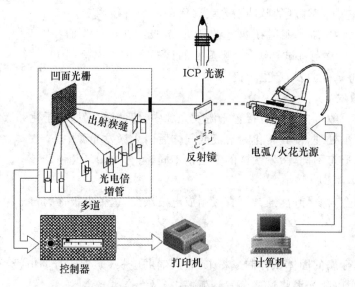

图 6-7 多色光谱仪的示意图

多色光谱仪的特点是快速、灵敏度高、精密度好(重现性可达 1%),能同时检测多种元素,尤其适用于合金样品及复杂样品的分析,这类仪器的光源主要是 ICP,但也可以采用火花激发源,该类仪器的价格较高。

(2) 电荷注入光谱仪

电荷注入光谱仪用一块 CaF_2 棱镜和一块中阶梯光栅作为分光系统,检测器是 CID 阵列,共含有 94 672 个检测元件单元,一只曲面镜把狭缝的像聚焦到检测器的表面。为了消除检测器单元的暗电流,CID 阵列检测器被置于液氮的冷阱里,从而维持检测器温度为 135 K。CID 检测器的特点是无电荷损失,可以使电荷积累到满意的信噪比。用 ICP 作为激发源,检出限范围从几十到 $10\ ng \cdot mL^{-1}$。

(3) 电荷耦合光谱仪

电荷耦合(CCD)光谱仪是最近发展起来的新一代多通道光谱仪,仪器使用两套中阶梯光栅分光系统和两组 CCD 阵列检测器,其中一组设计的光谱检测区为 160～375 nm,另一组为 375～782 nm,两组色散的光束各自被聚焦到检测器单元的表面。该仪器可以同时检测几千条谱线,CCD 阵列检测器的优点使该类仪器的发展前景良好。

2. 单通道扫描光电直读光谱仪

单通道扫描光电直读光谱仪分为两类:一类是变速扫描光谱仪,另一类是扫描中阶梯光栅光谱仪。

变速扫描光谱仪是用一个双速马达驱动仪器的光栅或狭缝和检测器进行变速扫描,即先快速扫描到接近要检测的谱线,然后很快变为慢扫描跨过该谱线以便测量其强度,扫描阶跃可慢到 0.01～0.001 nm。这种方法的优点是能很快地找到要测量的谱线,避免在无用的波长去花费时间,而在分析线上有足够的测量时间以便得到满意的信噪比。该类仪器通常采用两块光栅组成的复合光栅,一块光谱区在 160～380 nm,另一块光谱区在 380～850 nm,同时有两个出射狭缝和两支光电倍增管作为检测器,这类仪器比多通道仪器价格便宜。

扫描中阶梯光谱仪是 20 世纪 70 年代发展起来的仪器,该仪器的分光系统是使用了一块中阶梯光栅和一个棱镜。在仪器的焦平面上装有一个狭缝板,该板被光刻有多达 300 条狭缝,用步进电动机驱动光电倍增管在 X 和 Y 方向上扫描狭缝板,从而检测需要测量的谱线,该仪器同样可以变速扫描方式工作。

3. 摄谱仪

(1) 棱镜摄谱仪

棱镜摄谱仪(prism spectrograph)是以棱镜为色散元件,依据光的折射原理进行分光,用照相的方法记录谱线。通常由照明系统、准光系统、色散系统和投影系统(暗箱)四部分组成。图 6-8 是棱镜摄谱仪的光学系统示意图。

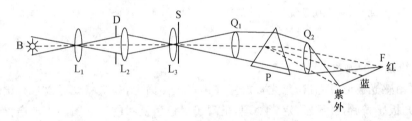

图 6-8　棱镜摄谱仪的光路示意图

照明系统是由 1～3 个透镜组成,其主要作用是把光源的辐射能均匀有效地照射至入射狭缝(S),使感光板上所摄得的谱线强度上下均匀一致。

准光系统由入射狭缝和准光镜(Q_1)组成。狭缝位于准光镜的焦面上,它相当于一个新光源,再射至准光镜(Q_1)上,准光镜将光源所发射的球面光变为平行光束再投射到棱镜(P)上,使入射光对于棱镜的入射角都相同。狭缝是有两块金属片构成的一个很狭窄的长方形的孔,光谱中的每一条谱线就是一种波长的单色光所产生的一个狭缝像,它是光谱仪中十分精密的部件,狭缝的好坏直接影响光谱的质量。

色散系统由一个或多个棱镜组成,其作用是把复合光分解为单色光,并将不同波长的光以不同的角度折射出来,色散成光谱。投影系统是由投影物镜(Q_2)和相板(F)两部分组成,其作用是把不同波长的光按顺序聚焦到物镜焦面上,并将相板放在物镜焦面上,即可得到清晰的谱线像——光谱。棱镜摄谱仪的光学特性,可用角色散、线色散和分辨本领来评价。

(2) 光栅摄谱仪

光栅摄谱仪(grating spectrograph)是用光栅作为色散元件、相板记录谱线的光谱仪。与棱镜摄谱仪相同,也由照明系统、准光系统、色散系统及投影系统四个部分组成。光栅摄谱仪根据光的衍射和干涉原理来进行分光,光栅按其形式不同分为平面光栅和凹面光栅。图 6-9 是平面光栅摄谱仪光路示意图。由光源(B)发射的辐射能经三透镜照明系统(L)和狭缝(S),再经平面反射镜(P)将辐射能反射到凹面反射镜(M)下方的准光镜(O₁)上,由 O₁ 反射获得的平行光束经平面光栅(G)衍射后形成单色平行光束,由经凹面反射镜 M 上方的投影物镜(O₂)按波长顺序聚焦于相板(F)上。通过旋转光栅台(D)改变光栅的入射角和衍射角。可调节波长范围和光谱级数。

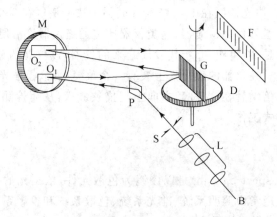

图 6-9　WSP-1 型平面光栅摄谱仪光路示意图

B—光源　L—照明系统　S—狭缝　P—反射镜　M—凹面反射镜　O₁—准光镜

O₂—投影物镜　G—光栅　D—光栅台　F—相板

(3) 谱线强度的测量

摄谱仪用感光板记录光谱,感光板放置在摄谱仪焦面上,一次曝光可以永久记录光谱的许多谱线,感光板感光后,经显影、定影处理,呈现出黑色条纹状的光谱图。用映谱仪观测谱线的位置进行光谱定性分析,用测微光度计测量谱线的黑度进行光谱的定量分析。

6.4　原子发射光谱的分析方法

6.4.1　光谱的定性分析

由于不同元素原子结构的不同,在激发光源作用下,试样中每种元素都发射各自的特征谱线,根据不同元素的特征谱线可以确定元素是否存在于样品中,对元素进行定性分析。

1. 分析线的选择

一般元素都有许多条特征谱线,分析时不必将所有谱线都一一检出,只需要检出该元素的两条以上的灵敏线或最后线,就可以确定该元素的存在。灵敏线一般是元素的共振线,共振线由于激发电位低,发射强度大,因而能灵敏指示元素的存在。最后线是指随样品中元素含量逐渐减少,谱线强度逐渐降低,到元素含量很少时,最后消失得谱线,最后线通常是元素的最灵敏线。所以光谱定性分析就是选择元素的灵敏线或最后线作为分析谱线判断元素的存在。

2. 定性分析方法

(1) 用光电直读光谱法可直接确定元素的存在

（2）标准试样光谱比较法

在相同条件下,将被测元素试样与标准试样并列摄谱于同一感光板上,把摄得的谱线相板放在映谱仪（或称光谱投影仪）上,观察试样和被测元素标准试样的谱线中是否有上下重合的分析线出现,即可确定试样中被测元素是否存在。此种方法快速可靠,但只限于指定元素分析,另外,标准试样一般不易获得,因此在应用上有一定的局限性。

（3）元素光谱图比较法

以上测定方法在测定复杂组分以及进行光谱定性全分析时已不适用,这时可用元素光谱图比较法（又称铁光谱法或标准光谱法）进行分析。此法是以铁的光谱为参比,通过比较光谱的方法检测试样的谱线。由于铁光谱的光谱非常丰富,在 210～660 nm 范围内有几千条谱线,谱线间相距都很近,分布均匀,且铁元素的谱线波长均已准确测定,在各个波段都有一些易于记忆的特征谱线,所以是很好的标准波长标尺。在一张比实际摄得的光谱图放大 20 倍以后的不同波段的铁光谱图上方,准确标绘上 68 种元素的主要光谱线,构成了"标准光谱图"。在实际分析时,将试样与纯铁在完全相同条件下并列紧挨着摄谱。摄得的谱片置于映谱仪上,谱片也放大了 20 倍,再与标准光谱图比较。当两个谱图上的铁光谱完全对准重叠后,检查元素谱线,如果试样中的某谱线也与标准谱图中标绘的某元素谱线对准重叠,即为该元素的谱线。铁光谱比较法可同时进行多元素定性鉴定。

（4）谱线波长测定法

在定性分析过程中,有时利用上述方法仍无法确定试样中某些谱线属于什么元素,则可用波长测量法准确测其波长,然后在元素波长表中查出相应的元素。测量波长的仪器称比长仪（或称测距显微镜）。测量的方法是将试样和铁标准试样在相同的条件下并列摄谱于同一感光板上。若 λ_1 和 λ_2 是铁的已知波长的两条谱线,当 λ_1 和 λ_x（欲测未知元素谱线波长）两条谱线相距很近,其线色散变化很小,只要用比长仪准确测出 d_x（λ_x 到 λ_1 的距离）和 d_{12}（λ_1 到 λ_2 的距离）,既可由下式求出 d_x 的值,即

$$d_x = \lambda_1 + (\lambda_2 - \lambda_1)d_x / d_{12} \tag{6-5}$$

再从元素谱线表中查出 d_x 相对应的元素。

6.4.2　光谱半定量分析

光谱半定量分析可以给出试样中某元素的大致含量。若分析任务对准确度要求不高,多采用光谱半定量分析。光谱半定量分析一般采用"强度（黑度）比较法"。配制一个基体与试样组成近似的被测元素的标准系列,在相同条件下,在同一感光板上标准系列与试样并列摄谱,然后在映谱仪上用目视法直接比较试样与标准系列中被测元素分析线的黑度。若黑度相同或黑度界于某两个标准样之间,则可判定试样中被测元素的含量与标准样品中某一元素含量近似相等或界于两个标准含量之间。光谱半定量分析的方法还有谱线呈现法（也称数线法）、均称线对法和哈维法等。

6.4.3　光谱定量分析

光谱定量分析目前主要使用光电直读光谱法,整个测量过程都由计算机控制,分析结果自动打印出,样品的测量几分钟即可完成。

摄谱法需要先把样品摄谱到相板上形成黑的影像——谱线,然后通过映谱仪标识谱线,用

测微光度计测量谱线的黑度,据试样中被测元素与内标元素的谱线黑度差确定元素含量。整个分析过程需要 2~3 h。

1. 光谱定量分析的基本关系式

元素谱线的强度与被测元素在试样中的浓度有关,实验证明,在选定的实验条件下,多数情况下可用塞伯-罗马金(Schiebe-Lomakin)经验公式表示

$$I = Ac^b \tag{6-6}$$

式中:I 为被测元素谱线强度;A 为常数,它是与试样的组成、蒸发和激发过程等因素有关的参数;c 为被测元素的浓度;b 为自吸收系数,它是与谱线自吸性质有关的参数,自吸越大,b 值越小(当被测元素的浓度很低时,谱线无自吸时,$b=1$;反之,有自吸时,$b<1$)。可见,参数 A 和 b 不仅与被测元素浓度有关,而且与实验条件有关,只有摄谱条件一定,被测元素在一定浓度范围内,谱线的强度与浓度才呈线性关系。

2. 内标法

内标法(internal standard method)是以测量谱线的相对强度来进行光谱定量分析的方法。具体做法是:在分析元素的谱线中选择一条谱线,称为分析线,再在基体元素(或试样中加入定量的其他元素)的谱线中选一条谱线,称为内标线。分析线和内标线称为分线对。提供内标线的元素称为内标元素。根据分析线对的相对强度与被测元素含量的关系进行定量分析。这种方法可以很大程度上清除不稳定因素对测量结果的影响。因为,只要内标元素分析线对选择合适,各种条件因素的变化对分析线对的影响基本上是一样的,其相对强度也基本不会变化,使分析的准确度得到改善。

设被测元素的浓度为 c,分析线的强度为 I,则 $I=Ac^b$。内标元素的浓度为 c_1,内标线的强度为 I_1,则

$$I_1 = A_1 c_1^{b_1} \tag{6-7}$$

因此分析对的强度比为

$$\frac{I}{I_1} = \frac{Ac^b}{A_1 c_1^{b_1}} \tag{6-8}$$

假定内标元素的含量一定,且无自吸,因此,内表线的强度为常数,上式变为

$$R = \frac{I}{I_1} = Kc^b \tag{6-9}$$

对上式取对数

$$\lg R = b\lg c + \lg K \tag{6-10}$$

该式为内标法光谱定量分析的基本公式。

选择内标元素和分析线对时,应注意下述几点。

(i) 若内标元素是外加的,则该元素在分析试样中是应该不存在,或含量极微可忽略不计,以免破坏内标元素量的一致性。

(ii) 被测元素和内标元素及它们所处的化合物必须有相近的蒸发性能,以避免"分馏"现象发生。

(iii) 分析线和内标线的激发电位和电离电位应尽量接近(激发电位和电离电相位等或很接近的谱线称为"均称线对")。分析线对应该都是原子线或都是离子线,一条为原子线而另一条为离子线是不合适的。

(iv) 分析线和内标线的波长要靠近,以防止感光板反衬度的变化和背景不同引起的分析误差。分析线对的强度要合适。

(v) 内标线和分析线应为无自吸或自吸很小的谱线,并且不受其他元素的谱线干扰。

在实际工作中,选择完全合乎以上要求的分析对是不容易的,只要大致符合以上要求。因此,采用内标法进行光谱定量分析时应严格控制光谱分析的条件。

3. 光谱定量分析方法

用内标法测定试样含量时,需要一系列标准试样绘制校准曲线。按绘制校准曲线方法的不同,可分为校准曲线法和标准加入法。若有标准试样,可采用前者;若无标准试样,一般采用后者。

(1) 校准曲线法

校准曲线法又称三标准试样法,是指在分析时,配制一系列被测元素的标准样品(不少于3 个),将标准样品和试样在相同的实验条件下,测量分析线或分析线对的强度(或黑度)。用强度或强度的对数值对浓度或浓度的对数值作校准曲线,并由该校准曲线求出试样中被测元素的含量。

(i) 光电直读光谱法。光电直读光谱法主要使用 ICP 作为激发光源,一般将样品制备成水溶液或有机溶液。由于使用溶液样品喷雾,因此样品的均匀性与基体效应对试样的蒸发和挥发的影响大大改善。在多通道光谱仪器中,每个通道检测一种元素,各通道元素的谱线强度与浓度关系按公式(6-10)求得相关的参数储存于计算机中,从而在计算机中形成一个参数矩阵表,在不同实验条件的测量中,可以先通过测定 3 个标准样品修改矩阵表中的参数,最后计算机根据矩阵表中各元素的相关参数,自动计算并打印试样中各元素的浓度和含量。使用内标法时,由计算机将指定的元素通道设定为内标通道,分析时按公式(6-10)确定的矩阵参数表。

(ii) 摄谱法。将标准样品和试样在同一感光板上摄谱、曝光,并经显影、定影后,形成的谱线就呈现在感光板上,其谱线变黑的程度称为黑度。测量试样和标准样品的分析线对黑度值差,然后将标准样品的黑度值差与其含量的对数值 $\lg c$ 绘制校准曲线,再由试样的分析线对黑度差,从校准曲线上查出试样中被测元素的含量。

(2) 标准加入法

标准加入法又称增量法。在测定微量元素时,若不易找到不含被分析元素的物质作为配制标准样品的基体,此时可以在试样中加入不同已知量的被分析元素来测定试样中的未知元素的含量,这种方法称为标准加入法。

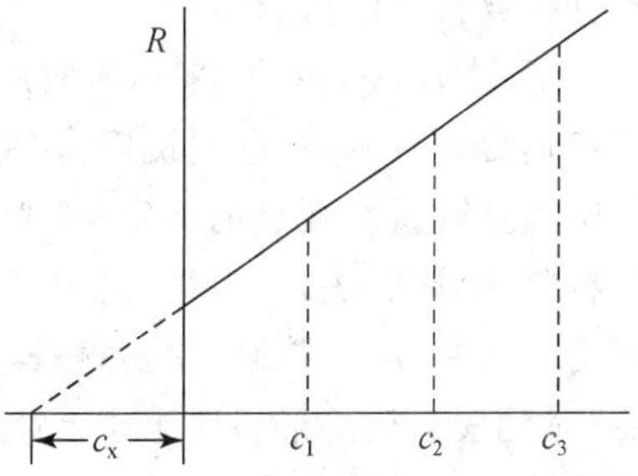

设试样中被分析元素的含量为 c_x,在试样中加入不同已知浓度 c_1、c_2、c_3、$\cdots$、c_i 的该元素,然后在同一实验条件下摄谱。再测量分析线对的相对强度 R,以 R 对不同浓度 c_i 作图得到一直线,见图 6-10。

将直线外推,与横坐标相交的截距绝对值为试样中分析元素的含量 c_x。根据内标法的基本公式

图 6-10　标准加入法

$$R = \frac{I}{I_1} = Ac^b$$

在 $b=1$ 时　　　　　　　　　　$$R = A(c_x + c_i)$$

当 $R=0$ 时　　　　　　　　　　$$c_x = -c_i \qquad (6\text{-}11)$$

6.5　原子发射光谱法的干扰及其抑制

发射光谱法的干扰,除光谱干扰外主要是非光谱干扰。大量实验证明,当试样中被测元素含量一定时,谱线的强度不仅与试样的组成、蒸发、原子化、激发、电极材料等摄谱条件有关,而且与试样中其他共存元素有关。这种因其他元素存在而影响被测元素谱线强度的干扰作用称为"第三"元素影响,又称为基体效应。试样组成越复杂,基体效应越显著,分析误差越大。主要原因是在激发过程中,试样组成的变化引起弧焰温度和电子压力改变,弧焰温度又直接影响待测元素的谱线强度。为了减小试样组成对弧焰温度的影响,常在试样和标准试样中加入经过选择的一种或多种辅助物质,如光谱缓冲剂(spectral buffer)或光谱载体,以防止或减少基体干扰。常用的光谱缓冲剂有碱金属盐类、碱土金属盐类(如 NaCl、KCl、Na_2CO_3、$CaCO_3$ 等)、碱金属的卤化物、炭粉、AgCl、NH_4Cl 以及低熔点的 B_2O_3、硼砂、硼酸等。

加入光谱缓冲剂不仅可以稀释试样,减小试样组成性质的变化以抑制基体效应,还能控制试样在弧焰中的蒸发、激发温度和降低背景影响。光谱缓冲剂纯度要高,谱线简单。

光谱载体的作用是改变试样中被测元素熔点、沸点,从而改变各元素的蒸发情况,起到增强被测元素谱线强度或抑制基体谱线强度等作用,提高分析灵敏度。光谱载体纯度要高。

光谱缓冲剂和光谱载体在实际应用中,没有严格界限,有的物质兼具两方面作用。对 ICP 光源来说,由于试样组成影响很小,一般不用光谱载体或光谱缓冲剂。

6.6　原子发射光谱分析法在医药卫生领域中的应用

原子发射光谱分析法在发现新元素和推动原子结构理论的建立方面曾做出过重要贡献,在各种无机材料的定性、半定量及定量分析方面也曾发挥过重要作用。近二十年来,由于新型光源、色散仪及检测技术的飞速发展,以及与其他分析方法相结合,原子发射光谱分析法得到更广泛的应用。

原子发射光谱法在医学及医学检验中用于人体微量元素的测定,使得某些疾病与微量元素关系的研究越来越深入。在环境分析中,可进行大气、水污染、土壤以及和生态环境相关的各种植物样品的分析。

20 世纪 70 年代以来迅速发展的电感耦合等离子体发射光谱法(ICP-AES),它独特的灵敏快速分析技术,可同时测定多种元素。在临床医学或医学检验中,常用于人体体液和内脏组织中痕量或微量元素的测定,研究疾病与痕量或微量元素的关系,是较好的方法。例如,对于生物临床研究:头发、血液、尿液、生物组织的元素分析以及蛋白质、酶等的生物机理研究。对于药品研究:质量控制,中药材丹参中铅的同位素比值的测定等。随着生命科学研究发展的需要,对元素存在的形态要求越来越明确,元素的形态不同,其作用的机理也不同。因此,如果仅研究体系中元素的总量,已不足于研究该元素在体系中的生理和毒性作用。例如:Cr(Ⅲ)对人体大有益处,而 Cr(Ⅵ)则会引起皮肤病、肺癌等,ICP-AES 技术与离子色谱联用可用来分别测定 Cr(Ⅲ)和 Cr(Ⅵ)。

AES 还可与其他很多分析技术相结合,进行联合分析。高效液相色谱(HPLC)和 AES 联用技术与环境化学、毒理学等生命科学研究关系密切。可用于研究多种动植物体内含有的 Cd、Se、As、Cu、Zn、Pb 等元素与多种氨基酸、多肽和蛋白质结合的机理以及某些元素对酶的位点作用过程;另外,这种联用技术能在复杂的基体中准确地分析微量、痕量元素同位素。

习　题

6.1　解释下列名词：

(1) 激发电位和电离电位；(2) 共振线、原子线、离子线、灵敏线、最后线；(3) 等离子体；(4) 谱线的自吸和自蚀；(5) 标准加入法；(6) 分析线对。

6.2　原子发射光谱是怎样产生的？为什么各种元素的原子都有其特征的谱线？

6.3　试比较原子发射光谱中几种常用激发光源的工作原理、特性及适用范围。

6.4　简述 ICP 光源的工作原理及其优点？

6.5　光谱仪的主要部件可分为哪几个部分？各部件的作用如何？

6.6　比较摄谱仪及光电直读光谱仪的异同点？

6.7　影响原子发射光谱的谱线强度的因素是什么？产生谱线自吸及自蚀的原因是什么？

6.8　光谱定量分析为何经常采用内标法？其基本公式及各项的物理意义是什么？

6.9　选择内标元素及内标线的原则是什么？说明理由。

6.10　何谓基体效应？如何消除或降低其对光谱分析的影响？

6.11　在原子发射光谱图中，未知元素的谱线 λ_x 位于两条铁谱线 $\lambda_1 = 486.37$ nm 和 $\lambda_2 = 487.12$ nm 之间。在波长测量仪(也称比长仪)上测得 λ_1 和 λ_2 之间距离为 14.2 mm(经放大)，λ_1 和 λ_x 之间距离为 12.3 mm，试计算 λ_x 为多少？

(487.02 nm)

6.12　用原子发射光谱法测定 Zr 含量中的 Ti，选用的分析线对为 Ti 334.9 nm/Zr 332.7 nm。测定含 Ti=0.0045% 的标样时，强度比为 0.126；测定含 Ti=0.070% 的标样时，强度比为 1.29；测定某试样时，强度比为 0.598，求试样中 Ti%。

(0.028%)

第 7 章　原子吸收光谱法

7.1　概　　述

原子吸收光谱法(atomic absorption spectrometry，AAS)是基于气态的基态原子在某特定波长光的辐射下，原子外层电子对光的特征吸收这一现象建立起来的一种光谱分析方法。

早在 1802 年，沃拉斯顿(W. H. Wollaston)等就发现在太阳连续光谱中存在着一些暗线条，并证明这些暗线条是太阳大气圈中的某些金属原子(如钠等)对太阳光谱中同一元素原子辐射吸收的结果。以后又证实一种原子只能吸收特定波长(或频率)的光。尽管人们早已掌握原子吸收的现象，但直到 1955 年澳大利亚科学家沃尔什(A. Walsh)才把原子吸收光谱应用到分析化学领域中。此后该法得到迅速发展，目前已成为一种比较完善的重要分析方法，不仅广泛应用于材料科学、环境科学和各生产领域，而且在生命科学和医学研究等领域内的应用也越来越多，特别是在分析与人体健康和疾病有着密切联系的微量元素的工作中发挥了很大的作用。

原子吸收光谱法可根据其原子化方式的不同，分为火焰法、石墨炉原子吸收法、氢化法和冷原子吸收法。原子吸收光谱法有下述特点。

(i) 灵敏度高，一般可测 $10^{-15} \sim 10^{-13}$ g 范围；

(ii) 选择性好，谱线及基体干扰少，且易消除；

(iii) 精密度高，在一般低含量测定中，精密度 1%～3%，如果采用高精度测量方法，精密度<1%；

(iv) 取样量少，固体和液体试样均可直接测定；

(v) 适用范围广，目前用原子吸收光谱可测定的元素可达 70 多种。

原子吸收光谱法的局限性主要是：校准曲线的线性范围窄，一般为一个数量级范围；通常每测一个元素要使用一种元素灯，使用不便；多数非金属元素不能直接测定；火焰法要用燃气，不方便也不安全。

7.2　原子吸收光谱法的基本理论

7.2.1　原子吸收过程

原子吸收光谱法分析的一般过程如图 7-1 所示。

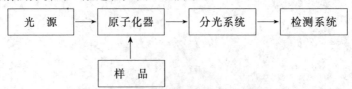

图 7-1　原子吸收光谱法分析过程框图

一般是将试样预处理，然后进入原子化器，试样中被测元素在高温下发生离解而转变成气态的基态原子并吸收光源辐射的特征谱线;最后通过分光系统由检测器对获得的光谱强度进行检测,从而得到被测元素的含量。

气态的基态原子对特征谱线的吸收是原子吸收光谱的基础,因此,由试样中待测元素产生一定浓度的基态原子,是原子吸收光谱分析中的一个关键问题。基态原子的产生一般是将试样在温度为 2000~3000 K 的条件下进行原子化,在原子化过程中,大多数化合物均发生解离并使元素转变成原子状态,其中包括被测元素的基态原子和激发态原子。理论研究和实验观察表明:在热平衡状态时,处于基态和激发态的原子数目 N 取决于该能态的能量 E 和体系的温度 T,遵循玻尔兹曼分布定律(Boltzman distribution law),即

$$\frac{N_j}{N_0} = \frac{g_j}{g_0}\exp\left(-\frac{E_j - E_0}{kT}\right) \tag{7-1}$$

式中:N_j、N_0 分别为激发态和基态的原子数;g_j、g_0 分别为激发态和基态能级的统计权重;k 为玻尔兹曼常数,为 1.38×10^{-23} J·K^{-1};T 为热力学温度。在原子光谱中,根据元素谱线的波长就可知道对应的 g_j/g_0 和 $E_j - E_0$,因此可从理论上计算一定温度下的 N_j/N_0。表7-1中是几种元素在不同温度下的 N_j/N_0。

表 7-1　不同温度下某些元素的 N_j/N_0

元素	谱线/nm	激发能/eV	N_j/N_0		
			2000 K	3000 K	4000 K
K	766.5	1.617	1.68×10^{-4}	3.84×10^{-3}	
Na	589.0	2.104	9.86×10^{-6}	5.88×10^{-4}	4.44×10^{-3}
Ca	422.7	2.932	1.21×10^{-7}	3.69×10^{-5}	6.03×10^{-4}
较准曲线 Cu	324.7	3.817	4.82×10^{-10}	8.99×10^{-7}	
Mg	285.2	4.346	3.55×10^{-11}	1.50×10^{-7}	
Zn	213.9	5.795	7.29×10^{-15}	5.58×10^{-10}	1.48×10^{-7}

从玻尔兹曼分布定律及表 7-1 可看出:温度越高,N_j/N_0 值越大,即激发态原子数随温度升高而增加;在相同温度下,电子跃迁的能级差($E_j - E_0$)越小,N_j/N_0 也越大。由于原子吸收光谱法中原子化温度一般均小于 3000 K,因此 N_j/N_0 一般在 10^{-3} 以下,即激发态和基态原子数之比小于 0.1%。可以认为在原子化时,激发态原子数相对基态原子可以忽略不计,即基态原子数 N_0 可以代表吸收辐射的原子总数。如果被测元素在原子化过程中转变成原子的效率保持不变,则在一定的浓度范围内基态原子数 N_0 即与试样中被测元素的含量 c 成正比关系,即

$$N_0 = k'c \tag{7-2}$$

式中:k' 为常数。

7.2.2　共振线

原子在正常状态时,各个电子按一定规律处于离核较近的轨道上,这时原子的能量最低、最稳定,称为基态;当原子受外界能量(例如电能、热能、光能等)作用时,最外层电子就吸收一定能量而被激发到一个能量较高的轨道上,而原子处于另一状态,称为激发态。处于基态的原子接受了频率为 ν 的入射光量子,从而吸收能量由基态跃迁到激发态,产生原子

吸收光谱,而入射光的频率必须严格符合基态和激发态之间的能级差 $h\nu = E_i - E_0$,在吸收跃迁中,从基态到任一允许的激发态的跃迁都能产生吸收光谱,其中从基态到第一激发态的跃迁最容易发生,这时产生的吸收线称为共振吸收线,简称共振线(resonance line)。由于不同元素具有不同的原子结构和外层电子排布,因而不同元素的原子最外层电子从基态跃迁至第一激发态所吸收的能量也不相同,故不同元素具有不同的共振线。共振线是元素的特征谱线,一般情况下,也是每个元素所有谱线中最灵敏的谱线,这也是原子吸收光谱法干扰较少的原因之一。

7.2.3　谱线的轮廓及其影响因素

原子吸收和前述分子光谱中的紫外-可见吸收有相似之处,图 7-2 是紫外-可见吸收光谱和原子吸收光谱产生的示意图。

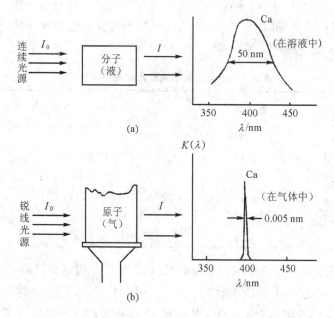

图 7-2　紫外-可见吸收光谱和原子吸收光谱产生示意图
（a）分光光度法　（b）原子吸收分析法

图 7-2 表明,这两种吸收在形式上并无差异,都是由光谱辐射强度为 I_0 的光通过吸收池后,被吸收部分能量,光强度变为 I_t,它们都遵循朗伯-比尔公式

$$I_t = I_0 \exp(-kcl) \tag{7-3}$$

式中:k 为系数,c 为样品中元素浓度,l 为吸收池长度。

但实际上,这两种吸收就其吸收机理而言,存在着本质的差异。紫外-可见吸收的本质是分子吸收,除了分子外层电子能级跃迁外,同时还有振动能级和转动能级的跃迁,所以是一种宽带吸收,带宽通常 $10^{-1} \sim 10^2$ nm 甚至更宽,可以使用连续光源。原子吸收光谱产生只是由于原子外层电子能级的跃迁,是一种窄带吸收,又称谱线吸收,吸收宽度仅有 10^{-3} nm 数量级,通常只能使用锐线光源。

原子吸收光谱的宽度尽管十分窄,但并不是一条几何曲线,它具有一定的宽度和形状(轮廓）。其光谱特征可用半宽度、频率、强度等指标来表征。如用 K_v 随波长或频率变化的关系来作图，则在波长 λ_0 或频率 ν_0 处有一最大值，称为峰值吸收系数(K_0)，见图 7-3 所示。$K_0/2$ 处吸收线所对应的波长范围($\Delta\lambda$)称为吸收线半宽度。同样，处于激发态的原子返回基态时所发射的谱线，也存在类似现象，只不过谱线的宽度要比吸收线窄得多(半宽度约为 $5\times10^{-4}\sim10^{-3}$ nm)，如图 7-3 所示。其中实线和虚线分别为原子吸收线和发射线的形状。由于影响谱线轮廓的因素比较复杂，影响的程序也不相同，因此发射线轮廓和吸收线轮廓往往存在差异。在通常原子吸收光谱法测定的条件下，影响谱线轮廓即谱线变宽主要是外界影响所造成的。

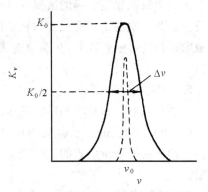

图 7-3　原子吸收线和发射线的轮廓

1. 自然宽度

无外界影响时谱线具有的宽度为自然宽度，处于每一能级的激发原子有一定的寿命，它决定了谱线固有宽度，其大小一般在 10^{-5} nm 数量级。

2. 热变宽($\Delta\nu_D$)

热变宽又称多普勒变宽(Doppler broadening)，这是由于原子在空间的无规则热运动所引起的。在原子吸收分析中，气态原子处于高温环境下，呈现出无规则的随机运动。当一些粒子向着观察者(即仪器的检测器)运动时，就呈现出比原来更高的频率或更短的波长；反之，则呈现出比原来更低的频率或更长的波长。这就是物理学中的多普勒效应。因此，对检测器来说，接收到的是各种频率或波长稍有不同的光，因而表现出吸收线的变宽。当气态原子处于热力学平衡状态时，热变宽($\Delta\nu_D$)由下式决定

$$\Delta\nu_D = 7.16\times10^{-7}\nu_0\sqrt{T/A_r} \tag{7-4}$$

式中：ν_0 为谱线的中心频率，T 为热力学温度，A_r 为元素的相对原子质量。从式中可见，热变宽($\Delta\nu_D$)与被测元素谱线的中心频度(ν_0)和 $\sqrt{T}$ 成正比，与 $\sqrt{A_r}$ 成反比。对某一定元素说，其 ν_0 和 A_r 一定，则其 $\Delta\nu_D$ 只与 T 有关：温度越高，$\Delta\nu_D$ 越大，即吸收线变宽越严重。一般热变宽为 $10^{-4}\sim10^{-3}$ nm。

3. 压力变宽

由于在一定蒸气压力下粒子间相互碰撞而引起能级变化所致的吸收线展宽称为压力展宽(pressure broadening)。它可以分为两类：(i)原子和其他粒子碰撞引起的变宽，称为洛伦兹变宽(Lorentz broadening)$\Delta\nu_L$；(ii)同种原子之间碰撞而引起的变宽，称为共振变宽或霍尔兹马克变宽。后一类变宽因原子吸收的分析元素含量较低而常被忽略，起主要作用的是前一类变宽，即洛伦兹变宽。其变宽由下式决定

$$\Delta\nu_L = 2N_A\sigma^2 p\sqrt{\frac{2}{\pi RT}\left(\frac{1}{A_r}+\frac{1}{M_r}\right)} \tag{7-5}$$

式中：N_A 为阿伏伽德罗常数，σ^2 为原子和其他粒子碰撞的有效横截面，p 为外界气体压力，M_r 为外界气体的相对分子质量。由此可见，压力越大，粒子的空间密度越大，碰撞的可能性就越高，变宽就越严重。一般，压力变宽($\Delta\nu_L$)与热变宽($\Delta\nu_D$)的数值相近。

4. 自吸变宽

由自吸收现象而引起的谱线变宽称为自吸变宽,这种变宽常在原子吸收光谱仪上的光源中发生。当灯发射出一定强度的特征谱线时,其中一部分光强被灯内未激发的同类基态原子所吸收而产生自吸收现象,从而使谱线的中心强度降低引起变宽。灯的电流越大,自吸变宽越严重。

5. 场致变宽

主要是指电场和磁场的影响使谱线变宽。分为两种情况。

(i) 电场变宽 $\Delta\nu_S$。也称为斯塔克变宽(Stark broadening),它是由外部电场或带电粒子和离子形成的电场所引起的谱线变宽。在原子吸收分析条件下,电场强度很弱,这种变宽可以忽略。

(ii) 磁场变宽 $\Delta\nu_Z$。也称塞曼变宽(Zeeman broadening),它是由磁场的影响而产生的变宽。在一定条件下磁场变宽也可以忽略。

在一定的实验条件下,各种变宽原因对谱线变宽的影响是不同的。如在通常的原子吸收分析中,吸收线变宽主要受热变宽和压力变宽的影响,而且当用火焰原子吸收法分析时,压力变宽($\Delta\nu_L$)是主要的;用无焰原子吸收法分析低浓度试样时,热变宽($\Delta\nu_D$)是主要的。但不论何种因素,谱线的变宽都将导致原子吸收分析的灵敏度下降。

7.2.4　原子吸收的测量

1. 积分吸收

当一束强度为 I_0 的入射光通过原子蒸气时,其透射光强度(I_t)与原子蒸气长度(l)的关系同紫外-可见吸收一样,也符合朗伯-比尔定律

$$I_t = I_0 e^{-K_\nu l} \tag{7-6}$$

$$A = -\lg \frac{I_t}{I_0} = 0.4343 K_\nu l \tag{7-7}$$

它们的区别在于紫外-可见吸收光谱分子吸收宽带上的任意各点是与不同的能级跃迁(主要是振转能级不同)相联系,其吸收系数与分子浓度成正比,而原子吸收线轮廓是同种基态原子在吸收其共振辐射时被变宽了的吸收带,原子吸收线轮廓上的任意各点都与相同的能级跃迁相联系。因此,基态原子浓度 N_0 与吸收系数轮廓所包围的面积(称为积分吸收系数)成正比,即

$$\int K_\nu d\nu = \frac{\pi e^2}{mc} f N_0 \tag{7-8}$$

式中:c 为光速;m、e 分别为电子的质量和电荷;f 是振子强度,被定义为被入射光激发的每个原子的电子平均数;N_0 是每立方厘米中能够吸收频率为 $\nu_0 \pm \Delta_\nu$ 范围光的基态原子数目。

由式(7-8)可以看出,积分吸收与吸收介质中吸收辐射的基态原子浓度成正比,而与蒸气的温度无关。因此,只要测定了积分吸收值,就可以确定蒸气中的原子浓度,使原子吸收光谱法成为一种绝对测量方法(即不需要与标准物质比较)。但由于原子吸收线很窄,宽度只有约0.002 nm,要在如此小的轮廓准确积分,要求单色器的分辨本领($\nu/\Delta\nu$)达50万以上,这是一般光谱仪所不能达到的。若采用连续光源时,把半宽度如此窄的原子吸收轮廓叠加在半宽度很宽的光源发射线轮廓上,这样实际被吸的能量相对于发射线的总能量来说极其微小,在这种条

件下要准确记录信噪比十分困难。因此,目前原子吸收光谱法对吸收值的测量都是以峰值吸收法(peak absorption method)来代替积分吸收测量。

2. 峰值吸收

峰值吸收法是直接测量吸收线轮廓的中心频率或中心波长所对应的峰值吸收系数(K_0)来确定蒸气中的原子浓度。当有一光束通过基态原子蒸气吸收层时,在一定条件下,发射线轮廓近乎处于吸收线轮廓的中心频率或中心波长部分,如图 7-4 所示。

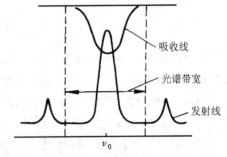

$$\int K_\nu \mathrm{d}\nu = \frac{1}{2}\sqrt{\frac{\pi}{\ln 2}} K_0 \Delta\nu \qquad (7\text{-}9)$$

这时,联合式(7-8)与式(7-9),得到

$$K_0 = \frac{2}{\Delta\nu}\sqrt{\frac{\ln 2}{\pi}} \frac{\pi e^2}{mc} f N_0 \qquad (7\text{-}10)$$

用 K_0 代替(7-7)式中 K_ν,即得

$$A = -\lg\frac{I_t}{I_0} = 0.4343\, K_0 l \qquad (7\text{-}11)$$

图 7-4 原子对共振线的吸收

将公式(7-10)代入式(7-11),得

$$A = 0.4343\,\frac{2}{\Delta\nu}\sqrt{\frac{\ln 2}{\pi}} \frac{\pi e^2}{mc} f N_0 l = k'' N_0 l \qquad (7\text{-}12)$$

将式(7-2)代入上式,则 $A = k'k''lc$。由于原子吸收法中原子蒸气长度(l)在一定仪器中是确定的,所以

$$A = Kc \qquad (7\text{-}13)$$

即在一定条件下,由峰值处测得的吸收值与被测元素的含量呈线性关系,这就是原子吸收光谱法的分析基础。根据这一基础,为实现峰值吸收测量,则发射线必须比吸收线要窄得多,同时发射线的中心频率或中心波长要与吸收线的中心频率或中心波长一致,而且要有足够的强度。因此,就必须用一个能发射与被测元素的吸收线相应的特征谱线的灯作为锐线光源。这也是原子吸收光谱仪区别于其他类型分光光度计的一个地方。

7.3 原子吸收光谱仪

原子吸收光谱仪与普通的紫外-可见分光光度计的结构基本相同,只是用空心阴极灯锐线光源代替了连续光源、用原子化器代替了吸收池。所以原子吸收光谱仪也由光源、原子化器、分光系统、检测、记录系统等几大部分组成。

7.3.1 光源

光源的功能是发射被测元素基态原子所吸收的特征共振辐射。对光源的要求是:发射辐射的波长半宽度要明显小于吸收线的半宽度、辐射强度足够大、稳定性好,使用寿命长。

1. 空心阴极灯

目前最能满足上述各项要求的锐线光源是空心阴极灯,应用最广。

空心阴极灯(HCL)的结构如图 7-5 所示。空心阴极灯有一个由被测元素材料制成的空腔形阴极和一个钨制阳极,阴极和阳极密封于充有低压稀有气体(氖等)的玻璃管中,管前端是一石英窗或玻璃窗。

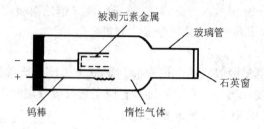

被测元素金属　玻璃管

石英窗

钨棒　惰性气体

图 7-5　空心阴极灯

空心阴极灯的发光机理是：在阴极和阳极间加 $300 \sim 500$ V 电压，在电场作用下，电子由阴极高速射向阳极，使充入的惰性气体电离，正离子以高速射向阴极，撞击阴极内壁，引起阴极物质的溅射（称阴极溅射）；溅射出来的原子与其他粒子相互碰撞而被激发；激发态的原子不稳定，立即退激到基态，发射出共振谱线。

空心阴极灯所发射的谱线强度及宽度主要与灯的工作电流有关。当处于适宜的工作电流（一般是几个毫安）时，由于灯内气压很低，金属原子密度又很小，所以各种因素引起的展宽均很小，所得谱线较窄，灵敏度也较高。增大电流虽然可以增加发射强度，但自吸现象也相应增强，发射线变宽，同时也影响灯的使用寿命。灯电流过低将使光强减弱，导致稳定性和信噪比下降。

空心阴极灯的寿命一般为 1500 h，以 8000 mA·h 或 8 A·h 表示。灯的寿命决定于灯的质量，但与下列因素有关。

(i) 取决于阴极材料的量及其溅射的难易。阴极材料熔点低，易挥发，则寿命短。

(ii) 使用小电流比大电流时寿命长，点燃时不可超过允许的最大电流。

(iii) 充入的气体如被玻璃管壁吸附，压力下降，寿命缩短。

(iv) 灯的内壁被溅射的金属所覆盖，引起正、负极间漏电。

(v) 灯管裂纹或封闭不良造成漏气，使空气进入，使阴极表面生成氧化物。

2. 无极放电灯

有些仪器带有无极放电灯及其电源微波发生器。这种灯的强度比空心阴极灯大几个数量极，没有自吸，谱线更纯。除用于原子吸收光谱分析外，还可以用于原子荧光光谱分析。

无极放电灯的构造十分简单，由一个数厘米（cm）长、直径 $5 \sim 12$ cm 的石英玻璃圆管制成，管内装入数毫克（mg）待测元素或挥发性盐类（金属、金属氯化物或碘化物、金属加碘均可），抽成真空并充入压力为 $67 \sim 200$ Pa 的稀有气体氩或氖，制成放电管。将此管装在一个高频发生器的线圈内，并装入一绝缘的外套里，然后放入微波发生器的同步空腔谐振器中。

在高频电场（$10 \sim 100$ MHz）中，激发发光频率低，适用于低熔点的金属。用频率为 2450 Hz 的微波激发，最大输出功率为 200 W 时，所有元素都能制成无极放电灯。这种灯预热周期短，工作寿命及搁置寿命长，结构简单，成本低，使用方便。

3. 其他光源

原子吸收分析中，每测一种元素换一个灯，既不方便又需购置许多灯。将多种金属粉末按一定比例混合并压制和烧结，作成阴极，即可制成多元素空心阴极灯。最多可达 7 种元素，如 Al-Ca-Cu-Fe-Mg-Si-Zn。但发射强度低于单元素灯，而且，如果金属组合不当，将产生光谱干扰。此外，还有高强度空心阴极灯、可换阴极的空心阴极灯和金属蒸气放电灯等。现在用半导体激光器作辐射源是一个研究热点,半导体激光器具有强度高、单色性好、价格便宜、消耗功率低、体积小、借助于光导纤维可用几个激光器进行同时多元素测定等特点。

7.3.2　原子化器

原子化器(atomizer)的作用是提供合适的能量将试样中的被测元素转变为气态的基态原子状态。由于原子化器的性能将直接影响测定的灵敏度和测定的重复性,因此要求它具有原子化效率高、记忆效应小和噪声低等特点。原子化的方法可分为火焰原子化(flame atomization)和无焰原子化(flameless atomization)等类。

1. 火焰原子化

火焰原子化器结构简单,使用方便,对多数元素有较好的灵敏度和检出限。由于它是通过燃烧产生能量并使试样发生离解,因此它有一个专用的燃烧器。燃烧器可分为两种类型,即先将试样雾化然后再喷入火焰燃烧的预混合型和将试样直接喷入火焰的全消耗型。目前使用较普遍的是预混合型燃烧器,它由雾化器、燃烧器和火焰等部分组成。

(1)雾化器

雾化器的作用是将试样溶液雾化,使之在火焰中能产生较多且稳定的基态原子。由于它的性能对精密度和干扰因素等有着显著影响,因此要求它雾化效率高,产生的雾滴要细小、均匀和稳定。目前仪器上普遍采用的是同轴型雾化器,见图 7-6。雾化器中连接试样溶液的毛细管位于中心轴上,外面是和毛细管同轴的助燃气管道,两者在出口处形成一环形空隙。当高压助燃气通过时,在中心毛细管尖端处形成负压区,使溶液从毛细管吸入,并在出口处被高速气流分散成气溶胶(即雾滴),雾滴再与雾化器前的撞击球碰撞进一步分散成细雾。影响雾化的因素很多,如溶液的表面张力和黏度等物理性质、毛细管孔径的变化、助燃气的流速等,因此在分析中应注意控制合适的条件及定量方法以消除这些影响。

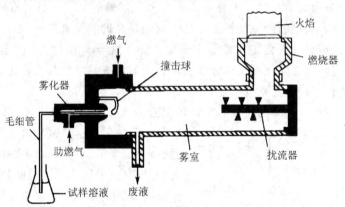

图 7-6　预混合型燃烧器

(2)燃烧器

试样溶液经雾化后进入预混合室(雾室)使溶液进一步雾化并与燃气充分混合均匀。雾室内有一扰流器,它对相对较大的雾滴有阻挡作用,因此可以降低火焰噪声;同时,可使燃气和助燃气充分混匀,使火焰更加稳定。较大雾滴凝结在室壁上,并与未被充分雾化的溶液一起从下方废液管排出。这样,试样溶液经雾化、混匀后与燃气和助燃气一起进入火焰中燃烧。燃烧器的喷头一般用不锈钢制成,有孔形和长缝形两种,其中以长缝形较为常用。为了适应不同种类的火焰,燃烧头的规格也有所不同。用于空气-乙炔火焰的是一种长约 10 cm 的单缝型燃烧器,用于氧化亚氮-乙炔火焰的长约 5 cm。还有三缝型的燃烧器,但不常用。预混合型燃烧器的主要特点是干扰较小、火焰稳定性好、背景噪声较低和比较安全等,但其试样利用率低是一个明显弱点,通常只有约 10%。

（3）火焰

用物质燃烧时所释放出来的能量使被测元素变成原子状态是一种应用广泛而且适应性较强的原子化方法。化合物在燃烧过程中经历干燥、熔化、离解、激发和化合等复杂过程。在此过程中,除产生大量的被测元素基态原子外,还产生少量的激发态原子、离子和分子等其他粒子,因此选择合适的火焰类型及流量比是原子吸收分析的关键之一。

火焰的种类很多,常用的有空气-乙炔焰和氧化亚氮-乙炔焰两种,见表 7-2。前者的温度在 2300℃左右,适用于一般元素的分析;后者约为 3000℃左右,可用于火焰中生成耐热(难熔)氧化物的元素,如铝、硅、硼等的测定,这种火焰在使用时千万要注意安全,因为这种气体属于易爆炸气体。

表 7-2　火焰的组成及最高温度

火焰组成		化学计量火焰的气体流速 $L \cdot min^{-1}$		燃烧速率 $cm \cdot s^{-1}$	最高温度 K
助燃气	燃　气	助燃气	燃　气		
空　气	丙　烷	8	0.4	82	2200
空　气	氢　气	8	6	320	2300
空　气	乙　炔	8	1.4	160	2500
氧化亚氮	乙　炔	10	4	220	3200

火焰一般分为 3 种类型：(i) 贫燃性火焰,呈蓝色,氧化性较强。这种火焰是在助燃气流量大、燃气流量小时形成的。适用于易电离碱金属元素等的分析。(ii) 富燃性火焰,呈黄色,层次模糊,温度稍低,火焰的还原性较强。这种火焰是在助燃气流量小、燃气流量大时形成的。有利于许多易形成难离解氧化物元素的原子化。(iii) 化学计量性火焰。这种火焰是当燃气和助燃气的比例与两者之间化学反应计量关系相近时形成的。它具有稳定、温度高、噪声小和背景低等特点,适合于许多元素的测定。

此外,火焰温度还与火焰的位置有关。预混合型火焰可分为预热区、第一反应区、中间薄层区和第二反应区：试样在预热区中被干燥,呈固态颗粒;在第一反应区颗粒被熔化和蒸发,此区火焰呈蓝色;中间薄层区温度最高,化合物往往在这里被离解、还原,产生大量基态原子,因此,在一般情况下,入射光在这里通过时可获得较高的分析灵敏度;火焰的第二反应区温度又开始下降,部分原子又重新化合。这里需要说明的是进行原子吸收法分析时,要根据具体元素的条件实验结果来调节燃烧器的高度,使入射光束从灵敏度较高的区域通过,如 Cr、Ca 等元素在第一反应区的灵敏度较高。图 7-7 为火焰结构示意图。

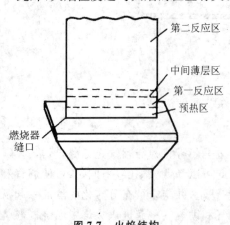

图 7-7　火焰结构

（图中标注：第二反应区、中间薄层区、第一反应区、预热区、燃烧器缝口）

火焰原子化器操作简便,重复性好,相对平均偏差可小于 3‰,测定灵敏度一般为 10^{-6} 数量级,有些元素可更低些。但由于原子化效率低,自由原子在吸收区域停留时间短(约为 10^{-3} s),这样就限制了测定灵敏度的提高,同时这种原子化方法要求有较多的试样(一般为几毫升),且无法直接分析黏稠和固体试样,因此对生物试样分析来说是不利的。然而,火焰原子化法毕竟还有自己的特点,特别是近年来随着分析技术和方法的不断提高和改进,使其在试样用量、测定灵敏度等方面有了很大的改进。如脉冲雾化技术中,将聚四氟乙烯材料制成的微型取样杯用一毛细管同雾化器连接起来,以微量吸样器将 $25\sim200\ \mu L$ 的试样溶液注入微型杯,形成脉冲雾化进样,其时间维持约 $1\sim2$ s,用一台响应时间快的记录仪或其他响应灵敏的读数、打印系统记录信号。这种方法试样用量少,可测定含盐量高的试样溶液而不致造成燃烧器缝口堵塞,适合少量试样的多元素测定,这对生物试样的分析具有重要价值。又如,采用原子捕集技术可使火焰原子吸收法的测定灵敏度提高几个数量级,这也是在火焰原子吸收法中直接对被测原子进行浓缩的预富集技术。

2. 无焰原子化

(1) 电热原子化法

在电热原子化法中,应用较广的是高温石墨炉原子化器(graphite furnace atomizer)。它的特点是

(i) 原子化效率高,几乎达 100%,自由原子在吸收区域停留时间长(约 10^{-1} s),特征质量可达 $10^{-10}\sim10^{-13}$ g。

(ii) 试样用量少,液体为几微升至几十微升,固体为几毫克,且几乎不受试样形态限制,可直接分析悬浮液、乳状液、黏稠液体和一些固体试样等。

(iii) 因为石墨炉的保护气体(如氩气等)在真空紫外区域几乎无吸收,故能直接测定其共振吸收线位于真空紫外光谱区域的一些元素。

(iv) 由于操作几乎是在封闭系统内进行,故可对有毒和放射性物质进行分析,比火焰法安全可靠。

图 7-8 是一种比较典型的石墨炉原子化器示意图。其长约 $28\sim50$ mm;外径 $8\sim9$ mm;内径 $5\sim6$ mm,管上有 3 个小孔,其直径 $1\sim2$ mm,中间小孔注入试样。当高达几百安培的大电流通过具有高阻值的石墨管时,产生高温,使试样完成蒸发、分解和原子化等过程。目前采用的石墨管有两种主要类型:(i) 经过处理的热解涂层石墨管,它可以降低试样对管壁的渗透;(ii) 未经处理的一般石墨管。石墨管有标准型和沟纹型两种,后者在两端内侧有细密沟纹,这对防止试样流失及增加接触面均有好处。一般石墨管使用寿命约 $50\sim300$ 次,新型石墨管寿命可达 $2000\sim10\,000$ 次,分析结果和重复性随石墨管使用次数而下降,当其灵敏度比开始使用时有明显下降时就应更换新管。在分析时,必须往炉中通入稀有气体,如氩气等,以保护石墨管和被测物质在原子化高温条件下不被空气氧化。同时,在石墨炉原子化器中还设有冷却系统,以便能迅速降低炉温开始新的一次升温。

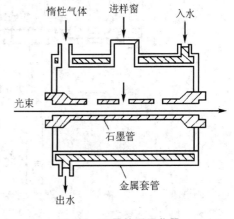

图 7-8　石墨炉原子化器

石墨炉的升温过程可大致分为干燥、灰化、原子化阶段及除残 4 个阶段,如图 7-9 所示。其中干燥时温度一般仅 110℃左右,其目的主要是对试样进行干燥;灰化阶段的温度根据被测元素及其化合物的性质可以在 $10^2 \sim 10^3$℃的范围内加以选择,且保持时间也较长(几十秒),其作用相当于化学预处理破坏和蒸发基体组分,从而减小或消除原子化阶段中分子吸收的干扰;原子化温度的选择随元素性质而定,一般在 1500~3000℃之间,其时间在保证元素完全原子化的前提下越短越好,一般为 5~10 s;在有些元素分析时,最后还必须用更高的温度(约 3500℃)以除去石墨管中的残留物,消除其记忆效应(memory effect),以便开始下一次试样分析。

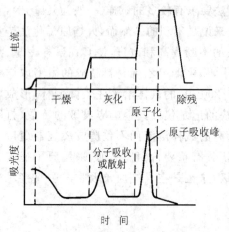

图 7-9　石墨炉的升温过程

石墨炉原子吸收光谱法的准确度和精密度均较差,其相对平均偏差可达 5%~10%,干扰情况也较严重,操作过程复杂,不易掌握最佳原子化条件。目前,随着石墨炉原子吸收技术的不断发展,上述缺点已有很大改进。如石墨平台技术的应用,使得分析的精密度有很大提高,同时也降低或消除了一些基体干扰;其他还有基体改进剂的应用、背景吸收的校正、快速升温、积分读数等。这些改进技术的综合运用,可为提高石墨炉原子吸收光谱法的准确度、精密度和灵敏度提供一个最佳选择方案。

(2) 低温原子化技术

低温原子化技术包括氢化物发生法和冷原子吸收光谱法两种。周期表中Ⅳ、Ⅴ、Ⅵ族元素锗、锡、铅、砷、锑、铋、硒、碲,易生成共价氢化物,其熔、沸点均在 0℃以下,即在常温常压下为气态,因此易从母液中分离出来。氢化物用惰性气体载带,导入电热石英 T 形管原子化器中,在低于 1000 ℃条件下可离解为自由原子。

氢化物一般是在酸性溶液中,以强还原剂 NaBH₄ 或 KBH₄ 与被测物质反应而生成的,如
$$H_3AsO_3 + NaBH_4 + H^+ \longrightarrow AsH_3 + H_2 + HBO_2 + H_2O + Na^+$$
其特点在于酸度范围广且反应速率快,几秒钟内即可完成。氢化物原子吸收装置如图 7-10 所示。该法具有设备简单,操作方便,灵敏度高及分离富集作用等优点。

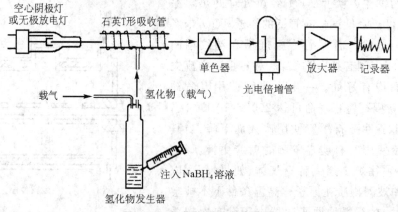

图 7-10　氢化物原子吸收装置

冷原子吸收法用于测定汞(装置见图 7-11)。在酸性溶液中,用亚锡将无机汞化物还原为金属汞,它在常温常压下易形成汞原子蒸气。用载气将其导入石英吸收管中进行测定。这种方法不需要加热石英吸收管分解试样,故称为冷原子吸收光谱法。对于汞的有机化合物,必须事先通过化学消化处理,一般采用 $KMnO_4$ 和 H_2SO_4 的混合物分解有机汞,使其在溶液中呈离子状态,再用 $SnCl_2$ 还原为汞后,逸出液相,液、气两相汞达到平衡。必须注意,这时,汞并未从液相全部转移到气相,所测的汞仅是试样中的一部分。因此,标准样品应采用同样的方法处理,才能确保测量的精确度。

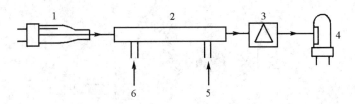

图 7-11　冷原子吸收测汞装置示意图

1—空心阴极灯　2—石英吸收管　3—单色器材　4—光电倍增管　5—汞蒸气入口　6—出气口

7.3.3　分光系统

原子吸收光谱仪的分光系统主要由色散元件(光栅等)、反射镜和狭缝等组成,它一般密封在一个防潮、防尘的金属暗箱内,其主要作用是将被测元素的共振线与邻近谱线分开。由于原子吸收线和光源发射的谱线都比较简单,因此,对仪器来说并不要求很高的分辨能力。同时,为了便于测定,要有一定的出射光强。在实际情况中,由于不同仪器的单色仪的倒数线色散也可能不同,故不用具体的狭缝宽度而用光谱带宽(spectral band-width)来表示单色仪分出谱线的宽度。其表示式为

$$W = DS$$

式中:W 为光谱带宽度(nm),D 为光栅的倒数线色散(nm·mm^{-1}),S 为狭缝宽度(mm)。对倒数线色散一定的仪器来说,出射狭缝宽度越小,则所得谱线宽度就越小,对谱线的分辨能力就越强,然而,谱线强度也会有所降低。反之,则分辨能力变差,而谱线强度则相应增强。因此,要根据元素的性质及试样的组成情况来选择合适的光谱带宽。

7.3.4　检测系统和读出装置

检测系统主要由检测器、放大器、对数变换器、指示仪表组成。检测器多为光电倍增管和稳定度达 0.01% 的负高压电源组成,工作波段大都在 190～900 nm 之间。现代一些高级原子吸收光谱仪还设有标度扩展,背景自动校正,自动取样等装置并用微机控制。现在最新型检测器件是电荷耦合器件(CCD)和电荷注入器件(CID),它们具有量子效率高、灵敏度高、读出噪声低、线性响应范围宽、暗电流低等优点。特别适用于弱光的检测。

吸光度值直接显示在表头上,或用记录仪记录吸收曲线,或将测量数据用微机处理。

7.3.5　原子吸收光谱仪的类型

原子吸收光谱仪的类型可以从三方面分类。

（i）按光束，可分为单光束和双光束两种。单光束仪器的光路如图 7-12(a)所示，其结构简单，操作方便，价格相对较低，但结果受光源强度变化的影响。双光束仪器可以消除光源漂移的影响，提高仪器的精度和测量准确度，其光路见图 7-12(b)。

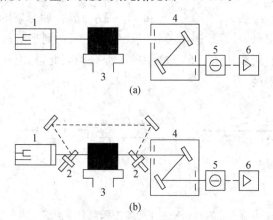

(a)

(b)

图 7-12　单道单光束型(a)及单道双光束型(b)仪器示意图

1—光源　2—斩光器　3—火焰原子化器　4—分光系统　5—光电元件　6—放大和显示系统

（ii）按光束的调制方式，可分为直流方式和交流方式两种。

（iii）按波道数，可分为单波道和多波道两种。所谓单波道，即普通原子吸收光谱仪。多波道原子吸收光谱仪，如双道（图 7-13）、四道、六道等，是一种能同时测定多种元素的原子吸收光谱仪。

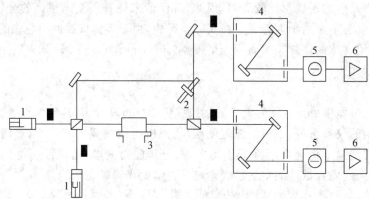

图 7-13 双道双光束仪器示意图

1—空心阴极灯　2—斩光器　3—原子化器　4—分光系统　5—光电元件　6—放大和显示系统

7.4　干扰及其抑制

原子吸收光谱的谱线比原子发射光谱少得多，因此谱线干扰少。但是，在原子化过程时受到各种因素的影响，干扰依然存在，原子吸收光谱的干扰主要由光谱干扰、电离干扰、化学干扰、基体干扰和背景干扰等。

7.4.1　光谱干扰

光谱干扰（spectral interference）是指原子光谱对分析线的干扰，常见的有以下两种。

（i）非吸收线未能被单色器分离。即在所选通带内，除了被测元素所吸收的谱线之外，还有其他一些不被吸收的谱线，它们同时到达检测器，又同时被检测器检测，从而造成干扰。这种干扰相当于吸光度被"冲淡"，工作曲线向浓度轴弯曲。可以用减小狭缝的方法来抑制这种干扰。

（ii）吸收线重叠。其他共存元素的吸收线与被测元素的吸收线相距很近，甚至发生重叠，以致同时对光源发射的谱线产生吸收。这种干扰使吸光度增加，导致分析结果偏高。消除的办法是另选被测元素的其他吸收线或用化学方法分离干扰元素。

7.4.2　电离干扰

电离干扰（ionization interference）是由于被测元素在原子化过程中发生电离，使参与吸收的基态原子数量减少而造成吸光率下降的现象。原子发生电离的可能性主要取决于其电离电位。电离电位低，则电离干扰也就越严重。但原子化温度较高时，即使电离电位较高，也可能发生不同程度的电离，如铝在氧化亚氮-乙炔火焰中的电离即是如此。

消除电离干扰的最有效的办法是在标准和分析试样溶液中均加入过量的易电离元素。由于这些元素的电离电位比被测元素的电离电位更低，在相同条件下更易发生电离，故而可提供大量的自由电子，原子蒸气中电子密度增加，从而使电离平衡 $M \rightleftharpoons M^+ + e$ 向中性原子方向移动，这样就可以抑制或消除被测元素的电离。例如，原子吸收法中常在 Na、K 的溶液中加入 $4\ mmol \cdot L^{-1}$ 的 Cs 溶液，其目的即在于此，因为 Cs 的电离电位更低，能抑制 Na、K 的电离。

7.4.3　化学干扰

化学干扰（chemical interference）是指在溶液或原子化过程中被测元素和其他组分之间发生化学反应而影响被测元素化合物的离解和原子化。被测元素与共存元素之间形成热力学更稳定的化合物，这是产生化学干扰的重要原因之一，如磷酸根对测定钙的干扰就是由于这一原因。被测元素在火焰中形成稳定的氧化物，碳化物或氮化物也是引起化学干扰的重要原因，如Al、Si 等在空气-乙炔火焰中形成稳定的氧化物，原子化效率不高，测定灵敏度很低；又如 B、U 等，甚至在还原性的氧化亚氮-乙炔火焰中仍生成难熔的碳化物和氮化物，难以获得较高的灵敏度。在石墨炉原子化器中，W、B、La、Zr、Mo 等容易生成碳化物，使测定灵敏度降低。

消除化学干扰的方法要视情况而异。常用的有效方法是加入释放剂、保护剂和缓冲剂，释放剂与干扰组分形成更稳定或更难挥发的化合物，从而使被测元素从与干扰组分形成的化合物中释放出来，例如磷酸盐干扰钙的测定，当加入镧或锶之后，镧和锶同磷酸根结合而将钙释放出来。保护剂能与被测元素形成稳定的化合物，阻止了被测定元素和干扰元素之间的结合，而保护剂与被测元素形成的化合物在原子化条件下又易于分解和原子化。例如加入 EDTA，它与被测元素钙、镁形成络合物，从而抑制了磷酸根对镁、钙的干扰。加入缓冲剂，这种办法是将过量的干扰元素分别加入试样和标准溶液中，从而使干扰影响恒定下来，即基体一致化。例如在用氧化亚氮-乙炔火焰测钛时，$200\ mg \cdot L^{-1}$ 以下的铝对测定有干扰，但大于 $200\ mg \cdot L^{-1}$ 时，铝的干扰作用趋于稳定，因此可在钛的试样和标准溶液中均加入 $200\ mg \cdot L^{-1}$ 以上的铝，从而使干扰影响达到稳定。不过这种方法的副作用往往是同时降低了被测元素的测定灵敏度。

除了上述方法之外，对于化学干扰还可采用提高原子化温度、化学分离及标准加入法等方法加以消除或减小其干扰影响。

7.4.4　基体干扰

基体干扰(matrix interference)旧称物理干扰,是指试样在转移、蒸发和原子化过程中由于试样物理特性的变化引起吸光度下降的效应。在火焰原子化法中,试液的黏度改变影响进样速度;表面张力影响形成的雾珠大小;溶剂的蒸气压影响蒸发速度和凝聚面损失;雾化气体压力、取样管的直径和长度影响取样量的多少,等等。在石墨炉原子化法中,进样量大小,保护气的流速影响基态原子在吸收区的平均停留时间。所有这些因素最终都要改变吸光度。基体干扰是非选择性干扰,对试样中各元素的影响基本上是相似的。配制与被测试样相似组成的标准试样,是消除基体干扰最常用的方法。此外,采用标准加入法和加入基体改进剂来消除基体干扰也是行之有效的方法。

7.4.5　背景吸收干扰

背景吸收(background absorption)是一种非原子性吸收,包括分子吸收、光的散射及折射和火焰气体的吸收等。

1. 背景吸收的种类

(i) 分子吸收。这种吸收是指原子化过程中氧化物,盐类等这类分子对辐射吸收而造成的。如 $NaCl$、KCl、$NaNO_3$ 等在紫外区有很强的分子吸收带;在波长小于 250 nm 时,硫酸和磷酸等分子有很强的吸收,而硝酸和盐酸的吸收则较小。这是原子吸收法中常用 HNO_3、HCl 及它们的混合液作为试样预处理中主要试剂的原因。

(ii) 光的散射和折射。这主要是由原子化过程中产生的固体微粒与光子发生碰撞从而导致散射和折射,使部分光不能进入单色器而形成假吸收。波长越短,基体物质浓度越大,影响就越大。

(iii) 火焰气体的吸收。火焰气体中含有许多未燃烧完全的分子或分子片段,特别是在富燃火焰中。这些粒子在紫外区也有很强的吸收,特别是当波长小于 250 nm 时。这类吸收其实也属于分子吸收的一种。这种吸收通过改变火焰种类和燃助比也可以减小,也可以用调零方法加以消除。

2. 背景吸收校正

背景吸收校正(background absorption correction)的方法主要有邻近线法、氘灯背景校正法和塞曼效应背景校正法。近年来,运用自吸收效应来作为背景校正方法的仪器也逐渐成熟。

(1) 邻近线法

邻近线背景校正法是采用一条与分析线相近的非吸收线,它对锐线光源不产生共振吸收,而背景吸收的范围较宽,所以对它仍然有吸收,以 A_B 表示。当分析时,背景和被测元素对分析线都产生吸收,因而获得的吸光度为 A_T,两者之差即为被测元素的净吸光度值

$$A = A_T - A_B = kc$$

当然,这种方法必须是背景吸收对两条线的吸收能力一致或相近时才能成立。邻近线可以是被测元素的谱线,也可以是其他元素的谱线,但与分析线相差不应超过 10 nm,否则校正效果可能不理想。

(2) 氘灯背景校正法

这种方法是用一个连续光源(氘灯)与锐线光源的谱线交替通过原子化器并进入检测器。

当氘灯发出的连续光谱通过时,因原子吸收而减弱的光强相对于总入射光强度来说可以忽略不计,可以认为用氘灯的连续光谱所测得的吸光度是背景吸收(A_B),而锐线光源通过原子器时产生的吸收为背景吸收和被测元素吸收之和 A_T。两者的差值为

$$A = A_T - A_B = \lg \frac{I_{0阴}}{I_{t阴}} - \lg \frac{I_{0氘}}{I_{t氘}} = \lg \frac{I_{0阴}}{I_{0氘}} - \lg \frac{I_{t阴}}{I_{t氘}}$$

式中：$I_{0阴}$、$I_{0氘}$ 和 $I_{t阴}$、$I_{t氘}$ 分别为空心阴极灯和氘灯的入射光强和透射光强。调节灯的电流,使 $I_{0阴}=I_{0氘}$,则上式为

$$A = \lg \frac{I_{t氘}}{I_{t阴}} = kc$$

原子吸收光谱仪一般都配有氘灯自动扣除背景装置,见图 7-14。工作时,检测器交替接受 $I_{t阴}$ 和 $I_{t氘}$ 并以其比值的对数作为测量信号。目前,新型的仪器采用四线氘灯扣背景技术校正结果准确,可扣除吸光度高达 3.0 的背景;对吸光度 2.0 的背景,误差低于 2%。由于氘灯的光谱区域在 $180\sim370$ nm,因而它仅适用于紫外光区的背景校正。对可见区的背景校正可采用卤钨灯作为校正光源。

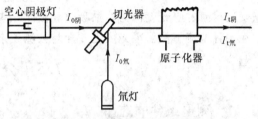

图 7-14　氘灯背景校正装置图

(3) 塞曼(Zeeman)效应背景校正法

塞曼效应是指在磁场作用下谱线发生分裂的现象。塞曼效应背景校正法是磁场将吸收线分裂为具有不同偏振方向的组分,利用这些分裂的偏振成分来区别被测元素和背景的吸收。塞曼效应校正背景法分为两大类:光源调制法与吸收线调制法。光源调制法是将强磁场加于光源,吸收线调制法是将磁场加于原子化器,后者应用较广。调制吸收线有两种方式,即恒定磁场调制方式和可变磁场调制方式。

恒定磁场调制方式如图 7-15 所示,在原子化器上施加一恒定磁场,磁场垂直于光束方向。在磁场作用下,由于塞曼效应,原子吸收线分裂为 π 和 σ± 组分:π 组分平行于磁场方向,波长不变;σ± 组分垂直于磁场方向,波长分别向长波与短波方向移动。这两个分量之间的主要差别是：π 分量只能吸收与磁场平行的偏振光,而 σ± 分量只能吸收与磁场垂直的偏振光,而且很弱。引起背景吸收的分子完全等同地吸收平行与垂直的偏振光。光源发射的共振线通过偏振器后变为偏振光,随着偏振器的旋转,某一时刻平行磁场方向的偏振光通过原子化器,吸收线 π 分量对组分和背景都产生吸收。测得原子吸收和背景吸收的总吸光度。另一时刻垂直于磁场的偏振光通过原子化器,不产生原子吸收,此时只有背景吸收。两次测定吸光度值之差,就是校正了背景吸收后的被测元素的净吸光度值。

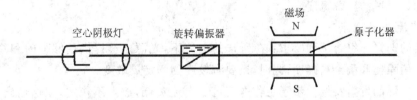

图 7-15　恒定磁场调制方式塞曼效应背景校正示意图

可变磁场调制方式在原子化器上加一电磁铁,电磁铁仅在原子化阶段被激磁,偏振器是固

定不变的,它只让垂直于磁场方向的偏振光通过原子化器,去掉平行于磁场方向的偏振光。在零磁场时,吸收线不发生分裂,测得的是被测元素的原子吸收与背景吸收的总吸光度值。激磁时测得的仅为背景吸收的吸光度值,两次测定吸光度之差,就是校正了背景吸收后被测元素的净吸光度值。

塞曼效应背景校正背景波长范围很宽,可在 $190\sim900\,nm$ 范围内进行,背景校正准确度较高,可校正吸光度高达 3.0 的背景。

(4) 自吸收效应背景校正法

自吸收效应背景校正法的特点是校正范围大(紫外区和可见光区),校正能力强(能扣除背景吸收值达 3.0 以上),仪器结构简单,但这种方法将影响空心阴极灯的寿命。这种方法是利用空心阴极灯在大电流时将产生自吸收这一效应,使灯的供电方式改为两种:一种是大电流的背景电流(几十毫安),这时测得的吸光度值为背景吸收值;另一种是小电流的信号电流(几毫安),这时的吸光度值为背景吸收和被测元素吸收之和。若调节两种电流的入射光强相等,则在两种电流下测得吸光度之差即与被测元素的含量成线性关系。

7.5　分　析　方　法

7.5.1　测量条件的选择

1. 分析线

每一种元素都有若干条吸收谱线,到底用哪条谱线作为分析线,应根据试样性质、组成和所要求的分析下限来确定合适的分析线。通常选择共振吸收线,因为共振吸收线一般也是最灵敏的吸收线。但是,并不是在任何情况下都一定要选用共振吸收线作为分析线。例如,像Hg、As、Se 等的共振吸收线位于远紫外线区,火焰组分对来自光源的光有明显吸收,这时就不宜选择它们的共振线作分析线。当被测定元素的共振吸收线受到其他谱线干扰时,这时也不能选用共振吸收线作分析线。最适宜的分析线应视具体情况由实验决定。

2. 狭缝宽度

狭缝宽度影响光谱通带宽度与检测器接受的能量。由于吸收线的数目比发射线的数目少得多,谱线重叠的概率就大大减少,因此,在原子吸收光谱测定时,允许使用较宽的狭缝。使用较宽的狭缝可以增加光强,这样可以使用小的增益以降低检测器的噪声,从而提高信噪比与改善检出限。合适的狭缝宽度也可由实验方法确定。将试液喷入火焰中,调节狭缝宽度,测定在不同狭缝宽度时的吸光度,达到某一宽度后,吸光度趋于稳定,进一步增宽狭缝,当其他谱线或非吸收光出现在光谱通带内时,吸光度将立即减小。不引起吸光度减小的最大狭缝宽度,就是理应选取的最合适的狭缝宽度。

3. 灯电流

灯电流的选择应符合下列要求:在所选的电流下,光源能够提供足够强的和稳定的入射谱线以提高信噪比和测定精确度;同时,还要有较高的测定灵敏度。

空心阴极灯的发射特性依赖于工作电流灯。电流过低,放电不稳定,光谱输出稳定性差,光谱输出强度下降。灯电流过大,放电也不稳定,而且会引起谱线变宽从而导致灵敏度下降,甚至校准线弯曲,灯寿命也要缩短。一般来说,在保证放电稳定和合适光强输出的条件下,尽量选用低的工作电流。每只空心阴极灯上标有允许使用的最大电流和建议使用的适宜工作电流。具体条件下究竟选用多大电流合适,尚需要实验确定。

4. 原子化条件的选择

在火焰原子化法中,火焰选择和调节是很重要的。因为火焰类型与燃气混合物流量是影响原子化效率的主要因素。对于分析线在 200 nm 以下的短波区的元素如 Se、P 等,由于烃类火焰有明显吸收,不宜使用乙炔火焰,宜用氢火焰。对于易电离元素如碱金属和碱土金属,不宜采用高温火焰。反之,对于易形成难离解氧化物的元素如 B、Be、Al、Zr、稀土等,则应采用高温火焰,最好使用富燃火焰。火焰的氧化还原特性明显影响原子化效率和基态原子在火焰中的空间分布,因此,调节燃气与助燃气的流量以及燃烧器的高度,使来自光源的光通过基态原子浓度最大的火焰区,从而获得最高的测定灵敏度。

在石墨炉原子化法中,合理选择干燥、灰化和原子化温度十分重要。干燥是一个低温除去溶剂的过程,应在稍低于溶剂沸点的温度下进行。热解、灰化的目的是为了破坏和蒸发除去试样基体,在保证被测元素没有明显损失的前提下,应将试样加热到尽可能的高温。原子化阶段,应选择达到最大吸收信号的最低温度作为原子化温度。各阶段的加热时间,依不同试样而不同,需由实验来确定。常用保护气体 Ar,气体流速在 $1 \sim 5$ L·min^{-1} 范围内。

5. 试样量

在火焰原子化法中,在一定范围内,喷雾试样量增加,原子吸光度随之增加。但是,当试样喷雾量超过一定值之后,喷入试样并不能有效地原子化,吸光度不再随之增大;相反,由于试液对火焰的冷却效应,吸光度反而有所下降。因此,应该在保持燃气和助燃气一定比例与一定的总气体流量的条件下,测定吸光度随喷雾试样量的变化,达到最大吸光度的试样喷雾量,就是应当选取的试样喷雾量。

使用石墨管式原子化器时,取样量大小依赖于石墨管内容积的大小,一般固体取样量为 $0.1 \sim 10$ mg,液体取样量为 $1 \sim 50$ μL。

7.5.2　分析方法

1. 校准曲线法

根据原子吸收光谱法中被测元素浓度与吸光度之间的定量关系,在一定的条件和范围内,可以建立吸光度(A)和浓度(c)的校准曲线。测定时,先将空白溶液和标准溶液按照浓度由低到高的顺序依次进入原子化器;每个溶液至少测定 3 次,并取平均值,用线性回归分析来建立 A-c 校准曲线。然后在相同的条件下进入试样溶液,测其吸光度,从校准曲线上求得被测元素的含量。

为了保证测定结果的准确性和重现性,要求标准试样的组成应尽可能接近实际试样的组成,必要时须加入一定的干扰抑制剂及基体改进剂;每次测定试样前应用标准试样对校准曲线进行检查和检验;试样溶液的吸光度值应落在校准曲线的线性范围内及吸光度值为 $0.15 \sim 0.6$ 之间。

校准曲线法的主要缺点是基体影响大,只适合于组成比较简单的试样分析,同时由于各种因素常使校准曲线在较高浓度时发生弯曲,从而使曲线的线性范围减小。但如采用高强度空心阴极灯、较低工作电流以及其他合适条件等,可在一定程度上扩大其线性范围。

2. 标准加入法

当试样基体影响较大,又难于配制与试样组成相似的标准溶液时,用标准加入法(standard addition method)可获得较好的结果。具体操作如下:把试样分为等体积的 4 份(或 4 份以上),从第二份开始加入不同量的被测元素标准溶液,然后分别稀至一定体积。设 4 个试液浓度分别为 c_x、$c_x + c_0$、$c_x + 2c_0$、$c_x + 4c_0$,在相同条件下测定其吸光度值,分别是 A_x、A_1、A_2、A_4,将这些吸光度值对加入的标准溶液的浓度(0、c_0、$2c_0$、$4c_0$)作图,然后把直线反向延长与浓度轴相交,其对应的浓度就是第一瓶中的被测元素(c_x),如图 7-16 所示。也可以用计算方法求得试液中待测元素的浓度。取等体积试样 2 份,分别置于容量瓶 A 和 B 中,在 B 瓶中加入一定量的标准溶液,分别稀释至一定体积。设 A 瓶中被测元素浓度为 c_x,则 B 瓶中浓度为 $c_x + c_0$,c_0 为加入的元素浓度,在相同条件下测其吸光度分别为 A_x 和 A_0,得

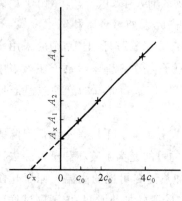

图 7-16 标准加入法曲线

$$A_x = kc_x, \quad A_0 = k(c_x + c_0)$$

由上述两式,得

$$c_x = \frac{A_x}{A_0 - A_x} \cdot c_0 \tag{7-14}$$

标准加入法的特点是:(i)能消除分析中的基体干扰,但只有在干扰因素对不同含量的被测元素的影响一致时才有效;(ii)此法不能扣除分析中的背景吸收;(iii)所加入的标准溶液中元素浓度(c_0)应尽量与试样中被测元素的浓度(c_x)接近,还要使吸光度值尽可能在线性范围和适宜读数范围内,否则可能会带来更大的误差。

3. 内标法

内标法(internal standard method)是在标准溶液和试样溶液中分别加入一定量的试样中不存在的内标元素,测定被测元素与内标元素的吸光度,并以吸光度之比值对被测元素的含量绘制校准曲线。内标元素应与被测元素在原子化过程中具有相似的特性。内标法可消除在原子化过程中由于实验条件(如气体流量、火焰状态、石墨炉温度等)变化而引起的误差。但内标法的应用需要使用双道原子吸收光谱仪。

7.5.3 特征浓度和检出限

1. 特征浓度

国际纯粹与应用化学联合会(IUPAC)规定:灵敏度的定义为校准曲线 $A = f(c)$ 的斜率,$s = \mathrm{d}A/\mathrm{d}c$,它表示被测元素浓度或含量改变一个单位时所引起的测量信号吸光度的变化量。但在原子吸收光谱法中,我们经常用特征浓度(characteristic concentration)s' 这个概念来作为仪器对某个元素在一定条件下的分析灵敏度。特征浓度(s')是指产生 1% 吸收或 0.0044 吸光度时所对应的被测元素的浓度或质量。在火焰原子吸收法中,其表达式为

$$s' = \frac{c \times 0.0044}{A} \tag{7-15}$$

在石墨炉原子吸收法中,其表达式为

$$s' = \frac{cV \times 0.0044}{A}$$

(7-16)

式中:c 为被测元素的含量,V 为进样体积,A 为吸光度。

特征浓度的求法是在作出校准曲线后,从吸光度为 0.1 的地方查得对应的质量浓度值 $[\rho(\mathrm{mg \cdot L^{-1}})]$,则 s' 值即为该浓度值(ρ)和 0.044 的乘积。当然,在石墨炉法中常用特征质量,还要乘上其进样体积(V)。显然,在原子吸收分析中 s' 值越小,表示分析灵敏度越高。但是,由于特征浓度中没有考虑测定时的仪器噪声,因此不同的仪器其 s' 值相差并不是很大,所以特征浓度还不能用来表征某仪器对某元素能被检出所需要的最小浓度,但它可以用于估算较适宜的浓度测量范围及取样量。

【示例 7-1】　某生物试样经处理后转入溶液,其中 Cu 和 Mg 的质量浓度约为 0.2 mg·L^{-1} 和 20 mg·L^{-1},在用原子吸收光谱法分析时,上述含量是否在合适的测量范围内?

解　从实验中已知

$$s'_{(\mathrm{Cu})} = 0.08\ \mathrm{mg \cdot L^{-1}}, \qquad s'_{(\mathrm{Mg})} = 0.06\ \mathrm{mg \cdot L^{-1}}$$

由于原子吸收分析的吸光度一般在 0.15~0.6 范围内测量误差较小,故 Cu 和 Mg 的较合适测量浓度范围在

$$c_1 = \frac{s' \times 0.15}{0.0044} = 34 \times s', \qquad c_2 = \frac{s' \times 0.6}{0.0044} = 136 \times s'$$

然后将 Cu 和 Mg 的 s' 分别代入上两式,得 Cu 的较宜测量范围在 2.7~10.8 mg·L^{-1}。上述溶液中 Cu 的含量低于此范围,若要用火焰法进行测定时,最好将溶液浓缩 13.5~54 倍,而 Mg 的较适宜测量范围约在 2.0~8.2 mg·L^{-1}。上述溶液中 Mg 的含量已超出范围,用火焰法测定时需将溶液稀释 2.5~10 倍。

2. 检出限

检出限(detection limit)D 是原子吸收光谱法一个很重要的综合性技术指标,它既反映仪器的质量和稳定性,也反映仪器对某元素在一定条件下的检出能力。

检出限(D)是表示在选定的实验条件下,被测元素溶液能给出的测量信号 3 倍于标准偏差(σ)时所对应的浓度,单位用 mg·L^{-1} 表示,表达式为

$$D = \frac{c \times 3\sigma}{A}$$

(7-17)

式中:σ 是用空白溶液进行 10 次以上的吸光度测量所计算得到的标准偏差,石墨炉法中常用绝对检出限表示,单位为 g。显然,检出限比特征浓度有更明确的意义。因为当试样信号小于 3 倍仪器噪声时,将会被噪声所掩盖而检测不出。检出限越低,说明仪器的性能越好,对元素的检出能力越强。

7.6　原子吸收光谱法在医药卫生领域中的应用

由于原子吸收光谱法具有测定灵敏度高、检出限小、干扰少、操作简单、快速等优点,因此在测定生物医药试样中元素含量方面有较强的适应性。一般试样不需作很复杂的预处理,有

些试样只要用适当的稀释液稀释一定倍数后,就可直接进行分析。另外,随着新型高性能原子吸收光谱仪的问世,所需试样用量不是很多,因此可以分析临床试样,如血液、脑脊液、组织、毛发、指甲等,还可以一次同时分析多种元素的含量(最高达16种元素),故原子吸收光谱法能够满足医学检验复杂的分析要求。

原子吸收光谱法分析生物试样时,对含量较高的 K、Na、Ca、Mg、Fe、Cu、Zn 等元素,可通过稀释直接用火焰法测定;在试样量较少,而元素的分析灵敏度较高时,如婴幼儿血清中 Cu、Zn 的测定,可用火焰脉冲雾化技术进行分析;对试样量少,含量又低的元素,如 Ni、Cr、Cd 等可用无火焰原子化法加以分析。

【示例7-2】 人体胸水中铜、锌、铁含量的测定[1]

按病人胸部常规 B 超定位,抽出胸水 9.00 mL 注入 15 mL 带塞的塑料试管中,加入 1.00 mL 肝素-pH 7.4 等渗 Tris-HCl 缓冲抗凝剂,混匀后,用移液管从中吸取抗凝胸水 3.00 mL,置于消化管中。分别加入浓硝酸、高氯酸各 1.00 mL,摇匀后,在电砂浴上加热消化,直至溶液呈无色透明为止。冷却后,转移到 10 mL 容量瓶中,加入 0.6 mL 正丁醇,用蒸馏水稀释至刻度。用火焰原子吸收法测定,铜、锌、铁三种元素的测定波长分别为 324.8 nm、213.9 nm、248.3 nm。

【示例7-3】 血清中砷的测定[2]

抽取病人血样后,离心分离将血清置于聚乙烯管中,储于 -20℃冰箱中备用。检测时,取 200 μL 血清于 1 mL 玻璃试样杯中,加入钯基体改进剂和 Triton X-100 稀释至 450 μL 备测。用石墨炉原子吸收法测定,塞曼效应扣除背景吸收。其测量条件为:波长 193.7 nm,灯电流 7.5 mA,狭缝宽度 2.6 nm,载气流量 200 mL · min^{-1}。

习 题

7.1 解释下列名词:

(1) 共振吸收线;(2) 谱线的热变宽和压力变宽;(3) 光谱通带;(4) 特征浓度和特征质量;(5) 冷原子吸收法;(6) 基体改进剂。

7.2 在原子吸收光谱法中为什么常常选择共振线作为分析线?

7.3 什么是积分吸收?什么是峰值吸收系数?为什么原子吸收光谱法常采用峰值吸收而不应用积分吸收?

7.4 简述原子吸收光谱仪的结构特点,它有哪几种基本类型?

7.5 使谱线展宽的因素有哪几种?它们对原子吸收测量有何影响?

7.6 火焰有哪些类型?它们的特点是什么?

7.7 原子吸收法中对化学干扰、基体干扰是用什么方法加以抑制的?

7.8 用火焰原子吸收法测定某元素特征浓度为 0.01 μg · mL^{-1}/1% A,为使测量误差最小,需要得到 0.436 的吸光度,求此情况下待测元素溶液的浓度应为多少?

$$(1 \, \mu g \cdot mL^{-1})$$

7.9 用标准加入法测定某一试样溶液中镉的浓度,各试液在加入镉标准溶液后,用水稀至

① 徐德选,曹金星,杨根元等.光谱实验室,12(6):32~35,1995
② 马春琪,迟锡增,时彦.光谱学与光谱分析,16(5):92~97,1996

50 mL,测其吸光度如下表,求镉的浓度是多少。

序号	试液量/mL	加入镉标准溶液(10 μg·L⁻¹)的量/mL	吸光度
1	20	0	0.042
2	20	1	0.080
3	20	2	0.116
4	20	4	0.190

$(0.58\ \mu g \cdot L^{-1})$

7.10　用原子吸收法测定某元素 M 时,由一份未知试样得到的吸光度读数为 0.435,在 9 mL 未知溶液中加入 1 mL 100 $\mu g \cdot mL^{-1}$ 的 M 标准溶液。这一混合溶液得到的吸光度读数为 0.835,求未知试样中元素 M 的浓度是多少。

$(10.875\ \mu g \cdot mL^{-1})$

第 8 章　原子荧光分光光度法

8.1　概　述

　　原子荧光分光光度法(atomic fluorescence spectrophotometry, AFS)又称原子荧光光谱法,它是通过测量待测元素的原子蒸气在辐射能激发下所产生的荧光发射强度来进行分析的方法。1905 年,Wood 首先报道了用含有 NaCl 的火焰来激发钠蒸气,得到了 D 线的荧光。这种吸收了适宜的辐射,使原子产生再发射的现象称为荧光,Wood 称此 D 线荧光为共振荧光。火焰中的原子荧光则是 Nichols 和 Howes 于 1923 年最先报道的,1956 年 Boers 等研究了火焰的荧光猝灭过程。1962 年 Alkemade 提出了使用原子荧光法做为分析方法的可能性。Winefordner Vickers 和 Staab 在 1964 年首次成功地用原子荧光法测定了 Zn、Cd、Hg。我国的原子荧光研究起步较晚,1976 年试制了非色散冷原子荧光测汞仪。经过科技工作者几十年的努力,目前原子荧光法已成为一种比较完善的重要分析方法,不仅广泛应用于地质、材料科学、环境科学领域,而且在生命科学和医学研究等领域内的应用也越来越多。

　　原子荧光分析是原子吸收分析的逆过程,其分析过程如图 8-1 所示。

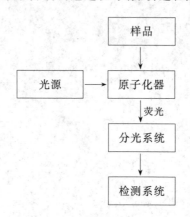

图 8-1　原子荧光分光光度法分析过程方框图

　　一般是将试样进行预处理;然后进入原子化器,试样在原子化器中转变成气态基态原子状态;气态基态原子吸收光源的特征辐射后被激发到高能态,在很短的时间内返回到低能态或基态,同时发射荧光;最后通过分光系统由检测器对获得的光谱强度进行检测。

　　原子荧光分光光度法的主要优点为:

　　(i) 灵敏度高,大多数元素的检出限要比原子吸收光谱法低 1～2 个数量级。

　　(ii) 线性范围宽,在低浓度范围内,校准曲线可在 3～5 个数量级内呈直线关系,而原子吸收光谱法仅有 2 个数量级。

　　(iii) 谱线较简单。

（iv）可同时进行多元素测定,原子荧光是向各个方向发射的,便于制作多道仪。

虽然原子荧光法有以上优点,但由于荧光猝灭效应,在测定复杂基体试样及高含量样品时,有一定困难。此外,散射光的干扰也严重影响该法的应用。

各种元素都有特定的原子荧光光谱,根据原子荧光的特征波长进行元素的定性分析,而根据原子荧光的强度进行定量分析。

8.2　原子荧光分光光度法基本原理

8.2.1　原子荧光光谱的产生和类型

1. 原子荧光光谱的产生

气态自由原子吸收光源的特征辐射后,原子的外层电子跃迁到较高能级,然后又返回基态或较低能级,同时发射出与原激发辐射波长相同或不同的辐射即为原子荧光。原子荧光是光致发光,也是二次发光。当激发光源停止照射后,再发射过程立即停止。

2. 原子荧光的类型

根据激发能源的性质和次级荧光产生的机理和频率,原子荧光可分为共振荧光、非共振荧光和敏化荧光三种类型。图 8-2 为原子荧光产生的过程。

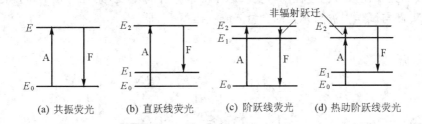

(a) 共振荧光　(b) 直跃线荧光　(c) 阶跃线荧光　(d) 热助阶跃线荧光

图 8-2　原子荧光的基本类型
A—吸收　F—荧光

（1）共振荧光

处于基态的原子吸收光源中的共振线后,发射出与吸收的共振线相同波长的光称为共振荧光。某些原子在热激发下,处于亚稳态的原子选择性地吸收光源特征辐射,也能再发射相同特征波长的次级荧光,此种荧光称为热助共振荧光。原子激发态和基态之间的共振跃迁概率比其他跃迁概率大得多,所以共振跃迁产生的共振荧光谱线强度大,分析中应用最多。

（2）非共振荧光

当与激发光源波长不同时,观察到分析原子辐射的次级荧光波长,即为非共振荧光。它分为直跃线荧光和阶跃线荧光两类。

（i）直跃线荧光是原子吸收辐射而被激发到较高的电子激发态,再由高能态直接返回到较低的激发能态（但不是回到基态）所发射出的荧光。

（ii）阶跃线荧光是原子吸收光辐射而被激发到第一激发态以上的一个电子态上,然后以非辐射回到中间能级,继而再回到基态的过程中发射出的荧光。

某些元素的直跃线荧光因可避免共振光源所引起的散射光干扰,常采用;阶跃线荧光的用处很少。

（3）敏化荧光

敏化荧光是指待测原子和吸收了共振线而被激发的其他原子相碰撞发出的荧光。敏化荧光在分析化学上几乎没有用处。

8.2.2　原子荧光强度

1. 原子荧光强度与分析物浓度的关系

共振荧光为原子吸收的逆过程，当原子吸收特征波长的辐射，由基态激发到相应的激发态后再发射相同波长的辐射时，称共振荧光。其特征是荧光波长与激发光波长相等。由于原子的激发态与基态间共振概率大，对大多数元素而言，原子荧光中共振荧光的强度最大。

荧光强度 I_F 存在以下关系

$$I_F = \Phi_F A I_0 (1 - e^{-\varepsilon l N}) \tag{8-1}$$

式中：Φ_F 为荧光效率（fluorescence efficiency），A 为受光源所照射的在检测系统中观察到的有效面积，I_0 为原子化器中单位面积上接受的光源强度，ε 为吸光系数，l 为吸收光程长，N 为能吸收辐射线的原子总密度。

在原子化时，激发态原子数相对基态原子数可以忽略不计，即基态原子密度可以代表吸收辐射的原子总密度，即 $N = N_0$。

如果被测元素在原子化过程中转变成原子的效率保持不变，则在一定的浓度范围内基态原子密度 N_0 即与试样中被测元素的含量 c 成正比关系，即

$$N_0 = k'c \tag{8-2}$$

将式（8-1）展开，得

$$I_F = \Phi_F A I_0 \left[\varepsilon l N - \frac{(\varepsilon l N)^2}{2!} + \frac{(\varepsilon l N)^3}{3!} - \Lambda \right]$$

$$= \Phi_F A I_0 \varepsilon l N \left[1 - \frac{\varepsilon l N}{2} + \frac{(\varepsilon l N)^2}{6} - \Lambda \right]$$

在原子浓度低时，括弧内第二项和更高项可以忽略，得以下关系

$$I_F = \Phi_F A I_0 \varepsilon l N \tag{8-3}$$

式（8-3）为原子荧光定量分析的基本关系式。荧光强度与吸光系数 ε、光程长 l、荧光效率 Φ_F、光源强度 I_0 及光源照射检测系统的有效面积 A 有关。当这些条件不变时，根据式（8-3）可得出在一定浓度范围内荧光强度与分析物浓度成正比，即

$$I_F = kc \tag{8-4}$$

2. 影响原子荧光分析的因素

（i）荧光强度随激发光源的强度增加而增高，所以用强光源可提高测定灵敏度。

（ii）延长吸收光程，可提高灵敏度。

（iii）在低原子浓度时，原子荧光强度与辐射荧光的原子浓度成直线关系，所以原子荧光分析法特别适用于痕量元素测定。

（iv）原子荧光光谱简单，不需要高分辨率的仪器。

（v）与原子吸收光谱相比，原子荧光不必采用锐线光源作激发光源。

还应看到，原子荧光分析法存在以下缺点：高浓度时产生自吸收；在某些情况下存在荧光猝灭效应，使测定的灵敏度降低；量子效率随火焰温度和火焰组成而变化，所以必须严格控制这些因素。

3. 原子荧光的饱和与猝灭

从原子荧光分析基本关系公式看出,随光源辐射强度的增加,次级荧光强度亦会线性增加,但理论上和实验中,上述关系只有在一定光源强度范围内才适用,当选用聚焦脉冲染料激光器产生高照度作为光源时,有可能显著改变分析物原子的能态分布,基态原子数不再占绝大多数,而是约有 1/2 基态或低能态原子均被激发到高能态,此时对光源的吸收达到饱和进而出现荧光饱和状态,称之为饱和荧光,见图 8-3。此时次级荧光强度,由于饱和效应,信号达到一平台,荧光强度不再与 $I_{\mu 0}$ 成正比,只决定于原子能级的跃迁概率和统计权重及光子能量等。

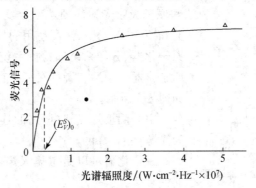

图 8-3　空气-H_2 火焰中 Tl 荧光的饱和曲线

图 8-3 表明采用波长 337.5 nm 的染料激光器作为激发光源,所产生的铊的 535.0 nm 非共振直跃荧光信号,可在光源达到饱和情况下进行原子荧光分析,优点在于荧光信号将与光源波动无关,且有利于改进次级荧光与分析物浓度间的线性,但光源过强(主要在激光光源情况),荧光达到饱和,而噪声或杂散光会随光源增强而连续增强,导致信噪比下降,影响分析灵敏度。

荧光的饱和现象还表现在相应原子荧光分析的校准曲线上,见图 8-4。

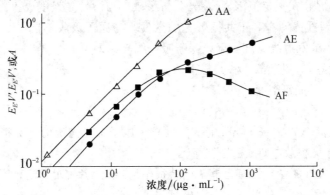

图 8-4　HCL 激发,空气-H_2 火焰中 AFS 测铜的校准曲线

此时试样浓度的增加,原子荧光曲线较早弯曲,且会出现翻转,这主要是由于荧光衰减因数、自吸收系数、吸收线轮廓、光源强度在整体吸收池中的均匀性等随试样浓度加大,相互关系变得更为复杂,一些假设前提不再有效的缘故。

还应提到的是,在原子化池中高温蒸气原子(分子)接受光源辐射的激发,并不只是发生次级荧光过程,还会存在非弹性碰撞失去能量,或其他无辐射去活化,使荧光猝灭。原子化池中物理化学作用是复杂的,一定条件下达到平衡时,产生荧光的量子效率可能在试样组成变化、原子化条件变化等因素影响下有所降低,也就是说,使无辐射去活化现象和比重增加,造成校准曲线提前弯曲。

这种由于条件变化使得试样原子荧光量子效率降低的现象,称之原子荧光猝灭,常规原子荧光分析时,荧光量子效率通常小于1,我们总是希望和控制那些易于与受激原子碰撞使其产生无辐射的去活化粒子越少越好。实验表明,惰性气体原子或分子具有原子荧光保护作用。

8.3　原子荧光分光光度计

原子荧光分析法是在荧光分析法和原子吸收光谱法的基础上发展起来的,它所使用的仪器和原子吸收光谱法所使用的仪器基本一样,包括光源、原子化器、分光系统和检测系统等部分,但不是把光源、原子化器和检测三者排在一条直线上,而是排成直角形,如图 8-5 所示。

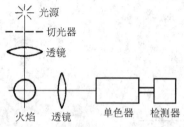

图 8-5　原子荧光分光光度计原理图

空心阴极灯,经过调制的连续弧灯或激光器都可作为光源,各有特色。

原子化器可以是常规火焰、ICP 炬或石墨炉等电热器件。

原子荧光很弱,因而不仅需要有好的聚光系统充分利用光源辐射聚集到原子化器的有效体积中,而且要使用尽量大的荧光收集角,使荧光成像在色散元件入口狭缝,并尽量减少背景对荧光检测的干扰。

8.3.1　光源

原子荧光对光源的要求为

(i) 有足够的光强,在一定范围内,荧光分析灵敏度与激发光强度成正比。

(ii) 同种元素锐线光源有利于共振荧光的激发。与原子吸收不同的是,并不要求光源谱线越锐越好,而是要求发射线宽度小于或等于吸收线轮廓即可。

(iii) 光谱纯度好,避免杂散光和其他干扰。

(iv) 光强稳定,保证精密度。

(v) 耐用、寿命长。

(vi) 应用波长范围 200～800 nm 能满足要求。原子荧光光源的种类很多,比较理想的有高强度空心阴极灯、无极放电灯、激光等。

高强度空心阴极灯的特点是有足够窄的特征辐射,绝大多数元素已有商品光源灯,选择性好,稳定。但对激发荧光来讲,普通空心阴极灯强度尚差。

微波无极放电灯性能优于空心阴极灯,辐射强度大,谱线更尖锐。但商品化元素灯品种少。

激光光源是原子荧光分析极佳的光源,尤其脉冲染料可调谐激光器的应用,配合倍频,可在 180～800 nm 波段提供极强辐射的激发,而且光谱带宽也可调节。激光光源还有一个重要的优越性是饱和荧光的利用,此时荧光的自吸明显减少,使方法的线性适宜浓度范围增宽,且减少光源波动对荧光信号的影响,可提高分析精密度。常用的激光光源有 N_2 激光器、Nd：YAG激光器和闪光灯泵浦的脉冲染料激光器光源。XeCl 准分子激光泵也有应用。但激光光源价格较贵,操作比较繁琐。

高强度脉冲供电空心阴极灯,光源辐射强度大,对 Cu、Ag、Zn、Cr、Mo 等元素有很好的检出限,实践证明,它是一种优于常规直流或脉冲供电的空心阴极灯光源。

高强度稳定的连续光源,是理想通用的荧光分析光源,它可弥补单元素空心阴极灯的不足,一个光源可满足多元素同时分析的要求。但常用的高压氙灯,并不能在全波段满足强度要求,而且检出限较差。

8.3.2 原子化器

原子化器的作用是将试样中的待测元素转变成原子蒸气。原子荧光与原子吸收对原子化器的共同要求是稳定而高效的雾化和原子化效率,区别在于原子荧光要求更高的温度和有效的激发作用。因为某些离子线在原子荧光分析中也可应用,原子化过程中的某些激发效应也可促进荧光的产生。

原子化时要注意:加热原子化过程应尽量减少气体稀释试样;基体影响应尽量在原子化过程消除;热激发效应要减少,以减少噪声。与此同时,原子荧光分析原子化器要为高效率的荧光产率创造条件(抑制非辐射去活化),限制二次荧光的损失。根据不同元素,选择不同原子化条件,要减少原子化器中未挥发颗粒的光散射和辐射信号的噪声等。

试样原子化的方法有火焰原子化法和无火焰原子化法两种。

1. 火焰原子化

在原子荧光分析法中常用的火焰形式有紊流式、预混合式和分离式等几种形式,其中使用较多的是紊流式,它的优点是工作稳定、噪声低。火焰类型以空气-乙炔为主,辅以 $N_2O-C_2H_2$,此二种通用火焰,可以保证较高原子化效率和减少干扰与散射,有时增加 Ar 屏蔽使火焰有所改善,减少猝灭效应。

随着 ICP-AES 的广泛应用,对 ICP 电感耦合等离子体作用机理研究的深入,作为既具有火焰特色,又具有更好蒸发、激发、原子化效率和较少干扰的新型火炬原子化器,已被用做原子荧光分析的原子化器。由于氩炬火焰具有高量子效率,有时不仅可应用于原子荧光,还可以应用于离子荧光。

2. 非火焰原子化

火焰法具有很大的消光作用,为克服这个缺点,发展了非火焰法。非火焰原子化一般分高温器皿原子化和低温器皿原子化。非火焰原子化法具有取样量少、空白信号低、瞬时信噪比高、原子化条件易选择、绝对检出限低等优点,但基体干扰和背景吸收较大。应该特别指出,氢化物形成和流动注射进样系统以及与色谱技术联用已成功应用于原子荧光分析中,尤其是对于 As、Sb、Se、Te、Pb、Hg 等元素的分析,更体现了原子荧光法的特点和优越性,后面还将具体讨论。

8.3.3 分光系统和检测系统

根据分光系统中的单色器的差别,原子荧光仪器可分为非色散型原子荧光分光光度计和色散型原子荧光分光光度计两大类(仪器示意图见图 8-6 和图 8-7)。由于原子荧光光谱较简单,其谱线数目比原子吸收更少,因此可采用非色散共振分光计进行荧光测量,以使荧光强度增大。这类仪器中无色散元件,滤光器是重要部件,因此结构简单,通光能力强。

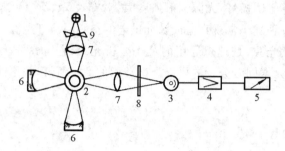

图 8-6　非色散型原子荧光仪器示意图

1—激发光源　2—火焰或其他原子化器　3—日盲光电倍增管　4—放大器

5—检测系统　6—反射镜　7—聚光透镜　8—滤光器　9—切光器

在色散型原子荧光分光光度计中,由于原子荧光强度低,谱线少,因而要求单色器有较强的聚光本领,但对色散要求不高。另外,由于荧光发射强度弱,仪器光学系统的设计,要求能高标准消除杂散光的影响,尤其是选用连续光源设计时,更要把光源和原子化器中的各类辐射干扰从分析元素的激发荧光中分离开来。尤其仪器在较宽的光谱通带条件下工作,即使光源很锐,但进入光谱通带的所有波长的光均会增加散射本底。因此光源调制是必须采用的,以便将一切不被调制的波形影响消除。为进一步减少杂散光,现已采用多光栅单色仪分光系统,杂散光可降到 10^{-10} 水平。

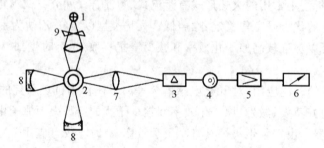

图 8-7　色散型原子荧光仪器示意图

1—激发光源　2—原子化器　3—单色器　4—探测器　5—放大器

6—检测系统　7—聚光透镜　8—反射镜　9—切光器或电调制器

8.3.4　检测系统

检测系统包括光电信号的转换及电信号的测量。光电信号的转换常用光电倍增管,也可以用光电管、光敏二极管、光敏电阻等。电信号的测量方法有直流测量、带有放大器的交流测量和光子计数三种。

8.3.5　多元素分析

原子荧光仪器,由于其光源的单色器通用性,分光要求的简易性,原子荧光分析易于实现多种形式的多元素连续测定和同时多道分析。图 8-8 是六通道连续测定原子荧光仪示意图。

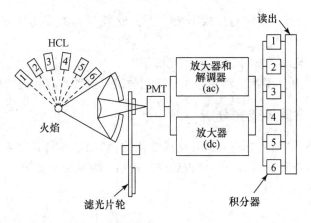

图 8-8　Technicon AFS-6 多通道 AF 光谱仪示意图

有 6 个不同的脉冲 HCL 发出的辐射聚焦在火焰上,用一个反 Casscgrain 反射镜系统收集立体角 0.62 sr 内的荧光辐射,收集的荧光辐射通过一个具有 6 个滤光片旋转滤光片轮后,射于一个光电倍增管上,仅当放有适当的滤光片时,每个灯才能以 500 Hz 的频率发生脉冲,每种元素的调节信号在适当时间转给 6 个积分器,也可选择放大器信号以测量每种元素的原子发射信号。

8.4　原子荧光分光光度定量方法及干扰

8.4.1　定量方法

1. 校准曲线法

校准曲线法是原子荧光分析法中常用的一种定量方法。它与原子吸收光谱法相似:配制一系列含有试样基体的标准溶液,其基体含量与溶液组成和被测溶液尽可能接近;依次喷入火焰;绘制原子荧光强度与浓度关系的校准曲线;然后在相同条件下测定被测溶液的原子荧光强度,用内插法求出它的浓度。

在低浓度时,原子荧光强度与浓度保持良好的线性关系;当浓度较高时,曲线向浓度轴弯曲,这是由于低浓度时谱线形状、自吸、散射等因素的影响可忽略不计,而当浓度较高时,这些因素的总结果是使总吸光度减小。

2. 标准加入法

当试样中基体影响很大,而又无法配制与试样相同的基体组分时,往往采用标准加入法。其操作方法与原子吸收光谱法相同,不再多述。

8.4.2　干扰

原子荧光分光光度法主要干扰是猝灭。当受激原子和其他粒子碰撞而把一部分能量变成热运动或其他形式的能量时发生猝灭。要降低猝灭的影响,就要降低猝灭粒子浓度,特别是猝灭截面积较大粒子的浓度。用氩气稀释氢氧火焰,可以提高原子化效率,使原子蒸气中未原子化的分子或其他微粒减少,通过降低猝灭截面积来减少猝灭现象。其他干扰包括光谱干扰、化学干扰和基体干扰。

(i) 光谱干扰。光谱干扰可通过减小光谱通带、选用其他的荧光分析线、结合加入配合剂的方法来消除。

(ii) 化学干扰。化学干扰可加入释放剂来消除。

(iii) 基体干扰。基体干扰的消除办法是配制与试样溶液具有相同物理性质的空白。

8.4.3　氢化物形成原子荧光分析

用硼氢化钠为还原剂,使分析元素转化成氢化物,利用氩气将其带入原子化器,进行原子荧光分析,这一方法(简称 HG -AFS)已得到广泛应用。方法特点如下:

(i) 灵敏($10^{-9}\sim10^{-3}$);

(ii) 精确(RSD 2%~3%);

(iii) 线性范围宽(3 个数量级);

(iv) 可与多种流动注射技术联用;

(v) 适用于 As、Sb、Bi、Ge、Sn、Se、Pb、Te 、Hg、Zn、Cd 等 11 种元素,并可同时双元素测定;

(vi) 分析元素与基体分离,光谱和化学干扰少;

(vii) 可控制条件,用于形态分析;

(viii) 宜于实现自动化;

(ix) 仪器简单、价格低廉。

此外,HG -AFS 技术目前我国处于国际领先地位,AFS 在我国从 1977 年建立 EDL 光源,非色散 AFS 装置,而后立即开展 HGAFS 研究;并将高强度脉冲供电 HCL 成功地用做 AFS 光源,接着 FIA 技术与 AFS 联用;开创了全自动分析可行性,并研制了新型的 HGAFS 仪器。现在可以讲,从 AFS 基本原理、技术发展、仪器生产、推广应用多方面,已形成中国特色的 HG-AFS 分析方法,它将具有广阔发展前景。

氢化物形成原子荧光分析注意事项如下。

(1) 样品预处理

针对 AFS 常用的 11 种元素分析,习惯用 HCl 处理试样,但要注意相应元素氯化物的挥发性,同时由于方法灵敏度高要注意试样空白。

为消除基体或其他元素干扰,一些预分离和富集方法可以采用,但要注意做好回收和避免玷污。

(2) 反应介质选择

反应介质的选择与原子吸收分析相似,如何选择反应酸度,不仅会影响分析灵敏度,而且有可能应用控制酸度分别进行元素的不同价态分析。

还应提到的是,碱性溶液中反应,可改善氢化物反应的选择性,消除或减少干扰。

(3) 干扰问题

任何分析方法都存在不同程度的干扰。

(i) 液相干扰。类似于 AAS,主要是 Cu、Co、Ni、Fe 等元素易生成沉淀,吸附氢化物,可形成氢化物元素之间的竞争反应,也有干扰,一般采用络合剂或基体改进剂以减少影响。

(ii) 气相干扰。区别于 AAS 的是,要注意影响原子荧光的产率和猝灭的因素,要控制原子化器的蒸气组分。

分析前了解试样的基本组分,考虑其可能存在的干扰,并采取有效方法来避免,选择合适的纯净光源也有利于减少干扰。

原子荧光分析是一种痕量分析方法,其线性范围通常为 $0.001 \sim 1.0 \ ng \cdot mL^{-1}$,过高的分析浓度会使校准曲线严重弯曲。

注意标液应与分析样的组成相似,要正确扣除空白,尤其当样品荧光强度低于空白溶液荧光强度时,要先从纯溶液系列曲线中求得空白含量后,再扣除之。

为保证方法的精确度,要注意严格控制操作条件,通过多次平行测量进行数据校准,无特殊原因外,校准曲线应通过原点。

氢化物形成原子荧光分析法应用日益广泛,虽然目前应用范围还只有 11 种元素,但它们作为敏感元素,在许多领域的试样中都是不可缺少的分析项目,实践表明 HG‑AFS 方法是行之有效且大有发展前景的。

8.4.4 激光探针原子(或离子)荧光分析

以激光为光源,利用在某负载晶体上某些元素的原子(或离子)荧光为标识(探针)间接测定试样原子的方法,称激光选择探针原子(或离子)荧光分析法(简称 LSPAFS 或 LSPIFS),实际亦可称为间接原子荧光法。例如以 Eu^{3+} 作为 $BaSO_4$ 沉淀物的光探针,当 PO_4^{3-} 进入 $BaSO_4$ 的晶格场时,会影响 Eu^{3+} 特征离子荧光的发射,$BaSO_4$ 作为发光支持体,可进入晶格的 Eu^{3+} 离子荧光有数量级的增强,如果求知 PO_4^{3-} 存在浓度对 Eu^{3+} 离子荧光强度的影响相关性,即可根据 Eu^{3+} 离子荧光强度的检测,进行 PO_4^{3-} 浓度的测定。

8.5 原子荧光分光光度法在医药卫生领域中的应用

由于原子荧光分光光度法具有测定灵敏度高、检出限低、干扰少、操作简单、快速等优点,因此在测定生物医药试样中某些元素含量方面有较强的适应性。尤其是氢化物形成原子荧光分析是食品、环境、医药、农产品和轻工业产品中 As、Pb、Hg、Se 等元素分析的部颁和国家测试标准方法。

【示例 8-1】 红细胞膜结合硒的测定[①]

将抗凝血于 4℃,在 1000 r · min^{-1} 离心 5 min,使红细胞沉淀,然后用 5 倍量的 pH 7.4 等渗 Tris 缓冲液洗涤 3 次,吸取洗净的红细胞 1.00 mL,加 20 mL 预冷的 pH 7.4 低渗 Tris 缓冲液使红细胞溶血,用 Sepharose 4B 柱及 pH 7.4 低渗 Tris 缓冲液洗脱分离,以核酸蛋白检测仪在 280 nm 波长检测自动收集红细胞膜馏分。吸取红细胞膜悬馏分。吸取红细胞膜悬浮液 2.00 mL,用 1.2 mL 混合酸加热消化 2 min,冷却后,加 1 mL 6 mol · L^{-1} 盐酸溶液于沸水浴上加热 20 min。之后用 2 mol · L^{-1} 盐酸溶液定容至 5.00 mL,最后以 0.8% KBH$_4$ 溶液为还原剂,在一定条件下,用氢化物发生-原子荧光分光光度法测定其荧光强度,并根据标准硒溶液的校准曲线及膜蛋白质的量(用改良 Lowry 法测定)得出红细胞膜结合硒的含量。

【示例 8-2】 食品中硒的荧光测定法

称取 0.5~2.0 g 样品(含硒量 0.01~0.5 μg)于磨口三角瓶内,加 10 mL(5+95)去硒硫酸,样

---

① 杨根元,徐德选等. 光谱学与光谱分析,13(2):85,1993

品湿润后,再加 20 mL 混合酸液放置过夜。次日于沙浴上逐渐加热,当激烈反应发生后(溶液变无色),继续加热至产生白烟,溶液逐渐变成淡黄色即可。

在样品消化液中加 20 mL EDTA 混合液,用氨水(1∶1)或盐酸调至淡红橙色(pH 1.5～2.0)。以下步骤在暗室进行:加 3 mL DNA 试剂,混匀,置沸水浴中煮 5 min,取出立即冷却;加 3 mL 环己烷,振摇4 min,将全部溶液移入分液漏斗,待分层后,环己烷层转入带盖试管中;于激发光波长 376 nm、发射光波长 520 nm 处测定荧光强度。

习   题

8.1 试解释下列名词:

(1) 共振原子荧光;(2) 敏化荧光;(3) 直跃线荧光;(4)原子荧光猝灭;(5) 原子荧光饱和;(6) 氢化物发生原子荧光。

8.2 试从原理和仪器装置两个方面比较原子吸收光谱法与原子荧光分光光度法的异同点。

8.3 说明原子荧光光谱仪的主要组成部件及其作用。

8.4 原子荧光光谱是怎样产生的,有几种类型?

8.5 原子荧光分析法的干扰有哪些?

8.6 原子荧光法的原子化作用是什么? 原子化的方法有哪几类?

第二篇
电化学分析

第 9 章 电化学分析基础

根据物质在溶液中的电化学性质及其变化来进行分析的方法称为电化学分析（eletro-chemical analysis）。电化学分析把测定的对象构成一个电化学电池的组成部分，通过测定电池的某些物理量，求得物质的含量或测定某些电化学性质，即它是以溶液的电导、电位、电流和电量等电化学参数与被测物质含量之间的关系作为计量基础。

电化学分析是仪器分析的一个重要组成部分，不仅可以应用于各种试样分析，而且可以用于理论研究，为实验提供重要数据。该方法具有仪器设备简单、分析速度快、灵敏度高、选择性好等优点，所以得到广泛应用。

9.1 电化学分析方法分类

电化学分析方法的种类很多，从不同角度出发有不同的分类方法。本节根据分析中所测电化学参数的不同，将其分为 5 类。

(i) 电导分析法。基于溶液的电导性来进行分析的方法称为电导分析法。现分为直接电导法和电导滴定法。电导分析法具有较高的灵敏度，但选择性较差，因此应用不广泛。

(ii) 电位分析法。用一指示电极（其电位与被测物质浓度有关）和一参比电极（其电位恒定）与试液组成化学电池，在零电流条件下测量电池的电动势，依此进行分析的方法，称为电位分析法。电位分析法可分为直接电位法和电位滴定法。

(iii) 电解分析法。应用外加电源电解试液，电解后称量在电极上析出的金属的质量，依此进行分析的方法，称为电解分析法，也称电重量法。

(iv) 库仑分析法。应用外加电源电解试液，根据电解过程中所消耗的电量来进行分析的方法，称为库仑分析法。库仑分析法可分为控制电位库仑分析法和库仑滴定法。

(v) 极谱法和伏安法。两者都是以电解过程中所得到的电流-电位曲线为基础来测定溶液中被测物质含量的方法。用滴汞电极或其他表面能周期性更新的液体电极作指示电极时，称为极谱法，用表面静止不变或固体电极作指示电极时，则称为伏安法。

在医学检验及药物分析中以电位分析法、极谱法、溶出伏安法应用较多，故此本教材予以介绍。

按 IUPAC 的推荐，电化学分析法可以分为三类：第一类——它既不涉及电双层，也不涉及电极反应，如电导分析；第二类——它涉及电双层但不涉及电极反应，如表面张力和非法拉第阻抗；第三类——它涉及电极反应，如电位分析法、电解分析法、库仑分析法、极谱和伏安分析法。

9.2 电化学电池

9.2.1 原电池和电解池

各种电化学分析法，都必须具备一个电化学电池（eletrochemical cell），它是一个化学能与电能相互转变的装置。每个电池由一对电极、电解质和外电路三部分组成(图9-1)。

电解质通常为液体溶液,有时为熔融盐或离子导体。电极通常为固体金属,但也可以是液体,如汞。电化学电池的两个电极与外电路相连形成电流通路。若两个电极浸入同一电解质溶液,这样的电化学电池称为无液接电化学电池[图9-1(a)]。若两个电极分别浸入不同的电解质溶液,组成两个半电池,两电解质溶液的界面用离子可透过的隔膜分开,或用盐桥连接,这样的电化学电池称为含液/液界面的电化学电池[图9-1(b)]。后者较为常见。隔膜为多孔或含毛细管的固体,如烧结玻璃、素烧陶瓷、多孔纸等。

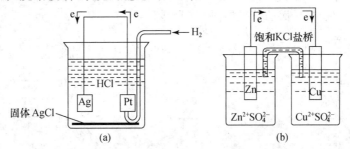

图 9-1　电化学电池示意图
(a) 无液接电化学电池　(b) 有液接电化学电池

电化学电池分为原电池和电解池两种:如果电化学电池自发地将其内部进行化学反应所产生的能量转化成电能,这样的电化学电池称为原电池(primary cell);如果实现电化学反应的能量是由外电源供给,则这种电化学电池称为电解池(electrolytic cell)。当电池工作时,电流必须在电池内部和外部流通,构成回路。电流是电荷的流动,外部电路是金属导体,移动的是带负电荷的电子。电池内部是电解质溶液,移动的分别是带正、负电荷的离子。为使电流能在整个回路中通过,必须在两个电极的金属-溶液界面处发生电极反应,即离子从电极上取得电子,或将电子交给电极。无论是原电池还是电解池,通常将发生氧化反应的电极(离子得电子)称为阳极,发生还原反应的电极(离子失电子)称为阴极。而正极和负极的区分则是根据电极电位的正负程度来确定,电位较正的电极为正极,电位较负的电极为负极。

9.2.2　电池的表示式

按国际纯粹与应用化学联合会(IUPAC)规定,电池组成用图解表示式表示,如

$$Zn \mid ZnSO_4(a_1) \parallel CuSO_4(a_2) \mid Cu$$

$$Pt \mid H_2(p_1), H^+(a_1) \parallel Cl^-(a_2), Cl_2(p_2) \mid Pt$$

$$Ag \mid AgCl(s), Cl^-(a_1) \parallel Cl^-(a_2), Hg_2Cl_2(s) \mid Pt$$

电池图解表示式有下述规定。

(i)"$\parallel$"代表盐桥或多孔隔膜,其两边各为电池的一个半电池(即电极),其间进行的反应称为半电池反应。

(ii) 负极写在左面,正极写在右面。

(iii) 写出电极的化学组成和物态。溶液应注明活(浓)度,气体要注明所处的分压和温度,当不加标注时即表示该气体的分压为 1.013×10^5 Pa,25℃;固体和纯液体的活度认为是1。

(iv) 用竖线或逗号表示相界面。

（v）气体或均相的电极反应，反应物本身不能直接作为电极，要用惰性材料（如铂、金和碳等）作电极，以传导电流。如氢电极中的金属铂。

9.2.3 液体接界电位

液体接界电位（liquid-junction potential）简称液接电位，又称扩散电位。它是指当两种不同组分的溶液或两种组分相同但浓度不同的溶液相接触时，离子因扩散而通过相界面的速率不同，相界面有微小的电位差产生，称其为液体接界电位，用 φ_j 表示。两不同浓度的 HCl 溶液通过多孔隔膜相接触时，界面的情况如图 9-2 所示。

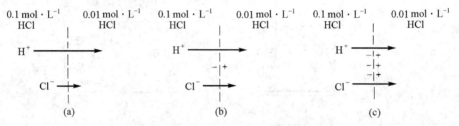

图 9-2 液/液接界电位示意图

图中箭头的长短表示离子在溶液中扩散速率的大小。由于 H^+ 扩散速率快于 Cl^-，这样在界面右侧出现过量的 H^+，带"＋"电荷[图9.2(b)]，由于在界面左侧 Cl^- 过量，带"－"电荷，于是在液接界面上形成了电双层[electric double layer，见图 9.2(c)]。由于电双层的电场使 H^+ 扩散速率变慢，Cl^- 扩散速率变快，最终 H^+ 与 Cl^- 以相同的速率从左侧向右侧扩散，即达到了稳定状态，此时电双层不再变化，为一定值。

液接电位虽值不大，一般在几十毫伏，但在电化学分析中，特别是在电位分析法中，影响却不可忽略，它是电位法产生误差的主要原因之一，因此实验中必须设法使之尽可能减小，在某些情况下至少保持稳定。为此目的，用盐桥将两溶液相连，这样液接电位可大大降低或接近消除。

9.2.4 盐桥

盐桥（salt bridge）是一个倒置的 U 形管或直管，在其中充满高浓度（或饱和）的 KCl（或 NH_4Cl）溶液，为防止盐桥中的溶液逸出，在管的两端装有细孔的玻璃塞或琼脂凝胶。用盐桥将两溶液连接后，盐桥两端有两个液/液界面，由于 KCl（或 NH_4Cl）溶液的浓度很高，因此 K^+ 和 Cl^- 的扩散成为液接界面上离子扩散的主要部分。由于 K^+ 和 Cl^- 扩散速率几近相等，因而液接电位很小，在整个电路上方向相反，所以液接电位可以相互抵消。

9.2.5 电池的电动势

电池的电动势是指当流过电池的电流为零或接近于零时两极间的电位差。习惯地将阳极写在左边，阴极写在右边，电池电动势 E 为右边电极的电位 $\varphi_{右}$ 减去左边电极的电位 $\varphi_{左}$，即

$$E = \varphi_{右} - \varphi_{左} \tag{9-1}$$

对于有液/液接界电位的电池，则

$$E = \varphi_{右} - \varphi_{左} + \varphi_j \tag{9-2}$$

φ_j 的存在将干扰电池电动势的测量,所以要用盐桥将其消除。根据电池电动势的符号可判断该电池的性质,比如式(9-1)所得到的 E 是正值,即表示电池反应能自发地进行,是一个原电池;若得到的 E 为负值,则表示此化学电池内电极反应不能自发进行,要使其电池反应进行,必须外加一个大于该电池电动势的外加电压,构成一个电解池。

电池电动势必须在外电路无电流通过时测量,即 $i=0$。在电分析实验中,用电位差计以补偿法或高阻抗的电子毫伏计来测量。

9.3　电极电位

9.3.1　电极电位的产生

在电化学电池中赖以进行电极反应和传导电流从而构成回路的部分,称为电极(electrode)。例如,将金属插入具有该金属离子的溶液中所构成的体系即为电极。在金属与溶液的两相界面上,由于带电质点的迁移形成了电双层,其电位差即为电极的电极电位。

例如,将锌片插入含 Zn^{2+} 的溶液中就组成了锌电极。已知金属锌是一种强还原剂,它有强烈失电子倾向,即

$$Zn \longrightarrow Zn^{2+} + 2e \qquad \text{(氧化作用)} \qquad (9\text{-}3)$$

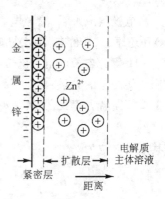

当锌片插入 Zn^{2+} 溶液中时,这种倾向就表现为 Zn 离开锌片表面而变为 Zn^{2+},在溶液中阴离子的吸引下进入溶液,从而使锌片表面聚集了多余的电子而带负电荷,另一方面,溶液中 Zn^{2+} 是 Zn 的氧化态,也有取得电子再变为 Zn 的倾向,即

$$Zn^{2+} + 2e \longrightarrow Zn \qquad \text{(还原作用)} \qquad (9\text{-}4)$$

当锌片表面上积聚的负电荷愈多时,这种倾向也愈大。在上述两种相反的倾向中,以 Zn 的氧化倾向为大。但两种倾向在作用过程中都在不断地变化,均向削弱自己的方向转化,最终达到了动态平衡。此时,在金属锌与溶液的相界面处构成了稳定的电双层(图 9-3),该电双层间的电位差就是锌电极的电极电位。

图 9-3　电双层结构示意图

如果电极的氧化还原倾向与锌电极相反,即金属的氧化倾向小于溶液中该离子的还原倾向时,在相界面上同样形成电双层(例为 $Ag\,|\,Ag^+$),不过此时金属带正电荷,而溶液则带负电荷。

9.3.2　标准氢电极和标准电极电位

目前尚无法单独测量电极的电极电位之绝对值,只能选一个电极电位稳定不变的电极,即标准电极与之组成原电池,用补偿法测量其电池电动势,从电池电动势和标准电极的电位计算出被测电极的电极电位。IUPAC 推荐以标准氢电极(standard hydrogen electrode,SHE)为标准电极。标准氢电极构造如图 9-4 所示:它是将一片镀铂黑的铂片,浸入活度为 $1\ mol\cdot L^{-1}$ 的 H^+ 溶液中构成的。通氢气使铂电极上不断有气泡通过,以保证电极表面和溶液都为氢气所饱和。

在液相上面,氢气的分压保持在 $1.013\times10^5\ Pa$(1 atm,即 1 个大气压)。铂黑并不参加电

化学反应,但能在表面上吸附氢气,使与溶液中的 H^+ 在一定条件下产生反应,反应中的电子由铂片传递,其电极反应

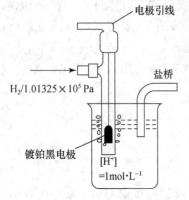

$$2H^+ + 2e \Longrightarrow H_2 \tag{9-5}$$

电极表示式为

$$Pt \mid H_2(1.013 \times 10^5 \text{ Pa}), H^+(a=1) \tag{9-6}$$

国际上统一规定,在任何温度下标准氢电极的电极电位为零。以标准氢电极为负极,被测电极为正极组成电池,所测电池的电动势即为被测电极的电极电位。由于标准氢电极的电极电位是人为规定的,因而测得的电极电位是以氢电极为标准的相对值。

每个电极都存在某种物质的氧化态和还原态,在 298.15 K 时,以水为溶剂,当其氧化态和还原态的活度均为 1 时的电极电位称为该电极的标准电极电位。可从手册或参考书中查到。

图 9-4 标准氢电极

9.3.3 电极电位的计算——能斯特方程式

从电极组成来看,除导电金属外,还必须有发生电极反应的物质,且其氧化态(高价态,Ox)和还原态(低价态,Red)同时存在,如锌电极的 Zn^{2+} 和 Zn,银电极的 Ag^+ 和 Ag,氢电极的 H^+ 和 H_2 等。电极的电极电位与氧化态和还原态的活度有关,能斯特(Nernst)方程式揭示了它们之间的量的关系。

按能斯特方程式,如某一电极的电极反应为

$$Ox + ze \Longrightarrow Red \tag{9-7}$$

则其电极电位为

$$\varphi = \varphi^\ominus + \frac{RT}{zF} \ln \frac{a(Ox)}{a(Red)} \tag{9-8}$$

式中:φ 为电极电位;$\varphi^\ominus$ 为标准电极电位;R 为摩尔气体常数,其值为 8.314 J·(mol·K)$^{-1}$;F 为法拉第常数,其值为 96485 C·mol^{-1};T 为热力学温度(K);z 为电极的 Ox 或 Red 得失的电子数;a 为 Ox 和 Red 的活度,当浓度不大时,可用浓度代替。如实验温度为 25℃,将上述值代入方程中,方程可简化为

$$\varphi = \varphi^\ominus + \frac{0.05916}{z} \lg \frac{a(Ox)}{a(Red)} \tag{9-9}$$

下面以数个典型的电极反应(①～④)为例,说明能斯特方程的使用方法。

$$Zn^{2+} + 2e \Longrightarrow Zn \qquad ①$$

$$\varphi(Zn^{2+}/Zn) = \varphi^\ominus + \frac{0.05916}{2} \lg a(Zn^{2+})$$

$$Hg_2Cl_2 + 2e \Longrightarrow 2Hg + 2Cl^- \qquad ②$$

$$\varphi(Hg_2Cl_2/Hg) = \varphi^\ominus + \frac{0.05916}{2} \lg \frac{1}{a^2(Cl^-)} = \varphi^\ominus - 0.05916 \lg a(Cl^-)$$

$$MnO_4^- + 8H^+ + 5e \Longrightarrow Mn^{2+} + 4H_2O \qquad ③$$

$$\varphi(MnO_4^-/Mn^{2+}) = \varphi^\ominus + \frac{0.05916}{5} \lg \frac{a(MnO_4^-) \cdot a^8(H^+)}{a(Mn^{2+})}$$

$$O_2 + 2H_2O + 4e \Longrightarrow 4OH^-$$ ④

$$\varphi = \varphi^\ominus + \frac{0.05916}{4} \lg \frac{a(O_2)}{a^4(OH^-)}$$ (9-10)

④ 式中,当 O_2 的分压为 1.013×10^5 Pa 时,$a(O_2)=1$。

9.3.4　电极的极化与超电位

当电极上无净电流流过时,电极处于平衡状态,与之相对应的电位是可逆平衡电位,符合能斯特方程,如在电位分析法中测量电池电动势。但在电解分析中电极上有净电流通过,且随着电流密度的增加,电极的不可逆程度越来越大,使得实际电极电位偏离可逆平衡电极电位。我们把有限电流通过电极时,实际电极电位偏离可逆平衡电位的现象称为电极的极化(polarization)。由于电极极化作用的存在,实际电解时要使离子在阴极上还原,外加于阴极的电位必须比可逆平衡电位更负一些;要使离子在阳极氧化,外加于阳极的电位必须比可逆平衡电位更正一些。

实际电极电位与可逆平衡电极电位的差值称为超电位(overpotential),用 η 表示

$$\eta = |\varphi_{实} - \varphi_{可逆}|$$ (9-11)

η 的大小可以衡量电极极化的程度。

当电流流过电极时,电极上发生的电极反应并非象电极反应式所表示的那样一步完成,而是一个比较复杂的过程,至少应有 3 个步骤:

(i) 反应物从溶液本体向电极表面的传质过程。

(ii) 在电极表面进行电子交换的电化学过程。

(iii) 产物从电极表面向本体溶液的传质过程。其中每一步都或多或少的存在着阻力,要克服这些阻力,相应的各需要一定的推动力,表现在电极电位上就出现这样或那样的偏离。

根据极化产生的原因不同,把极化分为以下两类:

1. 浓差极化

浓差极化是由于电解过程中电极附近溶液的浓度和本体溶液浓度发生了差别所致。

对于电极 $M|M^{z+}$ 来讲,未电解时,从电极表面至溶液内部 M^{z+} 的浓度是均匀一致的;电解时在阴极由于金属离子的还原反应,使电极表面的离子浓度迅速降低。如果扩散速率比较小,这种降低不能由扩散得到补充,因此阴极表面的离子浓度就远小于溶液本体中的离子浓度,而能斯特方程式中反应物的活度指的是电极表面离子的活度,因此可以看出,这时电极电位变得比可逆平衡电位为负。如果是阳极反应,由于金属溶解使阳极表面的金属离子比溶液本体中的金属离子大得多,会使阳极电位变得更正一些。这种由于电极表面离子浓度与溶液本体浓度不同而使电极电位偏离平衡电位的现象称为浓差极化。

2. 电化学极化

在电极反应过程中,如果进行电子交换的电化学步骤速率较低,即交换电流密度较小,那么当外加电压加在电极上时,电极反应来不及交换更多的电量,致使电极上聚集着过多的电荷。若电极表面上自由电子数量增多,相应的电极电位向负方向移动;若聚集的是正电荷,相应的电极电位则向正方向移动。这种因电化学反应本身的迟缓而造成电极电位偏离可逆平衡电位的现象称为电化学极化。

9.4　电极类型

电化学电极种类繁多，每种电极各有其不同的组成、结构、作用和特点。为研究和使用上的方便，予以分类。如分类原则不同，分类结果也相应而异。本节介绍下述分类方法。

9.4.1　按电极上是否发生电化学反应分类

1. 基于电子交换反应的电极

（1）第一类电极

金属（广义上亦可是非金属）与其离子的溶液处于平衡状态所组成的电极。例如 $Ag\,|\,Ag^+$ 电极，其电极反应为

$$Ag^+ + e \rightleftharpoons Ag \tag{9-12}$$

电极电位为

$$\varphi(Ag^+/Ag) = \varphi^\ominus + \frac{2.303RT}{F}\lg a(Ag^+) \tag{9-13}$$

（2）第二类电极

金属表面覆盖其难溶盐，并与此难溶盐具有相同阴离子的可溶盐的溶液处于平衡状态时所组成的电极。例如银-氯化银电极（$Ag\,|\,AgCl,Cl^-$），其电极反应为

$$AgCl + e \rightleftharpoons Ag + Cl^- \tag{9-14}$$

电极电位为

$$\varphi(AgCl/Ag) = \varphi^\ominus + \frac{2.303RT}{F}\lg\frac{1}{a(Cl^-)} \tag{9-15}$$
$$= \varphi^\ominus - \frac{2.303RT}{F}\lg a(Cl^-)$$

（3）第三类电极

这类电极的组成较为复杂，它是由金属、该金属的难溶盐、与此难溶盐具有共同阴离子的另一难溶盐和与此难溶盐具有相同阳离子的电解质溶液所组成。

例如电极 $Zn\,|\,ZnC_2O_4(s),CaC_2O_4(s),Ca^{2+}$，其电极反应为

$$Ca^{2+} + ZnC_2O_4 + 2e \rightleftharpoons CaC_2O_4 + Zn \tag{9-16}$$

Zn^{2+} 的活度受 ZnC_2O_4 和 CaC_2O_4 两个难溶盐的溶解平衡即溶度积所控制。

又如 $Hg\,|\,HgY^{2-},CdY^{2-},Cd^{2+}$（Y 为 EDTA 的阴离子），其电极反应为

$$Cd^{2+} + HgY^{2-} + 2e \rightleftharpoons CdY^{2-} + Hg \tag{9-17}$$

该类电极由于涉及三相间的平衡，实际应用较少。

（4）第零类电极

这类电极是将一种惰性金属（如铂或金）浸入氧化态与还原态同时存在的溶液中所构成的体系。这类电极能指示同时存在于溶液中的氧化态和还原态的比值。惰性金属本身不参与电极反应，仅起传递电子的作用。

例如 $Pt\,|\,Fe^{3+},Fe^{2+}$，其电极反应为

$$Fe^{3+} + e \rightleftharpoons Fe^{2+} \tag{9-18}$$

电极电位为

$$\varphi(Fe^{3+}/Fe^{2+}) = \varphi^\ominus + \frac{2.303RT}{F}\lg\frac{a(Fe^{3+})}{a(Fe^{2+})} \tag{9-19}$$

氢电极、氧电极和卤素电极也属第零类电极,这类电极又称氧化还原电极。

2. 离子选择性电极

离于选择性电极(ion selective electrode,ISE)也称膜电极,是 20 世纪 60 年代发展起来的一类新型电化学传感器。它能选择性地响应待测离子的浓度(活度)而对其他离子不响应,或响应很弱,其电极电位与溶液中待测离子活度的对数有线性关系,即遵循能斯特方程式。其响应机理是由于在相界面上发生了离子的交换和扩散,而非电子转移。

这类电极具有灵敏度高、选择性好等优点,是电化学分析中一类重要电极。在电位分析法一章将做详细介绍。

9.4.2　按电极在电化学分析中的作用分类

1. 指示电极

在电化学电池中借以反映待测离子活度,发生所需电化学反应或激发信号的电极称为指示电极(indicating electrode)。能用做指示电极的种类很多,如 pH 玻璃电极、离子选择性电极以及上述几类电极等。

2. 参比电极

在恒温恒压条件下,电极电位不随溶液中被测离子活度的变化而变化,具有基本恒定电位值的电极称为参比电极(reference electrode)。参比电极提供电位标准,在分析过程中用以与指示电极组成电池,通过测量其电动势从而求得指示电极的电极电位。参比电极除要求电位恒定外,还要求其电极反应可逆、装置简单、电流密度小、温度系数小等。常用的参比电极有甘汞电极(calomel electrode)和银-氯化银电极。

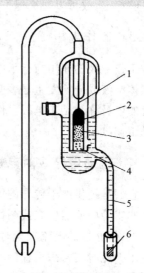

图 9-5　甘汞电极
1—铂丝　2—汞　3—Hg-Hg$_2$Cl$_2$ 糊
4—棉花或烧结玻璃塞　5—KCl溶液
6—液体接界(素烧瓷片)

(1)甘汞电极

甘汞电极的构造如图 9-5 所示:电极是由两个玻璃套管组成,内管中封接一根铂丝,铂丝插入汞层(厚度 0.5～1 cm)中,汞层下面为一层甘汞和汞的糊状物,外管中装入一定浓度的氯化钾溶液,电极下端与被测溶液接触的部分用熔结瓷芯等多孔物封住。

电极表示式为 $$Hg \mid Hg_2Cl_2(s), KCl$$

电极反应为 $$Hg_2Cl_2 + 2e \Longrightarrow 2Hg + 2Cl^- \tag{9-20}$$

电极电位为 $$\varphi(Hg_2Cl_2/Hg) = \varphi^\ominus + \frac{2.303RT}{2F}\lg\frac{1}{a^2(Cl^-)} = \varphi^\ominus - \frac{2.303RT}{F}\lg a(Cl^-) \tag{9-21}$$

从以上能斯特方程式中可知,当 Cl$^-$ 活度一定时,甘汞电极的电极电位为一定值。25℃,KCl 浓度不同时,甘汞电极的电极电位值(相对于 SHE)如下

$c(KCl)/(mol \cdot L^{-1})$	0.1	1.0	饱和
φ/V	+0.3356	+0.2828	+0.2443

其中饱和甘汞电极(saturated calomel electrode,SCE)是常用的参比电极。甘汞电极容易制备和保存,但不能在 80℃以上的环境中使用。

类似的电极还有硫酸亚汞电极（$Hg \mid Hg_2SO_4(s), K_2SO_4$）。

（2）银-氯化银电极

银-氯化银电极是由一根表面镀 AgCl 的 Ag 丝插入到用 AgCl 饱和的 KCl 溶液中构成。电极端的管口用多孔物质封住。25℃、KCl 浓度不同时，银-氯化银的电极电位值（相对于 SHE）如下：

$c(KCl)/(mol \cdot L^{-1})$	0.1	1.0	饱和
φ/V	+0.2880	+0.2355	+0.2000

银-氯化银电极常作为各种离子选择性电极的内参比电极。在高达 275℃ 左右的温度下，仍足够稳定，故可以在高温下使用。

9.4.3　工作电极

工作电极的作用与指示电极相同，但与指示电极又有区别的。在电分析化学研究体系中，若本体溶液成分不发生显著变化，相应的电极则为指示电极；若本体溶液成分发生显著变化，相应的电极称为工作电极。例如在电解分析和库仑分析中，被测定的物质在它上面析出的电极是工作电极。

9.4.4　辅助电极或对电极

它们是提供电子传导的场所，与工作电极组成电池，形成通路，但电极上进行的电化学反应并非实验中所需研究或测试的。当通过的电流很小时，一般直接由工作电极和参比电极组成电池，但通过的电流较大时，参比电极将不能负荷，其电位不再稳定或体系的 IR 降太大，难以克服。此时需再采用辅助电极，即构成所谓三电极系统来测量或控制工作电极的电位。在不用参比电极的两电极系统中，与工作电极配对的电极则成为对电极。但有时辅助电极也称为对电极。两者常不严格区分。

9.4.5　极化电极和去极化电极

电化学电池中，两个电极的极化程度可能不同。电化学分析法中还把电极区分为极化电极和去极化电极。

（i）极化电极。当电极的电位完全随外加电压的变化而变化，或当电极的电位改变很大而产生的电流变化很小，即 $dI/d\varphi$ 之值较小，这一类电极称为极化电极。

（ii）去极化电极。当电极电位基本保持恒定的数值，不随外加电压的改变而改变，或当电极的电位改变很小而电流变化很大，即 $dI/d\varphi$ 之值较大，这一类电极称为去极化电极。

人们常利用极化电极和去极化电极这个概念来区分电化学方法。例如，电位分析法中的两个电极是去极化电极，极谱法中使用的两个电极一个是极化电极，一个是去极化电极。

习　　题

9.1　什么是电化学分析？如何分类？

9.2　什么是电极电位和标准电极电位？

9.3　什么是液接电位？如何消除？

9.4　什么是极化作用？超电位产生的原因是什么？

9.5　电极如何分类？什么是指示电极和参比电极？

9.6　求 25℃时，下列电池的电动势，标明正负极，并写出电池反应式。

(1) $Ag|Ag^+(a=0.01)\|Ag^+(a=1)|Ag$ 　　　　　　　　　　　　　($E=0.1183\ V$)

(2) $Pt|H_2(1.013\times10^5\ Pa),HCl(a=0.01),AgCl(s)|Ag$ 　　　　($E=0.4721\ V$)

(3) $Pt|Fe^{3+}(a=10^{-5}),Fe^{2+}(a=0.1)\|Cr^{3+}(a=10^{-5}),Cr_2O_7^{2-}(a=0.1),H^+(a=1)|Pt$

　　　　　　　　　　　　　　　　　　　　　　　　　　　　　　($E=0.8844\ V$)

9.7　根据以下两个电池，求出胃液的 pH。

(1) $Pt|H_2(1.013\times10^5\ Pa)|$胃液$\|KCl(a=0.1)|Hg_2Cl_2(s),Hg$。25℃时，测得 $E=0.420\ V$；

(2) $Pt|H_2(1.013\times10^5\ Pa)|H^+(a=1)\|KCl(a=0.1)|Hg_2Cl_2(s),Hg$。25℃时，测得 $E=0.3356\ V$。

　　　　　　　　　　　　　　　　　　　　　　　　　　　　　　(pH=1.43)

9.8　已知下列电池的电动势为 0.259 V，试计算弱酸 HA 溶液 H^+ 活度及电离常数。

　　　　$Pt|H_2(1.013\times10^5\ Pa),HA(a=2.0\times10^{-2}\ mol\cdot L^{-1})\|SHE$

　　　　　　　　　　　　($a=4.18\times10^{-5}\ mol\cdot L^{-1},K_a=8.74\times10^{-8}$)

第 10 章 电位分析法——离子选择性电极

10.1 概 述

电位分析法(potentiometry)是基于测量浸入被测液中两电极间的电动势或电动势变化来进行定量分析的一种电化学分析方法。根据测量的方式,可分为直接电位法和电位滴定法。直接电位法(direct potentiometry)是将参比电极与指示电极插入被测液中构成原电池,根据原电池的电动势与被测离子活度(浓度)间的函数关系直接测定离子活度(浓度)的方法。电位滴定法(potentiometric titration)是借助测量滴定过程中电池电动势的突变来确定滴定终点的方法。本章只介绍直接电位法。

直接电位法的灵敏度、准确度、选择性的高低,主要由所采用的指示电极所决定。目前,大多采用高灵敏度、高选择性的离子选择性电极作为指示电极,随着科学技术的发展,特别是随着表面科学、纳米技术的兴起,直接电位法在技术和应用方面得到了长足的发展,并呈蓬勃上升的趋势,尤其是离子选择性电极技术的快速发展给历史悠久的电位分析法注入了新的活力。目前离子选择电极技术已呈现出几大发展趋势。

(i) 追求超高灵敏度、超高选择性,实现微量、痕量分析目的;

(ii) 追求电极的微型化,利用超微电极或纳米电极,实现单细胞的检测,乃至分子水平和原子水平的微观研究目的;

(iii) 与多学科交叉,将声、光、电、磁有机的结合到化学界面,从而达到实时现场和活体监测的目的;

(iv) 与化学修饰电极技术相结合,制成用于生命科学研究中有特殊目的电化学传感器。

正因为如此,直接电位法作为一项重要的测试手段,在医学检验、生命科学、药学、食品卫生、环保等领域发挥着越来越重要的作用。

10.2 直接电位分析法基本原理

10.2.1 原电池电动势

在电位分析法中,不论是直接电位法,还是电位滴定法,首先必须构成原电池才能测定电动势,进而由原电池的电动势与被测离子活(浓)度之间的函数关系,求其含量。原电池是由指示电极和参比电极插入被测液中构成的。若以指示电极作为正极,则原电池的电动势(E)可表示为

$$E = \varphi_{指} - \varphi_{参} \tag{10-1}$$

原电池电动势 E 是仪器的测量信号,在测定过程中,参比电极的电极电位 $\varphi_{参}$ 是常数,而指示电极电位 $\varphi_{指}$ 对被测离子的活(浓)度有能斯特响应,故原电池电动势对被测离子的活(浓)度也有能斯特响应,所以电位法可通过测量原电池电动势(E),便可达到测量被测离子活(浓)度的目的。

10.2.2　电位法测定溶液 pH 的原理

离子选择性电极是一种电化学传感器,也称膜电极。尽管离子选择性电极种类很多,各类电极的膜材料以及制备方法不同,但是它们都是利用膜材料对溶液中某种特定离子产生选择性响应,来指示出该离子活度的。pH 玻璃电极就是最早的离子选择性电极,而电位法测定溶液的 pH 是直接电位法的一个典型例子,通过对 pH 测定的讨论,可对直接电位法的基本原理,离子选择性电极的响应机理及特性有所了解。

pH 测定中使用的 pH 指示电极有氢电极、氢醌电极和 pH 玻璃电极等。最常用的是 pH 玻璃电极。

1. pH 玻璃电极的电极电位

（1）pH 玻璃电极构造

pH 玻璃电极的构造如图 10-1 所示。电极主要部分是由特殊成分的球形玻璃膜组成,膜厚度约 $0.05\sim0.1$ mm,球内装有含 Cl^- 的 pH 为 7 的缓冲溶液作为内参比溶液。在内参比溶液中插入一根银-氯化银电极作为内参比电极。因为玻璃电极的内阻很高（$50\sim500$ MΩ）,所以导线及电极引出线都要高度绝缘,线外并套有屏蔽线,以免漏电和静电干扰。

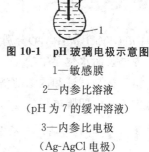

图 10-1　pH 玻璃电极示意图
1—敏感膜
2—内参比溶液
（pH 为 7 的缓冲溶液）
3—内参比电极
（Ag-AgCl 电极）

pH 玻璃电极对 H^+ 产生选择性响应,主要是由玻璃膜的成分决定的。普通玻璃电极敏感膜的成分一般为 Na_2O 22%、CaO 6%、SiO_2 72%。

此玻璃膜的结构为三维固体结构,网格由带有负电性的硅酸根骨架构成,Na^+ 可以在网格中移动或者被其他离子所交换,而带有负电性的硅酸根骨架对 H^+ 有较强的选择性。

（2）pH 玻璃电极膜电位的产生

由于玻璃膜的结构中存在着体积小、活动能力较强的 Na^+,当玻璃膜浸入水溶液中后,溶液中的 H^+ 可进入玻璃膜与 Na^+ 交换而占据 Na^+ 的点位。其交换反应为

$$H^+ + Na^+GL^- \Longrightarrow Na^+ + H^+GL^-$$
　　（溶液）　（玻璃）　　（溶液）　（玻璃）

此反应的平衡常数很大,在酸性或中性溶液中玻璃膜表面的点位几乎全为 H^+ 所占据。当玻璃膜长时间浸在水溶液中时,H^+ 将继续渗透到玻璃中,达到平衡后形成硅酸（H^+GL^-）水化层,即硅胶层（厚度为 $10^{-4}\sim10^{-5}$ mm）,如图 10-2 所示。在硅胶层的最外表面的 Na^+ 的点位几乎全被 H^+ 占有,硅胶层的内部,H^+ 数目逐渐减少,Na^+ 数目逐渐增加,在玻璃膜的中间部分为干玻璃区（厚度 $\approx10^{-1}$ mm）其点位全部被 Na^+ 所占据。

当浸泡好的玻璃电极浸入被测试液中,由于水化层的 H^+ 离子浓度与试液中的 H^+ 离子浓度不同,两者就会发生离子交换和离子扩散作用,其结果破坏了膜外表面与试液间两相界面原来电荷分布,形成电双层,从而产生了外相界电位（$\varphi_{外}$）。同理,膜内表面与内参比液也产生内相界电位（$\varphi_{内}$）。由热力学定律证明

$$\varphi_{外} = K_1 + \frac{2.303RT}{F}\lg\frac{a(H^+,试)}{a'(H^+,外)} \tag{10-2}$$

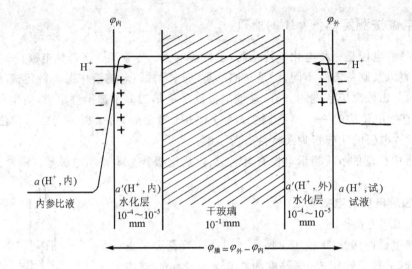

10-2 水化后 pH 玻璃电极剖面示意图

$$\varphi_{内} = K_2 + \frac{2.303RT}{F} \lg \frac{a(H^+,内)}{a'(H^+,内)} \tag{10-3}$$

式中：$a(H^+,试)$、$a(H^+,内)$分别为被测试液和内参比液的 H^+ 离子活度；$a'(H^+,内)$、$a'(H^+,外)$分别为膜内外表面水化层中的 H^+ 活度；K_1、K_2 为外和内水化层的结构参数。

由于被测试液和内参比液的 H^+ 活度不同，因此 $\varphi_{外}$ 和 $\varphi_{内}$ 不相同，这样跨越玻璃膜而产生了电位差——即膜电位($\varphi_{膜}$)，其计算公式为

$$\varphi_{膜} = \varphi_{外} - \varphi_{内} = K_1 + \frac{2.303RT}{F} \lg \frac{a(H^+,试)}{a'(H^+,外)} - K_2 + \frac{2.303RT}{F} \lg \frac{a(H^+,内)}{a'(H^+,内)}$$

一般说来，玻璃内外表面的结构相同，膜的内外表面原来 Na^+ 的点位几乎全被 H^+ 占据，所以 $K_1 = K_2$，$a'(H^+,内) = a'(H^+,外)$，则

$$\varphi_{膜} = \frac{2.303RT}{F} \lg \frac{a(H^+,试)}{a(H^+,内)} \tag{10-4}$$

又因为 $a(H^+,内)$为定值，所以膜电位可表示为

$$\varphi_{膜} = K - \frac{2.303RT}{F} pH_{试} \tag{10-5}$$

由此可见，在一定温度下，玻璃电极的膜电位与被测试液的 pH 呈线性关系。

事实上，膜电位还应包括内、外水化层中的 H^+ 向干玻璃层扩散产生的扩散电位，但因内外水化层结构相同，扩散方向相反，因此，$\varphi_{扩内} = \varphi_{扩外}$，故扩散电位对膜电位的贡献可忽略不计。

根据 pH 玻璃电极的构造可知，pH 玻璃电极的电极电位为

$$\varphi_{玻} = \varphi_{内参} + \varphi_{膜} = \varphi_{内参} + K - \frac{2.303RT}{F} pH_{试} \tag{10-6}$$

由于内参比电极的电极电位 $\varphi_{内参}$ 为定值，则

$$\varphi_{玻} = K_{玻} - \frac{2.303RT}{F} pH_{试} \tag{10-7}$$

式中：$K_{玻}$ 为常数，它取决于玻璃电极本身性能。从式(10-7)可以看出，只要通过测量 $\varphi_{玻}$，就可测出被测试液中 H^+ 活度(或浓度)，这是 pH 玻璃电极测定溶液 pH 的理论依据。

2. pH 玻璃电极的性能

(i) 钠差(碱差)。pH 玻璃电极的 φ-pH 关系曲线只有在一定的 pH 范围内呈线性关系。普通 pH 玻璃电极的膜材料为 Na_2O、CaO、SiO_2，它的测定 pH 范围为 $1\sim9.5$。当用此电极测定 pH>9.5 或钠离子浓度较高的溶液时，pH 的测定值低于真实值，产生负误差，称为碱差或钠差。产生钠差的原因是由于溶液中 H^+ 浓度很低，Na^+ 浓度很大，硅胶层表面的点位没有全部为 H^+ 所占据，而 Na^+ 进入硅胶层占据了部分点位，代替 H^+ 产生电极响应，使 H^+ 表观活度变大，测得的 pH 偏低。

(ii) 酸差。用 pH 玻璃电极测定 pH<1 的强酸溶液时，pH 的测定值高于真实值，产生正误差，称为酸差。产生酸差的原因，目前尚未完全清楚，可能是由于强酸中(或非水溶液中)，水分子活度减小，而 H^+ 是以 H_3O^+ 传递的，这样到达电极表面的 H^+ 减少，pH 则增高。

玻璃组成不同的 pH 玻璃电极，所适用的 pH 范围也不同，如由 Li_2O 代替 Na_2O 的 pH 玻璃电极(膜材料为 Li_2O、Cs_2O、La_2O_3、SiO_2)，其测定 pH 范围为 $1\sim14$，从而解决了在测定强碱溶液时钠差的影响问题。

(iii) 不对称电位。由式(10-4)可知，当 pH 玻璃电极膜内外溶液的 pH 相同时，即 $a(H^+,$ 试)等于 $a(H^+,$ 内)时，$\varphi_{膜}=0$。如果内外参比电极使用相同电极，则原电池的电动势也应为零，但实际上电动势不为零，仍有 $1\sim30$ mV 的电位差，这一电位差称为不对称电位 $\varphi_{不}$，它主要是由于玻璃膜内外两表面的结构和性能不完全一致所造成的。由于干玻璃电极 $\varphi_{不}$ 较大，因此，在使用前将玻璃电极放在水或溶液中充分浸泡(一般 24 h 左右)，使 $\varphi_{不}$ 值降至最低并趋于恒定，同时也使玻璃膜表面充分水化，有利于对 H^+ 的响应。

(iv) 电极的内阻。玻璃电极的内阻很大，约为 $50\sim500$ MΩ，所以，必须使用高输入阻抗的测量仪器测量。

玻璃电极不受氧化还原的影响，可用于有色、浑浊或胶体溶液的 pH 的测量，也可在酸碱电位滴定中作指示电极。玻璃电极电位平衡速率快，操作时不易玷污试液，但玻璃膜易损坏，且不能用于 F^- 含量高的溶液。

3. 电位法测定溶液 pH 的基本原理

电位法测定溶液的 pH，是以玻璃电极作指示电极，饱和甘汞电极作参比电极，浸入试液中组成原电池。可将其写为

(一) Ag｜AgCl(s)，内充液｜玻璃膜｜试液 ‖ KCl(饱和)，Hg_2Cl_2(s)｜Hg (＋)

｜←————pH 玻璃电极————→｜　　｜←—— 饱和甘汞电极 ——→｜

原电池的电动势为
$$E=\varphi_{甘}-\varphi_{玻} \tag{10-8}$$

$$E=\varphi_{甘}-\varphi_{玻}+\frac{2.303RT}{F}\,pH_{试}$$

在一定条件下 $\varphi_{甘}$ 为常数，则

$$E=K'+\frac{2.303RT}{F}\,pH_{试} \tag{10-9}$$

由式(10-9)可知，在一定条件下，原电池的电动势与被测试液的 pH 呈线性关系，所以通过测量原电池电动势，便可达到对溶液中 H^+ 浓度进行定量的目的。

式(10-9)中的 K' 不能由理论计算求得，可采用标准校正法将 K' 互相抵消。即在测量被测溶液 pH 之前，要先用标准 pH 缓冲溶液校正仪器，然后，再测被测溶液，这样便可直接测得

其 pH,其原理如下。

根据式(10-9)可得出标准 pH 缓冲液和被测溶液的原电池电动势,它们分别为

$$E_s = K' + \frac{2.303RT}{F}\text{pH}_s \tag{10-10}$$

$$E_x = K' + \frac{2.303RT}{F}\text{pH}_x \tag{10-11}$$

将式(10-11)减去式(10-10),得

$$\text{pH}_x = \text{pH}_s + \frac{E_x - E_s}{2.303RT/F} \tag{10-12}$$

式中:pH$_s$ 为已知数值。在相同条件下,通过测量 E_x 和 E_s,就可以得出 pH$_x$。国际纯粹与应用化学联合会(IUPAC)已建议此式为 pH 的实用定义,通常也称为 pH 标度。

用来校正仪器的标准 pH 缓冲液是 pH 测量的基准,它的 pH 的准确度直接影响测定结果的准确度。表 10-1 中列出了常用的标准 pH 缓冲液在 0~60℃ 的 pH。

表 10-1　常用标准 pH 缓冲溶液的 pH

温　度	四草酸氢钾 (0.05 mol·kg^{-1})	饱和酒石酸氢钾 (25 ℃)	邻苯二甲酸氢钾 (0.05 mol·kg^{-1})	混合磷酸盐 (0.025 mol·kg^{-1})	硼　砂 (0.01 mol·kg^{-1})
0 ℃	1.67	—	4.01	6.98	9.46
5℃	1.67	—	4.00	6.95	9.39
10℃	1.67	—	4.00	6.92	9.33
15℃	1.67	—	4.00	6.90	9.28
20℃	1.68	—	4.00	6.88	9.23
25℃	1.68	3.56	4.00	6.86	9.18
30℃	1.68	3.55	4.01	6.85	9.14
35℃	1.69	3.55	4.02	6.84	9.10
40℃	1.69	3.55	4.03	6.84	9.07
45℃	1.70	3.55	4.04	6.83	9.04
50℃	1.71	3.56	4.06	6.83	9.02
55℃	1.71	3.56	4.07	6.83	8.99
60℃	1.72	3.57	4.09	6.84	8.97

10.2.3　离子选择性电极的响应机理

1. 离子选择性电极的电极电位

离子选择电极的结构与 pH 玻璃电极结构相似,一般都是由敏感膜、内参比电极和内参比溶液组成,并且,膜材料和内参比液中均含有与待测离子相同的离子,其膜电位的产生机理与前面讨论的 pH 玻璃电极相类似,是基于电极膜和溶液界面的离子交换扩散作用。当电极置于溶液中时,在电极膜和溶液界面间将发生离子交换及扩散作用,这就改变了两相界面的原有的电荷分布,因而形成了电双层,产生了膜电位。由于内参比电极的电极电位固定,内参比溶液的相关离子活度恒定,所以离子选择性电极的电极电位只随溶液中待测离子的活度变化而变化,并且两者关系符合能斯特方程

$$\varphi_{\text{ISE}} = K \pm \frac{2.303RT}{zF}\lg a \tag{10-13}$$

式中：右边第二项前面的符号，对阳离子为正，对阴离子为负；z 为离子电荷数；a 为被测离子活度；而 K 与电极结构有关，它包括膜内表面相界电位、内参比电极电位及不对称电位。对同一支电极，测量条件恒定，则 K 为常数。

2. 离子选择性电极测量原理

离子选择性电极电位 φ_{ISE} 不能直接测出，通常是以离子选择性电极作为指示电极，饱和甘汞电极作为参比电极，插入被测溶液中构成原电池，然后，通过测量原电池电动势来求得被测离子的活度（或浓度）。当离子选择性电极为正极、饱和甘汞电极为负极时，如果测定阳离子 M^{z+}，原电池电动势可表示为

$$E = K + \frac{2.303RT}{zF}\lg a(M^{z+}) - \varphi(\text{甘汞})$$

令 $K-\varphi(\text{甘汞})=K'$，则

$$E = K' + \frac{2.303RT}{zF}\lg a(M^{z+}) \tag{10-14}$$

同理，测定阴离子 R^{z-}，原电池电动势可表示为

$$E = K' - \frac{2.303RT}{zF}\lg a(R^{z-}) \tag{10-15}$$

式(10-14)和式(10-15)表明：在一定条件下，原电池的电动势与被测离子活度的对数呈线性关系。因此，通过测量原电池电动势，便可对被测离子进行测定，这就是离子选择性电极的测量原理。

10.3　离子选择性电极的主要类型

随着离子选择性电极分析技术的迅速发展，以及在各领域的广泛应用，适用于各种分析环境及分析对象的各类离子选择性电极越来越多，1975 年 IUPAC 依据膜电位响应机理、膜的组成和结构，建议将离子选择性电极分为以下几类。

10.3.1　晶体膜电极

晶体膜电极的敏感膜材料一般为难溶盐加压或拉制成的单晶、多晶或混晶，它对形成难溶盐的阳离子或阴离子产生响应。根据膜的制备方法，晶体膜电极可分为均相膜电极和非均相膜电极。

1. 均相膜电极

均相膜电极又可分为单晶膜电极和多晶膜电极或混晶膜电极。单晶膜电极的敏感膜由难溶盐的单晶片制成。氟离子选择性电极是目前最成功的单晶膜电极，其结构如图 10-3 所示。氟电极敏感膜为氟化镧（LaF_3）单晶的切片，并在单晶中添加微量导电性能强的氟化铕

（EuF₂）。单晶片经抛光后用环氧树脂粘接在聚氯乙烯（PVC）电极管上，管内贮存浓度一定的 NaCl 和 NaF 的混合液作为内参比液，内参比电极为 Ag-AgCl 电极。氟离子选择性电极的电极电位与被测试液中氟离子活度符合能斯特方程

$$\varphi(F^-) = K - \frac{2.303RT}{F} \lg a(F^-) \tag{10-16}$$

氟离子选择性电极的检测线性范围为 $10^{-1} \sim 10^{-6}$ mol·L⁻¹，检出限为 10^{-7} mol·L⁻¹。氟电极选择性较高，不受 NO_3^-、PO_4^{3-}、CH_3COO^-、X^-、SO_4^{2-} 和 HCO_3^- 等离子的干扰。但 pH 较高时，OH^- 有干扰，使测定结果偏高；当 pH 较低时，由于形成 HF_2^- 而降低了 F^- 活度，使用分析结果偏低，因此测定时需控制试液的 pH 介于5～6之间。

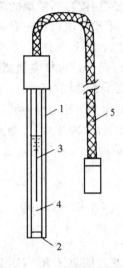

图 10-3　氟电极的结构图
1—电极杆　2—LaF₃单晶膜
3—内参比电极（Ag-AgCl 电极）
4—内参溶液（NaCl＋NaF）
5—接线

　　多晶和混晶膜电极的敏感膜是由一种或几种难溶盐的粉末压制成的多晶或混晶薄片。例如，用 CuS-Ag_2S 压片成的铜离子选择性电极；CdS-Ag_2S 或 PbS-Ag_2S 压片制成的镉或铅离子选择性电极；用 $AgCl$、$AgBr$、AgI，分别添加 Ag_2S 压片制成的氯、溴、碘和硫离子选择性电极等。

2. 非均相膜电极

　　非均相膜电极是将电活性物质（如难溶盐、螯合物或缔合物等）均匀分布在硅橡胶、聚氯乙烯、聚苯乙烯等惰性材料中，制成敏感膜。这些惰性物质起着把活性物质黏合在一起的作用。如用 Ag_2S-CuS 粉末掺入聚乙烯而制成的对 Cu^{2+} 有响应的铜离子选择性电极。目前这类电极已制成有 X^-、OH^-、S^{2-}、SO_4^{2-}、PO_4^{3-}、NO_3^- 等阴离子，以及 Ca^{2+}、Cu^{2+}、Pb^{2+} 等阳离子选择性电极。

10.3.2　非晶体膜电极

　　非晶体膜电极包括刚性基质电极和流动载体电极。

1. 刚性基质电极

　　这类电极也称玻璃电极，其敏感膜是由玻璃材料制成，由于各种玻璃电极的玻璃膜组成不同，因此，不同玻璃电极就会对不同离子产生选择性响应。除了前面讲的 pH 玻璃电极外，还有可测定 Na^+、K^+、Ag^+、NH_4^+、Ca^{2+} 等离子的玻璃电极，其结构与 pH 玻璃电极相似，内参比电极大多用 Ag-AgCl 电极，内参比溶液为待测离子的氯化物溶液。

　　表 10-2 列出了常见阳离子玻璃电极的膜材料组成和选择性系数。

表 10-2　阳离子玻璃电极的膜材料组成和选择性系数

被测离子	玻璃膜组成的摩尔分数	选择性系数
H^+	22 Na₂O-6CaO-72 SiO₂	$K(H^+, Na^+) = 1 \times 10^{-11}$
Li^+	15 Li₂O-25 Al₂O₃-60 SiO₂	$K(Li^+, Na^+) = 0.3$；$K(Li^+, K^+) < 1 \times 10^{-3}$
Na^+	11 Na₂O-18 Al₂O₃-71 SiO₂	$K(Na^+, K^+) = 3.6 \times 10^{-4}$ (pH=11)
K^+	27 NaO₂-5 Al₂O₃-68 SiO₂	$K(K^+, Na^+) = 5 \times 10^{-2}$
Ag^+	11 Na₂O-18 Al₂O₃-71 SiO₂	$K(Ag^+, Na^+) = 1 \times 10^{-3}$

2. 流动载体电极

流动载体电极也称液膜电极,这类电极的敏感膜是由溶解在与水不相溶的有机溶剂中的电活性物质(如荷电离子交换剂及中性配位体)构成的憎水性薄膜。要求电活性物质必须能与水相中的待测离子发生选择性离子交换反应或配位反应,并且不溶于水而能充分溶于有机溶剂;要求有机溶剂必须与水不相混溶。根据组成膜材料的活性物质不同,可把液膜电极分为带电荷的载体电极和中性载体膜电极。

(1) 带电荷的载体电极

此类电极敏感膜是将液态离子交换剂(载体)浸入到憎水性多孔惰性膜(支持体)中制成的离子交换膜。电极反应物为液体离子交换剂,其膜电位产生的机理是:有机相中的离子交换剂与水相中的待测离子发生离子交换反应,从而改变了两相界面的电荷分布,产生了膜电位。Ca^{2+} 选择性电极是这类电极的重要例子,其结构如图 10-4 所示。电极内装有两种溶液,一种是内参比溶液,如 $0.1 \ mol \cdot L^{-1}$ 的 $CaCl_2$ 水溶液,其中插入 Ag-AgCl 内参比电极;另一种是液态离子交换剂的非水溶液,如 $0.1 \ mol \cdot L^{-1}$ 的二癸基磷酸钙的苯基磷酸二辛酯溶液,底部用多孔膜材料如纤维素渗析膜将内部溶液与外部试液隔开。

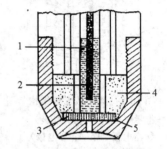

图 10-4 钙离子液膜电极结构
1—内参比溶液($0.1 \ mol \cdot L^{-1} \ CaCl_2$)
2—内参比电极(Ag-AgCl 电极)
3—多孔性膜
4—液体离子交换剂
5—敏感膜

在由液体离子交换剂充分浸入到多孔膜中所形成的离子交换薄膜即敏感膜的内外界面发生如下离子交换反应

$$[(RO)_2PO_2^-]Ca^{2+} \Longrightarrow 2(RO)_2PO_2^- + Ca^{2+}$$
　　　(有机相)　　　　　(有机相)　(水相)

$R = C_8 \sim C_{16}$。若为癸基,则 $R = C_{10}$。进行离子交换反应时,Ca^{2+} 可以自由通过水相和有机膜,而带有负电荷的 $(RO)_2PO_2^-$ 则被限制在有机薄膜内。它的作用与玻璃电极中的硅酸根相同,起着定位基作用。所不同的是,硅酸根在电极膜中是固定不动的,而它可在有机相中自由运动。因此这类电极电阻小,灵敏度高,响应时间短。

(2) 中性载体膜电极

当由大分子配位剂作为电活性物质溶于有机溶剂中构成敏感膜时,此电极称为中性载体膜电极。这类中性分子具有孤对电子,对某些阳离子有选择性地形成配位体。它充分取代原阳离子周围的水化层,使阳离子包于大分子的环状结构中。这种配位体能溶于有机溶剂中,阳离子在界面间可自由移动,进行离子交换反应,因此,电极对该离子产生选择性响应。

目前获得成功的有 K^+、Na^+、NH_4^+、Ba^{2+}、Ca^{2+} 等离子选择性电极。钾离子选择性电极是由 K^+ 的中性载体缬氨霉素制成的。缬氨霉素是一个具有三十六元环的环状缩酚酞,分子中 6 个羰基氧原子能与 K^+ 配位而形成 1:1 的配合物。将其溶于有机溶剂(如二苯醚、硝基苯)中,可制成对 K^+ 有选择性响应的液膜,能在 10^4 倍 Na^+ 存在下测定 K^+。由此可见,采用大环化合物为电极活性材料,可大大提高离子选择性电极的选择性。中性载体除缬氨霉素外,还有巨环内酯放线菌素、冠醚化合物等,如钠电极就是由冠醚化合物(四甲氧苯基 24-冠醚-8)作为中性载体制成的。

10.3.3　气敏电极

气敏电极是基于界面化学反应的敏化电极,它是由离子选择性电极(指示电极)与参比电极置于内充有电解质溶液的管中组成的复合电极。在管的端部紧贴指示电极敏感膜处装有疏水性高分子透气薄膜,将内电解质与外部试液隔开。复合电极中的指示电极对气体与水的反应产物能产生选择性响应,如

$$CO_2 + 2H_2O \Longrightarrow HCO_3^- + H_3O^+$$

$$NH_3 + H_2O \Longrightarrow NH_4^+ + OH^-$$

$$HF + H_2O \Longrightarrow F^- + H_3O^+$$

$$H_2S + H_2O \Longrightarrow HS^- + H_3O^+$$

前两个反应过程中所引起的水相中的 pH 变化可由 pH 玻璃电极测得,后两个反应过程中所引起的 F^- 和 HS^- 变化可由氟和银离子选择性电极指示。

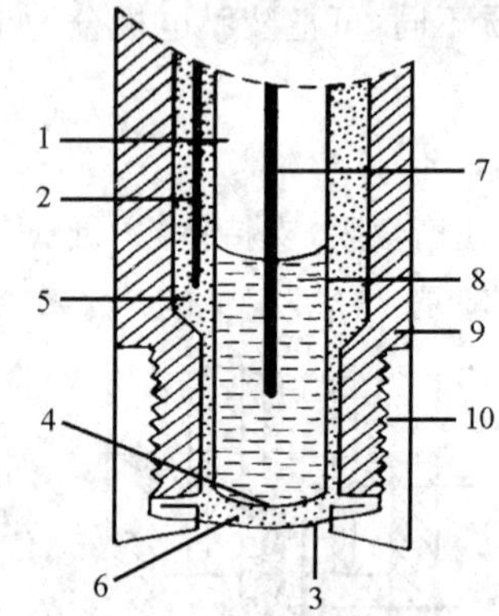

图 10-5　氨气敏电极结构

1—指示电极(pH 玻璃电极)
2—参比电极(Ag-AgCl 电极)
3—透气膜　4—玻璃膜
5—内电解质溶液
6—内电解质溶液(NH_4Cl,
　0.01 mol·L^{-1})薄层
7—pH 玻璃电极的内参比电极
8—pH=7 的缓冲溶液
9—电极管
10—可卸电极头

氨气敏电极是这类电极的典型例子,其结构见图 10-5。它是以 pH 玻璃电极为指示电极,Ag-AgCl 电极为参比电极,内电解质溶液为 0.01 mol·L^{-1} 的 NH_4Cl 溶液,透气膜为聚偏氯乙烯。当试液中的 NH_3 通过透气膜扩散到内电解质溶液薄层中并达到扩散平衡时(外部试液中和内电解质溶液薄层中的 NH_3 的分压相等),NH_3 在内电解质溶液中存在以下平衡

$$NH_3 + H_2O \Longrightarrow NH_4^+ + OH^-$$

其平衡常数式为

$$K_b = \frac{a(NH_4^+) \cdot a(OH^-)}{p(NH_3)}$$

因为在内电解质溶液中含有大量的 NH_4Cl,可以认为 $a(NH_4^+)$ 是固定不变的,故上式可写成

$$a(OH^-) = K \cdot p(NH_3) \tag{10-17}$$

用 pH 玻璃电极指示内电解溶液中 OH^- 活度变化,pH 玻璃电极的电位随 $p(NH_3)$ 而变。

$$\varphi = K + \frac{2.303RT}{F} \lg a(H^+)$$

$$\varphi = K + \frac{2.303RT}{F} \lg \frac{10^{-14}}{a(OH^-)}$$

$$\varphi = K' - \frac{2.303RT}{F} \lg p(NH_3) \tag{10-18}$$

因为内电解质溶液中 NH_3 的分压与被测试液中的 NH_3 的浓度成正比,所以电极电位与试液中 NH_3 的浓度符合能斯特方程

$$\varphi = K'' - \frac{2.303RT}{F} \lg [NH_3]_试 \tag{10-19}$$

在临床医学检验中,氨气敏电极常用于测定血氨,二氧化碳气敏电极常用于测定血液中的 CO_2。

10.3.4　生物电极

生物电极是将生物化学和电化学结合研制的电极,它包括酶电极和组织电极。

1. 酶电极

酶电极也是一种基于界面化学反应的敏化电极,酶在界面反应中起催化作用,而催化反应的产物是一种能被离子选择性电极所响应的物质。测定尿素的酶电极是一个典型例子。尿素酶用凝胶固定,然后直接涂于氨气敏电极的透气膜上,当电极与试液接触时,尿素扩散到酶层中,并在尿素酶的催化下发生下列反应

$$CO(NH_2)_2 + H_2O \xrightarrow{\text{尿素酶}} 2NH_3 + CO_2$$

催化反应所生成的 NH_3 可由氨气敏电极检测,从而测得尿素含量。

酶是具有高选择性高催化率的生物催化剂,其催化反应的产物,如 CO_2、NH_4^+、CN^-、F^-、H_2O_2、SCN^-、I^-、NO_3^-、S^{2-} 等,大多数可被离子选择电极所响应。目前,在临床检验中可用酶电极测定血液与其他体液中的氨基酸、葡萄糖、尿素、尿酸、蔗糖、胆固醇等有机物质。

2. 组织电极

酶是具有特殊活性的催化剂,催化效率很高而且酶的反应具有专一性,因此酶电极在生物化学分析中具有重要意义,但是由于酶易失去活性,且酶的纯化及酶电极的制作较为困难,因而使酶电极应用受到限制,但随着电极膜材料技术的发展,已研制出了由动植物组织代替酶作为生物膜催化材料的各种组织电极(tissue-based membrane electrode)。

因为许多动植物组织细胞中含有大量的酶,所以可将一些动植物组织紧贴覆盖于主体电极上,构成同酶电极类似的电极,即组织电极。例如,将猪肾组织切片固定在氨气敏电极敏感膜表面,当被测物扩散进入组织膜时,被其中的谷氨酰胺水解酶分解产生氨而被测定。

由于组织细胞中的酶处于天然状态和理想环境,使得它的性质处于最稳定、功效发挥处于最佳状态,并使得组织电极具有较长的使用寿命,另外生物组织一般都具有一定的机械性和膜结构,适于固定做膜,因此组织电极的制作简便、经济,省去了酶提取和固定时的繁琐步骤,这为生物电极的应用开辟了新的发展前景。表 10-3 列出了一些组织电极的酶原及测定对象。

表 10-3　组织电极的酶原及测定对象

植物组织酶原	测定对象	动物组织酶原	测定对象
葡萄	H_2O_2	猪肝	丝氨酸,L-谷氨酰胺
香蕉	草酸,儿茶酚	猪肾	L-谷氨酰胺
土豆	儿茶酚,磷酸盐	鼠脑	嘌呤,儿茶酚胺
玉米脐	丙酮酸	鱼鳞	儿茶酚胺
黄瓜汁	L-抗坏血酸	红细胞	H_2O_2
番茄种子	醇类	鱼肝	尿素
大豆	尿素	鸡肾	L-赖氨酸

10.3.5　生物传感器和离子选择性场效应晶体管

1. 生物传感器

生物传感器又称生物选择性电极(bioselective electrode,BSE)。上面介绍的酶电极实际上就是一种生物电极。这类电极是将生物物质(如酶、微生物、细菌等),用固定剂固定成敏化膜,然后涂于或贴于离子选择电极的敏感膜上构成的。当电极与试液接触时,敏化膜上的生物物质就与被测物质发生化学反应,产生了能被离子选择性电极所响应的离子,从而达到测量的目的。

目前,常见的生物电极列于表10-4。

表10-4　常见生物电极的类型

类　型	生物活性物质
酶电极	固定化酶
免疫电极	抗原(抗体)
酶免疫电极	抗体(抗原)酶标记
微生物电极	微生物

2. 离子选择性场效应晶体管

离子选择性电极技术与微型电子技术结合而成的离子选择性场效应晶体管(ion-selective field effect transistor,ISFET),是近些年来得以快速发展的一种新型传感器,其结构见图10-6。离子选择性场效应晶体管是由电活性物质沉积或涂覆于场效应晶体管的栅极上,形成离子选择性膜而构成的。离子选择性膜对特定离子产生选择性响应,而场效应晶体管将此响应信号转变成可测定的电流。由于 ISFET 受生物膜电位影响较用 ISE 直接电位法测定影响小,并可微型化,因此,可用于对生物微环境内具有重要活性的离子进行原位测定。如用 K^+-ISFET 测定细胞内 K^+ 活度。

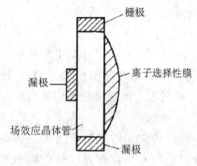

栅极

离子选择性膜

漏极

场效应晶体管

漏极

10-6　离子选择性场效应晶体管

10.3.6　化学修饰电极

除了上面介绍的各类离子选择电极外,而代表电分析化学最新成就之一的化学修饰电极技术,在电位分析法中也显示出了它作为新一代电化学传感器的发展前景。

化学修饰电极(chemically modified electordes,CME)是在电极表面接着或涂敷了具有选择性化学基团的一层薄膜(从单分子层到几微米),因此赋予了电极某种预定的性质,如化学的、电化学的、光学的、电学的和传输性等,从而有选择地进行所期望的反应,在分子水平上实现了对电极表面的功能设计。

进行化学修饰的电极材料一般为碳电极、金属电极和半导体电极,修饰的方法一般有共价键合法、强吸附法和聚合物涂层法等,因此可按修饰方法将化学修饰电极分为共价键合型、吸附型、聚合物型三种。

由于化学修饰电极的表面具有某些特定性能的基团,并具有分离、富集和改善电极反应可逆性的作用,因此大大提高了化学修饰电极的选择性和灵敏度,这为痕量和超痕量物质的分析提供了一个高效的分析手段,同时也为电极过程动力学研究开辟了新的途径。近些年来化学修饰电极的研究应用最多的是在循环伏安法中。但目前已出现了利用化学修饰电极制成的各种电化学传感器,这为电位分析法又开辟了一个崭新的发展空间。如 Lamiello 和 Yacynych 将 L-氨基酸氧化酶(LAAO)共价键合在玻碳电极表面,形成了化学修饰的酶电极,此电极作为 L-氨基酸的电位传感器,可对 L-苯基丙氨酸、L-蛋氨酸、L-亮氨酸在 $10^{-2} \sim 10^{-5}$ mol·L^{-1} 范围内有线性响应。

10.4　离子选择性微电极

离子选择性电极的发展趋势是微型化、集成化、自动化。特别是对生物微环境内具有重要生物活性的离子态、有机态物质的原位测定,均要求微型化。因而,离子选择性微电极技术及其在生物医学、临床医学和医学检验中的应用研究,已成为当前多学科协同攻关的热门课题。

10.4.1 离子选择性微电极的测量原理

离子选择性微电极(ion-selective microelectrode,ISM)是直径在微米级,甚至更小的离子选择性电极的统称。它们是一种能测定细胞等生物微环境内单一离子活度的信息传感器,也是一种膜电极。它们利用膜材料对细胞内及其他生物微环境内的某种特定离子产生选择性响应,以指示该离子的活度。其测量原理是:被测离子活度的对数值与离子选择性微电极和参比电极构成的电池电动势之间存在线性关系,即符合能斯特方程[见式(10-14)及(10-15)]

$$E = K' \pm \frac{2.303RT}{zF}\lg a$$

由此可见,离子选择性微电极测定是一种应用于细胞及其他生物微环境内的电位分析法。

10.4.2 离子选择性微电极的类型

离子选择性微电极的分类方法与离子选择性电极分类法相同。目前,离子选择性微电极发展比较成熟的类型,主要有玻璃微电极和液膜微电极。

1. 玻璃微电极

玻璃微电极用于生物微环境中直接电位分析的特殊优点是:它对氧化还原反应不灵敏,受蛋白质影响小,一般不与阴离子作用,而且易加工。因此,此类电极应用最早、最广泛。

这类微电极的玻璃膜是带有负电性的,它起着阳离子交换剂的作用,其结构与前面介绍的普通玻璃电极相似:内参比电极大多采用 Ag-AgCl 电极,内参比液为待测离子的氯化物溶液,电极的选择性主要取决于玻璃膜的组成。目前应用最广泛的玻璃微电极是 pH、pK、pNa 玻璃微电极。图 10-7 为内毛细管型、玻璃-玻璃密封式的 pH 玻璃超微电极,电极的内 pH 玻璃毛细管通过玻璃-玻璃密封熔接在惰性玻璃的微液管上。此电极可以测量小于 0.01 μL 的液体试样的 pH,并可直接用于体内测定,如肾管腔中 pH 的测定。

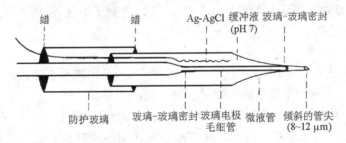

图 10-7 内毛细管型、玻璃-玻璃密封式 pH 玻璃超微电极

2. 液膜微电极

这类微电极是由憎水性的液态离子交换剂或中性载体(大分子配位剂)作为微电极膜的敏感材料,它能和生物微环境中的某离子进行选择性的交换反应或配位反应,因此,可对该离子产生选择性响应。

最早发明的能测 K^+ 和 Cl^- 的液态离子交换剂型微电极是单管微电极,为扣除叠加在单管微电极上的细胞膜电位,需用另一支 KCl 标准微电极分别测得细胞膜电位统计值,然后加以扣除。此类电极使用不方便,因此人们又发明了标准电极与液态离子交换剂型微电极合并制成的双管微电极。此电极可同时测定细胞膜电位和离子活度电位。随后人们又发明了中性载体离子选择性微电极。例如，将钙中性载体微电极插入参比(标准)微电极管内，制成了参比电极为外管、Ca^{2+} 微电极为内管的同心型双管微电极。

中性载体离子选择性微电极的发明，大大提高了离子选择性微电极的选择性。现已成功地应用于生物微环境内离子测定的中性载体微电极有 H^+、Na^+、K^+、Li^+、Ca^{2+}、Mg^{2+}、HCO_3^-、Cl^- 等。

就微电极的种类而言，目前，离子选择性微电极较多用于无机离子的测定，因而研究和开发有机离子的微电极以及用于生物微环境内中性分子或生化物质(如氨基酸、蛋白质)的分子选择性微电极已成为国际上正在竞相探索的热门课题。最近曾有报道，研制成功了能测生物微环境内中性分子和生化物质分子的气敏微电极和酶微电极。

10.4.3 离子选择性微电极在医药卫生中的应用

离子选择性微电极与其他细胞内及生物微环境内离子组分的测定方法(如光度法)相比具有点位测定的特点，可测出皮升(pL，10^{-12} L)量级局部胞液内离子活度；具有动态连续或瞬时测定的特点，可记录细胞内外某一离子活度的动态、连续或瞬时变化过程；具有生物微环境内离子活度的在体检测的特点。因此，离子选择性微电极技术是细胞，及至分子水平的近代基础医学研究中脱颖而出的独特的研究方法。它已日益引起国内外生物界和医学界的广泛重视，并将作为一种可靠的检测手段越来越多地应用于临床医学和医学检验中。

1. 细胞外分析

离子选择性微电极广泛地应用于脑髓液、大脑表面、骨架肌肉、体液和胃液、胆囊液中的原位胞外测定。例如，用 K^+ 微电极跟踪测定神经扩布抑制、缺氧去极化和癫痫发作情况下，猫躯体感觉皮质、兔及鼠大脑皮质等细胞外 K^+ 活度的贮存、积累现象；用探针型 pH 玻璃微电极原位测定单个近球小管的管腔液体中的 pH，来研究肾对 H^+ 的调节作用；用探针型 pH 玻璃微电极刺入猫和猴脑中，监测在不同新陈代谢条件下脑的 pH 变化。也有关于用 K^+、Na^+、Cl^- 等离子选择性微电极测定视网膜中 K^+、Na^+、Cl^- 等离子活度，以此来研究视网膜内各种离子的调控过程和机制。

2. 细胞内分析

细胞生理学的很多重要现象都与胞内离子活度有关，采用离子选择性微电极测定胞内离子活度及活度变化，为细胞生理学研究提供了很有用的资料。

人们常用 pH 玻璃微电极测量不同细胞的胞内 pH，以此来研究胞内与穿过细胞膜的 H^+ 的唐南(Donnan)平衡分布关系。用 Cl^- 液态离子交换剂型微电极测定静息心脏浦肯野式纤维细胞内 Cl^- 活度，来研究 Cl^- 的调节作用。采用 K^+、Na^+ 微电极测定动物骨骼肌肉细胞内 K^+ 和 Na^+ 活度，来研究 K^+、Na^+ 在此细胞内被有机高分子电解质束缚情况，从而发现两栖动物骨骼肌肉细胞内 70% 的 Na^+ 被束缚，而 K^+ 基本是游离的。还有采用 pH 及 K^+、Na^+、Li^+、Cl^- 微电极测定软体动物单个神经元的 pH 及 K^+、Na^+、Li^+、Cl^- 的活度，并获得了许多重要的研究成果。

随着离子选择性电极的不断发展以及各种气敏微电极和生物微电极的出现，将使离子选择性微电极技术在医药卫生领域中具有更为广阔的应用前景。

10.5　离子选择性电极的性能及其影响测定的因素

10.5.1　离子选择电极的性能

离子选择电极性能的好坏,可以用电极的性能参数来评价,这些参数包括电极选择性系数、检测下限、线性范围、斜率和转换系数、有效 pH 范围、响应时间等。

1. 电极的选择性系数

选择性是离子选择性电极的一个最重要的基本特征。

所谓电极的选择性是指电极对被测离子和干扰离子响应差异的特征,其大小用电极选择性系数 $K_{A,B}$ 表示。$K_{A,B}$ 表示能提供相同电位时被测离子的活度 a_A 和干扰离子活度 a_B 之比,即

$$K_{A,B} = \frac{a_A}{(a_B)^{z_A/z_B}} \tag{10-20}$$

式中:z_A 及 z_B 分别为待测离子和干扰离子的电荷数。例如,选择性系数为 0.1,意味着干扰离子的活度等于被测离子活度 10 倍时,两者所提供的电相位等,或者说电极对被测离子的响应程度等于干扰离子的响应程度 10 倍。显然选择性系数越小,表明电极对被测离子的选择性越好,即干扰离子的影响越小。

如果考虑干扰离子对电极电位的贡献的话,能斯特方程式可修正为尼可尔斯基-艾森曼方程式(Nicolsky-Eisenman equation),即

$$\varphi = K \pm \frac{2.303RT}{z_A F} \lg[a_A + K_{A,B}(a_B)^{z_A/z_B}] \tag{10-21}$$

应指出,$K_{A,B}$ 只是一个实验值,其大小与测定方法和溶液的组成有关,因而只能用它来估量电极对不同离子的相对响应程度,粗略估算共存离子的干扰程度,即估算干扰离子给测定结果带来的误差大小,而不能用于校正干扰。

设待测离子的活度为 a_A,干扰离子的活度为 a_B,因为电极误把干扰离子当成待测离子,其响应的活度增加了 $K_{A,B} \cdot a_B$,因此,引起的相对误差为

$$\frac{\Delta c}{c} = \frac{K_{A,B} \cdot (a_B)^{z_A/z_B}}{a_A} \times 100\% \tag{10-22}$$

【示例 10-1】　用 pNa 玻璃电极[$K(Na^+, H^+) = 30$],测定 $pH = 6$ 的含 Na^+[$a(Na^+) = 10^{-3}$ mol $\cdot$ L^{-1}]溶液时,H^+ 的干扰所带来的误差为多少?

$$\frac{\Delta c}{c} = \frac{K_{A,B} \cdot (a_B)^{z_A/z_B}}{a_A} \times 100\% = \frac{K(Na^+, H^+) \cdot a(H^+)}{a(Na^+)} \times 100\%$$

$$= \frac{30 \times 10^{-6}}{10^{-3}} \times 100\% = 3\%$$

所以 H^+ 干扰所带来的误差为 3%。

2. 检测下限和线性范围

检测下限又称检测限度,它表明离子选择性电极能够检测被测离子的最低浓度。它的大小取决于构成电极膜的材料,但它不可能低于活性物质本身溶解所产生的离子活度。例如,AgI 电极,根据溶度积计算得到 I^- 的理论下限为 10^{-8} mol $\cdot$ L^{-1},但实际测得值却很少低于

$10^{-7}\ \mathrm{mol\cdot L^{-1}}$。

根据 IUPAC 推荐,检测下限的测算方法为:在一个离子选择性电极的校准曲线 $[\varphi\text{-}(-\lg\alpha)]$ 中,将两直线部分外推,其交点所对应的被测离子活度为该电极对被测离子的检测下限。如图 10-8 中 A 点所对应的活度即为检测下限。

离子选择性电极的线性范围可参见图 10-8 中的直线部分 CD 所对应的活度范围。测定时,必须控制被测离子的活度在该电极的线性范围内,否则会产生误差。

3. 斜率和转换系数

离子选择性电极在能斯特响应范围内,被测离子活度变化 10 倍时,所引起的电位变化值称为该电极对给定离子的斜率(S)。根据能斯特方程,理论斜率为 $2.303RT/zF$,在 25℃时,一价离子为 59.16 mV,二价离子为 29.59 mV。对一支离子选择性电极来说,实际斜率与理论斜率存在一定的偏差,这种偏差常用转换系数 K_{tr} 表示,其值可用下式计算

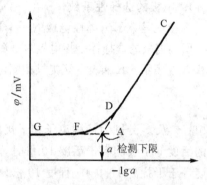

图 10-8　电极检测下限示意图

$$K_{tr}=\frac{\varphi_1-\varphi_2}{\dfrac{2.303RT}{z_AF}\lg\left(\dfrac{a_1}{a_2}\right)}\times100\%\quad(10\text{-}23)$$

式中:φ_1 和 φ_2 分别为在活度 a_1 和 a_2 时测得的电位值。转换系数 K_{tr} 是鉴定电极产品质量的指标之一,K_{tr} 愈接近 100%,电极的性能愈好。

4. 有效 pH 范围

电极产生能斯特响应的 pH 范围称为电极的有效 pH 范围。分析时必须使试液酸度控制在有效 pH 范围内,否则溶液的 pH 会影响离子选择性电极的测量,并产生分析误差。电极的有效 pH 范围,主要取决于电极本身的特性,因为除 pH 玻璃电极外,一般的离子选择性电极都对 H^+ 有不同程度的响应,所以溶液的 pH 对不同电极有不同程度的影响。另外,溶液 pH 大小还会影响电极敏感膜的性质,例如,前面讲过的氟电极,当溶液中的 pH 较高时,由于溶液中有大量的 OH^- 存在,它会使膜材料上的一些 LaF_3 转化成 $La(OH)_3$ 而覆盖在电极表面,这不仅改变了电极的性能,而且释放出来的 F^- 也会影响测定的准确度。另外,电极的有效 pH 范围也与被测离子的化学性质有关,因为溶液的 pH 决定着被测离子的存在形式。

同样以氟电极测 F^- 为例,若溶液的 pH 较低,由于 F^- 形成了 HF_2^- 而使 F^- 的活度降低,因此,也给测定带来误差。由此可见,在实际工作中要根据电极的性能、被测离子的性质,选择合适的 pH 范围。

5. 响应时间

IUPAC 建议的响应时间为:从离子选择性电极和参比电极接触试液时算起,直至电池电动势达到与稳定值相差 1 mV 所需的时间。响应时间越短越好。它与被测离子到达电极表面的速率、被测离子的浓度、介质的离子强度、膜的厚度及光洁度等因素有关。膜越薄,光洁度越好,响应时间越短;被测离子活度越大,响应越快,否则相反。

10.5.2　影响测量的因素

影响离子选择性电极测量的因素较多,如电极性能、测量仪器的性能、测量条件(如温度、

溶液的 pH、干扰离子)等。

1. 温度

由能斯特方程可知,温度 T 不但影响直线的斜率 $2.303RT/zF$,也影响直线的截距 K',K' 项包括参比电极电位、液接电位等。这些电位数值都与温度有关,因此在整个测量过程中必须保持温度恒定,使其对测定的影响降到最低。

2. 溶液的 pH

溶液的 pH 影响着电极的性能、被测溶液的性质及被测离子存在的形式,因此,根据电极的性能、被测离子的性质选择合适的 pH 缓冲溶液控制溶液 pH。

3. 被测离子浓度

所测定离子的浓度范围与敏感膜的活性、电极的种类、电极的质量、共存离子的干扰及溶液的 pH 等因素有关。离子选择性电极可以检测的浓度范围一般为 $1.0\times10^{-1}\sim1.0\times10^{-6}\,mol\cdot L^{-1}$。

4. 干扰离子

有些干扰离子能直接与电极膜发生作用,改变了电极的性能,干扰待测离子的测定。有些干扰离子与待测离子反应生成电极不对其有选择性响应的物质,给测定带来误差。还有些干扰离子电极对其也产生一定程度的选择性响应,也给测定带来误差。干扰离子不仅给测定带来误差,还会使电极响应时间增长,为了消除干扰离子的影响,最简便的方法是加入掩蔽剂,必要时预先分离干扰离子。

5. 电位平衡时间

电极的响应速度越快,电极的平衡时间就越短,对测定的影响就越小。敏感膜越薄,响应越快;敏感膜表面越光洁,响应越快;介质离子强度越大,响应越快,平衡时间越短。在实际测定中,可通过搅拌溶液加快离子到达电极表面的速率,缩短平衡时间;溶液浓度越稀,电位平衡时间越长。

6. 电动势的测量

电动势测量的准确度直接影响测定的准确度。测量仪器本身的精度会引起电动势的测量误差 ΔE,而 ΔE 将引起浓度误差 Δc,两者的关系可由能斯特方程微分得到。浓度测量的相对误差 $\Delta c/c$ 与 ΔE 的关系为

$$\frac{\Delta c}{c}=\pm\frac{z\Delta E}{0.2568}(\%)\approx\pm4z\Delta E(\%) \tag{10-24}$$

从上式看来,电池电动势的精度为 $0.5\,mV$ 时,对 1 价离子产生的相对误差约为 2%,2 价离子约为 4%,3 价离子约为 6%。为降低分析误差,在测量高价离子时,将其转变成电荷数较低的配位离子后再测量是较为有利的。例如,测 B^{3+},将 B^{3+} 转化为 BF_4^- 后,再用 BF_4^- 离子液膜电极测定;测定 S^{2-} 时,加入过量的 Ag^+,使之形成 Ag_2S 沉淀,再测剩余的 Ag^+。

由上述可见,直接电位法的准确度较差,要求测量仪器必须具有较高的精度。目前 $\Delta E=\pm0.1\,mV$ 的离子计已有商品出售,这样可使仪器精度引起的浓度相对误差小于 $\pm0.5\%$。

直接电位法的测量误差除了与电极的选择性、干扰离子、电动势测量精度有关外,还与测量条件有关,如温度、pH、溶液浓度等。另外,也与电极的其他性能有关,如电极的响应时间、滞后效应、敏感膜的厚度及膜表面光洁程度等。所以,在测定过程中,要控制好实验条件,以提高分析的准确度。

10.6 定量分析方法

10.6.1 校准曲线法

校准曲线法是将离子选择性电极与参比电极插入一系列已知活度的标准溶液中,测得一系列电池电动势 E,将 E 对 $\lg a$ 作图,即得校准曲线。在相同条件下测试样溶液的 E_x 则可从曲线上查出 E_x 所对应的 $\lg a_x$。

校准曲线法操作简单,适合于较简单体系试样的分析,但它要求标准溶液的组成与试样溶液的组成相近、溶液的离子强度相同,因此,除了简单的试液外,必须向溶液中加入适当的“总离子强度调节缓冲剂”(total ionic strength adjustment buffer,TISAB),以确保试样溶液和标准溶液的离子强度一致,并起控制溶液的 pH 和掩蔽干扰离子的作用。

10.6.2 标准加入法

标准加入法是将准确体积的标准溶液加入到已知体积的试样溶液中,根据电池电动势的变化来求得被测离子的浓度。

设试样溶液中被测离子浓度为 c_x,试样溶液的体积为 V_0,测得电池电动势为 E_x,则 E_x 和 c_x。符合如下关系

$$E_x = K' + \frac{2.303RT}{zF}\lg x_1 \gamma_1 c_x \tag{10-25}$$

式中:x_1 为游离离子的物质的量分数,γ_1 为活度系数,而 $a_x = x_1 \gamma_1 c_x$。

然后往试液中准确加入一小体积 V_s(约试液体积的 1/100)的被测离子的标准溶液,其浓度为 c_s(一般 c_s 约为 c_x 的 100 倍左右),搅拌均匀后再测电池电动势 E_s,得

$$E_s = K' + \frac{2.303RT}{zF}\lg\left[x_2 \gamma_2 \left(\frac{c_x V_0 + c_s V_s}{V_0 + V_s}\right)\right] \tag{10-26}$$

由于溶液体积变化很小,故可认为试液的活度系数恒定,即 $\gamma_1 = \gamma_2$,$x_1 = x_2$。将式(10-25)与式(10-26)相减,可以得到加入标准溶液后电池电动势变化值 ΔE

$$\Delta E = E_s - E_x = \frac{2.303RT}{zF}\lg\left[x_2 \gamma_2 \left(\frac{c_x V_0 + c_s V_s}{(V_0 + V_s)c_x}\right)\right]$$

令 $S = 2.303RT/zF$,经整理重新排列,得

$$c_x = \frac{c_s V_s}{V_0 + V_s}\left(10^{\Delta E/S} - \frac{V_0}{V_0 + V_s}\right)^{-1} \tag{10-27}$$

式(10-27)为标准加入法的精确计算公式。由于 $V_s < V_0$,则 $V_0 + V_s \approx V_0$。因此,上式简化成

$$c_x = \frac{c_s V_s}{V_0}\left(10^{\Delta E/S} - 1\right)^{-1} \tag{10-28}$$

式(10-28)为标准加入法的近似计算公式。S 为电极的响应斜率,在一定条件下为常数。因此,根据加入标准溶液后电池电动势的变化值 ΔE,由式(10-27)或式(10-28)便可求出试样中被测离子浓度 c_x。

该方法既不要校准曲线,也不需调节离子强度,仅需一种标准溶液,操作简单、快速、准确度高。

10.6.3　格氏作图法

格氏(Gran)作图法也称连续标准加入法,它是在测量过程中连续多次加入标准溶液,根据一系列的 ΔE 对相应的 V_s 作图来求得待测离子浓度。

方法的准确度较一次标准加入法高,方法的原理如下:设于 V_0 体积试液中加入 V_s 体积标准溶液后,测得的电池电动势 E 与 c_x 和 c_s 的关系符合能斯特方程

$$E = K' + S \lg \left[x\gamma \left(\frac{c_x V_0 + c_s V_s}{V_0 + V_s} \right) \right] \tag{10-29}$$

将上式展开并重排,得

$$E + S \lg(V_0 + V_s) = K' + S \lg[x\gamma(c_x V_0 + c_s V_s)]$$

$$\frac{E}{S} + \lg(V_0 + V_s) = \frac{K'}{S} + \lg[x\gamma(c_x V_0 + c_s V_s)]$$

$$(V_0 + V_s) 10^{E/S} = 10^{K'/S} \cdot x\gamma(c_x V_0 + c_s V_s)$$

$10^{K'/S} \cdot x\gamma =$ 常数 $= K$,则

$$(V_0 + V_s) 10^{E/S} = K(c_x V_0 + c_s V_s) \tag{10-30}$$

式(10-30)是格氏作图法的基本公式。它表明当标准溶液的加入体积 V_s 变化时,式左的 $(V_0+V_s)10^{E/S}$ 也随 V_s 变化,两者存在着线性关系。测定时通常向试液中连续加 4~5 次标准溶液,每加一次标准溶液,测一次 E,并计算出每次的 $(V_0+V_s)10^{E/S}$,然后以 $(V_0+V_s)10^{E/S}$ 为纵坐标,V_s 为横坐标作图,可得一直线,如图 10-9 所示。延长直线与横轴相交于 V_s^0,因 V_s^0 处 $(V_0+V_s)10^{E/S}=0$,则式右的 $K(c_x V_0 + c_s V_s)=0$,用 V_s^0 代替 V_s,则

$$c_x V_0 + c_s V_s^0 = 0, \text{即 } c_x = -c_s V_s^0 / V_0 \tag{10-31}$$

由图中找出 V_s^0 之后,即可根据式(10-31)求 c_x。

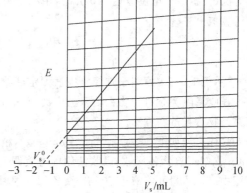

图 10-9　格氏坐标纸

但是,在实际工作中求出 $(V_0+V_s)10^{E/S}$ 是很不方便的。如果规定所取试液的体积 V_0 为 100.00 mL,加入标准溶液的体积 V_s 为 0.00~10.00 mL,那么在有 10% 体积校正的半反对数纸(格氏坐标纸)上作图,就可把式(10-30)表示的 $(V_0+V_s)10^{E/S}$ 与 V_s 的线性关系转化为 E 与 V_s 的线性关系,应用起来很方便,这就是格氏作图法。格氏坐标纸如图 10-9 所示。在此坐标纸上,横坐标为加入标准溶液的毫升数,分为 10 大格,每大格代表 1 mL;纵坐标为相应测得的电池电动势 E,每大格对 1 价离子为 5 mV,2 价离子为 2.5 mV。

采用格氏坐标纸绘 E-V_s 曲线,得一条直线,延长直线与横坐标相交 V_s 点,利用式(10-31)计算待测离子浓度。

10.7　电位分析法在医药卫生领域中的应用

电位分析法,特别是离子选择性电极法,在生命科学的研究和临床医学中对疾病的诊断、

治疗和预防起着重要的作用。它已在与人体内、外环境有关的医学检验、药物分析、食品分析、环境分析等领域获得了广泛的应用。随着离子选择性电极与流动注射分析和高效液相色谱技术的结合,使电位分析法在医药卫生中得到了更为广泛的应用。

电位分析法在医药卫生中主要应用于测定血液、血清、血浆、尿液、唾液和脑脊液等生物试样中的 Ca^{2+}、K^+、Na^+、Cl^-、F^- 等离子浓度,可为某些疾病的诊断和预防提供有用的信息;测定血液中的 CO_2、pH,可连续监察人体呼吸器官的机能;测定肌肉表面 pH,肌肉表面的 pH 是临危病人生命现象变化极为敏感的指标,临床上常用于大型手术时和患者复苏时的连续检测;测定血液与其他体液中的氨基酸、葡萄糖、尿素、乳酸、肌酸、尿酸、白蛋白、血脂、肌酸酐、胆固醇等有机物质,可为某些疾病的临床诊断或辅助诊断提供依据;基于中枢神经系统由 Ca^{2+} 与痛觉调节关系十分密切,故可从测定脑钙含量变化着手,研究电针镇痛机理;测定血药浓度以及一些药物含量测定,为药理学研究及药品质量监督提供了可靠信息。下面为其应用实例。

【示例 10-2】　人体脑脊液中氯的测定

测定方法——准确吸取标准液 c_{s_1} 2 mL 于 5 mL(或 10 mL)烧杯中,放于电磁搅拌器上;加上一枚搅拌子,插入用水清洗的氯复合电极(其电位值在 110 mV 左右),在匀速下搅拌 2 min 后测定其电位值 E_1;然后准确加入 0.1 mL 人脑脊液,搅拌混合 1 min,测定其电位值 E 后废弃;用水清洗电极 3 次(使氯电极电位值达 110 mV),用滤纸吸干水分,再插入 c_{s_2} 标准液中,测其电位值 E_2。以下式计算氯离子含量

$$c_x = c_s(21 \times 10^{0.301\Delta E/\Delta E_s} - 20)$$

【示例 10-3】　氟离子选择电极法测定药物中的氟喹诺酮[①]

氟喹诺酮类含氟药物在临床上广泛应用,故对其分析法的研究较多,本实验提出了一种测定该类药物含量的新方法。

具体方法如下:取适量试品(约 20 mg),精确称定,采用氧气瓶燃烧法破坏有机物,产生的 HF 由 0.1%NaOH 溶液吸收,吸收液用稀盐液调至 pH 为 5.3,加入 TISAB 25 mL,定容至 250 mL 容量瓶中。取适量此溶液于 50 mL 聚乙烯烧杯中,插入氟离子选择电极和饱和甘汞电极构成原电池,在恒温 30℃恒速搅拌下测定电位值。采用校准曲线法进行定量分析。

【示例 10-4】　铜离子选择电极法测定还原糖的含量

本方法是将 Cu^{2+} 作为氧化剂,在含还原糖的样品液中加入已知过量的 Cu^{2+},在微碱性条件下,Cu^{2+} 将还原糖氧化成羧酸

$$R-CHO + 2Cu^{2+} + OH^- \Longrightarrow Cu_2O + RCOO^- + 3H_2O$$

试液中过量的 Cu^{2+} 可采用铜离子选择性电极测定。从而间接测量试液加还原糖的含量。本方法可用于蜂蜜、果酱、果汁、血液中还原糖的测定。

习　　题

10.1　为什么直接电位法通过测量电池电动势,便可对被测离子进行定量测定?

10.2　以 pH 玻璃电极为例,简述膜电位的产生机理。

---

① 黄超伦等.分析化学,32(3):364,2004

10.3　在直接电位法用氟电极测定 F^- 过程中,为什么一般控制溶液的 pH 在 5～6 范围内?

10.4　离子选择性电极分为几类? 各举一例说明其基本结构与基本原理。

10.5　直接电位法的测量误差与哪些因素有关?

10.6　什么是 TISAB 溶液? 它有哪些作用?

10.7　用 pH 玻璃电极为指示电极,饱和甘汞电极为参比电极测溶液的 pH。在 25℃时,测得 pH＝4.06 的标准缓冲液的电池电位为 0.210 V,在相同条件下,测得 3 种未知溶液的电池电动势分别为:(1) 0.342 V,(2) 0.093 V,(3) -0.018 V。试计算每一种未知溶液的 pH。

(6.30,2.08,0.20)

10.8　25℃时,用 pH 玻璃电极和饱和甘汞电极构成的双电极系统,测得 pH 为 4.00 的缓冲液的电动势为 0.209V,同样条件下测得 3 种试液的电动势分别为 0.312V、0.088V、-0.017V。计算 3 种试液的 pH。

(5.75,1.95,0.17)

10.9　已知溴离子选择电极的选择性系数 $K_{(Br^-,Cl^-)}=6\times10^{-3}$。若在 Cl^- 浓度为 $0.01\ mol\cdot L^{-1}$ 的条件下,用溴离子选择性电极测定 Br^- 浓度为 $1.0\times10^{-3}\ mol\cdot L^{-1}$ 的试液,Cl^- 的干扰会给分析带来多大误差?

(6%)

10.10　某钠电极,其选择性系数 $K_{(Na^+,H^+)}=30$,如用此电极测定 pNa＝3 的 Na^+ 离子溶液,并要求测定误差小于 3%,则试液的 pH 必须大于多少?

(pH＞6)

10.11　用钙离子选择性电极测得浓度为 1.00×10^{-4} 和 $1.00\times10^{-5}\ mol\cdot L^{-1}$ 的钙离子标准溶液的电动势为 0.208 V 和 0.180 V。在相同条件下测试液的电动势为 0.195 V,计算试液中 Ca^{2+} 的浓度。

($3.44\times10^{-5}\ mol\cdot L^{-1}$)

10.12　以钙电极为指示电极,依次测得 Ca^{2+} 标准溶液 $c_{s_1}=1.00\times10^{-3}\ mol\cdot L^{-1}$ 和 $c_{s_2}=1.00\times10^{-4}\ mol\cdot L^{-1}$ 的电池电动势分别为 0.0810 V 和 0.0510 V。在相同条件下,取试样 100.0 mL,测得电池电动势为 0.0580 V;加入 1.00 mL 浓度为 $1.00\times10^{-2}\ mol\cdot L^{-1}$ 的 $Ca(NO_3)_2$ 标准溶液后,测得电池电动势为 0.0640 V,求试样中 Ca^{2+} 浓度。

($1.71\times10^{-4}\ mol\cdot L^{-1}$)

10.13　室温 25℃时,在 $1.00\times10^{-3}\ mol\cdot L^{-1}$ 某一价阳离子 M^+ 溶液中插入 M^+ 选择电极与另一参比电极,测得电池电动势是 -0.065 V。于同样的电池中,放入未知浓度的 M^+ 离子溶液,测得其电动势为 -0.0392 V。两种溶液离子强度一致,计算未知溶液中 M^+ 的浓度。

($2.7\times10^{-3}\ mol\cdot L^{-1}$)

10.14　在离子强度相同的条件下,用氟离子选择性电极测得浓度为 $1.00\times10^{-6}\ mol\cdot L^{-1}$ 和 $1.00\times10^{-5}\ mol\cdot L^{-1}$ 的 F^- 标准溶液的电动势为 0.165 V 和 0.105 V。取水样 25.00 mL,用总离子强度调节剂稀释至 50.00 mL,再加入 0.5 mL $1.00\times10^{-3}\ mol\cdot L^{-1}$ 的 F^- 标准溶液后,测得加入标准前后的电动势变化为 0.030 V。计算水样中 F^- 的浓度。

($9.25\times10^{-6}\ mol\cdot L^{-1}$)

第 *11* 章 极谱分析法

11.1 极谱分析法概述

极谱分析(polarographyic analysis)是根据溶液中被测物质在滴汞电极(dropping mercury electrode)上进行电解时,所测得的电流-电压曲线来进行定性定量分析的方法。可以认为极谱分析是一种在特殊条件下进行的电解分析。

极谱分析法建立于 20 年代初,至 1945 年前后被广泛应用于实际分析工作中,60 年代又在经典极谱法的基础上发展了一些新的极谱分析方法,使极谱法成为电化学分析中最常用最重要的分支之一。

极谱法是专指使用面积能不断更新的滴汞电极作极化电极的方法。对于使用固定表面的各类电极如悬汞电极、玻璃碳汞膜电极等作极化电极的方法则统称伏安法。

11.1.1 极谱分析的基本装置

极谱分析是一种特殊条件下进行的电解分析,它的特殊性表现在两个电极上。电解池内采用一个面积很大的参比电极和一个面积很小的滴汞电极进行电解。滴汞电极和电解池的构造见图 11-1。此电极的上端为一储汞瓶,瓶中的汞通过塑料管进入长度为 10 cm、内径为 0.05 mm 的毛细管,然后由毛细管有规则地滴入电解池的溶液中。这种电极的表面积很小,电解时电流密度很大,易产生浓差极化现象。参比电极采用甘汞电极或汞池电极,该电极的表面积很大,电解时电流密度很小,不易出现浓差极化现象。

极谱分析是根据电解时所得到的电流-电压曲线来进行分析的,因此电解装置必须是能连续地改变电解池的外加电压,并能随时记录通过电解池的电流,这样才能得到电流-电压曲线。

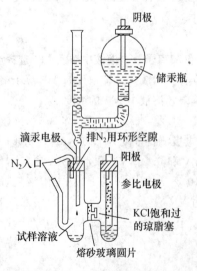

图 11-1 滴汞电极和电解池

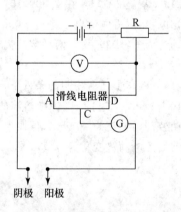

图 11-2 极谱分析基本装置

164

图 11-2 所示是极谱分析基本装置。电解池由滴汞电极和甘汞电极组成。电解时移动电位器接触键来改变加在电解池两极上的外加电压（从 0~2.5 V 范围内连续变化），滴汞电极和电位器负的一端相连，甘汞电极和正的一端相连，这时滴汞电极为阴极，滴汞电极上进行还原反应。也可将滴汞电极和正的一端相连，甘汞电极和负的一端相连，这时滴汞电极变为阳极，滴汞电极上进行氧化反应。流经电解池的电流（从 0.01~100 μA 范围内变化）可用灵敏检流计（G）记录外加电压改变过程中电流的变化。

11.1.2　极谱分析法的分析过程

现以极谱分析法测定镉为例，说明极谱分析法的分析过程。设试液为 $CdCl_2$ 溶液，浓度约为 5×10^{-4} mol·L^{-1}。将它加入电解池中，再加入 KCl，使其浓度为 0.1 mol·L^{-1}，此 KCl 称为支持电解质（supporting electrolyte）。溶液中溶解的少量氧可在滴汞电极上还原而产生干扰，故于电解池中通入氮气以除去溶解氧。调节储汞瓶高度，使汞滴以每 10 秒 2~3 滴的速度下滴。移动接触点 C，使两极上的外加电压自零逐渐增加，此时电流也在不断变化，可通过记录器记录下 0~1 V 间的电位-电流变化，即得电流-电位曲线（图 11-3）。从电流-电位曲线可以看出电流振动现象，这是因为电极表面积不恒定——汞滴在滴落之前不断长大，电极表面积也随之增大，正比于电极表面积的电流则随之增大；当汞滴滴落时，电流也随之骤然降低，新的汞滴又逐渐长大，电流又随之增大。如此继续下去，因此电流呈现周期性的变化。从曲线还可以看出，在未达 Cd^{2+} 分解电位前，溶液中只有微小的电流通过，当外加电压增加到 -0.5 V（对饱和甘汞电极）时，即达

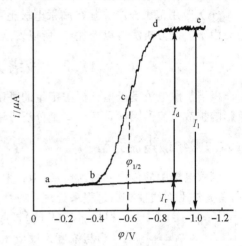

图 11-3　镉的极谱图

Cd^{2+} 的分解电位，此时 Cd^{2+} 开始被电解，电流随之骤增。在滴汞电极上 Cd^{2+} 被还原为金属镉，并随之与汞生成汞齐。

$$Cd^{2+} + 2e \Longleftrightarrow Cd$$
$$Cd + Hg \Longleftrightarrow Cd\text{-}Hg$$

电解池的阳极为汞池电极或甘汞电极，此时汞在阳极被氧化为 Hg_2^{2+}，并随之与溶液中的 Cl^- 生成 Hg_2Cl_2 沉淀

$$2Hg - 2e \Longleftrightarrow Hg_2^{2+}$$
$$Hg_2^{2+} + 2Cl^- \Longleftrightarrow Hg_2Cl_2$$

超过分解电位以后，外加电压稍许增加，电流就迅速升高，即图 11-3 中 bd 段电流称为扩散电流（diffusion current）；当电压增加到一定数值后，电流不再增加，即达极限值（图 11-3 中 de 段），此时的电流称为极限电流（limiting current，i_l）。极限电流是由残余电流（图 11-3 中 ab 段）和扩散电流所组成，故极限电流减去残余电流为极限扩散电流（i_d），它与溶液中 Cd^{2+} 离子浓度成正比，是极谱分析法定量分析的基础。与极限扩散电流一半处相对应的滴汞电极的电位，称为半波电位（half-wave potential，$\varphi_{1/2}$）。在一定条件下，半波电位是离子的特性常数，而与离子浓度无关。不同离子具有不同的 $\varphi_{1/2}$，因此半波电位是极谱定性分析的依据。

当试液中含有数种可还原或氧化的组分时，每种组分都产生相应的极谱波（polarographic

wave)。例如 Pb^{2+}、Cd^{2+}、Zn^{2+} 在 KCl 支持电解质存在下,可得到连续的极谱波:第一个波为 Pb^{2+} 的还原;第二个波为 Cd^{2+} 的还原;第三个波为 Zn^{2+} 的还原。

11.1.3　极谱分析法的特点

(i) 灵敏度高,准确度好。经典极谱法适宜测定浓度范围为 $10^{-2} \sim 10^{-5}$ mol·L^{-1},相对误差一般为 $\pm 2\% \sim 5\%$。

(ii) 分析所需试样量少,分析速度快。分析时,只需取少量试样,几分钟便可完成测定。有些离子共存时,可不经分离,而在同一溶液中连续测定,如 Cu^{2+}、Ni^{2+}、Zn^{2+}、Cd^{2+}、Mn^{2+} 等离子便是。

(iii) 重复性好。电解时通过电流很小(< 100 μA),分析后的溶液成分实际不变,被分析过的溶液可重复进行测定。

(iv) 应用范围较广。凡在滴汞电极上可起氧化还原的组分大都可测定。

由于极谱分析法有以上优点,所以发展很快,是仪器分析中常用的方法之一。

11.2　极谱分析法的基本原理

极谱扩散电流是极谱分析法定量的基础,即扩散电流与电活性物质浓度之间的数学关系及影响扩散电流的因素是建立定量分析方法首先所需要解决的问题。

11.2.1　扩散电流方程

滴汞电极中的传质界面为球形,但扩散层很薄,与汞滴平均半径相比要小得多,为简化问题,首先按平面线性扩散过程来处理。物质从溶液主体向电极表面进行扩散,如图 11-4 所示。

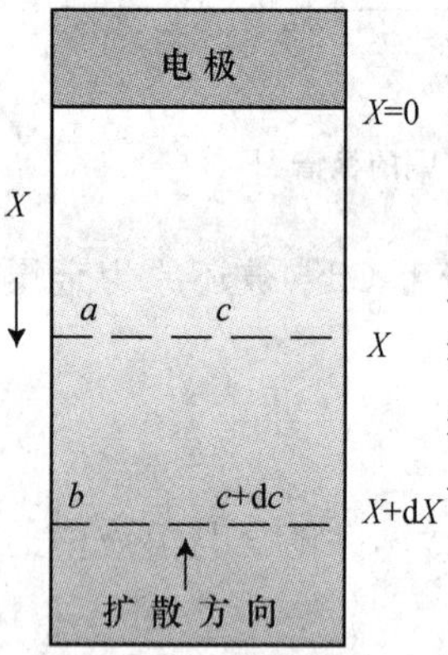

图 11-4　线性扩散

根据菲克(Fick)扩散定律:单位时间内通过单位平面的扩散物质的量 (f) 与浓度梯度成正比,即

$$f = \frac{dN}{A \, dt} = D \frac{\partial c}{\partial X} \tag{11-1}$$

式中:A 为电极面积,D 为扩散系数,N 为扩散物质的量,$\partial c / \partial X$ 表示浓度差梯度。设定电极反应速率很快,电流受扩散控制,即扩散到电极表面多少物质就对应产生多大的扩散电流。根据法拉第电解定律,某一时刻瞬间扩散电流 (i_d) 为

$$(i_d)_t = zFAf_{X=0,t} = zFAD \left(\frac{\partial c}{\partial X} \right)_{X=0,t} \tag{11-2}$$

在扩散场中,浓度的分布是时间 t 和距电极表面距离 X 的函数,即

$$c = \varphi(t, X) \tag{11-3}$$

求偏微分,可得

$$\left(\frac{\partial c}{\partial X} \right)_{X=0,t} = \frac{c - c_0}{\sqrt{\pi D t}} = \frac{c - c_0}{\delta} \tag{11-4}$$

式中:δ 为线性扩散层的有效厚度($\delta = \sqrt{\pi D t}$)。由于是受扩散控制,可设定电极表面物质浓度(c_0)为零。将式(11-4)代入式(11-2),得

$$(i_d)_t = zFAD \frac{c}{\sqrt{\pi D t}} \tag{11-5}$$

由于汞滴呈周期性增长,使其有效扩散层厚度 δ 减小,仅为线性扩散厚度的 $\sqrt{3/7}$,则

$$\delta = \sqrt{\frac{3}{7}\pi D t}$$

$$(i_{d})_{t} = zFAD\frac{c}{\sqrt{\pi D t \times 3/7}} \tag{11-6}$$

考虑滴汞电极的汞滴面积是时间的函数，t 时的汞滴面积为

$$A_{t} = 0.85 \times m^{2/3} t^{2/3} \tag{11-7}$$

将式(11-7)代入(11-6)，得

$$(i_{d})_{t} = 708 \times zD^{1/2} m^{2/3} t^{1/6} c \tag{11-8}$$

在一个滴汞周期内，扩散电流的平均值(图 11-5)为

$$(i_{d})_{平均} = \frac{1}{t}\int_{0}^{t}(i_{d})_{t}\,dt = 607 zD^{1/2} m^{2/3} t^{1/6} c \tag{11-9}$$

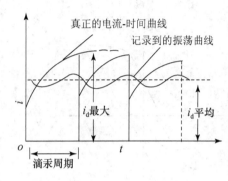

图 11-5　滴汞电极的电流时间曲线

上式即为扩散电流方程，也称伊尔科维奇(Ilkovic)方程。(i_{d}) 为滴汞上的平均电流(μA)，z 为电极反应中转移的电子数，D 为扩散系数，t 为滴汞周期(s)，c 为待测原始浓度($mmol \cdot L^{-1}$)，m 为汞流速度($mg \cdot s^{-1}$)。滴汞电极上的电流-时间曲线如图 11-5 所示。

扩散电流方程中，z、D 取决于被测物质的特性，将 $607 zD^{1/2}$ 定义为扩散电流常数，用 I 表示，I 越大，测定越灵敏；m、t 取决于毛细管特性，将 $m^{2/3} t^{1/6}$ 定义为毛细管特性常数，用 K 表示，则扩散电流方程可写成

$$(i_{d})_{平均} = IKc \tag{11-10}$$

11.2.2　影响扩散电流的因素

1. 溶液搅动的影响

当温度一定时，在一定的底液中，对于某一被测物质，由于 z 和 D 取决于待测物质的性质，所以扩散电流常数 I 为一定值，应与滴汞周期无关，但与实际情况不符，如图 11-6 所示，当滴汞周期较小时，电流常数 I 随滴汞周期增加而变，滴汞周期超过一定值后 I 才恒定。产生这种现象是由于汞滴的滴落使溶液产生搅动。加入动物胶(质量分数 0.005%)使溶液黏度增大，减少溶液扰动，可以使滴汞周期降低至 1.5 s，也说明了这一问题。

2. 被测物浓度影响

被测物浓度对扩散电流的影响体现在浓度较大时，汞滴上析出的金属多，形成的汞齐改变了汞滴表面性质，故极谱法适用于测量低浓度试样。另外，试样组成与浓度也影响到溶液的黏度，黏度越大，则扩散系数 D 越小。D 的改变也将影响到扩散电流的变化。

3. 其他影响

在扩散电流方程中，除 z 外，其他各项均与

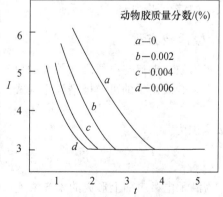

图 11-6　动物胶含量和滴汞周期与扩散电流的关系

温度有关。实验表明,在室温下,扩散电流的温度系数为+0.013/℃,即温度每升高1℃,扩散电流约增大1.3%。因此在测定过程中,温度应控制在0.5℃范围内,使温度引起的误差小于1%。另外,滴汞电极的汞柱高度直接影响到滴汞周期(和汞流速 m),测定过程中也需要保持恒定。

11.2.3　极谱波类型

依据参加电极反应物质的类型,可将极谱波分为简单金属离子极谱波、配位离子极谱波和有机化合物极谱波。按电极反应类型极谱波可分为可逆极谱波、不可逆极谱波、动力学极谱波与吸附极谱波。可逆极谱波是指极谱电流受扩散控制。当电极反应速率较慢而成为控制步骤时,极谱电流受电极反应控制,这类极谱波为不可逆极谱波。不可逆极谱波的波形倾斜,具有明显的超电位,即达到同样大小的扩散电流,在不可逆极谱波中需要更大的电位,但电位足够负时,也形成完全浓差极化,可用于定量分析,如图11-7所示。

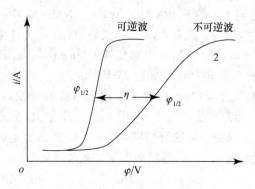
图 11-7　可逆波与不可逆波

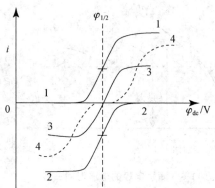
图 11-8　还原波、氧化波及综合波
1—氧化态的还原波　　2—还原态的氧化波
3—可逆综合波　　　　4—不可逆综合波

按电极反应的性质,极谱波还可以分为还原波、氧化波和综合波。还原波是指物质的氧化态在滴汞电极(阴极)发生还原反应所形成的极谱波,而氧化波则反之。综合波是指溶液中同时存在被测物质的氧化态和还原态,当滴汞电极电位较负时,产生还原反应,得到阴极波;而当电位较正时,产生氧化反应,得到阳极波。若电位由正到负或由负到正变化时,即可得到阴极波和阳极波的综合波,如图11-8所示。

11.2.4　极谱波方程

描述极谱波上电流与电位之间关系的数学表达式称为极谱波方程式。下面首先讨论可生成汞齐的简单金属离子的可逆极谱波方程式。金属离子在汞滴上的电极反应为

$$M^{n+} + ze^- + Hg \Longrightarrow M\text{-}Hg(汞齐)$$

滴汞电极电位为

$$\varphi_{de} = \varphi^{\ominus} + \frac{RT}{zF} \ln \frac{a(Hg) \cdot \gamma_M c_M^0}{\gamma_a c_a^0} \tag{11-11}$$

式中: c_a^0 为滴汞电极表面上形成的汞齐浓度; c_M^0 为可还原离子在滴汞电极表面的浓度; γ_a, γ_M 分别为活度系数。由于汞齐浓度很稀, $a(Hg)$ 不变,则

$$\varphi_{de} = \varphi^{\ominus} + \frac{RT}{zF} \ln \frac{\gamma_M c_M^0}{\gamma_a c_a^0} \tag{11-12}$$

极限扩散电流公式可写成以下形式

$$i_d = K_M c_M \tag{11-13}$$

在未达到完全浓差极化前，c_M^0 不等于零，则扩散电流

$$i = K_M (c_M - c_M^0) \tag{11-14}$$

式(11-13)减式(11-14)，得

$$i_d - i = K_M c_M^0 \tag{11-15}$$

$$c_M^0 = \frac{i_d - i}{K_M} \tag{11-16}$$

根据法拉第电解定律，还原产物的浓度（汞齐）与通过电解池的电流成正比，析出的金属从汞滴表面向中心扩散，则

$$i = K(c_a^0 - 0) = K_a c_a^0 \tag{11-17}$$

$$c_a^0 = i/K_a \tag{11-18}$$

将式(11-18)和式(11-16)代入式(11-12)，得

$$\varphi_{de} = \varphi^{\ominus} + \frac{RT}{zF} \ln \frac{\gamma_M K_a}{\gamma_a K_M} + \frac{RT}{zF} \ln \frac{i_d - i}{i} \tag{11-19}$$

在极谱波的中点，即 $i = i_d$ 时，代入上式，得

$$\varphi_{1/2} = \varphi^{\ominus} + \frac{RT}{zF} \ln \frac{\gamma_M K_a}{\gamma_a K_M} = 常数 \tag{11-20}$$

则

$$\varphi_{de} = \varphi_{1/2} + \frac{RT}{zF} \ln \frac{i_d - i}{i} \tag{11-21}$$

上式即为简单金属离子可逆还原波的极谱波方程式。由该式可以计算极谱曲线上每一点的电流与电位值。当 $i = i/2$ 时的 $\varphi = \varphi_{1/2}$ 称为半波电位，与离子浓度无关，可作为极谱定性的依据。由扩散电流方程，式(11-20)中的 K_a/K_M 也等于 $D_a^{1/2}/D_M^{1/2}$。对于可逆波来说，同一物质在相同的条件下，其还原波与氧化波的半波电相位同，见图 11-8。在实际应用中，极谱分析中的半波电位可以使用的范围有限，一般不超过 2 V。在一张极谱图上只可能分析几种离子，故利用半波电位定性的实际意义不大，但可利用其来选择分析条件，避免干扰。半波电位数据可从有关手册中查阅。

极谱分析不但可利用还原波进行定量分析，也可利用氧化波。同理，可得氧化波方程式

$$\varphi_{de} = \varphi_{1/2} - \frac{RT}{zF} \ln \frac{i_d - i}{i} \tag{11-22}$$

综合波方程式为

$$\varphi_{de} = \varphi_{1/2} + \frac{RT}{zF} \ln \frac{(i_d)_c - i}{i - (i_d)_a} \tag{11-23}$$

式中：下标 c、a 分析表示还原波和氧化波，氧化波与还原波具有相同的半波电位。溶液中只有氧化态时，则 $(i_d)_a = 0$，式(11-23)变为氧化态方程式；只有还原态时，则 $(i_d)_c = 0$，上式变为还原态方程。对于不可逆极谱波，氧化波与还原波具有不同半波电位。

对于简单金属配位离子，其极谱波方程式与式(11-21)相似，不同之处在于两者的半波电位不同，要比简单离子的半波电位负，差值的大小与配位离子的稳定常数有关。稳定常数越大，半波电位越负。对于混合离子试样，利用这一性质，可避免波的重叠。如 Cd^{2+} 与 Tl^+ 在中性 KCl 底液中，半波电位非常接近而重叠，无法进行分析。但在氨-氯化铵底液中，Cd^{2+} 与氨生配位物，两者的半波电位差增大，则可实现两者的同时分析。

11.3　干扰电流及其消除办法

在极谱分析中,除上述扩散电流外,还有其他原因引起的电流,它们与被测的浓度无关,这些电流统称为干扰电流。常见的干扰电流有迁移电流、残余电流、极大现象和氧波等,在极谱分析中必须设法消除。

11.3.1　迁移电流

溶液中离子的移动,由三种原因造成,即扩散、对流和迁移运动。只要使溶液保持静止,在滴汞电极上不会有对流现象。极谱分析电解过程中,由于电解池的正极和负极对被测离子产生静电排斥或吸引,因此离子除有扩散作用外,也存在迁移现象。例如 Cd^{2+} 向电极表面的移动除受扩散力作用外,还受电场的静电引力作用。当滴汞电极电位为负时,滴汞电极对阳离子起静电吸引作用,由于这种吸引力,使 Cd^{2+} 的移动速度增加,在一定的时间内,将有更多的 Cd^{2+} 抵达滴汞电极表面而被还原。这种由静电引力而产生的电流,称为迁移电流(migration current)。迁移电流与被测物的浓度无关,应设法消除。

消除迁移电流的方法是在试液中加入大量电解质。由于电解质在溶液中电离为阳离子和阴离子,阴极对所有阳离子都有静电引力,因此作用于被测阳离子的静电引力大大减弱,以致由静电引力所引起的迁移电流趋近于零,从而达到消除迁移电流的目的。为消除迁移电流所加入的电解质称为"支持电解质",它们是一些导电良好,但在电解条件下又不起电极反应的所谓"惰性电解质",如 KCl、KNO_3、NH_4Cl、HCl、H_2SO_4 等。支持电解质的浓度,通常为 $0.1\ mol\cdot L^{-1}$。支持电解质导电能力好,可以降低电解池的电阻。支持电解质除有上述功效外,还常常能够提供合适的分析条件,如控制合适的 pH 或者对某些干扰离子具有选择性配合能力。配合后,这些离子的半波电位变得更负,甚至变为非电活性物质,干扰得以消除。常用做支持电解质的配合剂有柠檬酸盐、酒石酸盐、氰化物、氨和 EDTA 等。

11.3.2　残余电流

进行极谱分析时,外加电压虽未达到被测物的分解电位,但仍有很小的电流通过电解池,这种电流称为残余电流(residual current),如图 10-2 中的曲线 ab。产生残余电流的原因为:

(1) 溶液中存在着可在滴汞电极上还原的微量杂质

如溶解在溶液中的微量氧,普通蒸馏水中的铜或试剂引入的微量铁或汞电极溶解生成的 Hg_2^{2+} 和 Hg^{2+} 等。这些杂质在没有达到被测物的分解电位以前就已在滴汞电极上被还原,从而产生很小的电解电流,如果使用足够纯的试剂和水,这部分电流可降低至十分微小。

(2) 电解过程中产生充电电流(或称电容电流)

充电(电容)电流是残余电流的主要部分(图 11-9),也是提高极谱分析灵敏度的主要障碍,因此必须深入了解电容电流形成的原因、影响程度以及消除办法。

进行极谱分析时,用甘汞电极和滴汞电极组成电解池。滴汞电极短路时,汞滴的电位和溶液的电相位同,因此汞滴不带电荷。当电解池接上极谱装置

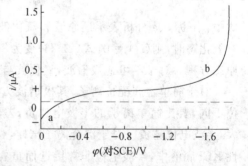

图 11-9　$0.1\ mol\cdot L^{-1}$ KCl 溶液的残余电流

而使外加电压为零(参见图 11-1)，此时滴汞电极和甘汞电极短路。由于甘汞电极上汞的表面带正电荷，当与滴汞电极短路时，甘汞电极就向滴汞电极充正电，使汞滴表面带正电荷，且吸引溶液中的阴离子而形成电双层。如果汞滴不落而是悬汞，则这一充电过程是瞬时的，当滴汞电极充电至具有甘汞电极的电位时，甘汞电极上的正电荷便停止流入。但由于滴汞电极的汞滴面积不断在改变，即汞滴不断长大，不断滴落，所以必须连续不断地向滴汞电极充电。这样便形成了连续不断的充电电流。此时该电流的方向与还原电流方向相反，为负电流，即阳极电流。当外加电压由零逐渐增大时，由于滴汞电极与外加电压的负极相连，汞滴从外加电压取得负的电荷抵消了部分正电荷，汞滴的正电荷减小，充电电流亦因之降低。如果外加电压逐渐增大，则充电电流便逐渐减小。当外加电压达到 -0.56 V(对 SCE)时，汞滴上的正电荷完全消失，汞滴就不带电荷，即达到零电点，此时充电电流为零。当外加电压继续增大时，汞滴带负电荷，此时产生正电流，即阴极电流。此后，外加电压增加，充电电流也相应地增加。通常充电电流可达 10^{-7} A 数量级，在测定 $10^{-5} \sim 10^{-6}$ mol·L^{-1} 的物质时，对测定的影响很大。充电电流的存在是提高极谱分析灵敏度的主要障碍，大多数情况用极谱法可测至 $10^{-5} \sim 10^{-2}$ mol·L^{-1}。

残余电流通常采用切线作图法扣除，也可用极谱仪设计的补偿装置进行补偿。

11.3.3　极谱极大

在极谱分析中常常在电解开始后，电流随着滴汞电极电位的负移而迅速增大到一个极大值。当滴汞电极电位变得更负时又下降到正常的扩散电流值，这样在极谱图上便出现了比扩散电流大得多的不正常的电流峰，它被称为极谱极大(polarographic maximum)或称畸峰(图 10-4)。极谱极大是极谱分析中常见的现象，大多数离子的极谱波都会出现极大，只有那些半波电位接近于汞的零电荷电位(-0.56 V)的离子才没有极大产生。如 Cd^{2+} 在 1 mol·L^{-1} KCl 溶液中便没有极大。极谱极大具有再现性，不论电位由正到负或由负到正，极大总是在一定电位内出现，电流的大小也是固定的。按畸峰形状和在极谱波中出现的位置不同，可分为两类。

1. 第一类极大

这类极大出现在还原(或氧化)波以前，通常是尖锐的峰状(如图 11-10)。极大峰高常相当于波高的 10 倍。由于极大的存在，影响波高的准确测量。这类极大发生的原因是由于汞滴表面电荷密度不均匀，使得汞滴表面张力不均匀而引起汞滴周围溶液的切向运动，使溶液中被电解离子过多地达到电极表面，因而电流显著增大。这类极大可以通过在溶液中加入极少量的表面活性物质而得到抑制，这些物质称为极大抑制剂。最常用的有明胶，Triton X-100(非离子表面活性剂)；或其他高分子有机化合物，如聚乙烯醇。几种表面活性物质混用，效果更好。极大抑制剂加入的量应尽可能少，过多时将产生吸附效应而使扩散电流无法测量。一般情况下，Triton X-100 和明胶加入后的质量分数分别为 0.002% 和 0.05%。

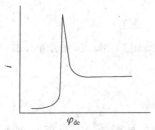

图 11-10　Pb^{2+} 离子的极大

(在 0.1 mol·L^{-1} KCl 中)

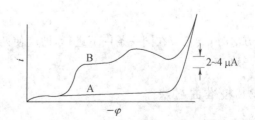

图 11-11　第二类极大

曲线 A—支持电解质　曲线 B—支持电解质＋可被还原物质

2. 第二类极大

这类极大是半圆形，它出现在极限扩散电流线段中部（如图 11-11）。这类极大形成的主要原因是汞滴流速过大而造成汞滴内部涡流，致使界面发生切向运动。如果降低储汞瓶高度，极大可减小。但最好是加入既能抑制第一类极大，同样也可以抑制第二类极大的表面活性物质。

11.3.4　氧波

由于溶液中总是溶解有少量溶解氧，当电解时，氧很容易在滴汞电极上还原，还原分两步进行，产生两个极谱波。

$$第一波 \qquad O_2 + 2H^+ + 2e \rightleftharpoons H_2O_2 \qquad (\varphi_{1/2} = -0.2\ V)$$

$$第二波 \qquad H_2O_2 + 2H^+ + 2e \rightleftharpoons 2H_2O \qquad (\varphi_{1/2} = -0.8\ V)$$

这两个波覆盖在一个较广的电位范围内，在此范围起波的物质，其极谱波将与氧波重叠，故氧有干扰。除氧的方法为：

(i) 在中性或酸性溶液中通入 N_2、H_2 或 CO_2 等气体，约 $10 \sim 15$ min 即可将氧载带出来。

(ii) 在碱性溶液中加入 Na_2SO_3（亚硫酸钠）将氧还原。在酸性溶液中不能用 Na_2SO_3。通常于微酸性溶液中加入抗坏血酸，以还原氧而除去干扰。

(iii) 在强酸性溶液中加入 Na_2CO_3 而生成大量的 $CO_2(g)$；或加入铁粉，因铁粉与酸作用，产生大量的 $H_2(g)$，利用 CO_2 或 H_2 将氧载带出来。

11.4　定量分析法

用极谱分析法作定量分析时，由 i_d 的大小，直接根据伊尔科维奇方程式计算浓度是困难的。而且因为影响扩散电流的因素很多，难以测准。因此在实际工作中都采用相对法定量，即只测量被测溶液和标准溶液极谱波的波高，随后进行比较，就可求出被测物质的含量。极谱定量分析方法一般有如下几种。

11.4.1　直接比较法

将浓度为 c_s 的标准溶液及浓度为 c_x 的试样溶液在同一实验条件下，分别制作极谱图并测得其波高 h_s 及 h_x，然后根据两者的波高及标准溶液的浓度，即可求出试样溶液的浓度。因为极谱波的波高（极限扩散电流）与被还原（或氧化）的离子浓度成正比，即

$$h_s = Kc_s, \quad h_x = Kc_x$$

合并两式，消去 K，得

$$\frac{h_s}{h_x} = \frac{c_s}{c_x}, \quad c_x = \frac{c_s h_x}{h_s} \tag{11-24}$$

采用本方法时，测定应在同一条件下进行，即应使两个溶液的底液组成、温度、毛细管、汞柱高度保持一致。

11.4.2　校准曲线法

分析大量同一类的试样时，采用校准曲线法较为方便。其方法是配制一系列标准溶液，在相同的实验条件下制作极谱图，分别测量其波高，将波高与相对应的浓度绘制校准曲线。然后

在相同实验条件下测试液的波高,再由校准曲线上找出其相应的浓度。

11.4.3 标准加入法

当分析个别试样时,常采用标准加入法。该方法是先取一定体积(V)未知溶液测其极谱波高(h_x),然后于其中加入一定体积(V_s)的相同物质的标准溶液(c_s),在同一实验条件下再测定其极谱波高(H),由波高的增加计算出被测物的浓度。由扩散电流公式,得

$$h_x = Kc_x, \quad H = K\left(\frac{Vc_x + V_sc_s}{V + V_s}\right)$$

合并以上两式,消去 K,即可求得被测物浓度(c_x)

$$c_x = \frac{c_sV_sh_x}{H(V+V_s) - h_xV} \tag{11-25}$$

由于加入标准溶液很少,底液浓度改变很小,对测定基本无影响。

在上述三种方法中,都需要测定波高。虽然波高 H(图中 h)代表极限扩散电流,但在定量分析方法中只测量相对的波高(以毫米或记录纸格数表示),而勿需测量扩散电流的绝对值。正确测量波高,对提高分析结果的准确度十分重要。测量波高的方法很多,有平行线法、矩形法和三切线法,其中以三切线法比较方便,它适用于不同波形,从而得到广泛使用。

三切线法是在极谱波上通过残余电流、极限电流和扩散电流分别作 AB、CD、EF 三条切线,AB 与 EF 相交于 O 点,CD 与 EF 相交于 P 点,通过 O 与 P 点作与横轴的平行线,此平行线间的垂直距离(h)即为波高H(图 11-12)。

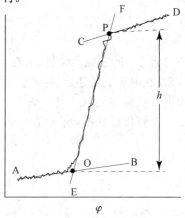

图 11-12 三切线法测量波高

11.4.4 极谱法存在的问题

虽然极谱法有许多优点,但还有下述不足之处。
(i) 因电容电流的存在,极谱分析法的灵敏度受到一定的限制。
(ii) 分辨率较低。分辨率是指相邻两个极谱波都能分别测量时,其半波电位必须相差的最少毫伏数。
(iii) 分辨比较差。分辨比是指能够准确测量后波的波高时,前波元素与后波元素可允许存在的最大浓度比。即当试样中含有大量组分较之被测组分更易还原时,由于大量组分产生很大的前波。而使微量被测组分的后波受到干扰。

为了克服上述缺点,人们又发展了各种现代极谱法。

11.5 现代极谱法

以上讲的极谱分析法是经典极谱法,过去已得到广泛应用。随着科技生产的发展,要测定痕量或超痕量的元素,经典极谱法已不能适应新的要求。故又发展了一些新的极谱分析法,其中已得到比较广泛应用的有极谱催化波法、单扫描极谱法、方波极谱法、脉冲极谱法等。这些方法在灵敏度、分辨率和分辨比等方面都优于经典极谱法(见表 11-1)。

表 11-1　几种极谱分析法的比较

方　　法	最低可测浓度/$(mol \cdot L^{-1})$	分辨率/mV	分辨比
经典极谱法	1×10^{-5}	100	10:1
单扫描极谱法	3×10^{-7}	40	400:1
方波极谱法	5×10^{-8}	40	20000:1
脉冲极谱法	1×10^{-8}	40	10000:1
极谱催化波法	1×10^{-9}	—	—

11.5.1　极谱催化波法

在经典极谱法的电极反应过程中,同时引入一个化学反应,将两者结合起来,使电解电流增大,从而提高方法的灵敏度,例如电极反应为

$$\underset{\text{(氧化态)}}{Ox} + ze \longrightarrow \underset{\text{(还原态)}}{Red} \qquad \text{(电极反应)}$$

在电解液中,如加入另一物质(氧化剂 Ox')使电极反应生成的 Red 又重新氧化为 Ox。

$$Red + Ox' \rightleftharpoons Ox + Red' \qquad \text{(化学反应)}$$

Red' 为 Ox' 的还原产物。Ox 在电极上被还原为 Red,Ox' 又很快地把 Red 氧化为 Ox,再生的 Ox 又在电极上被还原,这样就形成了一个电极反应-化学反应-电极反应的循环。这种情况称为电极反应与化学反应相平行。

在转化过程中,当反应达到稳恒状态时,整个反应可表示为

电极反应　$Ox + ze \longrightarrow Red$

化学反应　$Red + Ox' \longrightarrow Ox + Red'$

净反应　　$Ox' + ze \xrightarrow{Ox} Red'$

从上式看,反应中被测物(Ox)的浓度实际上没有变化,在反应中消耗的物质是 Ox',被测物(Ox)相当于催化剂,催化了 Ox' 的还原,所以在这种情况下,Ox 在电极上产生的电流称为催化电流。它与被测物(Ox)的浓度成正比,故可用此法定量。由此可见,极谱催化波法是利用均相平行转化步骤所产生的催化电流来测定痕量催化离子的方法。溶液中的 Ox' 应具有较强的氧化性,它在电极上应具有很大的超电位,这样,当被测物(Ox)在电极上被还原时,它尚不会被还原。催化电流除受 Ox、Red、Ox' 的扩散速率控制外,还受电极表面反应层中 Red 与 Ox' 的化学反应控制,这个化学反应速率快,催化电流就大,极谱分析的灵敏度也愈高。

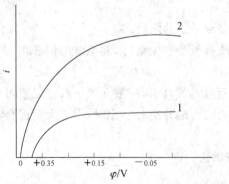

图 11-13　Fe^{3+} 在有 H_2O_2 存在时的极谱催化波

1—Fe^{3+} $(2 \times 10^{-4} \ mol \cdot L^{-1})$

2—H_2O_2 $(0.0147 \ mol \cdot L^{-1})$ + Fe^{3+} $(2 \times 10^{-4} \ mol \cdot L^{-1})$

例如,极谱法测定 Fe^{3+} 时,如溶液中有 H_2O_2 存在,便会产生催化波。H_2O_2 是很好的氧化剂,它在电极上还原时有很大的超电位,故 Fe^{3+} 在电极上被还原时,H_2O_2 不会被还原。Fe^{3+} 在 H_2SO_4 溶液中,在电极电位为 0.3 V 时开始还原,而 H_2O_2 在相当负的电位还原。两者共存时,即在含 Fe^{3+} 的 H_2SO_4 溶液中

加入少量 H_2O_2 时，Fe^{3+} 还原的极限电流大大增加（图11-13）。反应机理为

$$Fe^{3+} + e \longrightarrow Fe^{2+} \qquad\qquad （电极反应） \qquad ①$$

$$\left. \begin{array}{l} Fe^{2+} + H_2O_2 \longrightarrow OH^- + \cdot OH + Fe^{3+} \\[6pt] Fe^{2+} + \cdot OH \longrightarrow OH^- + Fe^{3+} \end{array} \right\} \quad 化学反应 \qquad \begin{array}{l} ② \\[6pt] ③ \end{array}$$

H_2O_2 氧化 Fe^{2+} 后产生 Fe^{3+} 和游离基 $\cdot OH$，它又能氧化 Fe^{2+} 为 Fe^{3+}，再生的 Fe^{3+} 又可在电极上被还原。因反应①和③进行很快，而反应②则较慢，因而反应②决定催化电流的大小。

在酸性介质中，H_2O_2 与 $Mo(Ⅵ)$、$W(Ⅵ)$ 或 $V(Ⅴ)$ 共存时也产生催化电流。例如 H_2O_2 与 $Mo(Ⅵ)$ 的作用，钼酸根离子（MoO_4^{2-}）先被 H_2O_2 氧化为过钼酸根（$Mo_2O_{11}^{2-}$），过钼酸根离子在电极上还原后又生成钼酸根离子，即

$$MoO_4^{2-} + 3H_2O_2 \longrightarrow Mo_2O_{11}^{2-} + 3H_2O$$

$$Mo_2O_{11}^{2-} + 6H^+ + 4e \longrightarrow 2MoO_4^{2-} + 3H_2O$$

用极谱催化波法可测定低至 2×10^{-7} mol·L^{-1} 的钼，2×10^{-8} mol·L^{-1} 钒和 1×10^{-6} mol·L^{-1} 钨。在极谱催化波分析中，氧化剂（Ox'）除 H_2O_2 外，尚有氯酸盐、高氯酸及其盐、硝酸盐、亚硝酸盐、盐酸羟胺、硫酸羟胺以及四价钒等。被分析的离子大多数是具有变价性质的高价离子，如 $Mo(Ⅵ)$、$W(Ⅵ)$、$V(v)$、$U(Ⅵ)$、$Ti(Ⅳ)$、$Te(Ⅳ)$、Co^{2+}、Ni^{2+} 等。

除平行催化波外，还有吸附催化波以及氢催化波。这里不再介绍。

极谱催化波法的实验和经典极谱法相同，当电极上或电极过程中不存在吸附现象时，催化波的波形与经典极谱波相同。极谱催化波法具有较高灵敏度，一般可达 $10^{-8}\sim10^{-9}$ mol·L^{-1}。

11.5.2　示波极谱法

应用阴极射线示波器进行测量的极谱分析法，称为示波极谱法（oscillopolargraphy）。示波极谱法分为两类：(i) 一类方法似经典极谱法，也是记录电流-电位曲线，称为线性扫描示波极谱法；(ii) 另一类所加的电解电压是恒振幅的交流电压，用示波器记录电压随时间变化曲线，故称交流示波极谱法。目前，应用较多的是线性扫描示波极谱法，也称为单扫描极谱法。

单扫描极谱法是在滴汞电极上施加适当大小的成直线变化的电压，所得示波极谱曲线如图 11-14。由于加入的电压扫描速率很快，当达到被测物的分解电位时，被测物在电极上迅速地被还原，因而产生很大的电流。由于电极反应很快，被测物在电极表面的浓度剧烈降低，当继续增加电压时，由于溶液中被测物还来不及扩散至电极表面，电流因而减小，所以在电流-电位曲线中呈畸峰状。峰电流（i_p）又称峰高；对应于峰电流的电极电位称为峰电位（φ_p），峰电流值一半所对应的电极电位称为半峰电位（$\varphi_{p/2}$）（图 11-14）。对于可逆电极反应，i_p 与被测离子浓度的关系为

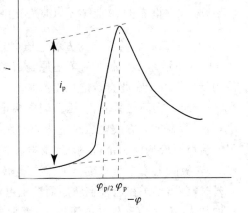

图 11-14　单扫描极谱图

$$i_p = 2.72 \times 10^5 z^{3/2} D^{1/2} v^{1/2} Ac$$

式中：z 为电极反应中的电子转移数，D 为扩散系数($cm^2 \cdot s^{-1}$)，v 为电压扫描速率($V \cdot s^{-1}$)，A 为电极面积(cm^2)，c 为被测物浓度($mol \cdot L^{-1}$)。在一定的工作条件下，峰电流与被测物浓度成正比，故测 i_p 可进行定量分析。

一定离子浓度下，峰电流比极限扩散电流大很多。单扫描极谱法的电容电流较经典极谱法小，故单扫描极谱法的灵敏度和分辨率比较高，一般可测至 10^{-7} $mol \cdot L^{-1}$，分辨率可达 40 mV。

11.5.3　方波极谱法

方波极谱法(square wave polarography)是交流极谱法的一种，它是从经典极谱发展起来的。在方波极谱中，如经典极谱法那样，向电解池均匀而缓慢地加入直流电压时，同时又叠加一低频率(50～250 Hz)小振幅(10～30 mV)的交流方形波电压，因此通过电解池的电流，除直流成分外，还有交流成分。通过测量不同外加直流电压时交变电流的大小，得到交变电流-直流电压曲线，可以进行定量分析。

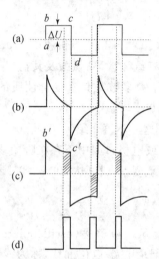

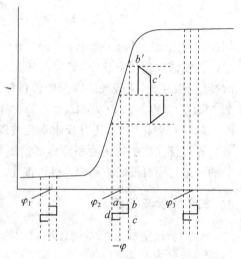

图 11-15　消除电容电流的工作原理示意
(有阴影部分表示记录的电解电流)　(a) 方波电压　(b) i_c 变化情况　(c) 电解电流变化情况　(d) "闸门"开放情况

图 11-16　方波电压叠加于直流电压时电解电流的变化情况

图 11-15(a)为所叠加的方波电压，当方波电压叠加在缓慢变化的直流电压上时，其情况如图 11-16 所示。图中曲线为可还原金属离子的可逆极谱波，设外加直流电压使滴汞电极的电位为 $-\varphi_1$。由于在此直流电压上叠加一个振幅很小的方波电压(ΔU)，这时滴汞电极的电位将在 $-\varphi_1 \pm \Delta\varphi$ 之间交替变化，因此时电极电位尚不足以使金属离子还原，故仅有残余电流通过电解池，所叠加的方波电压对电流亦不发生影响。同样，若滴汞电极电位为 $-\varphi_3$，此时处于极限电流所对应的电位范围内，滴汞电极的电位在 $-\varphi_3 \pm \Delta\varphi$ 之间交替变化，所加的方波电压(ΔU)对极限电流亦无影响。如果在金属离子的起波范围内，即外加电压使滴汞电极电位为 $-\varphi_2$ 时，金属离子在电极上还原而产生电流(i)；因叠加方波电压自 a 至 b[图 11-15(a)]，使电压增加为 ΔU。由于外加电压增加，滴汞电极电位降低，即由 $-\varphi_2$ 突变至 $-\varphi_2 - \Delta\varphi_0$。由于滴汞电极电位变得更负，金属离子就更为迅速地在电极上还原，电流由 i 变为 $i+\Delta i$，即还原电流增加。当方波由 c 至 d 时，则电极电位为 $-\varphi_1 + \Delta\varphi$，原被还原的离子此时又迅速被氧化，使还原电流降低，即变为 $i-\Delta i$。所以在这种情况下，不但有电解电流(扩散电流)，而且它将随叠

加方波电压的变化而随之呈方波形状的变化[图 11-15(c)]。方波由 b 至 c 时,方波电压保持不变,这时随着电解的延缓,电极表面的金属离子因电解的进行而愈来愈小,因而扩散层厚度愈来愈增加,最后导致扩散电流衰减,可在图 11-15(c)中看到 $b'c'$ 是向下倾斜的。

　　以上讨论的是在电流电压叠加方波电压时电解电流的变化情况。现在再来看叠加方波电压时电容电流变化情况。设方波电压叠加在滴汞电极电位 $-\varphi_1$ 处,此时电极上无电极反应,无电解电流产生。在这种情况下,电解池的等效电路相当于一个电容器和一个电阻串联,如图11-17所示:C 表示滴汞电极的电双层电容,R 为包括溶液内阻在内的整个回路的电阻。当方波电压叠加时,滴汞电极上的电双层立即充电,而产生较大的充电电流。随着充电的进行,电双层的电压不断增高,充电电流不断减小,直到电双层充满时,充电电流为零。当方波变至另一半周时,立即放电而产生较大的放电电流(反向电流)。放电电流与充电电流相同,也是随时间的延续而愈来愈小,最后变为零[图 11-15(b)]。

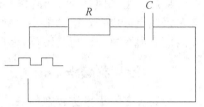

图 11-17　不发生电解反应时电解池的等效电路

方波电压周期性地变化着,充电和放电过程也随之不断变化。已知充电电流(i_c)有如下关系

$$i_c = \frac{\Delta U}{R} e^{-t/RC}$$

式中:ΔU 为方波电压振幅,t 为时间。从上式可知,充电电流的衰减($\propto e^{-t/RC}$)比电解电流(扩散电流)的衰减($\propto t^{\frac{1}{2}}$)快得多。当 $t=RC$ 时,$e^{-t/RC}=e^{-1}=0.368$,即此时 i_c 为开始时($t=0$)的 36.8%;当 $t=5RC$ 时,$e^{-t/RC}=e^{-5}=0.0067$,即经过 $5RC$ 时间后 i_c 只有原来的 0.67%。因此,只要 t 比 RC 足够大,充电电流就可以衰减到可忽略不计的程度。

　　由上述可见,只要方波的半周期远大于电解池的时间常数 RC,就可以设计一种仪器。当 i_c 降至近零以后,在方波电压改变方向以前的一个很短时间,开放记录闸门,记录此时的电流[图 11-15(d)]。在这种情况下,充电电流很小,所记录的电流基本上是电解电流,这就避免了充电电流的影响,使方法的灵敏度大大提高。对于可逆性好的离子,可测下限为 $4\times10^{-8} mol \cdot L^{-1}$。

　　前述已知,当在直流电压上叠加一个振幅很小的方波电压时,此方波电压在起波前或在达极限电流后的电压范围内,对电流影响很小,只在起波范围内影响较大,以在半波电位处为最大。因为经典极谱波在半波电位时,曲线斜率最大,方波极谱所得极谱波为峰形,有较强的分辨能力。对于可逆性好的物质,半波电相位差 40 mV 即可分开。

　　对可逆方波极谱过程,方波极谱波的峰电流(i_p)与参与电极反应的物质浓度关系为

$$i_p = KAz^2 D^{1/2} \Delta U f^{1/2} c \tag{11-26}$$

式中:A 为电极面积(cm^2),D 为电极反应物扩散系数($cm^2 \cdot s^{-1}$),z 为电极反应转移的电子数,ΔU 为方波电压振幅,f 为方波频率(一般振动子方波极谱仪的频率固定为 225 Hz,因此该项可并入常数项)。

　　在进行方波极谱分析时,应注意以下几个问题。

　　(i) 方波极谱法不需加入表面活性物质来抑制极谱波的极大,溶液中也不应存在表面活性物质。因为在电极上吸附表面活性物质后,使电极反应速率受到阻滞,电极和溶液表面的电双层电容也会改变,以致影响测定结果。

　　(ii) 方波极谱法同样需要加入支持电解质,以消除迁移电流。但为了使电解池回路 RC 值小于方波半周期以有效地消除电容电流,需加入更多的支持电解质以降低 R 值。例如,通

常在 $1 \text{ mol} \cdot \text{L}^{-1}$ HCl 或 $2 \text{ mol} \cdot \text{L}^{-1}$ KCl 的底液中进行测定。这样就可能从试剂中引入较多的杂质,使空白增大,灵敏度和准确度都受影响,对痕量物质的测定不利。

(iii) 在方波极谱中,由于叠加较高频率的电压,对电极反应可逆性低的物质,所得波谱峰较低,可逆性差的物质有时甚至不出峰,故其应用范围受一定限制。

(iv) 毛细管噪声较重。这种噪声远高于仪器噪声,因而影响到灵敏度的进一步提高。毛细管噪声产生原因是:由于滴汞下落时,毛细管中汞线收缩,在靠近毛细管壁上吸进溶液。溶液在汞线上形成一层很薄的不规则液层,因而产生不规则的电解电流和电容电流。而每一汞滴滴落后所形成的液层又不同,因此就以噪声的形式表现出来。

11.5.4 脉冲极谱法

为克服方波极谱法存在的缺点,以进一步提高灵敏度和分辨率,在方波极谱法的基础上发展起来脉冲极谱法(pulse polarography)。脉冲极谱法也是在直流电压上叠加方波,但方波频率较低,且叠加方式不同。在方波极谱法中,方波是连续的;而脉冲极谱法是在每一滴汞生长末期叠加方波脉冲电压。根据所加方波脉冲电压的不同,脉冲极谱法可分为微分脉冲极谱法(differential pulse polarography)和常规脉冲极谱法(normal pulse polarography)。

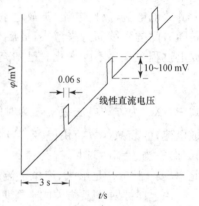

图 11-18　微分脉冲极谱施加的电压波形
$\text{d}\varphi_{直流}/\text{d}t = 0.1 \text{ V} \cdot \text{min}^{-1}$

1. 微分脉冲极谱法

这种方法是于汞滴成长末期,在直流线性扫描电压上叠加一个 $10 \sim 100 \text{ mV}$ 的脉冲电压,脉冲持续时间 $4 \sim 80 \text{ ms}$(例如 60 ms),如图 11-18 所示。当线性扫描直流电压到达被测物的分解电位时,所加的脉冲电压就使电极产生脉冲电解电流和电容电流,它们的衰减分别正比于 $t^{1/2}$ 和 $\text{e}^{-t/RC}$。因此适当延迟后,电容电流几乎衰减近于零,而电解电流仍相当大。如果在脉冲电压叠加前 t_1 时(图 11-19),先取一次电流试样,在脉冲叠加后,经适当延迟至脉冲末期(t_2),再取一次电流试样,差分得 Δi,作为输出信号记录下来,即是扣除了电容电流后的纯脉冲电解电流(图 11-19)。按如此程序,在相同时间区间里记录其 Δi,即得到脉冲极谱波,其波形呈峰状(图11-20),似方波极谱。在这种情况下,电容电流已衰减到几乎为零,所以信噪比进一步提高,使检出下限可达 $10^{-8} \text{ mol} \cdot \text{L}^{-1}$,分辨率达 25 mV,可谓目前较理想的极谱分析法。

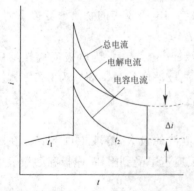

图 11-19　微分脉冲极谱的电流-时间曲线

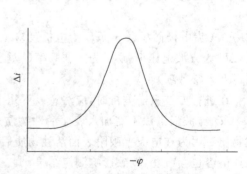

图 11-20　微分脉冲极谱图

由于脉冲极谱法中叠加脉冲电压的持续时间(如 60 ms)比方波极谱法(如 2 ms)长 10 倍以上,因此按电容电流的衰减式

$$i_c = \frac{\Delta U}{R} e^{-t/RC}$$

t 增加 10 倍,R 也增加 10 倍,则仍足以使电容电流得到足够衰减。因为允许的 R 增加,则使用的支持电解质的浓度就可以低得很多,一般可在 $0.01\sim0.1$ mol·L^{-1} 范围内,这样就大大降低了分析的空白值。另外,毛细管的噪声是随时间而衰弱的,其衰减速度比电容电流随时间的衰减来得快,因此脉冲持续时间增加可使毛细管噪声也得到充分衰减。脉冲时间较长的另一个好处是,对于电极反应速率较缓慢的不可逆电对,其灵敏度也有所提高,因此脉冲极谱应用范围较广泛,可用于许多有机物的测定。

2. 常规脉冲极谱法

常规脉冲极谱法也称积分脉冲极谱法,与微分脉冲极谱法不同之处是所加的电压阶梯形脉冲(图 11-21),其振幅在某一恒定预置的基础上增加。方波脉冲加入以后,不能马上测量电流,因它能产生电容电流,必须等电容电流衰减至很小时再测,此时毛细管效应也可以得到充分衰减。此法得出的波形类似于经典极谱波。由于脉冲加入至电流开始测量之间的时间比汞滴下落的时间短得多,因此脉冲极谱测量电流变化的极限值要比经典极谱的极限扩散电流大得多,因而灵敏度得到明显提高。常规脉冲极谱波(曲线 A)与经典极谱波(曲线 B)比较见图 11-22。

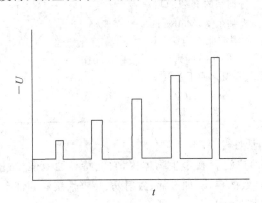

图 11-21　常规脉冲谱施加的电压波形

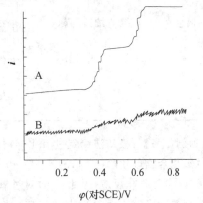

图 11-22　Pb^{2+} 和 Cu^{2+} 混合溶液极谱图

曲线 A—常规脉冲极谱图　曲线 B—经典极谱图

脉冲极谱法的应用范围较广,原则上经典极谱法能测定的物质,脉冲极谱法都能测定。脉冲极谱法对于有机药物的痕量分析很有用,对某些有机物的同分异构体也能分辨,例如 7×10^{-5} mol·L^{-1} 的顺式丁烯二酸和反式丁烯二酸在 NH_3·H_2O-NH_4Cl 底液中微分脉冲极谱上可得两个峰,峰电位分别为 -1.40 V 和 -1.75 V,相差 0.35 V。

11.6　极谱分析法在医药卫生领域中的应用

由于极谱分析法具有灵敏、准确、分辨率高、快速等优点,因此极谱分析法广泛应用于冶金、地质、化学化工、环境检测、食品分析、生物化学、医药卫生及医学检验中。就测定的成分来说,凡能在滴汞电极上起氧化还原反应的物质都可以用极谱法直接测定。这些物质可分为三大类,即金属离子、金属配合物和有机化合物。在整个周期表中除少数元素不起电极反应外,

大多数元素均可用极谱法测定。其中最为常见的有 Cu、Cd、Zn、Pb、Sn、Sb、Ni、Co、In、Ti、Fe、Cr、Mn、Bi 等,非金属元素如 As、O、Se、Te、卤素（Cl^-、Br^-、I^-、BrO_3^-、IO_3^-）等和 S（S^{2-}、SO_3^{2-}、$S_2O_3^{2-}$）等。凡能在电极上被还原的有机物,如硝基、亚硝基、偶氮、偶氮羟基化合物、醛、酮、醌类化合物、不饱和化合物、杂环化合物、卤化物、过氧化合物、含硫化合物及砷化物等,以及能在电极上被氧化的有机物如氢醌类化合物、维生素 C 等,都可以用极谱法分析。由于极谱催化波法、单扫描极谱法、方波极谱法和脉冲极谱法有较高的灵敏度和分辨率,所以在医学卫生领域应用较多,尤其是脉冲极谱法。表 11-2 给出现代极谱法在医学检验中的一些应用。

表 11-2　近代极谱法在医学检验中的应用

分析试样	被测物	极谱分析方法	支持电解质	灵敏度/($\mu g \cdot mL^{-1}$)
尿	Cd	脉冲	HAc+KAc	$0.6 \sim 6.7 \times 10^{-3}$
全血	Pb	脉冲	HAc+KAc	$0.125 \sim 0.280$
血浆	Cd	脉冲	HAc+KAc	$< 126.1 \times 10^{-3}$
血液	1,4-苯并二氮杂䓬(药物)	脉冲	$H_3PO_4+KH_2PO_4$ (pH=4)	1×10^{-8}
药物	青霉素	脉冲	NaOH	0.4
药物	四环素	脉冲	乙酸缓冲液	0.36
维生素类	抗坏血酸	脉冲	乙酸缓冲液 饱和的 $Na_2C_2O_4$	$0.2 \sim 0.025$
细菌色素	海生细菌色素	单扫描	麦基尔文(McIlvaine) 缓冲液+CH_3OH	50
血	Sb	催化波	$HCl+CoCl_2$+ 溴化四丁基铵	0.015
血	Mo	催化波	$H_2SO_4+KClO_3$+ 苦杏仁酸	1×10^{-4}

【示例 11-1】　极谱法测定过氧化合物歧化酶的活性[①]

过氧化合物歧化酶(superoxide dismutase, SOD)广泛存在于生物体内,它能特异性地催化过氧离子(O_2^-)的歧化反应,因此 SOD 对过氧离子所导致的疾病,如炎症、放射病、免疫性疾病等都有较好的疗效。目前认为 SOD 是具有较高临床价值的药用酶。

测定 SOD 的原理是在 TPO(三苯基氧化磷)存在下,由于 SOD 能催化过氧离子生成 O_2 和 H_2O_2,从而增加了反应层中 O_2 的浓度,使极谱波增高,根据波高的增值,可以计算 SOD 的活性。该法灵敏度较高,重复性较好,不受血清干扰。

仪器　883 型笔录式极谱仪

操作步骤　以含有 1.8×10^{-3} mol·L^{-1} TPO,8％甲醇和 0.025 mol·L^{-1} 硼砂缓冲液为底液,并调 pH 为 9.5,以滴汞电极为指示电极(阴极),甘汞电极为参比电极,在 0～-1.7 V 范围内进行扫描。量取波高作为空白值。精确移取 55 $\mu g \cdot mL^{-1}$ 的 SOD 标准溶液 0.025,0.075,0.100,0.125,0.150 mL,分别加入硼砂缓冲液中,在上述条件下扫描。以其极谱波高减去空白波高,所得值记为 y,以 y^2 为纵坐标,以 SOD 活性为横坐标,绘制工作曲线。在同样条件下测定试样的极谱波高,以其 y^2 值在工作曲线上查出相应的 SOD 活性。

---

①　赵学蓝,张天民. 药物分析,7(1): 10,1987

【示例 11-2】　人发中痕量硒的测定[①]

研究发现患消化道癌症病人的发硒含量明显低于健康人的发硒含量。

仪器　JP-1A 型示波极谱仪。

操作步骤　称取 $0.1 \sim 0.3$ g 洗净的发样于 150 mL 烧杯中，加入 $10 \sim 20$ mL 硝酸，加盖表面皿，在电热板上溶解，蒸发至 $3 \sim 4$ mL，而后定量移入 30 mL 坩埚中，再加入高氯酸 $3 \sim 4$ mL 蒸发到近干(若试样分解还不完全，则再加入硝酸几毫升，高氯酸 $1 \sim 2$ mL，再蒸发到近干)。冷却后加入蒸馏水 12 mL，高氯酸 20 滴，摇匀转入 50 mL 容量瓶中；再加入缓冲液 5 mL，作极谱图前加入 3% 碘酸钾溶液 5 mL，用水稀释至刻度，摇匀。于 -0.9 V 左右记录峰高，根据试样峰高在校准曲线上求发硒含量。

【示例 11-3】　单扫描极谱法测定人发和血清中微量铁[②]

本文在文献的基础上，利用 Fe-5-Br-PADAP 配合物在 HAc-NaAc 介质中产生的灵敏、稳定的阴极吸附催化波，提出了单扫描示波极谱法测定人发和血清样品中微量铁的方法。本方法具有取样量小、抗干扰性能强、灵敏、快速、简便等优点，适合基层有关单位普及应用。

仪器　JP-2 型示波极谱仪(成都分析仪器厂)，三电极系统，Orion 811 型 pH 计。

操作步骤　取一定量铁标准溶液于 10 mL 烧杯中，分别加入无水乙醇和 5-Br-PADAP 溶液各 1 mL，然后加 HAc -NaAc 缓冲液至 10 mL 体积，在 JP-2 型示波极谱仪上，于起始电位 -0.30 V(对 SCE)扫描，记录 -0.48 V 处一次导数波高。

取血清 0.1 mL，同上述方法处理成 1 mL 样品溶液，按实验方法测定。

习　题

11.1　什么是伊尔科维奇方程式？在怎样的条件下平均极限扩散电流与被测离子的浓度成正比？

11.2　极谱分析中为什么要加入大量支持电解质？常用的支持电解质有哪些？

11.3　何谓迁移电流？怎样消除迁移电流对极谱分析的影响？

11.4　何谓残余电流？它是怎样产生的？如何扣除残余电流？

11.5　何谓脉冲极谱？它和经典极谱相比有何特点？为什么？

11.6　电容电流产生的原因是什么？脉冲极谱法如何消除电容电流？

11.7　在 883 型极谱仪上，在 0.1 mol $\cdot$ L^{-1} KCl 和 0.05% 的动物胶溶液中，测定某一未知镉溶液。测定前通氮除氧。从 $-0.50 \sim 1.00$ V(对于 SCE)测极谱波，汞滴滴落时间为 2.47 s，流速为 3.30 mg $\cdot$ s^{-1}。以不同浓度的 Cd^{2+} 标准溶液测得下列一组数据(见下表)。在同样条件下，测得未知 Cd^{2+} 溶液的波高(已扣除残余电流)为 60.0 mm。

$c(Cd^{2+})/(mmol \cdot L^{-1})$	0.00	0.20	0.50	1.00	1.50	2.00	2.50
波高/mm	4.5	11.0	21.0	37.5	54.0	70.5	86.5

(1) 试求该未知 Cd^{2+} 溶液的浓度；

(2) 试说明加入 0.1 mol $\cdot$ L^{-1} KCl, 0.05% 动物胶以及除 O$_2$ 的目的。

---

① 都昌杰主编. 环境监测与极谱技术. 北京：中国展望出版社,1986

② 孙延一、田淑珍等. 分析化学进展,电分析化学,5(6)：10,1994

$(1.69 \times 10^{-3} \text{ mol} \cdot \text{L}^{-1})$

11.8　某 Pb^+ 溶液的极限扩散电流为 $1.50 \, \mu A$。于 50.0 mL 溶液中加入 10.0 mL Pb^{2+} 标准溶液(浓度为 $10 \text{ mmol} \cdot \text{L}^{-1}$),测得此时极限扩散电流为 $22.5 \, \mu A$,计算 Pb^{2+} 溶液的原始浓度。

$(2.5 \text{ mmol} \cdot \text{L}^{-1})$

11.9　溶解 0.0100 g 含镉试样,测得其极谱波高 41.7 mm。在相同条件下测得含镉 150、250、350 及 $500 \, \mu g$ 的标准溶液的波高分别为 19.3、32.1、45.0 及 64.3 mm。计算试样中 Cd 的质量分数。

(3.24%)

11.10　用极谱法测定未知铅溶液。取 25.00 mL 的未知铅溶液,测得扩散电流为 $1.86 \, \mu A$。然后在同样实验条件下,加入 $2.12 \times 10^{-3} \text{ mol} \cdot \text{L}^{-1}$ 的铅标准溶液 5.00 mL,测得其混合溶液的扩散电流为 $5.27 \, \mu A$。试计算未知铅溶液的浓度。　$(1.77 \times 10^{-4} \text{ mol} \cdot \text{L}^{-1})$

11.11　3.00 g 锡矿试样,以 Na_2O_2 熔融后溶解之,将溶液转移至 250 mL 容量瓶中,稀释至刻度。吸取稀释后的试液 25.00 mL 进行极谱分析,测得扩散电流为 $24.9 \, \mu A$。然后在此溶液中加入 5.00 mL 浓度为 $6.00 \times 10^{-3} \text{ mol} \cdot \text{L}^{-1}$ 的锡标准溶液,测得扩散电流为 $28.3 \, \mu A$。计算矿样中锡的质量分数。

(3.26%)

11.12　根据如下极谱数据,计算试样中铅的含量(铅的相对原子质量为 207.2),以 $\text{mg} \cdot \text{L}^{-1}$ 表示。

序　号	溶　　　　　液	在 -0.65 V 测得电流/μA
(1)	25.0 mL $0.040 \text{ mol} \cdot \text{L}^{-1}$ KNO_3,稀释至 50.0 mL	12.4
(2)	25.0 mL $0.040 \text{ mol} \cdot \text{L}^{-1}$ KNO_3+10.0 mL 试样溶液,稀释至 50.0 mL	58.9
(3)	25.0 mL $0.040 \text{ mol} \cdot \text{L}^{-1}$ KNO_3+10.0 mL 试样溶液+ 5.0 mL $1.7 \times 10^{-3} \text{ mol} \cdot \text{L}^{-1}$ Pb^{2+},稀释至 50.0 mL	81.5

$(362 \text{ mg} \cdot \text{L}^{-1})$

第 *12* 章　溶出伏安法

12.1　概　述

伏安法(voltammetry)是指以被分析溶液中电极的电位-电流行为为基础的一类电化学分析方法。极谱法与伏安法间没有本质的区别,只是使用的工作电极不同。极谱法使用表面积周期性更新的液体电极,如滴汞电极;而伏安法使用的是固体电极或表面静止的液体电极。伏安分析技术的发展主要是提高伏安分析的灵敏度、改善波形和提高分辨率。灵敏度的提高是要增大信噪比,即提高法拉第电解电流降低电容电流,为此建立了新的伏安分析法,如单扫描伏安法,循环伏安法,交流、方波、脉冲伏安法等;也是从提高溶液有效利用率出发,形成了极谱催化波、配合物吸附波和溶出伏安法。本章重点介绍溶出伏安法。

溶出伏安法(stripping voltammetry)是在极谱法的基础上发展起来的一种痕量分析方法,它是电解法与伏安法的结合。溶出伏安法的操作主要分两步:第一步是预电解,第二步是溶出。

(1) 预电解富集过程。它是将工作电极固定在产生极限电流的电位(图 12-1 中的 *D* 点)上并在搅拌的溶液中进行电解,使痕量被测物富集在电极上。

(2) 溶出过程。经过一定时间的富集后,停止搅拌,让溶液静止片刻,再逐渐改变工作电极电位,电位变化的方向应使电极反应与上述富集过程电极反应相反。记录所得的电流-电位曲线,即为溶出伏安曲线,呈峰状,如图 12-1 所示。在一定的实验条件下,峰电流的大小与被测物质的浓度成正比,所以测量峰高可以求出被测物质的浓度。

溶出伏安法按照溶出时工作电极发生氧化反应还是还原反应,可以分为阳极溶出和阴极溶出。前者电解富集时,工作电极为阴极,溶出时则作为阳极;后者则相反。

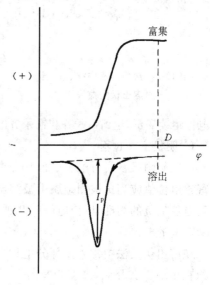

图 12-1　溶出伏安法原理图

溶出伏安法的主要特点是:

(i) 灵敏度高,比经典极谱法高 4～5 个甚至 6 个数量级,可测定至 10^{-9} g·g^{-1} 级,甚至 10^{-12} g·g^{-1} 级的痕迹量组分。

(ii) 分析速快,一般在数分钟内完成一次测定。

(iii) 试样用量少,试样少至 0.1～1 mL 就可进行测定。如血样一般仅需 1 滴,头发只需几根,而且往往可一次同时分析 6～7 种元素。

(iv) 仪器简单价廉,故该方法在近 10 余年中发展很快,在许多领域内应用十分广泛。

12.2　阳极溶出伏安法

12.2.1　原理

阳极溶出伏安法(anodic stripping voltammetry)是将被测金属离子(M^{z+})在阴极(工作电极)上还原为金属,如阴极为汞电极,则形成汞齐;在反向扫描时,阴极变为阳极,金属在阳极上被氧化为金属离子而溶出,此时产生氧化电流。全过程可表示为

$$M^{z+} + ze(+Hg) \underset{\text{电位扫描溶出}}{\overset{\text{恒电位富集}}{\rightleftharpoons}} M\text{-}Hg$$

取电解溶出过程中的阳极溶出电流与对应的电极电位作图,得到阳极溶出电流-电位曲线,称为伏安曲线,呈峰状,如图 12-1 所示:图中,峰高或峰面积与被测离子的浓度成正比,这是定量分析的基础;峰电位与离子的性质有关,这是定性分析的基础。

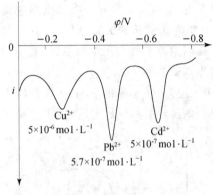

图 12-2　盐酸底液中镉、铅、铜的溶出伏安曲线

例如,测定血清中痕量铜、铅、镉。将血清经湿法消化后,测定在盐酸介质中进行。首先将悬汞电极的电位固定在 -0.8 V,在不断搅拌下,电解一定的时间,此时溶液中的一部分 Cu^{2+}、Pb^{2+}、Cd^{2+} 在电极上还原,并生成汞齐,富集在悬汞滴上。电解完毕后,使悬汞电极的电位均匀地由负向正变化。首先达到可以使镉汞齐氧化的电位,这时,由于镉的氧化,产生氧化电流。当电位继续变正时,由于电极表面层中的镉已被氧化得差不多了,而电极内部的镉又来不及扩散出来,所以电流就迅速减小,这样就形成了峰状的伏安曲线。同样,当悬汞电极的电位继续变正,达到铅汞齐和铜汞齐的氧化电位时,也得到相应的溶出峰。如图 12-2 所示。

1. 阴极富集过程

恒电位阴极富集时电极电位是一个重要因素,各种离子都有它的适宜的富集电位,一般说来富集电位值应当比被测金属阳极溶出峰负 $0.2\sim0.5$ V。在同时溶出测定几种离子时,要以富集电位最负的为准,以使电解时几种离子都可被富集。富集电位通常都控制在极限电流范围所对应的电位。

在溶出伏安法中常采用部分电解富集,即在适宜电积条件下,使大约 2%～3% 的被测物电积在电极上。显然,要获得良好的重复性,就要确保被测物的电积部分与总量保持恒定比例。这就必须严格控制测定中的各种条件:例如,工作电极的形状和面积,溶液搅拌的方式和速度,电解池的形状和大小,电解电位和电解时间等。

在电解过程中由于金属离子不断还原析出,所以电流随时间的延续而逐渐减小。设电积 t_x 时间,溶液中金属离子浓度由 c_0 变为 c_t,此时电积部分的分数为 $x(0<x<1)$,则

$$c_t/c_0 = 1-x$$

根据电解电流-时间关系和扩散电流理论,可导出电积未完成分数和 t_x 的关系

$$t_x = -\frac{V\delta}{0.43DA}\lg(1-x) \tag{12-1}$$

式中：A 为电极面积(cm^2)，D 为电活性物质扩散系数($cm^2 \cdot s^{-1}$)，V 为溶液体积(mL)，δ 为扩散层厚度(cm)。由式(12-1)可知,减小溶液体积、增大电极面积、加快搅拌速度以减小扩散层厚度,都可以缩短富集时间。当 V、δ、D 一定时,电解时间 t 成为影响灵敏度高低和完成电积程度的决定因素。

现在再来看富集的情况。设用汞电极富集,溶液和汞体积分别为 V 和 V(汞),富集后金属在汞中的浓度为 c(汞齐),则

$$c(汞齐)V(汞) = c_0 x V$$

$$c(汞齐)/c_0 = \frac{Vx}{V(汞)} \tag{12-2}$$

c(汞齐)$/c_0$ 即为富集因数。设 $V=10.0$ mL,V(汞)$=10^{-3}$ mL,$x=0.1$,则

$$c(汞齐)/c_0 = \frac{10.0 \times 0.1}{10^{-3}} = 1000$$

即电解后,浓度提高了 1000 倍,所以测定的灵敏度大大提高。从电积效率和富集因数考虑,汞膜电极较之悬汞电极有若干优点,主要是汞膜电极的表面积大,但汞的体积却很小,因此富集因数高。在相同的预电解时间内,可以得到较大的汞齐浓度,因而提高了测定的灵敏度;再者,汞膜电极可经受住更快速度的搅拌,进一步降低了扩散层厚度,从而提高了电积效率。

2. 溶出过程

在阴极上施加一个反向变化的线性扫描电位,使电解富集在阴极上的被测物再溶于溶液中,而产生阳极氧化电流,从而得到电流-电位曲线,即溶出伏安图。可据此进行分析。

如果使用汞电极电解富集,析出的金属便与汞形成汞齐。为提高分析结果的重复性,在溶出以前需静止(即停止搅拌)一个短时间,使金属在汞中扩散均匀(如图 12-3)。悬汞电极约需 30 s 或 60 s,汞膜电极有几秒即可。如果析出金属仅在电极表面,则不需静止。电解富集后,可以使用任何一种伏安技术溶出,如直流、交流、方波和脉冲伏安法等。这里主要介绍线性扫描溶出法和脉冲溶出法。

（1）线性扫描溶出法

电解富集后,就原电位进行反向扫描。扫描速率慢者 $0.1 \sim 1$ V $\cdot$ min^{-1},快者 $0.05 \sim 0.25$ V $\cdot$ s^{-1}。此时工作电极电位由负向正变化。当达到金属的氧化电位时,便有金属溶出。因为金属溶出电位不同,故溶出时有先有后。在扫描过程中记录电流,则得溶出伏安曲线。在电解富集、静止至溶出这三个过程中电位的变化及其所对应的电流变化,见图 12-3。溶出曲

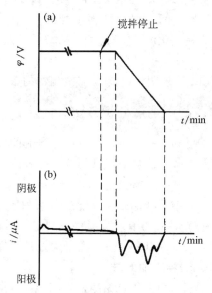

图 12-3　阳极溶出电位变化(a)
和溶出伏安曲线(b)

线的峰高与溶液中金属离子浓度、电解富集时间、电解富集电位、电解时溶液搅拌速率、悬汞电极汞滴大小及溶出时扫描速率有关。当其他条件固定不变时,峰高与溶液中金属离子浓度成正比,故可用以进行定量分析。因为用此法测定金属离子时是应用阳极溶出反应,故称阳极溶出伏安法。

（2）微分脉冲溶出法

在缓慢线性扫描电压（5 mV）上叠加一大振幅（50～100 mV）脉冲电压，溶出时在脉冲电压半周期的后期记录电流，可提高峰电流。微分脉冲阳极溶出法的灵敏度比线性扫描溶出法高 1～2 个数量级，分辨率也很好。

需要指出的是在溶出伏安法测定过程中不需要加入表面活性物质，因为表面活性物质能强烈吸附在电极表面形成一层吸附膜，使电极的有效面积变小，导致灵敏度大大降低。例如试液中含有 0.0025% 的动物胶时，锌的溶出峰电流降低 85%；当含有微量的表面活性物质时，尽管不能形成完整的吸附膜，但每次测定时吸附量不固定，导致测定结果的重现性差。

12.2.2 溶出峰电流公式

影响溶出峰电流的因素很多：如电极种类、性质和形状，电极的转动速度或溶液搅拌方式，电解富集的电位和时间，电位扫描速率，溶出方式，底液和温度等。这些影响因素全部在最后的溶出峰电流公式中反映出来是很困难的，所以溶出峰电流的公式显然无法用一个通用公式来表示。用线性扫描溶出时常见的峰电流公式，对悬汞电极为

$$i_p = -k_1 D_{Ox}^{2/3} \omega^{1/2} \eta^{-1/6} z^{3/2} D_R^{1/2} r v^{1/2} c_0 t \tag{12-3}$$

对汞膜电极为

$$i_p = -k_2 D_{Ox}^{2/3} \omega^{1/2} \eta^{-1/6} z^2 A v c_0 t \tag{12-4}$$

式中：z 为溶出时电极反应的电子转移数；D_{Ox}、D_R 分别为金属离子在溶液中和金属在汞齐中的扩散系数；r 为悬汞滴的半径；A 为汞膜电极的表面积；v 为溶出时的电位扫描速率；t 为电解富集时间；ω 为富集时搅拌的角频率；η 为溶液的黏度；c_0 为溶液中被测离子的原始浓度。因为是氧化电流，故应加负（－）号。以上两式均可简化为

$$i_p = K'c \tag{12-5}$$

式（12-5）表明峰电流 i_p 与被测物的浓度成正比，此即溶出伏安法定量分析的依据。

12.2.3 定量分析方法

已知在一定条件下溶出峰电流的峰高或峰面积与被测物的浓度成正比。这是溶出伏安法定量的依据。测定时常用校准曲线法、标准加入法和内标法。

1. 校准曲线法

校准曲线法是在先配制一系列已知浓度的标准溶液，测定每一浓度相应的峰高，绘制峰高-浓度曲线。在相同条件下测定被测物峰高，根据被测溶液的峰高和校准曲线求算出被测溶液的浓度。这种方法适用于大批量试样的常规分析。

2. 标准加入法

标准加入法首先测定体积为 V_x 的被测溶液的峰电流，设其峰高为 h_x，然后加入体积为 V_s，浓度为 c_s 的标准溶液，在相同条件下测定峰电流。设其峰高为 h_s，则

$$h_x = Kc_x \tag{12-6}$$

$$h_s = K \frac{c_s V_s + c_x V_x}{V_s + V_x} \tag{12-7}$$

将式（12-6）与式（12-7）合并，则得

$$c_x = \frac{h_x c_s V_s}{(V_x + V_s)h_s - h_x V_x} \tag{12-8}$$

测定时加入标准溶液的浓度(c_s)应为被测物溶液浓度 c_x 的 100 倍,加入标准溶液体积(V_s)应为被测物溶液体积(V_x)的 $1\%\sim2\%$。该方法适用于少量试样或本底组成未知的试样,而且只有在峰高与浓度成直线关系的情况下才能应用。

3. 内标法

欲要同时测定溶液中共存的几种离子时,采用内标法是最为方便的。内标法又称指示离子法。它是在被测物溶液中加入另一种离子(在试样中不存在的离子)作为指示离子,利用加入的指示离子和被测离子之间的等摩尔峰高比值,计算被测离子的浓度。例如在同时测定 Cu、Pb、Zn 时,可加入试样中一般不存在的 Cd^{2+} 作指示离子(内标元素)。先将 Cd^{2+}、Cu^{2+}、Pb^{2+}、Zn^{2+} 4 种离子的等物质的量浓度溶液加入选定的底液中,测定 4 种离子的溶出峰,分别求出 Cu^{2+}、Pb^{2+}、Zn^{2+} 与 Cd^{2+} 的等物质的量(摩尔)溶出峰高比值。在测定试样时,加入已知量的 Cd^{2+},在相同实验条件下求出 4 个峰高。根据 Cu^{2+}、Pb^{2+}、Zn^{2+} 与 Cd^{2+} 溶出峰高的比值计算出 Cu、Pb、Zn 的浓度。

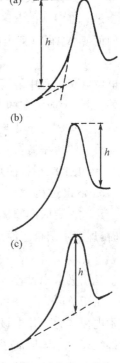

图 12-4　峰高的测量

无论采用上述哪一种方法,定量分析时都需要测量峰高。根据溶出峰峰形不同,峰高的测量方法有好几种,最常用的方法有:

(i) 峰顶到平行线垂直距离为峰高,如图 12-4(a)。测量方法是先沿峰前脚基线及波峰斜坡各作一条切线,通过两切线的交点作横轴的平行线,峰顶到平行线的垂直距离即为峰高。

(ii) 峰顶到峰的后脚之间的垂直距离为峰高,如图 12-4(b)。

(iii) 峰顶到峰前后脚连线之间的距离为峰高,如图 12-4(c)。

尽管这几种测量峰高的方法都可使用,但在一次分析中,必须统一使用其中的一种。

12.3　阴极溶出伏安法和变价离子溶出伏安法

被测物形成难溶化合物而富集在电极表面,然后溶出以获得伏安曲线的测定方法,通常分两类:阴极溶出伏安法和变价离子溶出伏安法。下面分别予以介绍。

12.3.1　阴离子的阴极溶出伏安法测定

1. 原理

阴离子的阴极溶出伏安法(cathodic stripping voltammetry)是先将工作电极(M)作阳极,经阳极氧化转变为金属离子(M^{z+}),金属离子(M^{z+})可与被测离子 A^- 生成难溶盐 MA_z 富集在电极上。然后再将工作电极作阴极,进行电位扫描,使难溶盐还原析出金属和放出阴离子,产生还原电流。整个过程表示为

$$M + zA^- \xrightleftharpoons[\text{电位扫描溶出}]{\text{恒电位富集}} MA_z \downarrow + ze$$

按与阳极溶出伏安法同样的方法记录伏安曲线。根据溶出峰高或峰面积进行阴离子的定量分析。阴极溶出伏安法与阳极溶出伏安法一样,也包括电解富集和溶出两个过程,电解富集是氧化过程,溶出是还原过程,恰好与阳极溶出伏安法相反。

2. 电解富集过程

电解富集是在控制电位下电解,阳极本身被氧化,发生反应:$M \longrightarrow M^{z+} + ze$。由于产生的 M^{z+} 离子扩散较慢,因此它在电极表面的浓度很大。当其浓度与被测阴离子 A^- 浓度的乘积超过其难溶盐的溶度积时,发生沉淀反应:$M^{z+} + zA^- \longrightarrow MA_z \downarrow$,形成的 MA_z 沉积在电极表面而使 A^- 得以富集。合并以上两式,总的阳极富集过程为

$$M + zA^- \longrightarrow MA_z \downarrow + ze$$

在电解富集过程中能否生成难溶性化合物并沉积在电极上,除了组分离子乘积必须超过溶度积外,还与生成沉淀的反应速率是否大于金属离子的扩散速率有关。由于阴极溶出伏安法的电解富集过程是基于电极氧化-化学沉积反应来实现的,一般而言,若电极的氧化反应和生成沉淀反应的速率愈快,难溶性化合物的溶解度愈小,则富集的效率就愈高,检出限愈低。实验证明,电极上沉积物的量与阴离子浓度和电解富集时间的乘积成线性关系。

3. 溶出过程

经过一定时间阳极富集之后,将工作电极的电位向负的方向扫描,当到达 MA_z 的还原电位时,即发生阴极还原反应而使 MA_z 溶解,A^- 又释出

$$MA_z \downarrow + ze \longrightarrow M + zA^-$$

这就是阴极溶出过程。按与阳极溶出同样的方法记录伏安曲线,并进行阴离子的定量。

由于 Ag^+、Hg^{2+} 可以与多种阴离子生成难溶盐沉淀,故阴极溶出伏安法通常选用银电极和汞电极作为工作电极,而且这两种金属及其难溶盐的覆盖物构成工作电极反应的可逆性一般都很好。不同阴离子所形成的难溶盐各具有一定的还原电位,产生特定的阴极溶出峰。在一定的范围内,溶出峰电流正比于难溶盐的沉积量,因而也就可以用来对若干阴离子进行定量。

4. 溶出峰电流公式

设溶液中阴离子 A^- 的浓度为 c_A^0,A^- 的扩散系数为 D_A,扩散层厚度为 δ,则电极表面生成沉淀物的量(Q)与 c_A^0 和 t(预富集时间)的关系为

$$Q = zFD_A c_A^0 t / \delta \tag{12-9}$$

阴极溶出峰电流与沉淀量(Q)成正比,即正比于被测阴离子的浓度和预富集时间。

对旋转电极

$$i_{p,A} = 0.37 \frac{zF}{RT} vQ \tag{12-10}$$

对固定电极

$$i_{p,A} = 0.29 \frac{zF}{RT} vQ \tag{12-11}$$

式中:v 是电位扫描速率。式(12-10)和式(12-11)即是阴极溶出伏安法的峰电流公式。

阴极溶出伏安法的溶出峰电流受多种因素影响,如沉淀离解反应的速率及平衡常数,电位扫描速率,离子放电速率,阴离子释放并向主体溶液扩散速率,沉淀物厚度等。只有当这些因素确定之后,峰电流才正比于沉淀量 Q,即

$$i_{p,A} = KQ \tag{12-12}$$

式中:K 为常数。式(12-12)是阴极溶出伏安法定量分析的基础。

12. 3. 2 变价离子的溶出伏安法测定

被测物的变价离子在控制电位电解时,可在工作电极上氧化或还原至另一氧化态,即

$$M^{z+} \Longrightarrow M^{(z+z')+} \pm z'e$$

该氧化态如与溶液中其他离子或加入的试剂生成沉淀,即可富集在工作电极上

$$M^{(z+z')+} + (z \pm z')A^- \longrightarrow MA_{(z \pm z)} \downarrow$$

如果形成难溶化合物的离子为高价氧化态,即 $M^{(z+z')+}$,则采用阳极富集,阴极溶出伏安法测定;若形成难溶化合物的离子为低价氧化态,则采用阳极溶出伏安法测定。

变价离子阳极溶出伏安法测定的例子,如 CrO_4^{2-} 离子的测定可在 $NH_3 \cdot H_2O\text{-}NH_4Cl$ 缓冲的溶液中,以石墨电极为工作电极,于 -0.5 V 时电解,则 CrO_4^{2-} 还原为 Cr^{3+},进而与溶液中 OH^- 结合为 $Cr(OH)_3$ 并沉积在电极表面。其反应式为

$$CrO_4^{2-} + 4H_2O + 3e \longrightarrow Cr(OH)_3 \downarrow + 5OH^-$$

然后再阳极溶出,可以测定低至 4×10^{-8} mol $\cdot$ L^{-1} 的铬。

变价离子的阴极溶出的例子如 Fe^{2+} 的测定。可在 pH=8 的 $H_3BO_3 + NaOH$ 溶液中于 -0.05 V 电解,使 Fe^{2+} 氧化为 Fe^{3+},并以 $Fe(OH)_3$ 的形式沉积于阳极表面。其反应式为

$$Fe^{2+} \longrightarrow Fe^{3+} + e, \qquad Fe^{3+} + 3OH^- \longrightarrow Fe(OH)_3 \downarrow$$

然后阴极溶出测定。阴极反应为

$$Fe(OH)_3 \downarrow + e \longrightarrow Fe^{2+} + 3OH^-$$

由于许多有机试剂可以选择性地与某些无机离子形成难溶性化合物,所以常加入有机试剂以进行富集,称之为有机试剂-变价元素溶出伏安法。

设有机试剂为 RH,电极反应通式可表示如下

$$M^{z+} \longrightarrow M^{(z+z')+} \pm z'e$$

$$M^{(z+z')+} + (z \pm z')RH \Longrightarrow MR_{(z \pm z')} \downarrow + (z \pm z')H^+$$

测定阳离子可应用有机酯类,如二硫代磷酸二乙酯、N,N-二乙基硫代氨基甲酸酯等,它们可与被测阳离子生成难溶的离子缔合物。也可使用螯合剂,如 8-羟基喹啉、丁二酮肟、双硫腙和 1-亚硝基-2-萘酚等,它们可在电解过程中与金属阳离子形成难溶螯合物而沉积于电极表面。

测定无机阴离子时,可应用有机阳离子进行测定,如碱性染料甲基紫、亮绿、结晶紫、罗丹明等。例如用罗丹明 S(具有有机阳离子,设为 R^+),可在 Cl^- 离子存在下用阴极溶出伏安法测定 I^- 离子。预富集时 I^- 离子被氧化为 I_2,随即与 Cl^- 离子生成 $[I_2Cl]^-$,再与 R^+ 生成难溶离子缔合物而富集于电极,电极反应为

$$2I^- \longrightarrow I_2 + 2e$$

$$I_2 + Cl^- \longrightarrow [I_2Cl]^-$$

$$[I_2Cl]^- + R^+ \longrightarrow R[I_2Cl] \downarrow$$

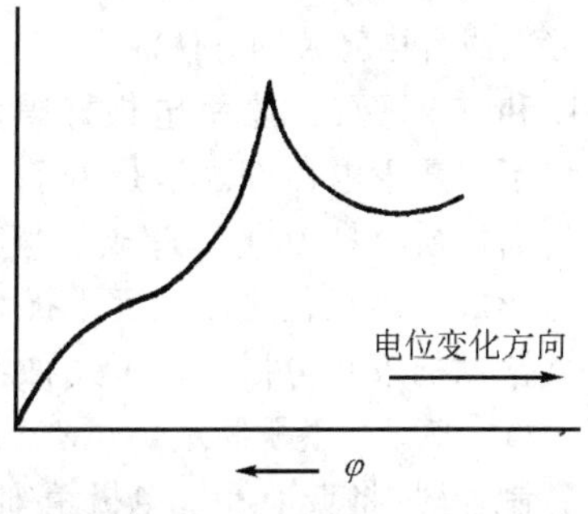

电位变化方向

图 12-5 I_2 阴离子溶出曲线

富集后进行阴极溶出,溶出曲线见图 12-5,检测下限为 6×10^{-7} mol $\cdot$ L^{-1}。溶出曲线的形状和溶出峰电流与沉淀剂罗丹明 S 的浓度有关,它的最佳浓度为 5×10^{-5} mol $\cdot$ L^{-1}。

12.4　溶出伏安法的电极体系

溶出伏安法的电极体系通常对测定起决定性作用,因此电极体系的选择和制备十分重要。在简单情况下,溶出伏安法使用二电极体系,它由极化的工作电极和不极化的辅助电极(兼有参比电极的作用)组成。常用的辅助电极有饱和甘汞电极、银-氯化银电极和汞池电极等。当金属离子在电积时工作电极为阴极,随着电解的进行,工作电极表面氧化态的浓度不断减小而还原态浓度(在汞齐中)不断增加,使工作电极电位越来越负,电解电流逐渐变小。因此常常能使后放电离子还原或氢离子放电,从而严重干扰测定,影响分析结果。目前国内外大多采用快速扫描的三电极体系伏安仪。三电极体系是由工作电极、对电极和参比电极组成:对电极常用铂片电极;工作电极电位以参比电极为基准,通过不断改变外线路电阻使工作电极电位维持恒定,因此就不会发生后放电物质的干扰,且溶出峰峰形比较对称。因三电极体系是通过欧姆电压降补偿,弥补了二电极体系的缺陷,所以应用比较广泛。有时还采用四电极体系。

溶出伏安法中所用的工作电极种类较多,常用的有汞电极和固体电极两大类。

12.4.1　汞电极

汞电极是溶出伏安法中最为常用的工作电极。因为它对 H^+ 的还原具有很高的超电位并且可使用的电位范围宽($+0.3 \sim -2.3$ V)。汞能与很多金属生成汞齐,使金属析出电位降低从而扩大了分析范围。汞电极可分为悬汞电极和汞膜电极。

1. 悬汞电极

悬汞电极(hanging mercury electrode)是将一小滴汞悬挂在电极下部组成。常用的悬汞电极是用玻璃毛细管或惰性金属(铂、金、银等)为基体材料悬挂汞滴而制成的,如:

(i) 机械挤压式悬汞电极,电极构造如图 12-6(a)所示。

(ii) 挂吊式悬汞电极,电极构造如图 12-6(b)所示。悬汞电极适用于测定能形成汞齐的金属元素以及能形成难溶汞盐的阴离子。适用浓度范围一般为 $10^{-3} \sim 10^{-7}$ mol·L^{-1}。

2. 汞膜电极

汞膜电极(mercury film electrode)的制备是在固体电极上电解镀汞或直接醮汞的方法涂上一薄层汞(膜厚 $1 \sim 100$ μm)。其灵敏度和分辨率要比悬汞电极好得多,但汞膜电极的重复性和稳定性不如悬汞电极好。这是由于电极表面汞膜的不均匀性和电极表面性质容易变化所造成。当其同时电积几种金属离子时,容易形成金属互化物而相互干扰。

常用的汞膜电极有以下几种:

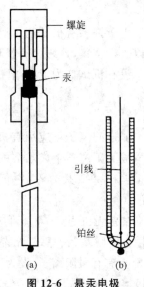

图 12-6　悬汞电极
(a)机械挤压式　(b)挂吊式

螺旋
汞
引线
铂丝
(a)　(b)

(i) 玻璃石墨汞膜电极。玻璃石墨(又称玻碳)汞膜电极是溶出伏安法中最常用的电极之一。制作时,将玻璃石墨电极精细抛光,然后镀汞。镀汞时,可采用同位镀汞法,即在分析溶液中加入硝酸汞,然后电解,此时汞和被测离子一起被电积到电极表面;也可在汞盐溶液中预镀汞膜。方法的灵敏度可达 5×10^{-9} mol·L^{-1}。

(ii) 银丝汞膜电极。银丝汞膜电极是以银丝为基体镀汞而成的汞膜电极。制作时,将银电极表面擦光,洗净后醮汞,因汞在银上浸润性良好,故能形成汞膜覆盖于银表面。方法的灵敏度达 2×10^{-10} mol·L^{-1}。

(iii) 铂丝镀银汞膜电极。它也是一种常用电极。制作时,将铂电极球体部分用 5‰硫酸亚铁溶液处理并用水清洗后,立即放入镀银液中镀银,然后将电极取出用水冲洗后再将其浸入汞内搅拌镀汞约 5 min,即成一支良好的汞膜电极。方法的灵敏度达 $4 \times 10^{-8} \sim 10^{-9}$ mol·L^{-1}。

12.4.2　固体电极

当溶出伏安法在较正电位进行时,因汞要氧化而溶解,又因 Au、Ag 等容易与 Hg 形成金属互化物,所以不能使用汞电极。此时必须采用固体电极,固体电极的种类较多,按其材料可分为贵金属电极(如铂、金、银等)和碳质电极。

下面介绍两种常用的固体电极。

1. 银小球电极

把银丝的一端加热熔融,做成一个小球,加热封入聚乙烯管中,待聚乙烯管硬化后,将外层玻璃除去即成。电极经浸硼酸、水洗之后,置于 0.1 mol·L^{-1} 硝酸钾溶液中,在 0.0 V(对SCE)电解 5 min,用水洗净,即可使用。

电极构造如图 12-7 所示。

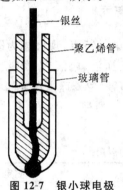

图 12-7　银小球电极

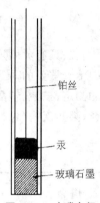

图 12-8　玻碳电极

2. 玻碳电极(玻璃石墨电极)

玻璃石墨导电性能良好、硬度大、质密、氢过电位高、化学稳定性好,是较好的电极材料,对正电位区氧化的金属(如 Ag、Hg、Au、Pt、As 等)的测定特别有利。电极构造如图 12-8 所示。固体电极可制成多种形状,如丝、柱、片、小球和平面圆盘等。从目前的发展来看,其中以平面圆盘电极最为理想,这种电极灵敏度较高,重复性良好。

12.5　溶出伏安法在医药卫生领域中的应用

溶出伏安法灵敏度较高,一般能测定 $10^{-9} \sim 10^{-10}$ mol·L^{-1} 的痕量组分,如果将新的伏安方法,如脉冲伏安法,引入溶出伏安法中,则灵敏度更高,检出限甚至可以达 10^{-12} mol·L^{-1}。溶出伏安法可测定周期表中的大多数元素(见图 12-9),且可连续测定几种离子,也可测定元素的不同存在形式。可用阳极溶出伏安法测定的元素有 30 多种,如 Na、K、Sr、Ba、Ga、In、Tl、Ge、Sn、Pb、Sb、Ni、Cu、Ag、Au、Zn、Cd、Hg、Ni 等;可用阴极溶出伏安法测定的元素有 20 多种,如 Cl^-、Br^-、I^-、S^{2-}、SCN^-、SO_4^{2-}、CrO_4^{2-}、WO_4^{2-}、MoO_4^{2-}、VO_3^- 等。某些有机物,如丁二酸、双硫腙、琥珀酸、草酸以及某些硫基化合物、硫胺化合物、卟啉等,也可以用溶出伏安法测定。溶出伏安法已广泛应用于环境科学、卫生检验、临床化学、生物化学、生物医学以及食品分析等领域中痕量组分的测定。

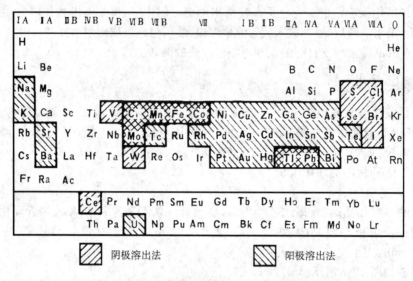

阴极溶出法　　　　　阳极溶出法

图 12-9　溶出伏安法能测定的元素区域示意

由于溶出伏安法具有灵敏度高,分辨率好,仪器简单、价廉的特点,现已成为医学、生物化学和医学检验中十分重要的研究手段。它主要用于:人体的血液、尿液、头发、组织等中微量元素及有机物的测定;核酸、辅酶、蛋白质、氨基酸、激素、生物碱、免疫球蛋白等的测定;药物代谢与排泄的研究;某些疾病(包括癌症)诊断的研究等。表 12-1 列举了溶出伏安法在医学检验中的部分应用。

表 12-1　溶出伏安法在医学检验中的应用

分析试样	被测组分	支持电解质	工作电极	测定浓度	
				g·mL^{-1}	%
血液	Cu,Pb,Zn	NaF	悬汞		2×10^{-5}
血液	Cu,Pb	HCl	石墨汞膜	5×10^{-7}	
血液	S	NaOH	汞池	1.6×10^{-7}	
	Cu,Zn	$NH_3\cdot H_2O$-NH_4Ac	银基汞膜	4×10^{-7}	
血、尿液	Cd	乙酸缓冲溶液	汞膜	2.1×10^{-11}	
	Pb	乙酸缓冲溶液	悬汞	5×10^{-6}	
尿液	Cd	$NaAc+NH_4Cl$	镀汞	5×10^{-9}	
	Cu	$NaAc+NH_4Cl$	玻碳	1×10^{-8}	
	Zn	$NaAc+NH_4Cl$	玻碳	2×10^{-8}	
脑脊液	Zn	$NaAc+NaCl+Ga^{3+}$	汞膜	2×10^{-7}	
眼球	Se	I^-+HClO_4	悬汞	3.2×10^{-11}	
血液	鸟嘌呤	试样酸解液(pH 3.0)	玻碳		
	腺嘌呤	试样酸解液(pH 3.0)	玻碳		
	胸腺嘌呤	试样酸解液(pH 3.0)	玻碳		
	次黄嘌呤	1 mol·L^{-1} H_3PO_4 或 10 mol·L^{-1} H_2SO_4	玻碳		
	黄嘌呤	1 mol·L^{-1} H_3PO_4 或 10 mol·L^{-1} H_2SO_4	玻碳		
	尿酸	1 mol·L^{-1} H_3PO_4	玻碳		

极谱分析中难解决的干扰是形成金属间互化物(如 Cu-Zn 互化物),溶出伏安法也有此问题。溶出伏安法也需加入支持电解质,因此试剂中有不少杂质可能带来干扰。尽管如此,溶出伏安法仍不失为较好的分析方法,可以预期溶出伏安法在医学检验中的重要性和应用范围将不断增长和扩大。

【示例 12-1】　阳极溶出伏安法同时测定血清中锌和铜[①]

取血清 0.1 mL。置于电解池中,加 0.2 mL 70%高氯酸后,加盖,在铝槽板上加热至 170℃,回流约 1 h,然后升温至 250～260℃,继续加热至血样无色,并有白色结晶析出时为止。

冷却后,加入 5 mL 0.6 mol·L^{-1}氨水-0.1 mol·L^{-1}醋酸铵(pH 9～9.6)支持电解质,以银基汞膜电极为工作电极,铂片电极为对电极,0.1 mol·L^{-1} Ag-AgCl 电极为参比电极。通氮除氧 1 min,置电位于-1.6 V 处,电积 30 s 后,以 100 mV·s^{-1}扫描速率扫至-0.05 V 止,在-1.1 V 和-0.4 V 处分别记录锌和铜的溶出峰高。

【示例 12-2】　阴极溶出分析测定血清硫[②]

取 0.1 mL 血清置电解池中,加入 0.2 mL 70%高氯酸后,加盖,在铝槽板上加热至 170℃,回流约 1 h,然后升温至 250～260℃,继续加热至血样无色,并有白色结晶析出时为止。冷却后,加入 1 mol·L^{-1}氢氧化钠和 9%氯化钠溶液各 1 mL,然后稀释成 10 mL。以铂镀银沾汞的悬汞电极为工作电极,铂丝为对电极,1 mol·L^{-1} Ag-AgCl 电极为参比电极组成工作电池进行测定。温度控制在 20℃,置电位于-0.35 V 处,电积 2 min,以 5 mV·s^{-1}的扫描速率向负向溶出,在-0.85 V 处得到良好的硫溶出峰。

该方法的检测下限为 5×10^{-9} mol·L^{-1}。

【示例 12-3】　阳极溶出伏安法测定蔬菜中的铊[③]

将采自无污染土壤的莲花白和大白菜样品洗净、风干,65℃烘干,干样粉碎,准确称取 1 g 试样,采用硝酸-高氯酸法消化。加入 10 mL 重蒸水和 10 mL 支持电解质于测量池,再加入 100 μL EDTA 溶液,通氮气除氧 5 min。悬汞电极为工作电极,铂丝为对电极,1 mol·L^{-1} Ag-AgCl 电极为参比电极进行测定。在搅拌速度为 200 r·min^{-1},-0.8 V 下富集 120 s,静置 20 s 以 50 mV·s^{-1}扫描速率在-0.8 V～-0.1 V 间溶出,在-0.4 V 处得到良好的铊溶出峰。

习　题

12.1　何谓溶出伏安法、阳极和阴极溶出伏安法? 溶出伏安法有哪些特点?

12.2　试述阳极和阴极溶出伏安法的原理。伏安曲线为什么会形成峰形曲线?

12.3　试述溶出伏安法与经典极谱法的异同点。

12.4　溶出伏安法在电解富集时只富集一部分被测离子,但其灵敏度却较高,为什么?

12.5　溶出伏安法中使用的工作电极可分为哪几类? 制备汞电极有哪两种方法?

12.6　溶出伏安法中为什么常常要在测试前往试液中通入惰性气体?

12.7　试分析影响峰电流的因素。

①,②　邓家祺,林祥义编著.溶出伏安法在环境、医学、食品上的应用.北京:人民卫生出版社,1986
③　张平,姚炎.溶出伏安法测定蔬菜中的铊.食品科学,2007,28(2):227～228

12.8　今用悬汞电极对某金属离子进行阳极溶出测定。电极面积(A)为 3.9×10^{-2} cm²,试液体积(V)为 2 mL,电积时在恒定搅拌速度下进行,若 $\delta=1\times10^{-3}$ cm²,$D=1\times10^{-5}$ cm² · s⁻¹。计算将金属离子电积 10%、99% 所需时间(min);如电积 5 min,计算电积分数为多少?

(9.08,396.6;5.6%)

12.9　某金属离子溶液 10 mL,在控制条件下用悬汞电极电解 10 min,此时溶液浓度(c_t)为 1×10^{-7} mol · L⁻¹。设 $A=4.8\times10^{-2}$ cm²,$D=1\times10^{-5}$ cm² · s⁻¹,$\delta=1\times10^{-3}$ cm²,求算此溶液的原始浓度(c_0)。

(1.03×10^{-7} mol · L⁻¹)

12.10　用阳极溶出伏安法测定某含 Pb^{2+} 试样。先准确吸取试样 25.0 mL,加入 0.1 mol · L⁻¹ HAc-NaAc 缓冲溶液 20.0 mL,调节 pH 为 5.2~5.7,用蒸馏水稀释到 50.0 mL。通氮数分钟后以悬汞电极为工作电极,1 mol · L⁻¹ Ag-AgCl 电极为参比电极,于 −1.0 V 处电积 2 min,静止 30 s;然后反向溶出,测得溶出峰电流为 6.00 μA。在上述试液中加入 0.0020 mol · L⁻¹ 的 Pb^{2+} 标准溶液 1.00 mL。按同样操作条件测得溶出峰电流为 18.00 μA,计算试样中 Pb^{2+} 的浓度。

(3.9×10^{-5} mol · L⁻¹)

第三篇
色 谱 法

第 *13* 章 色谱法基础

13.1 概 述

随着现代科学技术的发展和进步,人们分析和研究的对象逐渐指向更加复杂的多组分混合体系,如在生命、医药、环境、食品和材料科学等领域所面临的许多研究对象。对这些复杂的多组分试样进行分析研究时,常常需要先将其分离成单一组分,再逐一进行鉴定。一些早期的经典分离方法(如蒸馏、萃取、沉淀和升华等)在分离的效能和时间等方面均已无法满足其分离要求。因此,在近几十年中,色谱法(chromatography)以其高效的分离特性而被逐渐重视,并快速发展起来,已成为众多领域中不可缺少的关键技术手段和常规分析的基本方法。

20世纪初,"色谱法"由俄国植物学家茨维特(Michail Tswett)首先提出,他设计了一个实验以研究植物叶子的组成。该实验是把碳酸钙颗粒装在竖直的玻璃管中,将植物叶子的石油醚浸取液由上端管口倒入,浸取液中的色素被吸附在顶部的碳酸钙颗粒上;然后加入纯净的石油醚洗脱被吸附的色素,色素便在管内向下移动而被分离成几个不同颜色的色带(每个色带即为不同的色素)。茨维特把这些色带称为"色谱",而这种新创的分离方法被称为液固色谱法。目前,虽然色谱法更多是用于无色物质的分离分析,然而"色谱"的名称仍沿用至今。

在色谱法提出以后的几十年内,该方法并没有引起人们足够的重视,色谱法领域也没有获得实质性的扩展和创新,直至1941年,英国的马丁(A. J. P. Martin)和辛格(R. L. M. Synge)把茨维特色谱法的操作形式与液-液萃取原理结合起来,创立分配色谱法(因之获得了1952年诺贝尔化学奖),并进一步建立了塔板理论。色谱法才逐渐被重视并得到快速发展,此后,1951年气液色谱法创立,以及20世纪60~70年代以后高效液相色谱等各种形式的色谱法的创立,并以相应的检测器与色谱分离手段相配合而进行的在线检测,使得色谱分析作为一种高效的分离分析方法,应用领域得以极大地扩宽,初步形成较完整的色谱分析体系,奠定了现代色谱分析的方法、理论和仪器的基础,极大地提高了对大量的复杂多组分混合物的分离分析能力。对现代科技进步影响深远。

目前,色谱分析领域的发展和进步仍在继续,新技术、新方法、新型固定相的不断涌现,使色谱分离时间大大缩短,分离效率和检测灵敏度也不断提高,已成为复杂混合物最有效的分离分析手段,在工业、农业、生命科学、医药检验和材料、环境等各个领域中得到了广泛应用。

本篇分为4章。本章简要介绍色谱法历史、特点和分类、色谱分离的原理及色谱分析相关的基本概念;塔板理论和速率理论的要点,用色谱过程热力学、动力学原理阐明色谱保留规律以及与色谱过程有关的各项色谱条件的选择;色谱的定性和定量分析。在其后的几章分别介绍气相色谱法、高效液相色谱法和薄层色谱法等。

13.1.1　色谱法的特点

色谱法是一种物理或物理化学的分离分析方法,包括多种操作形式和分离机制。在色谱法中,常是把一些起分离作用的物质填入一细长管(玻璃管、不锈钢管等)中,再把混合物加在管子的一端,然后使用洗脱剂携带混合物组分在管子中流动,使各组分流经填充物表面并实现分离。

色谱分离用的细长管称为色谱柱(chromatographic column);管内起分离作用并保持固定的填充物称为固定相(stationary phase);流经固定相孔隙及表面的淋洗剂称为流动相(mobile phase)。混合物各组分之所以在色谱柱中能实现分离,是由于它们与固定相产生的作用力(如溶解作用力或其他亲和作用力等)的强弱不同, 随着流动相的流动,混合组分会在两相之间经过反复多次的平衡转移(分配平衡或吸附、脱附平衡等),而"多次"的平衡转移会使混合组分之间的性质差异产生累加,结果表现为被固定相保留的时间不同,而按一定的次序从柱中先后流出。

色谱法具备下述主要特点。

(i) 分离的高效能。由于组分在两相间进行的吸附、脱附或分配等作用,是不间断的"多次"重复过程(可高达 10^6 次),所以,被分离组分可用较短的时间实现高效的分离,特别是表现在对复杂混合物、有机同系物和异构体的分离上,其分离效能远远高于其他分离技术。

(ii) 分离、分析功能兼备。分离后的组分可在柱后用检测器直接检测,或者采用其他联用(如色谱与光谱或质谱联用)技术在线检测,故而分离和分析是一并完成的。

(iii) 灵敏度高。高灵敏度检测器可以分析微量($\mu g \cdot g^{-1}$ 级)甚至痕量($ng \cdot g^{-1}$ 级)组分,用极少的试样就可完成分离测定。

(iv) 高度自动化。色谱分析与先进的计算机技术结合,使分离分析自动完成,操作和数据处理简单、快速和准确。

(v) 应用范围广。可以分析多种无机、有机试样、低分子或高分子试样,甚至是对于热不稳定的或是有生物活性的试样,也可进行分离测定。

13.1.2　色谱法分类

可以从不同的角度对色谱法进行分类。

1. 依据两相所处的状态进行分类

色谱法中,流动相可以是气体、液体或超临界流体。流动相为气体的,称为气相色谱法(gas chromatography, GC);流动相为液体的,称为液相色谱法(liquid chromatography, LC);流动相为超临界流体的,称为超临界流体色谱(supercritical fluid chromatography, SFC)。

可再根据固定相的聚集状态,将气相色谱法进一步分为——以固体吸附剂为固定相的气固色谱法(GSC)和以涂敷在固体载体上的液体作为固定相的气液色谱法(GLC);同理,液相色谱法也可进一步分为液固色谱法(LSC)和液液色谱法(LLC)。

在液液色谱法中,除采用涂敷的方式制作固定相外,常将固定液与载体键合起来而制成固定相,此类色谱法称为化学键合相色谱法。

2. 依据固定相的几何形状进行分类

可依据固定相的几何形状不同,将色谱法分为以下几类。

(i) 柱色谱法(column chromatography)。将固定相装在一金属或玻璃等材料制成的柱中,或是将固定相附着或键合在毛细管柱内壁上(空心毛细管柱),使试样在柱内沿一个方向移动而进行分离的色谱法。如气相色谱法、高效液相色谱法(high performance liquid chromatography, HPLC)、超临界流体色谱法等,均属于柱色谱法。

(ii) 纸色谱法(paper chromatography)。利用含有吸附水分的滤纸作固定相,把试样点在滤纸上,然后用溶剂展开,各组分在滤纸的不同位置以斑点形式显现,根据滤纸上斑点的位置及经显色后用光度计等进行定性和定量分析。

(iii) 薄层色谱法(thin-layer chromatography, TLC)。将适当粒度的吸附剂涂布在平板上制成均一的薄层,然后把试样点在平板的一端,再用溶剂展开。不同组分在平板的不同位置以斑点形式显现,经显色或用薄层扫描仪扫描进行试样的定性和定量分析。

(iv) 薄膜色谱法(thin-film chromatography)。是指用合适的方法把某些高分子物质制成固定相薄膜,然后用与薄层色谱法类似的方法操作以达到分离分析目的。

(v) 平面色谱法(planar chromatography)。是指固定相整体呈平面状、试样在该平面层内沿一定方向移动而进行分离的色谱方法。以上纸色谱法、薄层色谱法和薄膜色谱法都属于平面色谱法的范畴。

3. 依据色谱分离原理进行分类

按色谱分离所依据的物理或物理化学性质的类型不同,可将色谱法分为:

(i) 吸附色谱法(adsorption chromatography)。利用固体吸附剂表面对不同组分物理吸附性能的差异而进行分离的色谱法称为吸附色谱法,有 GSC 和 LSC 等。

(ii) 分配色谱法(partition chromatography)。利用不同组分在固定相(液)和流动相两相中分配性能的差别而进行分离的色谱法称为分配色谱法,有 GLC 和 LLC 等。

(iii) 离子交换色谱法(ion exchange chromatography, IEC)。是指以离子交换树脂作为固定相,利用树脂上离子交换基团对试样中不同离子亲和能力的差别而使之分离的色谱法称为离子交换色谱法。

(iv) 尺寸排阻色谱法(size exclusion chromatography, SEC)。以多孔凝胶作为固定相、利用凝胶孔穴对不同尺寸的分子排阻效应的差别而使试样中不同组分得以分离的色谱法称为尺寸排阻色谱法。

(v) 亲和色谱法(affinity chromatography)。利用特定组分与固定相(固定化分子)的专属亲和力进行分离的色谱法称为亲和色谱法。

13.2　色谱流出曲线和常用色谱参数

13.2.1　色谱分离过程

柱色谱法的色谱分离过程是在色谱柱内完成的。对于填充色谱柱来说,固体固定相(固体吸附剂)和液体固定相的分离机理是不相同的,前者是利用试样中各被分离组分在固体固定相上不同的吸附和脱附能力而实现分离的,后者则是利用各组分在固定相和流动相之间具有不同的溶解和解析能力或其他一些亲和作用力的差异来实现分离的。现以前者为例对色谱分离过程进行说明。

气固柱色谱法的分离过程如图 13-1 所示,色谱柱内填充的固定相为固体吸附剂,是一种有巨大比表面的多孔颗粒状物质,当含有 A 和 B 两组分的试样被气化并被流动相(载气)带入柱中时,首先与柱顶端的吸附剂相遇而被吸附在固定相表面上,在载气不断流过吸附剂表面时,被吸附组分会发生脱附而被载气带着向前移动;被载气带走的组分与前面的吸附剂相遇,

可再次被吸附,如此反复多次($10^3 \sim 10^6$ 次)地吸附、脱附、再吸附、再脱附,组分逐渐前移。由于 A 和 B 组分的物理化学性质不相同,它们在吸附剂表面上的吸附作用力就会有差异。即使这种差异十分微小,反复多次地重复这些吸附脱附过程时,会使它们在吸附剂表面上吸附作用力的微小差异累积变大,并在移动速率上表现出差速迁移。也就是说,容易脱附、不易被吸附的 B 组分随载气前进的速率较快;而容易被吸附、不易脱附的 A 组分随载气前进的速率较慢。经过一段时间后,试样中的 A、B 两组分就能彼此分离。B 组分首先流出色谱柱进入检测器,检测器将组分的可测性质转化

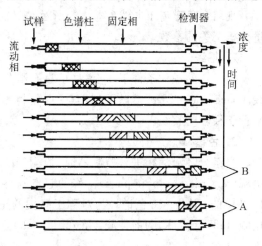

图 13-1　柱色谱法的色谱分析过程示意图

为电信号,并通过记录仪将信号记录下来形成 B 峰;其后 A 组分也流出色谱柱进入检测器,并在记录仪上形成 A 峰。

现代色谱法的类型很多,不同类型色谱的原理、操作形式也不相同,然而色谱法无一例外的是将试样中各组分物理或物理化学性质的差异转换为组分随流动相移动速率的差异,从而按一定的次序实现分离并进行检测的。而且,用不同检测方法检测得到的色谱流出曲线也大同小异。

13.2.2　色谱流出曲线

在柱色谱法中,色谱柱流出物通过检测器时所产生的响应信号对时间或对流动相流出体积作图得到的曲线称为色谱流出曲线(简称流出曲线),也称色谱图(chromatogram),如图13-2所示。

平面色谱法的色谱流出曲线是通过对色谱斑点进行色谱扫描而获得的,以扫描时产生的响应信号值对该斑点与原点间距离作图,就得到平面色谱的色谱流出曲线。

由上可知,色谱流出曲线的纵坐标为检测器的响应信号,单位一般是 mV,曲线上该数值的大小与流动相中被分离组分的含量有关;横坐标最常用的是流出物流出时间,单位为 min 或 s,也可用流动相的流出体积或距离表示。组分的流出时间或流出体积与该组分的性质、流动相和固定相的性质和及操作条件等有关。采用定性和定量分析方法对这些由色谱流出曲线上获知的参数进行适当的处理,可以获得试样的定性和定量分析结果。

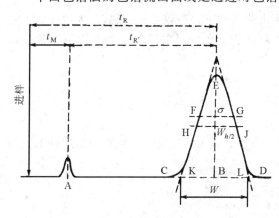

图 13-2　色谱流出曲线

A—不被滞留的组分峰　B—后流出的欲测组分峰

13.2.3　常用色谱术语和色谱参数

现结合色谱流出曲线(图 13-2 所示)来说明色谱分析中的常用术语和一些与色谱定性、定量分析有关的参数。

1. 基线

在一定的操作条件下,色谱柱后没有组分,仅有纯流动相进入检测器时的流出曲线称为基线 (base-line)。基线反映了仪器(主要是检测器)及操作条件的稳定程度,正常基线应是一条平行于横轴的直线。

2. 色谱峰

当组分随流动相进入检测器时,检测器的响应信号随时间变化所形成的峰形曲线称为色谱峰(chromatographic peak)。峰的起点与终点之间的连接直线称为峰底 (peak base),见图 13-2 中的 CD。正常色谱峰为对称于峰尖的正态分布曲线,不正常的色谱峰称为畸形峰,有拖尾峰(tailing peak)和前伸峰 (leading peak)等,如图 13-3 中(a)和(b)所示。

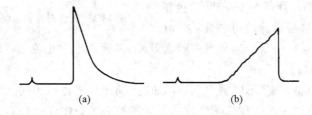

(a)　　　　　　　　　(b)

图 13-3　不正常的色谱峰

(a) 拖尾峰　(b) 前伸峰

3. 峰高与峰面积

色谱峰顶点到峰底之间的垂直距离称为峰高(peak height),如图 13-2 中 EB 间的距离,用 h 表示。峰与峰底之间的面积称为峰面积(peak area),如图 13-2 中 CHFEGJD 围成的面积,用 A 表示。峰高和峰面积可用于定量分析。

4. 峰的区域宽度

峰的区域宽度是衡量峰宽的指标,是色谱流出曲线的重要参数之一,其数值大小反映了色谱柱或色谱条件的好坏,还可用它与峰高来计算峰面积。色谱峰的区域宽度有以下三种表示方法。

(1) 标准偏差

0.607 倍峰高处峰宽的 1/2,如图 13-2 中 FG 的一半,用 σ 表示。

(2) 半高峰宽

峰高一半($h/2$)处的峰宽称为半高峰宽(peak width at half height),如图 13-2 中的 HJ,用 $W_{h/2}$ 表示。它与标准偏差的关系为

$$W_{h/2} = 2\sigma\sqrt{2\ln2} = 2.355\sigma$$

(3) 峰宽

自色谱峰两侧的转折点(拐点)处所作的切线与峰底相交于两点,此两点间的距离称为峰宽(peak width),如图 13-2 中的 KL,用 W 表示。它与标准偏差的关系为

$$W = 4\sigma = 1.70W_{h/2}$$

峰宽与半高峰宽的单位依色谱峰横坐标的单位而定,可以是时间、体积或距离的单位(如 min、mL、cm 等)。

5. 保留值

表示试样中各组分在色谱柱中停留的时间或将组分带出色谱柱所需流动相体积的数值称为保留值(retention value),是色谱法的定性分析参数。

(1) 保留时间

从进样开始至柱后被测组分出现浓度最大值时所需的时间称为保留时间(retention time),用 t_R 表示,如图 13-2 所示。

(2) 保留体积

从进样开始至柱后被测组分出现浓度最大值时流动相所通过的体积称为保留体积(retention volume),用 V_R 表示。

(3) 死时间

不被固定相滞留的组分(气相色谱中如空气、甲烷等),从进样开始到柱后出现浓度最大值时所需的时间称为死时间(dead time),用 t_M 表示,如图 13-2 所示。

(4) 死体积

不被固定相滞留的组分从进样到峰出现最大值时所需流动相体积称为死体积(dead volume),用 V_M 表示。它可由死时间与色谱柱出口处流动相的体积流速 F_c 将其校正到柱温、柱压下来计算,即

$$V_M = t_M F_c \tag{13-1}$$

(5) 调整保留时间

扣除死时间后的保留时间称为调整保留时间(adjusted retention time),用 t_R' 表示,如图 13-2 中所示。

$$t_R' = t_R - t_M \tag{13-2}$$

调整保留时间可理解为组分在固定相中实际滞留的时间。

(6) 调整保留体积

扣除死体积后的保留体积称为调整保留体积(adjusted retention volume),用 V_R' 表示。

$$V_R' = V_R - V_M \tag{13-3}$$

V_R' 与 t_R' 之间的关系为

$$V_R' = t_R' F_c \tag{13-4}$$

死体积反映了色谱柱的几何特性,它与被测物质的性质无关,故保留体积中扣除死体积后将更合理地反映被测组分的保留特点。V_R' 与流动相的流速无关。

(7) 相对保留值

在相同的操作条件下,组分与参比组分的调整保留值之比称为相对保留值(relative retention),用 $r_{i,s}$ 表示。

$$r_{i,s} = \frac{t'_{R(i)}}{t'_{R(s)}} = \frac{V'_{R(i)}}{V'_{R(s)}} \tag{13-5}$$

式中:$t'_{R(i)}$、$t'_{R(s)}$ 分别为被测物质和参比物质的调整保留时间;$V'_{R(i)}$、$V'_{R(s)}$ 分别为被测物质和参比物质的调整保留体积。

相对保留值($r_{i,s}$)可以消除由于某些操作条件不能完全重复而带来的实验误差,只要柱温

和固定相、流动相的性质保持不变,即使流动相流速及柱长、柱径、填充情况等有所变化,相对保留值仍保持不变。

(8) 保留指数

保留指数(retention index)又称为科瓦茨(Kovats)指数,用 I_x 表示,它是以一系列正构烷烃作参比物来反映物质保留行为的气相色谱定性参数。它将正构烷烃的保留指数规定为碳数乘以 100,并以此为标准把各被测组分的保留行为用两个紧靠它的正构烷烃来勘定,将其换算成相当于正构烷烃保留行为的数值。其计算公式为

$$I_x = 100 \left[z + \frac{\lg t'_{R(x)} - \lg t'_{R(z)}}{\lg t'_{R(z+1)} - \lg t'_{R(z)}} \right] \tag{13-6}$$

式中:I_x 是被测组分的保留指数,z 和 $z+1$ 是正构烷烃的碳数。保留指数是气相色谱常用的定性参数,其数值与柱温及组分和固定液的性质有关,与色谱条件无关。

13.2.4 分配系数和容量因子

1. 分配系数

在一定温度和压力下,组分在固定相和流动相之间分配达到平衡时的浓度比值,称为分配系数(distribution coefficient),用 K 表示。即

$$K = \frac{c_s}{c_m} \tag{13-7}$$

式中:c_s 为组分在固定相中的平衡浓度($g \cdot mL^{-1}$),c_m 为组分在流动相中的平衡浓度($g \cdot mL^{-1}$)。K 是分配色谱中的重要参数。

组分的分配系数 K 与色谱柱内固定相和流动相的体积无关,而取决于组分和两相的热力学性质,并随柱温、柱压而变化。在一定温度压力下,K 大的组分在固定相中的浓度大,在柱中滞留的时间长,出柱慢;K 小的组分则是在流动相中的浓度大,不易被固定相保留,先流出色谱柱。

2. 容量因子

在一定温度和压力下,组分在固定相和流动相之间分配达平衡时的质量比称为容量因子(capacity factor),也称分配比,用 k 表示。即

$$k = \frac{c_s V_s}{c_m V_m} \tag{13-8}$$

式中:c_s、c_m 分别为组分在固定相和流动相中的平衡浓度($g \cdot mL^{-1}$);V_m 为色谱柱中流动相的体积(mL),近似等于死体积 V_M;而 V_s 为色谱柱中固定相的体积(mL),在各种不同类型的色谱中 V_s 有不同的含义。例如:在分配色谱中 V_s 为固定液的体积;在尺寸排阻色谱中 V_s 为固定相的微孔体积;在吸附色谱法中为吸附剂表面积;在离子交换色谱法中为交换容量。

容量因子 k 也是衡量色谱柱对组分保留能力的重要参数。k 值决定于组分、固定相和流动相的性质,随柱温、柱压而变化,同时还与柱内流动相和固定相的体积有关。对一般物质而言,$k>1$。K 与 k 的关系表示为

$$k = K \frac{V_s}{V_m} \tag{13-9}$$

3. 色谱基本保留方程

从理论上可以推导出

$$k = \frac{t'_R}{t_M} = \frac{V'_R}{V_M} \tag{13-10}$$

结合式(13-3)、式(13-9)和式(13-10),可得组分的 K 或 k 值与其保留值之间的关系式

$$t_R = t_M(1+k) = t_M\left(1 + K\frac{V_s}{V_m}\right) \tag{13-11}$$

称此式为色谱基本保留方程。该式也可以用保留体积表示为

$$V_R = V_M + KV_s \tag{13-12}$$

色谱基本保留方程直接把热力学参数和色谱保留值联系起来,揭示了被分离物质的热力学性质与保留值间的关系,是色谱基本公式之一。由上式可知,当保持色谱条件不变时,组分的 V_s、V_m 和 T_M 值是一定的,其保留值仅取决于组分的 K 值,即组分本身的性质。所以,依据组分的保留值可以对组分进行定性分析。

由色谱基本保留方程还可以得出以下结论。

(i) 色谱条件一定时,K 值大的组分其保留值大;

(ii) 两 K 值差别大的组分其保留值的差别亦大,其色谱峰的位置距离较远;

(iii) K 值相等的两组分保留值相等,它们的色谱峰重合。

因此,试样中各组分的 K 值不同是色谱分离的必要条件。另外,我们也可以通过色谱实验,用这些公式从色谱图上求得某些组分的 K 和 k 值。

4. K 和 k 与色谱柱的选择因子 $r_{2,1}$

色谱柱对 1、2 两种组分的选择因子(又称相对保留值)$r_{2,1}$ 表示为

$$r_{2,1} = \frac{t'_{R(2)}}{t'_{R(1)}} = \frac{V'_{R(2)}}{V'_{R(1)}} = \frac{k_2}{k_1} = \frac{K_2}{K_1} \tag{13-13}$$

式中:1 为先流出组分,2 为后流出组分。以上关系的导出参见式(13-5)、式(13-9)和式(13-10)。选择因子 $r_{2,1}$ 表明色谱柱对组分的选择性好坏:$r_{2,1}$ 越大,表示色谱柱对组分的选择性越高,两组分越能分离得开;当 $r_{2,1}=1$ 时(即 $K_1=K_2$),两组分重叠。

13.3　色 谱 理 论

现代色谱分析的首要任务是将混合物中的各组分在色谱柱中进行分离,然后才是对分离后的组分进行定性和定量分析。色谱分离的好坏与色谱过程的热力学因素和动力学因素有关。热力学因素是指组分在两相进行分配时的热力学本性(分配系数),它影响组分保留值(或峰间距)的大小。只有各组分分配系数不同时,混合物才有分离的可能。动力学因素指各组分在色谱柱中的运动情况,如组分的扩散和在两相间的传质行为等,它影响色谱峰的峰宽(或色谱柱效率)。本章主要介绍两个色谱基本理论——塔板理论(plate theory)和速率理论(rate theory),分别从以上两个方面揭示影响色谱分离结果的各种原因和现象。

塔板理论以分配平衡为基础,通过假设的分馏塔模式阐明了色谱分离的热力学过程,并引入理论塔板数作为评价色谱柱分离效能的指标。速率理论将影响组分在柱内运动行为的诸项参数折合成对塔板高度的贡献,阐明色谱峰变宽(即柱效降低)的动力学原因。

13.3.1　塔板理论

1. 塔板理论的分馏塔模型

最早由 Martin 和 Synge 提出的塔板理论是在色谱实践中总结出来的半经验理论,该理论在评价色谱柱分离效能和在研究色谱过程时,借用了分馏(利用物质挥发度不同进行分离)的

模式,即把色谱柱看作分馏塔,内部有许多假想塔板,每一小段相当于一层塔板,每层塔板的高度(即每一小段的长度)称为理论塔板高度,用 H 表示。塔板内空间一部分被固定相占据,另一部分被流动相占据,流动相在塔板内占据的体积称为板体积。

当混合组分被流动相带进色谱柱以后,就在两相间进行分配并达到平衡,这种分配平衡是在每一层塔板内进行的,组分随流动相移动达到另一塔板时会进行新的分配;有多少层塔板,就会有多少次分配平衡,塔板越多分离能力越强。经过多次分配平衡后,组分得以分离,K 小的组分先流出色谱柱,K 大的组分后流出。由于色谱柱的塔板数相当多($10^3 \sim 10^6$),所以,即使两组分的 K 值差别很小,也能得到很好的分离效果。

塔板理论通过这种分馏塔模型,以一系列分解的、不连续的单个分配平衡过程来说明连续的、流动的色谱分离过程,建立了色谱分离的热力学模型。

2. 塔板理论的基本假定和色谱流出曲线

塔板理论用分馏塔模型分析处理色谱体系时,引入了以下几个基本假定。

(i) 每一塔板内,组分可瞬间在两相中达分配平衡。达到一次分配平衡所需的最小柱长称为一个理论塔板高度 H。

(ii) 流动相进入色谱柱(洗脱过程)是间歇式的,每次进入一个板体积。

(iii) 试样开始都加在 0 号板上。

(iv) 纵向扩散(塔板之间的扩散)忽略不计。

(v) 组分的 K 在每块塔板上都相同(K=常数),与组分的浓度无关。

根据以上假定,当有 $K=1$ 的某组分 1 mg,通过一个有 5 层塔板($n=5$)的色谱柱时,随着流动相进入色谱柱的板体积(ΔV)数的不同,组分在两相间的分配如表 13-1 所示。

表 13-1　$K=1$ 的组分在色谱柱($n=5$)各塔板内的分配情况

塔板号 板体积	0 (气/液)	1 (气/液)	2 (气/液)	3 (气/液)	4 (气/液)	柱出口 (mg)
进样	0.5/0.5	0	0	0	0	0
ΔV	0.25/0.25	0.25/0.25	0	0	0	0
$2\Delta V$	0.125/0.125	0.25/0.25	0.125/0.125	0	0	0
$3\Delta V$	0.063/0.063	0.188/0.188	0.188/0.188	0.063/0.063	0	0
$4\Delta V$	0.032/0.032	0.125/0.125	0.188/0.188	0.125/0.125	0.032/0.032	0
$5\Delta V$	0.016/0.016	0.079/0.079	0.157/0.157	0.157/0.157	0.079/0.079	0.032
$6\Delta V$	0.008/0.008	0.048/0.048	0.118/0.118	0.157/0.157	0.118/0.118	0.079
$7\Delta V$	0.004/0.004	0.024/0.024	0.083/0.083	0.137/0.137	0.137/0.137	0.118
...	...	...	...	...	...	...

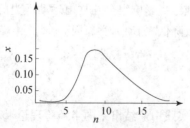

图 13-4　组分($K=1$)的流出曲线图(柱子 $n=5$)

当第 5 个板体积的流动相进入后,组分开始流出色谱柱。柱出口处组分的浓度大小(x)可由检测器检测(见表 13-1 中的柱出口质量)。当通入了 18 个板体积的流动相后,所给出的色谱流出曲线如图 13-4 所示,色谱峰不对称是因柱的塔板数太少的缘故。当理论塔板数(n)很大时,色谱峰趋于正态分布,流出曲线可用数学的正态分布方程描述(略)。

对于多组分试样,若各组分的 k 或 K 值不同,则各色谱峰在流出曲线上的位置也不相同。当柱的塔板数(分配平衡的次数)足够多时,就可使各峰获得好的分离。

3. 理论塔板数的计算式和柱效

根据以上模型,可以导出理论塔板数 n 与保留时间 t_R 和峰宽 W 或半高峰宽 $W_{h/2}$ 的关系

$$n = 16\left(\frac{t_R}{W}\right)^2 \tag{13-14}$$

或

$$n = 5.54\left(\frac{t_R}{W_{h/2}}\right)^2 \tag{13-15}$$

设柱长为 L,理论塔板高度为 H,则

$$H = \frac{L}{n} \tag{13-16}$$

式中:n 或 H 是描述色谱柱效能的指标。当其他条件一定时,n 越大,板高 H 就越小,说明组分在柱中每次达平衡的速度快、反复平衡的次数多,对分配系数有差别的几个组分的分离越有利,W 越窄,柱效就越高。这里应当注意的是,柱效高是指峰变宽的程度小,并非指峰间距小,峰间距的大小与 ΔK 有关。

上述公式中的保留时间 t_R 包括不参加柱中分配的死时间 t_M 在内,若死时间 t_M 从 t_R 中扣除,即用 t_R' 代替式(13-15)中的 t_R,则会更确切地反映组分本身在柱中的分配行为,且避免理论塔板数 n 很大而柱的分离效能并不高的情况出现。使用 t_R' 求出的理论塔板数称为有效理论塔板数,用 n_{eff} 表示,用其评价柱效则更符合实际情况。

$$n_{eff} = 5.54\left(\frac{t_R'}{W_{h/2}}\right)^2 = 16\left(\frac{t_R'}{W}\right)^2 \tag{13-17}$$

另外,由于同一柱上、同一色谱条件下,不同组分的保留值不同,所以采用以上方法来评价柱效时,应该使用同一组分。

塔板理论建立了色谱分离的热力学模型,用多级分配平衡描述了组分的分离过程,成功地解释了色谱流出曲线的形状、浓度极大点的位置,提出了评价柱效能的参数和计算这些参数的方法。但它的一些假设与实际色谱分离过程不相符。事实上,流动相无间歇的流动状态使色谱体系几乎达不到真正的平衡;分配系数只在有限的浓度范围才与浓度无关;组分的纵向扩散并不能忽略。此外,塔板理论对于不同载气流速下测得组分的理论塔板数不同的实验事实不能给出解释;对于影响板高 H(色谱峰变宽)大小的诸项因素也无法给予说明。

13.3.2　速率理论

荷兰学者范第姆特(van Deemter)等 1956 年提出速率理论,该理论借用塔板理论中板高的概念,并进一步把组分在色谱柱中的分配过程与分子扩散和在两相中的传质联系起来,认为组分的单个粒子在柱内固定相和流动相间要发生千万次转移,加上分子扩散和运动途径等原因,它在柱内的运动是高度不规则,是随机的,在柱中随流动相前进的速率是不均一的。与偶然误差造成无限多次测定的结果呈现正态分布相类似,无限多个随机运动的某组分粒子流经色谱柱所用的时间也是正态分布的,t_R 是其平均值,即组分分子的平均行为。

速率理论提出了气液柱色谱的范第姆特方程式,该式将影响组分分子扩散和在两相中传质的诸项因素与塔板高度(即峰扩张程度)建立联系,较好地解释了各项实验事实,是选择色谱

分离操作条件的主要依据。

范第姆特方程式的简化式为

$$H = A + \frac{B}{u} + Cu \tag{13-18}$$

该式由三项组成：A 项称为涡流扩散项，B/u 项称为分子扩散项，Cu 项称为传质项，A、B、C是与色谱条件有关的常数（分别称为涡流扩散系数、分子扩散系数和传质阻力系数）；u 为载气线速率，即一定时间里载气在色谱柱中的流动距离，单位为 cm·s^{-1}。由式中关系可见，当 u一定时，只有 A、B、C 较小时 H 才能有较小值，才能获得较高的柱效；反之，色谱峰扩张，柱效降低，所以 A、B、C 是影响峰扩张的三项因素。

1. 涡流扩散项 A

在填充色谱柱中，气流碰到填充物颗粒时不断改变方向，形成紊乱的、类似涡流的运动，导致同一组分的粒子因所行路径长短不同而在柱中停留的时间不同，它们分别是在一个时间间隔内先后到达柱尾，故而由于扩散造成色谱峰的扩张。这种扩散称为涡流扩散(eddy diffusion)，如图13-5 所示。涡流扩散项 A 与填充物的平均颗粒直径大小和填充物的均匀性有关。

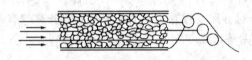

图 13-5　涡流扩散示意图

$$A = 2\lambda d_\mathrm{p} \tag{13-19}$$

式中：λ 为填充不规则因子，填充均匀的柱子的 λ 较小，由于空心毛细管柱内无填充物，$\lambda=0$，故 $A=0$；d_p 为颗粒的平均直径。由上式可见，A 与载气的性质、线速及组分无关。装柱时填充均匀，并且使用粒度均匀、大小适当的载体，是提高柱效能的有效途径之一。

2. 分子扩散项 B/u

分子扩散又称为纵向扩散(longitudinal diffusion)，指组分在色谱柱中分布时，由于轴向存在浓度梯度而发生的由浓度大的区域向两侧浓度较稀区域的扩散现象。分子扩散项(B/u)与载气线速(u)成反比，载气流速越小，组分在流动相中停留的时间越长，分子扩散越严重，由分子扩散引起的峰扩张也越大。为了减小 GC 的峰扩张，可以采用较高的载气流速，通常为0.01～1.0 cm·s^{-1}。

B 是分子扩散系数，其大小为

$$B = 2\gamma D_\mathrm{g} \tag{13-20}$$

式中：D 是组分在流动相中的扩散系数，流动相是气体或液体时，分别以 D_g 和 D_m 表示。GC中，由于组分的 D_g 与载气的 $\sqrt{M_\mathrm{r}}$ 成反比，所以对于一定的被分离组分，采用 M_r 较大的载气可使组分的分子扩散减小；对选定的载气来说，M_r 较大的组分 D_g 较小而有较轻的扩散。并且，D_g 随柱温升高而增大，随柱压增大而减小。γ 称为弯曲因子，是因柱内填充物而引起气体扩散路径弯曲的因数。填充柱色谱法中，柱中填充物的阻碍使组分的扩散路径弯曲，扩散程度降低，故 $\gamma<1$；空心毛细管色谱法中，由于柱内没有填充物，扩散程度最大，故 $\gamma=1$。由此可见，对气相色谱，操作时选用 M_r 大的载气、较低的柱温 T 和较高的载气流速 u，才能减小 B/u 值，提高柱效率。

3. 传质阻力项 Cu

组分在流动相和固定相间分配时发生的溶解、逸出、扩散、转移等质量传递过程称为传质过程。影响此过程进行速率的阻力，称为传质阻力(mass transfer resistance)。

传质阻力项 Cu 与流动相线速成正比,流速越快传质阻力越大。C 为传质阻力系数,气液柱色谱法的传质阻力系数 C 包括气相传质阻力系数(C_g)和液相传质阻力系数(C_L),即

$$C = C_g + C_L$$

(1) 气相传质过程

指试样组分从气相移动到固定液表面的过程。在这一过程中,试样组分将在气液两相间进行质量交换,即进行浓度分配。若此过程进行的速率慢(如有些组分没来得及进入两相界面就被气相带走,或有的在两相界面还来不及返回气相),就使得组分在两相界面上不能瞬间达到分配平衡,而产生滞后的现象,造成色谱峰扩张。气相传质阻力系数为

$$C_g = \frac{0.01k^2 d_p^2}{(1+k)^2 D_g}$$

(13-21)

式中:k 为容量因子,d_p 为固定相颗粒的平均直径。由上式可见,C_g 与 d_p^2 成正比,而与组分在气相的 D_g 成反比。因此,实际色谱过程往往采用细颗粒填充物和 M_r 小的载气(如 H_2、He),以使 C_g 减小,降低气相传质阻力,提高柱效率。

(2) 液相传质过程

指试样组分从气液界面移到液相内部进行分配达平衡后,又返回气液界面的过程。若该过程进行的速率慢,表明液相传质阻力大,而引起色谱峰变宽。影响液相传质阻力系数 C_L 的因素为

$$C_L = \frac{2}{3} \frac{kd_f^2}{(1+k)^2 D_L}$$

(13-22)

式中:d_f 为固定相的液膜厚度,D_L 为组分在固定液中的扩散系数。由式(13-22)可见,C_L 与 d_f^2 成正比,与组分的 D_L 成反比。因此,在实际色谱过程中减小 C_L、提高柱效的主要方法是:(i) 适当增加载体的比表面,并在能完全均匀覆盖载体表面的前提下,适当减少固定液的用量,使液膜薄而均匀;(ii) 适当提高柱温,使 D_L 增大。

总的来看,对不同的柱、操作条件不同时,式中各项对板高的影响程度是不一样的。例如,对固定液含量较大(液膜较厚)的柱,载气在中等线速(u)下进行色谱分析时,液相传质项是控制板高(H)的主要因素,气相传质影响较小,可忽略不计;但对于固定液含量低的柱,载气在高线速下进行快速分析时,气相传质项则成为控制板高的重要乃至关键性因素。

将以上 A、B、C 的关系式代入范第姆特方程的简式(式 13-18)中,得到适用于气液柱色谱法的范氏方程式

$$H = 2\lambda d_p + \frac{2\gamma D_g}{u} + \left[\frac{0.01k^2}{(1+k)^2} \cdot \frac{d_p^2}{D_g} + \frac{2}{3} \frac{k}{(1+k)^2} \cdot \frac{d_f^2}{D_L} \right] u$$

(13-23)

以板高 H 对载气线速作图,得 GC 的 H-u 曲线(如图 13-6 中位于上方的曲线)。由于涡流扩散项不随载气线速而变化,所以对一定的柱,A 是常数;分子扩散项与传质项这两个项中,载气线速对 H 的影响是反向的,故曲线有一极小值,在此线速下 H 最小。

范氏方程是分析工作者选择色谱分离条件的主要理论依据,它指明了色谱柱填充的均匀程度、固定相粒度、载气种类和流速、柱温、固定相液膜厚度等因素对柱效及峰扩张的影响,所以对选择色谱分离条件具有指导意义。

4. 液相色谱法的范第姆特方程

HPLC 与 GLC 比较,范第姆特方程的涡流扩散项完全相同[见式(13-19)]。

HPLC 中的分子扩散同样是因轴向存在浓度梯度,同一组分分子由浓度大的谱带中心向浓度较低的两边扩散所引起,它产生的板高与组分在流动相中的扩散系数(D_m)成正比,与流动相的平均线速(u)成反比,即

$$B/u = \frac{2\gamma D_m}{u} \qquad (13\text{-}24)$$

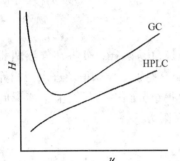

图 13-6 GC 和 HPLC 的典型 H-u 曲线

但由于组分在液相中的扩散系数要比在气相中小 4~5 个数量级,所以 HPLC 中分子扩散产生对板高的影响很小,B/u 项可略去。因此图 13-6 中 HPLC 的 H-u 曲线无极小值,而近似为一直线。

HPLC 的传质阻力项 Cu 是影响柱效的主要因素。其传质阻力系数 C 是固定相传质阻力系数(C_s)、移动流动相传质阻力系数(C_m)和滞留流动相传质阻力系数(C_{sm})三项之和,即

$$C = C_s + (C_m + C_{sm}) \qquad (13\text{-}25)$$

(1) 固定相的传质阻力系数

固定相的传质阻力系数与气相色谱中的液相传质阻力系数的含义相同,即

$$C_s = \frac{\omega_s d_f^2}{D_s} \qquad (13\text{-}26)$$

式中:d_f 为固定液涂层厚度,D_s 为组分在固定液中的扩散系数(相当于 GC 中的 D_L),ω_s 是与容量因子 k 有关的常数。由于高效液相色谱一般是采用化学键合的方式将固定液键合在载体上,因此固定相的液膜很薄,传质阻力很小,C_s 往往可以忽略。

(2) 移动流动相的传质阻力系数

该传质阻力是指由于同一流路中靠近固定相表面的流动相流速较慢、流路中心的流动相流速较快,所以在组分从流动相向固定相表面移动的传质过程中,流路中部的离固定相表面越远的组分分子,越不容易及时扩散到固定相表面进行传质。由此造成流路中心处组分的浓度大于流路边缘处组分的浓度,引起色谱峰扩张,见图 13-7(a)。C_m 的表达式为

$$C_m = \frac{\omega_m d_p^2}{D_m} \qquad (13\text{-}27)$$

式中:d_p 为填充物平均颗粒直径,D_m 为组分在流动相中的扩散系数,ω_m 是与固定相和填充柱有关的常数。显然,填料颗粒越小即流路越窄,C_m 就越小。

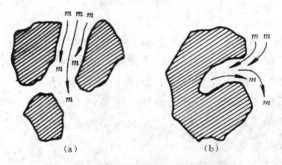

(a)　　　　　　(b)

图 13-7 流动相的传质阻力示意图

(a) 移动流动相传质阻力　(b) 滞留流动相传质阻力

（3）滞留流动相的传质阻力系数

固定相结构的多孔性,使一部分流动相滞留在微孔内不发生移动,组分分子与孔内的固定相进行传质时,必须先扩散到这些流动相滞留区,孔有深度且扩散路径不同,引起色谱峰的扩张,见图 13-7(b)。C_{sm} 的表达式为

$$C_{sm} = \frac{\omega_{sm} d_p^2}{D_m} \qquad (13\text{-}28)$$

式中:ω_{sm} 是与固定相的微孔结构、容量因子和滞留流动相所占流动相的体积分数有关的常数。

在 GC 和 HPLC 中,传质阻力的主要控制因素是不同的。GC 传质过程主要受固定相传质阻力的控制,而 HPLC 传质过程主要受流动相传质阻力,特别是滞留流动相传质阻力的控制。因此,改进固定相结构,减小滞留流动相传质阻力是提高液相色谱柱效的关键。

综合以上各项,液液柱色谱法的范第姆特方程式为

$$H_{HPLC} = 2\lambda d_p + \frac{2\gamma D_m}{u} + \left[\frac{\omega_s d_f^2}{D_s} + \frac{(\omega_m + \omega_{sm}) d_p^2}{D_m}\right] u \qquad (13\text{-}29)$$

由于 $\frac{2\gamma D_m}{u}$ 项可以略去,于是上式可简写为

$$H = A + Cu \qquad (13\text{-}30)$$

综上所述,提高高效液相色谱柱效的途径为:使用小而均匀的固定相颗粒并填充均匀,以减小涡流扩散和流动相传质阻力;改进固定相的结构,以减小滞留流动相传质阻力以及固定相传质阻力;选用低黏度流动相(如甲醇、乙腈等),并适当提高柱温。

13.3.3 分离度

分离度又称分辨率,是衡量色谱柱总的分离效能的参数。前面介绍的有效塔板数(n_{eff})是评价柱效的参数,相对保留值(r_{is})是衡量柱选择性的参数。但它们单独使用时,都不能反映难分离组分的真实分离效果。色谱的分离效果可直观地表现在色谱峰保留值的差别和峰宽上,只有相邻两个色谱峰的保留值相差较大而且峰较窄时,两组分才能得到良好的分离。分离度综合了这两方面的因素,可以判断相邻两色谱峰在色谱柱中的实际分离程度如何。

分离度用 R 表示,其定义为相邻两色谱峰保留值之差与两组分色谱峰峰宽平均值之比值。其定义式为

$$R = \frac{t_{R(2)} - t_{R(1)}}{\frac{W_2 + W_1}{2}} = \frac{2(t_{R(2)} - t_{R(1)})}{W_2 + W_1} \qquad (13\text{-}31)$$

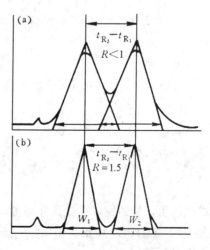

式中:$t_{R(1)}$、$t_{R(2)}$ 分别为组分 1 和组分 2 的保留时间(也可采用其他保留值);W_1、W_2 分别为相应组分峰的峰底宽度(单位与保留值的单位应一致)。如图 13-8 所示:R 值越大,两色谱峰距离就越远,分离效果就越好。$R<1$ 时[见图 13-8(a)],两峰有部分重叠;$R=1$,两峰有 98% 的分离;$R=1.5$ 时[见图 13-8(b)],分离程度可达 99.7%。所以,一般以 $R=1.5$ 为相邻两峰完全分离的标志。

图 13-8 分离度示意图

13.3.4　色谱基本分离方程

虽然用 R 的定义式(13-31)从色谱图可直接计算 R，而获知色谱峰的分离程度，但该式没反映出控制色谱分离的各项重要参数对 R 的影响。为此将式(13-31)作些变换，由于两组分是相邻峰，其分配系数差别很小；如果两组分在试样中的含量也相近，可合理地假定两者的峰宽相等，即 $W_1 = W_2$，于是有

$$R = \frac{t_{R(2)} - t_{R(1)}}{W_2} \tag{13-32}$$

又据 $n = 16\left(\dfrac{t_R}{W}\right)^2$，有

$$W_2 = \sqrt{\frac{16 t_{R(2)}^2}{n}} = \frac{4 t_{R(2)}}{\sqrt{n}}$$

将上式代入式(13-32)中，得

$$R = \frac{\sqrt{n}}{4}\left[\frac{t_{R(2)} - t_{R(1)}}{t_{R(2)}}\right] = \frac{\sqrt{n}}{4}\left[\frac{t'_{R(2)} - t'_{R(1)}}{t'_{R(2)} + t_M}\right] = \frac{\sqrt{n}}{4}\left[\frac{t'_{R(2)} - t'_{R(1)}}{t'_{R(2)}}\right]\left[\frac{t'_{R(2)}}{t'_{R(2)} + t_M}\right]$$

$$= \frac{\sqrt{n}}{4}\left[\frac{t'_{R(2)}/t'_{R(1)} - 1}{t'_{R(2)}/t'_{R(1)}}\right]\left[\frac{t'_{R(2)}/t_M}{t'_{R(2)}/t_M + 1}\right] \tag{13-33}$$

根据式(13-13)，有

$$\frac{t'_{R(2)}}{t'_{R(1)}} = \frac{K_2}{K_1} = r_{2,1}$$

又根据式(13-10)，有

$$\frac{t'_{R(2)}}{t_M} = k_2$$

将它们代入式(13-33)中，得到色谱基本分离方程

$$R = \left(\frac{\sqrt{n}}{4}\right)\left(\frac{r_{2,1} - 1}{r_{2,1}}\right)\left(\frac{k_2}{k_2 + 1}\right) \tag{13-34}$$

式中：$\left(\dfrac{\sqrt{n}}{4}\right)$ 项称为柱效项；$\left(\dfrac{r_{2,1} - 1}{r_{2,1}}\right)$ 称为柱选择项；$\left(\dfrac{k_2}{k_2 + 1}\right)$ 称为容量因子项。它说明了分离度(R)与理论塔板数(n)、相对保留值($r_{2,1}$)和容量因子(k)这 3 个重要的色谱分离参数之间的关系。

1. 柱效项

提高柱效，增大理论塔板数(n)可使色谱峰变窄，从而使相邻两峰得以分离，见图 13-9(b)。

由式(13-34)可见，当其他条件固定时，$R \propto \sqrt{n}$(或 $R^2 \propto n$)。据 $n = L/H$，若理论板高 H 一定，则 $n \propto L$，于是有

$$\frac{R_1^2}{R_2^2} = \frac{n_1}{n_2} = \frac{L_1}{L_2} \tag{13-35}$$

上式说明用较长的柱可以提高分离度。但是，增加柱长会带来柱的反压增大、分析时间延长等许多问题，故 HPLC 中很少使用。一般通过减小理论塔板高度(H)来提高柱效，这在前面已经详细讨论了。

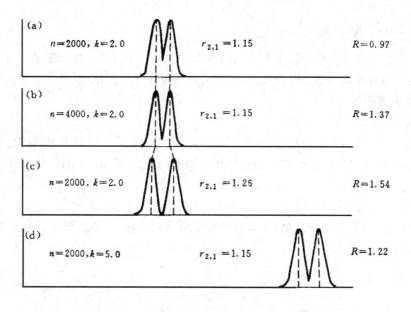

图 13-9 变动 $n, r_{2,1}, k$ 对于分离度 R 的影响

(a) 原来 (b) n 增大 10% (c) $r_{2,1}$ 增大 10% (d) k 增至 5

2. 柱选择项

相对保留值 ($r_{2,1}$) 又称选择因子或分配系数比, 它反映了两组分在色谱柱中热力学性质差异的大小, 是选择最佳分离条件的主要因素。

由式(13-34)可知, 若 $r_{2,1}=1$, 则 $R=0$, 此时无论怎样提高柱效也不能使两组分分离。对于 $r_{2,1}$ 接近 1 的难分离组分, 可通过改变固定相、流动相的性质和组成, 或降低柱温, 使 $r_{2,1}$ 增大。即使 $r_{2,1}$ 的微小改变, 都会有效地提高分离度 R, 改善难分离组分的分离效果, 见图 13-9(c)。在 GC 中, 流动相是惰性的, 所以采用改变固定相的方法使 $r_{2,1}$ 改变; 在 HPLC 中, 改变固定相的费用相对较高, 通常采用改变流动相组成的方法使 $r_{2,1}$ 改变。

3. 容量因子项

增大 k 可以提高分离度 [见图 13-9(d)], 但当 k 大于 10 时, 它对 R 的影响非常微弱, 而且增大 k 会使分离时间延长, 还会引起峰形变宽。因此, 一般要求 k 在 1~10 之间, 而以 2~5 之间为最佳。通过改变柱温(GC 常采用)、改变流动相组成和性质(LC 常采用)及固定液的量可以控制 k 值。

13.4 色谱法的定性分析方法

色谱分析中, 定性分析的任务是要确定出色谱流出曲线中的各个峰都是些什么物质, 进而确定试样的组成。然而, 各个峰的定性结果并不能从流出曲线上直接得知, 而是需要将其中待测组分的保留值与已知纯物质的保留值对照来进行定性。但这通常只能鉴定那些范围已知的混合试样, 若鉴定范围未知的试样, 往往产生困难; 另外, 同一条件下, 保留值完全一样的两个峰实际上也可能不是同一种物质。因此, 色谱定性常需一些其他分析方法和技术作辅助。下面介绍几种色谱中常用的定性方法。

13.4.1　利用色谱保留值定性

利用保留值定性是色谱分析中最基本的定性方法。一般说来：两个相同的物质在相同的色谱条件下有相同的保留值。但应注意，有些情况下反推不一定成立。

1. 已知物直接对照法

（1）直接对照保留值 t_R 或 V_R

对组成不太复杂的样品，分别将未知样和已知纯物质在同一柱上用相同的色谱条件进行分析，直接对比两流出曲线上已知纯物质峰和未知峰的 t_R 或 V_R 是否相同，可对未知峰进行初步定性。

（2）直接对照相对保留值 $r_{i,s}$

用直接对照 t_R 或 V_R 的方法定性，要求严格控制色谱条件，否则重现性较差。为此，常采用相对保留值 $r_{i,s}$ 进行对比定性。

根据

$$r_{i,s} = \frac{t'_{R(i)}}{t'_{R(s)}} = \frac{k_i}{k_s} \tag{13-36}$$

将参比物质（s）分别加入未知试样和已知纯物质试样中，因 i 组分的相对保留值 $r_{i,s}$ 值只与柱温、固定相和流动相的性质有关，当操作条件（流动相流速等）发生微小变化时，被测组分与参比组分的保留值同时发生变化，$r_{i,s}$ 保持不变。所以可以消除某些操作条件的微小差异所带来的影响。

（3）增加峰高法

若试样组成较复杂、峰间距太近或操作条件不易控制稳定而很难准确测定其保留值时，可在得到未知试样的流出曲线后，取另一份未知试样，将适量的已知纯物质加入混匀，在相同条件下再次进样分析。对比前后两流出曲线中各组分色谱峰的相对变化，若后者中某峰相对增高，则该峰与加入的已知纯物质可能是同一物质。

因保留值定性的依据不十分完善，使上述定性分析结果不甚可靠，为了改善这种情况，可在两根极性相差较大的色谱柱上验证结果。若在两根柱上纯物质和未知组分保留值始终一致，就可确认为同一组分。

2. 文献保留值对照法

当已知标准物难以获得时，可以采用与文献保留值进行对照的方法来定性。即测定出试样中各未知组分的保留值，并与色谱手册上的保留值数据比较对照，进行定性分析。色谱手册及文献上的常见数据一般有相对保留值（$r_{i,s}$）和色谱保留指数（I_x），可根据需要选择。采用相对保留值的缺点是只有一个标准物质，因此，离标准物质峰较远的组分，其相对保留值误差往往较大。若采用色谱保留指数，则避免了这一缺点，而且，所用标准物质统一，已知物数据较全，结果重现性好。因而，后者使用比较广泛。

对照文献值定性主要用于气相色谱，分析时需知道被测组分是属于哪一类的化合物，先查手册，然后按照手册规定的实验条件进行操作。液相色谱因所使用的色谱柱的重现性目前还很不理想，文献报道值只是用做定性参考。

13.4.2 与其他分析手段联机定性

色谱法虽然在分离复杂混合物上表现出强大的优势,但是,用常规的色谱检测器,却很难对组成复杂的未知试样直接进行定性;质谱、红外光谱和核磁共振波谱等分析手段在鉴别未知物结构上有很强的优势,但却要求试样成分尽可能单一(纯物质)。因此,当今仪器分析的一个发展方向,是将两者以"在线"(on-line)的方式联机进行分离检测。这样,可以取长补短,使得色谱仪成为质谱等分析仪器的试样预处理器,而质谱等分析仪器同时又是色谱的组分鉴定器。这种联用仪器集高效分离、多组分同时定性和定量于一体,目前已成为分离、鉴定复杂的未知试样(主要是有机物)的最为有效的工具。

技术较成熟、已经商品化的联用仪器有:气相色谱-傅里叶红外光谱联用仪(GC-FTIR)、气相色谱-质谱联用仪(GC-MS)、高效液相色谱-质谱联用仪(HPLC-MS)、毛细管电泳-傅里叶红外光谱联用仪(CE-FTIR)和毛细管电泳-质谱联用仪(CE-MS)等。其中,色谱-质谱联用仪被认为是目前最经济、合理、有效的联用仪。这一方面由于质谱分析速度快、灵敏度高,而且能进行准确的相对分子质量测定,给出相关的结构信息,很大程度上解决了色谱定性的不足;另一方面是因为色谱法恰好能补足质谱法因要求纯样而使分析对象受到限制的缺陷;并减少了繁琐的分析程序,加快了分析速度,大大提高了分析效率。因此而在生命科学、医药和临床、环保、化学化工等各个领域中得到广泛应用。此外,紫外光谱已成为液相色谱的常规检测器。

13.4.3 与化学方法结合定性

利用官能团专属反应,通过柱前预处理等方法使某些组分生成衍生物,根据处理前后色谱峰的位置是提前、移后或消失而对相应组分进行定性;或在柱后用化学试剂鉴定流出物而对该组分进行官能团定性。

例如,用乙酸酐来鉴定醇和酚,由于生成乙酸酯可使醇和酚的色谱峰提前,所以将加入乙酸酐前后的色谱图对照,便可识别它们。又如,可用乙醇-硝酸银反应鉴定卤代烷,由于生成白色沉淀,所以,试样在柱前经乙醇-硝酸银处理可使卤代烷的色谱峰消失。

常见的官能团鉴定反应、有关试剂及反应条件,都可从色谱手册或有关参考书上查得。

13.5 柱色谱法的定量分析方法

13.5.1 定量校正因子

1. 定量依据

色谱法定量分析的依据是:在一定的实验条件下,组分的质量 m_i(或在流动相中的浓度 c_i)与检测器的响应信号(峰面积 A_i 或峰高 h_i)成正比。可用公式表示为

$$m_i = f_i' A_i \tag{13-37}$$

或

$$m_i = f_{h_i}' h_i \tag{13-38}$$

式中:f_i' 称为峰面积绝对定量校正因子,f_{h_i}' 称为峰高绝对定量校正因子。因此,要使定量分析结果可靠,必须准确测量峰面积或峰高、准确求出定量校正因子 f_i' 或 f_{h_i}',并选用合适的定量方法将被测组分的峰面积或峰高换算成该组分在试样中的相对含量(质量分数等)。

绝对定量校正因子 f_i' 主要由仪器灵敏度决定,并随实验条件而变化,不易准确测定,无法直接应用。

2. 定量校正因子

不同的化合物在同一检测器上的响应值往往是不同的。也就是说,即使这两种物质的含量相等,在检测器上得到信号(A_i 或 h_i)的大小却不一样。为使峰面积(或峰高)能正确反映出物质的含量,色谱定量分析实际采用相对定量校正因子——即被测组分(i)与标准物质(s)的绝对定量校正因子之比值——其作用是把混合物中不同组分的峰面积(或峰高)校正成相当于某一标准物质的峰面积(或峰高),再用这些经过校正的峰面积(或峰高)来计算各组分的含量。

相对定量校正因子简称为校正因子(correction factor),用 f_i 表示。即

$$f_i = \frac{f_i'}{f_s'} \tag{13-39}$$

校正因子又可分为质量校正因子(f_m)、摩尔校正因子(f_M)和体积校正因子(f_V),其表达式为

$$f_m = \frac{f_{i(m)}'}{f_{s(m)}'} = \frac{A_s m_i}{A_i m_s} \tag{13-40}$$

$$f_M = \frac{f_{i(M)}'}{f_{s(M)}'} = \frac{A_s m_i M_s}{A_i m_s M_i} = f_m \frac{M_s}{M_i} \tag{13-41}$$

$$f_V = \frac{f_{i(v)}'}{f_{s(v)}'} \tag{13-42}$$

式中:A_i 和 A_s、m_i 和 m_s 分别为被测组分和标准物质的峰面积及质量,M_i 和 M_s 分别为被测组分和标准物质的摩尔质量。对于气体组分,体积校正因子在标准状态下等于摩尔校正因子。质量校正因子是一种最常用的定量校正因子。

3. 相对响应值

相对响应值(relative response)是指某组分(i)与其等量的标准物质(s)的响应值之比,用 S_i 表示。它与相对校正因子互为倒数,即

$$S_i = \frac{1}{f_i} \tag{13-43}$$

式中:S_i 或 f_i 的数值大小与被测组分、标准物质以及检测器的类型有关,不受操作条件和固定液性质等因素的影响,因而使用方便。

4. 校正因子的测定方法

准确称取一定量色谱纯(或已知准确含量)的被测组分和标准物质,混匀。然后在一定的实验条件下进样分析,由色谱图上分别测出相应的峰面积,由式(13-40)～(13-42)可算出校正因子。

气相色谱中,常见化合物在热导检测器和火焰离子化检测器上的校正因子还可从"气相色谱手册"及有关文献中查得。标准物质的选择一般取决于检测器的类型,还需注意,所选标准物质的保留值及响应值最好与待测组分相近。热导检测器常以苯作为标准物质,而火焰离子化检测器常以正庚烷作为标准物质。

13.5.2 峰面积的测量

峰面积是色谱图上的基本定量参数,对其测量得是否准确,关系到分析结果的准确度。随着电子学的发展和计算机技术的普及,目前大部分的色谱仪都配置了数据微处理机或色谱数

据处理软件(色谱工作站等),这些数据处理系统能自动识别和切割各种峰、根据信号的变化建立基线、准确地测出峰面积或峰高,并能自动打印或显示结果;快速简便,线性范围广,测量精度达 0.2%~1%,对小峰或不规则峰也能得出较准确的测量结果。因此,用手工测量、计算峰高和峰面积的方法已基本不用。但这些方法仍是数据处理系统进行峰面积测算时各种积分参数设定的基础,故在此作一简单介绍。

针对不同形状的色谱峰,可以采用以下几种不同的测量计算法。

1. 峰高乘半高峰宽法

以这种方式测得的峰面积为实际峰面积的 0.94 倍,实际峰面积应为

$$A = 1.065\, h\, W_{h/2} \qquad\qquad (13\text{-}44)$$

在相对计算时,1.065 可以约去。此法适用于有适当宽度的对称峰。若峰很小或很窄,则测量误差过大而不能应用。

2. 峰宽乘峰高法

又称为三角形法,峰面积为

$$A = \frac{1}{2}Wh \qquad\qquad (13\text{-}45)$$

此法对矮而宽的色谱峰较准确。

3. 峰高乘平均峰宽法

平均峰宽是指在峰高 0.15 和 0.85 处分别量得的峰宽的平均值,其峰面积为

$$A = \frac{1}{2}h(W_{0.15} + W_{0.85}) \qquad\qquad (13\text{-}46)$$

此法可用于不对称峰(前伸峰或拖尾峰)面积的测量,结果比较准确。

13.5.3　常用定量方法

1. 归一化法

归一化法(normalization method)是气相色谱常用的一种定量方法。应用该方法的条件是:试样中各组分都能流出色谱柱,并在所用的检测器上都产生信号(即在色谱图上都显示出色谱峰)。高效液相色谱法较少使用归一化法,原因是很难查到所有组分在同一实验条件下的 f_i 值,f_i 的测定又较麻烦。

当测量参数为峰面积时,归一化法的公式为

$$x_i = \frac{A_i f_i}{A_1 f_1 + A_2 f_2 + \cdots + A_n f_n} \times 100\% \qquad\qquad (13\text{-}47)$$

式中:x_i 为任一组分 i 在试样中的含量,A_i 为 i 组分的峰面积,f_i 为 i 组分的定量校正因子[①]。如果色谱峰很窄,可用峰高来定量。即

$$x_i = \frac{h_i f_{h_i}}{h_1 f_{h_1} + h_2 f_{h_2} + \cdots + h_n f_{h_n}} \times 100\% \qquad\qquad (13\text{-}48)$$

式中:h_i 为任一组分 i 的峰高,f_{h_i} 为 i 组分的峰高校正因子。归一化法的优点是操作简便、准

[①]　式(13-47)中 f_i 可用质量校正因子、摩尔校正因子或体积校正因子,x_i 则相应为质量分数、摩尔分数或体积分数。

确,操作条件(如进样量、流速等)变化对测定结果影响较小,适于分析多组分试样中各组分的含量。

2. 内标法

内标法(internal standard method)又称为已知浓度试样对照法。当混合物所有组分不能全部流出色谱柱,或检测器不能对各组分均产生信号,或只要求对试样中的某几个组分峰进行定量时,可采用内标法。

内标法是将一定量的纯物质(试样中不含此物质)作为内标物,加入到准确称量的试样中,根据被测组分(i)和内标物(s)的峰面积之比及内标物和试样的质量,来计算被测组分的含量。

由于
$$m_i = f_i A_i$$
$$m_s = f_s A_s$$

则
$$\frac{m_i}{m_s} = \frac{f_i A_i}{f_s A_s}$$

$$m_i = f_{i,s} \frac{A_i m_s}{A_s} \tag{13-49}$$

组分 i 在试样中的含量 w_i 为

$$w_i = \frac{m_i}{m} \times 100\% = f_{i,s} \frac{A_i m_s}{A_s m} \times 100\% \tag{13-50}$$

式中:m_s、m 分别为内标物和被测试样的质量;A_i、A_s 分别为被测组分 i 和内标物 s 的峰面积;$f_{i,s}$ 为组分 i 与内标物 s 的校正因子的比值。

对内标物有 4 项要求:(i) 内标物是试样中不存在的纯物质;(ii) 能溶于试样;(iii) 所加内标物的量应接近被测组分的量;(iv) 其色谱峰的位置应与被测组分色谱峰的位置相近,或在几个被测组分色谱峰中间,并与试样中各组分的色谱峰能完全分离。

内标法的优点是测定结果较为准确。由于是通过测量内标物及被测组分峰面积的相对值来进行计算,因而,在一定程度上消除了进样量和操作条件的变化所引起的误差。内标法的缺点是操作程序较为麻烦,每次分析都要对内标物和试样进行准确称量;有时选找合适的内标物也有困难。

进行批量分析时,为了减少称量和数据计算的麻烦,可绘制内标校准曲线进行定量。由式(13-50)可见,若每次都称取相同量的试样、加入恒定量的内标物后进行分析,则式中

$$f_{i,s} \frac{m_s}{m} \times 100\%$$

为一常数。此时

$$w_i = \frac{A_i}{A_s} \times 常数 \tag{13-51}$$

可见,被测组分的含量(w_i)与 A_i/A_s 成正比关系。

内标校准曲线的绘制程序是:先用被测组分的纯物质配制成一系列不同浓度的标准溶液,分别取相同质量(或体积)的标准溶液加等量的内标物。混匀后,得一系列含有内标物的标准溶液。在一定的色谱条件下分别进样分析,测出被测组分和内标物的峰面积(A_i 和 A_s)。以 A_i/A_s 对标准溶液浓度作图,可得一条通过原点的直线,即为内标校准曲线。

试样分析时取和制作校准曲线时相同量的试样和内标物,测其峰面积比,从校准曲线上查出被测试样的含量。在控制分析时,若各组分的密度比较接近,可用量取体积代替称量,使方

法更为简便。

3. 外标法

外标法(external standard method)又称校准曲线法或直接比较法。先用欲测组分的纯物质配成一系列不同浓度的标准试样,在一定的操作条件下分别以相同的体积进样分析,以峰面积(或峰高)对其含量作图,绘制校准曲线。然后在相同条件下,取相同体积的被测试样进行分析,测出其峰面积(或峰高),从校准曲线查出被测组分的含量。

当试样中被测组分浓度变化范围不大时,可采用单点比较的方法。配制一个和被测组分含量十分接近的标准溶液,将试样和标准溶液在完全相同的条件下进样分析,分别求出 i 组分的峰面积值。然后由试样和标样中 i 组分的峰面积(或峰高)比及标样的浓度,求出被测组分的含量。其定量计算公式为

$$w_i = \frac{A_i}{A_E} E_i \qquad (13\text{-}52)$$

式中:w_i 为试样中被测组分 i 的含量;E_i 为标准溶液中 i 组分的含量;A_i、A_E 分别为试样中和标样中 i 组分的峰面积。

外标法简便,不需用校正因子,但要求进样量十分准确,操作条件也需严格控制,否则易出现较大误差。

习　题

13.1　色谱法有哪些类型?为什么说色谱法的优势表现在分离上?

13.2　色谱流出曲线上的各项参数在色谱分析中各有什么意义?各种保留参数的特点是什么?

13.3　待分离物质的热力学参数(K 或 k)与色谱保留值间有什么对应关系?在某气液色谱柱上分析时,物质 P 和 Q 的分配系数 K 分别为 490 和 460,则首先洗脱出哪一种化合物?为什么?若 P 和 Q 的 K 值相等而无法分离,你怎样处理?

13.4　在某气液色谱柱上,组分 A 的保留时间为 15 min,组分 B 的保留时间为 25 min,不溶于固定相的物质 C 的保留时间为 2.0 min。试问,在该柱上:

(1) B 组分对 A 的相对保留值是多少?

(2) A 组分对 B 的相对保留值是多少?

(3) 组分 A 的容量因子是多少?　　　　　　　　　　　　　　　　(1.77, 0.57, 6.5)

13.5　影响色谱分离度 R 的因素有哪些?R 多大时可认为两组分峰完全分离?

13.6　色谱保留值定性的依据是什么?对于色谱定性的不足以及采取的解决方法,你是怎样认识的?

13.7　色谱分析法的定量依据是什么?为什么引入校正因子?校正因子 f_i 与响应值 S_i 之间有怎样的关系?

13.8　色谱分析有几种定量方法?当试样中各组分不能全部出峰或在多种组分中只需要定量几个组分时,可选用哪种定量方法?

13.9　在 2 m 长的 DNP 柱上分析某混合物,所得数据如下:苯、甲苯和乙苯的保留时间分别为 80 s,122 s 和 191 s;$W_{1/2}$ 分别为 0.18 cm, 0.27 cm 和 0.38 cm。已知记录纸速为 1200 mm·h^{-1},求色谱柱对每种组分的理论板数和理论板高。

(苯、甲苯、乙苯的 n、H 分别为:1.22×10^3,1.65 mm;1.26×10^3,1.59 mm;1.56×10^3,1.29 mm)

13.10　在气相色谱图上,某碳氢化合物的色谱峰 $W_{1/2}=0.6$ s, $t_R=0.92$ min。如色谱柱长为

10 m,计算该柱的理论塔板数 n 和板高 H。

(46890;0.21 mm)

13.11 某一色谱柱长 2 m,测得空气峰的保留时间为 30 s;某组分的保留时间 $t_R=270$ s,峰宽 $W=8$ mm。已知记录纸走纸速率为 20 mm·min^{-1},求理论塔板高 H 及有效理论塔板数 n_{eff}。

(0.99 mm,1600)

13.12 某两组分混合物经色谱柱分离后,所得的色谱图和数据如图 13-10 所示。试计算:

(1) 分别相对组分 1 和组分 2,柱的理论塔板数 n 和有效理论塔板数 n_{eff} 是多少;

(2) 分别相对组分 1 和组分 2,柱的理论板高 H;

(3) 两组分的分离度 R。

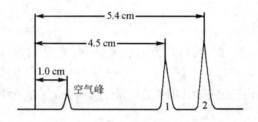

图 13-10 习题 13-12 图

$W_1=0.30$ cm $W_2=0.40$ cm $l=3$ m

(组分 1:3.6×10^3,2.18×10^3,0.83 mm;组分 2:2.92×10^3,1.94×10^3,1.03 mm;$R=2.57$)

13.13 在某色谱条件下,进行甲基环戊二烯反应产物的分析,色谱图上出现 4 个峰,其峰高 h 及半高峰宽 $W_{h/2}$ 数值如下表所示。已知各组分的相对校正因子接近于 1.0,试求 2-甲基环戊二烯的质量分数。

产　　物	h/min	$W_{h/2}$/mm
2-甲基环戊二烯	90	6
环戊二烯	11	2
环己烯	10	3
1-甲基环戊二烯	2	8

(0.888)

13.14 测定二甲苯氧化母液中乙苯和二甲苯含量时,因母液中其他杂质在色谱图上未出峰,所以先称取试样 $m=1500$ mg,然后称取内标物壬烷 $m_s=150$ mg,混合均匀后进样,测得色谱数据如下表所示。计算二甲苯氧化母液中乙苯、对二甲苯、邻二甲苯、间二甲苯的质量分数。

组　　分	壬　烷	乙　苯	对二甲苯	邻二甲苯	间二甲苯
峰面积/(mm)^2	98	70	95	80	120
校正因子	1.02	0.97	1.00	0.98	0.96

(0.068 , 0.095 , 0.0784 , 0.115)

13.15 欲测定苯二甲酸混合物中苯二甲酸的含量,称取试样 0.3578 g,内标物癸二酸

0.1029 g,将试样及内标物甲酯化后进行气相色谱分析,测得间苯二甲酸二甲酯的峰面积为 23.7 单位,癸二酸二甲酯的峰面积为 24.5 单位,已知这两种酯的质量校正因子分别为 0.77 和 1.00,求间苯二甲酸的含量。[已知：M_r(癸二酸)＝202；M_r(癸二酸二甲酯)＝230；M_r(间苯二甲酸)＝166；M_r(间苯二甲酸二甲酯)＝194]

（质量分数0.209）

第 *14* 章 气相色谱法

14.1 概　述

气相色谱法(gas chromatography,GC)是以气体为流动相的一种色谱法。1941 年 A. J. P. Martin 和 R. L. M. Synge 首创了液-液分配色谱法,在此基础上又提出了以气体为流动相的设想,并做了大量研究工作。A. T. James 和 A. J. P. Martin 于 1952 年创立了气-液色谱法,并提出了气相色谱的塔板理论。1956 年范第姆特(van Deemter)等提出了气相色谱的速率理论,从而奠定了气相色谱法的理论基础。同年,戈莱(M. J. E. Golay)发明了毛细管色谱柱,极大地提高了气相色谱法的分离效能;在此前后,又有人发明了几种高性能的检测器,使气相色谱法得到了迅速的发展,应用也更加广泛。我国科学工作者早在 1956 年就开展了气相色谱的研究工作,并推广其应用,取得了较好成绩。

气相色谱法经过 50 年的发展,理论更加成熟,仪器已日趋完善,气相色谱仪的计算机化以及与其他仪器的联用技术,也得到迅速发展。为满足工业生产和科学研究,特别是环境科学和生命科学的需要,气相色谱法主要发展趋势是专用化、微型化、自动化和智能化,联用技术也将得到较快的发展。

气相色谱法是一种分离分析技术,它具有以下特点。

(i) 高选择性。气相色谱法能够分离分析性质极为相近的物质,如同位素以及有机化合物中的异构体等。

(ii) 高效能。气相色谱法在较短的时间内能够同时分离和测定极为复杂的混合物,如汽油中烃类物质的分离和测定。

(iii) 高灵敏度。气相色谱法使用高灵敏度的检测器,可以检测出 $10^{-11} \sim 10^{-13}$ g 物质,因此非常适用于微量和痕量物质的分析。

(iv) 分析速度快。气相色谱法操作迅速,一般只需几分钟到几十分钟便可完成一个分析周期。随着电子计算机在色谱仪中的应用,操作更加快速。

(v) 应用范围广。气相色谱法不仅可以分析气体,也可分析液体和固体;不仅适于分析有机物,而且也可分析部分无机物。

气相色谱法的不足之处在于缺乏标准试样时,定性分析较困难,另外,不能直接分析难挥发和受热易分解的物质,常采用化学衍生化技术,使之转化为可挥发物质,再进行分离、测定,如此即可扩大其应用范围。

14.2　气相色谱仪

14.2.1　气相色谱法的一般流程

气体作为流动相的柱色谱,其简单的流程如图 14-1 所示(图中Ⅰ～Ⅴ分别代表气路系统、进样系统、分离系统、检测系统及放大纪录系统)。来自高压钢瓶(1)的载气经减压阀(2)减压后,进入净化器(3),经干燥净化后,流入针形阀(4),可控制载气的压力和流量,经转子流量计(5)测定载气的流速,压力表(6)指示柱前压力,再进入进样器(7)。进样器的作用是将试样(液体或固体)在进样器的气化室中瞬间转化为蒸气,被载气携带进入色谱柱(8)。在柱中将试样各组分分离后,先后进入检测器(9),然后将检测到的信号放大,再输入记录仪(10)并记录下如图 13-2 所示的色谱图,据此即可进行定量测定。

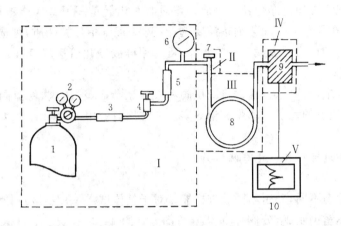

图 14-1　气相色谱法流程图

1—高压钢瓶　2—减压阀　3—净化器　4—针形阀　5—流量计
6—压力表　7—进样器　8—色谱柱　9—检测器　10—记录仪

14.2.2　气相色谱仪的结构

气相色谱仪(gas chromatograph)的种类很多,填充柱气相色谱仪的基本结构如图 14-1 所示。毛细管色谱仪(图 14-2)与填充柱色谱仪很相似,前者与后者的差别有两处:(ⅰ) 于柱前多一个分流/不分流进样器,(ⅱ) 柱后加一个尾吹气路。所以填充柱色谱仪改装一个毛细管柱,并改动气路,也可以改造成毛细管色谱仪。有的商品仪器填充柱和毛细管柱均可互换使用。

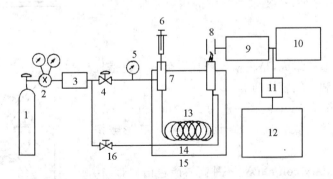

图 14-2　毛细管气相色谱仪基本结构示意图

1—载气钢瓶　2—减压阀　3—净化器　4—稳压阀　5—压力表　6—注射器
7—气化室　8—检测器　9—静电计　10—记录仪　11—模数转换　12—数据处理系统
13—毛细管　14—尾吹气　15—柱恒温箱　16—针形阀

221

从图 14-1 和图 14-2 可见,气相色谱仪主要由气路系统(Ⅰ)、进样系统(Ⅱ)、分离系统(Ⅲ)、温控及检测系统(Ⅳ)和放大与记录系统(Ⅴ)五部分组成。

1. 气路系统

气相色谱仪的气路系统,是一个载气连续运行的密闭的管路系统。气路系统的密闭性、载气流速的稳定性,以及流量测量的准确性等,都是影响气相色谱仪性能的重要因素。

气相色谱中常用的载气(carrier gas)有氢气、氮气、氩气和氦气等,它们一般都由高压钢瓶供给。载气的净化主要通过净化器来完成。普通的净化器是一根金属或塑料制成的管,其中装净化剂,并连接在气路上。净化剂按需要选择:除去载气中烃类杂质,可选用活性炭或分子筛;载气相对湿度大时,为除去载气中的水分,可选用硅胶净化管串联 0.4 nm(4Å)或 0.5 nm(5Å)分子筛净化管。

载气的流速要求保持恒定,通常将减压阀和气流调节阀(稳压阀、稳流阀、针形阀等)串联使用,以控制载气流速的稳定。皂膜流量计安装在柱出口处用以精确测量载气流速。

2. 进样系统

进样系统包括进样器和气化室两部分。

(1) 进样器

根据试样的状态不同,采用不同的进样器。对于气体试样,一般常使用旋转式或推拉六通阀进样。它是由不锈钢制成,分阀体和阀瓣两部分。图 14-3(a)表示旋转式六通阀的取样位置。进样时将阀瓣旋转 60°,如图 14-3(b)所示。也可使用医用0.05、1、2、5、10 mL 注射器进样,此法简便,但重现性差。对于液体试样,一般采用微量注射器进样,常用的规格有 1、5、10 和 50 μL,对于固体试样,一般先溶解于适当试剂中,然后用微量注射器进样。毛细管柱要求的试样量为 $10^{-3} \sim 10^{-2}$ μL 数量极,这样少的试样必须采用分流器进样。

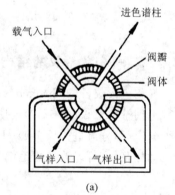

(a)

(2) 气化室

一般气化室是由一根不锈钢管制成,管外绕有加热丝,其作用是将液体或固体试样瞬间气化为蒸气。气化室除了热容量大、死体积小之外,还要求气化室的内壁不发生任何催化反应。

3. 分离系统

分离系统由色谱柱组成,是色谱仪的核心部分。色谱柱通常可分为填充柱和毛细管柱两类。

填充柱(packed column)内径一般为 2~4 mm、长 1~10 m,由不锈钢、铜镀镍或聚四氟乙烯制成,形状为 U 形或螺旋形。

毛细管柱(capillary column)是一种高效能色谱柱,内径为 0.2~0.5 mm、长 10~100 m,由不锈钢管、玻璃管或石英管拉成螺旋形。它已在很大程度上取代了填充柱。

4. 检测系统

检测系统主要为检测器,它是色谱仪的关键部件。检测

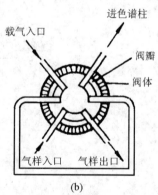

(b)

图 14-3　旋转式六通阀

系统将经色谱柱分离出的各组分的浓度转变成易被测量的电信号,如电压、电流等,然后用记录器记录下来。详细情况将在 14.3 中讨论。

5. 温度控制系统

温度是气相色谱法最重要的条件,它直接影响色谱柱的选择性和分离效率,并影响检测器的灵敏度和稳定性等。由于气化室、色谱柱和检测器工作时都各有不同的温度要求,因此应用恒温器分别控制它们的温度,也有的色谱仪将检测器和色谱柱放在同一恒温箱中。

在某些条件下,如果色谱柱仅恒定在某一温度条件下难以对试样中各组分完全分离,就需要采用程序升温的方法来达到分离的目的。所谓程序升温,是指在一个分析周期里色谱柱的温度随时间由低温到高温线性或非线性地变化,使沸点不同的组分,各在其最佳柱温下流出,从而改善分离效果,缩短分析时间。所以程序升温技术在气相色谱中得到了广泛使用。

6. 放大与纪录系统

由检测器输出的信号常很微弱,只有经过微电流放大器放大后,才有足够的功率来带动记录装置工作。记录仪是一种能自动记录电信号的装置。一般采用自动平衡式电子电位差计进行记录,绘制出色谱图。一些色谱仪配备有积分仪,可测量色谱峰的面积,直接提供定量分析的准确数据。先进的气相色谱仪还配有电子计算机,能对色谱分析数据自动进行处理。

14.3 检 测 器

14.3.1 检测器类型

根据检测原理的不同,检测器(detector)可分为浓度敏感型和质量敏感型两类。

(i) 浓度敏感型检测器。检测器的响应值决定于进入检测器组分的浓度,如热导检测器和电子捕获检测器等。

(ii) 质量敏感型检测器。检测器的响应值决定于单位时间内某组分进入检测器的质量。当进样量一定时,色谱峰面积与载气流速无关,但峰高与载气流速成反比。用峰高定量时,必须严格控制载气流速恒定。这类检测器有火焰离子化检测器和火焰光度检测器等。

14.3.2 常用的检测器

1. 热导检测器

热导检测器(thermal conductivity detector,TCD)是气相色谱仪中应用最广泛的一种通用的浓度敏感型检测器,它基于不同物质具有不同的热导系数,采用热敏元件来检测被分离的

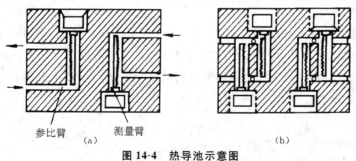

图 14-4 热导池示意图

(a) 双臂热导池 (b) 四臂热导池

组分。热导检测器由池体和热敏元件构成。热导池可分为双臂热导池和四臂热导池两种,分别如图 14-4(a)和图 14-4(b)所示。热导池体用铜块或不锈钢块制成,内装热敏元件。热敏元件一般都用电阻大、电阻温度系数大的金属丝(如钨丝、铼丝、铼钨合金丝或铂丝等)或半导体热敏电阻制成,其特点是它的电阻随温度的变化而灵敏地变化。

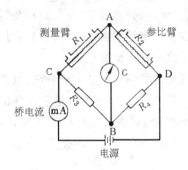

测量臂 R_1　参比臂 R_2　A　C　G　D　桥电流 mA　R_3　R_4　B　电源

图 14-5　热导检测器的测量电路

将两个材料和电阻值都相同的热敏元件,装入池体内,就构成了双臂热导池,一臂连在色谱柱之后,称为测量臂;另一臂连在色谱柱之前,只让载气通过,称为参比臂。两臂热丝的电阻设分别是 R_1 和 R_2,将 R_1、R_2 与两个阻值相等的固定电阻 R_3、R_4 组成惠斯通电桥,如图 14-5 所示。四臂热导池中有两根热丝作参比臂,另两根热丝作测量臂,其灵敏度比双臂热导池更高。

当载气以恒定的速度通入,并以恒定的电压给热导池通电时,钨丝因通电而温度升高,所产生的热量被载气带走,并通过载气传给池体。当产生的热量与散热之间建立了动态平衡后,钨丝的温度保持恒定不变,若载气以恒定的流速通过两臂,从热敏元件上带走的热量是相同的。由于热敏元件的电阻值的变化和温度变化成正比,即 $\Delta R \propto \Delta T$,两臂电阻值的变化也相同,电桥处于平衡状态。当试样经色谱柱分离,某一组分被载气带入测量臂时,若组分与载气的热导系数不同,测量臂的热平衡被破坏,记录仪上就有信号产生,当组分完全通过测量臂后,电桥又恢复原平衡状态。这样,在记录仪上即得到被分离组分的色谱图。

操作时应注意桥电流及载气的选择。增加桥电流,可以提高热导池中热敏元件的温度,加大热敏元件和池体间的温度差,从而提高检测器的灵敏度。但桥电流过高会引起基线不稳,甚至烧坏热敏元件。桥电流的选择原则是:在满足灵敏度要求的条件下,应尽可能选用低桥电流。一般桥电流应控制在 $100 \sim 200 \, \text{mA}$。在其他条件固定不变时,热导检测器的灵敏度取决于载气与组分的热导系数之差,两者差别越大,检测器也就越灵敏。用热导池检测时,可选用氢气为载气。氢气的热导系数大,而且不出倒峰,其主要缺点是不安全。最理想的载气是氦气,它的热导系数大,检测的灵敏度高,唯价格昂贵。使用热导检测器时应注意先通载气,后通桥电流,否则热敏元件易烧坏。

热导检测器的特点是结构简单、稳定性好、线性范围宽、操作简便、应用范围广;对无机物、有机物都能进行检测,而且分离出组分不被破坏。其主要缺点是灵敏度稍低。

2. 火焰离子化检测器

火焰离子化检测器(flame ionization detector,FID)是以氢气与空气燃烧火焰为能源,当有机化合物进入火焰时,由于离子化反应而生成许多离子。如果在火焰上下方放一对电极(即收集极和发射极),并施加一定电压,则离子在两极间定向流动而产生电流,故可被检测。FID 对大多数有机化合物都有很高的灵敏度,能检出 $10^{-9} \, \text{g} \cdot \text{g}^{-1}$ 级的化合物,也是目前应用最广泛的检测器之一。

(1)火焰离子化检测器的结构

如图 14-6 所示,火焰离子化检测器的主要部分是一个由不锈钢制成的离子室。在离子室下部有气体入口和氢火焰喷嘴,在喷嘴上方装一筒状收集极,下方为一环状发射极(又称极化极),喷嘴附近设有点火线圈,用以点燃火焰。工作时,首先在两极间施加一恒定电压。当被测组分由载气带出色谱柱后,与氢气在进入喷嘴前混合,然后进入离子室火焰区,生成正负离子。在电场作用下,它们分别向阴阳两极定向移动,从而形成离子流。此离子流产生的电流经放大后送至记录仪记录。操作时应注意载气的流量(包括氢气与氮气的流量比和氢气与空气流量比)和电压等条件的选择。

(2) 离子化机理

目前还不很清楚,多认为有机化合物的氢火焰中的电离是化学电离,以苯为例,其离子化过程为

$$C_6H_6 \xrightarrow{\text{裂解}} 6 \cdot CH$$

$$2 \cdot CH + O_2 \longrightarrow 2CHO^+ + 2e$$

$$CHO^+ + H_2O \longrightarrow CO + H_3O^+$$

火焰离子化检测器(图 14-6)的优点是检测器的死体积小,响应时间快、线性范围宽,对碳氢化合物灵敏度高,比热导检测器的灵敏度高 $10^2 \sim 10^4$ 倍,特别适于和毛细管柱匹配。该检测器的缺点是试样被破坏,分离的组分无法进行收集;此外,由于它是一种选择性检测器,仅能分析含碳氢的有机化合物,对非烃类、惰性气体或在火焰中难电离或不电离的物质,检测器无响应信号。

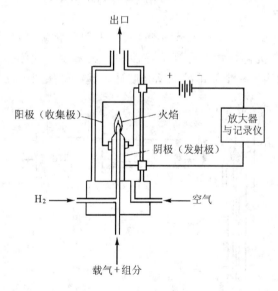

图 14-6　火焰离子化检测器示意图

3. 电子捕获检测器

电子捕获检测器(electron capture detector,ECD)是一种专属性强的浓度型检测器,特点是具有高选择性和高灵敏度。它只对含有电负性元素(如卤素、硫、磷、氮、氧)的官能团有很高的响应值,因为这些官能团对游离电子具有亲和力。它能测出含约 10^{-14} g・mL^{-1} 的电负性元素的物质,元素的电负性越强,检测器的灵敏度就越高;而对不含电负性元素官能团的物质如烃类、芳香烃等,则响应值很小或几乎没有响应。

电子捕获检测器的结构如图 14-7 所示,目前多用圆筒状同轴电极型。在检测器的池体内装有一个圆筒状的 β-放射源(^{63}Ni 或 ^{3}H)作为负极,圆筒中央的一个不锈钢棒为正极,在两极间

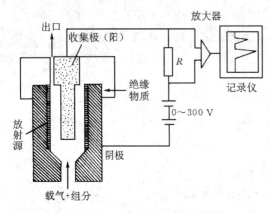

图 14-7　电子捕获检测器示意图

施加一直流或脉冲电压,载气由极间通过,常用的载气为 99.99％的高纯氮或氩。

当高纯氮载气进入检测器时,在放射源发射的 β 射线的作用下发生电离,生成正离子和慢速低能自由电子

$$N_2 \longrightarrow N_2^+ + e$$

在正、负两极间施加一恒定的电压,使慢速电子和正离子向两极作定向流动,形成恒定的电流即基流,一般在 $10^{-9} \sim 10^{-8}$ A 左右。当具有电负性的被测组分进入检测器时,它捕获了检测器内的慢速低能量自由电子而使基流降低,产生负信号并记录成倒峰。被测组分的浓度越高,倒峰就越大。被测组分本身如(AB),因捕获电子而转变成带负电荷的分子离子(AB^-)。它和载气电离产生的正离子(N_2^+)复合成中性化合物,被载气携出检测器。

操作时,应注意在保证能收集到全部离子的情况下,两极间施加的电压越低越好,一般在 50 V 以内为宜,采用脉冲电压,将有利于取得较好的线性范围。

4. 火焰光度检测器

火焰光度检测器(flame photometric detector,FPC)又称硫、磷检测器,它是一种质量型检测器。对含磷、硫的有机化合物具有高选择性和高灵敏度。检测器主要由火焰喷嘴、滤光片、光电倍增管构成,相当于一个简单的火焰光度计。其结构如图 14-8 所示。

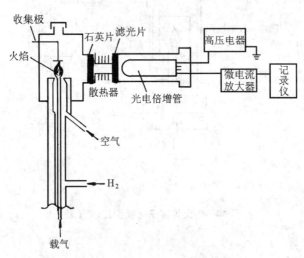

图 14-8　火焰光度检测器示意图

当样品在富氢火焰($H_2 : O_2 > 3 : 1$)中燃烧时,含硫有机化合物(RS)发生如下反应

$$RS + 2O_2 \longrightarrow SO_2 + CO_2$$

$$SO_2 + 2H_2 \longrightarrow S + 2H_2O$$

在适当的温度下,生成具有化学发光性质的激发态分子(S_2^*),即

$$S+S \xrightarrow{390℃} S_2^*$$

当激发态(S_2^*)分子回到基态时,发射波长为 394 nm 的特征线。含磷化合物在富氢火焰中形成化学发光的 HPO 碎片,发射出波长为 526 nm 的特征谱线。通过测定它们的特征谱线强度,进行硫、磷的测定。

此外,若在火焰上方装一收集极,收集含碳有机化合物产生的离子流,则可检测含碳有机化合物。

14.3.3　检测器的性能指标

检测器质量可用以下几项重要性能指标评价。

1. 灵敏度

检测器的灵敏度也称响应值或应答值。实验表明,一定量的试样(Q),进入检测器后就产生一定的响应信号(R);如果进不同量的试样,即可测出不等的响应信号,如以 R 对 Q 作图,就得一直线。直线的斜率,即响应信号对进样量的变化率($\Delta R/\Delta Q$)就是检测器的灵敏度 S

$$S = \frac{\Delta R}{\Delta Q} \tag{14-1}$$

由上式可知,灵敏度也可定义为单位浓度或质量的物质通过检测器时所产生的响应信号值。通常用电压(mV)或电流(A)表示。检测器的类型不同,灵敏度的计算公式和量纲也不同。

对于浓度型检测器,可在确定操作条件下,向色谱柱引入一定量纯苯样,由所得的峰面积计算其灵敏度,即

$$S_c = \frac{AC_1C_2F_c}{m} \tag{14-2}$$

式中:S_c 为浓度型检测器灵敏度,单位为 mV·mL·mg^{-1},即表示每毫升中含有 1 mg 试样时,在检测器上所产生的毫伏数;A 为峰面积,单位为 cm^2;C_1 为记录仪的灵敏度,单位为 mV·cm^{-1},即单位长度记录纸所代表的毫伏数;C_2 为记录纸移动速度的倒数,单位为 min·cm^{-1};F_c 为校正到检测器温度和压力下的柱出口载气流速,单位为 mL·min^{-1};m 为试样质量,以 mg 为单位。从式(14-2)可以看出,当灵敏度和载气流速一定时,试样量与峰面积成正比。这是气相色谱法用于定量分析的基础。另外,当进样量一定时,峰面积与流速成反比。所以要求保持载气流速恒定,才能用峰面积定量。

对于质量型检测器,其响应信号主要取决于单位时间内进入检测器的被测组分的质量。通过实验验定,质量型检测器的灵敏度的计算公式为

$$S_m = \frac{60AC_1C_2}{m} \tag{14-3}$$

式中:S_m 为质量型检测器的灵敏度,其单位为 mV·s·g^{-1};m 为被测组分的质量,单位为 g。从式(14-3)可知:当灵敏度一定时,峰面积与试样量成正比;当进样量一定时,峰面积与流速无关。

2. 检出限

检测器的灵敏度只能反映出检测器对某物质产生的响应信号的大小,并没有反映出检测器本身的噪声。所谓噪声是指在没有试样通过检测器时基线的波动范围,即图 14-9 中的 R_N。

检测器的输出信号可由电子放大器放大,这时,检测器的噪声也同时被放大。所以检测器质量的好坏,不仅要看其灵敏度的高低,而且还要看其检出限的大小。

所谓检出限,是指检测器的响应信号恰等于噪声的 3 倍时(图 14-9),单位时间所需引入检测器中某组分的质量,或单位体积载气中所含某组分的质量。计算公式为

$$D = \frac{3R_N}{S} \tag{14-4}$$

式中:D 为检测器的检出限,R_N 为检测器的噪声,S 为检测器的灵敏度。一般来说,D 越小,说明该检测器越敏感。

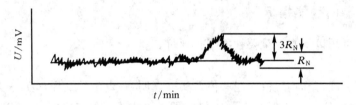

图 14-9　检出限示意图

3. 最小检出量

检测器的最小检出量,是指检测器恰能产生 3 倍噪声的信号时所需进入的色谱柱的最小量(或最小浓度),以 Q 表示。

质量型检测器的最小检出量为

$$Q_m = 60 \times 1.065 W_{h/2} D_m C_2 \tag{14-5}$$

式中:Q_m 为质量型检测器的最小检出量,其单位为 g;$W_{h/2}$ 为半高峰宽;D_m 为检测器的检出限。

浓度型检测器的最小检出量为

$$Q_c = 1.065 W_{h/2} F_c D_c C_2 \tag{14-6}$$

式中:Q_c 的单位为 mg 或 mL。由式(14-5)及式(14-6)可见,最小检出量 Q 与检出限 D 成正比。

检出限和最小检出量是两个不同的概念:检出限只与检测器的性能有关;最小检出量不仅与检测器的性能有关,还与色谱柱的柱效及操作条件有关。

4. 线性范围

检测器的线性范围,是指响应信号与被测组分浓度之间保持线性关系的范围,其具体定义为检测器的响应在线性范围内,最大允许进样量与最小进样量(即最小检出量)之比,或被测物质的最大浓度(或量)与最低浓度(或量)之比。其值越大,线性范围就越好。

表 14-1 中比较了几种常用检测器的性能。

表 14-1　常用检测器性能比较

检测器	灵敏度	检出限	线性范围	最高温度/℃	应用范围
热导	10^4 mV·mL·mg^{-1}	2×10^{-6} mg·mL^{-1}	10^4	500	无机气体有机化物
火焰离子化	10^{-2} A·s·g^{-1}	2×10^{-12} g·s^{-1}	10^7	≈100	含碳有机化合物
电子捕获	8×10^2 A·mL·g^{-1}	2×10^{-14} g·s^{-1}	500	225(^{3}H)	卤素及亲电子组分
				350(^{63}Ni)	
火焰光度		10^{-12} g·s^{-1}(P)			
		10^{-12} g·s^{-1}(S)	10^3	270	硫、磷化合物

14.4　气相色谱柱和固定相

在色谱柱中只起分离作用而不能移动的物质称为固定相。一个混合物中的各组分能否完全分离,主要取决于色谱固定相。气相色谱中所用的固定相,可分为固体固定相、液体固定相和合成固定相三大类。

14.4.1　固体固定相

固体固定相一般采用固体吸附剂(adsorbent),主要有强极性硅胶、中等极性氧化铝、非极性活性炭及特殊作用的分子筛。它们在色谱过程中的分离机制,主要是利用吸附表面对混合物中不同组分物理吸附性能的差异而使之分离的。

固体吸附剂的优点是吸附容量大、热稳定性好、无流失现象,主要应用于永久性气体(H_2,O_2,N_2,CH_4 等)和一些低沸点物质,特别对烃类异构体的分离具有很好的选择性和较高的分离效率。其缺点是吸附等温线常常不呈线性,所得的色谱峰往往不对称,只有当试样量很小时,才会有对称峰;另外,重现性差。由于在高温下常具有催化活性,因而不宜分析高沸点和有活性组分的试样;由于吸附剂种类少,应用范围受限。气相色谱法常用几种吸附剂的性能见表 14-2。

14.4.2　液体固定相

液体固定相是由载体(support)和固定液(stationary liquid)两部分组成。载体是一种化学惰性、多孔性固体颗粒,固定液是一种高沸点有机化合物。把固定液均匀涂渍在载体上,即为液体固定相,它是当前气相色谱中应用较广泛的一种固定相。

1. 固定液

(1) 固定液的特点

固定液与吸附剂相比具有如下特点:(i) 在通常的操作条件下,组分在两相间的分配等温线多是线性的,因而能得到良好的对称峰;(ii) 固定液品种繁多,使用温度范围宽,选择余地大,对某些特定分析对象,很容易找到合适的固定液;(iii) 固定液的用量可以改变,又易于涂渍,可制高效填充柱和毛细管柱;(iv) 组分保留值的重现性较好,色谱柱的寿命较长。

(2) 对固定液的要求

(i) 在操作温度下蒸气压要低,热稳定性要好,由此确定固定液的最高使用温度;(ii) 在操作温度下呈液态,黏度要尽量低,由此确定固定液的最低使用温度;(iii) 固定液对试样各组分有适当的溶解度且分配系数要适当,否则组分易被载气带走;(iv) 具有高选择性,即对物理化学性质相近的不同物质有尽可能高的分离能力;(v) 化学稳定性好,不与被测试样发生化学反应;(vi) 能牢固地附着于载体上,并形成结构稳定的均匀薄膜。

(3) 固定液的作用

固定液直接影响色谱柱的分离效能。组分能否分离取决于各种组分在液相中的分配系数,而分配系数的大小是由组分和固定液分子之间的作用力所决定。分子间的作用力主要包括静电力、诱导力、色散力和氢键作用力,此外,还可能存在形成化合物或配合物的键合力等。

(4) 固定液的分类

目前可用做色谱分离的固定液有 700 余种,它们具有不同的组成、性质和用途。通常按固定液的极性和化学结构来分类。常用的固定液见表 14-3。

表 14-2　气相色谱常用的几种吸附剂的性能比较

吸附剂	主要化学成分	最高使用温度/℃	极性	分析对象	使用前活化处理方法	备注
碳素吸附剂活性炭(炭黑)	C	<300	非极性	分离永久性气体及低沸点烃类,不适于分离极性化合物	先用苯(甲苯或二甲苯)浸泡,在350℃用水蒸气洗至无浑浊,最后在180℃烘干备用	加入少量减尾剂或极性固定液(<2%)可提高柱效,减小拖尾,获得较好的对称峰
石墨化炭黑	C	>500		分离气体及烃类,对高沸点有机化合物对称		
硅胶	$SiO_2 \cdot nH_2O$	<400	氢键型	分离永久性气体及低级烃类	用 6 mol·L⁻¹ 盐酸浸泡 2 h,用水洗至无氯离子,最后在 180℃ 烘干备用,或在 200～900℃ 烘烤活化备用	随活化温度不同,其极性差异很大,色谱行为也不同,在 200～300℃ 活化,可脱去 95% 以上的水分
氧化铝	Al_2O_3	<400	极性	主要用于分离烃类及有机异构体,在低温情况下,可分离氢同位素	在 200～1000℃ 烘烤活化,冷至室温备用	随活化温度的不同,含水量也不同,因而影响保留值和柱效
分子筛	$x(MO) \cdot y(Al_2O_3) \cdot z(SiO_2) \cdot nH_2O$	<400	强极性	特别适用于永久性气体和惰性气体的分离	在 350～550℃ 下烘烤活化 3～4 h(注意:温度超过 600℃ 会破坏分子筛的结构而使其失效)	

表 14-3　气相色谱法常用的固定液

固定液	化学式或结构式	使用温度/°C 最低	使用温度/°C 最高	相对极性	溶　剂	分析对象
角鲨烷 (异三十烷)	$i\text{-}C_{30}H_{62}$(即 2,6,10,15,19, 23-六甲基二十四烷)	20	150	0	甲苯	一般烃类及非极性化合物
阿皮松 L (真空润滑脂 L)	$\left[\text{—}\bigcirc\!\!-\!\!CH_3\right]_n$ ($n=1500$)	-50	$300\sim350$	—	氯仿 二氯甲烷	各类高沸点有机化合物
甲基硅油-1	$CH_3\text{—}Si\text{—}O\text{—}\!\!\left[Si\text{—}O\right]_n\!\!\text{—}Si\text{—}CH_3$ (各 CH_3)		200	—	丙酮 氯仿	非极性和弱极性各类有机化合物
甲基硅橡胶 SF-30	同上		300	$+1$		高沸点,弱极性的各类有机化合物
邻苯二甲酸 二壬酯	$\bigcirc\!\!\begin{smallmatrix}COOC_9H_{19}\\COOC_9H_{19}\end{smallmatrix}$	20	130	$+2$	乙醚 甲醇	烃,醇,醛,酮,酸,酯各类有机化合物
有机皂土-34	$\begin{smallmatrix}C_{18}H_{37}\\C_{18}H_{37}\end{smallmatrix}\!N(CH_3)_2\text{—}$皂土		200	$+4$	甲苯	芳香烃,特别对二甲苯异构体分析有高选择性
β,β'-氧二丙腈	$\begin{smallmatrix}(CH_2)_2CN\\O\\(CH_2)_2CN\end{smallmatrix}$	20	100	$+5$	甲醇,丙酮, 氯仿,二氯 甲烷	脂肪酸,芳香烃,含氧化合物等极性物质
聚乙二醇 (M, 200~2000)	$HO\text{—}(CH_2\text{—}CH_2O)_n\text{—}H$		$80\sim100$	氢键型	乙醇,氯仿, 丙酮	醇,醛,酮,脂肪酸,酯及氧氮官能团等极性化合物
三乙醇胺	$N(CH_2\text{—}CH_2\text{—}OH)_3$		160	同上	氯仿+丁醇	低级胺,醇类,吡啶及其衍生物

(i) 按固定液的极性分类。极性是固定液最重要的分离特性,固定液的极性通常用相对极性表示;即以角鲨烷和 β,β-氧二丙腈为标准固定液,并规定它们的极性分别为 0 和 100,其他固定液与之比较,测出它们的相对极性。为了便于使用,把相对极性 0~100 分为 5 级,每 20 个相对单位为一级,用"+"表示:"+1"、"+2"、"+3"为中等极性固定液,"+4"、"+5"为强极性固定液;"-"表示非极性固定液。

麦克雷诺(W. O. McReynolds)选用苯、丁醇、2-戊酮、硝基丙烷和吡啶 5 种代表不同作用力的化合物作为探测物,以非极性固定液角鲨烷为基准,在柱温 120℃下分别测定了它们在 226 种固定液上的保留指数差值 ΔI,该 5 项 ΔI 之和为总极性,其平均值为平均极性。此即麦氏常数。麦氏常数的大小顺序体现了固定液极性的大小,是选择固定液的有用依据。

(ii) 按固定液化学结构分类。根据官能团的类型不同,可分为烃类、醇和聚醇类、硅酮类、酯类、腈和腈醚类、酰胺和聚酰胺类、有机皂土类等。

(5) 固定液的选择

一般根据"相似性"的原则选择固定液,即按欲分离组分的极性或化学结构与固定液相似的原则来选择固定液,其一般规律如下。

(i) 分离非极性物质,一般选用非极性固定液,它对组分的保留作用主要靠色散力。分离时,试样中各组分一般按沸点从低到高的顺序流出色谱柱。

(ii) 分离中等极性物质,应选用中等极性固定液,组分与固定液分子之间的作用力主要为诱导力和色散力。分离时,各组分一般按沸点从低到高的顺序先后流出色谱柱。

(iii) 分离强极性物质,应选用极性固定液,此时,组分与固定液分子之间的作用力主要为静电力。各组分一般按极性从小到大的顺序先后流出色谱柱。

(iv) 分离非极性和极性混合组分时,一般选用极性固定液。由于分离时诱导力起主要作用,使极性组分与固定液的作用力加强,所以非极性组分先流出,极性组分后流出。

(v) 能形成氢键的试样,如醇、酚、胺和水的分离,应选用氢键固定液。此时,试样中各组分按与固定液分子间形成氢键能力的大小顺序先后流出色谱柱。

(vi) 对于高沸点试样(尤其是极性强的高沸点组分),由于沸点高,流出困难,分离时不宜选用强极性固定液;否则将造成出峰时间过长、操作温度过高等问题。宜选用极性较低的固定液,以加快分析速度。

(vii) 对于含有异构体的试样,主要是含有芳香性异构组分,可选用特殊保留作用的有机皂土或液晶做固定液。

2. 载体

载体旧称担体,它是固定液的支持物,主要提供一个表面积大的惰性固体表面,使固定液能在它的表面上形成一层薄而均匀的液膜。

(1) 对载体的要求

(i) 载体表面应为化学惰性,没有或只有很弱的吸附性,不能与固定液或试样起化学反应。

(ii) 热稳定性好,表面积大,表面多孔且分布均匀。

(iii) 机械强度好,不易破碎。

(iv) 载体粒度适当,颗粒均匀,形状规则,有利于提高柱效。

（2）载体的种类

载体种类很多，可分为硅藻土型和非硅藻土型两大类。

（i）硅藻土类载体是由天然硅藻土煅烧而成，为多孔性颗粒。由于处理方法不同，它又分为红色载体和白色载体两种。

- 红色载体因其中含有少量氧化铁，颗粒呈红色，如国产 6201 型载体。其优点是机械强度好，表面孔穴密集，孔径较小，比表面积大；其缺点是表面存在活性中心，分析强极性组分时色谱峰易拖尾，红色载体常与非极性固定液配合使用。
- 白色载体是多孔性颗粒物。因天然硅藻土煅烧前加入少量碳酸钠助熔剂，煅烧时氧化铁转变为无色铁硅酸钠而呈白色。白色载体机械强度差，比表面积小，但其表面极性中心少，吸附性小，有利在较高柱温下使用。白色载体常与极性固定液配合使用。

（ii）非硅藻土类载体有氟载体、玻璃微球载体、高分子多孔微球等。

- 氟载体常用的有聚四氟乙烯多孔性载体，多用于分析强极性组分和腐蚀性的气体。
- 玻璃微球载体是一种用玻璃制成的有规则的颗粒小球。其主要优点是能在较低柱温下分析高沸点试样，而且分析速度较快；缺点是表面积小，只能用于低配比固定液，柱效不高。
- 高分子多孔微球是苯乙烯与二乙烯苯的共聚物，是 20 世纪 60 年代中期发展起来的一种新型合成有机固定相。它既可直接作为固定相，也可以作为载体，涂以固定液后使用。

14.4.3　液晶固定相

液晶（liquid crystal）即液态晶体，是晶态固体和各向同性的"标准"液体的中间体。液晶中分子比固体中分子运动自由，但逊于液体中分子。

液晶有溶变型和热变型两大类，溶变型液晶目前还没有得到应用。

热变型液晶是将适当的固体熔融而得。这类液晶是具有刚性结构的细长有机化合物，它的尾端常有极性官能团，是一类有序的流体。在一定温度范围内，呈现出介于晶相和液相之间的介晶态。在介晶态时，液晶分子具有定向排列的空间结构，对不同分子形状的芳香族异构体的分离具有特殊的选择性，因此这类液晶可作为气相色谱的固定相。

按分子在液晶中的取向不同，热变型液晶又可分为向列液晶、胆甾液晶和近晶液晶三种。

液晶固定相的分离机理，主要依据试样组分的几何形状、组分与固定相间的极性相互作用、偶极-偶极相互作用而分离的，其中起主要作用的是分子的形状。分离是依赖于组分分子的长宽比，当分子长而窄时，就更容易与液晶分子相匹配，在液晶固定相中保留时间就长。类似平面分子要比非平面分子保留时间长。液晶固定相是分离几何异构体的理想固定相，例如液晶对于二甲苯的三种异构体就有很好的分离效能。

14.4.4　填充柱

填充柱（packed column）是目前应用较普遍的一类色谱柱。可供该柱使用的固定相种类繁多，可解决各种分离分析问题。

填充色谱柱分离效能的高低，不仅与选择固定液和载体有关，而且还与固定液的涂渍和色谱柱的填充情况有密切关系。填充色谱柱简单制备步骤如下。

（i）固定液的涂渍。对于配比（固定液与载体的质量比）大于 5% 以上的固定液，通常多采用静态法涂渍。首先按要求称取一定量的固定液，放在蒸发皿中，加入适当溶剂，使之溶解；然后把一定量经过预处理的载体放入其中，使固定液浸没载体，在红外灯下轻轻地摇动，让溶剂均匀地挥发,以保证固定液在载体表面均匀分布,待溶剂完全挥发后即可封存备用。

(ii) 色谱柱的填充。通常采用泵填充法,即把清洗后的色谱柱的尾端(即接检测器的一端)塞上玻璃棉,接真空泵;另一端(接气化室的一端)接上塑料漏斗,在抽吸下加入固定相,至固定相不再进入为止。在填充的过程中,要不断轻轻敲打色谱柱,使柱子填充得均匀、紧密。

(iii) 色谱柱的老化。色谱柱填充完毕后,需要进行老化(aging)处理。老化的目的,一是彻底除去填充物中的残余溶剂和某些挥发性物质;二是使固定液在载体表面有一个再分布的过程,从而促进固定液更加均匀、牢固地分布在载体表面上。老化的方法是将柱入口端与色谱仪的气化室出口连接,先断开检测器一端,检漏;然后将柱箱温度调至固定液最高使用温度以下 20～30℃,加热,同时以低载气流速(约 10 mL·min^{-1})通过色谱柱,老化 4～8 h。也可以采用低速率程序升温(如 2℃·min^{-1})或台阶式升温的方法,分别在不同温度下老化一定时间。

14.5　气相色谱分离条件的选择

14.5.1　载气及其流速的选择

根据范第姆特方程式可知,载气及其流速对理论塔板高(H)有明显影响。色谱柱和试样一定时,在不同流速测得的理论塔板高(H)与载气的线速率(u)作图,得 H-u 曲线(图 14-10 中实线)。在曲线的最低点,此时 H 最小,即柱效最高,该点对应的流速即为最佳流速($u_{最佳}$),其值可由式(12-18)微分求得,即

$$\frac{\mathrm{d}H}{\mathrm{d}u} = -\frac{B}{u^2} + C = 0$$

$$u_{最佳} = \sqrt{B/C}$$

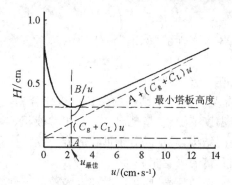

图 14-10　塔板高度(H)与载气线速率的关系

此时,$H_{最小} = A + 2\sqrt{BC}$。在实际工作中,为缩短分析时间,往往选择稍大于 $u_{最佳}$ 的流速。从式(13-18)及图 14-10 可见,当载气流速较小时,分子扩散项(B/u)就成为色谱峰扩张的主要因素。此时应采用相对分子质量较大的载气(N_2,Ar),有利于减小分子扩散。当载气流速(u)较大时,传质阻力项(Cu)为控制柱效的主要因素,宜选用相对分子质量低的 H_2 或 He 作载气,以减小气相传质阻力,提高柱效能。

14.5.2　柱温的选择

气相色谱法中柱温是最重要的色谱操作条件,它直接影响分离效能和分析速度。柱温与 K、k、D_g、D_L 等参数有关。提高柱温,可以改善气相和液相的传质阻力,提高效率;但柱温增高,会加剧分子扩散,导致柱效率下降。降低柱温可以提高色谱的选择性,但柱温也不能太低,柱温太低时,保留时间太长,而且峰形变宽,柱效率下降。柱温还与使用的固定液有关,如高于固定液的最高使用温度,则会造成固定液的大量流失。

柱温的选择原则是在保证最难分离的组分得到尽可能好的分离度的前提下,应尽可能选用较低的柱温,以保留时间适宜、峰形不拖尾为度。具体操作温度的选择,应根据不同的实际情况而定(见下表)。

分析对象	柱　温	固定液含量
永久性气体和气态烃等低沸点组分	控制在 50℃ 以下	15％～25％
沸点在 100～200℃ 的混合物	比平均沸点低 50～100℃ 左右	10％～15％
沸点在 200～300℃ 的混合物	比平均沸点低 50～100℃ 左右	5％～10％
高沸点混合物（沸点在 300～400℃）	在低于沸点 100～200℃ 的柱温下分析	＜3％（为改善传质速率）
沸程宽的多组分混合物	程序升温技术[a]	

[a] 这种方法可以克服恒温时出现的一些缺点,如低沸点组分出峰拥挤,高沸点组分在柱中保留时间过长,甚者滞留在柱中而不能出峰。

14.5.3　色谱柱的长度和柱形的选择

色谱柱的长度主要取决于分离的需要,从式(13-35)可看到,在其他条件相同的情况下,分离度与 n(或柱长)的平方根成正比,故增加柱长对分离有利。但柱长增加,使组分的保留时间增大,延长分析时间,增大色谱柱的压力降,因此在满足一些分离度($R \geqslant 1.5$)的条件下,应采用尽可能短的色谱柱。一般的填充柱柱长以 2～6 m 为宜。

实践证明,选用内径较小的柱管和较大的柱形曲率半径,可获得较高的柱效率。毛细管柱的柱效率要比填充柱高,直形管和 U 形管的柱效率比螺旋形管高。为了缩小仪器的体积,实际上使用的多为螺旋形柱,柱内径一般为 2～4 mm。

14.5.4　载体粒度的选择

从范第姆特方程式可以看出,理论塔板高(H)和载体粒度(d_p)与填充不规则因子(λ)有关。要求载体的粒度小而均匀,才能降低理论塔板高,提高柱效率。但颗粒也不能太小,太小时不易填充均匀,使不规则因子(λ)增大,柱效降低;并使柱的压力差增大,容易漏气,给仪器装配带来一定的困难。固定液液膜应薄而均匀,以降低其传质阻力。

14.5.5　其他条件的选择

(1) 气化室温度的选择

为使试样以气体状态进入色谱柱,气化室温度一般选在试样沸点附近或稍高于试样沸点,以保证快速、完全气化。通常以气化室温度比柱温高 30～70℃ 为宜。

(2) 检测温度的选择

检测温度一般与气化温度接近。若柱温是程序升温,则把检测温度控制在最高柱温即可。当用火焰离子化检测器和火焰光度检测器时,检测室的温度应高于 100℃,以免积水。

(3) 进样量和进样时间的选择

进样量多少应能瞬间气化为准,要能满足分离要求,其量应在线性范围之内。例如填充柱的瞬间进样量:气体试样,一般为 0.1～1.0 mL;液体试样(或试样溶液),一般为 0.1～1.0 mL。进样时间的长短,对柱效率影响很大,进样必须迅速,一般要求进样时间应小于 1 s。

根据范第姆特方程探讨色谱分离条件,可作参考。对于具体物质的分析,仍需做很多实验,以确定最佳分离条件。

14.6 毛细管气相色谱法

14.6.1 概述

毛细管气相色谱法(capillary chromatography)是利用高效能的毛细管柱对样品进行分离的气相色谱法。1941年James和Martin把气-液色谱用于复杂混合物的分离和测定,1955年第一台商品色谱仪由美国Perkin elmer公司生产问世,用热导池做检测器。1956年指导色谱实践的速率理论出现,为气相色谱发展提供了理论依据。1958年戈莱从理论上考查了填充柱色谱的分离过程,提供了壁涂毛细管柱色谱,称为开管柱(open tubular column),习惯上称毛细管柱。这种色谱柱比经典的填充柱柱效高几十到100多倍,从此开创了一个气相色谱的新纪元。由于填充柱内的填充物使气流造成很大的阻力,所以柱长不宜超过5 m,因此其总柱效不可能超过1万,因而对一些含有几十种组分的混合物是难以分离的。可是毛细管柱的柱效可高达几十万块理论塔板,而且固定液在常规毛细管壁上形成的液膜较薄(如$0.1\sim1~\mu m$),传质速率快,使分析速度加快。所以毛细管色谱一问世就引起人们很大兴趣。

20世纪60年代主要用不锈钢毛细管涂渍固定液,到70年代就完全用玻璃材料做毛细管柱了。由于用玻璃制成的毛细管柱柱效高,活性小,满足了当时的石油化工、环境科学、医学等方面较为复杂混合物和痕量物质的分离和分析。这些成就促使毛细管气相色谱更快发展,特别是1979年Dandoneru等制成了熔融石英毛细管色谱柱后,开创了毛细管色谱的新纪元。石英毛细管柱由于惰性好,机械强度高,柔韧性好,易于操作,形成逐步取代玻璃毛细管柱的趋势。毛细管制柱工艺的发展和多种新型毛细管色谱固定液的进展,使毛细管色谱日臻完善,成为一种无论在研究室还是在工厂实验室均可使用的分离分析技术。

14.6.2 毛细管气相色谱法的特点

毛细管柱主要指内径为$0.1\sim0.5$ mm的开管柱、微型填充柱和填充毛细管柱。

以下讨论开管柱的某些特点。

(1) 分离效能高

毛细管柱(capillary columm)可用比填充柱长得多的柱子(从几米到几百米),每米板数一般在$2000\sim5000$,总柱效可达$10^4\sim10^6$塔板数。有不少样品在填充柱上分离得不好,而用毛细管柱能获得满意的分离效果。由于柱效高,所以毛细管色谱对固定液的选择性的要求就不那么苛刻了。

(2) 分析速度快

固定液膜薄而均匀,传质交换加快,所以一个含十几种或更多组分的混合物分离,能在几分钟甚至几十秒内完成。比起填充柱快多了。

(3) 操作条件严格

由于毛细管柱柱体积小,只有几毫升,样品容量低,对进样及检测要求特别严格。毛细管色谱系统的死体积要很小,如果连接不当会影响柱效。加上玻璃毛细管柱局部较脆、易断,要求操作特别小心。

（4）应用范围广

毛细管色谱具有高效、快速等特点，其应用遍及诸多科学和领域。随着科学技术与工业的发展，要求分析更为复杂的混合物。随着社会进步与人们生活水平的提高，人们更加关心生态平衡、环境保护和人类健康。在解决此类问题时，毛细管色谱是能够发挥其威力的。

毛细管气相色谱法的优越性还表现对痕量物质的分析应用上，其检测下限已达到皮克以下的水平。在医药卫生领域中，如体液分析、病因调查、药代动力学研究和兴奋剂检查等。

14.6.3　毛细管色谱柱的分类

毛细管柱的内径一般小于 1 mm，可分为开管型和填充型两大类。

1．填充型毛细管柱

填充型毛细管柱又可分为两类。

(i) 填充型毛细管柱先在玻璃管内松散地装入载体，拉成毛细管后再涂固定液。

(ii) 微型填充柱与一般填充柱相同，只是柱径细，载体颗粒在几十到几百微米。

以上类型色谱柱近年很少使用。

2．开管型毛细管柱

（1）按内壁的状态分类

(i) 涂壁毛细管柱（wall coated open tubular column，WCOT）。这种毛细管柱把固定液涂渍在预处理过的毛细管内壁上。现在绝大部分毛细管柱是这种类型。

(ii) 多孔层毛细管柱（porous-layer open tubular column，PLOT）。这是先在毛细管内壁上附着一层多孔固体，如熔融二氧化硅或长结晶沉积在毛细管玻璃表面而制成的。

(iii) 涂载体开管柱（support coated open tubular column，SCOT）。先在毛细管内壁上黏附一层载体，如硅藻土载体，在此载体上再涂以固定液。

（2）按内径分类

(i) 常规毛细管柱。这类毛细管柱的内径为 0.1～0.3 mm，一般为 0.25 mm 左右，可以是玻璃毛细管柱，也可以是弹性石英毛细管柱（fused silica open tubular column，FSOT），又称熔融氧化硅开管柱。

(ii) 小内径毛细管柱（microbore column）。这类毛细管柱是指内径小于 10 μm，一般为 50 μm 的弹性石英毛细管柱。这类色谱柱主要用于快速分析，在毛细管超临界流体色谱、毛细管电泳中多用这类色谱柱。

(iii) 大内径毛细管柱（megabore column）。这类毛细管柱是指内径一般为 0.32 和 0.35 mm。常用石英柱其固定液液膜可以是不到 1 μm，或高达 5 μm 的厚液膜。大内径厚液膜毛细管柱用以代替填充柱。也有 0.75 mm 内径的玻璃毛细管柱，这样粗内径的毛细管柱只能用玻璃材料，不能用石英材料制作。

14.6.4　毛细管气相色谱仪

毛细管柱气相色谱的流路系统与填充柱气相色谱系统没有本质的差别。它们的主要不同在于毛细管柱色谱的进样部分有用载气分流放空的控制流路和为检测器提供柱后尾吹气的流路系统,如图 14-2 所示(第 221 页)。

1. 分流进样器

毛细管柱色谱的进样系统,一般包括进样器和分流器两个部件。进样器是样品的导入部件,也以内插不同规格的玻璃套管来完成毛细管柱的不同进样方式。分流器包括分流比阀、针形阀和电磁阀等控制部件,用以完成不同进样方式的样品流。

毛细管柱色谱的进样方式可分为两大类,即分流进样和不分流进样。根据操作的方式,不分流进样又包括柱上进样和直接进样。一般来说,分流进样时使用内径为 2~4 mm 的玻璃套管,分流进样器的分流比阀打开。不分流进样时,使用内径为 0.5~2 mm 的玻璃套管,进样时,分流进样器的分流比阀关闭。

(1)分流进样法

由于毛细管柱容量小,如果仍用常规体系(微量注射器)进样,则柱子必然超载。因此,必须减小进入柱子的样品量。常用间接进样法,即让较大体积的样品先进到流量较大的载气中,气化后,将混合物分流成两个流量悬殊的部分,只将其中较小的部分送进柱子,这就叫分流进样(图 14-11)。例如,若载气总流速为 101 mL·min^{-1},通过柱子的流速为 1 mL·min^{-1},那么向体系中注入 1 μL 液体样品时,实际进柱子的样品为 0.01 μL。

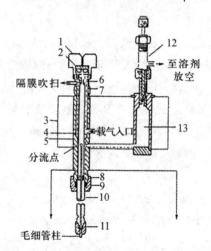

图 14-11 分流-不分流进样器详图(Varian Assoc, Inc.)
1—进样口散热螺帽 2—隔膜 3—进样器加热块 4—气体清洗
5,9,11—石墨垫圈 6—玻璃内套管 7—聚四氟乙烯密封圈
8—弹簧 10—分流器 12—分流比阀 13—气体缓冲区

分流进样法进入柱子的样品量只是进样量的极小部分。因此色谱柱不会超负荷,同时由于较大量的载气被放空,进入柱的只是小流量的载气,这就保证了毛细管柱的最佳流速,除此之外,分流进样法的一个更重要的作用是在气化室中载气流量大,速度快,被气化了的样品在气化室中停留时间短,很快进入柱中,同时气化室也能得到迅速的冲洗,这样避免了非瞬间进样而引起的谱带扩展。

(2)不分流进样法

经典分流进样技术,由于不能很好地适用于痕量组分分析,所以后来又出来了多种全样品

进样的不分流进样技术。不分流进样技术是由 Grob 等提出,所以又称为 Grob 不分流进样技术。不分流进样同分流进样相比,痕量组分的绝对进样量明显增加,峰形尖锐,检测灵敏度可高出 1～3 个数量级,而且准确度也高。因此,它在天然产物、食品、香料、生物代谢物质、药品和环境样品等高度稀释溶液的痕量和超痕量分析中得到了广泛应用。

利用分流进样器,将内插玻璃套管改用不分流进样操作用的玻璃套管(内径 2 mm)在进样前按分流进样操作的方式将分流比阀及电磁阀打开。载气通过质量流速控制器进入分流进样器顶端的入口处,然后分成两路,一路载气(约 0.5～3 mL·min^{-1})作为橡胶垫的清洗气,另一路载气向下进入内插玻璃套管,进入玻璃套管的载气又分成两路:一部分进入柱子,另一部分(大量的)通过内插玻璃套管从底部流出,经由内插套管与进样器之间的空道向上通过分流比阀放出。此时流经玻璃套管的流速为 50 mL·min^{-1} 以上,先对整个进样器进行清洗。

在进样时,关闭电磁阀,此时不发生分流作用,流经内插玻璃套管的载气全部通过色谱柱,待进样完毕之后,重新打开电磁阀(一般在进样完之后 20～120 s 打开),对整个进样器进行清洗除去残留在进样器中的溶剂(约 5%～10%)就可解决溶剂峰的拖尾问题。

清洗气开启的时间也很关键:如果启动太早,则气化的样品大部分从进样器中放出,变为分流进样;如果启动过晚,则进入进样器中的样品气发生反扩散,结果溶剂产生严重拖尾。柱分离效率与被分析的组分使用的溶剂、进样体积、通过内插玻璃套管的载气流速以及体积有关,一般在进样完毕 20～120 s 开始清洗,可以得到满意效果。

不分流进样允许较慢的进样速度和较慢的气化速度。如果进样速度快,气化温度高,进入含有大量溶剂的样品会瞬间气化,成为蒸气,使气化室过载,压力增高,结果样品蒸气反扩散,使溶剂峰拖尾,分离变差,进样速度一般为 0.1 μL·s^{-1}。

使用不分流进样时,被分析的样品必须用大量溶剂稀释,一般稀释 1∶(10^4～10^5)倍,当进样体积小于 1 μL 时,溶剂效应不明显,通常进样体积在 0.5～3 μL 之间。

与分流进样不同,Grob 不分流进样的进样量比前者大几个数量级,进样时间也长得多。按照传统观念,这样苛刻的条件毛细管柱是无法接受的,但用不分流进样却能得到与分流进样同样窄的甚至是更窄的起始谱带。

Grob 不分流进样可以看成是利用进样时暂时关闭分流阀和溶剂效应(或同时借助冷捕集效应),并结合进样后的系统清洗措施进行稀溶液全部样品直接进样,从而实现毛细管色谱痕量分析的一种色谱进样技术。

毛细管柱色谱的进样法还有直接进样法、柱头进样法,在此不作介绍。

2. 尾吹气路

填充柱色谱仪改装一个毛细管色谱柱,并在柱后加一个尾吹气路,也可以改造成毛细管色谱仪。尾吹的作用是将流出毛细管柱的各组分依次送入检测器进行检测。有的商品仪器填充柱和毛细管柱均可互换使用。

3. 检测器

由于毛细管色谱法的色谱峰形状尖而窄,因此一般用的检测器的灵敏度高,体积小的检测器,如氢火焰离子化检测器、电子捕获检测器、火焰光度检测器、热离子化检测器等。有些仪器配置有毛细管色谱仪专用的检测器。

另外,毛细管气相色谱仪还应配置有快速响应的记录仪。

14.6.5 毛细管气相色谱法的基本理论

毛细管气相色谱基本分离原理与普通填充柱的分离原理是相同的,都是利用组分在固定相和流动相间的分配比不同而达到分离目的,因而其基本理论模型也相同。但由于毛细管本身具有的特点,使其理论模型中一些影响因素与普通色谱柱相比有些差异。

由于毛细管气相色谱(CGC)分离的效果不仅由溶质组分的相对保留所决定,同时与谱带展宽的控制关系很密切。为了使毛细管色谱条件达到最佳化,必须了解在毛细管柱中谱带展宽。在毛细管柱中,谱带展宽主要来自三方面:(i)纵向扩散;(ii)在流动相中传质阻抗引起的扩散;(iii)在固定相中传质阻抗引起的扩散,这些理论是由 Giddings 和 Pumell 提出的。

1. 毛细管色谱(CGC)的柱效

CGC 的柱效可用理论塔板数 n 表示,即

$$n = 5.54(t_R/W_{h/2})$$

两个相邻组分分离到一定分离度 R 所需理论塔板数为

$$n_{eff} = 16R^2 \left(\frac{r_{2,1}}{r_{2,1}-1}\right)\left(\frac{k_2+1}{k_2}\right)$$

$$R = \left(\frac{\sqrt{n}}{4}\right)\left(\frac{r_{2,1}-1}{r_{2,1}}\right)\left(\frac{k_2}{k_2+1}\right)$$

这些公式与第 13 章色谱法基础所叙述的完全相同。

2. 毛细管色谱柱的速率理论方程

毛细管柱的速率理论模型与普通填充柱基本相同。但对空心毛细管柱来说,因其不填充载体,故涡流扩散项为零。造成谱带扩张主要因素是分子扩散、传质阻力(包括气相传质阻力和液相传质阻力),即

$$H = B/u + C_g u + C_L u$$

现以涂壁(WCOT)和涂载体型(SCOT)为例,说明之。

(1)涂壁开管柱速率方程

1957 年 Golay 提出了 WCOT 的速率方程表达式

$$H = \frac{2D_g}{u} + \frac{1+6k+11k^2}{24(1+k)^2}\left(\frac{r_g^2}{D_g}u\right) + \frac{kd_f^2}{6(1+k)^2 D_L \beta^2}u$$

式中:k 为容量因子;D_g 为气相扩散系数;D_L 为液相扩散系数;r_g 自由气体流路半径,$r_g = y - d_f$,r 为毛细管柱半径,d_f 为平均液膜厚度;u 为载气线速度;β 为相比率,其表达式为

$$\beta = \frac{V_m}{V_L} = \frac{K}{k} = \frac{au}{Lb} = \frac{a}{bt_0}$$

式中:V_m 为毛细管中气体所占据的体积;V_L 为液相体积,a, b 分别为半峰宽与保留值间垂直距离的截距和斜率;t_0 为死时间;L 为柱长;u 为载气线速度;相比率是毛细管柱型及结构的重要特征,毛细管柱的 β 值一般在 $60\sim600$。

(2)涂载体开管柱的速率方程

1963 年戈莱提出了 SCOT 的速率方程表达式

$$H = \frac{2D_{\mathrm{g}}}{u} + \left[\frac{1 + 6k + 11k^2}{1 + k^2} + 8a + \frac{16ka}{(1+k)^2}\right]\frac{r^2}{24D_{\mathrm{g}}}u + \frac{k}{6(1+k)^2}\left(\frac{d_{\mathrm{f}}^2}{D_{\mathrm{L}}F^2\beta^2}u\right)$$

式中：a 为相对多孔层厚度，一般在 $0.05\sim0.1$，$a = \dfrac{d}{r_{\mathrm{g}}} = \dfrac{d}{r-d_{\mathrm{f}}}$，$d$ 为平均多孔层厚度（约 $20\sim$ $40\,\mu\mathrm{m}$）；F 为 SCOT 与 WCOT 液相表面积之比，约 $8\sim10$。

关于影响毛细管柱板高的因素较复杂，可参阅有关毛细管气相色谱专著，此处不作详细讨论。

14.7　气相色谱法在医药卫生领域中的应用

气相色谱法在临床医学、生物化学、医学、卫生、食品分析、环境保护、药物分析等方面的应用越来越广泛。生物体内的受体、酶、核酸、蛋白质和多糖等都具有手性结构，药物也存在对映体，其药效、药理和生物活性均不相同，毒副作用也有差异。气相色谱法利用手性固定相分离分析这些手性物质，应用已日益广泛，因此，气相色谱法在生命物质分离分析中继续保持其重要地位。

气相色谱及其联用技术是有机物分析的最有效的手段之一，在生物医学分析检测中有着广泛的应用，在药物研制、临床检验、毒物分析、毒品和违禁药物检测等方面发挥着重要作用。

1. 在新药研究中的应用

（1）新药结构分析

色谱-质谱联用、色谱-红外光谱联用有很强的结构分析能力，在新药的结构分析中能起到重要作用。在未知结构化合物分析时利用分子量、分子碎片、元素组成、红外吸收等信息来推测或确定分子结构。

（2）药物含量分析

气相色谱由于可配用的检测器类型较多，既有通用性检测器，又有选择性检测器，可根据具体情况选择使用。气相色谱是定量分析的有效手段，在药物定量分析中有些可直接用气相色谱分析，有些则需要衍生化以改善挥发性、选择性或改善分离。

（3）药物质量控制分析

药物生产或报批需要分析所有成分，气相色谱及其联用技术在其中可发挥作用，利用色谱-红外光谱、色谱-质谱和气相色谱-原子发射光谱联用可分析药物主成分和杂质的结构，可用气相色谱或联用技术进行药物定量分析。

（4）在药物代谢研究中的应用

药物研制过程中的一个重要环节是药物代谢过程的研究，药物代谢物和血药浓度的分析是气相色谱及其联用技术发挥作用的领域。由于药物和代谢物在体内浓度较低，色谱-质谱联用可用于代谢物结构分析和药物代谢动力学检测，可选用高灵敏度检测方法如电子俘获、氮磷等用于药物代谢物或体内药物检测。药物代谢物常需要用衍生化改善挥发性或提高检测灵敏度。

2. 毒物检测

气相色谱尤其是色谱-质谱联用是毒物检测的最常用手段之一，色谱-质谱联用能够利用质谱图库联机检索，可用于确定毒物结构，气相色谱也可用于毒物定量分析。毒物的定性定量结果可为抢救中毒人员或破案提供线索。

3. 临床检验

在临床实践中有些药物需要监测药物浓度，有些化合物的存在与否及其浓度高低与疾病有相关性,气相色谱及其联用技术也可发挥有效作用。

4. 毒品或违禁药检测

色谱-质谱联用是毒品和违禁药物检测中最常用也是最有效的手段之一,许多毒品和违禁药物的最终确认手法就是采用色谱-质谱联用完成的。气相色谱可用于毒品和违禁药物的定量分析。

下面介绍气相色谱及其联用在生物医学中的应用实例。

【示例 14-1】 顶空-GC-FID 检测血中酒精

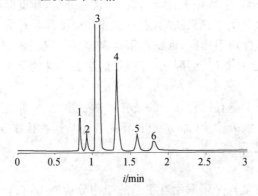

图 14-12　顶空-GC-FID 检测血中酒精

色谱峰:1—甲醇,2—乙醛,3—乙醇,4—异丙醇,5—丙酮,6—1-丙醇

色谱柱:30 m×0.53 mm×3.0 μm DB-ALCl　　载气:He

检测器:FID,300℃　　　　流速:80 cm·min^{-1}

柱箱温度:40℃(恒温)　　　进样:顶空分流 1:10

【示例 14-2】 GC-FID 检测体育违禁药物

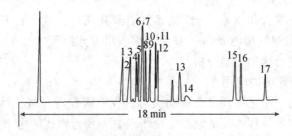

图 14-13　GC-FID 检测体育违禁药物

色谱峰:1—去氢表雄酮,2—雄诺龙,3—南诺龙,4—美睾酮,5—睾酮,6—勃起酮,
　　　　7—17α-甲睾酮,8—美雄酮,9—诺乙雄龙,10—1-去氢睾酮酯酸盐,11—羟甲烯龙,
　　　　12—19-去甲睾酮-17-柄酸盐,13—氯睾酮,14—康力龙,15—去氢睾酮苯甲酸酯,
　　　　16—19-去甲睾酮-17 癸酸盐,17—1-去氢睾酮十一烯酸盐

色谱柱:30 m×0.25 mm×0.1 mDB-1　　载气:He,40 cm·s^{-1}

检测器:FID,350℃　　进样:2 μL,分流 1:40

柱箱温度:180℃,10℃/min 320℃(4 min)

【示例 14-3】　GC-FID 常见药物筛选

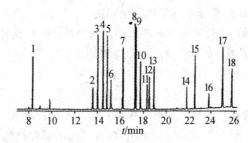

图 14-14　GC-FID 常见药物筛选分析

色谱峰：1—尼古丁，2—咖啡因，3—格鲁米特，4—利多卡因，5—苯环利定，
　　　　6—苯巴比妥，7—美沙酮的主要代谢物，8—甲喹酮，9—美沙酮，10—可卡因，
　　　　11—去甲丙咪嗪，12—卡马西平，13—三甲丙咪嗪，14—海洛因，15—芬太尼，
　　　　16—伊波加因，17—三唑仑，18—麦角酰二乙胺

色谱柱：30 m×0.25 mm×0.25 μmDB-1

载气：He，40 cm·min^{-1}

检测器：FID，300℃

进样：不分流

柱箱温度：50℃(1 min)25℃/min125℃，10℃/min325℃(5 min)

【示例 14-4】　GC-NPD 检测含氮药物

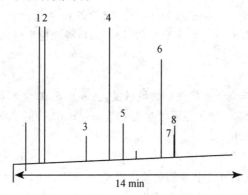

图 14-15　GC-NPD 检测含氮药物

色谱峰：1—乙苯妥英，2—苯乙基丙二酰胺，3—n-乙烯雌酚，4—苯巴比妥，
　　　　5—Carbepoxide10/11，6—扑米酮，7—二苯基乙内酰脲钠，8—内标物

习　　题

14.1　气相色谱法有哪些特点？有何局限性？

14.2　气相色谱仪的基本结构包括哪几部分？各有什么作用

14.3　常用的检测器有哪几种？它们的检测原理是什么？各有什么特点？

14.4　固定液可分哪几类？如何选择固定液？固定液的选择应遵循什么原则？

14.5　用气相色谱法分析苯中微量水，分析氧气和氮气，可选用下列固定相中哪一种？并说明理由。

(1) 分子筛;(2) 高分子微球;(3) 氧化铝;(4) 硅胶。

14.6 开管柱的最大缺点是什么?用何办法解决?

14.7 影响理论塔板高 H 的因素有哪些?如何选择色谱操作条件?

14.8 在气液柱色谱法中,色谱柱使用温度应遵循什么原则?

14.9 试指出在气液色谱中,填充柱需要老化的目的。

14.10 气相色谱法中程序升温的优点是什么?

14.11 浓度敏感型检测器与质量敏感型检测器有何不同?将其用于定量分析时应注意什么?

14.12 在气相色谱分析中为了测定以下组分,各宜选用哪种检测器?

(1) 农作物中含氯农药的残留量;(2) 酒中水的含量;(3) 啤酒中微量硫化物;(4) 二甲苯的异构体。

14.13 检出限和最小检出量两个概念有什么区别?

14.14 毛细管色谱仪与填充柱色谱仪在构造上有何差别?

14.15 毛细管柱所具有的理论塔板数为什么比普通的填充柱多?毛细管色谱柱的特点及其类型有哪些?

14.16 下列变化对色谱柱的塔板高有什么影响?试解释之。

(1) 固定液对填充剂的相对质量增加;(2) 进样速度变慢;(3) 气化室温度提高;(4) 载气流速增加;(5) 填充物颗粒变细;(6) 柱温降低。

14.17 今用热导检测器在 103 型气相色谱仪上测定某一有机化合物。色谱条件:柱长为 2 m,固定液为 5% 有机皂土和 5% 邻苯二甲酸二壬酯,载体为 6201 型(80 目),以 H_2 为载气,流速为 68 mL·min^{-1},桥电流为 200 mA,柱温为 700℃,记录纸速为 2 cm·min^{-1},记录仪灵敏度为 0.4 mV·cm^{-1},进样量为 0.5 mL。饱和蒸气(0.110 mg),得到色谱峰面积 $A=6.85$ cm^2。试求热导检测器的灵敏度。

$$(S_c = 847 \text{ mV·cm}^3 \cdot \text{mg}^{-1})$$

14.18 为了测定氢火焰离子化检测器的灵敏度,注入 0.5 μL 含苯 0.05% 的二硫化碳溶液,苯的峰高为 12.5 cm,半峰宽为 0.25 cm,记录纸速为 0.5 cm·min^{-1},记录仪灵敏度为 0.2 mV·cm^{-1},试计算其灵敏度(苯的密度为 0.88)。

$$(S_m = 2.18 \times 10^6 \text{ mV·s·g}^{-1})$$

14.19 为了测定氢火焰离子化检测器的检出限,注入含苯 0.05% 的二硫化碳溶液 1 μL,苯的色谱峰高为 10 cm,半高峰宽为 0.5 cm,记录纸速为 1 cm·min^{-1},记录仪灵敏度为 0.2 mV·cm^{-1},噪声为 0.01 mV,试计算该氢火焰离子化检测器的检出限(苯的密度为 0.88)。

14.20 某气液色谱柱,柱长 2 m,内径 4.00 mm,给定条件下载气流速 u 和相应理论塔板数 n 的数值如下表,求:

(1) 范第姆特方程中 A,B,C 三个参数;

(2) 最佳体积流速 F_c(mL·min^{-1});

(3) 最小理论板高 H_{min}(mm)。

u/mm^{-1}	10.0	20.0	40.0
n	2500	2857	2500

($A=0.300$ mm,$B=4.00$ mm$^2\cdot$s^{-1},$C=1.00\times10^{-2}$ s;15.1 mL·min^{-1};0.7 mm)

第15章 高效液相色谱法

15.1 概 述

高效液相色谱法(high performance liquid chromatography，HPLC)是一种高效、快速的液相色谱分离分析方法。20世纪60年代末，气相色谱理论研究和实验技术的发展迅速，人们从色谱分离理论和实践经验中认识到，采用细颗粒固定相是提高柱效的重要途径。于是尝试将经典液相色谱法中固定相的粗颗粒改为细小的微粒，同时又借鉴了气相色谱的实验方法，以高压输出的液体为流动相，并在柱后用高灵敏度检测器在线检测，于是高效液相色谱仪便应运而生。

15.1.1 高效液相色谱法的特点

高效液相色谱与经典液相色谱法的差别，列于表15-1中。

表 15-1 高效液相色谱与经典液相色谱的差别

项　目	HPLC	经典(柱)LC
柱长/m	0.1～0.25	0.1～2
柱内径/mm	2～10	10～50
粒度/μm	3～10	75～500
粒度分布(RSD)	<5%	20%～30%
柱效/(理论塔板数/m)	$10^4 \sim 10^6$	10～100
分离分析所需时间/h	0.05～1	1～20
柱入口压力/MPa	2～30	0.1
试样用量/g	$10^{-7} \sim 10^{-2}$	1～10
检测手段	检测器柱后检测	收集洗出液定性定量
装置	仪器化，自动化	非仪器化，手工操作

由表中可见，高效液相色谱的分离效率(柱效)比常压液相色谱有了极大提高，可达 10^4 理论塔板数/m，微填充柱(内径 1 mm)和毛细管柱(内径 0.05 mm)可超过 10^5 理论塔板数/m，这主要是使用细粒度固定相的结果。另外，由于高压泵输送流动相、梯度洗脱、在线检测及仪器在控制操作和数据采集处理上的高度自动化，使分离时间也大大缩短。例如：用经典色谱法分离氨基酸，需用20多小时才能分离出20种氨基酸；而用高效液相色谱在 1 h 之内就可完成。又如：高效液相色谱使用 25 cm×0.46 cm 的 Lichrosorb-ODS(5 μm)柱，采用梯度洗脱，可在 30 min 内分离出尿中的 104 个组分。

高效液相色谱法与气相色谱法的差别，主要在以下几方面。

(i) 应用范围。气相色谱要求试样需能气化，分离分析温度较高，分析对象多为气体和低沸点有机物(仅占有机物总数的 15%～20%);高效液相色谱不受试样挥发性限制,一般在常温下进行分离分析,那些无法用 GC 分离的高沸点、大摩尔质量或热不稳定的有机物,以及各种离子,目前主要采用 HPLC 进行分离分析。

(ii) 固定相的选择。HPLC 固定相的种类繁多,不仅可利用被分离组分的极性差别,还可利用组分分子的尺寸大小、离子交换能力以及生物分子间的亲和力等差别进行分离。分析时比 GC 选择的余地大。

(iii) 流动相的选择性。气相色谱的流动相(载气)是色谱惰性的,不参与分配平衡过程,与样品分子无亲和作用,样品分子只与固定相相互作用。而在 HPLC 中,流动相(液体)也与固定相争夺试样分子,为提高选择性增加了一个因素。也可采用组成不同的多种(如离子、极性、非极性的等)溶剂作流动相,增大分离的选择性。对于性质和结构类似的物质,分离的可能性比气相色谱更大。

(iv) 对流出组分进行回收比较容易,适合于大量制备。

高效液相色谱在分离分析技术上的独到之处,奠定了它在仪器分析学科内的重要地位,目前,高效液相色谱法已被广泛应用于分析对生物学和医药上有重大意义的大分子物质,如蛋白质、核酸、氨基酸、多糖类、植物色素、高聚物、染料及药物等物质的分离和分析,成为医学检验、药物分析等许多领域中不可缺少的分析仪器。

任何一种仪器分析方法都不是完美无缺的,HPLC 也同样有其缺点。一方面,它目前尚缺乏通用的检测器;另外,它的仪器设备比较复杂,价格昂贵,固定相和流动相费用也比 GC 贵,这使它的普及受到一定限制。所以,对气相色谱与高效液相色谱都能分析的试样,一般不使用高效液相色谱。作为一种分析方法,它在定性分析上尚需与质谱、核磁共振谱及红外光谱等技术联用。

15.1.2 高效液相色谱法的分类

高效液相色谱法按分离原理可分为液固吸附色谱法、液液分配色谱法、离子交换色谱法、尺寸排阻色谱法、亲和色谱法等类型。

按照 HPLC 色谱方法上其他的一些特性,还可分为化学键合相色谱法、离子色谱法、手性色谱法、胶束色谱法、正相色谱法和反相色谱法等类型。

本章主要介绍目前常见类型的高效液相色谱的分离原理、固定相及流动相;高效液相色谱仪的主要结构和常用的检测器等;并简要介绍超临界流体色谱法。

15.1.3 高效液相色谱的固定相和流动相

1. 固定相

HPLC 的固定相与色谱分离的热力学过程和动力学过程密切相关,是影响柱选择性和柱效的关键部分。

HPLC 的固定相又称填料(packing material),包括硅胶类、多孔聚合物和氧化铝等类型。硅胶类是指硅胶及以硅胶为基体的固定相,目前用得最多。优点是机械强度好、不溶胀,与大多数试样不发生化学反应,pH 3～8 范围内稳定。苯乙烯和二乙烯苯的交联聚合物是常见的多孔聚合物类固定相,优点是可在 pH 1～13 范围内使用,但不耐高压,在有些溶剂中发生溶胀,主要用于离子交换和尺寸排阻色谱中。

在同一类的固定相中,可根据其粒度、形状、孔径等分为不同的规格,以适用于各种用途。

还常按孔隙层的深度,将固定相颗粒分为表面多孔型和全多孔型两类。前者是在直径 35 μm 左右的坚实玻璃核外,覆一层 1～2 μm 厚的多孔色谱材料(如硅胶等)制成,称为薄壳珠(porous layer beads)。其透过性好,分析速度快,但比表面积小,载样量低,只适用于高灵敏度检测器。目前 HPLC 多采用后者,称为全多孔微粒(microporous particles),粒径在 3～10 μm 之间,有球形和无定形两种,粒径小,比表面积大,载样量大,柱效高(理论塔板数可达 10^5/m)。其中球形颗粒的透过性较好,适用于各类 HPLC 方法。

与各类 HPLC 方法相对应的固定相,将在以后各节中具体介绍。

2. 流动相

HPLC 所用的流动相又称为洗脱剂(eluant)。与 GC 不同的是,除了固定相以外,HPLC 还可通过改变流动相来改善分离效果和提高选择性。能作 HPLC 流动相的溶剂种类很多,不同溶剂的物理、化学性质及在流动相中的组成可有千差万别。因此,对一定的色谱柱(或固定相)来说,流动相的选择成为影响 HPLC 分离的关键因素(尺寸排阻色谱法除外)。

用作 HPLC 流动相的溶剂,需注意符合以下几项基本要求。

(i) 化学惰性好,不引起柱效损失或柱保留特性变化。例如固液吸附色谱法的流动相不应含水;用硅胶填料的色谱柱不能使用碱性溶剂等。

(ii) 对试样有良好的溶解度,使组分的 k 在 1～10 之间(最佳 k 是在 2～5 之间)。更换流动相时必须保证溶剂互溶。

(iii) 纯度高。溶剂在使用前应过滤去除尘埃杂质,并脱气去除溶解的气体,以免堵塞柱子或产生气泡而影响分离和检测。

(iv) 溶剂需与检测器匹配。例如用紫外检测器时,溶剂本身在检测波长处应没有吸收;用示差折光检测器时,溶剂的折射率应与被测组分有较大差别。

(v) 黏度低。尽量用黏度低的溶剂(如甲醇、乙腈等)可以改善传质,提高柱效,还能降低色谱柱的压力。

15.2　液固吸附色谱法

以液体为流动相、固体吸附剂为固定相的色谱法称为液固吸附色谱法(liquid-solid adsorption chromatography,LSC),简称液固色谱法。

15.2.1　分离原理

液固色谱法是依据吸附剂表面对试样中各组分分子吸附与解吸能力的差异而进行分离的。其吸附过程是被分离组分(溶质 X)的分子与流动相(溶剂 B)分子争夺吸附剂表面吸附活性中心的结果(竞争吸附),可表示如下

$$X + nB_{吸附} \rightleftharpoons X_{吸附} + nB$$

式中:X、B 分别表示流动相中的溶质、溶剂分子;X$_{吸附}$、B$_{吸附}$ 分别表示被吸附在固定相表面的溶质、溶剂分子;n 是被吸附的溶剂分子数。吸附达平衡时,有

$$K_{ad} = \frac{[X_{吸附}] \cdot [B]^n}{[X] \cdot [B_{吸附}]^n} \tag{15-1}$$

式中:[X$_{吸附}$]和[B$_{吸附}$]分别为溶质、溶剂在吸附剂表面上的吸附平衡浓度;[X]和[B]分别为它们在流动相中的平衡浓度;K_{ad} 为吸附平衡常数(或吸附常数),其值的大小表示溶质(X)在柱

中吸附剂表面上与溶剂竞争吸附能力的强弱,K_{ad} 与溶质本性、两相的性质和 T、p 有关。其他条件一定时,溶质的结构、性质与吸附剂越相似,K_{ad} 越大,保留越强;反之,则不易被吸附,保留越弱。所以,用液固色谱法对混合物进行分离时,需选择合适的实验条件使组分间的 K_{ad} 值产生差异,以达分离目的。

一般而言,液固色谱法的分离对象是分子量中等,且溶于有机溶剂的非离子性化合物,对强极性或离子性化合物会引起拖尾和分离不好。硅胶等极性吸附剂对组分的保留作用,主要是与组分中极性官能团的作用,官能团的极性不同或数目不同都会对组分的 K_{ad} 产生较明显的影响,因此适于分离具有不同极性官能团的非离子化合物。由于分子中碳氢链与吸附剂的作用较弱,使同系物之间 K_{ad} 的差别很小,所以不适于分离同系物中分子量不同的非离子化合物。此外,组分在吸附剂上的保留作用还与空间效应关系密切,组分官能团的几何结构若能与吸附剂活性中心的刚性几何结构相互匹配,吸附作用会明显增强。因此,液固色谱法很适合于几何异构体的分离。

一定温度下达到吸附平衡时,被吸附溶质的量(c_s)随溶液中溶质浓度(c_m)的变化曲线称为吸附等温线(adsorption isotherm)。吸附等温线通常有直线型、凸线型和凹线型三种[图 15-1 之(a)~(c)],对应的色谱峰形状分别为正常峰、拖尾峰和前伸峰[图 15-1 之(d)~(f)]。

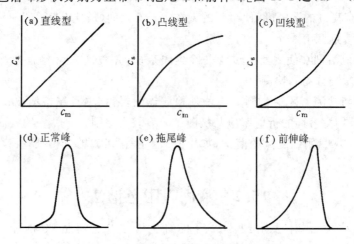

图 15-1　三种吸附等温线和对应的色谱峰形状

液固色谱法中凸线型的情况较为常见。产生凸线的原因是:吸附剂表面往往有吸附力不同的几种吸附点位,溶质分子总是先占据吸附力强的点位,然后才占吸附力弱的点位。于是溶质在浓度低时被吸附得较牢固,当浓度增大时,增大部分(峰中心的上部)的吸附力相对减弱而在柱中前进的较快,引起拖尾现象。实际上,凸线等温线的开始部分(即低浓度时)也近似为一直线,即在低浓度下可获得较好的峰形。因此,为了防止拖尾和改善分离效果,液固色谱法应控制较小的进样量。

15.2.2　液固色谱的固定相

液固色谱使用的固体吸附剂有极性和非极性两类。极性的有硅胶、氧化铝和聚酰胺等;非极性的有高分子多孔微球等。最常用的吸附剂是硅胶,它的线性容量较高,其他优点前已介绍。

吸附剂的比表面积和表面吸附活性的大小是影响组分保留值及选择性的重要因素。硅胶的吸附活性是由表面的硅羟基产生的,其含水量对色谱分离性能有很大的影响。未经加热处理的硅胶,表面的硅羟基与水分子形成氢键而不呈现吸附活性。加热除去吸附的水可使硅胶活化,但温度不可过高(通常 150~200℃)。若加热超过 200℃,会使硅羟基之间脱水生成硅醚

$$
\begin{array}{cc}
\mid & \mid \quad\quad \mid \\
-\mathrm{Si-OH} & -\mathrm{Si-O-Si-} \\
\mid & \mid \quad\quad \mid \\
\text{硅羟基} & \text{硅醚基}
\end{array}
$$

基(硅氧烷键型),从而降低甚至失去吸附能力。活化后的硅胶应在干燥器中放冷,用时加定量重蒸水调节活性。一般对极性弱的试样,配合使用活性较高的硅胶吸附剂;而极性强的试样则用活性较低的硅胶吸附剂,以使组分有合适的保留值并得到较好的分离。

15.2.3 流动相

1. 流动相选择

固定相一定,流动相的选择则成为影响色谱分离的主要因素。对硅胶等极性吸附剂而言,流动相常以弱极性溶剂作主体(底剂),再适当地加入中等极性或强极性有机溶剂作极性调节剂。可根据试样极性的大小来选择流动相,一般极性大的试样选用极性较强的溶剂洗脱,极性弱的试样则选用极性较弱的溶剂洗脱,使各组分有适宜的 k 值并获得较好的分离。

在 HPLC 中,对于那些所含组分较多、各组分性质差别较大的复杂试样,若以恒定配比的溶剂系统洗脱(称为等度洗脱)不能使各组分均有适宜的 k 值并获得较好分离时,可采用梯度洗脱(gradient elution),即在一分析周期内按一定程序连续地或阶段性地改变流动相的溶剂配比,使流动相的极性、pH 或离子强度等相应地变化,从而使每个组分都在适宜的条件下获得分离,以提高分离效率,改善峰形,加快分析速度。

2. 溶剂极性大小和极性作用力类型的表示

Snyder 提出了溶剂的极性参数和选择性参数,可分别用来表示溶剂的极性大小和极性作用力的类型。极性参数用 P' 表示,P' 越大,则溶剂的极性越强;极性选择性参数用 X_e、X_d 和 X_n 表示,其值反映了溶剂相对于三种参考物质——乙醇(质子给予体)、二氧六环(质子受体)和硝基甲烷(强偶极体)——来说,接受质子能力(X_e)、给予质子能力(X_d)和偶极作用力(X_n)的相对大小,三者之和为 1。

常用溶剂的极性参数 P' 和 X_e、X_d、X_n 列于表 15-2。

表 15-2 常用溶剂的极性参数 P' 和选择性参数

溶 剂	P'	X_e	X_d	X_n	溶 剂	P'	X_e	X_d	X_n
正戊烷	0.0	—	—	—	乙醇	4.3	0.52	0.19	0.29
正己烷	0.1	—	—	—	乙酸乙酯	4.4	0.34	0.23	0.43
苯	2.7	0.23	0.32	0.45	丙酮	5.1	0.35	0.23	0.42
乙醚	2.8	0.53	0.13	0.34	甲醇	5.1	0.48	0.22	0.31
二氯甲烷	3.1	0.29	0.18	0.53	乙腈	5.8	0.31	0.27	0.42
正丙醇	4.0	0.53	0.21	0.26	乙酸	6.0	0.39	0.31	0.30
四氢呋喃	4.0	0.38	0.20	0.42	水	10.2	0.37	0.37	0.25
氯仿	4.1	0.25	0.41	0.33					

实际工作中常用混合溶剂作流动相,混合溶剂的极性参数 P'_{ab} 可按下式计算

$$P'_{ab\cdots} = P'_{a}\varphi_{a} + P'_{b}\varphi_{b} + \cdots \tag{15-2}$$

式中：P'_{a}、$P'_{b}\cdots$为纯溶剂的极性参数；φ_{a}、$\varphi_{b}\cdots$为溶剂 a、b$\cdots$所占体积分数。溶剂极性参数应调节到使被分离组分的容量因子 k 尽量在 2～5 的最佳范围内。

根据各溶剂 X_{e}、X_{d} 和 X_{n} 的相似性，Shyder 将常用溶剂分为 8 组（表 15-3）。不同组别的溶剂与溶质分子的主要作用力不同。因此，选用不同组别的溶剂，会使组分有不同的分配系数，于是有可能提高分离选择性。

表 15-3　溶剂的选择性分组

组　别	溶　剂
Ⅰ	脂肪醚，三烷基胺，四甲基胍，六甲基磷酰胺
Ⅱ	脂肪醇
Ⅲ	吡啶衍生物，四氢呋喃，酰胺（甲酰胺除外），乙二醇醚，亚砜
Ⅳ	乙二醇，苄醇，乙酸，甲酰胺
Ⅴ	二氯甲烷，二氯乙烷
Ⅵ(a)	三甲苯基磷酸酯，脂肪族酮和酯，聚醚，二氧六环
(b)	砜，腈，碳酸亚丙酯
Ⅶ	芳烃，卤代芳烃，硝基化合物，芳醚
Ⅷ	氟代醇，间甲苯酚，水，氯仿

3. 混合溶剂的多重选择性

混合溶剂系统的选择方法很多，Glajch 三角形优化法（见图 15-2）较为常用，现简介于下。选 3 种不同组别的纯溶剂，吸附色谱法中首选乙醚、氯仿和二氯甲烷；再选一种调节极性用的

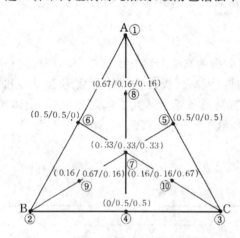

图 15-2　三角形优化法各实验溶剂的组成

纯溶剂，吸附色谱法中用饱和烃（如正己烷），与上述 3 种溶剂分别组成 3 个 P' 相等的二元溶剂体系。其极性应使被测组分的容量因子在最佳范围内（如 $k=3$）。以正三角形的 3 个顶点 ABC（代表这 3 个二元体系①②和③）向对边作垂线，与底边的 3 个交点为 3 个三元溶剂体系④⑤和⑥，其组成（A/B/C）分别为 0/0.5/0.5，0.5/0/0.5 和 0.5/0.5/0；三条垂线的交点为一个四元体系⑦，其组成为 0.33/0.33/0.33。配制①～⑦为初试溶剂，如果分离还不满意，可按图 15-4，再配⑧(0.67/0.16/0.16)、⑨(0.16/0.67/0.16)、⑩(0.16/0.16/0.67)溶剂进行试验，或在某一区域组成小三角形进一步试验。

只要三角形 3 个顶点 P' 相等，此三角形内任一点的极性参数 P' 都相等。但是由于不同组别溶剂的比例不同，使它们具有不同的选择性。

15.3　化学键合相色谱法

化学键合相色谱法是由液液分配色谱法逐渐发展起来的。液液分配色谱法的固定相是将固定液涂渍在载体表面而构成的，其缺点是固定液容易被流动相逐渐溶解而流失，所以流动相的流速不能高，也不能采用梯度洗脱，柱的重复性、稳定性不好。因此，为解决这些问题而发展

了化学键合相(chemically bonded phase),它是将固定液(含不同官能团的有机分子)利用化学反应键合到载体表面上,使其形成均一、牢固的单分子薄层如此构成的固定相,简称键合相,是目前使用最广泛的一种固定相。

化学键合相的主要特点是:(i) 固定相不易流失,适于梯度洗脱;(ii) 载样量大;(iii) 表面没有液坑,传质快,柱效高;(iv) 能通过键合不同基团而改变其选择性,例如可键合氰基、氨基等极性基团用于分离极性化合物,也可以键合离子交换基团用于分离离子化合物等。因此,它是 HPLC 较为理想的固定相。

采用化学键合相的液相色谱称为化学键合相色谱法,简称键合相色谱法(bonded phase chromatography, BPC)。根据键合相和流动相之间极性的相对大小,可将键合相色谱法分为正相键合相色谱(normal-phase chromatography, NPC)和反相键合相色谱(reversed-phase chromatography, RPC)两大类。前者键合相的极性大于流动相的极性,柱对极性强的组分保留值大,组分按极性由小到大的顺序流出,适用于分离极性较强的化合物;而后者键合相的极性小于流动相的极性。柱对弱极性组分的保留值较大,极性大的组分先出柱,常用于分离极性较弱的化合物。由于正相色谱的一些特点与吸附色谱法相同,有的书将吸附色谱法也归入正相色谱中。

15.3.1　分离原理

1. 正相键合相色谱

正相键合相色谱中是采用极性键合相。常见的极性键合相有氨基键合相[硅胶—$(CH_2)_3NH_2$]和氰基键合相[硅胶—$(CH_2)_2CN$]等。流动相一般用非极性或弱极性有机溶剂,如在烃类溶剂中加入一定量的极性调节剂(如氯仿、醇、二氯甲烷和乙腈等)。常用于分离极性较强且溶于有机溶剂的非离子性化合物,如脂溶性维生素、甾族、芳香醇、芳香胺、脂、有机氯农药等。

一般认为正相键合相色谱主要为液液分配色谱的机制,各组分在固定相(键合层液膜)和流动相中进行分配,由于不同组分的分配系数 K 不同而实现分离。极性键合相对组分的保留作用主要是氢键力或分子间的取向力和诱导力。例如:用氨基键合相分离含芳环等可诱导极化的非极性组分时,保留作用主要是诱导力;若分离能生成氢键的极性化合物时,保留作用主要为氢键。

组分在极性键合相上的容量因子 k 随流动相极性的增大而变小,保留变弱;随组分极性的增大而增大。另外,极性键合相的极性越大,组分的保留越强。

2. 反相键合相色谱

反相键合相色谱大多是采用非极性的键合相,如硅胶—$C_{18}H_{37}$(简称 ODS 或 C_{18})和硅胶—苯基等,有些是采用弱极性或中等极性的键合相。用极性溶剂为流动相,如甲醇/水、乙腈/水、水和无机盐的缓冲液等,可分离非极性至中等极性的有机物。

非极性键合相的保留机理比较复杂,目前说法不一。仅简单介绍其中的"疏溶剂作用理论"。该理论把非极性烷基键合相看作一层键合在基体表面上的"分子毛",这种"分子毛"与极性流动相之间有较强的疏溶剂(排斥)作用。当用极性流动相分离有机物时,有机分子中的非极性部分(或非极性分子)与极性流动相间也有疏溶剂作用,它受到流动相的排斥会与固定相表面的"分子毛"产生疏溶剂缔合,而保留在固定相中,以减少它们与极性流动相的接触面积,减小斥力。所以,非极性键合相对溶质的保留作用主要是排斥力,不是色散力。另一方面,疏溶剂缔合是可逆的,当流动相的极性减弱或被分离有机物的极性部分受到极性流动相的作用力时,可发生解缔合作用,促使有机分子离开固定相(见图 15-3)。显然,缔合与解缔合作用力的相对大小决定了被分离组分的保留行为。固定相的烷基链或溶质分子中非极性部分的表面积越大,或者流动相表面张力及介电常数越大,则缔合作用越强,分配比也越大,保留值越大。

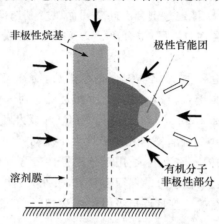

图 15-3　有机分子的疏溶剂缔合作用

15.3.2　固定相

1. 载体和键合基团

化学键合相一般用硅胶作基体,利用硅胶表面的硅羟基与不同类型的有机分子成键,可得到各种性能的键合固定相。键合的有机基团一般分为三类。

(i) 疏水基团。例如不同链长的烷基,如辛烷基(C_8)和十八烷基(C_{18}或 ODS)和苯基等。用于反相键合相色谱中。

(ii) 极性基团。例如氨丙基、氰乙基、醚和醇等。用于正相或反相键合相色谱中。

(iii) 离子交换基团(不属于分配色谱)。例如作为阴离子交换基团的氨基、季铵盐,及作为阳离子交换基团的磺酸等。用于离子交换色谱等。

2. 键合反应

化学键合相采用的键合反应,其类型有以下几种。

(i) 酯化键合($\equiv Si—O—C$ 型,是由硅羟基与醇反应而成的键);

(ii) 硅烷化键合($\equiv Si—O—Si—C$ 型,是由硅羟基与氯硅烷反应而成的键);

(iii) 硅氮或硅碳键合($\equiv Si—N$ 或 $\equiv Si—C$ 型)。

其中以硅烷化键合反应最为常用,它的反应过程可写为这种十八烷基键合相(octadecylsilane)是反相色谱法用的最多的非极性键合相,在 70℃ 以下及 pH 2~8 范围内可以正常工作。

15.3.3　流动相

正相键合相色谱法的流动相常以非极性溶剂如烷烃类作主体(底剂),加入适当的极性溶剂(极性调节剂)调节流动相的洗脱强度。常用的极性溶剂有氯仿、二氯甲烷、乙腈、醇类等。

反相键合相色谱法的流动相一般是以水或无机盐缓冲液为主体,加入一种能与水相混溶的有机溶剂(如甲醇、乙腈、四氢呋喃等)为极性调节剂,根据分离需要,改变洗脱剂的组成及含量,以调节极性和洗脱能力。

反相键合相色谱法的应用最广泛,因为它以水为底溶剂,在水中可以加入各种添加剂,改变流动相的离子强度、pH 和极性等,以提高选择性,而且水的紫外截止波长低,有利痕量组分的检测,反相键合相稳定性好,不易被强极性组分污染,且水廉价易得,安全。

在化学键合相色谱法中,流动相溶剂的极性大小、极性类型也可用溶剂极性参数 P' 等表示,可以用单一的溶剂,更常用混合溶剂。使用混合溶剂时同样可以用 Glajch 三角形优化法进行选择。选择流动相一般靠实验。

由于正相色谱的固定相是极性的,类似于液固色谱中极性吸附剂所使用的流动相,极性增大时洗脱能力增强,常在非极性溶剂如烃类中加入适量极性溶剂如氯仿、醇类以调节溶剂极性参数 P',其溶剂系统的选择与吸附色谱法相同。反相色谱法中,溶剂的洗脱能力可用另一个表示溶剂洗脱特性的常用参数——溶剂强度因子 ε^0(表 15-4)表示,其大小顺序与正相色谱的 P' 相反。

表 15-4　反相色谱法常用溶剂的溶剂强度因子 ε^0

溶　剂	ε^0	组　别	溶　剂	ε^0	组　别
水	0	Ⅷ	二氧六环	3.5	Ⅵ(a)
甲醇	3.0	Ⅱ	乙醇	3.6	Ⅱ
乙腈	3.2	Ⅵ(b)	异丙醇	4.2	Ⅱ
丙酮	3.4	Ⅵ(a)	四氢呋喃	4.5	Ⅲ

混合溶剂的溶剂强度因子可按式(15-3)计算。

$$\varepsilon^0_{ab\cdots} = \varepsilon^0_a \varphi_a + \varepsilon^0_b \varphi_b + \cdots \tag{15-3}$$

式中:ε^0_a、$\varepsilon^0_b\cdots$ 为纯溶剂的溶剂强度因子,φ_a、$\varphi_b\cdots$ 为溶剂 a、b$\cdots$ 所占体积分数。

梯度洗脱时,正相色谱法通常逐渐增大洗脱剂中极性溶剂的比例;而反相色谱法则与之相反,逐渐增大极性相对较低的甲醇或乙腈的比例。

15.3.4　反相离子对色谱法

反相离子对色谱法(reversed-phase paired ion chromatography, RPIC)是在反相色谱法中,将一种(或多种)与被测离子电荷相反的离子(称为对离子或反离子)加到极性流动相中,使其与被测离子结合,形成疏水性的离子对缔合物。然后依据各离子对缔合物在非极性柱上的保留性能不同而实现分离。以此可以改善被测组分的 k 和 t_R 值,提高分离的选择性。

分析阳离子的对离子试剂有烷基磺酸(盐)类,如己烷磺酸钠和十二烷基磺酸钠等,适用于分析有机碱类和有机阳离子。分析阴离子的对离子试剂有季铵盐类,如四丁基季铵盐或十六烷基三甲基季铵盐,常用于分析有机酸(与酸根生成离子对)和有机阴离子。

一般认为反相离子对色谱的保留机制为(设固定相为非极性键合相,流动相为水溶液):在流动相中加入与被测离子(Q^+)电荷相反的对离子(X^-)时,X^-离子由于静电引力的作用而与带正电荷的被测离子Q^+结合成离子对缔合物(QX),由于QX的体积大,又无净电荷,所以有显著的疏水性,易被非极性固定相(有机键合相)保留,并在两相间进行分配。离子对缔合物的形成和分配过程如下

$$Q^+_{水相} + X^-_{水相} \rightleftharpoons QX_{水相} \rightleftharpoons QX_{有机键合相}$$

总平衡常数为 K_{QX}

$$K_{QX} = \frac{[QX_{有机键合相}]}{[Q^+_{水相}] \cdot [X^-_{水相}]}$$

当温度、固定相和流动相性质(如流动相组成和pH等)一定时,Q^+和X^-生成QX的倾向及缔合物QX的疏水性能取决于Q^+和X^-的性质(如带电状况、疏水链体积等),并决定了K_{QX}值的大小。于是,Q^+在两相中的分配系数K_D为

$$K_D = \frac{[QX_{有机键合相}]}{[Q^+_{水相}] + [QX_{水相}]} \approx \frac{[QX_{有机键合相}]}{[Q^+_{水相}]} = K_{QX} \cdot [X^-_{水相}] \tag{15-4}$$

由式(15-4)可知,被分析离子Q^+的分配系数K_D与对离子的浓度$[X^-]$和K_{QX}有关。因此,各被分析离子的K_{QX}不同,使它们的分配系数产生差别而在非极性固定相上有不同的保留效果;另外,还可以通过改变流动相中X^-的种类、浓度和pH等提高分离的选择性。

反相离子对色谱法的固定相常用ODS等非极性键合相,流动相一般是在甲醇-水或乙腈-水体系中加适量对离子试剂,并用缓冲液调至合适的pH,也可以采用梯度洗脱。分离有机碱(RNH_2)的pH一般为3~3.5,分离有机酸(RCOOH)的pH可在7.5左右。

在反相离子对色谱法中,如果被分析的离子是有机弱酸或有机弱碱,可通过用缓冲液调节流动相pH的方法,抑制有机弱酸或有机弱碱的离解(使离解平衡向着生成弱酸、弱碱的方向进行),增加被测物疏水性,使其在两相分配时有合适的k值,以达到改善分离效果的目的。这种方法又称为离子抑制色谱法(ion suppression chromatography)。

反相离子对色谱法的特点是:适用于易离解有机物的分离,如在药物分析中分析生物碱、有机酸、磺胺类药物和某些抗生素、维生素等,还用于测定体内碱性药物的血浓度等。操作简便,使用普通的反相柱,可进行梯度洗脱,通过改变流动相的pH、离子的浓度和种类,能在较大范围内改变分离的选择性,缺点是对离子试剂的价格较高。

15.4　离子色谱法

离子色谱法(ion chromatography, IC)是由经典离子交换色谱法(ion exchange chromatography, IEC)派生出来的。离子交换色谱法是利用不同待测离子对固定相上离子交换基团的亲和力差别而实现分离的,一般是是采用一定pH和盐浓度(或离子强度)的缓冲溶液作流动相进行洗脱,常用于分离无机离子、一些离子型有机物,如氨基酸、核酸、蛋白质等生物大分子等。然而,由于流动相本身为强电解质溶液,若使用电导检测器,被测离子的电导信号会被流动相自身的高背景电导湮没,而无法检测。因此只能使用紫外、荧光等检测器进行检测,但这些检测器只能分析某些具有特殊性质的离子,这使离子交换色谱法的分析和应用受到限制。

1975 年,H. Small 等人首创的离子色谱法成功解决了这一问题。离子色谱法是在离子交换分离柱后加一根抑制柱,抑制柱装有与分离柱电荷相反的离子交换树脂,通过分离柱后的试样再经过抑制柱时,流动相的高背景电导可转变成低背景电导,并在柱后用电导检测器直接检测各种无机、有机离子的含量的色谱方法。

15.4.1 离子交换原理

试样中的离子与离子交换树脂上的离子发生如下的交换反应

阳离子交换 $\quad$ 树脂—$SO_3^-H^+ + M^+ \rightleftharpoons$ 树脂—$SO_3^-M^+ + H^+$

阴离子交换 $\quad$ 树脂—$NR_3^+Cl^- + X^- \rightleftharpoons$ 树脂—$NR_3^+X^- + Cl^-$

一般形式 $\quad\quad\quad R—A + B \rightleftharpoons R—B + A$

以浓度表示的平衡常数(离子交换反应的选择性系数)为

$$K_{B/A} = \frac{[B]_r \cdot [A]}{[B] \cdot [A]_r}$$

式中:$[A]_r$、$[B]_r$ 分别代表洗脱剂离子 A 和试样离子 B 在树脂相中的浓度;$[A]$、$[B]$ 则代表在溶液中的浓度。离子交换反应的选择性系数($K_{B/A}$)表示试样离子(B)对于 A 型树脂亲和力的大小。$K_{B/A}$ 越大,B 离子就越易于保留而难于洗脱。一般说,B 离子电荷越大,水合离子半径越小,其 $K_{B/A}$ 就越大。对于典型的磺酸型阳离子交换树脂,一价离子的 $K_{B/A}$ 按以下顺序减小

$$Cs^+ > Rb^+ > K^+ > NH_4^+ > Na^+ > H^+ > Li^+$$

二价离子的顺序为

$$Ba^{2+} > Pb^{2+} > Sr^{2+} > Ca^{2+} > Cd^{2+} > Cu^{2+} > Zn^{2+} > Mg^{2+}$$

不同价离子的顺序为

$$Th^{4+} > Fe^{3+} > Ca^{2+} > Na^+$$

常温、低浓度下,常见阴离子对于强碱性阴离子交换树脂的交换次序为

$$PO_4^{3-} > SO_4^{2-} > C_2O_4^{2-} > I^- > HSO_4^- > NO_3^- > CN^- > NO_2^- > Cl^- > HCOO^- > OH^- > F^- > CH_3COO^-$$

被分离的试样离子 B 在两相间的分配系数 K 为

$$K = \frac{[B]_r}{[B]} = K_{B/A}\left(\frac{[A]_r}{[A]}\right)$$

一般说来,A 的浓度在树脂相和流动相中都远远大于试样离子(B)的浓度,而且基本上可以认为恒定。因此,树脂相和流动相中 A 的浓度一定时,某试样离子的分配系数 K 仅与其选择性系数 $K_{B/A}$ 有关。据式(13-12),有

$$V_R = V_M + KV_s = V_M + K_{B/A}\left(\frac{[A]_r}{[A]}\right)V_s$$

$K_{B/A}$ 越大,被测离子对树脂相固定离子基团的亲和力越强,其分配系数就越大,保留时间越长;反之,分配系数越小,其保留时间越短。

15.4.2 固定相和流动相

1. 固定相

离子交换色谱的固定相实际是离子交换剂,它是将离子交换官能团键合在基质上而构成的。基质一般分合成树脂(聚苯乙烯)、纤维素和硅胶三大类。根据分离对象,离子交换剂有阳离子和阴离子交换剂之分。前者用于分离碱性化合物;后者用于分离酸性化合物;对于两性试样,如氨

基酸和蛋白质等,可通过调节流动相的 pH,使其以阳离子或阴离子存在,然后进行分离。根据离子交换官能基的离解度大小还有强、弱之分(见表 15-5),弱型用于分离弱酸、弱碱。

表 15-5　离子交换剂的类型

类　型	官 能 基
强阳离子交换剂 SCX	—SO$_3$H
弱阳离子交换剂 WCX	—CO$_2$H
强阴离子交换剂 SAX	—N$^+$R$_3$
弱阴离子交换剂 WAX	—NH$_2$

经典的离子交换色谱是采用合成树脂为基质的固定相。例如苯乙烯型树脂,它是以苯乙烯为单体、二乙烯苯为交联剂,聚合成球形网状结构,然后引入能交换离子的活性基团(—SO$_3^-$H$^+$ 或 —NR$_3^+$Cl$^-$ 等)制成的。

树脂中交联剂的含量称为交联度,通常以合成树脂时原料中交联剂的质量分数表示。如上海树脂厂的产品 732(强酸 1×7),其中 1×7 表示交联度为 7%。交联度大的树脂结构紧密,网眼小,对于离子进出有阻碍作用,因而达到交换平衡较慢;但是,它使体积较大的离子难于进入树脂,有一定的选择性。分离相对分子质量较高的物质,则宜选用较低交联度的树脂。

树脂交换离子的能力用交换容量(exchange capacity)来表示:理论交换容量是指每克干树脂含离子交换基团的物质的量;实际交换容量则是实验条件下,每克干树脂真正参加交换反应的基团的物质的量,它受树脂类型、交联度和实验条件的影响,低于理论值。强阳离子或强阴离子型交换树脂,可在较大的 pH 范围内使用而不影响其交换容量。弱阳离子或弱阴离子型交换树脂的交换容量受溶液 pH 强烈影响,使用 pH 范围较窄。对于一价离子,树脂的交换容量一般为 1~10 mmol·g^{-1}。

HPLC 常用的离子交换填料类型主要有以下几类:

(i) 直径 10~20 μm 的多孔树脂。其交换容量较高,但有溶胀性,不耐高压,而且表面微孔结构影响传质,柱效较低。

(ii) 薄层树脂。即在 30~40 μm 直径的玻珠表面涂一层离子交换树脂。其柱效较高,耐压,但交换容量低。

(iii) 离子性键合固定相。在硅胶基体表面键合离子交换基团而构成,制成 5~10 μm 直径的全多孔微粒。它的机械强度较高,化学稳定性和热稳定性较好,柱效高,交换容量能符合要求,是较为理想的 HPLC 离子交换固定相。

将离子交换基团结合到具开放骨架的纤维素上,制成离子交换纤维素,可用于蛋白质、核酸、病毒等的分离。但以纤维素作基质的离子交换剂不耐压,而适于在常压下使用。

2. 流动相

离子交换色谱法大都用水缓冲溶液作流动相,有时也用甲醇、乙醇等有机溶剂与水缓冲液混合使用,以改善试样的溶解度。可通过改变流动相(即缓冲溶液)中盐离子的种类、浓度和 pH 等,控制 k 的大小,提高分离的选择性。

如果增加流动相中盐离子的浓度,可以降低待测离子的竞争吸附能力,从而降低 k 值,使其在固定相上的保留值减小;反之,则使其保留增大。

流动相的 pH 影响有机酸、碱的离解程度。由于被测物以分子形式存在时不被固定相保留,所以酸碱的离解程度能影响其 k 的大小。pH 增大,酸的离解度增加而 k 值增大,保留增强;但碱的离解度降低而 k 值减小,保留减弱。pH 降低,结果相反。

所用缓冲溶液的离子强度也对 k 有影响,一般离子强度增大(即缓冲剂浓度增大)时,k 减小。对多组分混合物,可通过改变离子强度或者改变缓冲液 pH 等多种梯度洗脱方式进行分离。

15.4.3　电导检测双柱离子色谱法

双柱离子色谱法又称抑制型离子色谱法。该法使用离子通用型的电导检测器进行检测,为解决洗脱剂离子也有响应的问题,在分离柱和电导检测器之间增加了一根抑制柱(suppressor column),柱中离子交换固定相的电荷与分离柱相反。由分离柱流出的洗出液(eluate)进入抑制柱后,发生抑制反应除去洗脱剂离子,然后进入检测器。

1. 阴离子分析原理

常用 NaOH(或 Na_2CO_3、$NaHCO_3$)稀溶液作为洗脱剂。分离柱中填充低交换容量($0.02\sim$ 0.05 mmol·g^{-1})的 OH^- 型阴离子交换树脂,抑制柱中填充高容量的 H^+ 型强酸性阳离子交换树脂。在分离柱中,各种阴离子因与树脂发生交换反应的选择性系数不同而分离,进入抑制柱后,发生如下反应

被测阴离子　　　　$R-SO_3^-H^+ + Na^+X^- \longrightarrow R-SO_3^-Na^+ + H^+X^-$

洗脱剂离子　　　　$R-SO_3^-H^+ + Na^+OH^- \longrightarrow R-SO_3^-Na^+ + H_2O$

由于 OH^- 转化成难电离的水,洗脱剂离子的干扰被消除;再者,H^+ 的离子淌度 7 倍于 Na^+,被测阴离子的检测灵敏度大大提高。

2. 阳离子分析原理

如果用无机酸如稀 HCl 或稀 HNO_3 作为洗脱剂,分离柱中填充低交换容量的 H^+ 型阳离子交换树脂,抑制柱中则填充高交换容量的强碱性阴离子交换树脂。抑制反应为

被测阳离子　　　　$R-NR_3'^+OH^- + M^+Cl^- \longrightarrow R-NR_3'^+Cl^- + M^+OH^-$

洗脱剂离子　　　　$R-NR_3'^+OH^- + H^+Cl^- \longrightarrow R-NR_3'^+Cl^- + H_2O$

洗脱剂中 HCl 转变为 H_2O,不干扰测定。而被测阳离子则因 OH^- 的离子淌度为 Cl^- 的 2.6 倍,提高了检测灵敏度。

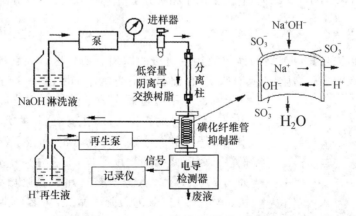

图 15-4　离子色谱的连续抑制装置

由于抑制柱中的抑制反应会使树脂上的官能团逐渐失活而丧失抑制能力,所以早期的抑制柱使用一段时间需要再生。目前新型的抑制柱已设计成可自动连续再生的模式,如磺化纤维管抑制器和平板微膜抑制器等。磺化纤维管抑制器是将 8 根磺化聚乙烯空心纤维捆成一束,管内流动洗出液,管外逆向流动稀 H_2SO_4 再生液。纤维膜只允许 Na^+ 出去,H^+ 进来,而阴离子不能进出,如图 15-4 所示。它用于阴离子分析,可以边使用边再生。

15.4.4　电导检测单柱离子色谱法

电导检测单柱离子色谱法又称非抑制型离子色谱法。它只用一根分离柱,不用抑制柱。由于减少了抑制柱带来的死体积,分离效率高,且能用普通的 HPLC 仪改装,所以该方法近年来发展迅速。

为了降低洗出液在电导检测器上的高背景信号,单柱离子色谱法的流动相是采用低浓度、低离解度的有机酸或弱酸盐洗脱剂。但低浓度洗脱剂带来的问题是保留值增大,洗脱困难。所以,单柱离子色谱法同时采用低容量的离子交换固定相,这样可以使保留值维持不变,只是灵敏度会相应地低一些。

测阴离子时,单柱法可采用低容量($0.007\sim0.04$ mmol $\cdot$ g^{-1})、大孔径阴离子交换树脂作固定相,用低浓度($1\times10^{-4}\sim5\times10^{-4}$ mol $\cdot$ L^{-1})苯甲酸盐或邻苯二甲酸盐作洗脱剂。测阳离子时,可采用表面轻度磺化的低容量聚苯乙烯作固定相,用浓度为 $1\sim2$ mmol $\cdot$ L^{-1} 的 HNO_3 或乙二胺盐作洗脱剂。当试样被流动相带进柱中后,与被测离子电荷相反的离子不被保留,先洗脱出来形成一个假峰。然后,被测离子才被逐一洗脱,并用电导检测器进行检测。

离子色谱法灵敏度高,选择性好,快速,能同时分析多种离子。在阴离子的分离分析上,该法为各种仪器分析法的首选。除使用电导检测器外,若在柱后采用衍生技术,还可使用其他检测器。为防止微量金属离子干扰,专用的离子色谱仪通常采用全塑结构。

15.5　尺寸排阻色谱法

尺寸排阻色谱法(size exclusion chromatography, SEC)是以多孔凝胶为固定相,依据被测组分分子的大小尺寸差别而使之分离的液相色谱方法。当以水溶液作流动相时,也称为凝胶过滤色谱(gel filtration chromatography, GFC);而以有机溶剂作流动相时,也称为凝胶渗透色谱(gel permeation chromatography, GPC)。它主要用于相对分子质量较大的分子的分离。

15.5.1　分离原理

尺寸排阻色谱法与其他类型的高效液相色谱法的原理有明显区别。它的固定相——凝胶——是表面惰性的多孔物质,不具有吸附、分配和离子交换等作用,它是基于凝胶孔穴对不同尺寸的分子排阻效应的不同而实现分离的。用作固定相的凝胶颗粒的孔径与被测组分分子的大小相应,当试样中大小不同的组分分子随流动相经过凝胶颗粒时,由于它们渗入凝胶微孔的程度不同,而在柱中滞留的时间不同。如图 15-5 所示。大分子被排斥在凝胶微孔之外,出峰最快;小分子可扩散进入凝胶微孔,由其中通过,出峰最慢;中等分子只能通过部分凝胶微孔,故以中速通过;因溶剂分子小,所以最后出峰。由此,试样中各不同尺寸的被测

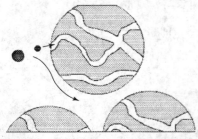

图 15-5　尺寸排阻色谱法原理示意图

组分按照分子大小顺序被分离,并全部在死体积前出峰。

凝胶柱的总体积(V_t)可由下式给出

$$V_t = V_g + V_i + V_o \qquad (15\text{-}5)$$

式中:V_g 是凝胶颗粒固体部分所占体积,一般很小;V_i 是凝胶微孔内液相体积,称为内水体积;V_o 是凝胶颗粒之间的液相体积,称为外水体积。

组分分子通过凝胶柱的行为可用分子筛分配系数 K_d(简称分配系数)来描述。K_d 定义为组分分子可进入微孔体积(V_i)的分数,即

$$K_d = \frac{V_R - V_o}{V_i} \qquad (15\text{-}6)$$

V_R 为保留体积,此处又称淋出体积或洗脱体积。于是

$$V_R = V_o + K_d V_i \qquad (15\text{-}7)$$

图 15-6 为尺寸排阻色谱法的洗脱曲线。图中 A 峰表示大分子,它们受到完全排阻,即 $K_d = 0$,$V_R = V_o$;C 峰表示极小的分子(例如溶剂分子),它们可自由进入全部微孔,即 $K_d = 1$,$V_R = V_o + V_i$;B 峰表示中等大小的分子,它们能部分进入凝胶微孔,即 $0 < K_d < 1$。

由上可见,$0 \leqslant K_d \leqslant 1$。但有时也发现 $K_d > 1$ 的情况,这是由于凝胶本身并非完全惰性,与被分离的物质发生了吸附或其他作用所致。

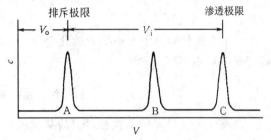

图 15-6　尺寸排阻色谱图

15.5.2　固定相

在体积排阻色谱法中,凝胶固定相是色谱分离的基础及核心。选择固定相时,凝胶孔径的大小是影响分离的重要参数,凝胶的孔径不同表明其分离对象的相对分子量范围不同。另外,凝胶的性质和强度不同,也影响其使用性能。一般可依据填料强度将凝胶分为三类。

(i) 软质凝胶。如葡聚糖、琼脂糖等多糖聚合物凝胶。它们具有较小的交联结构和较大的溶胀性,微孔能吸大量溶剂、亲水、适于以水作流动相,但只能在低压、慢速操作条件下使用。传统的生物大分子分离多采用软质凝胶。

(ii) 半硬质胶。如交联聚苯乙烯等。它们比软质胶稍耐压,是疏水性的,常以有机溶剂作流动相。用于高效液相色谱时,流速不宜大。

(iii) 硬质胶。如多孔硅胶、多孔玻璃等,既可用水溶性溶剂,又可用有机溶剂作流动相。它们可在较高压力和较高流速下使用。但压力不宜过高(< 7 MPa),流速不宜过快(< 1 mL·min^{-1}),且只能缓慢增大,否则会影响凝胶孔径,造成不良分离。目前,分离生物大分子使用的凝胶固定相,许多已采用微粒型交联亲水硅胶和亲水性键合硅胶等填料。

15.5.3　流动相

在体积排阻色谱法中,流动相的组成并不直接影响分离度。流动相的选择应考虑凝胶固定相的类型、对试样的溶解性、黏度及与检测器匹配等因素。

所选择的流动相必须与凝胶本身有相似性,这样才能润湿凝胶,防止产生吸附作用。当使用软质胶时,溶剂必须能溶胀凝胶。此外,要求溶剂的黏度小,对扩散系数很低的大分子尤需注意,否则,会抑制扩散作用而影响分离度。GFC 的流动相多为缓冲剂水溶液,对于生物试样,如分离

蛋白质、核酸等,可采用 Tris-HCl、磷酸钠等缓冲系。不带电荷的物质可用蒸馏水作流动相。

15.5.4 尺寸排阻色谱的特点

尺寸排阻色谱法有以下特点。

(i) 对相对分子质量在 $10^2 \sim 10^5$ 范围内的化合物可按分子质量不同进行分离。

(ii) 全部组分均在溶剂分子洗脱之前洗脱下来,能预测洗脱时间,便于自动化。且保留时间是分子尺寸的函数,有可能提供分子结构的某些信息。对在排斥极限和渗透极限之间的球形蛋白质分子,其相对分子质量的对数($\lg M_r$)与 V_R 间有如下关系

$$\lg M_r = A - B V_R \tag{15-8}$$

式中:A,B 为与实验条件有关的参数。该式可用于测蛋白质的相对分子质量。

(iii) 不用梯度洗脱。保留时间短,峰窄,易检测,可采用灵敏度较低的检测器。

(iv) 因不靠分子间力的作用进行分离,所以一般无强保留的分子积累在柱上,不丢失试样组分,柱寿命长。

(v) 不能分辨分子大小相近的化合物,相对分子质量差别必须大于 10% 才能得以分离。峰容量一般不多于 10 个。

15.6 亲和色谱法

许多生物大分子与结构相对应的某种或某类分子之间存在特异性的亲和力,如酶与底物、酶与抑制剂、抗原与抗体、激素与细胞受体、基因与核酸、RNA 与互补的 DNA、维生素与结合蛋白等相互之间存在的专一特殊亲和力。亲和色谱法(affinity chromatography)是利用生物分子之间的特异亲和力进行分离、分析和纯化的色谱技术。它适于分离纯化各种酶、抗原、抗体、免疫球蛋白、病毒等。

15.6.1 原理

在亲和色谱法中,将试样中被分离、纯化的物质称为亲和物;能与亲和物产生特异亲和力的物质称为配基,配基是以共价键连结到载体表面上而构成亲和色谱法的固定相。当含有亲和物的试样随流动相流经固定相表面时,固定相表面的配基会与流动相中的亲和物发生特异性结合,使亲和物保留于柱上而与其他组分分离,就相当于固定相对溶质的选择性吸附。由于这种特异性结合是可逆的,当其他组分被洗脱之后,可采用改变实验条件以降低亲和物与配基间结合力的方法,或使间隔基手臂断裂的方法等,使亲和物从柱上洗脱下来而实现分离或纯化。图 15-7 为亲和色谱法示意图。

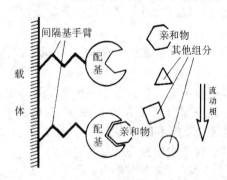

图 15-7 亲和色谱法示意图

15.6.2 固定相

亲和色谱法的固定相又称为亲和吸附剂,一般由载体、间隔臂和具有特殊亲和力的配基(L)构成。

最常使用的亲和色谱载体是琼脂糖凝胶,其商品名为 Sepharose 或 Bio-Gel A。琼脂糖凝胶在 pH 4～9 的范围内稳定,用交联剂处理过的凝胶的适用范围可扩大到 pH 3～12。其他常见的亲和色谱载体还有聚丙烯酰胺凝胶、葡聚糖凝胶和多孔玻璃等,它们适用的 pH 范围均不相同。对载体的要求是:(i) 具有多孔网状结构,易为大分子渗透;(ii) 有相当数量可供偶联的基团,能结合配基;(iii) 不发生非专一吸附;(iv) 亲水,性质稳定,有一定硬度等。

载体需要经过活化才能结合配基或间隔臂。溴化氰法是活化多糖类载体最常使用的方法,其反应如下

大分子配基(如蛋白质)可直接与活化后的载体偶联,小分子配基则需引入间隔臂以提高其空间利用度。间隔臂一般是通式 $NH_2—(CH_2)_n—R$ 的 ω-氨烷基化合物,式中 R 为氨基或羧基。"臂长" n 的长短影响配基的吸附效果,较为多见的是 $n=4～6$;若 n 太大,会造成碳链扭曲而降低吸附率。另外,配基与载体偶联时,须不使配基的特异吸附活性受到影响。还应加以注意,在有些配基中,存在几种不同的能与载体偶联的基团,采用不同的连接方式会产生不同的亲和作用。例如核苷酸作配基,可以通过磷酸根与载体相连,也可通过嘌呤或嘧啶碱基与载体相连,结果会形成两种有不同亲和作用的固定相。前者对醇脱氢酶和甘油激酶有亲和吸附作用,而后者则对 3-磷酸甘油醛脱氢酶有亲和吸附作用。

部分亲和色谱配基及对应分离纯化的对象见表 15-6。

表 15-6　亲和配基及对应的分离纯化对象

亲和配基	所分离纯化的物质
二价或三价金属离子	有丰富组氨酸、色氨酸和胱氨酸残基的蛋白质
卵磷脂	糖元、细胞
糖类	卵磷脂
反应性染料	大部分蛋白质(包括核苷酸结合蛋白)
氨基酸(如赖氨酸、精氨酸)	蛋白酶
核苷酸、辅酶、底物和抑制剂	酶
蛋白质 A、蛋白质 G	免疫球蛋白
激素、药物	受体
抗体	抗原
抗原	抗体
植物血球凝集素	糖蛋白
间氨苯基硼酸	血红蛋白

15.6.3　亲和吸附与洗脱

亲和色谱法一般的操作方法是：将亲和吸附剂装柱后，先用缓冲溶液平衡色谱柱，再将待分离的试样溶液上柱。为使亲和物（X）能与配基（L）紧密结合而保留在固定相上，应选择适当pH、离子强度和化学组成的平衡缓冲液，并控制适当温度。试样上柱后，由于亲和物和配基之间达到特异吸附平衡的速率往往较慢，所以洗脱前应在柱中平衡足够的时间，以增强分离效果，避免被分离组分与非特异吸附的杂质一起流出。然后，再用平衡缓冲液或较高离子强度的溶液淋洗，除去非特异吸附的杂质。最后，进行亲和物的洗脱。

洗脱亲和物的常用方法有以下两种。

（i）非特异性洗脱。对于XL结合不强的情况，可连续用大体积平衡缓冲液洗脱亲和物，更常用的是改变pH、离子强度和缓冲液的组成，以使亲和物更有效地洗脱；对于XL结合力强的情况，可用较强的酸碱洗脱，或洗脱时添加尿素等破坏蛋白结构的试剂，但常会引起X失活，因此X洗脱后应立即中和、稀释或透析，使其迅速恢复天然构型。

（ii）特异性洗脱。选择与亲和物X有较强亲和力的另一种特异配基L′，加入洗脱液中进行洗脱，可将亲和物X从固定相XL中夺出而洗脱下来，此时洗出物是XL′。若要纯化X，还需使XL′离解。

15.7　其他HPLC方法及分离方式的选择

15.7.1　胶束色谱法

表面活性剂在水中超过临界胶束浓度时，会聚集成胶束存在。以胶束分散体系为流动相的色谱法称为胶束色谱法（micellar chromatography，MC）。与一般液相色谱不同的是：胶束流动相是多相分散体系，不是真溶液，在流动相中多了一个胶束相。因此，分离系统包含固定相与胶束、流动相与胶束、固定相与流动相3个相界面，有3个分配系数左右的分离效果，故而有一定的特殊选择性。胶束流动相的另一个特点是不含有机溶剂、便宜和无毒。

胶束色谱法常用的阴离子表面表面活性剂有十二烷基硫酸钠（SDS）和十二烷基磺酸钠（sodium dodecyl solfonate）；常用的阳离子表面活性剂有十六烷基三甲基溴化铵（CTAB）和十六烷基三甲基氯化铵（CTAC）。

15.7.2　手性色谱法

有些药物的对映异构体在临床上具有不同的疗效，而手性药物的合成中常是得到外消旋体，所以药物的生产或研究中，时常需要对手性药物进行拆分，以得到有活性的单一对映异构体。

利用手性固定相（chiral stationary phase，CSP）或含手性添加剂（chiral mobile phase additive，CMPA）的流动相分离、分析对映异构体的色谱方法称为手性色谱法（chiral chromatography，CC）。目前CSP比CMPA更常使用。

CSP是将手性选择剂键合于硅胶表面而形成的固定相。CSP的分离机制为：手性选择剂与流动相中两个被分离对映异构体之间的相互作用力（偶极作用、疏水作用、氢键缔合、π-π作用和空间位阻等）不同。一般来说，手性选择剂与相反构型的对映异构体间因作用点比较能够相互"匹配"，相互作用力较强，保留时间较长，从而能够实现与另一个对映体的分离。

常见的手性选择剂有环糊精及其衍生物、冠醚及其衍生物、大环抗生素和多糖衍生物等。

用HPLC对手性药物进行拆分有直接和间接两种方式，手性色谱法属于直接方式。间接方式是先把含对映异构体的样品与手性试剂反应,使它们转变为非对映异构体,然后用常规 HPLC 柱进行分离。其后去衍生化而获得单一对映体。

手性色谱法可对数千种手性对映体的含量、纯度进行测定。大容量的手性色谱柱可一次拆分几十克的外消旋体。因此手性色谱法必将成为制药行业重要的分析方法与制备手段。

15.7.3　HPLC 分离方式的选择

由于各种分离方式的特点和应用范围不同,可根据试样的性质、试样量的多少和分离分析目的等,选择合适的 HPLC 分离方式。选择分离方式的主要依据是相对分子质量大小、化学结构、极性和试样的水溶性等。可参考表 15-7。但给定试样分离方式的选择可以有多种,在具体选择上可根据经验、现有设备的条件等来确定。

表 15-7　HPLC 分离方式的选择

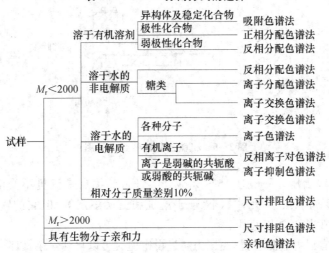

15.8　高效液相色谱仪

高效液相色谱仪主要由高压输液系统、进样系统、分离系统和检测系统这几个部分组成,此外还配有梯度洗脱、组分收集及数据处理等辅助装置,如图 15-8 所示。下面分别进行介绍。

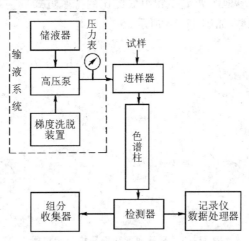

图 15-8　HPLC 仪器典型结构示意图

263

15.8.1　高压输液系统

高压输液系统一般由储液罐、过滤棒、高压泵和压力脉动阻尼器等组成,其中高压泵是核心部件。好的高压泵应符合密封性好,输出流量恒定,压力平稳,可调范围宽,便于迅速更换溶剂及耐腐蚀等要求。常用的泵按输出液体的情况分为恒流泵和恒压泵两种:恒流泵在一定操作条件下,输出流量保持恒定,但压力则随外界阻力而变化;恒压泵能保持输出压力恒定,但其流量则随色谱系统阻力而变化,故保留时间的重视性差。二者各有其优缺点。目前恒流泵正逐渐取代恒压泵。恒流泵又称机械泵,分成机械注射泵和机械往复泵两种。应用最多的是机械往复泵,如图 15-9 所示。

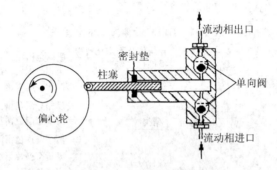

图 15-9　机械往复输液泵示意图

机械往复泵的输出压力一般在 $15\sim35$ MPa 之间,其优点是流量不受溶剂黏度和柱渗透性等因素影响、易于调节控制、死体积小、便于清洗和更换溶剂等;但它的输液有脉动,常用两个泵头和压力脉动阻尼器加以克服。

现代仪器还装有压力监测装置,当压力超过设定值时可以自动停泵,以防损坏仪器。由于液体不易压缩,内能较低,使用高压不会有爆炸危险,即使某一构件破裂,也只是溶剂泄漏而已。

15.8.2　梯度洗脱装置

高效液相色谱的洗脱方式有两种:保持流动相组成配比不变的洗脱方式称为等度洗脱。在洗脱过程中连续地或阶段地改变流动相组成配比的洗脱方式称为梯度洗脱。梯度洗脱装置分高压梯度和低压梯度两类,如图 15-10 所示。

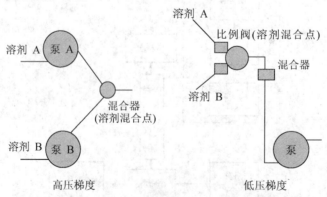

图 15-10　高压梯度和低压梯度示意图

(i) 高压梯度,又称内梯度。先加压,后混合,即用几台泵分别将不同溶剂加压,按程序规定的流量比例输入混合室混合,再使之进入色谱柱。其优点是方便,能得到任意类型的梯度曲线,易于自动化;但至少需两台泵,价格较高。

(ii) 低压梯度,又称外梯度。先混合后加压,即按一定程序在常压下预先将溶剂混合后,再用泵加压输入色谱柱。其优点是只需一台泵,价廉。

15.8.3　进样系统

进样系统由进样器和自动进样装置等组成,其作用是将试样引入色谱柱。有两类进样装置。

1. 隔膜注射进样器

即在色谱柱顶端装一耐压弹性隔膜,进样时用微量注射器刺穿隔膜将试样注入色谱柱。其优点是装置简单,价廉,死体积小;缺点是允许进样量小,通常 $1\sim10\ \mu L$,重复性差,而且压力高于 10 MPa 时必须停流进样,会影响保留值和峰形。

2. 高压进样阀

进样阀的种类很多,常用的有六通阀、双路进样阀等。其手柄有两个位置:一为装载,可用微量注射器将试样注入进样阀的储样管中;另一为注入,手柄转至此位置时,储样管与流路接通,试样就被流动相带入色谱柱。进样阀能在高压下进样,定量精度高,重现性好,可进较大量试样,且易于自动化;缺点是有一定死体积,多少会引起峰形变宽。

由于高效液相色谱柱比气相色谱柱短得多(约 $5\sim30$ cm),所以柱外展宽(又称柱外效应)较突出。柱外展宽是指色谱柱外的因素所引起的峰展宽,主要包括进样系统、连接管道及检测器中存在死体积。柱外展宽可分柱前展宽和柱后展宽。进样系统是引起柱前展宽的主要因素,因此,高效液相色谱法中对进样技术的要求较严格。

15.8.4　分离系统

分离系统即为色谱柱,它是 HPLC 最重要的部件,由柱管和固定相构成,其作用是分离。

HPLC 的色谱柱管通常为内壁抛光的不锈钢管,几乎全为直形,长度一般在 $5\sim30$ cm 之间,内径根据需要而定,一般的分析柱内径在 $2\sim4$ mm 间;凝胶色谱柱的内径为 $3\sim12$ mm;制备柱的内径为 $20\sim40$ mm。

除了使用商品色谱柱外,也可购买填充剂自己填充或请厂家填充色谱柱。粒度大于 $20\ \mu m$ 的填料可用干式装柱法(与气相色谱柱相同)或者半干装法,半干装法是将填料用适当溶剂润湿(溶剂的量以充满填料孔隙而不使结块为度),然后用与干装法相同的方法装柱。因溶剂进入孔隙而增加了填料的密度且不荷电,所以易于装实。粒度小于 $20\ \mu m$ 的填料采用湿式装柱法,即将填料加入匀浆剂(即密度与填料相同的溶剂)调成匀浆后,装入与色谱柱相连的匀浆罐中,然后用泵将顶替液打入匀浆罐而把匀浆压进色谱柱中。HPLC 装柱的好坏对柱效的影响很大。

HPLC 色谱柱及填充剂的价格较高,应注意使用和保存以延长其寿命。初次使用的柱应先用厂家规定的溶剂冲洗一定时间,再改用分析用的流动相,至基线平稳时可进样。每次使用后的色谱柱需用适当溶剂仔细冲洗一定时间,然后取下钢柱,将两端塞紧密封并在不干燥的条件下保存。有一种径向加压柱可干燥保存。某些 HPLC 仪装有前置柱,其中的填充物与分析柱相同,只是颗粒稍大些,目的是防止分析柱被污染或堵塞而起到保护作用。前置柱需经常更换。

15.8.5 检测系统

在 HPLC 中,有两种基本类型的检测器:一类是溶质型检测器,它仅对被分离组分的物理或化学特性有响应,如紫外检测器、荧光检测器和电化学检测器等;另一类是总体型检测器,它对试样和洗脱液总的物理或化学性质有响应,如示差折光检测器和电导检测器等。

由于液相色谱法的流动相与试样的物理性质往往相似,目前尚无理想的通用检测器,只能根据试样性质选择适宜的检测器。这里介绍几种常用的检测器。

1. 紫外吸收检测器

紫外吸收检测器(ultraviolet detector,UVD)的特点是既有较高的灵敏度(检出限 10^{-9} g·mL^{-1})和较好的选择性,应用范围又很广,对多数有机化合物有响应;而且对流速、温度变化和流动相组成的变化不敏感,易于操作,可用于梯度洗脱;线性范围宽;流通池可做得很小(1 mm×10 mm,容积 8 μL)。使用 UVD 要求被测组分必须有紫外吸收,而且溶剂必须能透过所选波长的光(选择的波长不能低于溶剂的最低使用波长)。

UVD 的类型有以下几种。

(i) 固定波长型 UVD。所采用光源的波长固定,一般用低压汞灯的 254 nm 或 280 nm 等谱线,光强度大,灵敏度高,在这些波长下许多有机官能团有吸收。但由于无法选在被测组分的最佳波长下检测,当前的仪器已基本不配置这种检测器。

(ii) 可调波长型 UVD。实际是以紫外-可见分光光度计作检测器,波长可按需要任意选择,先进的紫外检测器可进行快速扫描,是当前高效液相色谱仪配置最多的检测器。

(iii) 光电二极管阵列检测器(photodiode array detector,PAD)。PAD 是 20 世纪 80 年代发展起来的新型紫外检测器,它与普通 UV-Vis 检测器的区别在于进入流通池的不再是单色光,获得的检测信号不是在单一波长上,而是全波长范围的光谱及色谱信号,所以在获得定量信息的同时,还可提供定性信息。PAD 的工作原理是:使复合光透过流通池、被全息光栅分光后,照射在由 1048 个或更多的光电二极管组成的阵列接受装置上,每个光电二极管对应接受光谱上 1 nm 谱带宽度的单色光,使其变成对应强度的电信号,并进行放大输出,瞬间实现组分在紫外-可见光区的全波长扫描,得到具有组分光谱特征的时间-波长-吸光度的全波长三维色谱图(见图 15-11)。色谱图用于定量,而光谱图可用于定性和定量。

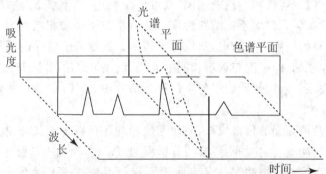

图 15-11 光电二极管阵列检测器的三维光谱-色谱图

2. 示差折光检测器

示差折光检测器(differential refractive index detector，RID)是利用流动相中出现试样组分时所引起的折射率变化而进行检测的,可以对参比池和样品池之间的折射率差值进行连续检测,该差值与浓度呈正比。凡是与流动相折射率有差别的被测物都可采用 RID 检测。一般情况下,被测物与流动相的折射率都有些差别,所以 RID 可以说是通用型检测器,特别是在尺寸排阻色谱法中应用较多。但其与别的检测方法相比,灵敏度较低;不能用于梯度洗脱;对温度敏感,必须控制恒温。对于无紫外吸收的物质常常用 RID 检测,也是除紫外检测器之外应用最多的检测器。

RID 的类型分为偏转式、反射式和干涉式等几种。偏转式检测器折射率的测量范围宽,池体积要求较大($>10~\mu$L),常用于流量较大的制备色谱或尺寸排阻色谱法。图 15-12 是其示意图。光源发出的入射光穿过试样池(5)和参比池(6)后,被平面镜(7)反射至透镜(8)聚焦,成像于棱镜(9)的棱口上,分解成两束光,由左右对称的两个光电管(10)接收。如参比池和试样池均为流动相,光束无偏转,左右光电管信号相同,输出基线信号。当试样池有组分通过时,溶液折射率改变,引起光束偏转而使到达棱镜的聚焦光束偏离棱口位置,此时,左右两光电管接收的光束的能量不等,输出与组分浓度对应的色谱信号,经放大得到色谱图。

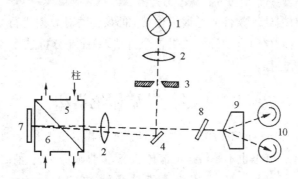

图 15-12　偏转式示差折光检测器示意图

1—钨灯　2—透镜　3—挡光板　4—反射镜　5—试样池　6—参比池

7—平面反射镜　8—平面细调透镜　9—棱镜　10—光电管

3. 荧光检测器

荧光检测器(fluorescent detector，FD)是利用某些试样的荧光特性来检测的,它的灵敏度很高,约比 UVD 高 2 个数量级,非常适合于痕量分析。当特定波长的紫外光通过吸收池时,被分离组分被激发而产生荧光,荧光强度与组分浓度成正比,在与光源垂直的方向上检测所发射荧光的强度即可对组分进行定量。

FD 的测定对象是一些能产生荧光的物质,如酶、激素、甾族化合物、维生素、氨基酸、卟啉类化合物、多环芳烃等一些生物试样和药物等。它的主要特点是高灵敏度,高选择性,样品用量少。由于只能测定产生荧光的物质,使其应用受到限制。可以通过与荧光试剂在柱前或柱后衍生化的方法,采用 FD 测定不产生荧光的试样,以扩大其应用范围。

4. 电化学检测器

电化学检测器(electrochemical detector，ED)包括安培检测器、电导检测器和极谱检测器等。电化学检测器对流动相限制的较严格,电极污染常造成重现性差等缺点,所以,常用于检测那些既没有紫外吸收,又不产生荧光,但有电极活性的物质。

（i）安培检测器（ampere detector，AD）。安培检测器是较常用的一种电化学检测器，它由一微型的薄层电解池和恒电位仪构成。其检测原理是，被测的组分通过电极表面时，在两极间施加一恒定的外加电位，使其发生电解而产生电流，该电流大小与被测物浓度成正比而被检测。AD的检测对象必须是能发生氧化、还原反应的物质，如生物试样中的儿茶酚胺类及代谢物、有还原基团的有机物等；但不能检测非电极活性物质。AD要求流动相必须含有电解质而可以导电，且呈电化学惰性。安培检测器的特点是选择性好，检出限可以达 $10^{-8} \sim 10^{-12}$ g·mL^{-1} 的浓度，灵敏度很高，非电极活性物质不干扰。它最适合与反相色谱匹配，但温度对其影响较大。

（ii）电导检测器（conductivity detector，CD）。电导检测器是离子色谱法应用最多的检测器。它的主要部件是电导池。洗出液中组分离子流经电导池时引起电导率改变，电流强度发生变化而被检测。它与抑制柱组合称为抑制型电导检测器。该检测器对于离子则是通用型的，对于分子不响应。电导检测器要求温度恒定，需放在恒温箱中。一种双示差电导检测器消除了温度变化的影响，可测定 10^{-9} mol·L^{-1} 的阴离子，也可编程控制温度。

15.8.6　数据及结果处理系统

HPLC仪带有的数据处理软件或色谱工作站，能够自动对数据进行采集、处理和储存，按设定程序（分析条件和参数等）自动计算并报告分析结果；能在分析过程实现仪器的自动控制；还可模拟显示整个分析过程。

15.9　超临界流体色谱法

超临界流体（supercritical fluid，SF）指高于临界温度和临界压力时，物质的一种特殊状态（图15-13），此时物质为既不是气态也不是液态的流体状态，其性质介于气、液之间（见表15-8）。

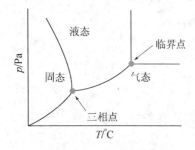

图 15-13　纯物质的相图

超临界流体色谱法（supercritical fluid chromatography，SFC）是以超临界流体作为流动相的色谱方法。SFC的优点为：

（i）可以分离不适于气相色谱的高沸点、低挥发性试样，如热敏性物质、生物大分子等；

（ii）具有比HPLC更高的柱效和分离速度，其应用领域非常广泛。

表 15-8　超临界流体与其他流体的物理性质比较

物理性质	气　体	超临界流体	液　体
密度/(g·cm^{-3})	$(0.6 \sim 2) \times 10^{-3}$	$0.2 \sim 0.5$	$0.6 \sim 2$
扩散系数/(cm^2·s^{-1})	$0.1 \sim 0.4$	$10^{-3} \sim 10^{-4}$	$(0.2 \sim 2) \times 10^{-5}$
黏度/(Pa·s)	$(1 \sim 3) \times 10^{-5}$	$(1 \sim 3) \times 10^{-5}$	$(0.2 \sim 3) \times 10^{-3}$

15.9.1　超临界流体的性质

超临界流体的一些性质介于气体和液体之间（见表 15-8），它有与气体相近的低黏度，因而在 SF 中溶质传质阻力比 HPLC 小，分离更快速、高效。它还有与液体接近的高密度，被测物在其中的溶解度近似于在同温度下液体中的溶解度，所以 SFC 可用于不能用 GC 分离的高沸点、难挥发试样。SF 的扩散系数介于气液之间，约比液体大近 100 倍。

通过改变超临界流体的密度（程序改变），可调节和改善组分的分离效果（类似于气相色谱程序升温和液相色谱的梯度洗脱）。SF 的密度既与温度有关，又与压力有关。近些年发展起来的程序升压 SFC 是基于调节系统的压力来改变其密度的。

15.9.2　固定相和流动相

用于 SFC 的流动相有 CO_2、N_2O 和 NH_3 等流体，其中 CO_2 最常使用，它无色、无味、无毒，价廉且易获得，是各类有机物的良好溶剂。它在紫外区是透明的，临界温度为 31.3℃，临界压力为 7.4 MPa。

SFC 的固定相可使用固体吸附剂（硅胶）或键合到载体（或毛细管壁）上的高聚物；可使用液相色谱的柱填料。色谱柱分为填充柱 SFC 和毛细管柱 SFC。SFC 的分离一般是基于组分在两相间的吸附与脱附作用或分配系数不同而被分离；可通过调节流动相的压力（调节流动相的密度），调整组分保留值。

15.9.3　超临界流体色谱仪

超临界流体色谱仪的结构流程如图 15-14 所示。

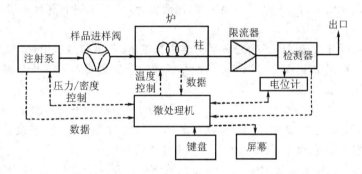

图 15-14　超临界流体色谱仪流程图

从上图可以看出，超临界流体色谱仪与高效液相色谱仪很相似，主要差别有以下几点。

（i）色谱柱放在一恒温的色谱炉内。具有特点类似于气相色谱中的柱箱，目的是为了提供对流动相的精确温度控制。

（ii）高效液相色谱仪只在柱入口处加高压，而超临界流体色谱仪整个体系都处于高压中。可以使流动相处于高密度状态，保证其具有强的洗脱力。因此，后者需有精密的程序升压控制设备。以 CO_2 为例，压力由 7 MPa 升至 9 MPa，分析时间可缩短 5 倍。

（iii）带有一根流量限制器（或称流量阻力器）。一般使用内径 5~10 μm、调整至合适的长短（2~10 cm）的毛细管。目的是维持色谱柱内恒定的温度和压力，同时使柱子的出口压力降至大气压力,而使流体转换为气体,进入检测器进行检测。当用紫外、荧光检测器时,因其本身可在高压下操作,故可在检测器出口处接限流器降压。

15.10　高效液相色谱法在医药卫生领域中的应用

高效液相色谱法由于不受被分离物质的挥发性、热稳定性及相对分子质量的限制,且具有灵敏、快速等优点,在医药卫生领域里有极为广泛的应用。

HPLC 特别适用于具有生理活性的大分子物质的分离提纯,例如蛋白质、酶、核酸以及氨基酸的分离,免疫学中抗原和抗体的分离等。在临床化学方面,HPLC 的应用已遍及整个领域:用 HPLC 分析体液或尿液中的有机酸、糖类、无机离子以及体内代谢物质如生物胺、激素等,对于疾病的诊断和治疗具有重要意义;用 HPLC 进行药物监测,分析给药后血液和尿液中的药物及代谢产物,可以研究药物的疗效、毒性和作用机理。此外,用 HPLC 作为临床检验的参考方法已日渐增多,金属螯合物液相色谱近年来也已用于人体微量元素的研究。HPLC 在卫生检验中广泛用于食品中添加剂、残留农药的分析等。HPLC 在运动医学领域已成为检查违禁药物的重要手段之一。随着我国医药卫生事业的发展,HPLC 的应用将会更加普及。

习　题

15.1　从分离原理、仪器构造和应用范围几方面简要比较 HPLC 和 GC 的异同点。

15.2　解释以下名词:

(1) 传质阻力;(2) 柱外效应;(3) 梯度洗脱;(4) 吸附等温线;(5) 溶剂极性参数;(6) 正相分配色谱法和反相分配色谱法;(7) 化学键合相;(8) 交换容量;(9) 抑制柱和抑制反应;(10) 内水体积和外水体积;(11) 亲和色谱法。

15.3　若用氧化铝 HPLC 柱进行色谱分离,流动相为苯-丙酮,进行梯度洗脱时应当增大还是减小苯的比例? 为什么?

15.4　用硅胶柱分析某试样。按三角形优化法选氯仿、乙醚和二氯甲烷,与正戊烷组成溶剂体系,经实验发现,在氯仿-正戊烷(22+78)时欲测试样的容量因子 $k \approx 3$。求该混合溶剂的 P',并计算其他 6 种溶剂系统的组成。

[$P' = 0.90$;① 乙醚-正戊烷(32+68),② 二氯甲烷-正戊烷(29+71),③ 乙醚-二氯甲烷-正戊烷(16+15+69),④ 氯仿-二氯甲烷-正戊烷(11+15+74),⑤ 氯仿-乙醚-正戊烷(11+16+73),⑥ 氯仿-乙醚-二氯甲烷-正戊烷(7.3+10.7+9.7+72.3)]

15.5　用反相色谱法分离某试样。$\varepsilon^0 = 1.8$ 的待测组分容量因子 $k = 3$。用甲醇、乙腈、四氢呋喃与水组成溶剂体系,试确定最优化三角形中①~⑦溶剂系统的组成。

[① 甲醇-水(60.0+40.0),② 乙腈-水(56.2+43.8),③ 四氢呋喃-水(40.0+60.0),④ 乙腈-四氢呋喃-水(28.1+20.0+51.9),⑤ 甲醇-四氢呋喃-水(30.0+20.0+50.0),⑥ 甲醇-乙腈-水(30.0+28.1+41.9),⑦ 甲醇-乙腈-四氢呋喃-水(20.0+18.7+13.3+48.0)]

15.6　试设计一种方法,用 HCl 或 NaOH 标准溶液以及其他试剂来测定阳离子交换树脂的交换容量。写出简要步骤和计算公式。

15.7　指出分离以下组分的混合物最宜使用的 HPLC 方法,并预测其出峰顺序:

(1) Cl^-,I^-,F^-;(2) 正丁醇,正己烷,己烯[2];(3) 甘氨酸($M_r = 74$),色甘酸钠($M_r = 512$),核糖核酸酶($M_r = 13\,700$);(4) 水杨醛,水杨酸,苯甲醇。

15.8　题 15.7 中的各种分离,分别宜选用何种固定相和检测器?

15.9　Sephadex 凝胶有 G-25、G-75、G-100 和 G-200 等型号,其排阻极限相对分子质量分别为 5×10^3,5×10^4,1×10^5 和 2×10^5。一些物质在这些凝胶上的 K_d 如下表所列,则

(1) 解释胰蛋白酶 K_d 值的变化趋势;

(2) 根据色氨酸在 G-25 中的 K_d,试推测它与凝胶之间的关系。

物质(相对分子质量 M_r)	G-25	G-75	G-100	G-200
氯化钾(74)	1.0	—	—	—
色氨酸(204)	2.2	1.2	—	—
甘氨酸(74)	0.9	1.0	—	—
胰蛋白酶(24 000)	0	0.3	0.5	0.7
血清蛋白(75 000)	0	0	0.2	0.4

15.10　在三根填充柱上,A 和 B 两组分分别有以下色谱数据。试计算其分离度,并根据计算结果说明分离度(R)与 k_B 和 $r_{2,1}$ 之间各有何关系:(1) $n = 2500$,$k_A = 1.0$,$k_B = 1.2$;(2) $n = 2500$,$k_A = 5.0$,$k_B = 6.0$;(3) $n = 2500$,$k_A = 5.5$,$k_B = 6.0$。

$$(1.1;1.8;0.88)$$

15.11　题 15.10 中(2)$n = 2500$,$k_A = 5.0$,$k_B = 6.0$ 的实验是在一根 25 cm 长的色谱柱上完成的。为使 A、B 完全分离,色谱柱的长度最短需要多少?

$$(18\ cm)$$

15.12　若 $n = 2500$,且:(1) $t_{R(A)} = 1.00\ min$,$t_{R(B)} = 1.10\ min$;(2) $t_{R(A)} = 10.0\ min$,$t_{R(B)} = 11.0\ min$。如其保留时间之比($t_{R(B)}/t_{R(A)}$)皆为 1.10,试根据计算说明,当固定保留时间之比时,分离度(R)是否随保留时间而变化?

$$(R = 1.14;不随\ t_R\ 变化)$$

15.13　用直径 2.5 cm、长 36 cm 的凝胶柱分离蛋白质。已知蓝色葡聚糖完全排阻,凝胶颗粒固体部分体积(V_g)可以忽略,则

(1) 试根据以下结果计算各种物质的分配系数;

(2) 试用校准曲线法求未知蛋白质的相对分子质量。

物　　质	相对分子质量 M_r	V_R/mL
蓝色葡聚糖	2 000 000	53.1
卵清蛋白	45 000	71.8
胰凝乳蛋白酶	25 000	90.1
核糖核酸酶	13 700	109.5
未知蛋白质		76.5

$$(0,0.151,0.300,0.457,0.189;未知物\ M_r = 3.85 \times 10^4)$$

第 **16** 章 高效薄层色谱法

16.1 概 述

薄层色谱法(thin layer chromatography，TLC)是将适宜的固定相涂布(或喷雾)于玻璃板、塑料或铝基片上，成一均匀薄层。干燥后，进行点样、展开、斑点定位；或与适宜的对照物随行对照比较，或用薄层扫描仪扫描，用于药物或其他化合物的分离、鉴别、检查或含量测定等。TLC 是一种微量的分离分析方法，由于该方法操作简便、不需要昂贵的仪器设备、样品用量少、检测灵敏度高、分离效能好、分析速度快，在 20 世纪 60 年代中期受到了极大的重视和广泛应用，并为该技术的发展奠定了基础。

随着高效液相色谱法(HPLC)的迅速兴起和发展，TLC 曾一度被认为可被替代而代之。但是，由于 TLC 的独特优点，尤其是从 20 世纪 70 年代中后期开始，发展了高效薄层材料和预制板，并开发了相应的技术，从而出现了高效薄层色谱法(high performance thin layer chromatography，HPTLC)。与常规 TLC 相比，HPTLC 具有许多优点(见表 16-1)，下面归纳其主要的特点。

表 16-1 HPTLC 与 TLC(硅胶薄层)性能的比较

比较内容	HPTLC	TLC
吸附剂颗粒直径(粒度)/μm	5～7	10～40
平均粒度/μm	5	20
有效理论塔板数(n)	≈5000	<600
理论塔板高度 HETP/μm	<12	≈30
板厚度/μm	100～200	100～250
板大小(常用板)/cm^2	10×10(10×20)	20×20
点样体积/μL	0.05～0.2	1～5
点样量/μg	0.005～0.5	0.05～5
	0.0001～0.1(荧光)	0.001～1(荧光)
点样间距/cm	0.3～0.5	1.0～1.5
每板可点样数目(n)	32(18 或 36)	10(10～12)
点样原点的直径/mm	1～1.5	3～6
展开后斑点的直径/mm	2～5	6～15
上展距离(直线)/cm	3～5(3～6)	10～15(10～20)
最适宜的展距/cm	5	10
上层的时间/min	3～20	20～40(20～200)
可分离样品组分数(n)	10～20	7～10
检出灵敏度(最低)		
吸光度/ng	0.1～0.5	1～5
荧光/ng	0.005～0.01	0.05～0.1
R_f 的重现性	较好(或有限)	有限
条件(气相)控制	不能(U 形槽能)	不能

(i) 由于采用了更细小的颗粒吸附剂(5～7 μm)制板,板更均匀、致密、层更薄,因此点样量更少、检出灵敏度更高,分离效率提高(比普通板提高 3 倍);

(ii) 由于采用了高质量的薄层材料和工厂规格化的生产,预制板的厚度、均匀度、性能规格等更趋于一致,在用于定量分析中更准确、重现性更好;

(iii) 由于薄层板的商品化生产供应,使点样、展开、测定等各步操作都可实现仪器化,为仪器化分析创造了条件。

20 世纪 80 年代以来,除了薄层色谱光密度扫描仪的广泛应用外,又发展了 TLC 各步操作的仪器化,并很快实现了微机化,产生了现代仪器化薄层色谱法(modern instrumental TLC)。现代 TLC 除具备了经典 TLC 的特点之外,在技术上已趋于完善,在各个环节上均已实现了仪器化、有的已实现自动化,加之高质量的薄层材料及其商品预制板的应用,目前,TLC 已不仅是用于样品的筛选、定性分析和半定量分析,而且也适用于精确的定量分析,甚至能够满足良好的生产实践(GMP)或良好的实验室实验(GLP)的认证要求。

HPTLC 和 HPLC 同属液相色谱范畴,两者应用范围也相近,在实际应用中两种方法可相互补充。与 HPLC 相比,HPTLC 有许多特点,但由于该方法是开放式离线操作,仪器自动化程度低,色谱条件重复性受到一定限制,因此在药物定量分析中仍以 HPLC 应用最多。HPTLC 与 HPLC 两种方法主要区别见表 16-2。

表 16-2 HPTLC 与 HPLC 方法比较

比较项目	HPTLC	HPLC
色谱形式	开放式	封闭式
展开方式	展开色谱	洗脱色谱
操作程序控制	离线操作	在线操作
色谱条件重复性	有限	好
理论塔板高度(H_{etp})/μm	12	2～5
总理论塔板数	<5000	6000～10 000
一次可分离样品组分数	10～20	20～40
分析速度	快	快
分离效率	较高	较高
分析样品范围	广泛	有限
大量样品分析时间	较短	较长
对样品前处理要求	不严	严格
对污染物质抗受力	无影响	影响大
多个样品同时分析的可能性	能	不能
样品与标准品随行对照	能	不能
对全部被分离组分鉴定	可以	局限性大
色谱后衍生化	方便	受限
定量条件控制	有限	能
准确度	相当	相当
重复性	相当	相当
灵敏度	相当	相当
特效性	相当	相当
改变流动相	容易	困难
改变固定相	容易	很困难
流动相选择范围	很宽	有限

续表

比较项目	HPTLC	HPLC
流动相对检测（器）影响	无	有
流动相控制影响	无影响	影响大
系统平衡时间	快	慢
吸附剂再生	不要求	关键
时间有效利用	方便	不能
方法简易性	简便	不简便
操作成本费用	低	高
发展潜力	较大	较小

在 TLC 分析中,虽然高效薄层板比常规薄层板具有一些特点,但由于目前常规薄层预制板质量的提高以及商品化生产在许多性能方面也已接近高效板,因此在实际应用中这两种薄层板均可选用,而目前仍以常规薄层预制板应用最广泛。

由于薄层色谱法在医药卫生领域中易于推广普及,实用价值大,而被一些国家的药典和药品规范所采用。在我国医药卫生和医学检验中,薄层色谱法已进入分离高效化,定量仪器化、数据处理自动化阶段。

16.2 薄层色谱法的原理

16.2.1 薄层色谱法的原理

根据固定相的性质和分离机理不同,可分为吸附薄层法、分配薄层法、离子交换薄层法及尺寸排阻薄层法等类型。其中,以吸附薄层法和分配薄层法的应用最为广泛,本章仅讨论吸附薄层法。

TLC 是把固定相(吸附剂)均匀地涂铺在表面光洁的薄层板上,把待分析的试样溶液点在薄层板一端的适当位置上(称点样),然后放在密闭的层析缸(展开槽)里,将点样端浸入适宜的溶剂(展开剂)中,借助于薄层板上吸附剂的毛细管作用,溶剂会载带被分离组分向前移动,这一过程称为展开(development),所用溶剂成为展开剂(developing solvent)。展开时,各组分在吸附剂和展开剂之间发生连续不断的吸附、解吸、再吸附、再解吸。由于吸附剂对不同极性组分的吸附力不同,易被吸附的组分相对移动得慢些,而难被吸附的组分则相对移动得快一些。经过一段时间,当溶剂前沿到达预定位置后,取出薄层板,吸附能力不同的组分在薄层板上可形成彼此分离的斑点,如组分为无色物质,可用物理或化学方法显色定位。

16.2.2 R_f 及分离度

试样中各组分斑点在薄层板上的位置,通常用 R_f 来表示。R_f 又称为比移值,可用来衡量各组分的分离情况。其定义为

$$R_f = \frac{原点至斑点中心的距离}{原点至溶剂前沿的距离}$$

(16-1)

某 A、B 混合物 R_f 的测量如图 16-1 所示,原点 A、B 为试液点样的位置,A、B 组分的 R_f 分别为 $R_{f(A)} = a/c$,$R_{f(B)} = b/c$。若 $R_f = 0$,表示斑点留在原点不动,即该组分不随展开剂移动;$R_f = 1$ 时,表示斑点不被吸附剂保留,而随展开剂迁移到溶剂前沿,故 R_f 在 0~1 之间变化。

在相同条件下，不同组分各有其 R_f，适于分离的 R_f 为 0.2～0.8。从理论上可推导出 R_f 与被分离组分在两相间的吸附平衡常数 K 及容量因子 k 的关系式为

$$R_f = \frac{V_m}{V_m + KV_s} = \frac{1}{1+k} \qquad (16\text{-}2)$$

式中：V_m 与 V_s 分别为组分在平衡时流动相和固定相的体积。影响 R_f 的因数很多，主要是溶质和展开剂的性质、薄层板的性质、温度、展开方式和展开距离等。只有在完全相同的条件下，组分的 R_f 才是一定值，可用以定性分析。要想得到重现性好的 R_f，就必须严格控制实验条件。为了消除一些难以控制的实验条件的影响，常采用相对比移值 R_{st} 来代替 R_f，R_{st} 的定义为

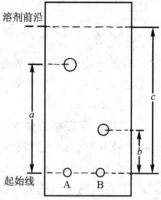

图 16-1　R_f 的示意图

$$R_{st} = \frac{\text{原点至被测组分斑点中心的距离}}{\text{原点至参考物斑点中心的距离}} \qquad (16\text{-}3)$$

试样中某组分移行距离与参考物移行距离之比即为该组分得 R_{st}。所用的参考（对照）物可以是试样中的某组分，也可以是另外加入的标准物质。R_{st} 与 R_f 不同，$0 \leqslant R_f < 1$，而 $R_{st} > 1$ 或 $R_{st} < 1$ 均可。如图 16-1 所示，若以 B 组分作为参考物，A 为试样未知组分，则 A 组分的 $R_{st} = a/b$。

　　在 TLC 中，也可用与柱色谱法中相类似的公式来计算某些有关分离的参数。如用于评价分离效率的塔板数 n 为

$$n = 16\left(\frac{d_1}{W}\right)^2 = 16\left(\frac{R_f d_m}{W}\right)^2 \qquad (16\text{-}4)$$

式中：d_1 为原点至组分斑点中心的距离，W 为斑点宽度，d_m 为原点至流动相前沿的距离。理论塔板高度 H 由下式求得

$$H = \frac{d_m}{n} = \frac{W^2}{16d_1} = \frac{W^2}{16R_f^2 d_m} \qquad (16\text{-}5)$$

两组分斑点间的分离度用 R 表示，可按下式计算

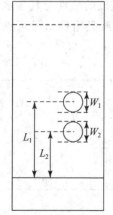

图 16-2　薄层色谱分离度测定

$$R = \frac{2\Delta d}{W_1 + W_2} \qquad (16\text{-}6)$$

式中：Δd 为两组分斑点中心距离，W_1、W_2 分别为两斑点宽度。如两宽度相等，上式可简化为

$$R = \frac{\Delta d}{W} \qquad (16\text{-}7)$$

分离度定义为，相邻两斑点的斑点中心至原点的距离之差与两斑点的宽度总和一半的比值，即

$$R_s = \frac{2(L_1 - L_2)}{W_1 + W_2} \qquad (16\text{-}8)$$

式中：L_1、L_2 分别为组分 1、2 斑点从斑点中心至原点的距离；W_1、W_2 分别为斑点 1、2 的宽度。$R_s = 1.0$ 时，相邻两斑点基本分开。薄层色谱分离度的测定如图 16-2 所示。

16.3　TLC 的固定相和流动相

16.3.1　TLC 的固定相

TLC 的固定相与柱色谱的固定相大致相同，唯所用的吸附剂粒度更细。因 TLC 展开的距离短，要求吸附剂的分离效率比相同长度的柱色谱要高得多，故要求粒度范围较窄，一般在 200 目左右（10～40 μm）。

1. TLC 对固定相的要求

由于被分离组分种类较多，性质各异，故有多种吸附剂可供选择。一般要求纯度高、含杂质少；粒度、结构均匀，有一定的比表面积；在展开剂中不溶；与展开剂和试样组分不发生化学反应；具有适当的吸附能力，既能吸附试样组分，又易于解吸；同时，还要求具有一定的机械强度和稳定性。

2. 固定相的选择

吸附剂的选择是薄层色谱分离的关键问题，通常是从被分离物质的性质（如溶解度、酸碱度、极性大小等）和吸附剂吸附性能的强弱来考虑。例如，在分离亲脂性化合物时，常选择氧化铝、硅胶、乙酰化纤维素以及聚酰胺；在分离亲水性化合物时，常选择纤维素和离子交换纤维素及硅藻土等。一般若被分离组分的极性强，应选择吸附能力弱的吸附剂；反之，则应选择吸附能力较强者。

3. 吸附剂的种类

已知薄层分离多数采用硅胶 G 作为吸附剂，少数采用不带黏合剂的硅胶，也有用纤维素、氧化铝、聚酰胺、硅藻土和浸渍硅胶及用两种或多种吸附剂的混合物。下面介绍几种常用的吸附剂。

（1）硅胶

硅胶是一种略带微酸性的无定形极性吸附剂，适合于中性和酸性物质。例如，酚类、醛类、生物碱类、甾类化合物及氨基酸类等的分离。硅胶的主要优点是具有惰性、吸附量大、容易制成各种不同的孔径和表面积。由于硅胶的表面含有硅醇基团，其中—OH 可与极性化合物或不饱和化合物形成氢键，硅醇基团亦可吸附水分而生成水合硅醇基，因此硅胶的活性与其含水量有关，含水量越多，吸附力越差，活性也就越低。常用于薄层色谱法的硅胶吸附剂型号可见表 16-3。

表 16-3　薄层色谱法常用的硅胶

型　号	组　成
G	掺有 13％石膏的硅胶（G 为 Gypsum 的缩写）
H	不含黏合剂的硅胶
HF$_{254}$	不含黏合剂，而含 254 nm 激发的荧光剂的硅胶
GF$_{254}$	加煅石膏和 254 nm 激发的荧光剂的硅胶
CMC	加羧甲基纤维素的硅胶

（2）氧化铝

氧化铝的吸附容量大，对含有双键的物质比之硅胶有更强的吸附作用。由于制备方法不同，氧化铝可分为碱性、酸性和中性三种：碱性氧化铝（pH 9.5～10.5），主要用于碱性或中性化合物的分离,如多环碳氢化合物类、生物碱类、胺类、脂溶性维生素及醛酮类;酸性氧化铝(pH 4~5),主要用于酸性化合物或对酸稳定的中性物质的分离;中性氧化铝(pH 7~7.5),主要用于分离酸性及对碱不稳定的化合物,如醛、酮及对酸、碱不稳定的脂和内脂等化合物的分离。

（3）纤维素

由于纤维素结构中有大量的亲水性基团如羧基,故适用于亲水性物质的分离。纤维素的种类很多,除天然纤维素外,还有合成的微晶纤维素、离子交换纤维素及各种纤维素的衍生物如醋酸纤维素、羧甲基纤维素和二乙胺基乙基纤维素等。纤维素制板一般不需黏合剂,只要取15％纤维素粉用电动搅拌器充分搅拌均匀,脱泡后即可备用。

（4）聚酰胺

因分子内存在许多酰胺基,可与酚类、酸类、醌类、硝基化合物等形成氢键,从而产生吸附作用。它的特殊色谱分辨能力已被广泛应用于合成染料、纤维素、抗生素、蛋白质化学结构等分析中。

其他,如尼龙 6,即已内酰胺的聚合物,由于酰胺键的羧基能和酸类及酚类形成氢键,酰胺键的氨基能和硝基化合物及醌类化合物形成氢键,使尼龙 6 具有特异的色谱分辨性能。此外,如硅藻土、葡聚糖凝胶等,亦有不同的应用。

16.3.2　TLC 的流动相

要获得良好的分离效果,也要选择好合适的流动相（即展开剂）,这也是 TLC 分离的关键。

1. TLC 对流动相的要求

要待测组分很好地溶解而不与组分发生化学反应;展开后的组分斑点圆而集中,无拖尾现象;待测组分的 R_f 最好在 0.4~0.5 之间,若试样中的待测组分较多,则 R_f 也可在 0.2~0.8 之间。各组分的 ΔR_f 应大于 0.05,以便完全分离,否则斑点会发生重叠。

2. 流动相的选择

TLC 对流动相的选择仍依"相似相溶"原则,即强极性试样宜用强极性展开剂,而弱极性试样则宜用弱极性展开剂。为选出最适宜的流动相,更主要的是通过试验来解决。当某一溶剂作展开剂不能很好分离时,可改变该展开剂的极性或另选用二元、三元、甚至多元溶剂组成的混合溶剂。例如,分离一个未知试样的各组分,开始选用非极性的环己烷作展开剂,所得到的 R_f 很小,则可在环己烷中加入不同比例的乙醇和二甲酰胺等极性溶剂,以增大展开剂的极性。试验时一般先用单一的低极性溶剂展开,然后再更换极性较大的溶剂。常用的单一溶剂极性顺序为:己烷＜二硫化碳＜苯＜四氯化碳＜二氯甲烷＜乙醚＜乙酸乙酯＜丙酮＜丙醇＜甲醇＜水。

常用的混合展开剂有:水-乙醇、水-甲醇、水-丁酮-甲醇、水-乙醇-丁酮-乙酰丙酮、水-乙醇-乙酸-二甲基甲酰胺、苯-甲醇-丁酮等。

为了能通过较少的试验找到最佳溶剂系统,可采用三角形优化法或均匀设计法。关于均匀设计法,读者可参考相关文献。即要同时对被分离物质的极性、吸附剂的活性和展开剂的极性这 3 个因素进行综合考虑,分离极性较小的物质时,应选用活性级别较低（吸附力较强）的吸附剂和极性较小的展开剂。

16.4　薄层色谱法的实验技术

TLC 的试验过程不是连续进行的,其操作可分为薄层板的制备、点样、展开、显色、定性和定量分析等步骤。

16.4.1　薄层板的制备

薄层板的种类很多,根据制板方式不同,可分为软板和硬板两种。

1. 软板的制备

吸附剂中不加黏合剂,干法铺成的薄层板称为软板。软板的制备简单,展开速度快,但薄层不牢固,分离效果较差,故目前应用较少。

2. 硬板的制备

吸附剂中加黏合剂,湿法涂铺制成的薄层板称为硬板。依涂板所用材料和功能的不同又有不同的名称,如荧光薄层板、配位薄层板、pH 缓冲薄层板等;据使用效率和分离效能之别,又可分为多次使用的烧结薄层板和高效薄层板等。薄层板大多数都可自制,也有各种商品供应。

在吸附剂中加入适量的黏合剂可增加薄层的强度。硅胶是常用的吸附剂,羧甲基纤维素钠(CMC—Na)和煅石膏($CaSO_4 \cdot \frac{1}{2}H_2O$)则是常用的黏合剂。以 CMC—Na 为黏合剂制成的薄层板称为硅胶—CMC—Na 板。这种板的机械强度好,可用铅笔在薄层上做记号,但使用强腐蚀性试剂时,要注意显色温度和时间,以免 CMC—Na 碳化而影响显色。以煅石膏为黏合剂制成的薄层称为硅胶—G 板,这种板的机械强度较差,易脱落。涂板时应用最多的是涂铺器法,其次是刮层平铺法。

3. 薄层板的活化

将涂铺好的薄层板置于水平台面上,使其在室温条件下自然干燥,然后再放入烘箱中恒温活化一定时间。

商品预制板均已干燥后密封包装,使用前一般不需要再行活化,但对于已放置吸潮、或是为了更好地控制其活度以确保数据的重复性时,应再活化处理,并保存于密闭干燥容器中备用。对于在实验内涂制的薄层板,待阴干后或使用前之前,都应适当地进行活化。不同材料的薄层板活化条件参考表 16-4。

表 16-4　不同材料薄层板的活化条件

固定相	活化温度/℃	活化时间/min
硅胶	110	60
氧化铝	110	30
硅藻土	110	30
纤维素	105	20～30
聚酰胺	60～80	30
离子交换剂	室温干燥	

应该指出的是,薄层板的活化并非是温度越高、时间越久越好。活化时间太久,其活性太强,使分离物质 R_f 值偏低,分离效果反而不好;温度太高时,也可使薄层结构破坏。对于硅胶、氧化铝板适中的活性应在 Ⅱ 至 Ⅲ 级之间。硅胶薄层活度标定法可简单用下法标定:称取二甲黄、苏丹红、靛酚蓝各 4 mg,溶于 10 mL 苯中。将混合液用毛细管点于硅胶薄层上。用石油醚

或正已烷展开 10 cm,混合物应不移动,用苯展开则应分离成 3 个斑点,其 R_f 分别为 0.58、0.39 和 0.08。可定其活度在 Ⅱ～Ⅲ 级。

16.4.2　点样

将试液滴加到薄层板上的操作称为点样。点样是能否达到良好分离的关键之一,它要求试样点的直径小,以使展开后斑点集中。

1. 点样方法

点样容器一般是用直径小于 1 mm 的管口平整的玻璃毛细管、平头的微量注射器或者微量移液管吸入试样溶液,点样时要轻轻地将管端或针尖靠近薄板,使液滴与薄板相接触被吸收而落下,待前一滴点完,溶剂挥发后再点第二滴,这样点成的试样点不致太大(点样直径<3 mm),不会引起斑点严重扩散。注意点样时勿将薄层戳破,以免影响分离效果。

2. 试液浓度

点样量要适当,一般控制其含量在 0.1%～1% 之间,浓度太小时点样体积太大,易引起斑点扩散;浓度太大时则易引起斑点拖尾。在厚度约 0.25 mm 的薄层板上通常可点样 0.5～15 μL。

3. 点样时间

在密闭容器中点样时,点样时间可长一点。在空气中点样时,则最好不超过 10 min。时间过长,吸附剂因在空气中吸湿而活性降低。为此,点样后可吹风促其干燥。

4. 点样位置

应点在距离薄层一端 1.5～2 cm 处的起始线上,多个试样点样时,点间距离约 1～1.5 cm。

16.4.3　展开

点样后待其上的溶剂挥发干,即可选用合适的展开剂在展开槽中展开。

1. 展开方式

展开方式有多种,常用的有上行展开法和下行展开法。上行展开法展开剂由下而上展开,按薄层板放置的角度又可分为近水平展开和近垂直展开。前者适用于软板,后者适用于硬板。展开时倾斜过小,影响分离效果,过大薄层易脱落(软板)。对于 R_f 小的物质,可用下行展开方式,即在薄层板上端放置一个盛展开剂的槽,用滤纸把溶剂引到薄层板上端,借助重力作用使展开剂由上向下在板上移动。此法展开速度快,但分离效果差。对于组成特别复杂的混合物,可采用二次展开法、连续展开法或双向展开法。

2. 展开方法

将点好样的薄层板放入槽中,在不接触展开剂的情况下,盖严盖子,放置 10～15 min,待槽内空间被展开剂蒸气饱和后,再将薄板下端浸入展开剂中,这样可防止产生"边缘效应"。

边缘效应是指同一组分的斑点,在薄层中部比在边缘处移动缓慢的现象。这是由于展开槽中展开剂蒸气未达到饱和,因而在展开时,展开剂中极性较弱和沸点较低的溶剂在薄层的两边缘处较易挥发,使溶剂组成与中部不同,边缘处含有更多的极性较大的溶剂,这样便会出现同一组分在薄层中部比在薄层两边缘处移动慢的现象,即中部的 R_f 比边缘处的 R_f 小。消除边缘效应的方法,是使展开槽中展开剂的蒸气达到饱和后再展开。为此,可在槽壁上贴上浸湿溶剂的滤纸,以加速蒸发,也可将薄层板两侧边缘的吸附剂刮去 1～2 mm 以消除边缘效应。

需要注意的是,将薄层板下端浸入展开剂中展开时,点样点不得浸入展开剂中,否则试样组分溶解于展开剂而达不到展开的目的。

16.4.4 显色

展开后的薄层,待展开剂挥发尽后,对有色物质,可直接根据在薄层上明显地观察到的颜色对组分斑点定位。对无色物质,可用显色方法定位。根据被分离物质的性质不同,可分别采用以下方法。

1. 紫外光照射法

在紫外光(253.7 mm)照射下,若试样能产生荧光,板上会产生荧光斑点;若试样不产生荧光而吸附剂中含有荧光物质(如硅胶 GF$_{254}$),则薄层板呈现荧光,而斑点为暗色点,可借此观察斑点大小并标记范围。

2. 蒸气显色法

利用一些物质的蒸气与试样中的各组分作用,生成不同颜色的产物。例如,多数有机化合物吸收碘蒸气后显示黄褐色斑点,可将薄层板放在碘蒸气饱和的密闭容器中气熏使斑点显色。碘是非破坏性显色剂,能检出很多种化合物,且价廉、迅速、灵敏。由于它与物质反应往往是可逆的,薄层板放在空气中,碘即升华挥发,故显色后应立即标记斑点。此外,一些挥发性的酸、碱,如盐酸、硝酸、浓氨水、二乙胺等蒸气也常用于蒸气显色。

3. 喷洒显色剂法

展开后的薄层根据化合物的性质,选择适当的显色剂喷洒在薄层板上,使斑点显色。显色剂的种类很多,可分为通用显色剂和专属显色剂。通用显色剂是利用其与分离组分的氧化还原反应、脱水反应或酸碱反应来显色的。常用的有浓硫酸、高锰酸钾溶液、酸碱指示剂、磷钼酸乙醇溶液、荧光黄等,可用于检验一般有机化合物。专属型显色剂是只能使某一类化合物或某官能团显色的试剂。如茚三酮是氨基酸的专用显色剂;三氯化铁-铁氰化钾是含酚羟基化合物的专用显色剂;还有根据化合物分类或特殊官能团设计的特效性显色剂等。显色时要注意控制显色条件与吸附剂的性质。将显色剂配成一定浓度的溶液,用喷雾法均匀地喷洒在薄层上,要求喷出的雾点细而均匀,喷雾器与薄层间的距离最好在 0.6~1 m,这样既可使喷出的液滴均匀又不会冲坏薄层。

4. 生物自显影法

此法又称生物与酶检出法,可检出抗生素等具有生物活性的物质。方法是,将分离后的薄层与培养有适当微生物的琼脂培养基表面接触,经在适当温度培养后,观察抑菌点。有抗生素的斑点,培养基中的微生物的生长受抑制,出现抑菌点,即可对该抗生素组分定位。

16.4.5 定性

薄层色谱法的定性依据主要是组分的 R_f,根据试样和纯品的 R_f 对照定性。将薄层色谱测得的 R_f 与文献记载的 R_f 相比较即可鉴定各种物质。但 R_f 受很多因素影响,比如吸附剂的类型和含水量、薄层板的厚度、展开剂的极性、展开距离、点样量、展开时间、温度、展开槽中溶剂蒸气的饱和程度等,很难控制待测组分的实验条件与文献上的实验条件完全一致。因此,在实际工作中是将试样与纯品点于同一薄层板上,于完全相同的条件下进行操作和测定,根据测得的 R_f 进行确证。也可采用相对比移值 R_{st} 方法确认。

目前由于色谱技术的发展,已可用薄层扫描仪做原位扫描或采用联机形式(TLC-MS 或 TLC-IR)进行准确定性。

16.4.6　定量

薄层色谱的定量分析可分为洗脱法和直接法两种。

1.洗脱法

是用适当的方法把斑点部位的吸附剂全部取下,如为硬板,可刮下来,若为软板,则可用吸管吸出。再用适宜的溶剂把被测组分从吸附剂上洗脱下来,然后用适当的定量方法,如分光光度法进行测定。此法的操作比较麻烦费时,洗脱必须充分,结果才较准确。

2.直接法

直接法又可分为目视比较和薄层扫描定量法。

(i) 目视比较定量法。是将不同量的标准品作成系列,和试样点在同一块薄层板上展开,显色后,以目视比较斑点大小和颜色深浅来估计试样被测组分的近似含量。若严格控制条件,可作为常规分析手段。

(ii) 薄层扫描定量法。随着分析仪器技术的发展,用薄层扫描仪(thin-layer chromatogram scanner)扫描,测定薄层分离后试样斑点中组分的含量,现已成为薄层定量的主要方法。此法是用薄层扫描仪对薄层板上组分斑点进行扫描,得到扫描曲线。利用试样扫描曲线上的峰高或峰面积与标准品相比较,即可得出试样组分的含量。

16.5　高效薄层色谱法

16.5.1　高效薄层色谱法

HPTLC 是应用高效薄层板与薄层扫描仪相结合的方法。它是在普通 TLC 基础上发展起来的一种更为灵敏、高效、快速、精密、准确的色谱分析技术。

TLC 虽然在各个领域中广泛应用,但 TLC 的分离效率毕竟还不够高。从表 16-5 便可看出 TLC 与 HPTLC 的不同之处。HPTLC 的分离效率比普通 TLC 提高了数倍;另外,由于HPTLC 所用高效薄层板的商品化和点样、展开、显色、定量等一系列操作已实现向仪器化的发展,大大提高了该法的重现性和准确度。

表 16-5　普通薄层色谱法(TLC)与高效薄层色谱法(HPTLC)的比较

比 较 内 容	TLC	HPTLC
吸附剂颗粒直径/μm	10～40	5～7
理论塔板高度/μm	30	12
点样体积/nL	1000～5000	50～200
原点直径/mm	$\leqslant$3	$\leqslant$1
点样量/ng	50～5000	1～500
每块薄层板点样数目	12(20 cm×20 cm)	32(10 cm×10 cm)
薄层板厚度/mm	0.25	0.1
展开距离: 直　线/mm	100～200	50
圆心式/mm	50～100	25
向心式/mm		35
检出灵敏度:可见光/ng	5	0.5
紫外光/ng	5	0.5
荧　光/ng	0.1	0.01

16.5.2　高效薄层板

高效薄层板一般是使用粒度为 $5\sim7\ \mu m$ 的吸附剂,多用高聚物如聚丙烯酸等为黏合剂,薄层厚度一般为 0.2 mm。它比普通薄层板分离度好、灵敏度高、速度快。

HPTLC 通常使用预制薄层板,国内已有多种高效薄层预制板生产。常用的有硅胶、氧化铝、纤维素以及某些化学键合相的薄层板,如—C_2、—C_8、—C_{18}、—NH_2 等。反应性的基团键合在薄层上也能制成化学键合相预制薄层板,也有用低挥发性的或低极性以及高极性试剂浸渍后作固定相的薄层板。

16.5.3　薄层性能

薄层的性能对分离效率起决定性的作用。高效薄层板是由微小颗粒的吸附剂,用喷雾法制备成均匀的薄层。由于吸附剂颗粒小的特点,HPTLC 的流动相展开速率慢,容易达到平衡,质量传递的阻滞作用往往可以忽略不计,从而使分离效率和测定精度得到提高。展开后斑点的大小主要决定于组分的扩散系数,组分展开后只要不走在溶剂的前沿,均呈小而圆的斑点,有利于分离。

影响薄层分离效率的因素,如吸附剂的粒度、分子扩散系数、展开距离和分离组分的 R_f 等。实验研究表明,小颗粒薄层的表观塔板高度 $(\overline{H})$ 随分子扩散系数与展开距离 (L) 的增加而急剧上升,分子扩散系数越大的化合物升得越快;而大颗粒薄层的 $\overline{H}$ 虽然较大,对分子扩散系数较小的化合物即使 L 加长,$\overline{H}$ 也几乎不变。另外,R_f 不同的化合物在小颗粒薄层上展开时,化合物的 R_f 越小,$\overline{H}$ 越大,且 $\overline{H}$ 随之上升得越快;在大颗粒薄层上,R_f 及 L 对 $\overline{H}$ 的影响小。可见,在小颗粒吸附剂的高效薄层上,分子扩散系数越小、展开距离短、R_f 较大的化合物能得到较好的分离效果。

16.5.4　点样

展开后所形成的斑点越小而圆,分离效果越好。HPTLC 是采用自动点样,可调节原点的大小、能控制点样次数、点样间距、点样容器与薄层接触的时间。现在已有商品点样装置,如瑞士 Camag 公司的 Nanomat 点样器(图 16-3)。它适用于"点状"点样,使用定容毛细管,利用电磁头使毛细管升降而点样,能重复点出间距恒定、比较规格化的斑点。现在已有瑞士Camag

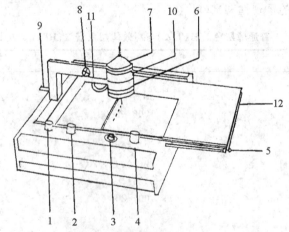

图 16-3　Nanomat 点样器

1—旋转钮(开关和控制接触时间)　2—旋转钮(调节下降速度)　3—放松按钮　4—旋转钮(自动重复装置)　5—平板停止螺旋　6—磁头　7—调中点用环　8—磁头水平移动的固定螺旋　9—臂侧向移动的离断杆　10—磁头垂直位置的固定螺旋　11—连接磁头的插头　12—板面

公司用微处理机控制操作的 Linomat 线性点样器用于点样。

16.5.5　展开

HPTLC 展开方式与 TLC 无甚区别,HPTLC 展开的方式可分为直线展开或径向展开(有圆心式和向心式)。目前已生产出一些专为 HPTLC 使用的展开槽,它能更严格地控制分离条件而获得高质量的分离效果。

16.6　薄层扫描定量方法

用薄层扫描仪扫描测定薄层分离后试样斑点组分含量的方法称为薄层扫描定量法。由于它的分离效率高、准确、快速,现已成为薄层定量的主要方法。所以在医药、生化、检验等方面首先得到广泛应用,如短杆菌肽、灰黄霉素、青霉素 V 及发酵液中抗生素等的测定、植物药类的检测、农药残留的测定等。

16.6.1　薄层扫描仪

薄层扫描仪主要由光源、单色器、试样台、检测器、记录仪等构成,其光学系统有单光束、双光束和双波长等三种。一般都可直接测量薄层板上斑点的吸光度和荧光强度。测量荧光强度不仅选择性好,而且灵敏度高。图 16-4 是一种双波长薄层扫描仪示意图。从光源(氘灯、钨灯或氙灯)发射的光,通过两个单色器成为两束不同波长的光,经斩光器遮断,使两束光交替照射在薄板上。检测器测得两波长的吸光度差值,由记录仪描绘出组分斑点的吸收曲线,曲线呈峰形。在相同条件下,取标准物质绘制斑点的峰面积与待测组分的峰面积相比较,即可测得待测组分的含量。近年来双光束双波长薄层扫描仪已应用于薄层色谱定量分析。该仪器由于采用了两个波长和强度相等的光束同时进行薄层扫描,减去了薄层板的空白吸收,因此由于薄层板厚度不均匀而引起的基线波动几乎可以消除,这就大大提高了测量的准确度。

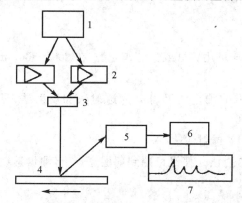

图 16-4　双波长薄层色谱扫描仪示意图

1—光源　2—单色器　3—斩光器　4—薄层板
5—光电倍增管　6—放大器　7—记录仪

16.6.2　扫描轨迹

HPTLC 的定量都是采用扫描仪。扫描定量的原理和方法与 TLC 一样,只是高效薄层板上斑点小,故扫描使用的光束更小,其测定灵敏度更高。扫描方式可分为线性扫描和锯齿扫描法两种,见图 16-5。

1. 线性扫描

线性扫描是以长方形的光束(光束的长度比斑点直径稍长)沿直线轨迹通过斑点。光束扫描通过斑点,测得的是光束在各个部分的吸光度之和,该法适用于圆形规则的斑点。如形

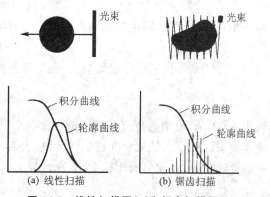

图 16-5　线性扫描图(a)和锯齿扫描图(b)

状不规则的斑点,扫描方向不同,所得吸光度值重现性差,因此应用受到限制。

2. 锯齿扫描

锯齿扫描是将光束缩得很小,以小正方形光束在斑点上按锯齿状轨迹前进,即沿 x 轴和 y 轴两个方向扫描。扫描光束可随所测斑点面积进行调节,大斑点用 $1.2\,\text{mm} \times 1.2\,\text{mm}$ 光束,小斑点用 $0.4\,\text{mm} \times 0.4\,\text{mm}$ 光束扫描。在光束的微小范围内,斑点的组分浓度可认为是均匀的,因此扫描所得吸光度积分值不受扫描方向、斑点形状和浓度分布的影响,使测定结果稳定而准确。此法适用于形状不规则及浓度分布不均匀的斑点。

16.6.3 斑点及其扫描曲线

薄层扫描仪是用一束长宽可以调节的一定波长、一定强度的单色光束,照射到薄层板组分斑点上,对整个斑点进行扫描,并记录通过斑点时其光束强度的变化,而得到扫描曲线的。曲线上的每个峰对应于薄层上的每个斑点。测定时,将待测试样扫描曲线上的峰高和峰面积与标准品相比较,即可得出待测试样组分的含量。

16.6.4 薄层扫描定量方法

薄层扫描定量方法可分为吸收测定法和荧光测定法。

1. 吸收测定法

对于凡在可见或紫外光区域内有吸收的化合物,均可用钨灯或氘灯作光源,在 $200\sim800\,\text{nm}$ 范围内来选择适宜波长进行扫描和测定。

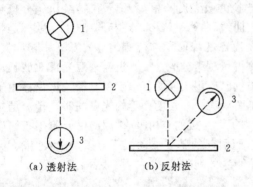

图 16-6 薄层扫描仪吸收测定法示意图
1—光源 2—薄层板 3—检测器

吸收测定法又可分为透射法和反射法,见图 16-6。

(1) 透射法

透射法是使光束照到薄层斑点上,测量透射光强度

$$A = -\lg \frac{T}{T_0} \tag{16-9}$$

式中:A 为吸光度,T 和 T_0 分别为斑点及空白板的透射比。

透射法的特点是灵敏度较高;但薄层的不均匀度及厚度对测定都有影响,基线噪声大,故信噪比小,且在短波长测定时玻璃板对紫外光有吸收,因此实际应用较少。

(2) 反射法

反射法是使光束照薄层斑点上,测量反射光的强度

$$A = -\lg \frac{R}{R_0} \tag{16-10}$$

式中:R 和 R_0 分别为斑点和空白板的反射率。

反射法的特点是灵敏度较低,受薄层表面不均匀度的影响较大,但对薄层厚度要求不高,基线比较稳定,因此信噪比较大,重现性好。

2. 荧光测定法

凡被测组分有荧光或经适当处理后能生成荧光化合物时,均可进行荧光测定。可用氙灯或汞灯作紫外光源。测定时应先选择适宜的激发光波长和荧光波长。

荧光测定法由于激发光和荧光波长均可选择,故其选择性较好;灵敏度较高,因此点样量可较少,相应地提高了分离效果。

16.6.5　影响因素

用薄层扫描仪定量测定,虽然具有快速、简便的特点,但其精密度和准确度不甚理想,测定的误差一般在 $\pm 2\%\sim\pm 5\%$。误差主要是由薄层的性质和操作方法引起的,同时也与扫描定量方法的选择、扫描参数的设定等因素有关。例如散射参数的选择,当薄层扫描仪的光源发出的光照射在斑点上,由于薄层是由许多微小颗粒组成的半透明体,对光有强烈的散射作用,使吸光度与物质浓度的关系偏离朗伯-比尔定律,从而使吸光度与薄层斑点单位面积中物质含量之间的关系是一条弯曲的曲线,而不成直线,因而曲线需要校正。

校准曲线的方法是将修正参数和处理方法存入计算机。实验前可根据薄层板的类型,选择合适的散射参数,由计算机根据适当的修正程序自动校正,给出准确的定量结果。例如岛津薄层扫描仪一般是设有 $1\sim 10$ 个散射参数(S_x),硅胶薄层板的 S_x 选 3,氧化铝薄层板一般选 7。现代扫描仪器则是根据 Kubelka 和 Munk 从理论上推导出的 Kubelka-Munk 简化方程,利用电路系统或者计算机回归方程将弯曲的曲线校准为直线,于是可用于薄层定量分析。

16.7　高效薄层色谱法在医药卫生领域中的应用

TLC 法是一种经济、快速、灵敏、可靠的重要分离分析技术,其应用领域十分广泛。如在药物、生药、临床、生化、食品、卫生以及环境污染控制、石油、化工等领域中均已广泛应用。本节仅简要概述如下。

1. 在药物、生药分析中的应用

在药物分析中,可用于药物的鉴别、质量控制、稳定性检验、杂质检查等;在药物合成中,可用于中间体及成品的控制分析;在生药检验中,有中药材及制剂的鉴别、有效成分的提取分离与分析等。据初步统计,TLC 法在《中华人民共和国药典》中的应用情况不断增加,显示了该方法的简便、快速、实用等特点。在药典一部,TLC 法主要用于中药材及其制品、成方及其单味制剂的鉴别,而应用薄层扫描定量法的品种也有所增加;在药典二部,TLC 法用于药品的鉴别和质量检查,如用于片剂、注射剂、膏剂、胶囊等制剂中药物的定性鉴别及有关物质、其他甾体、其他氨基酸、其他生物碱、分解产物等的限量检查。在我国中草药的应用已有悠久历史,而中成药又是我国独具特色中药制剂,目前中成药已有 40 多种制剂和 7000 多个品种。对药材鉴别分析,尤其是对中药制剂的鉴别和质量控制仍是一个复杂的问题。目前,薄层色谱法对中成药、中药材的鉴别已成为药内在质量控制的重要内容。孙毓庆教授等曾对中成药薄层扫描分析方法进行了系统研究和总结,方法分为 5 部分:提取、薄层色谱、薄层扫描、色谱峰的认定及含量测定等。

手性药物对映体之间存在着不同的药理作用,药动学研究结果表明,药物对映体具有不同的药动学和药效学。对手性药物对映体的分离分析中,TLC 直接拆分具有快速、方便及经济的特点。目前该方法主要用于定性分析,直接检查对映体的纯度;定量分析也有报道,但目前检测灵敏度均在 0.1% 以上,因此在灵敏度和精确度提高上有待进一步研究。

2. 在临床、生化分析中的应用

TLC法在临床药物监测、药物及制剂质量评价、药物代谢研究、临床药物急性中毒检验、毒品检验等应用较多。临床药物分析的特点是在大量复杂组分中对药物及代谢物进行微量甚至是超微量分析鉴定，因此要求分析方法具有较高的灵敏度和选择性，而且还要建立一套生物样品的预处理方法，以消除杂质的干扰和对仪器的污染。除较常用的 HPLC、GC 及 GC/MS 分析方法之外，薄层色谱法和薄层扫描测定法在多数情况也能满足以上的分析要求。又因薄层板为一次性使用，对样品预处理要求不很严格，因而方法简便易行。在生物样品内源物质的分离分析中，如磷脂、脂肪酸、胆汁酸、氨基酸、前列腺素、单糖、DNA 测定、酶活性测定等应用也很广泛。据孙毓庆等统计，在临床检验中，最常用的固定相是硅胶薄层板、而高效薄层板约占百分之十几，但在药理学和毒理学领域，则有 30% 左右采用高效薄层板。在生化应用中，预制高效薄层板约占 20% 左右，在解决特殊分析问题中，则采用了化学键合板或各种改性板，如应用 C_{18} 反相薄层板用于酶活性测定、尿中药物筛选分析；在氨基改性薄层上测定 DNA 中 5-甲基胞嘧啶和各种糖的分离分析等。

3. 在食品、卫生分析中的应用

TLC法在食品卫生方面的应用主要有食品污染物及残留物的检验，如农药残留物（有机氯、有机磷、除草剂等）的分析、真菌毒素（黄曲霉毒素、T-2 毒素等）的分析、食品饮料中添加剂（防腐剂、颜料等）的分析以及各种食品中的类脂分析、游离脂肪酸及氧化产物分析、胆固醇分析等。由于食品物质的多样性和成分的复杂性，其中许多问题的解决，TLC 法是首选方法，或是 TLC 法与其他分析技术联用，如 TLC-MS、TLC-GC 等。

4. 在其他领域分析中的应用

TLC法在环境污染与监测中的应用如水质、土壤中污染物及有害物质的分析，残留农药的检测等。在石油、化工、染料等领域中的应用，如沥青成分的分析、原油中多环芳烃的分析。在有机合成、有机金属化合物的合成中，中间体及产品质量控制等方面，TLC 法也常常被采用。

总之，TLC 法是一种简便、快速、实用和易于推广的分离分析技术，在许多学科领域均得到了广泛应用。随着商品预制板和高效色谱板的普及应用，以及操作上的仪器化和自动化的实现，TLC 法会将在上述各分析领域发挥更大的作用。

由于薄层色谱法在医药卫生领域中易于推广普及，实用价值大，而被一些国家的药典和药品规范所采用。在我国医药卫生和医学检验中，薄层色谱法已进入分离高效化，定量仪器化，数据处理自动化阶段。

下面给出 4 个实际应用示例。

【示例 16-1】　氨基酸的分离[①]

蛋白质水解可得到各种氨基酸。现有一天门冬氨酸、甘氨酸、β-丙氨酸、β-氨基异丁酸、3-碘酪氨酸、亮氨酸的混合物，要进行分离鉴定。

分离条件　用纤维素 MN-300 作吸附剂预制成薄层板，板厚 0.25 mm，展开剂为正丁醇-乙酸-水（60＋15＋25），用上行法展开，展开时间为 5 h，展距 15 cm。展开后晾干，用重氮化的对氨基苯磺酸显色或用水合茚三酮显色，各组分呈现出不同颜色的斑点。其 R_f 分别为 0.27，0.33，0.45，0.56，0.65，0.73。

---

① 李吉学主编.仪器分析.北京：中国医药科技出版社,2000

【示例 16-2】　尿中雌三醇含量的测定[①]

妊娠期间孕妇尿中雌三醇的含量增加。分析这时期尿中的雌三醇含量,是评定胎盘功能和胎儿健康生长的指标。

仪器与试剂　E. Merck 高效硅胶 G60 薄层板及 CAMAG Linomat Ⅳ 点样器、甲苯-二氧六环-甲醇(8＋2＋1)展开剂、CAMAG 薄层扫描仪作荧光直线扫描。

操作步骤　取尿液 5 mL,加 3.0 g 硫酸铵,离心后取沉淀,然后在 pH 9.5 条件下用乙醚萃取;在碱性条件下,萃取液的雌三醇与丹酰氯作用,生成丹酰雌三醇。

用薄层展开荧光扫描法检测,见图 16-7。

【示例 16-3】　血清或血浆中若干抗癫痫药物和巴比妥类药物的高效薄层色谱测定法[②]

仪器与试剂　E. Merck 高效硅胶 60F254 薄层板、CAMAG Linomat Ⅲ 点样器、氯仿-二异丙醚-乙醇-25％氨水(20＋20＋5＋3)展开剂、CAMAG 薄层扫描仪,用反射吸收扫描,波长为 225 nm。

图 16-7　雌三醇的薄层色谱荧光扫描图
(a) 反应前(空白)　(b) 反应后
(1—丹酰雌三醇;$\lambda_{ex}=313$ nm,$\lambda_{em}=400$ nm)

操作步骤　取血清或血浆 0.5 mL,与 0.1 mL 磷酸盐缓冲溶液(0.1 mol·L^{-1},pH 6.2)混合均匀,通过 C$_{18}$-Bond-Elut 色谱预柱进行真空洗脱,并用水洗 3 次以除去极性大的杂质;然后用 0.25 mL 甲醇洗 2 次,把保留在预柱上的试样洗下;将洗脱物在氮气流下蒸干,残留物用 80 μL 氯仿溶解作为试液。点样展开,用 225 nm 反射吸收扫描。

【示例 16-4】　核糖霉素和新霉素组分的薄层分析[③]

核糖霉素与新霉素均可能含有杂质新霉胺。新霉胺既是生产过程中的副产品,又是核糖霉素与新霉素 B、C 的降解产物,具有一定的毒性,因此在成品中要控制新霉胺的含量。

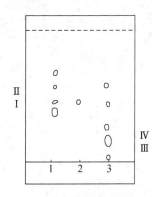

16-8　核糖霉素与新霉素的薄层色谱图

色谱条件　将核糖霉素、新霉素样品及新霉胺标准液(浓度分别为 5 mg·mL^{-1}、20 mg·mL^{-1}、0.40 mg·mL^{-1})点于硅胶-CMC 板 1、2、3 的原点上,展开剂氯仿-甲醇-25％氨水(2:3:2),展开后用茚三酮显色。如图 16-8 所示。

标准曲线的绘制　精密吸取新霉胺标准液 2 μL、4 μL、6 μL、8 μL、10 μL 分别点于硅胶-CMC 板上,经展开后,晾干,迅速浸入茚三酮显色剂中,稍晾干,110℃烘箱中烘 15 min,然后用一玻璃板盖于薄板上,四周用透明胶密封,进行薄层扫描,扫描参数为,$S_x=3$,灵敏度×2。新霉胺回归方程为 $y=39.8+95.0x$,$r=0.999$,其中 x 为点样量(μg),y 为峰面积,直线未通过原点。

进行了加样回收率试验和稳定性试验,并进行样品杂质新霉胺的含量测定。

①　Li Leming. CAMAG. CBS-54,21,1984

②　S. Fishman. J. Pharm. Sci. . 64,674:1975

③　何华,倪坤仪主编. 现代色谱分析. 北京:化学工业出版社,71,2005

习　题

16.1 什么是薄层色谱法？它具有哪些特点？什么是高效薄层色谱法？

16.2 如何来选择薄层色谱法的固定相和流动相？

16.3 当展开槽中溶剂蒸气未达到饱和时，对薄层色谱将产生何影响？

16.4 简述薄层扫描法的基本原理及方法。

16.5 乙胺样品在硅胶板 A 上用丁醇-醋酸-水(4＋1＋5)展开，测得 $R_f=0.37$。同一样品用同一展开剂在硅胶 B 板上展开，测得 $R_f=0.65$。问哪块硅胶板的活性大些？为什么？

16.6 在 30℃时，用水饱和的乙醇为展开剂进行氨基酸薄层色谱。测得起始线到溶剂前沿的距离为 15.0 cm，原点到丙氨酸、缬氨酸、亮氨酸斑点的距离分别为 1.2 cm、3.0 cm、5.4 cm。求：

(1) 它们的 R_f；

(2) 丙氨酸和亮氨酸相对于缬氨酸的 R_{st}。

(0.08,0.20,0.36;0.40,1.8)

16.7 样品和标准品经薄层分离后，样品斑点中心距原点 9.0 cm，标准品斑点中心距原点 7.5 cm，展开剂前沿距原点 15 cm，试求样品及标准品的 R_f 和 R_{st}。

(0.6;0.5;1.2)

16.8 化合物 A 在薄层板上从原点迁移 7.6 cm，溶剂前沿距原点 16.28 cm，求：

(1) 化合物 A 的 R_f；

(2) 在相同的薄层色谱展开系统中，溶剂前沿距原点 14.3 cm，化合物 A 的斑点应在此薄层板上何处？

(0.47;6.72 cm)

第四篇

其他分析技术选读

第 17 章 毛细管电泳

17.1 概　　述

分散介质中带电粒子在电场作用下,向着与其电性相反的电极移动的现象称为电泳(electrophoresis)。电泳一词原指胶体粒子在电场影响下的移动,但小分子,如氨基酸及核苷酸以及超过大分子范围的生物物质,如病毒、细胞器、细胞等,在电场影响下的移动也称为电泳。因为各种带电粒子的电泳速率不同,故可用于各种物质的分离、分析,这种方法称为电泳法。目前所用的电泳方法可分为三类:显微电泳、自由界面电泳及区带电泳。区带电泳应用比较广泛。

在医学检验中电泳法是一种常见的测定技术,主要用于氨基酸、多肽、蛋白质、酶、脂类、核苷、核酸等的分离和分析。

电泳已有近百年历史,在生物和生物化学发展中起着重要的意义,A. W. K. Tiselins 等用电泳法从人血清中分离出白蛋白、α 球白、β 球白和 γ 球蛋白。由于这一杰出贡献,1948 年他们荣获诺贝尔化学奖。经典(传统)电泳最大的局限性在于难以克服由两端高电压引起的电介质离子流的自热,称为焦耳热(Joule heating),这种影响随电场强度的增大而迅速加剧,因此限制了高压的应用。

由于科学技术的迅速发展,电泳法又发展了毛细管电泳。毛细管电泳(capiliary electrophoresis, CE)又称高效毛细管电泳(HPCE)或毛细管电分离法(CESM),是一类以毛细管为分离通道,以高压直流电场为驱动力的新型液相分离技术,它迅速发展于 20 世纪 80 年代中后期。毛细管电泳实际上包含电泳、色谱及其交叉内容,是分析科学中继高效液相色谱之后的又一重大进展。它使分析科学得以微升水平进入纳升水平,并使单细胞分析,乃至单分子分析成为可能。长期困扰我们的生物大分子如蛋白质的分离分析也因此有了新的转机。现在,毛细管电泳已成为一种普遍推广应用的方法。

1981 年 Jorgenson 和 Lukacs 首先提出在内径为 75 μm 的毛细管柱内用高电压进行分离,创立了近代的毛细管电泳。随后相继建立了胶束毛细管电动色谱、毛细管等电聚焦和毛细管凝胶电泳等。1988~1989 年出现了第一批毛细管电泳商品仪器。在短短几年内,因 CE 能满足生命科学各领域中对多肽、蛋白质、酶、抗体、核苷酸乃至脱氧核糖核酸(DNA)的分离分析要求,故得到了迅速发展。CE 是传统电泳技术和现代微柱分离相结合的产物。同其他分离技术相比,CE 具有分辨率高、塔板数高、选择性好、定量准确、所需进样量少等特点。

(i) 高灵敏度。常用紫外检测器中的检出限可达 $10^{-13} \sim 10^{-15}$ mol,激光诱导荧光检测器则达 $10^{-19} \sim 10^{-21}$ mol。

(ii) 高分辨率。毛细管电泳中,每米理论塔板数为几十万,高者可达几百万乃至千万;而高压液相色谱中一般为几千到几万。

(iii) 高速度。分离分析速度最快可在 60 s 内完成。有报道可在 250 s 内分离 10 种蛋白质,在 1.7 min 内分离 19 种阳离子及 3 min 内分离 30 种阴离子。

（iv）需样品量少。在实验时只需要纳升(nL, 10^{-9} L)级的进样量。

（v）成本低。在实验时只需要少量（几毫升）流动相和价格低廉的毛细管。

由于 CE 具有上述的特点以及分离生物大分子的优异性能,使其成为近来发展迅速的分离分析方法之一。

传统电泳技术的缺点是分离效率较低,操作繁琐,再现性较差,特别是为提高分离效率需加大电场强度,但由于电流作用产生的内热,即焦耳热也随之加大,故使谱带变宽,柱效能明显降低。20 世纪 80 年代发明了毛细管电泳技术,将电泳载体移到毛细管内,解决了传统电泳(焦耳热)的热扩散和试样扩散的难题,大大提高了分离效率和分析灵敏度。

将电泳原理和色谱法相结合的毛细管胶束电动色谱的发展,解决了毛细管电泳不能分离中性物质的缺陷,从而大大拓展了毛细管电泳技术的应用。

目前,国际上的毛细管电泳研究侧重于应用,但方法本身的完善和发展也同样热火朝天。应用研究的内容是多方面的,其中最富特色者有蛋白质分离、糖分析、DNA 测序、手性分离、单细胞分析等。

方法发展同样也是多方面的,其中建立新的分离模式和联用技术最为突出。一般而言,新方法的发展难度很大,但近些年却有不小进展,比如建立了阵列毛细管电泳(CAE)、亲和毛细管电泳(ACE)、芯片式毛细管电泳(CCE)等。CCE 是一种微型化的超速(秒级)电泳技术,其研究可能会进一步推开。CAE 的当前目标是实现高速 DNA 测序,已有 8、16、96 根毛细管 CAE 商品仪器推出,将来有可能出现能操纵上千根毛细管的 CAE 商品仪器。其实,CAE 不仅仅适合于测序工作,也适合于其他大规模分析工作。

联用技术是解决毛细管电泳定性问题的最佳方法,在这方面,最令人兴奋的例子是 CE-MS,它已可测定 5～10 个红细胞中的血红蛋白。此外,CE-NMR 也可提出并实现发展新的联用技术可能是 CE 研究中的重大方向之一。

毛细管电泳的分类可按毛细管中填充物质的性状可分为自由溶液和非自由溶液;按机理可分为电泳型、色谱型和电泳-色谱型 3 类。常用于分离分析的毛细管电泳的分离模式详见表 17-1。

表 17-1　毛细管电泳的主要分离模式

名　称	缩　写	管内填充物	说　明
毛细管区带电泳	CZE	pH 缓冲的自由电解质溶液,可含一定功能的添加剂	属自由溶液电泳型,但可通过加添加剂引入色谱机理
胶束电动毛细管色谱	MEEC	CZE 载体＋带电荷的胶束	CZE 扩展的色谱型
微乳液电动毛细管色谱	MEECC	由缓冲液、不溶于水的有机液体和乳化剂构成的微乳液	CZE 扩展的色谱型
毛细管凝胶电泳	CGE	各种电泳用凝胶或其他筛分介质	属非自由溶液电泳,含有"分子筛"效应
毛细管等电聚焦	CIEF	建立 pH 梯度的两性电解质	按等电点分离,属电泳型要求完全抑制电渗流动
毛细管电动色谱	CEC	CZE 载体＋液相色谱固定相	属非自由溶液色谱型
非水毛细管电泳	NACE	含有电解质的非水体系	属自由溶液电泳型

毛细管电泳发展速度非常迅速,除上述的分离模式外,建立了微芯片电泳(microchip electrophoresis，MCE）。芯片电泳利用刻制在硅、玻璃、塑料等基体上的毛细通道进行电泳，是一种微型化的毛细管电泳技术，可以在秒级时间内完成上百个样品的同时分析。

17.2 毛细管电泳的基本原理

毛细管电泳的基本原理是电泳原理和色谱原理，这两种原理的作用机制不同，但都是分离技术。

电泳是指带电粒子在一定介质中因电场作用而发生定向运动，因带电粒子所带的电荷数、带电粒子形状、离解度等不同，带电粒子在电解质中迁移速率不同而分离。色谱是因不同组分在两相（固定相和流动相）中的分配系数不同而分离。发展至今天，毛细管电泳的很多分离类型包含了色谱的分离机理。

电泳和色谱的分离过程都是差速迁移过程，可用相同的理论来描述，如色谱中所用的一些名词概念和基本理论，如保留值、塔板理论和速率理论等均可借用于毛细管电泳中。

为了便于学习和今后阅读资料，首先介绍毛细管电泳常见的几个名词。

17.2.1 电泳和电泳淌度

已知分散介质中带电粒子在电场作用下，向着与其电性相反的电极移动的现象称为电泳。由于各种带电粒子在电场中的迁移速率（即电泳速率）不同，故可用于各种物质的分离分析。在物理学中，淌度（mobility）用以量度电场中离子的迁移速率。电泳淌度 μ_{ep} 是指离子迁移速率 v_{ep} 和电场强度 E 的比值，即

$$\mu_{ep} = \frac{v_{ep}}{E} = \frac{q}{f} \tag{17-1}$$

式中：q 为离子所带电荷量；f 为摩擦系数，对于半径为 r 的球形粒子，其摩擦系数 $f = 6\pi r \eta$；E 为电场强度。离子迁移速率 v_{ep} 和电场强度 E 的量纲分别为 $cm \cdot s^{-1}$ 和 $V \cdot cm^{-1}$，故电泳淌度 μ_{ep} 的量纲为 $cm^2 \cdot (V \cdot s)^{-1}$。由式(17-1)可知，电泳淌度 μ_{ep} 和离子电荷 q 成正比，和摩擦系数 f 成反比。故对大小相近的分子，淌度 μ_{ep} 随着离子电荷量加大而增大，且

$$f = 6\pi r \eta \tag{17-2}$$

式中：η 是溶液的黏度。因此，摩擦系数 f 和带电荷分子的大小成正比，分子越大淌度 μ_{ep} 的绝对值越小。

17.2.2 电渗和电渗淌度

毛细管电泳法和传统电泳法的重要区别在于使用毛细管。在石英毛细管内壁覆盖着一层硅羟基（Si—OH），毛细管表面的硅羟基电离而带负电荷，吸引溶液中阳离子，形成停滞的电双层，如图 17-1(b)所示。电双层外缘扩散层中富集的阳离子，因溶剂化而带着溶剂向阴极流动，这种效应称为电渗（electroosmosis）。当毛细管的半径大于电双层厚度的 7 倍时，毛细管中的电渗就形成平流即电渗流，如图 17-1(c)所示。电渗流的速率 v_{eo} 和电场强度 E 成正比，电渗淌度 μ_{eo} 用以量度电场中电渗的速率，它是指电渗速率 v_{eo} 和电场强度 E 的比值，即

$$\mu_{eo} = v_{eo}/E \tag{17-3}$$

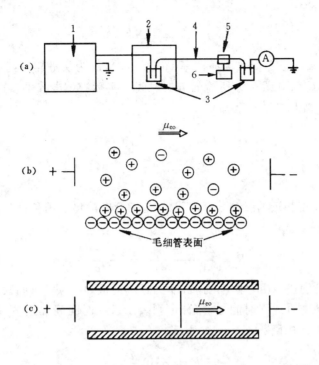

图 17-1　毛细管电泳装置和毛细管电泳基本原理示意图

(a) 电泳装置示意图 (1—直流高压电源, 2—有机玻璃外壳, 3—溶剂储槽, 4—毛细管, 5—检测器, 6—记录仪)

(b) 毛细管壁-溶液的界面上的离子示意图

(c) 毛细管中的电渗流动示意

电渗淌度和硅氧层表面的电荷密度成正比, 和离子强度的平方根成反比。在低 pH 条件下, 硅氧层形成分子, 因而减少了表面电荷密度, 故电渗速率小。如在 pH 9 的硼砂缓冲液中电渗速率约为 $2\ \mathrm{mm \cdot s^{-1}}$, 而在 pH 3 的介质中电渗速率减小约 1 个数量级。影响电渗的一个重要因素是毛细管中因电流作用产生的焦耳热, 能导致毛细管中心的温度高于边缘的温度, 形成抛物线形的温度梯度, 即管壁附近温度低、中心温度高, 因之电渗速率不均匀故而造成区带变宽, 柱效降低。为此, 应避免使用过长和内径大于 $50\ \mu\mathrm{m}$ 的毛细管, 还应注意减小毛细管的壁厚, 选择适宜的电压和缓冲液及使用良好的冷却系统。

在带电毛细管内壁形成电双层所产生的电渗流, 可减少组分在毛细管柱内的径向扩散, 有利于提高柱效。因此产生均匀的电渗流是毛细管电泳具有高分辨率的重要因素。

17.2.3　表观淌度

毛细管电泳中观察到的离子淌度称为表观淌度, 表观淌度 μ_{app} 是离子的电泳淌度 μ_{ep}、溶液的电渗淌度 μ_{eo} 的加和。由上述讨论可知, 带正电荷的离子的 $\mu_{\mathrm{ep}} > 0$, $\mu_{\mathrm{eo}} > 0$, 故 μ_{app} 总是为正号, 离子向阴极移动。而带负电荷的离子受电泳流的影响被阴极排斥, $\mu_{\mathrm{ep}} < 0$, 对中性分子或在高 pH 条件下, 若 $\mu_{\mathrm{eo}} > \mu_{\mathrm{ep}}$, μ_{app} 仍为正号, 离子仍然可向阴极移动; 但在低 pH 条件下, μ_{app} 可为负号, 离子将向阳极方向移动, 此时必须改变电场方向, 方可检测欲分析的离子。

表观淌度可由下式计算

$$\mu_{app} = \frac{v_{net}}{E} = \frac{L_d/t}{U/L_t} \tag{17-4}$$

式中：v_{net} 为组分的实际速率，net 为净速率（net speed），L_d 为从进样口到检测器的实际柱长，L_t 为毛细管总长度，U 为电压，t 为所需的分析时间。实际测试电渗淌度时可用中性组分，此时 $\mu_{ep}=0$，$\mu_{eo}=\mu_{app}$，则上式写为

$$\mu_{eo} = \frac{v_{中性}}{E} = \frac{L_d/t}{U/L_t} \tag{17-5}$$

17.2.4 分离度

分离度是指将淌度相近的组分分开的能力，毛细管电泳仍沿用色谱分离度 R 的计算公式来衡量两组分分离程度

$$R = \frac{2(t_{R_2} - t_{R_1})}{W_1 + W_2} = \frac{t_{R_2} - t_{R_1}}{4\sigma} \tag{17-6}$$

式中：下标 1 和 2 分别代表相邻两个物质；t_R 为迁移时间，W 为以时间表示的峰宽。因此式(17-6)分子代表两种物质迁移时间之差，分母则表示这一时间间隔组分展宽对分离的影响。分离度也可表示为柱效的函数。

$$R = \frac{\sqrt{n}}{4}\left(\frac{\Delta u}{\bar{u}}\right) \tag{17-7}$$

这里 $\Delta u/\bar{u}$ 为两相邻组分的相对速率差，不考虑电渗流时，它等于两相邻组分的相对淌度差，因此

$$R = \frac{\sqrt{n}}{4}\left(\frac{\Delta\mu_{ef}}{\mu_{ef}}\right) \tag{17-8}$$

当考虑电渗流时，用 $\mu_{ef}+\mu_{eo}$ 代替 μ_{ef} 时，并将式(17-5)代入（其中 $E=U/L$），则有

$$R = \left(\frac{1}{4\sqrt{2}}\right)\Delta\mu_{ef}\left[\frac{UL_d}{DL_t(\mu_{ef}+\mu_{eo})}\right]^{1/2} \tag{17-9}$$

式(17-9)表明，R 是下列 4 种因素的函数：外加电压 U，有效柱长与总长度之比 L_d/L_t，电泳有效淌度差 $\Delta\mu_{ef}$ 和电渗淌度 μ_{eo}。

17.2.5 毛细管电泳仪的基本装置

1. 基本装置

毛细管电泳仪是由直流高压电源、有机玻璃外壳、溶剂储槽、毛细管、检测器和记录仪等组成，结构如图 17-1(a)所示。一根长约 50～100 cm，内径 25～100 μm 的石英或玻璃毛细管的两端分别浸入储液槽内电解质溶液中，毛细管内充满该电解质溶液，用高压电源外加约 20～30 kV 的稳定电压。在毛细管的一端安装了在线的检测器，常用的有光学和电化学检测器等。如为光学检测器，毛细管本身便作为流通池，若为电化学检测器则将电极直接插进毛细管中以进行检测。电化学检测器是由 5 μm 或 10 μm 外径的纤维电极装入毛细管中构成。

用于制备毛细管的材料最常见的是熔融石英，这是由于熔融石英传热效果好，并可直接用紫外或荧光方式检测。为了防止折断，通常在毛细管外壁涂一层高分子材料，增强其柔韧性，其内壁可用稀碱液或缓冲溶液用压入法或抽出法冲洗。

电解质储液槽一般用玻璃或塑料瓶及细铂丝电极制成,内充一定 pH 的缓冲溶液;充满溶液的毛细管两端分别放入两个槽内,当高压电源和铂丝连接输出电压后形成闭合电流回路。

为了能够控制毛细管内部的环境,除了改变缓冲的 pH 外,还常常使用加入十六烷基三甲基溴化胺等表面活性剂,以改变电渗流的方向。有时应用硅烷化、高聚物涂渍等技术修饰毛细管内壁,以便减少吸附,改善峰形。

2. 进样方法

毛细管电泳的进样方法,对毛细管电泳的分离效率和再现性有重要影响。毛细管电泳常见的进样方法有压差进样和电动进样两种。

(1) 压差进样

压差进样又称动力进样(hydrodynamic injection)。它是利用毛细管虹吸原理进样,只要将毛细管插入缓冲溶液中,准确记时,样品进入毛细管的体积 V 为

$$V = \frac{\Delta p \pi d^4 t}{128 \eta L_t} \tag{17-10}$$

式中:Δp 为毛细管两端的压力差,d 为毛细管内径,η 为样品黏度,L_t 为毛细管的总长度,t 为进样时间。

(2) 电动进样

电动进样(electrokinetic injection)是利用电渗机制使样品在外加的进样电压作用下沿毛细管内壁进入毛细管。一定时间 t 进样的量用下式计算

$$n_{样} = \mu_{app} \left(E \frac{G_b}{G_s} \right) t \pi r^2 c \tag{17-11}$$

式中:$n_{样}$ 为进入毛细管样品的物质的量(mol),μ_{app} 为表观淌度,E 为电场强度,G_b、G_s 分别为缓冲溶液和试样液的电导,r 为毛细管半径,c 为试样浓度(mmol · L^{-1})。

电动进样对黏度较大的试样更为适用。但测量重现性较差,且可能因各组分扩散系数的差别而导致迁移速率的不同,形成所谓的试样失真。

17.2.6　毛细管电泳的基本原理

毛细管电泳是以高压电场为驱动力,以毛细管为分离通道,依据试样中各组成之间电泳淌度和分配行为上的差异,而现实分离的一类液相分离技术。当试样引入毛细管后,带电粒子在电场的作用下各向电性相反的电极作泳动。若电渗淌度在数值上大于缓冲液中所有向阳极泳动的阴离子的电泳淌度,那么,所有的离子性和非离子性溶质都被电渗流携带而向阴极运动,可使所有的溶质从毛细管的一端逐个洗脱出来,各种溶质因迁移速率不同而实现分离,这就是毛细管电泳的分离原理(毛细管电泳的原理也就是毛细管区带电泳的原理)。

1. 迁移时间 t

毛细管区带电泳的迁移时间 t 如下式所示

$$t = \frac{L_d L_t}{(\mu_{ep} + \mu_{eo})U} \tag{17-12}$$

式中:μ_{ep} 为电泳淌度,μ_{eo} 为电渗淌度,U 为外电压,L_t 为毛细管总长度,L_d 为进样到检测器之间毛细管长度。

迁移时间由两个主要因素决定:(i) 电泳速率。在电泳力的作用下,带负电荷的组分向阳极移动,带正电荷的组分向阴极移动。(ii) 由于高电压引起的在毛细管内壁的大量电荷移动

所产生的电渗力。因此,电解质的总流速由电泳速率和电渗流速率组成。对大多数分子来说,电渗力大于电泳力。因此不管溶质是阳离子还是阴离子,所有的分子都将向阴极移动,阳离子的流速比电渗流速率快,阴离子的流速比电渗流流速慢,而中性分子的流速与电渗流流速一致。因此,可用中性化合物的出峰时间来测定电渗流流速。由此可见,阴、阳离子可在一次运行中分离。

2. 理论塔板数

因毛细管能有效地散热,不会造成溶液中的密度梯度和对流。并且毛细管中无固定相,不存在涡流扩散,影响区带扩张的主要原因是纵向扩散。其理论塔板数(N)为

$$N = (\mu_{ep} + \mu_{eo})U/2D \tag{17-13}$$

式中:D 为扩散系数。由上式可知:N 与 U 成正比,即高电压可得到高理论塔板数;N 与 D 成反比,可预测大分子可得到高理论塔板数。理论塔板数在理想条件下可达 100 万,在通常条件下,可达 10～20 万。可见,毛细管电泳有极高的分离效率。

毛细管电泳的理论塔板数 N 和溶质的扩散系数 D 成反比,而高效液相色谱的 N 和 D 成正比,因此扩散系数极小的生物大分子,毛细管电泳的柱效比高效液相色谱高得多。毛细管电泳比高效液相色谱有更高的分离能力,主要由两个因素决定:(i) 毛细管电泳在进样端和检测时均没有高效液相色谱的死体积;(ii) 毛细管电泳用电渗流作推动流体前进的驱动力,整个流体呈扁平形的塞式流,使溶质区带在毛细管内不易扩散,而高效液相色谱用压力驱动,使柱中流体呈抛物线形,导致溶质区带扩散,使柱效下降。

3. 分离度与电脉淌度

分离度与电泳淌度的关系为

$$R = \frac{1}{4\sqrt{2}}(\mu_A - \mu_B)\sqrt{\frac{U}{D(\overline{\mu}_{A,B} + \mu_{eo})}} \tag{17-14}$$

式中:μ_A 和 μ_B 为 A、B 两种溶质的电泳淌度,$\overline{\mu}_{A,B}$ 两种溶质的平均电泳淌度。

由式(17-14)可知,在确定的实验条件下 $\sqrt{\frac{U}{D(\overline{\mu}_{A,B} + \mu_{eo})}}$ 为一定值,故溶质 A 与 B 能否分离,关键在于两者的电泳淌度要有足够大的差值。

17.3 毛细管电泳的检测器

CE 对检测器灵敏度要求相当高,故检测是 CE 中的关键问题。迄今为止,除了原子吸收光谱,电感耦合等离子体发射光谱(ICP)及红外光谱未用于 CE 外,其他检测手段均已用于 CE。现可将其归纳成紫外、荧光、电化学、质谱、激光类和其他类检测器,现选择其中重要的几类检测器作简要介绍。

17.3.1 紫外检测器

和 HPLC 类似,CE 中应用最广泛的是紫外-可见光检测器。

(i) 类型。按检测方式可分固定波长或可变波长检测器和二极管阵列或波长扫描检测器两类:前一类检测器采用滤光片或光栅来选取所需检测波长,优点在于结构简单,灵敏度比后一类检测器高;后一类检测器能提供时间-波长-吸光度的三维图谱,优点在于紫外光谱可用来定性、鉴别未知物。

(ii) 增加灵敏度的方法。由于 CE 检测池的光路长度即为毛细管的内径,其一般不超过 $100~\mu m$,因此,细内径的毛细管柱限制了紫外检测器的灵敏度。欲提高检测灵敏度,可采用优化测定波长、减少检测噪声、扩展吸光光路长度(可采用聚光增强入射光强度、提高光程长等措施)等方法。

17.3.2 荧光检测器

荧光检测器是一类高灵敏度和高选择性的检测器,与紫外检测器相比,检出限可降低 $3 \sim 4$ 个数量级。它用于痕量分析和脱氧核糖酸(DNA)序列分析,大大拓宽了 CE 的应用范围,具有广泛的应用前景。

(i) 荧光检测器。采用氘灯(低波长 UV)、氙弧灯(UV 到可见光区)和钨灯(可见光区)作为激发光源,即为荧光检测器。对荧光黄检出限可达 $2~ng \cdot mL^{-1}$,这个结果和用氘灯测定 240 nm 下的吸光度相比,只有后者的 1%。

(ii) 激光诱导荧光检测器。激光的高光流量、聚光性、单色性等特点使其成为理想的激励源。常见氦-镉激光器(325 nm)和氩离子激光器(488 nm)。对荧光黄检出限为 $10^{-11}~mol \cdot L^{-1}$(约为 $10~ng \cdot mL^{-1}$),约 60 000 个分子或更低。

17.3.3 质谱检测器

将最有力的分离手段和能提供组分结构信息的质谱(MS)联用,是一种分离和鉴定相结合的强有力的技术。CE-MS 在线联用,接口系统是"心脏"。既要保持 CE 的高效性,又要满足 MS 一起的要求,通常需考虑试样离子化技术和 CE-MS 接口的设计。接口设计有同轴接口和液体连接接口,最常用的是如下两类。

(i) 同轴连续流快原子轰击接口。用一 T 形接头将 CE 柱嵌入能注入基质溶液的另一内径较大的毛细管中,再固定在不锈钢探针轴末端,同轴的两根毛细管与试样靶连接,用一束快速移动的原子束或离子束轰击试样靶,即可产生离子流,获得质谱峰。

(ii) 喷雾离子化接口。CE 毛细管柱流出的试样溶液在几千伏电压作用下,表面带电产生库仑排斥力,使液滴成雾状喷出。引入离子源中的热氮气流使雾状液滴蒸发,形成离子流,经聚焦进入质谱仪。

CE-MS 在肽链序列及蛋白质结构、相对分子质量测定等方面有卓越的表现,许多方面的研究正在开展,可以预见这是最有发展前途的技术之一。

17.3.4 电化学检测器

电化学检测器是 CE 中灵敏度最高的检测器之一,可避免光学类检测器光程太短的问题。其缺点是难以商品化,迄今尚无商品电化学检测器出售。

(i) 电导检测器。柱上电导检测是在毛细管尾端壁上用激光钻两个孔插上两根铂电极,再将孔封住即成。其检出限对 Li^+ 可达 $10^{-7}~mol \cdot L^{-1}$。还有的是将柱尾电导检测器和安培检测器组合成一个检测器进行检测。

(ii) 安培检测器。CE 中微量样品可使库仑效率大大提高,在 HPLC 中此值很少超过 10%,而在 CE 中可达 40% 以上。Wallingforddeng 等 $2~\mu m$ 碳纤维超微电极插在 $9~\mu m$ 内径毛细管中组成安培检测器,对 5-羟色胺的检出限为 $10^{-8}~mol \cdot L^{-1}$,并可用于单个神经细胞内组分的分析。

另外,还有激光类检测器、化学发光检测器、折射率检测器、同位素检测器等,在此不一一介绍。

17.4　毛细管电泳柱技术

毛细管电泳(CE)的分离和检测过程均在毛细管内完成,所以说毛细管是 CE 的核心部件之一。早期对毛细管的研究集中在毛细管直径、长度、形状和材料方面。目前对毛细管的研究集中在壁的改性和各种柱的制备。

17.4.1　动态修饰毛细管内壁

毛细管内壁对蛋白质等的吸附主要来源于其表面硅醇基离解形成带负电的吸附点与蛋白质分子中带正电荷基团间的静电引力。因此改变 EOF 和抑制吸附可采用下述方法：(i) 改变缓冲液 pH 和离子强度,以控制硅醇基的离解;(ii) 在缓冲液中加入添加剂,使其在内壁形成一动态吸附层(物理吸附);(iii) 采用化学衍生或化学键合方法在内壁形成一涂渍层。

例如在缓冲液中加入添加剂,如阳离子表面活性剂十四烷基三甲基溴化铵(TTAB),能在内壁形成物理吸附层,使 EOF 反向。其机理是：TTAB 胶束的正电荷端和带负电荷的毛细管壁因库仑引力形成一 TTAB 的单分子层;其烃基一端面向缓冲液,和溶液中其他 TTAB 分子的烃基端因范德华引力形成了第二分子层。双层胶束的形成使毛细管内壁带上了正电,此时 EOF 就改变了方向。添加剂还有聚胺、聚乙烯亚胺(PEI)等。

甲基纤维素(MC)加入到缓冲液中可在毛细管内壁形成一中性亲水性的覆盖层,其机理不是静电引力,而是氢键结合。

采用添加剂的动态修饰毛细管壁的方法简单易行,通常也能取得很好的分离效果和重现性,所用的添加剂也可用化学方法在管壁形成一永久性涂层。

17.4.2　毛细管内壁表面涂层

毛细管内壁涂层方法有很多种,包括物理涂布、化学键合及交联等。例如带正电荷亲水性的 PEI 涂层,就是先用 PEI 吸附到管壁,再用交联剂乙二醇二环氧甘油醚(EDGE)连接到壁上,形成 3 nm 厚的带正电的稳定薄层,从而改变了 EOF 方向,可在 pH 2～12 范围内使用。但最常用的方法是采用双官团的偶联剂,如各种有机硅烷,通常是第一个官能团(如甲氧基)与管壁上的游离羟基进行反应,使之和管壁进行共价结合;再用第二个官能团(如乙烯基)与涂渍物(如聚丙烯酰胺)进行反应,形成一稳定的涂层。

按照硅醇基生成键形式的不同,可将涂层分为 Si—O—C 型,Si—C 型和 Si—O—Si—C 型。所用的有机硅烷偶联剂有三甲基氯硅烷(TMCS),γ-甲基丙烯酰基丙氧基三甲基硅烷,乙烯基三氯硅烷等。

现在还有将纤维素、PEI 和聚醚组成多层涂层来分离肽、蛋白、寡核苷酸和核酸的。此外,尚有亲水性的绒毛涂层(fuzzy)和联锁聚醚涂层。

17.4.3　凝胶柱和无胶筛分

CGE 的关键是毛细管凝胶柱的制备,常用的聚丙烯酰胺凝胶柱采用丙烯酰胺(ACR)单体和甲叉双丙烯酰胺(BIS)作交联剂,以过硫酸铵(AP)作引发剂,经四甲基乙二胺(TEMED)催化而成。现常用凝胶浓度 T 和交联度 C 两个参数来表达凝胶的特性

$$T = (a+b/m) \times 100\%$$

$$C = (b/a + b) \times 100\%$$

式中：a 为 ACR 的量(g)；b 为 BIS 的量(g)；m 为缓冲液的体积(mL)；T 为两个单体的总体积分数，即凝胶浓度(V/V)；C 为交联度。通过控制 T、C 的比例，可改变凝胶的孔经大小，起分子筛作用。

除聚丙烯酰胺凝胶外，还有琼脂糖凝胶和葡聚糖凝胶，但它们使用面不广。得到广泛应用的尚有测定蛋白质和肽的相对分子质量十二烷基硫酸钠聚丙烯酰胺电泳(SDS-PAGE)。

如将聚丙烯酰胺单体溶液中的交联剂(BIS)的浓度降为零，得到的线性非交联的亲水性聚合物便可溶解在缓冲液里，用毛细管区带电泳(CZE)的操作方式做 CGE 的实验。这种线性聚合物溶液仍有按分子大小分离组分的分子筛作用，称作无胶筛分。此法简单，使用方便，但分离能力比凝胶柱差。

17.4.4　毛细管填充柱等

毛细管电色谱(CEC)试图将 HPLC 中众多的固定相微粒填充到毛细管中(或涂渍到管壁)，使 CEC 既具有多种分离机理，又有电渗流驱动的优点。在 CEC 中，管壁对分离的影响小，填充料的一致性影响也小，EOF 的速率不依赖填充料颗粒间通道直径。采用 5 μm 键合 ODS 固定相填充到 50 μm 内径毛细管中，柱效可达 20 万塔板·米$^{-1}$，高于高效液相色谱；若采用 1.5 μm 颗粒，则可达 50 万塔板·米$^{-1}$。毛细管填充柱可分为开管柱(即管壁涂渍固定相)和填充柱。

将核糖核酸酶、己糖激酶、腺苷脱氨酶等固定到毛细管内表面，构成一开管反应器，再和 CE 连接，可进行核酸选择性检测、微量在线合成和分离寡核苷酸等工作。此外，还可以 LC-CE 连接以实现二维分离，已用于血清分析。

毛细管柱技术中另一有意义的工作是用各种方式在毛细管内缓冲液中形成各种梯度，如 pH 梯度、溶剂浓度梯度等，来提高分离效率和选择性。

总之，毛细管柱技术将会和 HPLC 中色谱柱一样，受到更多的关注。随着分离分析样品的复杂性增加，毛细管柱也将得到进一步的发展。

17.5　毛细管电泳的分离类型

按毛细管内分离介质和分离原理的不同，CE 可分为毛细管区带电泳、胶束电动毛细管色谱、毛细管凝胶电泳、毛细管等电聚焦电泳、毛细管等速电泳、毛细管电色谱和非水毛细管电泳等分离类型，这里我们简要介绍如下五种分离类型。另外，还要介绍近十几年发展起来的微芯片电泳、阵列式芯片电泳。

17.5.1　毛细管区带电泳

毛细管区带电泳(capillary zone electophoresis，CZE)又称毛细管自由电泳，是 CE 中最基本、应用最普通的一种分离类型。上述 CE 基本原理即是 CZE 的基本原理。

CZE 的分离机理是基于被分离物质淌度的差异。CZE 常用介质为电解质水溶液，根据情况可加入不同有机溶剂或其他添加剂。还有一种非水 CE，如在乙腈中加入盐来分离多环芳烃化合物，现在发展到可不加支持电解质，直接用乙腈、甲酰胺、甲醇等作溶剂来进行非水 CE。

CZE 具有分离方便、快速、样品用量小的特点。它在无机离子、有机物、氨基酸、肽、蛋白质、对映体拆分及各种生物试样的测试中有着广泛的应用。

17.5.2 胶束电动毛细管色谱

CZE 主要用于分离带电荷离子,对中性分子依靠电渗作用分离较困难。此时可应用胶束电动毛细管色谱(micellar electrokinetic capillary chromatography,MECC)进行分离分析。

MECC 是在缓冲溶液中加入表面活性剂(如十二烷基硫酸钠,SDS),当表面活性剂浓度超过临界胶束浓度(critical micelle concentration,cmc)时,有一疏水内核、外部带负电荷的胶束(即荷电胶束)。而当无胶束存在时,所有中性分子将同时到达检测器;有胶束时带负电荷的胶束在电场作用下向相反方向泳动,溶质分子在胶束相和水相间产生分配,形成平衡,在溶液的电渗流和胶束的电泳流的共同作用下分离。因溶质(中性粒子)分子的疏水性不同,在两相中分配就有差异,疏水性强的和胶束结合得牢,在胶束内停留时间就越长,其迁移所需时间即保留时间越长,最终按溶质分子疏水性不同得以分离。图 17-2 为 MECC 的分离原理示意。MECC 使 CE 能用于中性物质的分离,拓宽了 CE 的应用范围。

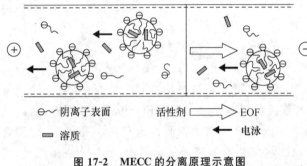

图 17-2 MECC 的分离原理示意图
(检测器位于阴极端)

常见的表面活性剂有各种阴、阳离子表面活性剂,非离子及两性表面活性剂和环糊精等添加剂。这使得本法有相当多的选择余地,可广泛用于各种类型的试样分析。

MECC 主要应用于小分子、中性化合物、手性对映体和药物等的分离分析。

17.5.3 毛细管凝胶电泳

毛细管凝胶电泳(capillary gel electrophoresis,CGE)是将平板电泳凝胶移到毛细管中作支持物进行电泳,凝胶具有多孔性,起类似分子筛的作用,溶质分子按分子大小逐一分离。凝胶黏度大,能减少溶质的扩散,所得峰形尖锐,能达到 CE 中最高的柱效。常用聚丙烯酰胺在毛细管内交联制成凝胶柱,可分离、测定蛋白质和 DNA 的相对分子质量或碱基数,但其制备麻烦,使用寿命短。如果用黏度低的线性聚合物如甲基纤维素代替聚丙烯酰胺,可形成无凝胶但有筛分作用的无胶筛分介质。它能避免空泡形成,比凝胶柱制备简单、寿命长,但分离能力比凝胶柱略差。

CGE 常用于蛋白质、寡聚核苷酸、核糖核酸(RNA)、DNA 片段分离和测序及聚合酶链反应(PCR)产物分析。

17.5.4 毛细管电色谱

毛细管电色谱(capillary electrochomatography,CEC)是将 HPLC 中众多的固定相微粒填充到毛细管中(或涂渍到管壁),以试样与固定相之间的相互作用为分离机制,以电渗流为流动相驱动力的色谱过程。CEC 将 CE 的高效和 HPLC 的高选择性相结合,得到了 CE 研究者的青睐,此法有发展前景。该法现已研究出用分子印刷法毛细管柱分离手性化合物。

17.5.5　非水毛细管电泳

非水毛细管电泳(nonaqueous capillary electrophoresis，NACE)，指介质中有机溶剂占主要部分，主要表现为非水体系的性质，在此亦作为非水体系考虑。在非水毛细管电泳中，增加了 CE 可优化的参数，如介质的极性、介电常数等，使在水中难溶而不能用 CE 分离的对象能在有机溶剂中有较高的溶解度而实现分离。与水体系相比，非水体系可承受更高的操作电压产生的高电场，因而会有更高的分离效率，也可在不增大焦耳热的条件下提高溶液中的离子浓度或增大毛细管内径，从而增大了进样量。

作为 NACE 介质的有机溶剂，最好不易燃烧、挥发和氧化，并应具有良好的溶解性。非水溶剂的介电常数和黏度对分离选择性和分离效应的影响最为显著。甲醇、乙腈、甲酰胺、N-甲基甲酰胺等是 NACE 中最常用的有机溶剂，N,N-二甲基甲酰胺、二甲亚砜、N,N-二甲基乙酰胺、四氢呋喃等也有人使用。

在有机溶剂中加入电解质使之具有一定的导电性是实现 NACE 的必要条件。与传统毛细管电泳相同，在 NACE 中也常需要加入一些电解质来调节介质的 pH 和分离选择性。大多数电解质在有机溶剂中的溶解度较低，这限制了电解质的选择范围。酸及其铵盐是最常用的电解质，如乙酸铵、甲酸等。这类挥发性电解质适宜毛细管电泳与质谱联用。

17.5.6　集成芯片毛细管电泳

1992 年 Harrison 和 Manz 首次采用微电子刻蚀技术研制出了集成芯片毛细管电泳装置(integrated chip-based capillary electrophoresis)，用于分离混合荧光物质。首先在硅、玻璃、塑料等基体上刻蚀出毛细管槽，用盖板封闭好后，在毛细管中流入分离介质。此微型化技术将样品制备、进样、分离和检测等系统集成到一块几平方厘米的基片上，实现了现代分析化学的微型化、集成化、一体化和自动化，达到高效、快速的分析目的。芯片毛细管电泳在核酸测序、DNA 限制性片段分析、聚合酶链反应产物分析、氨基酸和蛋白质分析、细胞研究以及基因遗传诊断方面的应用研究日趋广泛，芯片毛细管电泳仪器预计在未来 2~3 年可问世，并将在相关领域发挥重大作用。

采用微电子光蚀刻技术或微注模技术加工芯片是微型芯片加工的常用技术，还有激光烧蚀、硅橡胶浇铸和热凸印法等芯片制作技术。玻璃是目前使用最多的芯片材料，它的成功应用主要与其所具有的良好的光学性质、研究透彻的表面性质及从微电子工业引入的微加工技术有关。另外，与塑料、晶体硅、陶瓷、橡胶和石英等材料相比，聚合物材料具有制作简单、成本低廉、易于加工通道的特点。玻璃芯片主要采用标准的光蚀刻技术，而聚合物材料芯片的制作技术主要用激光烧蚀、注模和热凸印法等。

芯片电泳利用刻制在基体上的毛细通道进行电泳，上面刻有若干凹孔和微槽。目前使用最多的是芯片有 2 条交叉通道和 4 个储液池。电泳芯片尺寸一般为 1 cm×2 cm，芯片上的通道深度一般为 10~40 μm，宽度为 60~200 μm。

如图 17-3 所示，数码 1~4 表示 4 个孔，在这些孔中可以插入定量管的尖端作为样品池，也可以插入铂电极作为阳极池和阴极池。其中 1~2 为分离通道，3~4 为进样通道。实验时先给孔 3 和孔 4 加一个电压开始进样，进样体积等于两通道交叉处的体积，仅有几十皮升(集成芯片毛细管电泳进样量一般只有 pL 级或 nL 级)，然后将电压差转换到孔 1 和孔 2 两个储液池之间，来实现样品的分离。

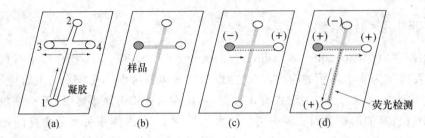

图 17-3　芯片电泳示意图

（a）凝胶（gel）填充　（b）上样　（c）加进样电压　（d）加分离电压并检测

［其中（c），（d）过程在芯片电泳仪中完成］

在芯片电泳中，进样体积极少，分离通道内径很小，分离速度很快，已达秒级，这就要求检测器具有很高的灵敏度和响应度。目前使用最多的是激光诱导荧光检测器（LIF），普通的 LIF 检测器通过一个共聚焦的检测体系就可用于芯片检测。LIF 十分灵敏，响应速度很快，且检测灵敏度相当高，可检测到至少 10^5 个分子，甚至可实现单分子测定，因其无可比拟的灵敏度，95% 的芯片电泳都采用此检测器。电化学检测器具有选择性好、灵敏度高的优点，具有较好的发展前景。化学发光法不需要任何光源，该检测方法适合于检测微量金属离子、金属配合物、染料、蛋白质和生物碱等，化学发光试剂有发光黄、过氧草酸等。其他检测手段还有质谱、拉曼光谱、原子光谱、光声光谱等。

17.5.7　阵列式芯片电泳

为了提高单位信息量，提出了阵列式芯片电泳，一块芯片带有多条通道。这类多通道芯片具有独特的设计要求。有人用多通道芯片进行基因分型，该芯片具有 48 条平行分离通道，8 min 内分离了 2 组共 96 个样品。Mathies 实验室用 96 条放射状分布的阵列芯片完成了四色 M13 标准的 DNA 测序。日本中央研究所神原秀研制了 12 通道的芯片电泳仪，并于 2002 年开发上市。

实际使用的芯片长×宽为 92 mm×66 mm，槽的宽度为 100 μm，深度 3 μm，实际分离长度为 42 mm，上面刻有 12 条平行的通道，可以同时检测 12 个样品。上样量 10 μL，上样电压 600 V，上样时间 120 s，分离电压 1100 V，分离时间 240 s，芯片温度 30℃。

对分离电压的选择，从 700～1400 V 每隔 100 V 在同样条件下进行同样的样品分析。电压过低，分析时间延长，峰展宽严重，电压过高，分离度降低，同时缓冲液电解使基线漂移。经权衡分离度和分析时间两个因素，选择 1100 V 为分离电压。

分析的样本是 P53Wt、P53Mut 基因以及二者的等物质的量（等摩尔）混合物，结果如图 17-4 所示。图 17-4 中峰 1 为野生型（Wild），峰 2 为突变型（Mutant），峰 3、4 为未反应的 G/5-ddGTP 以及引物（unreaction product）。

随着人类基因组计划的进行，基因突变与人类疾病的关系已经逐渐被人们所认识，其中 P53 基因是迄今为止发现的与人类肿瘤相关性最高的基因，大约与 50% 的肿瘤有关。因此测定 P53 有无突变，对肿瘤的诊断治疗和基因药物设计至关重要。

在芯片上制作微反应可以在线实现样品预处理及柱后衍生化芯片电泳。pL 级或 nL 级左右的进样量正好适合应用于单细胞物质的分析，更加灵敏的检测设备使定时检测达到 10^{-21}

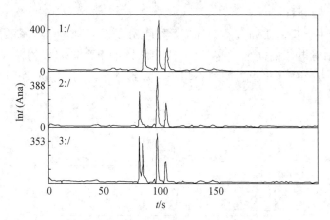

图 17-4　P53Wt、P53Mut 基因以及二者的等物质的量混合物的芯片电泳分离

$mol \cdot L^{-1}$ 的水平。从最初的对于较大体积的神经元细胞的研究到最近的对于较小的哺乳动物细胞的研究,芯片电泳对单细胞成分的认识对疾病的早期诊断和特定药物的研究开发具有重大的影响。在 DNA 测序方面,芯片电泳不仅能进行多个样品测序,而且准确率达 97% 以上。此外,芯片电泳还在基因突变分析、免疫学分析、激素分析等方面崭露头角。芯片电泳将给生物、化学、医药、环境等相关领域带来革命性变化和发展。

17.6　毛细管电泳的应用

毛细管电泳分离效率高、速度快、样品用量少,在化学、生命科学、药学、临床医学、法医学、环境科学及食品科学等领域,有着十分广泛的应用。从小的无机离子到生物大分子,从荷电粒子到中性分子均能用毛细管电泳进行分离分析,尤其是对样品珍贵、取样极少、基体复杂的生物大分子,CE 技术更展示出特有的分离能力与极大的应用前景。

1. 核酸分析

毛细管区带电泳和毛细管胶束电动色谱常用来分离碱基、核苷酸等。毛细管凝胶电泳则用于较大的寡核苷酸、双链或单链 DNA 的序列分析(图 17-5)。采用阵列毛细管电泳、荧光检测的 DNA 序列分析仪已在大规模基因测序中显示出巨大的优越性。

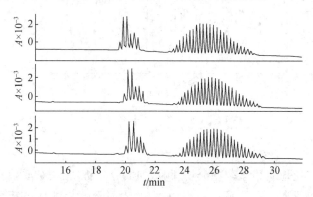

图 17-5　毛细管凝胶电泳高分辨分离寡核苷酸

2. 蛋白质和多肽分析

毛细管电泳可用于蛋白质和多肽的纯度、含量、分子量、等电点、氨基酸序列测定、肽谱(图17-6)等。由于毛细管电泳的高分辨率,可分离多肽链上单个氨基酸的差异、基因工程重组蛋白质的构象异构体以及糖基化蛋白的微不均一。毛细管电泳与质谱联用,可进行蛋白质、多肽的结构测定。

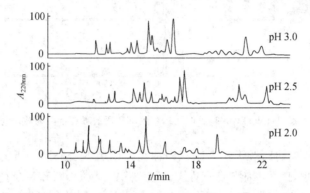

图17-6　重组人生长激素肽谱

3. 手性分离

毛细管电泳用于手性对映体的分离较 HPLC 效率更高,操作更简便,因而发展迅速。通常将手性选择剂加入运行缓冲液即可进行手性分离。常用的手性选择剂有环糊精及其衍生物、冠醚类等。较新的进展是用大环抗生素作手性选择剂分离手性药物及其代谢产物(图17-7)。

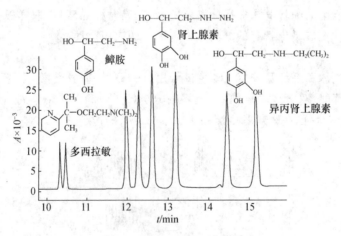

图17-7　分离结构相似的手性分子

4. 药物分析

毛细管电泳已广泛地应用于药物分析领域,如成分分析、相关杂质检验、纯度检验、无机离子含量测定及定性鉴别等(见图17-8)。毛细管电泳用于药品纯度分析已获得美国 FDA 认可。毛细管电泳在中药材及中药复方制剂的分析中也获得广泛应用。

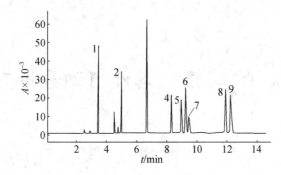

图 17-8　滥用药物分析

1—吗啡　2—可待因　3—海洛因　4—甲基去氧安非他命　5—甲基安非他命
6—可卡因　7—镇痛新　8—哌醋甲酯　9—苯环利啶

5. 临床检测

毛细管电泳已广泛用于疾病的临床诊断,如体液、尿液的分析、蛋白质分析等,为疾病的早期诊断提供大量有用信息。毛细管电泳也用于临床药物检测等。

6. 环境监测

毛细管电泳在环境检测中的应用也日趋增多,最成功的例子是用毛细管离子分析、间接紫外法或荧光检测,在 2.9 min 内分离 36 种阴离子,1.8 min 内分离 19 种阳离子。

7. 单细胞、单分子分析

毛细管电泳已成功地应用于单细胞分析,如单个肾上腺细胞、红细胞、白血病细胞、淋巴细胞、嗜铬细胞和胚胎细胞等。用毛细管电泳测定单个淋巴细胞中乳酸脱氢酶同工酶系,用间接紫外法检测钠离子和钾离子透过胚胎组织膜的传送等。毛细管电泳用于单个 DNA 分子和单个蛋白分子的检测,也有成功的报道。

习　题

17.1　试述各种毛细管电泳技术的特点及其分析应用。

17.2　试举例说明电泳技术在医学检验中的应用。

17.3　试述毛细管电泳基本原理和毛细管电泳的分离类型及应用。

17.4　解释以下名词:(1) 电泳淌度;(2) 电渗淌度;(3) 表观淌度。

17.5　试述毛细管电泳仪的基本装置和毛细管电泳的进样方法有哪几种。

17.6　试述毛细管电泳柱的柱壁的改性和各种柱的制备方法。

17.7　试举例说明毛细管电泳在医药卫生领域中的应用。

17.8　毛细管电泳中,电渗流是如何产生的? 朝何方向移动? 对阴离子分离是否有利?

17.9　与传统电泳分离相比,高效毛细管电泳有哪些改进?

17.10　胶束电动毛细管电泳为什么能够分离中性组分,其分离原理与色谱有哪些异同点?

第 *18* 章 溶液自动分析方法

18.1 概　　述

　　溶液自动分析是指试样为液体或溶液时进行测试的自动分析方法,试样如为固体,可通过溶解或消化等操作转化为溶液。分析通常由下述 4 个步骤组成:溶液的预处理,被测物的检测,数据采集和分析结果的计算。由于预处理的原因,分析程序往往很复杂,其中包括量取试样、稀释、加试剂、混匀、加热、分离、富集、信号检测等,这些繁多的分析步骤,在很早以前都是手工操作,即分批式间歇操作。为此,分析工作者要付出繁重而又枯燥的劳动,不仅分析速度很慢,而且分析结果依赖个人的操作技术熟练程度和工作态度,往往引入许多人为误差。为了克服上述缺点,几十年来人们一直在研究溶液分析手工操作的自动化。由于分批式间歇操作观念的影响,人们首先想到的是手工操作的机械化,即依照手工分析操作程序,实现分析步骤的机械化。经多年努力,设计并生产了许多类型的机械化程序分析仪,如分立式程序分析仪、袋式分析仪、平行离心分析仪等。这类机械化的分析仪,在多数情况下是专用分析仪,多用于临床、卫生的生化检验。这类分析仪在分析速度、准确度等方面有一定的提高,但其共同的缺点是机械构造复杂、购置费和运行费都很高,所以难以推广,限制了它的发展。

　　20 世纪 50 年代,在程序分析仪发展的同时,连续流动分析也开始发展起来。连续流动分析的全部分析过程是,试样和试剂在管道(直管和盘管)中向前流动、混匀、反应至稳态时检测。连续流动分析操作方式灵活,除可方便地进行试样的量取、稀释、加热、混合、加入试剂外,还可进行渗析、萃取、蒸馏等操作。由于管道中流动的是液体,所以机械结构简单,容易制造和维护,通用性强,分析速度快,自动化程度高,因之,在 20 世纪 60～70 年代发展迅速,也有若干仪器生产,其中美国 Technicon 公司生产的自动分析仪最为知名。连续流动分析也有局限,在分析步骤上仍竭力仿效手工式溶液处理,试样和试剂要待混合均匀,反应达到化学稳定状态时,才能进行检测,为此影响了分析速度的进一步提高,所能应用的反应也因此受到一定的限制。

　　1974 年丹麦鲁齐卡(J. Růžička)和汉森(E. H. Hansen)研究了连续流动分析存在的问题,吸收了高效液相色谱法的某些特点,创立了流动注射分析,并于 1981 年出版了流动注射分析专著,把溶液自动化分析推向了一个崭新阶段。

　　流动注射分析摆脱了分批式间歇操作的约束,并可在非稳定的条件下进行检测,所以流动注射分析有更多的优点,如操作简便、分析速度快、结果准确、重现性好、仪器设备简单、可自行组装,又因为流动注射分析是一项微量分析技术,试样和试剂都很节省。鉴于以上种种原因,流动注射分析呈现了旺盛的生命力,在国内外发展迅速,现已成为溶液自动化分析的主要方法。

　　本章主要介绍流动注射分析,但考虑到目前医药、卫生界各大实验室过去购置有程序分析仪、连续流动分析仪,并仍在使用,所以本章也对其做简要介绍。

18.2　程序分析仪

程序分析仪是一种用机械代替手工操作的仪器,它将分析操作步骤如取样、分离、加入试剂、混合、化学反应和检测等,按照预先编制好的程序,由机械装置逐步自动完成。由于分析是分批式间歇操作,故此类仪器又称间歇式周期性分析仪,或非连续式分析仪。在多数情况下,它只用于分析一两种特定组分,所以又是一种专用性分析仪器。

在程序分析仪中,试样都分别装在各自的容器(杯或袋)中,其优点在于可避免试样的交叉玷污。程序分析仪有若干种类型,根据其工作特点,可分为顺序分析仪和同步分析仪两类,前者常见的有分立式自动分析仪、袋式分析仪,后者典型代表是离心式自动分析仪。因为程序分析仪种类型号较多,结构和性能差别效大,本章不可能一一介绍。

18.2.1　分立式自动分析仪

分立式自动分析仪是带有试样杯的循序非连续式分析仪,分析中各种手工操作,如吸液、稀释、加试剂、混合、加热、保温和检测(通常为比色、比浊或电位测量)都实现了机械化。试样依次通过各操作点,用机械模拟进行各种操作,最后试样溶液按序分别进行检测。这种仪器只能同时测不同试样的同一项目。

国产 ZSF-6 型临床生化自动分析仪为较典型的分立式分析仪(图 18-1),现以其为例了解这种类型分析仪的基本结构和工作原理。

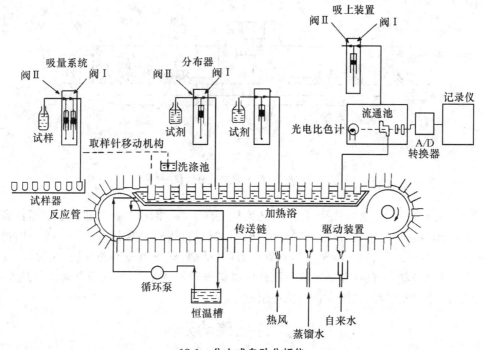

18-1　分立式自动分析仪

(i) 试样器。试样器分为圆盘式或吊篮式。被测试样放在试样器上,试样器在驱动装置带动下,按一定速度移动,使试样一个个地传递到取样针下,待取样。

(ii) 吸量装置和分布器。注射器活塞通常采用气动控制的机械传动装置带动,可定量吸取试样和试剂。当阀Ⅰ关、阀Ⅱ开时,活塞下移,注射器Ⅰ吸入定量试样,注射器Ⅱ则吸入定量试剂;当阀Ⅰ开、阀Ⅱ关时,活塞上移,注射器中的试剂被推出,并将探针尖端的试样冲入反应管中,加样后,取样探针进入洗涤地,洗净探针,以防交叉玷污。如反应中尚需加第二、第三种试剂,则仍由分布器按以上步骤完成。

(ⅲ)反应管。反应管固定在由微型马达带动的链式传送带上,步进式向前移动。步进速率乘以反应终点位号,即为总反应时间,可依反应时间选择适宜步进速率。

(ⅳ)恒温水浴。恒温水浴可控温于 25℃、37℃、50℃,由传送带带动反应管至恒温水浴中保温。

(ⅴ)检测器(比色计或分光光度计)。反应完全后需检测时,吸上装置的阀Ⅰ开、阀Ⅱ关,气动活塞下移,吸进一定量被测反应液,充入比色杯,测吸光度。此时吸上装置的探针已离开反应杯,阀Ⅰ、Ⅱ仍在原位,气动控制再将反应液全部吸入注射器内。随后阀Ⅰ关、阀Ⅱ开,气动控制活塞向上,将注射器内液体排净。如此反复,反应液便可逐个依序进入检测器,进行检测。

18.2.2 离心式自动分析仪

这类仪器型号很多,但都是根据同步分析原理设计的,它与顺序分析仪的不同处是同时进行若干试样与试剂的混合、反应、检测等步骤,同步完成分析,故属同步分析仪。这类仪器的优点是快速,在几分钟内可以完成 20～30 个试样中的一个项目的分析,试样用量可少至 3～20 μL,试剂量 100～250 μL;其缺点是同一时间只能完成同一项分析。

离心式分析仪由加样部分和分析部分组成,具体结构参见图 18-2。在一个圆盘的外周呈

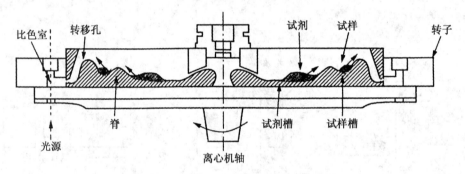

图 18-2 离心式自动分析仪

放射状排列着比色室,其上下各有石英窗,光束从上向下(或相反方向)通过比色室检测器。在比色室的内侧有同比色室呈对应排列的试样槽和试剂槽,槽间隆起的脊隔开。将圆盘放到离心机上,开机后由于快速旋转所产生的离心力,使试剂、试样向外移动并混合、反应,反应物最后转移到比色室中。试样和试剂的量取是由吸量分布器完成的,分析部分则是由圆盘转子、温度控制器、分光光度计、微机和打印机等组成。

18.3 连续流动分析

连续流动分析是把分析需用的试剂溶液和试液按一定比例和顺序,通过管道用泵输送到反应区域,流动中进行混合,化学反应达平衡后,经检测器检测并由记录仪显示分析结果。在程序分析器中要用量器量取试液和试剂溶液,这种分析技术则用一定比例试液和试剂溶液流,在管道中混合、流动。连续流动分析仪有空气间隔和非间隔两种类型,前者管路中液流情况如图 18-3 所示。此外,连续流动法还可以进行渗析、蒸馏、溶剂萃取及其他分离操作。当实现了

管道化之后,溶液在管道中流动,这种场合下,可使用更多类型的检测器。

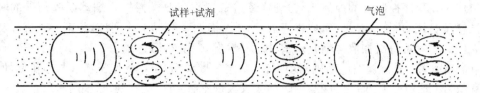

图 18-3　空气间隔式连续流动分析仪流路中的液流

18.3.1　连续流动分析基本原理

连续流动分析仪的蠕动泵压缩不同内径的弹性塑料管,将试样按比例吸入管道系统中,并在一定条件下经混匀、分离干扰物、保温反应、显色后测吸光度,再经记录仪记录,打印出分析结果。连续流动法是一个试样跟着一个试样进行分析,整个分析过程是在连续流动状态下完成。连续流动法必须在完成化学反应后,即反应达到平衡时进行测量,此时显色液处于稳定区,故亦称稳定区分析。

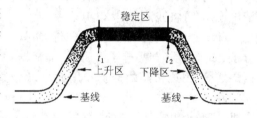

图 18-4　稳定区示意图

每一试样显色过程都有其自身规律,但完整的响应曲线都可分为基线、上升区、稳定区和下降区,如图 18-4。在曲线中,开始为基线,此时试样信号呈上升趋势;随后又平稳不变,如图中 t_1 及 t_2 所示。此区域即为稳定区,化学反应已处于平衡状态,应在稳定区进行信号测量,其响应信号为峰值。在一定仪器和一定实验条件下,峰值的高低决定于被测物的浓度,故可以标准为对照,测峰高值大小,以求其含量。影响峰值的因素很多,如泵速(即单位时间吸入的试样量或试剂量)、试剂浓度、反应温度、时间、吸收池光径和光源强度等。这些条件改变时,都将影响稳定区所处位置和峰值水平。

18.3.2　连续流动分析仪

连续流动分析仪是以管道化来实现自动化的,现以连续流动式自动分析仪为例,说明空气间隔式仪器的基本结构和工作原理。

1. 空气间隔式连续流动分析仪

空气间隔式连续流动分析仪是由试样器、蠕动泵、管道、透析器、恒温器、比色计、记录仪等组成(图 18-5)。

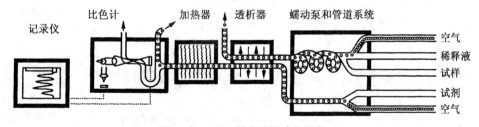

图 18-5　LS-1 型连续流动分析仪

(i) 试样器。由一个转动式移动的试样盘、一个与输送管道相连的取样探针和循环洗涤装置组成。在程序控制器的控制下,自动连续进行工作。取样探针在蠕动泵驱动下的吸样动作与试样盘的转动同步完成。每取样完成后,试样盘自动转动一个角度,使下一个试样移至探针下。洗涤装置可每次在取样前自动清洗取样探针,以防玷污。

(ii) 蠕动泵。数滚筒在电动机驱动下,以一定速度移动,挤压放置于压板与滚筒间的泵管。滚轴移动和滚动所产生的一压一松动作,使泵管因负压而将试样、空气、试剂吸至管道系统中;与此同时,废液管也在泵的作用下将废液吸至废液瓶中。泵管为弹性塑料管,管径不等,但壁厚相同,泵管的吸液量与内径成一定的比例关系。因此选择不同内径泵管,即可按一定比例吸液。

(iii) 管道系统。管道系统由输送管和混合螺旋管组成(图 18-6)。通过管道系统把仪器的各部件连为一体。混合螺旋管在液体流过时起混匀作用。液流在螺旋管内流动时,自身翻动,故得以混匀。管道中引入气泡之目的在于把混合液隔成小段,使每一小段发生相同反应,以提高结果的可靠性。此外,气泡在前移时对管壁有清洗作用,可将残液带走,以免玷污。

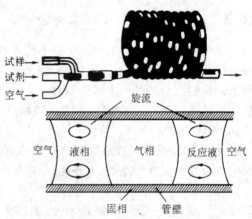

图 18-6　螺旋管管道系统

(iv) 透析器。试样液通过透析器,其中的大分子(如蛋白质)与小分子物质(如葡萄糖、尿素、丙酮酸等)因透析膜的透析作用而得以分离,这就消除了大分子的干扰。透析器由两块塑料(或有机玻璃)板组成(图 18-7),两板相对的两面刻有对映的盘旋槽,板间置半透膜。试样液或反应液从透析器上板槽沟通过,试剂液流经下板槽沟。试样液中的小分子及被测物可透过半透膜透析于试剂液中,残液从上板出口流出。含透析物的试剂液则向前流动,进入恒温器。

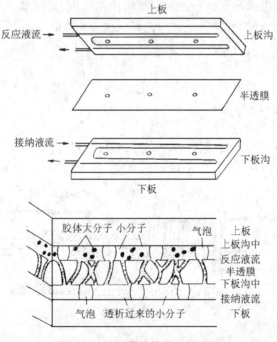

图 18-7　透析器结构及透析过程

（v）恒温器。有时反应需加热并保持恒温。管道恒温器一般为石蜡浴,调温范围可从室温到 120℃。

（vi）检测器。检测器可使用火焰光度计、荧光光度计、原子吸收分光光度计、光电比色计或分光光度计。比色时采用流通池,检测在流动中完成,记录仪可绘出动态曲线。有时兼有打印装置,有时也有程序控制器,即微处理器以及功能监测器等。

2. 非间隔式连续流动分析仪

此类型与间隔式组成基本相同,唯试样液引入机构不同。它将试样液按顺序注入连续流动的试剂流管道中,各试样液由试剂液(而非空气)隔开,即可防止交叉玷污。注入系统主要部件为一转动阀,阀门处于某一位置时试剂流被切断,而从旁路过;注入试样液时转动阀门至另一位置,则试样液流入管道并与试剂混合。混合液在仪器管道中继续前进,至比色杯时比色。

18.4　流动注射分析

18.4.1　流动注射分析

流动注射分析(flow injection analysis,FIA)是近代自动分析方法,它具有很多优点,如操作简便、分析迅速;仪器简单、可用常规仪器自己组装;试样和试剂用量少;准确度和精密度良好;应用范围广泛;可与其他精密分析仪器联用,因此引起了广大分析工作者的极大兴趣,故发展迅速,获得了广泛应用。最简单的流动注射分析仪是由蠕动系、注射器、反应盘管、检测器、记录仪等组成,流路结构如图 18-8 所示。分析时把一定体积的试样液(1～200 μL)间歇地注入到管道内连续流动着的载

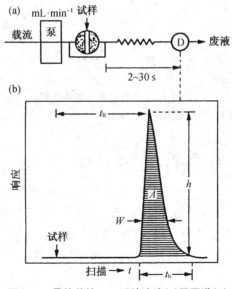

图 18-8　最简单的 FIA 系统流路(a)及图谱(b)

D—检测器　h—峰高　W—某峰高处的峰宽　A—峰面积　t_R—保留时间　t_b—基线处峰宽

流中,载流为试剂溶液或水。注入的试样液在管道中初始是一个"塞",然后被载流推动进入反应管道,试样液塞在向前流动过程中,依靠对流和扩散的作用,被分散成一个具有浓度梯度的试样液带(图18-9)。试样液带在载流中与试剂发生化学反应,生成可被检测的物质,再由载流带入检测器中进行检测。记录仪连续地记录,然后由打印机打出分析结果,这就是典型的流动注射分析。

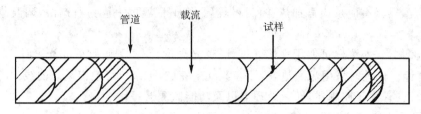

图 18-9　FIA 流路中的液流

　　流动注射分析仪流路中载流的作用有 3 种：(i) 推动试样"塞"进入反应管道，并随后进入检测器；(ii) 尾随试样带对反应管道和检测器流通部分自动清洗并带走清洗残液，为下一个试样的检测作准备；(iii) 在单管路流路中，载流为试剂溶液，流动中载流还与被测组分反应。

　　简单分析反应可以使用单管路系统；复杂分析反应需分别加入两种以上试剂时，则应采用其他多管路系统(图 18-10)。

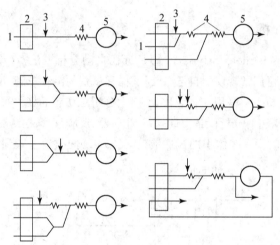

图 18-10　常见的 FIA 管路系统

1—载流　2—泵　3—进样　4—反应盘管　5—检测器

18.4.2　流动注射分析基本原理——FIA 过程

　　从试样液注入流动注射分析系统到完成分析为止，试样液、试剂液、载流之间经历了下述复杂过程：(i) 物理过程，即分散混合过程，它是基于载流、试样液和试剂三者间相互扩散和对流的过程；(ii) 化学反应动力学过程，即试剂液与被测物进行化学反应的过程；(iii) 能量转换过程，即检测器将被测物或其反应产物特性转换为电信号并由显示仪表显示的过程。

1. 物理混合过程

　　流动注射分析管道液流是以层流形式向前流动的，所谓层流系指流体质点在管道中沿轴向作平行有规则的直线运动。在流动注射分析中试样液以"塞"的形式注入管道，此塞即被载流推着向前流动，其间试样塞中的分子(或离子)将发生分子扩散和对流扩散。当液流缓慢而稳定地在管道中向前流动时，在层流的情况下，由于液体层间摩擦力的不同，各部位的轴向流速便有差异，管道中心流速最快，此处分子流速为平均流速的 2 倍，与管壁接触的液层流动最慢，甚至可认为实际不流动。这种流动之差使试样产生对流扩散，在层流运动中垂直于流动方向的流体截面上,分子间存在着浓度差,分子借布朗运动产生分子纵向扩散,分子从高浓度移向低浓度,试样和载流借此有效地互相混合,并以此限制了对流扩散作用。影响分子扩散和对流扩散的因素很多,如载流流速、管道内径、保留时间、试样和试剂分子的扩散系数等。当试液注入方式、管道内径、载流和试样特性以及流动注射分析系统确定之后,载流流速增加时,试样塞中心流速与管壁处流速之差增加,对流扩散增强;当载流流速降低时,则分子扩散增强;若载流流速降到与分子扩散速度相差不大时,分子扩散将为主导。由于分子扩散和对流扩散所起作用不同,试样塞在前进中形状各异,检测器中的谱图当各有其特点(见图 18-11)。

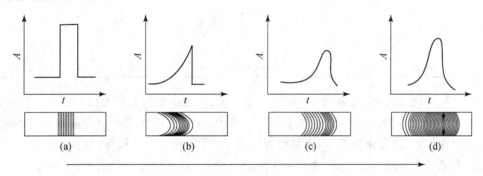

图 18-11　扩散对响应峰的影响

　　为了说明给出读数时试样的分散程度,提出了分散系数这一概念。它的定义是:分散试样浓度(c^0)与分散后给出分析读数时流体中的浓度(c)之比,即

$$D = c^0/c \qquad\qquad (18\text{-}1)$$

如果 c 得自峰值,称为峰值分散系数,可写为

$$D_{\max} = c^0/c_{\max} \qquad\qquad (18\text{-}2)$$

式中:分散系数 D 反映了试样在管道中于读数时被分散的程度。如 $D = 2$ 时,$c^0 = 1$,则 $c = 1/2$,说明样品被载流以 1∶1 的比例稀释,即样品塞中混入了一倍体积的载流。D 值越大,样品被稀释的程度也越大。

　　分散系数是 FIA 的重要参数,不同的 FIA 系统要求有不同的分散系数,为了方便,有些情况,把分散程度分为 4 个等级,即

低分散	中分散	高分散	减小的分散
$D = 1 \sim 2$	$D = 2 \sim 10$	$D > 10$	$D < 1$

减小的分散意味着被检测的样品浓度高于注入的样品浓度,这说明在 FIA 系统中设置了在线富集的组件,如溶剂萃取、离子交换富集等(参见下段)。各种检测方法对分散系数的要求见表 18-1。

　　分散系数随管道尺寸不同而变,给定管道时,分散系数的测定方法如下。将一定体积的染料溶液滴入无色载流中,用分光光度计以适宜波长检测分散的染料区带的吸光度(A),同时计时(t),绘出 A-t 流出曲线,找出峰顶时的吸光度。再用原染料溶液充满流通地并测吸光度,如果染料溶液的吸光度遵守朗伯-比尔定律,二吸光度之比即为 $D_{\max}$。如在任一存留时间(t)取 A 值,同样可求出该存留时间的 D。

313

表 18-1　各种检测方法对分散系数的要求

分析对象	检测方法	分散类型
pH	玻璃电极	低分散
pCa	钙电极	（$D=1\sim2$）
硫酸根	比浊法	
氯离子	分光光度法	
溶剂萃取	分光光度法	中分散
尿素	玻璃电极（酶法）	（$D=2\sim10$）
维生素 C	电位法	
氨基酸	荧光光度法	
镁、钙、钾	原子吸收法	
酸、碱	比色滴定法	高分散
全钙	电位滴定法	（$D>10$）

影响分散系数的因素很多,如注样体积、载流流速、反应管道长度及内径等,只要控制这些因素,就可把分散系数调节到最适范围。一般来说,改变注样体积是改变分散系数的有效途径,增大注样体积,分散系数降低,但可增加峰高,能提高测定的灵敏度;减少注样体积分散系数升高,对稀释高浓度样品较好;用尽可能短的细管流路,可得低分散系数;长管路、高流速分散增大,如欲降低分散并增加存留时间,应将管径降至最小并降低泵速。

应该注意的是,D 与色谱分析中的理论塔板数的概念类似,只是一个假想的概念,并不能对应于样品带中的真实浓度。

2. 化学反应动力学过程

因为流动注射分析是一门新技术,有关流动注射分析化学反应动力学的研究还不很多。由于试样和试剂在管道中的混合、分散和化学反应不完全,故在物理和化学方面均存在着动力学过程。因此必须设计一种试验,能从中消去分散的影响,这样才能了解反应的化学动力学过程。现以邻苯二甲醛试剂荧光光度法流动注射分析测定氨基酸为例:邻苯二甲醛在碱性溶液中,有还原剂存在时,与氨基酸生成蓝色产物,反应灵敏、快速。今以邻苯二甲醛为试剂载流,于单管路流动注射分析系统,固定泵流量,分别加入各种氨基酸试样,并固定进样体积,以荧光光度计检测。逐渐加长反应管道长度(L),以调节与之相应的保留时间(t_R),得到一系列对应的峰高(h),以峰高对保留时间作图,得图 18-12。因为不同氨基酸以不同的反应速率与邻苯二甲醛反应,因此在所得的 h-t_R 曲线中,在不同 t_R 时均应有最大值。从图 18-12(a)可以看出,反应完全程度(或反应产物浓度)随保留时间的延长而增加,因而峰高也增加。曲线 a 有一极大值,说明在此保留时间,反应产物的形成速率等于分散速率,此时达最佳状态。过极大值

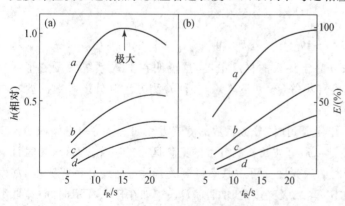

图 18-12　反应速率曲线

a—甘氨酸　b—丝氨酸　c—苯基丙氨酸　d—天门冬酰胺

后曲线下降,说明产物分散速率已大于其形成速率。为了获得反应在流动注射分析系统中的反应速率曲线,可用硫酸喹啉作"惰性试样",注入到流动注射分析系统中,测不同 t_R 时分散对检测器峰值(h)的贡献,即可求出反应速率曲线[图 18-12(b)],其中 $E\%$ 为反应平衡度,即反应产物的产率。当 $t_R = 20$ s时,只有甘氨酸完全转化,达平衡状态,其他氨基酸产率则较低,天门冬酰胺只有 30%。

3. 能量转换过程

能量转换是通过检测器来完成的。光学检测器由分光光度计中的光电池或光电管完成;电学检测器则由传感器或离子选择电极等来完成。当试样带通过检测器时连续检测,并记录下信号。记录下来的瞬间信号为峰形,最有用的信息是峰高(h),峰宽(W)或峰面积(A)。峰高是最常用的测定参数,因其易于识别和测量,并直接与检测器的响应(如吸光度、电位或电流)相关。峰高与被测物浓度成线性关系,即

$$h = kc \tag{18-3}$$

式中:k 为比例常数。峰面积也与浓度成线性关系,即

$$A = k'c \tag{18-4}$$

A 需由积分求得,因而不如测量峰高方便。峰宽与浓度的对数成正比,即

$$W = k\lg c \tag{18-5}$$

峰宽可用横坐标 Δt 来表示,所以留存时间(t)的控制是很重要的。

18.4.3　FIA 在线富集技术

在痕量金属离子的测定中,因其浓度过低,有时须经富集后才能测定,富集的方法主要有溶剂萃取法、离子交换法和共沉淀法等。富集技术除可以浓缩被测物便于测定外,还可以避免基体组分的干扰。在手工批量法中,耗时费力,但使用 FIA 在线富集技术,却可以简便地完成。以下仅介绍 FIA 溶剂萃取和离子交换两种方法。

1. FIA 在线溶剂萃取富集法

溶剂萃取法(solvent extraction)又称液-液萃取法。它是指在被分离物质的水溶液中,加入萃取剂,使之与被萃取物作用,转化为可被萃取的形式;再加入与水不混溶的有机溶剂,经振荡混合,欲富集萃取物便进入有机相,待分层后;分出有机相,如果有机溶剂的体积小于水溶液,则被萃取物在与样品中其他离子分离的同时,也得到了富集。下面以用双硫腙的四氯化碳(CCl_4)溶液 FIA 在线溶剂萃取预富集痕量金属为例,做一介绍。

双硫腙是典型的螯合萃取剂,它难溶于水而易溶于 CCl_4 和 $CHCl_3$ 可用双硫腙的 CCl_4 溶液萃取 Zn^{2+}、Cu^{2+}、Pb^{2+}、Cd^{2+}、Pd^{2+} 等离子,Zn^{2+} 的萃取反应为

因 Zn^{2+} 与双硫腙生成的螯合物为红色,故可直接取萃取后的 CCl_4 层测吸光度,测量波长 520 nm。不同离子均有其萃取适宜 pH,因此控制水样 pH 可选择性地萃取。

用双硫腙的 CCl₄ 溶液 FIA 在线溶剂萃取富集痕量金属离子体系的 FIA 流路如图18-13 所示的设计。在流路中,a 点接有相分隔器(图 18-14);在 c 点接有相分离器。实验时,将水样 (s)注入到水载流中,a 点的相分隔器内装有机溶剂(双硫腙 CCl₄ 溶液),可间隔地引入流路 中,将液流间隔成有规则的水-CCl₄-水液流(参见图18-13),流经管道。在前进的过程中实施萃 取,在 c 点经相分离器将有机相离析出来,流入流通池,用分光光度计测定。

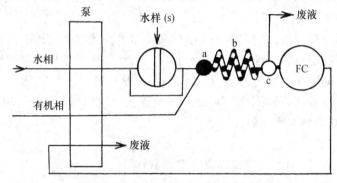

18-13　用 CCl₄-双硫腙 FIA 溶剂萃取流路

a—接相分隔器　b—萃取管道(聚四氟乙烯盘管)　FC—流通池

这一方法简单易行,易于微型化和自动化。方法的关键之处是:(i) 使有机相小液滴有规 则地、细细地分散在载流中,使萃取充分;(ii) 将有机相从萃取液中分离出来,要不含水相,回 收率要高。

(1) 相分隔器

相分隔器的作用是用有机相将水相连续不断地分隔开,便于在流动过程中进行有效萃取。 其结构有多种设计,较简单的如图 18-14(a)所示。这种相分隔器用铂毛细管作为有机相的导 入管,有机相可间隔地引入载流(水相)中,从而形成水相-有机相的段段间隔。图中它插入管 道的一端,与铂毛细管的距离决定相间间隔大小,调小这一距离,可提高萃取效率。

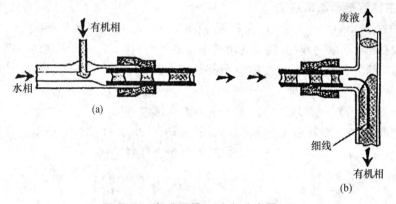

图 18-14　相分隔器(a)和相分离器(b)

(2) 相分离器

相分离器管呈 T 形,内径 1 mm,其中一路插接萃取管道另一端,上路管排出分离后的水 相,其中含有部分有机相;另一支管中插有用聚四氟乙烯纤维制成的细线,用以促进相分离,分 离出的有机相流入流通池进行检测。实验中如用比水轻的有机溶剂萃取,可将之上下颠倒使 用。除此以外,尚有膜相分离器,此处不再介绍。

18.4.4　FIA 在线离子交换富集法

离子交换法(ion exchange)是利用不溶的固体离子交换剂(固相)与溶液(液相)之间所发生的带相同的电荷离子的交换反应以进行分离富集的方法。这种方法分离效果好,不仅可用于带相反电荷离子的分离,还可用于带相同电荷或性质相近的无机离子的分离,痕量分析中,广泛用于痕量组分的富集。

离子交换富集中,多使用离子交换树脂。离子交换树脂是一种具有立体网状结构的不溶于水的高分子化合物,就其化学结构而言,网状结构部分,称为骨架或基体;另一部分是连接在骨架上的离子交换活性基。交换基有三种,即阳离子交换基、阴离子交换基和螯合交换基。后者常用的牌号有 Chelex-100(简写 Ch-100),其骨架为苯乙烯与二乙烯苯的共聚物,活性基为亚氨基二乙酸基团,即

$$-CH_2-N\begin{matrix}CH_2COOH\\CH_2COOH\end{matrix}$$

这种树脂应用广泛,特别适于痕量金属离子的分离富集。如果将螯合树脂装在小柱中,加入样液,使流过柱,这时痕量金属离子被交换到柱中,再用小体积的洗脱剂(如稀酸溶液)淋洗柱,痕量金属离子被释放出来,因而得以富集。此时,可将富集后的溶液直接导入原子吸收分光光度计的雾化器中,进行原子吸收法测定。如果用分光光度法检测,应将洗脱液用显色剂显色后才能分光光度法测定,比较麻烦。

将上述离子交换法与 FIA 相结合,可实现在线富集,操作简便、自动化。单道流路的设计如图 18-15 所示。从图中可见,流路中有 2 个进样阀:S 阀用来注样,E 阀用以加洗脱液;另有一微型填充式反应器,管径 1.5 mm,管长 2 cm,内装螯合离子交换树脂 Chelex-100,检测器为火焰-原子吸收分光光度计(AAS)。实验时,用 S 阀将大体积(例如 5 mL)样品注入到载流中,在管道中流过交换柱(约需 1 min),然后从 E 阀注入小体积洗脱剂(例如 50 μL 1 mol · L^{-1} HNO$_3$),流经离子交换柱,将金属离子洗脱出来,引至微型雾化器,用 AAS 检测。

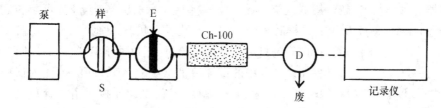

图 18-15　FIA 离子交换富集流路

本 FIA 系统采用火焰-AAS 为检测器有很多好处,能提高测定的灵敏度,避免了样品基体的干扰,不需背景校正,降低了 AAS 仪器价格,节省试剂和时间,可同时测几种金属离子。实验中应注意调节流路流速至适宜值,以供雾化器的需要。

18.4.5　流动注射分析仪

随着流动注射分析技术的发展和生产实践的需要,国内外已有不少型号流动注射分析仪面世。我国虽然起步较晚,但至今也有很多种流动注射分析仪投入市场,如 FIA-T1-721 型流动注射分光光度分析仪、PLZ807 型流动注射比色分析仪、IFFL-D 流动注射化学发光分析仪以及配有微机自动化测试的 FSA-21 型双泵十六通阀流动注射分析仪等等。以下先介绍 FIA

仪的组件,然后再举两例,以通观 FIA 仪器之一般结构。

1. 流动注射分析仪的组件

FIA 仪通常由流体驱动单元、进样装置、反应器、流动检测器和记录仪等组成[参见图18-8(a)]。

(1)流体驱动单元

FIA 仪常用蠕动泵推动流体在管道中流动(图 18-16),蠕动泵除电机外,主要由滚轮、滚柱和压盖组成,蠕动泵在转动过程中挤压厚壁、弹性塑料管,依此来驱动软管中的流体,使之向前流动。蠕动泵结构简单,操作方便,一只泵可以同时操作多条通道输送和吸入液体,包括载流、试样溶液和试剂溶液。通过对泵速和软管内径的调节,可以控制管内液流的流速。为了使流动液体脉动较小,常采用小滚轮、多滚轮,并适当提高泵液,一般用八柱泵头,泵速 40 r·min^{-1}。蠕动泵的另一特点是可以很快地启动和停止。其他泵,如活塞泵也可用于 FIA 仪,不过这种泵只能单流路传送,且价格较贵。用于输送液体的泵管弹性要好,还需耐磨、耐湿、耐腐蚀、壁厚及内径严格均一,最常用的泵管是聚乙烯管。

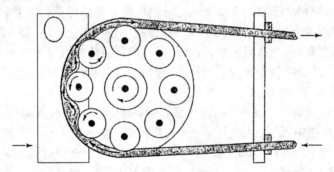

图 18-16 蠕动泵驱动流体

(2)进样器

进样器的种类很多,较常用的是旋转进样阀,其中一种是具有定容腔的可旋转阀门,腔孔即为采样孔,如图 18-17 所示。采样时将阀门转至阀孔垂直状态,此时,采样流路接通,注入流

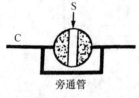

试液 (S) 载流 (C)

图 18-17 具有定容腔的旋转进样阀

路关闭,载流只从旁路管道流过,用以冲洗管道。采样流路下端连接蠕动泵,试样瓶中的试样溶液被泵吸入采样孔中,注入试样溶液时,将阀转 90°,此时,采样流路断流,采样孔接通了主管道,载流就从采样孔中流过,试样溶液就以"塞"的形注入到反应管道中,旁路管道管径较小,管道相对较长,所以流量很小,用腔孔式旋转进样阀进样体积受到限制,用具采样环的旋转进样阀(图 18-18),则较为灵活。

从图 18-18 可见,该阀由下定子和上转子所组成,转子和定子各有 4 个孔,可以相通;转子上装有 2 个环,L_1 环为采样环,L_2 为旁路

环。转子的位置用手柄调节,当手柄处于图上的限位杆位置时,此时采样流路和载流管路都通;当手柄转向至另一限位杆位置时,采样环流路断,采样环与载流管路接通,环中试样溶液被载流推向反应器。改变采样环的大小,就可以很容易地改变进样体积。其优点是:(i)精确定量采样;(ii)试样溶液以"塞"的形式注入到载流中,不影响载流的连续流动;(iii)采样时载流仍从旁路管道自动清洗流路。

以上介绍的是单通道进样阀,它有一个采样流路和一个注入流路。如果进样阀具有两个采样流路,则称双通道进样阀;其余类推。

（3）反应器

由注入口到检测器这一段管道称为反应器,可有不同的内径、长度和几何形状。FIA 仪中主要使用管式反应器,常见的管式反应器有：直管式反应器、盘管反应器,填充层反应器、单串珠反应器和编织反应器(也称三维反应器),其中以盘管反应器最为常用。盘管材料常为聚四氟乙烯、聚丙烯或聚乙烯,盘管通常固定在支持物上,尽量使盘管几何形状无变化,以免记录的峰形改变。合理设计流路很重要,管长一般 10～100 cm,管内径一般 0.3～1 mm。通常管长在 50 cm 左右,管内径约为 0.5 mm。设计中应选择适当流速,使流体在管道中留存时间低于 20 s。

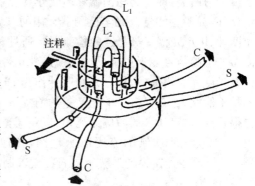

图 18-18　具有采样环的旋转进样阀

L_1 为采样环　L_2 为旁通环

盘管反应器中的盘管因弯曲而使管中流体在前进中转向,因转向产生局部扰动。靠近管壁而滞后的流体,可移动至快速前进的中央流线附近;而处于中央流线附近轴向前进的流体在转向时,也会转移至管壁附近。所以盘管反应器可以增强径向混合,能降低试样带的轴向分散,记录器上记录的峰形将由不对称至对称转变。盘管越长,盘管内径越小,这种效果越明显。在一般条件下,盘管长超过 1 m 时,可能得到对称峰。但 FIA 仪中盘管一般不足 1 m,故 FIA 测试所得仍为不对称峰,用盘管得出的峰比用直管对称一些,峰高高一些,峰宽窄一些。

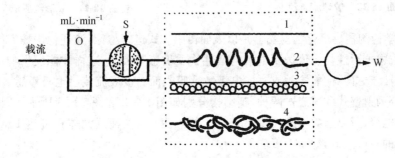

图 18-19　FIA 中常用反应器

1—直型中空管　2—盘管　3—单串珠反应器　4—编织反应器

(i) 单串珠反应器(图中标"3"处)。用小玻璃珠(直径 0.6 mm)填充一定长度(长 3 mm,内径 0.8 mm)塑料管即得。

(ii) 编织反应器(图中标"4"处)。将适当长度的管道无规则地编织、打结即得。

(iii) 填充反应器。它是用内径较大的短管,以表面粗糙、不被压缩、不膨胀的微粒材料填充,如硅石,其表面也可涂以各种材料。

以上几种反应器也具有盘管的类似效果,也有独特的应用,此处不再详述。

（4）检测器

FIA 所使用的检测器具有独特的流通池,故称流通检测器,其性能指标主要有：线性范围、噪声水平、峰展宽效应、流通池充液体积、响应速度、通过检测器的液流流量以及附属电子装置的时间常数等。一般来说,色谱用检测器也可用于 FIA。用于 FIA 的检测器很多,大体上可分为两类,即光学检测器和电化学检测器。

(i) 光学检测器。光学检测器常用的有分光光度计、荧光分光光度计、火焰-原子吸收分光光度计、ICP-光谱仪等。这些检测器是通过对分散试样带的整体传感进行检测,大多数光学检测器的检测信号能近似地反映出流通池中液流的平均组成或全体组成。在光学检测器中,以分光光度计应用最多,用分光光度计作为 FIA 的检测器,其流通池的设计很重要,流通池充液体积不能太大,在保持足够光通量的前提下,应尽量减小通光孔径,并加长光程;流通池的构型也很重要,在流通区域内应无死角,以免滞留残液和气泡,入光面要尽量降低光的反射和折射。图 18-20 为玻璃吹制的流通池示意图,该池内壁光滑,气泡易排出。微型 Z 形流通池见图 18-21,流通池光窗为光学玻璃或石英玻璃制成,光路 10 mm,内径 1.5 mm。

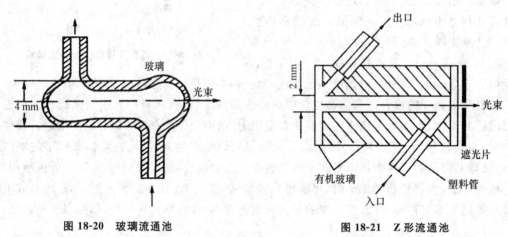

图 18-20 玻璃流通池　　　　　　　　　　图 18-21 Z 形流通池

(ii) 电化学检测器。电化学检测器是以表面传感方式进行检测,流通池中插有电极,在检测时,必须将液流中电活性物质传送到电极电活性物质敏感膜表面,这样才能发生响应。为此,必须改变流通池液流方向,使能接触或碰撞电极敏感膜表面。按液流接触电极敏感表面方式的不同,流通池可分为射壁式和喷流式两种,其结构分别如图 18-22 和图 18-23 所示。因为流通池使用离子选择性电极,所以这类检测器都有较高的选择性。这类流通池体积可达 1 mL,但被测的仅为敏感膜上的一层液流,约为 1 μL。

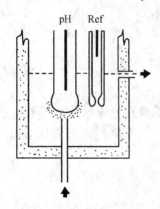

图 18-22 射壁式流通池
pH—玻璃电极　Ref—参比电极

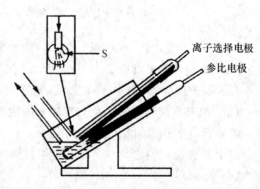

图 18-23 喷流式流通池

2. 流动注射分析仪结构

(1) FIA-TI-721 型流动注射分光光度分析仪

此仪器属多功能普及型,仪器结构简单,操作方便,通用性好,主机可和 721 分光光度计配套使用,也可配用其他检测器。仪器由蠕动泵、功能组合块、反应盘管、恒温水浴、自动恒温控制系统、磁力搅拌系统、检测室、721 分光光度计、记录仪等部件组成。系统框图见图 18-24。

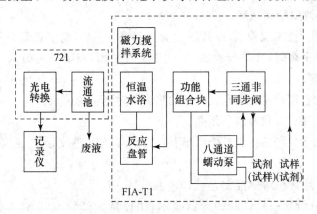

图 18-24 FIA-TI-721 系统框图

(2) K-1000 型流动注射仪

此仪器为日立公司产品。主要由双通道柱塞泵、四通道蠕动泵、三通道同步注入阀和恒温槽组成,管路中有溶剂萃取部分,可用于分离富集。结构如图 18-25 所示。

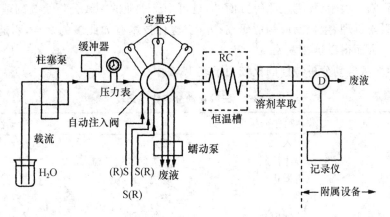

图 18-25 日立 K-1000 型流动注射仪
S—试样 R—试剂 RC—管道 D—检测器

18.5 三种自动分析的特点

各种自动分析各有其不同的特点,从发展的情况看,从技术性能看,无疑流动注射分析优于连续流动法和程序控制方法。但由于流动注射分析发展较晚,我国各大医院及医药卫生单位,目前仍不少在使用程序分析仪和连续流动分析仪。

程序分析仪由于实现了分析操作的机械化和自动化,确实给分析工作者减轻了体力劳动,提高了分析速度,但它通用性差,分析功能不易变换,仪器结构比较复杂,部件需精密加工,活动部件多,易磨损而出故障,因此发展受到了限制。连续流动分析仪以管道化的方式实现了自动化,克服了程序分析仪的缺点,通性用强,自动化程度高,分析速度较快(通常 $30\sim50$ 次·h^{-1}),因而这类分析仪器在 20 世纪 $60\sim70$ 年代得以迅速发展,在农业、环境监测、药物分析、临床检验等领域都有广泛应用。此类仪器因在流路中引入了气泡而带来下述若干缺点。

(i) 由于气泡的可压缩性,液流有脉动,流动状态不稳。

(ii) 气泡的大小难以精确控制。

(iii) 载流的运动无法准确控制,以致不能瞬间起停。另外,为了保证分析的精确度,在液流达到物理平衡和化学平衡时,才进行检测,但欲达两种平衡,需要一定时间,因此在分析速度方面,难以再进一步提高。

流动注射分析比程序控制方法和连续流动法有下述更多的优点。

(i) 仪器简单,可用常规仪器自行组装。

(ii) 操作简便,由于检测是在非平衡状态下完成,所以分析速度很快,通常 $120\sim150$ 次·h^{-1},最高可达 700 次·h^{-1}。

(iii) 精密度好,通常相对标准偏差<1‰。

(iv) 流动注射分析是一种良好的分析技术,用样量少($25\sim100\ \mu L$),试剂消耗少($100\sim300\ \mu L$),可进行微量试样分析,能获得满意结果。

(v) 易与其他仪器联用,如分光光度计、离子计、原子吸收分光光度计、等离子体原子发射光谱仪等,可作为检测器而与之联用,因此就有了流动注射分光光度法、流动注射原子吸收光谱法等。由于检测器的性能各异,因此流动注射分析具有极强的适应性,故而应用十分广泛,除应用于医药、临床检验、环境监测等方面外,也可用于工业的在线分析及基础理论研究,如化学反应机理、吸附机理、生化反应等的研究。由于这种技术有如此多的优点,引起科技界极大的兴趣和关注,因而得以迅速发展。

上述三种类型自动分析特性的比较列于表 18-2 中。

表 18-2 三种自动分析特性比较

特　性	程序分析仪	连续流动分析法	流动注射分析
进样方式	注入	吸入	注入
液流方式	程序控制	空气间隔连续流	连续流
自动化方式	机械化	管道化	管道化
试剂消耗	多	多	少
化学反应程度	达到稳态	达到稳态	不需达到稳态
反应完全程度	95%	95%	50%～75%
延时性	不定	严重	可忽略不计
一般分析速度	40 次·h^{-1}	40 次·h^{-1}	120 次·h^{-1}
通用性	差	较强	强
设备费用	不等	较贵	低

18.6　自动分析技术在医药卫生领域中的应用

自动分析仪器是把繁重的手工操作代之以机械化、自动化的仪器装置(instrumentation)。由于它具有快速、灵敏、准确、简便、经济等优点,所以在各个领域得到了迅速推广和应用。在医药卫生检验中,自动分析不仅能测定常规生化项目,还能测定激素、药物浓度、微量元素等,也能用于某些酶免疫技术和固相酶技术。由于它能在较短时间内完成多项目的大批量测定,所以很适于临床检验的常规分析,加之分析所需时间很短,也很适于急诊检验。

我国在自动分析研究方面起步较晚,但由于它实用性强,各城市的大医院多早已使用自动分析仪器进行临床检验。我们知道,手工操作分析一天最多只能完成 $20\sim30$ 次测定,而用程序分析仪或连续流动分析仪每小时一般能完成 40 次测定,FIA 则可完成 120 次测定,而且费用较低,数据可靠。由于 FIA 的特点及优越性使它在临床医学检验的应用中具有很大潜力,值得进一步挖掘和推广。用 FIA 可以分析血液、血浆、血清、尿液中的电解质以及生化物质。其中以血清研究得最多,可测血清中的无机盐,如 Ca^{2+}、Mg^{2+}、K^+、Na^+、Li^+、PO_4^{3-}、Cl^-,还可测葡萄糖、半乳糖、磷脂胆碱、胆碱脂酶、胆醇、脲、尿酸、吡哆醇及其磷酸酯,等等。

习　题

18.1　什么是程序分析仪? 它主要有哪几种类型? 其特点如何?

18.2　什么是连续流动法? 它有哪几种类型?

18.3　连续流动法为何又称为稳定区分析? 试画出稳定区示意图,并解释之。

18.4　为什么说流动注射分析是近代自动分析方法?

第 *19* 章　核磁共振波谱法

19.1　概　　述

核磁共振波谱法〔nuclear magnetic resonance（NMR）spectroscopy〕是通过测量原子核在强磁场中对射频辐射的吸收来进行分析的方法。在强磁场中，自旋原子核的能量可裂分为 2 个或 2 个以上的能级，当用适宜频率射频辐射照射时，原子核就可在这些磁诱导能级之间，由低能级跃迁至高能级，并同时给出共振信号，解析谱图就可以得到被测物的信息。由此可见，核磁共振波谱法实际上属于吸收光谱法，不同之处在于试样必须置于强磁场中，在核磁共振条件下吸收射频辐射。核磁共振波谱通常是指 ^1H 和 ^{13}C 波谱，通过对 ^1H 谱的解析，能为分子所属化合物的类别提供最重要的表征，可以确定氢原子在有机化合物分子中的位置，可以确知各官能团和母核骨架上的氢原子的相对数目，与元素分析、红外光谱、质谱分析结果相对照，可以确认化合物的实际分子结构。

早在 1946 年 Bloch 和 Purcell 就已分别观察到核磁共振现象，由于当时只用于核磁矩的测量并未引起人们的足够重视。直到 1949～1951 年间，化学位移和自旋耦合相继发现，NMR 波谱才与分子的化学结构联系起来，从而成为解决化学问题的有用工具。其后，在其他领域也展现了广阔的应用前景，因之，1952 年 Bloch、Purcell 等获得了诺贝尔奖。1956 年美国 Varian 公司制造出第一台高分辨超导磁场的核磁共振波谱仪，其后又出现了脉冲傅里叶变换核磁共振波谱仪，仪器的灵敏度和分辨率都得到了极大的提高。随着核磁共振技术的迅速发展，特别是微机的应用，仪器的性能大大提高，测得的谱图简明详尽，易于解析，使之成为确认复杂分子结构的重要方法。

核磁共振波谱法主要用于有机化合物的分子结构分析。例如，有机化合物的合成常常要经过许多步骤，为了监控中间过程和确认最终产物，又如天然产物的分离和提取都必须进行分子结构分析。用本法也可进行定性和定量分析，唯因其仪器昂贵，效果逊于其他方法（如色谱法），故应用较少。

核磁共振波谱法应用范围很广，如络合物化学、高分子化学、石油化工、药物学、分子生物学、固体物理和医学等都有应用。由于超导核磁共振技术的发展，在医学领域中的研究和应用日益深入，从生物大分子到组织器官的研究都有应用。目前，NMR 也用于人类各器官疾病的诊断，癌细胞内含水量比正常细胞高，可以通过癌细胞中质子的含量来诊断癌症。利用 ^1H 核磁共振对脑灰白质的强分辨能力，也可进行干脱髓鞘神经性疾病的诊断。

19.2　核磁共振波谱法的理论基础

19.2.1　原子核的自旋

原子核是由质子和中子组合而成的，带有正电荷，带电的原子核绕自旋轴自旋并产生磁场,因之自旋核形成了一个小磁体。称为磁偶极子。磁偶极子在自旋时,沿着自旋轴方向存在有核磁矩(magnetie moment,μ)和角动量(angular momentum,P),其关系为

$$\mu = \gamma P \tag{19-1}$$

式中:γ 称为磁旋比(magnetogyric ratio),为比例因子,各种核都有其特定值。角动量 P 的量值是量子化的,与自旋量子数(I)有如下关系

$$P = \frac{h}{2\pi} \sqrt{I + (I+1)} \tag{19-2}$$

式中:h 为普朗克(Planck)常数。如 $I=0$ 时,则 $\mu=0$,即原子核没有磁矩,在这种情况下,也不会给出核磁共振信号。常见核自旋量子数和磁旋比等列于表 19-1。

表 19-1 核的磁性质

核	自然丰度/(%)	自旋量子数 I	磁矩[a] μ/μ_N	磁旋比 γ $(T^{-1} \cdot s^{-1} \cdot 10^{-8})$	共振频率 ν/MHz (在 $B_0 = 1.4092\ T$ 时)
^1H	99.98	1/2	2.79268	2.675	60
^2H	0.0156	1	0.85741	0.4102	9.2
^{11}B	81.17	3/2	2.688	0.8583	19.25
^{12}C	98.9	0	0	0	无共振
^{13}C	1.1	1/2	0.7023	0.6721	15.08
^{14}N	99.62	1	0.4073	0.1931	4.33
^{16}O	99.76	0	0	0	无共振
^{17}O	0.039	5/2	-1.893	-0.3625	8.13
^{19}F	100	1/2	2.628	2.5236	56.6
^{31}P	100	1/2	1.1305	1.083	24.29

[a] $\mu_N = 5.05 \times 10^{-27}\ J \cdot T^{-1}$。

从上表可见:

(i) 核 ^{12}C 和 ^{16}O、^{32}S 和 ^{28}Si 等 I 值为零,其核无角动量和磁矩,不产生核磁共振信号,这些核的质子数和中子数均为偶数。

(ii) I 值大于零的核有磁性质,能在外加磁场作用下,产生核磁共振信号。$I=1/2$ 时,核电荷分布为球形,为此,如 I 为 3/2、5/2 等的核则为非球形,如椭球状等。这些核由于电荷分布不均匀,有时共振吸收情况较为复杂,目前在核磁共振中应用还很少。$I=1/2$ 的原子核有 ^1H、^{13}C、^{19}F、^{31}P 等,这些原子核的核磁共振易测,尤其是氢核(^1H,质子),又因氢是组成有机化合物的主要元素之一,因此本章只讨论氢核的核磁共振。^{13}C 核的核磁共振也较重要,但因篇幅所限,本章不再介绍。

自旋核置于外磁场中时,自旋核的势能取决于自旋轴(即磁矩 μ)在磁场中的取向,因是量子化的能级,其取向只能有 $2I+1$ 个,每个取向可用一个磁量子数(m)表示,即有如下取向

$$m = I, I-1, I-2, \cdots, -I$$

对 ^1H 核而言,因为 $I=1/2$,所以它的自旋轴在磁场中的取向有 2 个,即 $m=+1/2$ 和 $m=-1/2$,前者与外磁场方向相反,磁能级能量较高,二者能级均随外磁感应强度(B_0)的变大而增高;当 B_0 趋近于 0 时,则二者能级趋于相等(见图 19-1)。

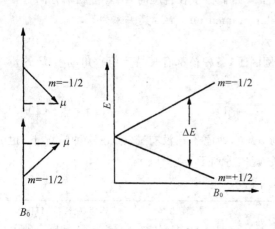

图 19-1　在外加磁场中氢核磁矩取向及磁能级

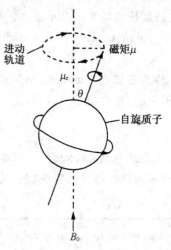

图 19-2　磁场中质子的进动

　　自旋核置于外磁场中时,自旋核的磁场将与外磁场相互作用,因之,核除了自旋以外,还同时存在一个以外磁场方向为轴线的回旋运动,这种运动方式犹如急速旋转的陀螺减速到一定程度、它的旋转轴与重力场有一定夹角时,就一边自旋、一边围绕重力场方向做摇头圆周运动,这种回旋运动称为进动(precession)。图 19-2 是质子进动图,进动的能量 E 与磁矩在磁场方向的分量(μ_z)和磁感应强度有如下关系

$$E = -\mu \cos\theta \cdot B_0 = \mu_z B_0 \tag{19-3}$$

自旋核的进动角频率(ω_0)与进动频率(ν_0)、外磁感应强度 B_0 的关系,可用拉莫尔(Larmor)方程式表示

$$\omega_0 = 2\pi\nu_0 = \gamma B_0 \tag{19-4}$$

$$\nu_0 = \frac{\gamma B_0}{2\pi}$$

19.2.2　核磁共振

　　由拉莫尔方程式可知,ν_0 与 B_0 成正比,当 B_0 增大时,ν_0 也随之变大。如果有一频率为 ν 的射频辐射在外磁场垂直方向照射自旋核时,如改变 B_0,使 ν_0 与 ν 相等,自旋核便从低能级向高能级跃迁,并产生核磁共振信号。

　　根据电磁理论,[1]H 核磁矩 μ 与强度为 B_0 的磁场相互作用,能量(E)为:$E = \mu B_0$。因[1]H 核 $m = \pm 1/2$,其磁矩在磁场中有两个取向,能量分别为

$$E = \mu B_0 \quad \text{和} \quad E = -\mu B_0, \quad \text{即} \quad \Delta E = 2\mu B_0$$

[1]H 核共振时

$$\nu_0 = \nu = \frac{\gamma B_0}{2\pi}$$

所对应的能量为

$$h\nu_0 = h\nu = \frac{\gamma B_0}{2\pi} h \tag{19-5}$$

此一能量应等于 2 个进动能级能量之差(ΔE)

$$\Delta E = \frac{\gamma B_0}{2\pi} h = 2\mu B_0$$

因此,$2\mu B_0$ 就是 ^{1}H 核磁共振时吸收的能量。由式(19-5)可见,随着 B_0 的变化共振吸收频率也将随之改变。

19.2.3　弛豫

1. 弛豫

前已述及,自旋核在外磁场中有高能级与低能级之分,在一定温度下,当两种能级核达到热动平衡时,两种能级核的分布应符合玻尔兹曼方程

$$\frac{N_i}{N_o} = e^{\Delta E/kT}$$

式中:N_i 和 N_o 分别为高、低能级核总数;ΔE 为两能级间的能量差;k 为玻尔兹曼常数;T 为热力学温度;由于 ΔE 约在 10^{-10} J 数量级,所以不难算出,在室温下处于低能级的核数目仅比高能级核多约 10 万分之一(10^{-5})。当用射频辐射照射时,低能级核吸收了射频能量后,被激发到高能级,同时给出共振信号,但随着照射的继续,只占微弱多数的低能级核越来越少,而高能级核逐渐增多,当 $N_i = N_o$ 时,由于低能级向高能级跃迁和与此相反的跃迁速率几近相等,此时体系的净吸收应为 0,共振信号应消失。以上仅从两能级的跃迁考虑,但事实上高能级核还可以通过非辐射途径释放能量返回到低能级,使低能级核仍保持多数,因而可维持共振信号的继续。这种处于高能级的核通过非辐射途径返回到低能级的过程,称为弛豫(relaxation)。

2. 弛豫分类

(i) 纵向弛豫。处于高能级的核将其能量转移给周围分子晶格中的其他核,变为平动能和转动能,而其自身就由高能级返回到低能级,这种弛豫过程称为纵向弛豫,又称自旋-晶格弛豫。纵向弛豫时间用 T_1 来表征,可用以量度高能级核的寿命。在气体和低黏度液体中的弛豫属纵向弛豫,弛豫效率恰当,谱线较窄。

(ii) 横向弛豫。当两个相邻核进动频率相同但能级不同时,通过彼此自旋状态的交换而实现能量的转移,这种弛豫过程称为横向弛豫,又称自旋-自旋弛豫。横向弛豫并未改变各核自旋状态总数以及不同能级核的数目的比例,但确实缩短了某些高能级核的寿命。横向弛豫时间用 T_2 表征。固体和黏滞液体样品易出现横向弛豫,谱线宽。

19.2.4　化学位移

1. 化学位移的产生

已知孤立的氢核在磁场中的共振频率为

$$\nu = \frac{\gamma B_0}{2\pi}$$

从上式可算出氢核在不同外磁感应强度时所对应的共振频率。例如

B_0	1.4092	2.114	2.3487
ν/MHz	60	90	100

由计算推断,谱图中应当只有一个吸收峰。但是实际上没有单独孤立的氢核,在有机化合物中,氢核都连接有各种原子和基团,氢核周围被运行的电子所围绕,运动着的电子产生一方向相反的磁场,使氢核实际承受的磁感应强度稍小于所加磁感应强度,这种现象称为屏蔽,此时实际作用于核的磁感应强度(B')为

$$B' = B_0 - \sigma B_0 = (1 - \sigma) B_0$$

式中:σ为屏蔽常数。不同核的σ值不同,氢核的σ值为10^{-5}数量级,重原子的σ值则较大。在这种情况下,使核产生共振所需之辐射频率(ν')为

$$\nu' = \frac{\gamma}{2\pi}(1 - \sigma) B_0$$

氢核受周围其他原子或基团的影响导致共振频率改变的这种现象,称为化学位移。

2. 化学位移的表示

由于化学位移值很小,采用绝对值表示十分不便,故常采用相对表示法。为此,选择一个参比化合物,按下式表示相对化学位移值(δ)

$$\delta = \frac{\nu_{样品} - \nu_{参比}}{\nu_{参比}} \times 10^6$$

最常用的参比物为四甲基硅烷$[(CH_3)_4Si, TMS]$。在核磁共振波谱图中,规定 TMS 的δ为0,其他的氢核的位移一般都在 TMS 的左侧。选 TMS 作为参比物的原因为:(i) TMS 中的氢核完全处于相同的化学环境,其共振条件一致,谱图中只有一个尖峰;(ii) TMS 中质子的屏蔽常数大于其他化合物中的质子,在谱图中的尖峰,远离被研究化合物的峰;(iii) TMS 为化学惰性,易溶于有机溶剂中,沸点也较低(bp=27℃),易于用溶剂萃取法或蒸馏法从样品中除去。

3. 影响化学位移的因素

前述可知,化学位移是由于核外电子云的屏蔽造成的,因此影响核外电子云密度分布的各种因素都对化学位移有影响。

(1) 相邻原子或基团的电负性

与质子相邻的原子或基团的电负性大时,该质子周围的电子云密度小,质子所受屏蔽程度也小,质子的共振信号移向低场,即δ值增大。常见的各种电负性基团对甲烷中质子的化学位移影响见表 19-2。

表 19-2　甲烷中质子的化学位移与取代元素的电负性

化学式	CH_3F	CH_3OH	CH_3Cl	CH_3Br	CH_3I	CH_4	TMS	CH_2Cl_2	$CHCl_3$
取代元素	F	O	Cl	Br	I	H	Si	2×Cl	3×Cl
电负性	4.0	3.5	3.1	2.8	2.5	2.1	1.8	—	—
化学位移	4.26	3.40	3.05	2.68	2.16	0.23	0	5.33	7.24

(2) 共轭键

共轭键效应也会影响电子云的密度,有的使之增加,有的使之减小。例如醚的氧原子上的孤对电子与碳-碳双键形成了 p-π 共轭键体系,使双键末端的次甲基质子的电子云密度增加,与乙烯相比,移向高场;又如乙烯的氢被羰基取代后,由于羰基的电负性较高,降低了次甲基质子的电子云密度,故与乙烯相比,移向低场。

（3）氢键

当被测分子与溶剂形成氢键时,质子周围电子云的密度降低,因而导致氢键中质子的共振信号明显地移向低场,氢键的形成与溶剂性质、浓度有关,在惰性溶剂的稀溶液中,氢键的影响可不考虑。分子内氢键的化学位移变化,只决定于其自身结构,而与浓度无关。

（4）各向异性效应

在外磁场的作用下,分子中的电子环流产生的感应磁力线具有闭合性质,其所产生的感应磁场,在不同的方向或部位有不同的屏蔽效应,与外磁场反向的感应磁场部位起屏蔽效应（＋）,与外磁场同向的感应磁场部位起去屏蔽效应（－）,上述现象即为各向异性。各向异性效应通过空间感应磁场起作用,作用范围大,又称远程屏蔽。

乙烯（CH_2 ═CH_2）分子中 π 电子云分布于 σ 键平面的上下方,其感应磁场的空间分成屏蔽区（圆锥内,外加磁感应强度减弱,用"＋"表示）和去屏蔽区（圆锥外,外加磁感应强度增加,用"－"表示）,图 19-3 表明乙烯的各向异性效应,由于乙烯键的 4 个质子居于一平面,位于分子的去屏蔽区,

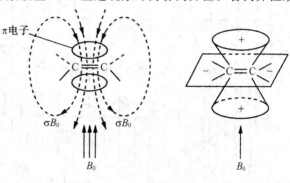

图 19-3　乙烯的各向异性

乙烯质子 δ 为 5.28;而乙烷（CH_3—CH_3）则为 0.85,与之相比,乙烯移向低场。又如乙炔（H—C≡C—H）分子,其炔键 π 电子云围绕碳-碳键轴呈圆筒状对称分布（图 19-4）,感应磁场起屏蔽作用,共振信号移向高场（$\delta=1.80$）。又如苯分子（图 19-5）,其质子处于去屏蔽区,共振信号移向低场（$\delta=7.27$）。

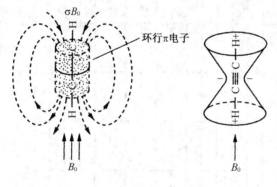

图 19-4　乙炔的各相异性

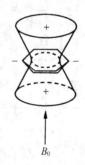

图 19-5　苯的各向异性

（5）化学位移与分子结构

从上述内容可知,不同类型化合物中,氢核的共振信号的化学位移是有规律的,由图 19-6 可见,质子在类似的键合情况下,其化学位移值都聚集在特定的范围内。所以从测得的化学位移值可以得到未知物化学结构的信息,可以判断出属于哪一类化合物,或可能存在哪些取代基等。

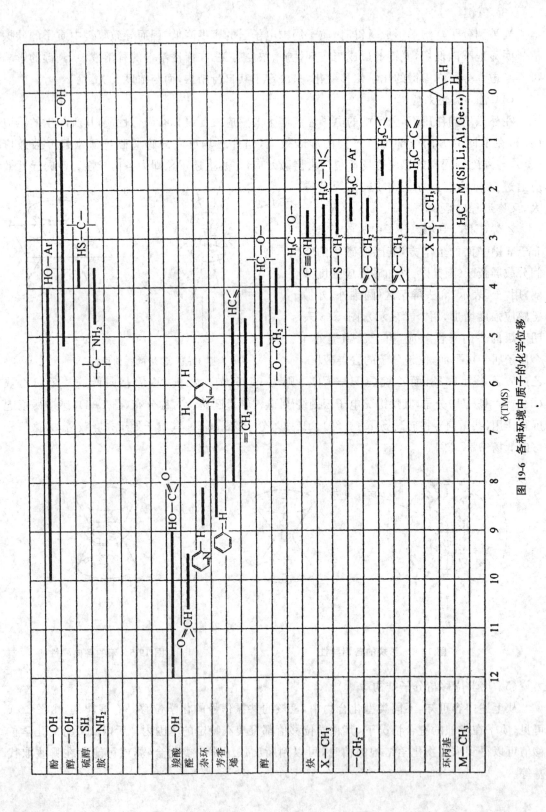

图 19-6　各种环境中质子的化学位移

19.2.5　自旋耦合与自旋裂分

每一个自旋的质子都是一个小磁体,在外磁场中,质子自旋产生的磁场与外磁场方向可以一致,也可能相反。对于自旋质子来说,只有这两种可能性,其出现的概率基本上是相等的。如有一化合物(如乙醇 CH_3CH_2—OH),其 2 个相邻 C 原子上各有一个氢,即 H_A 和 H_B(图 19-7)。当此化合物置于外磁场(B_0)中时,如质子 B 的小磁场 ΔB_0 与 B_0 磁场方向不同时,质子 A 实际所承受的磁感应强度为 $B_0 - \Delta B_0$,此时质子 B 对于质子 A 相当于有屏蔽作用,共振信号移向高场;当 ΔB_0 与 B_0 的方向相同时,相当于质子 B 有去屏蔽作用,共振信号移向低场,为此 A 质子的共振信号就裂分为二重峰[图 19-7(b)];同理,质子 B 的共振信号也会被质子 A 裂分为二重峰。自旋核之间的这种相互作用称为自旋-自旋耦合,简称为自旋耦合(spin coupling);由于耦合而导致谱线增加的现象称为自旋-自旋裂分,简称自旋裂分(spin splitting)。两峰之间的距离称为耦合常数,用 J 表示,单位为 Hz,J 与 μ 有关,但与 B_0 无关。一般认为自旋耦合中的核与核的相互干扰作用是通过成键电子传递的。对于氢核来说,可分为同碳耦合、邻碳耦合和远程耦合三类,分别用 $^2J_{HH}$、$^3J_{HH}$、$^4J_{HH}$ 表示,下标 HH 表示为质子间的耦合,上标数字则表示耦合质子间的键数。同碳耦合常数变化范围非常大,其值与其结构密切相关。同碳质子如 CH_4 和 CH_3—CH_3 在谱图中只有一个单峰,尚未观察到有裂分现象,又如乙烯 $^2J = 2.3$ Hz,而甲醛 ^2J 则高达 42 Hz。邻碳耦合是相邻碳上的氢产生的耦合,在饱和体系中氢核和氢核相隔 3 个单键,^3J 的变化范围为 0~16 Hz,邻碳质子间的耦合最重要,其耦合常数是立体化学研究的有效信息,常用以鉴定分子结构。相隔 4 个或 4 个以上键的耦合称为远程耦合,远程耦合较弱,^4J 在 1 Hz 以下,一般观察不到,所以不很重要。

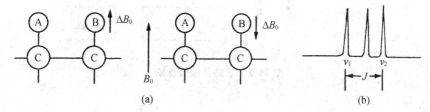

(a)　　　　　　　　(b)

图 19-7　自旋-自旋裂分

表 19-3　质子自旋-自旋耦合常数

类　型	J_{ab}/Hz	类　型	J_{ab}/Hz
$>C<^{H_a}_{H_b}$	10~15	H_a—C—CH_b	2~3
H_a—C—C—H_b	6~8	$>C=CH_2$—C—H_b	5~7
H_a—C—C—C—H_b	0	H_a>$C=C<^{}_{H_b}$	15~18
H_a—C—OH_b	4~6	H_a>$C=C<^{H_b}$	6~12

19.3　核磁共振波谱仪

核磁共振波谱仪总起来可分为两类,即连续波核磁共振波谱仪和脉冲核磁共振波谱仪(也称傅里叶变换核磁共振波谱仪)。前者性能差,工作效率低(通常完成一个样品的测试需 5～10 min),且只能测 ^1H 谱;后者优点很多,如分析速度快,灵敏度高,应用广泛,可测 ^1H 核、^{13}C 核和其他核的谱图,可开拓 NMR 波谱的新技术等,故已确立了它的重要地位。

核磁共振波谱仪由磁体、磁场扫描发生器、射频发生器、射频接收器及信号记录系统组成,基本结构见图 19-8。

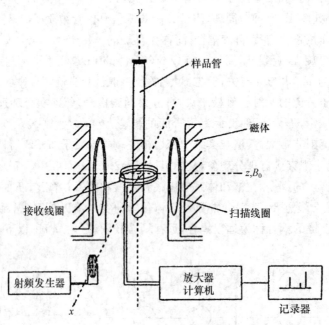

图 19-8　核磁共振波谱仪

1. 磁体

磁体的作用是提供一个稳定的、高强度的磁场,永久磁铁、电磁体和超导磁体均可采用。磁体磁场的均匀性、稳定性及重现性必须十分良好,核磁共振波谱仪的灵敏度和分辨率决定于磁体的强度和质量。为控制磁感应强度的波动,常备有频率锁定装置。

2. 磁场扫描发生器

磁场扫描发生器由一对平行安装的线圈组成,线圈与磁体磁场方向同轴,线圈通以直流电,当电流改变时磁感应强度也随之小范围改变,由此可以调节有效磁感应强度。

3. 射频发生器

通常采用石英振荡器发生基频,经倍频、调谐及放大后,馈入发射线圈中。射频发生器用于提供固定频率的辐射,射频发生器连接发射线圈,该线圈与扫描线圈垂直,射频辐射能量就可以传送给样品。样品管周围绕有接收线圈,并连接射频接收器。以上三种线圈,即发射线圈、接收线圈和扫描线圈取位互相垂直。

4. 检测记录系统

共振信号通过接收线圈进入射频接收器,检测信号经放大(约 10^5 倍)后,进入记录器,给出核磁共振谱图,谱图的纵轴为共振信号强度,横轴为扫描频率(自左至右,由高到低)或对应的磁感应强度(由低到高)。现代核磁共振波谱仪常配备有积分装置,可在谱图上显示出峰积分数据。

5. 样品容器

样品容器应不吸收射频辐射,通常用硼硅酸盐玻璃制成管状,管长 15～20 cm,管外径为 5 mm 和 10 mm。为消除磁场的非均匀性,提高谱峰的分辨率,利用高速气流冲击样品管使绕轴急速旋转。

19.4　核磁共振波谱法的应用

概述中已述及核磁共振波谱法主要用于有机化合物的分子结构分析,广泛应用于有机物的合成和天然产物的分离。在较少场合,也可用于有机物的定量分析和定性分析。

19.4.1　有机化合物分子结构分析

1. 核磁共振谱图的测试

将有机化合物提纯后,用核磁共振波谱仪测试,得核磁共振波谱图,而后解析谱图,从图上可以得到多方面的信息。

(i) 吸收峰的频率。由此算出化学位移值,可应用于鉴别有机化合物的含氢基团,确定含氢基团在分子中的结构配置,推断质子所处的环境。

(ii) 峰裂分及耦合常数(J)。由此可以确定自旋耦合、自旋裂分的模式,鉴别相邻的质子环境。

(iii) 积分线。在谱图中可见从左到右呈阶梯形的曲线,此曲线即为积分线,将谱图中各组共振峰的面积加以积分,即得积分线。积分线中各阶段的高度代表各组峰的面积大小,因为峰面积与给定的耦合裂分模式相应的质子数成正比,因此峰面积之比等于积分线高度之比,也等于质子数之比。由此就可确定各组质子的数目,也可以确知各组峰相对应的含氢基团。

2. 核磁共振谱图解析

(i) 由积分曲线高度算出各信号的相对强度,即可得出各种氢核的数目比。

(ii) 先解析孤立的 CH_3 信号,如 $CH_3O—$, $CH_3—\overset{|}{\underset{|}{N}}$, $CH_3—\overset{O}{\overset{\|}{C}}—$, $CH_3—C\!=\!C—$, $CH_3—Ar$ 等,然后再解析耦合的 CH_3 信号。

(iii) 解析 —COOH 、—CHO 的低场信号。

(iv) 解析芳香核上氢核信号。

(v) 根据化学位移值、峰的数目和耦合常数等推断结构。

(vi) 必要时可与类似化合物谱图或标准谱图进行比较。

3. 核磁共振谱图解析实例

【示例 19-1】　有一纯化合物,经元素分析只含碳和氢,用核磁共振波谱法分析,测得以下谱图,试鉴定其分子结构。

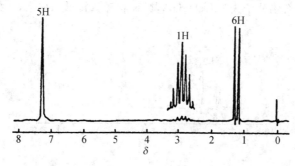

解

(i) 由图可见,δ在 7.3 处有一单峰,查阅图 19-6 得知,此化合物可能存在苯环。

(ii) 由积分线高度之比,可推断从低场到高场的三组峰的质子数比为 5∶1∶6,故知此芳香化合物为单取代苯。

(iii) 在 δ 为 2.9 处有七重峰,在 δ 为 1.3 处有两重峰,可模拟出化合物有如下结构

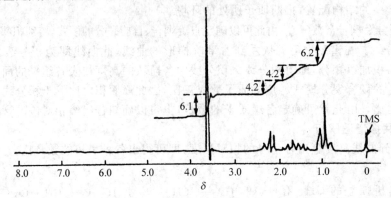

(iv) 验证。由于 —CH— 基团的质子与 2 个化学环境相同的 —CH₃ 相连,故裂分为七重峰。

2 个 —CH₃ 的质子都被 —CH— 耦合,裂分为二重峰,因化学位移相同,峰叠加,强度增加一倍,

—CH— 质子的去屏蔽作用强于 —CH₃ 质子,故相对处于低场。

【示例 19-2】 今有一化合物,经元素分析确定其分子式为 $C_5H_{10}O_2$,其核磁共振谱图如下。试根据此谱图鉴定其分子结构。

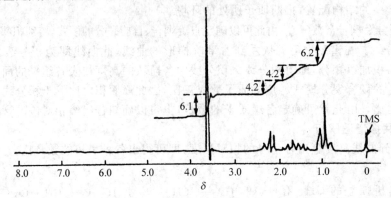

解 从积分线可知,从左到右各组峰面积之比为 6.1∶4.2∶4.2∶6.2,这表明分子中 10 个质子的分布为 3、2、2 和 3。在 δ=3.6 处的单峰为孤立的甲基,查阅参考书中的详细化学位移表,推测此峰可能为 CH₃O—CO— 基团;根据其余质子的分布情况(2∶2∶3)以及分子式中尚有 3 个 C,所以推测分子中可能有一正丙基。所以此化合物的分子结构可能为 CH₃CH₂CH₂COOCH₃,即丁酸甲酯。δ=0.9 处的三重峰是典型的与 —CH₂— 基团相邻的甲基峰,δ=2.2 处的三重峰是同羰基相邻的 —CH₂— 基峰,另一个 —CH₂— 基则在 δ=1.7 处有一组峰,所以以上的推断是正确的。

【示例 19-3】 某化合物分子式为 $C_8H_8O_2$,其 ¹H 核磁共振谱图如下,试推断其结构。

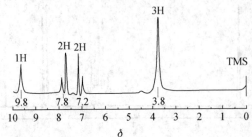

解

(i) 由分子式可知此化合物的不饱和度(Ω)为

$$\Omega = 1 + 8 + \frac{0-8}{2} = 5$$

据此推断可能含有苯环(不饱和度4)和 C=O、C=C 或环(不饱和度1)。

(ii) δ 为 3.8 处的峰为单峰,从积分高度(3H)得知此峰属于 CH_3 峰,无与之耦合的质子,但与电负性基团(—O)相连而向低场位移。

(iii) δ 为 7.2 和 7.8 处均为双峰,同为苯环上氢峰,即 Ar—H,各 2 个氢。

(iv) δ 为 9.8 处为单峰,含 1 个氢,为 —CHO,因低场信号为醛基质子的特征峰。

(v) 查 —CHO 和 Ar—O—CH_3 的化学位移表,可以确认此化合物之结构(见下式)为

19.4.2 定性分析和定量分析

各有机化合物均有其特征谱图,犹如人的指纹一样,可将未知物谱图与标准谱图对照,即可鉴定未知物,这就是指纹分析。

因为谱图中峰面积或积分曲线高度与对应的氢核数成正比,故可以利用峰面积进行定量分析。由于峰面积精确计算比较繁琐,通常都用积分曲线高度来定量。为了确定积分高度与质子浓度的关系,需选取标准物对仪器进行校准,标准物应不与试样峰重叠,因有机硅化合物的峰都在高场,所以常选其为标准物。测定时,多使用内标法,即准确称取样品和标准物,加适宜溶剂配成一定浓度的溶液,而后用核磁共振波谱仪测谱图,从谱图积分高度计算被测物含量。当样品成分复杂,难以选择可用的标准物时,需使用外标法。外标法要严格控制实验条件,以保证结果的准确性。应当指出的是,在分析成分复杂的样品时,谱峰可能重叠,加之核磁共振波谱仪价格昂贵,所以本法的定性、定量分析的应用受到很多限制,更何况有的方法,如色谱法,对有机物的分离、分析都很准确便捷,因此在对有机物进行定性、定量分析时,较少选用核磁共振波谱法。

习 题

19.1 解释名词:自旋耦合,自旋裂分,进动,弛豫。

19.2 什么是化学位移?它是如何产生的?影响化学位移的因素有哪些?

19.3 如何利用化学位移值来取得分子结构的信息?

19.4 在 0.15 T 的外加磁场中,质子吸收什么频率的电磁辐射才能产生共振信号?

($6.4×10^6$ Hz)

19.5 什么是磁各向异性?试举两例说明之。

19.6 在化合物 Cl—C—C—Br 中,哪个质子(a 或 b)的 δ 值较大?为什么?

第20章 质谱法

20.1 概　　述

质谱法(mass spectrometry，MS)是通过将样品转化为运动的气态离子并按质荷比(m/z)大小进行分离和测定的方法。质谱法的分析过程如图 20-1 所示，样品通过导入系统进入离子源，被电离成离子和碎片离子，由质量分析器分离并按质荷比(m/z)大小依次进入检测器，信号经放大、记录得到质谱图。

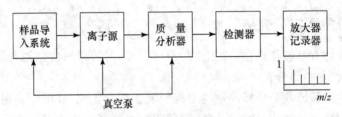

图 20-1　质谱法的分析过程

图 20-2 为标准质谱图，其横坐标为质荷比，纵坐标为每种带电离子的相对强度。通过质荷比，可以确定离子的质量，从而进行样品的定性分析和结构分析；通过每种离子的峰高，可以进行定量的分析。

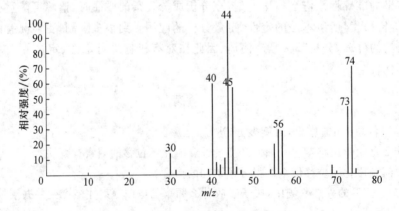

图 20-2　标准质谱图

1906 年 J. J. Thomson 发明第一台质谱仪，起初只是作为无机化学研究同位素的分析工具。20 世纪 40 年代以后开始用于有机物分析；60 年代出现了气相色谱-质谱联用仪，使质谱仪的应用领域大大扩展，开始成为有机物分析的重要仪器。计算机的应用又使质谱分析法发生了飞跃变化，使其技术更加成熟，使用更加方便。80 年代以后又出现了一些新的质谱技术，如快原子轰击离子化、基质辅助激光解吸离子化、电喷雾离子化、大气压化学离子化以及随之而来的比较成熟的液相色谱-质谱联用仪、感应耦合等离子体质谱仪、傅里叶变换质谱仪等。这些新的电离技术和新的质谱仪使质谱分析又取得了长足进展。目前,质谱分析法已广泛应用于化学、化工、材料、环境、地质、能源、药物、刑侦、生命科学、运动医学等各个领域。

质谱分析的优点如下。

(i) 高灵敏度。无论是有机物或无机物都有较高的灵敏度,其绝对灵敏度为 $10^{-4} \sim 10^{-7}$ μg,其相对灵敏度为 $10^{-4} \% \sim 10^{-8} \%$。

(ii) 高分辨本领。能分辨同位素如 ^{200}Hg 和 ^{201}Hg、^{235}U 和 ^{238}U,以及有机化合物中性质极为相近的不同物质。

(iii) 高效率。分析速度很快,能测定化学反应中存在微秒(μs)数量级的中间产物。飞行时间质谱仪每秒可记录 10 万张质谱图,静态质谱仪每秒也可记录 200 个质谱峰。

(iv) 应用范围广。可对气态、液态、固态的有机物或无机物进行成分分析,测定相对原子质量、相对分子质量,对有机化合物的结构分析更具有独特的功能。

质谱分析法的缺点是质谱仪器价格昂贵,质谱图十分复杂,难于剖析。另外,质谱法要求纯样的特点,使它的应用受到一定的限制。目前,质谱法与不同的分离方法联用,如与气相色谱、液相色谱和毛细管电泳等的联用,加上质谱本身的联用,即串联质谱等,使得质谱法在分离和鉴定复杂混合物组成及结构方面成为极有力的可靠手段。在生命科学领域里,尤其是针对大规模的蛋白质组学(proteomics)的研究,质谱已成为一个不可替代的重要工具。

20.2　质　谱　仪

20.2.1　质谱仪的基本结构

质谱仪(mass spectrometer)就其功能而言,具备以下几部分。

(i) 样品导入系统。包括气体扩散、直接进样、气相色谱、液相色谱和毛细管电泳等类型。

(ii) 离子源。包括电子轰击、化学离子化、场致离子化、快原子轰击、基质辅助激光解吸离子化、电喷雾离子化、二次离子质谱等类型。

(iii) 质量分析器。包括单聚焦、双聚焦、飞行时间、四极杆等类型。

(iv) 检测器。包括照相干板、电子倍增管、金属电极检测器等类型。此外,质谱仪需在高真空条件下工作;否则,其高速电子和正离子的能量会消耗在与其他气体分子的碰撞过程中,妨碍质谱分析的正常进行。因此,每台仪器都具有真空系统。

本节在此将重点介绍离子源和质量分析器两个核心部件。

1. 样品导入系统

将样品导入离子源的方法决定于样品的物理性质,如熔点、蒸气压等。样品导入装置如图 20-3 所示,对于气体或挥发性液体,可用注射器或进样阀直接注入左边的储存器,然后通过细小的漏孔进入离子源,储存器预先抽成真空。固体样品可用探针导入,探针一般为长25 cm、直径 6 mm 的不锈钢棒,前端有一可容纳样品的陶瓷小凹槽,当探针插入或拉出时,斜置的封闭阀可将真空体系与外界大气隔绝,通过电热,使样品蒸发,在离子源被离子化。另一种方法是通过与色谱仪或电泳仪联用,将经分离的柱后流出物直接导入质谱仪分析。

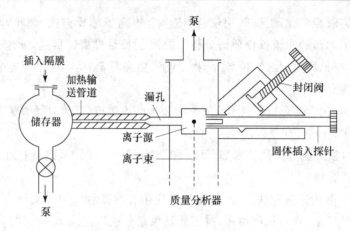

图 20-3 样品导入装置

2. 离子源

质谱仪中产生离子的装置称为离子源(ion source)。可采用多种方式使试样分子在离子化室中发生离子化,这里仅简单介绍最常用的电子轰击(electron impact,EI)和化学离子化(chemical ionization,CI)两种离子源。

(1) 电子轰击

气化的试样分子被注入离子源,由狭缝进入离子化室,受到由加热灯丝(钨丝或铼丝)产生的、并被阳极加速的高能电子流的轰击。如果轰击电子的能量大于分子的电离能,分子将失去电子而发生电离,形成一个带正电荷的分子离子,通常用 $M^+ \cdot$ 表示

$$M + e \longrightarrow M^+ \cdot + 2e$$

分子离子不稳定,电子束的剩余能量将使分子中的化学键断裂而裂解成小的碎片离子,分子离子或碎片离子将发生重排,释放出游离基或中性分子

$$M^+ \cdot \longrightarrow A^+ + N^\cdot$$
$$M^+ \cdot \longrightarrow B^+ \cdot + N$$

式中:A^+ 和 $B^+ \cdot$ 为碎片离子;$N^\cdot$ 和 N 为游离基或中性分子。

离子化产生的正离子进入加速室,经加速和聚焦后进入质量分析器,同时排除中性分子。分离后的分子离子和碎片离子经收集,在质谱图上记录为分子离子峰和碎片离子峰。电子轰击离子源的轰击电子能量通常为 70 eV,得到的离子流较稳定,碎片离子较丰富。目前的文献或计算机内存文件已积累了大量采用此方法的已知化合物质谱数据,因而应用广泛。该方法主要缺点是对于分子量较大或稳定性差的样品,常常得不到分子离子峰,因而也不能测定其相对分子质量。

(2) 化学离子化

化学离子化是一种比较温和的离子化方式。在离子化室中,低压的气态试样分子和高压的反应气体之间发生反应而使试样分子发生离子化。由于反应气体充满了离子化室,电子束首先使反应气体离子化,生成所谓的初离子;初离子再经过电荷转移,使试样分子离子化。在化学离子化中,常用的反应气体有 CH_4、N_2、He、NH_3 等,例如,以甲烷为反应气体

$$CH_4 + e \longrightarrow CH_4^+ \cdot + 2e$$

生成初离子 $\qquad\qquad\qquad CH_4^+ \cdot + CH_4 \longrightarrow CH_5^+ + CH_3 \cdot$

$$CH_3^+ + CH_4 \longrightarrow C_2H_5^+ + H_2$$

试样分子离子化
$$M + C_2H_5^+ \longrightarrow MH^+ + C_2H_4$$
$$M + C_2H_5^+ \longrightarrow (M+H)^+ + C_2H_4$$
$$MH + C_2H_5^+ \longrightarrow C_2H_6 + M^+$$

由于化学离子化是通过离子-分子反应来进行的,其质谱图上的碎片离子峰少,分子离子峰或准分子离子峰的强度大,可以作为基峰。定量分析更多的选用化学离子化。

电子轰击离子化和化学离子化一般只适用于小分子化合物的质谱分析。对于分子量较大的化合物的分析,尤其是生物大分子,如蛋白质、多肽、寡聚核苷酸等,一般采用软电离方式进行离子化。常见的软离子化方式有快原子轰击(fast atom bombardment,FAB)、基质辅助激光解吸离子化(matrix-assisted laser desorption ionization,MALDI)、电喷雾离子化(electrospray ionization,ESI)等。鉴于篇幅所限,在此不再介绍。

3. 质量分析器

质量分析器(mass analyzer)是指质谱仪中将不同质荷比的离子分离的装置,其类型主要有磁偏转、四极杆、离子阱、飞行时间、离子回旋共振等。各类质谱仪的主要差别在于质量分析器,不同的质量分析器与离子源间有多种组合,从而构成了质谱仪器家族。在此仅简单介绍磁偏转式质量分析器的工作源理。

该类质量分析器内主要是一电磁铁,由离子源发生的电子束在 $800\sim8000$ V 的加速电压电场的作用下,质量为 m 的正离子以速率 v 向 n 方向做直线运动,其动能为

$$zU = \frac{1}{2}mv^2 \tag{20-1}$$

式中:z 为离子的电荷,U 为加速电压。可以看出,离子的运动速率在加速电压一定的情况下与其质量有关。图 20-4 为正离子在磁场中的运动示意图。

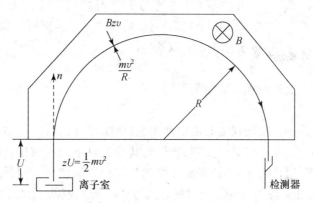

图 20-4 正离子在磁场中的运动示意图

当正离子进入质量分析器(即垂直于离子速率方向的均匀磁场)时,在磁场力的作用下,正离子将改变运动方向做圆周运动,但保持速率不变。因此,正离子运动的离心力和磁场力相等,即

$$Bzv = \frac{mv^2}{R} \tag{20-2}$$

式中:B 为磁感应强度,R 为离子在磁场中的运动半径。由式(20-1)和(20-2),可得到质谱方程式

$$\frac{m}{z} = \frac{B^2 R^2}{2U} \tag{20-3}$$

质谱方程式是设计质谱仪器的依据。由式中可以看出,离子在磁场中的运动半径 R 与 m/z、B、U 有关:当 B 和 R 固定时,$m/z \infty 1/U$,可电压扫描(连续改变加速电压);当 U 和 R 固定时,$m/z \infty B^2$,可磁场扫描(连续改变 B),从而使具有不同质荷比(m/z)的离子按顺序到达检测器而得到质谱图。此即具有不同质荷比(m/z)的离子在质量分析器中进行分离的原理。

4. 信号检测和数据处理系统

离子的检测可用电子倍增器,电子倍增器的原理类似于光电倍增管,一定能量的离子打到电极的表面,产生二次电子,二次电子又受到多级倍增放大,然后输出到放大器。信号放大后由计算机处理。计算机数据处理系统不仅用于数据的存储、变换和检索,还可以控制与气相色谱或液相色谱与质谱仪的联用,控制自动取样、注射样品、流速和温度以及扫描速率等。

20.2.2 质谱仪的主要性能指标

下述指标是衡量质谱仪性能优劣的标准,是实验者操作必须掌握的基础数据。

1. 分辨率

分辨率是指质谱仪分开相邻质量数离子的能力。分辨率的一般定义为:对两个强度相等的相邻峰,当两峰间的峰谷不大于其峰高 10% 时,则认为两峰已经分开,其分辨率

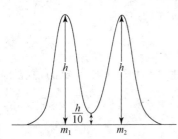

$$R = \frac{m_1}{m_2 - m_1} = \frac{m_1}{\Delta m} \tag{20-4}$$

式中:m_1、m_2 为质量数,且 $m_1 < m_2$,故在两峰质量相差越小时,要求仪器分辨率越大。

但在实际工作中,有时很难找到相邻的且峰高相等,同时峰谷不大于其峰高 10% 时的两个峰。在此情况下可任选一单峰,测其峰高 5% 处的峰宽 $W_{0.05}$,即可当做上式中的 Δm,此时分辨率的定义为

图 20-5 质谱仪 10% 峰谷分辨率

$$R = m/W_{0.05} \tag{20-5}$$

如果该峰为高斯形的,上述两式计算结果相同。

2. 灵敏度

在一定的操作条件下,质谱仪能给出定性信息(信噪比)时,所需样品的最小量(克),称为该仪器的灵敏度。显然,在进行灵敏度测试时,尤其是当对不同的质谱仪进行比较时,应明确是在什么操作条件下,用什么样品,信噪比标准定为多少。应使用相同操作条件,才具有可比性。某公司质谱仪标出:使用 EI 源,全扫描方式进样 1 pg 八氟萘,信噪比 S/N>10∶1。另一公司质谱仪标出:使用 EI 源,全扫描方式进样 10 pg 八氟萘,信噪比 S/N>40∶1。显然,第一家公司的质谱仪灵敏度较高。

3. 质量范围

质量范围表示质谱仪能够分析的样品的相对原子质量(或相对分子质量)范围,通常采用原子质量单位进行度量。在非精确测定质量的场合中,常采用原子核中质子和中子的总数即"质量数"来表示质量的大小,其数值等于相对原子质量的整数。

20.3　质谱图及其应用

20.3.1　质谱图与质谱表

在质谱分析中,质谱的表示方法主要由棒图形式和表格形式,前者为质谱图,后者为质谱表。图 20-6 是一张多巴胺的质谱图,其横坐标表示质荷比(m/z),纵坐标表示相对丰(强)度(relative abundance),即离子数目的多少。将质谱中最强峰的高度定为 100%,并将此峰称为基峰(base peak),以此最强峰高度除以其他各峰的高度,所得的分数即为其他离子的相对强度。

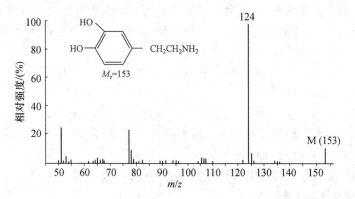

图 20-6　多巴胺质谱图

把原始质谱图数据加以归纳,列成以质荷比为序列的表格形式即为质谱表。质谱表中有两项,一项是质荷比,一项是相对强度。表 20-1 是多巴胺的部分质谱表。

表 20-1　多巴胺部分质谱表

m/z	相对强度(%)	m/z	相对强度(%)	m/z	相对强度(%)	m/z	相对强度(%)
50	4.00	64	1.57	79	2.71	123	41.43
51	25.71	65	3.57	81	1.05	124	100.000
52	3.00	66	3.14	89	1.57		(基峰)
53	5.43	67	2.86	94	1.76	125	7.62
54	1.00	75	1.00	95	1.43	136	1.48
55	4.00	76	1.48	105	4.29	151	1.00
62	1.57	77	24.29	106	4.29	153	13.33(M)
63	3.29	78	10.48	107	3.29	154	1.48(M+1)

由此可见,从质谱图上可以很直观地观察到整个分子的质谱全貌,而质谱表则可以准确地给出精确的 m/z 值及相对强度值,有助于进一步分析。

20.3.2　质谱图中的主要离子类型

质谱信号十分丰富。分子在离子源中可以产生各种电离,即同一种分子可以产生多种离子峰,其中比较有用的有分子离子峰、同位素离子峰、碎片离子峰、重排离子峰、亚稳离子峰等,它们的强度与分子结构以及离子源的加速电压有关。

1. 分子离子

分子在离子源中失去 1 个电子形成的离子称为分子离子或母离子。在质谱中,由分子离子所形成的峰称为分子离子峰。当失去 1 个电子时,分子离子的质荷比 $m/z = m$,这正好是样品分子的相对分子质量。如果分子失去 2 个或 3 个电子时,分子离子相应的质荷比为 $m/2z$、$m/3z$,在质谱图的 $m/2z$、$m/3z$ 处出现分子离子峰。因此,分子离子峰的质荷比是确定相对分子质量及分子式的重要依据。

2. 碎片离子

分子在离子源中获得的能量,超过分子离子化所需要的能量时,分子中的某些化学键发生断裂而产生碎片离子,这些碎片离子如果获得能量,还可进一步裂解产生更小的碎片离子。如

$$\begin{array}{c} CH_3 \\ | \\ C=O \xrightarrow{-CH_3 \cdot} CH_3-C\equiv O^+ \xrightarrow{-CO} CH_3^+ \\ | \\ CH_3 \end{array}$$

$$M^- \cdot = 58 \qquad\qquad m/z = 43 \qquad\qquad m/z = 15$$

反应式中:$CH_3-C\equiv O^+$ 称为碎片离子。这种初级离子还有可能进一步裂解,产生新的碎片离子 CH_3^+,同时失去中性分子 CO。

碎片离子的形成与分子结构有着密切的关系,一般可根据反应中形成的几种主要的碎片离子,推测原来化合物的大致结构。

3. 同位素离子

大多数元素都是由具有一定自然丰度的同位素组成,不同元素的同位素由于含量不相同,在质谱图中就会出现含有这些同位素的离子峰,这些含有同位素的离子称为同位素离子(isotopic ion)。例如,在裂解过程中,若产生 $^{12}CH_2^+$ 离子,同时也会产生质量数大于 14 的同位素离子:$^{13}CH_2^+$、$^{12}CHD^+$、$^{12}CD_2^+$、$^{13}CHD^+$ 和 $^{13}CD_2^+$ 等,在高分辨的质谱中将不是一个单独的 $m/z = 14$ 峰,而是出现质量分别为 14.01566、15.01901、15.02193、16.0282、16.02528、17.03155 的 6 个峰,除 14.01566 处的 $^{12}CH_2^+$ 峰外,其余均为同位素峰。同位素峰在质谱解析中有很大用处。

除上述离子外,在分子离子裂解过程中,还可能产生重排离子、亚稳离子以及多电荷离子,从而产生相应的重排离子峰、亚稳离子峰和多电荷离子峰。由于篇幅有限,在此对于这些离子产生的机理及其用途不再介绍。

20.3.3 质谱的定性分析

质谱是纯物质鉴定的最有利工具之一,其中包括结构鉴定、相对分子质量测定及化学式确定。

1. 结构鉴定

若试验条件恒定,每个分子都有自己的特征裂解模式。根据质谱图所提供的分子离子峰,同位素峰以及碎片离子峰的信息,可以推断出化合物的结构。如果从单一质谱提供的信息不能推断或需要进一步确证,则可借助于红外光谱和核磁共振等光谱和波谱手段得到最后的证实。

从未知化合物的质谱图进行结构鉴定,其步骤大致如下。

(i) 确证分子离子峰。从获得的分子离子峰,可知以下相关信息。

- 从强度可大致知道属某类化合物;
- 知道了相对分子质量,便可查阅 Beynon 表;
- 将它的强度与同位素峰强度比较,可判断可能存在的同位素。

(ii) 用同位素峰强比法或精密质量法确定分子式。

(iii) 利用化学式计算不饱和度。

(iv) 利用碎片离子信息,推断未知物结构。

(v) 综合以上信息或联合使用其他手段最后确证结构式。

根据已获得的质谱图,可以利用文献提供的图谱进行比较、检索。从测得的质谱图信息中,提取出几个(一般为 8 个)最重要峰的信息,并与标准图谱进行比较作出鉴定。

2. 相对分子质量的确定

一般来说,与分子离子峰相当的质量数,就是被测样品的相对分子质量,即分子离子峰的质荷比 m/z 等于分子量。用质谱法测定化合物的相对分子质量快速而精确,用单聚焦质谱仪可测到整数位,双聚焦质谱仪可精确到小数点后四位,利用高分辨率质谱仪可以区分标称相对分子质量相同(如 120)、而非整数部分质量不相同的化合物。例如:四氮杂茚,$C_5H_4N_4$(120.044);苯甲脒,$C_7H_8N_2$(120.069);乙基甲苯,C_9H_{12}(120.094)和乙酰苯,C_8H_8O(120.157)。若测得其化合物的分子离子峰质量为 120.069,显然此化合物为苯甲脒。

3. 分子式的确定

在质谱图中,确定了分子离子峰并知道了化合物的相对分子质量后,就可确定化合物的分子式。利用质谱法确定化合物分子式的方法有两种:用高分辨率质谱仪确定分子式;用同位素峰强比,通过计算或查表(Beynon 表)求分子式。

20.3.4　质谱定量分析

质谱检出的离子流强度与离子数目成正比,因此通此离子流强度测量可以进行定量测定。以质谱法进行定量分析时,应满足下面一些必要的条件。

(i) 组分中至少有一个与其他组分有显著不同的峰;

(ii) 有合适的供校正仪器的标准物;

(iii) 各组分的裂解应具有重现性;

(iv) 组分的灵敏度应具有一定的重现性;

(v) 每一组分对峰的贡献应具有线性加和性。

质谱的定量分析与其他仪器分析方法一样,要求标准物质,对浓度的测量是基于待测化合物的响应值与其标准物或参照物的响应之间的关系,即利用标准曲线,采用内插法得到待测物的浓度。标准物有外标和内标两种。

20.4　生物质谱分析及质谱联用技术

20.4.1　生物质谱

如前所述,质谱法是通过测定样品离子的质荷比来进行成分和结构分析的分析方法。质谱法分析的相对分子质量以前也就在几千左右,直到 20 世纪 80 年代中期出现的两种新离子化技术,即基质辅助激光解吸离子化、电喷雾离子化,这两种技术所具有的灵敏度和高质量检测范围,使得在飞摩(10^{-15})乃至阿摩(10^{-18})水平检测相对分子质量高达几十万的生物大分子成为可能,从而开拓了质谱学一个崭新的领域——生物质谱,促使质谱技术在生命科学领域获得广泛的应用和发展。

生物质谱不同于其他质谱,如无机、有机质谱,顾名思义是研究生物分子的,而生物分子,大多数以其高相对分子质量而区别于其他分子。以往的质谱只要求测定几十到 2000 的相对分子质量,而生物质谱则要求测定上万甚至上百万的相对分子质量。其特点是灵敏、快速、专一以及提供生物样品准确的化学计量信息。因此,在生物分析领域,生物质谱技术是近些年来发展较为迅速的技术之一。

生物质谱主要用于解决下述两方面的分析问题。

(i) 精确测定生物大分子的相对分子质量,并提供它们的分子结构信息,常用于蛋白质、核苷酸和糖类的分析。

(ii) 对存在于生命复杂体系中的微量或痕量生物活性物质进行定性或定量分析。

为了解决这些问题,不仅发展了各种新的软电离技术,扩展质谱的可测质量范围,而且发展了各种新的联用技术,如色谱-质谱联用技术和质谱-质谱串联技术等。

20.4.2　质谱联用技术简介

本书在前面几章介绍了各种仪器分析方法的单独使用,这对于分析不太复杂的物质是有效的。但对于一个多组分的复杂体系,往往需要采用两种或两种以上的分析方法,才能有效地解决问题。两种或两种以上的仪器联用是现代分析仪器的发展趋势之一。目前,已有的联用技术有 GC-MS、LC-MS、CE-MS 和 ICP-MS 等。本书仅对生物分析中应用较多的 GC-MS 和 LC-MS 予以简单介绍。

质谱法能够对单一组分提供高灵敏度和特征的质谱图,而色谱技术广泛应用于多组分混合物的分离分析。将色谱和质谱技术联用,对混合物中微量或痕量组分的定性和定量分析具有重要的意义。就色谱仪和质谱仪而言,两者除工作压力以外,其他性能十分匹配。因此,可以将色谱仪作为质谱仪的前分离装置,质谱仪作为色谱仪的检测器而实现联用。

1. 气相色谱-质谱联用技术(GC-MS)

GC-MS 是两种气相分析方法的结合,两者之间有直接连接、分流连接和分子分离器连接三种方式:

(i) 直接连接只能用于毛细管气相色谱仪和化学离子化质谱仪的联用;

(ii) 分流连接器在色谱仪的出口,对试样气体的利用率低,因此大多数的联用仪器采用分子分离器;

(iii) 分子分离器是一种富集装置,通过分离,使进入质谱仪气流中的样品气体比例增加,同时保持离子源的真空度。常用的分子分离器有扩散分离器、半透膜分离器和喷射分离器等类型。

GC-MS 的应用十分广泛,从环境污染分析、食品和中草药的分析鉴定到医疗诊断、体内药物分析以及法医中毒物分析等诸多方面。目前,质谱在临床化学领域应用最广泛的就是 GC-MS。由于受到被分析物挥发性和分子大小的限制,GC-MS 的分析限于衍生过的化合物,如脂肪酸、有机酸、氨基酸、单糖类、前列腺素、胆汁酸和类固醇等。临床化学中 GC-MS 测试最广泛的应用是分析可能或已经患有代谢疾病的尿样。GC-MS 分析复杂尿液分布及可以提供给医生帮助其诊断疾病的数据,这一能力已得到了临床化学家、医生和其他医学专家的认可。

2. 液相色谱-质谱联用技术(LC-MS)

分离热稳定性差及不易挥发的样品,常常采用液相色谱。就像 GC-MS 已经被证明是定性和定量分析重要的小分子化合物(如氨基酸、脂肪酸、胆汁酸和类固醇等)的一种强有力的临床工具一样,LC-MS、MALDI-MS 和其他基于质谱的系统分析对测量携带信息的生物标记物(如蛋白质、基因片段)的分析起了重要的作用。由于分析过程中,样品从溶剂状态(LC)到高真空系统(MS),并需有效地除去 LC 流动相中大量的溶剂,所以,LC-MS 联用技术的关键是 LC 与 MS 的连接。LC 与 MS 的接口,前后开发出了 20 多种,其中主要有直接导入接口、移动带接口、渗透薄膜接口、热喷雾接口和粒子束接口,但这些接口都受到不同方面的限制和缺陷,直到大气压离子化(atmospheric pressure ionization,API)技术成熟后,LC-MS 联用技术才得到实质性的进展,迅速成为科研和常规分析的有力工具。

20.5　质谱法在医药卫生领域中的应用

LC-MS 广泛的应用于体内药物分析、毒物分析、临床化学分析、蛋白质、核酸、肽中氨基酸序列分析和鉴定,是蛋白质组学中不可缺少的技术之一。

【示例 20-1】　利用 5-氯尿嘧啶作为内标物,采用色谱-质谱联用技术可测定抗肿瘤药物 5-氟尿嘧啶;利用丙嗪作为内标物,用选择性离子检测的 GC-MS 可以测定血浆中三环抑制剂丙咪嗪,最低检测浓度为 10 ng·mL^{-1},回收率为 81%±2%;利用 2-氨基-2-苯基丙醇作为内标物,双乙酰胺和全氟苯甲醛分别作为去甲肾上腺素和 2-氨基-2-苯基丙醇的衍生化试剂,可实现去甲肾上腺素的 GC-MS测定,线性范围为 1~100 ng。

【示例 20-2】　液相色谱-质谱联用测定血液中孕酮含量[①]

孕酮是人体内具有重要生理功能的一种激素,对妊娠妇女维护正常的妊娠过程有重要的作用。因此,人体血液中孕酮含量的测定在临床医学中有重要的意义。其色谱分析条件为

色谱柱:4.6 mm×150 mm C$_{18}$	流动相:甲醇:水(5%甲酸)=80:20
质谱条件:大气压化学离子化(APCI)	温度:450℃
放电电流:2 μA	扫描模式:正离子

结果:标准曲线线性范围 0.2~50 ng·mL^{-1},回归方程 $R=1.58\,C+0.37$,$r=0.998(n=8)$,最低

①　黄本立主编.分析化学的成就与挑战.重庆:西南师范大学出版社,2000

检出限为 $0.2\,\mathrm{ng}\cdot\mathrm{mL}^{-1}$,用该方法测定血液中孕酮比放射免疫法好。

习　题

20.1 什么叫质谱法？它有何特点？

20.2 离子源的作用是什么？有机化合物在离子源中可能形成哪些类型的离子？如何利用这些离子所产生的质谱峰？

20.3 化学离子化源与电子轰击源有何不同？各有何特点？

20.4 计算在曲率半径为 10 cm 的 1.00 T 的磁场中,质量数为 100 的一价正离子所需的加速电压是多少？

$(4.82\times10^3\ \mathrm{V})$

第 *21* 章 联用技术

21.1 概 述

联用技术是将两个或两个以上的分析仪器通过适当的接口(interface)连接起来、组成一个更有效的联用仪,用以测试能获得更高质量的信息。联用技术的兴起,起源于对复杂样品分析的日益增长的需求,对于组成较简单的样品,单独使用一种仪器进行分析,通常是可行的,对于复杂样品的分析则常不能满足要求。所谓复杂样品,是指组分种类多,含量差别大,已知信息少的复杂混合物,这些样品多来源于自然界,例如生命物质、环境污染物或中草药等,这些样品的成分十分复杂,从无机物到有机物、从小分子到大分子、从位置异构物到对映体、从常量到痕量,上百种成分大都未知,对这些复杂样品的分析目的是确定其组成、含量、各组分的分子式、相对分子质量和分子结构,对于这些样品的分析,单独使用任何一种分析方法都难以满意完成,因此就兴起了联用技术。我们已知色谱法是一种极好的分离技术,但它的检测器识别能力差,通常只利用各组分的保留特性来定性,不能进行结构分析,但质谱和光谱(如原子发射光谱、核磁共振、红外光谱等)的识别能力很强,能确定被测组分的组成和结构,唯用这些方法分析时,进样必须是纯物质,因此受到了限制。所以在开展复杂样品分析的初期,人们往往先用色谱法将复杂样品中的各组分分离,经过浓缩和提纯,再用质谱法确认各组分的组成和结构,这种工作方式是离线模式,用色谱法分离各组分,实质是质谱法中的试样制备。这种方法操作繁复,会引起损失和玷污,所以用联用技术实现在线分析是分析复杂样品的理想选择,也是分析仪器的发展方向。

选择何种仪器联用,要依据样品特点、分离要求和分析仪器性能特点而定。样品的分析无非是分离和检测,如前述可知,色谱与质谱、光谱联用可发挥各自的优点,性能上得到相互补充,因此它们之间的联用发展得早,比较成熟。现代色谱虽然柱效很高,但对于一些极度复杂的样品,有时仍不能得到尚佳的分离效果,由于不同色谱各有不同特点和优势,因此也发展了色谱-色谱的联用,联用后分离性能增强,可以解决单一色谱所不能解决的分离问题。紫外-可见分光光度、电化学分析等技术与色谱、流动注射的联用已讲过,本章不再重复。联用中的关键组件是接口,在色谱与其他分析技术的联用中,色谱分离后的各组分逐一通过接口进入次级仪器进行检测。联用后的仪器已成为一种新仪器,而接口是其组成部分,因而对接口质量要求十分严格。首先接口应不影响前级仪器的主要功能,同时又可满足次级仪器的工作条件;接口要能进行高效的样品传输,保证联用仪的灵敏度;接口对样品的传输应有较高的重现性;样品在通过接口时应不发生化学变化,若发生化学变化,也应能从分析结果推断其原有的组成和结构;接口要简单可靠,操作方便,接口要尽可能短,色谱柱流出物通过尽可能快。

最后要着重指出,任何联用系统都在线设置有机算机,用计算机对联用仪进行自动控制、实施数据采集、数据处理、自动记录、结果显示以及优化分析条件等。总之,计算机使联用仪实现了高度自动化。虽然在介绍联用技术时省略了计算机的内容,但绝不能忘记联用中计算机的存在,绝不能忽视它在联用中不可或缺的突出作用和不可取代的重要地位(参阅下章)。

21.2　气相色谱联用系统

气相色谱法是低沸点挥发性有机化合物最重要的分离分析技术,分离效率高,检测灵敏,分析准确、快速。为了对分离后的组分实行结构分析的需要,很早就发展了气相色谱联用技术。最重要的是气相色谱-质谱(GC-MS)联用(图 21-1)和气相色谱-傅里叶变换红外光谱(GC-FTIR)联用,也发展了气相色谱与原子发射光谱(AES)或原子吸收光谱(AAS)等的联用。

21.2.1　气相色谱-质谱联用技术

早在 20 世纪 60 年代就实现了气相色谱和质谱的联用。在所有色谱联用技术中,GC-MS联用开发最早,发展迅速,联用技术渐趋完善,已成为有机分析实验室最常用的分析工具。市售 GC-MS 仪小巧耐用,操作简便,价格合理,应用已较普遍。市售的有机质谱仪,如磁质谱、四极杆质谱、离子阱质谱、飞行时间质谱或傅里叶变换质谱等,均能和气相色谱联用。

【GC-MS 联用接口】

(1) 接口性能要求

GC-MS 联用是将 GC 柱的末端与 MS 的离子源相接,GC 柱流出的是气体,而 MS 进样要求也是气体,这一点二者正好吻合,但 GC 柱末端压力等于大气压,而在 MS 离子源中却有一定的真空度,所以 GC-MS 接口要解决的问题是把 GC 末端出口的大气压气流转化为适合 MS 离子化装置的粗真空。其具体方法是把 GC 柱流出气体中的载气在离子源中用真空泵抽走,使被测组分进入质量分析器。在工作中,必须控制 GC 柱的流速,使其能维持 MS 的真空度,在该流速下应不影响 GC 的分离效果。在毛细管色谱(CGC)中载气流速很低(mL·min^{-1}),已能满足上述要求。

GC-MS 联用接口的性能通常由传输率(Y)、浓缩系数(N)、延时(t)和峰展宽系数(H)来评价(表 21-1),当接口 $Y \to 100\%$、足够大的 N、延时 $\to 0$、$H \to 1$ 时,接口性能几近达到完美。其他联用接口也有类似要求,不再多述。

表 21-1　GC-MS 接口性能评价参数

评价参数	计算方法[a]	物理意义
传输率(Y)	$Y = (q_{MS}/q_{GC}) \times 100\%$	Y 与灵敏度成正比
浓缩系数(N)	$N = (Q_{GC}/Q_{MS})Y$	反映除载气(即浓缩)能力
延时(t)	$t = t_{MS} - t_{GC}$	质谱检测器色谱出峰时的时间延迟
峰展宽系数(H)	$H = W_{MS}/W_{GC}$	GC-MS 和 GC 的峰宽比

[a] q_{GC}—从色谱柱流进接口的样品量,q_{MS}—从接口流进质谱仪的样品量;Q_{GC}—从色谱柱流进接口的流量,Q_{MS}—从接口流进质谱仪的流量;t_{GC}—联用前色谱峰保留时间,t_{MS}—联用后质谱仪检测到的保留时间;W_{GC}—联用前 10% 峰高处的峰宽,W_{MS}—联用后 10% 峰高处的峰宽。

(2) 接口分类

在 GC-MS 联用技术发展过程中,曾出现过不少型式的接口,但常用的有下表所列的三种。以下介绍直接耦合型和开口分流型两种接口。

表 21-2　常见 GC-MS 接口性能

接　　口	Y/(%)	N	t/s	H	适用性
直接耦合型	100	1	0	1	小孔毛细管柱
开口分流型	≈30	1	1	1~2	毛细管柱
喷射式分离器	≈50	100	1	1~2	填充柱/毛细管柱

（i）直接耦合型接口。将毛细管色谱柱（内径 0.25~0.32 mm）经由一个真空密封的法兰直接插入质谱仪的离子源,工作时,载气和被测组分一起流入离子源,因载气为氦或氢气,均为惰性气体,不会被电离,被测物则会在离子源中生成带电粒子,在电场作用下,带电粒子加速向质量分析器运动,而载气却不受电场影响。当用真空泵抽气时,载气可被抽走,而与被测物分离,此时也满足了离子源对真空的要求。工作中接口的温度应稍高于柱炉温,以避免气体在接口冷凝。这种接口组件简单,费用低,维护容易,传输率高达 100%。质谱灵敏度受载气流速的影响,当载气流速高于 2 mL·min^{-1} 时,灵敏度会下降。

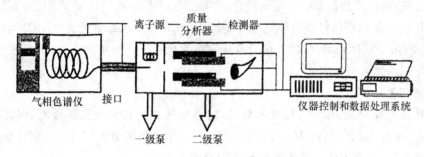

图 21-1　GC-MS 组成示意图

使被测组分离子化的方法很多,较常用的是电子轰击离子化(EI)和化学离子化(CI),其中以前者应用最广泛,占全部应用的 90% 以上。从气相色谱柱中流出的气体,其中被测组分的分子被阴极(钨或铼丝)发射并经加速向阳极的热电子轰击,电子束能通常设置为 70 eV,它的部分动能传递给被测组分分子,因而被激发、碎裂,形成离子化粒子,并迅速进入质量分析器。

（ii）开口分流型接口。如果色谱柱的一部分流出气流入离子源,而另一部分排空,如此可适应流速比较大的填充柱色谱。这样的接口称为分流型接口,其中开口分流型接口(图 21-2)较为常用。

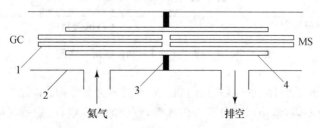

图 21-2　开口分流型接口示意图

1—毛细管　2—外套管　3—隔离层　4—内套管

在这一接口中,气相色谱柱的末端插入接口,端口对正并靠近限流毛细管,留一小间隔。两毛细管由内套管固定,内套管置于外套管中,两管间通以氦气。当色谱柱的流量大于质谱仪工作流量时,过多的色谱柱流出气随氦气流出接口,当色谱柱流量小于工作量时,外套管中的氦气进入内套管和毛细管,以补充流量之不足,因此对进入质谱仪的色谱柱流速的调节更加灵活方便。

21.2.2　气相色谱-傅里叶变换红外光谱联用技术

红外光谱(IR)能提供丰富的分子结构信息,对样品无破坏性,能区别异构体,可提供被测组分的功能团,所以红外光谱与质谱相似,具有较强的识别能力,因此很早以前就进行了气相色谱与红外光谱联用的开发。唯当时色散型红外光谱的性能不能充分满足联用要求,所以虽经很多研究,也未达到满意境界。自干涉型傅里叶变换红外光谱(FTIR)出现以后,为 GC-FTIR 的联用创造了条件,FTIR 光通量大,灵敏度高,能多路传输,可同时获取全频域光谱信息,扫描速度快,可同步跟踪 GC 的流出组分。由此 GC-FTIR 联用技术发展迅速,很快就出现了 GC-FTIR 仪。早期商品仪器为填充柱 GC-FTIR 联用仪。毛细管色谱(CGC)问世以后,随后就出现了 CGC-FTIR 联用仪,现已成为复杂有机混合物分析的重要工具,广泛用于科研、环保、医药和化工等领域。

【GC-FTIR 接口】

GC 所用流动相通常为氦气、氮气和氢气,这些气体在中红外光区不吸光,因此可以用流通池实行 GC 与 FTIR 的耦合,为了提高灵敏度,可采用消去流动相技术。目前已研制了不少适用接口,最常见、也最重要的是流通池和冷阱两种。

(1) 流通池接口

GC-FTIR 所用的流通池,实为一光导管,它是一个被加热的、内壁涂覆金层的玻璃管,管之两端封以透明的、能透过红外光的 KBr 或 ZnSe 窗片,接近窗片处,两端分别装有气体输入与输出管。将光导管置于 IR 光程中,联用结构参见图 21-3。

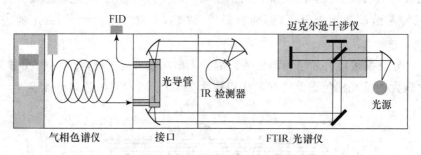

图 21-3　光导管接口 GC-FTIR 联用示意图

工作时 GC 柱流出的气体经一段细长的热传输管进入光导管,传输管内壁为化学惰性,可防流出组分因催化而分解,通常使用石英管或玻璃管,管应加热保温,以防载气中气态组分被冷凝;管内体积应尽量小,以将柱外效应降至最低。由光学台射出的红外干涉光束经聚焦后透过 KBr 窗射入光导管,在光导管内壁金层间不断反射,最后光束透过另一端的 KBr 窗,进入 IR 检测器,通常为汞镉碲(MCT)光导检测器。MCT 有较高的灵敏度、较快的响应速度,可保证快速变化的色谱信号能实时检测。MCT 在常温工作时,噪声较大,通常在液氮冷却下工作。

　　(2) 冷阱接口

　　冷阱接口(图 21-4)的主要部件是一透光的 ZnSe 晶片,它固定在用液氮冷却至 77 K 的冷块上,冷块固定在 X-Y 平移台上。GC 柱末端的流出物经保温的细孔传输管连续地冷凝在 ZnSe 片上,聚焦 IR 光束照射冷凝斑点,透过光经物镜、聚光透镜、光孔,达 MCT 检测器,经不断冷凝和检测,就可得 FTIR 谱图。本法灵敏度与 GC-MS 相近,但高挥发性化合物在 77 K 时不能有效地被捕获。

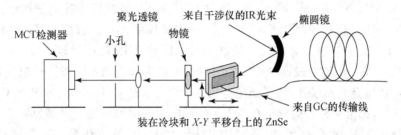

装在冷块和 X-Y 平移台上的 ZnSe

图 21-4　冷阱接口示意图

　　冷阱接口除上述外,还有其他设计方案,如用冷盘取代 ZnSe 片的冷阱接口。冷盘为铜盘镀金,侧面为圆柱面,精密抛光,经液氮冷却至 12 K,置于真空舱中,由步进电动机带动,缓缓转动;GC 流出气(载气为氩气)经传输管和特制喷嘴,射向冷盘侧面并冷凝。随着实验的延续,在冷盘的反射面上形成一窄条冷凝氩带,其中有被分离组成的斑点(图 21-5)。

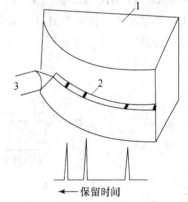

　　射入的红外光束准确聚焦于抛物面上的流出物冷凝带,经反射再经折射,聚焦到 MCT 检测器上,随冷盘的旋转进行检测,当冷盘旋转 180°时,即可得红外光谱图和色谱图。因冷凝带可保持 4~5 h,为多次重复扫描以获得高信噪比的红外谱图创造了条件。

　　光导管接口和冷阱接口各有优缺点。光导接口可实时记录,价格便宜,易操作,应用广泛;其缺点是内径

图 21-5　冷盘捕集 GC 流出组分示意图
1—冷盘　2—反射面　3—GC 流出喷嘴

细,有光晕损失,使光穿射率下降,光导管保温越高,光能量损失越大。冷阱接口的优点是信噪比高、检出限低,由于被测组分在液氩带上以斑点形式隔离存在,谱峰尖锐;其缺点是操作繁琐、费时,仪器昂贵,费用高。

21.2.3　气相色谱-等离子体原子发射光谱联用技术

　　气相色谱通常采用氮气、氢气、氦气(He)或氩气(Ar)为载气,被测组分在特定温度下也为气态,所以可以将气相色谱分离出的组分连同载气一起直接导入原子发射光谱(AES)的光源进行原子化,形成的原子和离子在其中进一步被激发,并发射出光,随之进行光谱检测。这就是气相色谱-原子发射光谱的联用(GC-AES)。

　　早在 20 世纪 60 年代中期,就有人开始研究气相色谱与等离子体发射光谱的联用。可能因为气相色谱应用于有机物的分离而发射光谱用于金属和非金属的检测的原因,当时进展不

快。随着人们逐步认识到微量元素与人体健康的密切关系，以及对环境污染的深入研究，人们提出了一个共同问题，即需要测定不同价态和形态的微量元素，而发展气相色谱-原子发射光谱的联用，恰好能满足这一要求，于是在 20 世纪 90 年代就出现了气相色谱-等离子体发射光谱商品仪器。GC-AES 提供的是元素的特效检测信息，而 GC-MS 和 GC-FTIR 提供的是分子的特效信息，因此 GC-AES 也可视为 GC-MS、GC-FTIR 的补充和扩展。由于 AES 中等离子体激发光源性能优异，所以联用中都使用等离子体发射光谱。用作激发光源的等离子体有很多类型，如微波诱导等离子体(MIP)、直流等离子体(DCP)、电感耦合等离子体(ICP)、电容耦合等离子体(CCP)、稳定化电容等离子体(SCP)等。其中，微波诱导等离子体已被广泛使用，其原因是：(i) MIP 与 GC 都是在常压下工作，所以其间的接口比较简单；(ii) MIP 流速要求为 $30 \sim 300 \text{ mL} \cdot \text{min}^{-1}$，与 ICP 相比较低；(iii) 用 He 作 MIP 气体比较方便，He 也常是 GC 载气；(iv) He 的第一电离能较高，在等离子体中，金属和非金属都可被有效激发，故等离子体发射光谱除可测定金属元素外，还可测定有机分子中所含的 C、H、O、S、N、P、F、Cl、Br、I、Si 和 B 等非金属元素，无论何种有机分子在等离子体放电激发中都可完全离解为原子，而相应的响应与原分子结构无关，由此就可用 GC-MIP-AES 确认 GC 流出组分的经验式(元素的摩尔比)。由于某些烃类化合物在一定条件下保留时间的对数与分子中的 C 原子数成正比，因此就可根据测得的经验式和保留时间来确定该有机化合物的分子式。

【GC-MIP-AES 联用】

在 GC 和 MIP-AES 联用中，因为二者都是在常压下工作，又兼 GC 柱流出物是气体，所以联用中都是把 GC 柱末端直接导入 MIP-AES 的、含有等离子体的放电管中，因之实际上不需接口。商品联用仪装置见图 21-6。

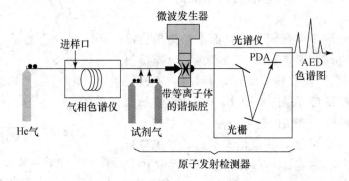

图 21-6　GC-MIP-AES 联用示意图

PDA—光电二极管阵列(检测器)　AED—原子发射检测器

等离子体由低功率的微波发生器驱动，等离子体被维持在微波腔中心的石英放电管中。在等离子体温度高于 3000 K 时，被测物将完全原子化，并被激发，然后发射出特征的辐射，经反射、光栅色散，最后达检测器进行检测，得出元素的特效谱图。为了提高灵敏度并防止在放电管内壁上形成碳沉积，在 GC 柱末端进入放电管前装有气瓶，用以加入试剂气或清洗气。多数元素的检测加氧气或氢气或其混合气，O_2 的检测需用 CH_4-N_2 混合气。

21.3　液相色谱联用系统

21.3.1　液相色谱联用

GC 用于挥发性化合物的分离分析,液相色谱(LC)用于极性化合物和高分子量化合物的分离分析。有机化合物约有 80% 不能气化,特别是一些生命活性物质,这些物质多需用 LC 分离分析,但 LC 缺乏灵敏的选择性检测器,因此解决 LC 与识别能力强的分析仪器的联用问题就非常必要。

21.3.2　液相色谱-质谱联用技术

LC-MS 联用技术的研究始于 20 世纪 70 年代。由于诸多困难,其发展经历了一个漫长过程,通过 20 年的努力,到 90 年代才出现了成熟的接口,并有了商品仪器。

LC 在大气压下工作,柱流出物是液体,而 MS 的工作条件是真空(一般为 10^{-5} Pa),二者联用条件的匹配比较困难,常压下工作的 LC-MS 接口要与真空下工作的 MS 相匹配,接口必须保持一定的真空度。解决的办法是提高真空泵的抽速或者用分段、多级抽真空的办法,使之形成真空梯度,以满足 MS 的工作条件要求。

LC-MS 联用技术的发展主要是接口的研制。在发展过程中曾研究了多种接口,比较常见的有直接液体导入接口(DLI)、热喷雾接口(TSP)、粒子束接口(EI)、常压离子化接口(API)、电喷雾离子化接口(ESI)、常压化学离子化接口(APCI)和离子喷雾接口(ISP)等。在接口技术发展中,各种接口均有所长,代表了发展各阶段技术的特点。由上可以看出,LC-MS 联用技术的发展,比 GC-MS 困难得多,为此才有多种接口出现。但其中最重要的还是电喷雾离子化接口和常压离子化接口,只有在它们出现后,才有了成熟的商品 LC-MS 联用仪。

高效液相色谱(HPLC)是 LC 中的重要模式,它的液体流速约为 $0.5\ \mathrm{m\cdot min^{-1}}$,这一流速对于保持 MS 工作所需的真空条件匹配难度很大,MS 抽真空系统可容许引入 $0.03\ \mathrm{mL\cdot min^{-1}}$ 的液体流动相。为了克服这一矛盾,在很多类型的接口中或多或少地采用了以下措施。

(i) 增加 MS 抽真空的抽气容量;

(ii) 在流出液引入真空系统前除去溶剂;

(iii) 分流流出液,减少流出液的引入,牺牲一些检测的灵敏度;

(iv) 使用微型 LC,降低流量,且能有效分离。

【LC-MS 联用接口】

1. 电喷雾离子化接口(ESI)和离子喷雾接口(ISP)

电喷雾离子化接口属于常压离子化接口类。液相色谱柱末端接一不锈钢探针,探入常压离子化室,针头周围设有一圆筒形对电极,针头接地后,将 $2\sim 5\ \mathrm{kV}$ 电压加于对电极,当液相色谱柱流出液流出探针时,对电极就可对流出液表面充电,从而产生细雾状带电微滴,并进一步离子化(图 21-8)。受电场驱动,带电微滴通过干燥氮气气帘,借助气帘的膨胀,带电离子通过毛细管,进入一级泵抽气的真空中,再通过静电透镜组,最后进入质量分析器。接口中气帘的作用是使液滴进一步分散,加速溶剂蒸发,阻止不带电荷的粒子通过毛细管进入离子源,也能减少因溶剂快速蒸发和气溶胶快速扩散所造成的分子-离子的聚合。毛细管的作用是维持离子化室和聚焦单元间的真空差,隔离其入口处的 $2\sim5\ \mathrm{kV}$ 高压。

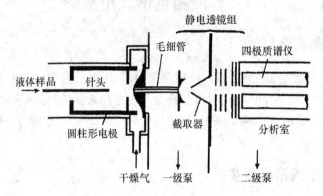

图 21-7　电喷雾离子化接口示意图

电喷雾离子化接口中常压离子化的机理仍在研讨中,但通常作如下的认知。液相色谱柱流出液经电喷雾被分散成直径为 $1\sim3\ \mu\mathrm{m}$ 的细小液滴;在常压离子化室几千伏高电压的作用下,这些小液滴由于表面电荷分布不均匀,受静电引力而被破碎成更小的液滴,致使液滴表面电荷增大;及至库仑斥力大于表面张力时,液滴爆裂成带电的子液滴,子液滴中的溶剂继续蒸发,引起再次爆裂。如此反复爆裂,直至液滴表面形成很强电场,将离子由液滴表面排入气相中,至此,离子化过程全部完成(图 21-8)。此时的离子可能是大分子的多电荷离子。

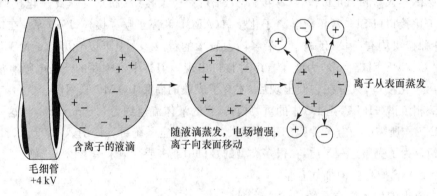

图 21-8　电喷雾离子化机理示意图

电喷雾离子化接口的缺点是只能在非常小的流量($1\sim10\ \mu\mathrm{L\cdot min^{-1}}$)下工作。为提高工作流量,后来研制了离子喷雾接口(ISP),它可谓是气动电喷雾化接口,在电喷雾的喷管外,加一同轴套管,两管间通入干燥氮气,这样就把电喷雾化和气动雾化结合起来,加速了溶剂的蒸发,促进了离子化进程,可在 $2\ \mathrm{mL\cdot min^{-1}}$ 流量下工作,能满足常规液相色谱术分离要求。

2. 加热雾化-常压化学离子化接口

加热雾化器由 3 个直径不同的同心套管组成。LC 柱流出液流出后被套管通入的雾化气雾化,以气溶胶的形式进入石英管(或不锈钢管)。借助管外的辅助气流被带进加热管,然后进入常压离子化源,在其中设有电晕放电针,经电晕放电轰击,发生常压离子化过程,最后进入质谱仪进行检测(图 21-9)。

放电针所产生的自由电子首先轰击空气中的 O_2、N_2、H_2O,从而生成 O_2^+、N_2^+、NO_2^+、

H_2O^+ 等初级离子,然后再与被测组分分子进行质子或电子交换,而使组分分子离子化并进入气相。这种接口适于中等极性分子,接口操作简便、耐用,可处理流量达 $2\ mL\cdot min^{-1}$。

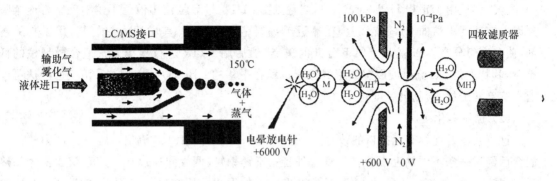

图 21-9　加热雾化-常压化学离子化接口示意图

21.3.3　液相色谱-傅里叶红外光谱联用技术

傅里叶红外光谱(FTIR)作 LC 的检测器,可对分离后的组分进行在线检测并给出有机分子结构信息。因 FTIR 在常压下工作,所以 LC-FTIR 的接口比较简单,但在 LC-FTIR 联用中遇到的困难是正相和反相溶剂在中红外光区都有较强的吸收,因而对分离组分的检测造成干扰。现在所用的接口有两类,一类是流通池接口,另一类是去除溶剂接口。利用流通池接口时,如溶剂有干扰,全谱扫描不可能,只有限制在溶剂吸收带以外的频率范围,或者使用去除溶剂接口。为了降低溶剂谱带产生的总吸收,必须采用短光径。对有机流动相来说,光径通常应小于0.2 mm;流动相为水时,光径应小于 0.03 mm。因为有机化合物在中红外光区吸收系数都相当小,所以 LC-FTIR 的灵敏度相当低,通常为 $0.1\sim1\ \mu g$。另一问题是在溶剂的吸收光谱区有时得不到被测组分的吸收信息,因此尽管流通池简单,成本低,但应用却并不广泛。

与流通池相比,溶剂去除接口因除去了溶剂的干扰,因此比较灵敏,并可得到被测组分的全红外光谱信息。但溶剂去除接口的应用也有一定的限制,即在去除溶剂过程中,被测组分不能有损失,这就要求被测组分的挥发性要明显低于溶剂的挥发性。

【LC-FTIR 联用接口】

1. 柱式透射流通池接口

这种流通池是为细内径柱正相 LC 设计的,它由一块 KBr 晶体(10 mm×10 mm×6 mm)制成,KBr 晶体钻一小孔(0.5～1 mm),作为 LC 柱流出液的通道,IR 光束由上而下垂直于通道照射,进行检测。从图 21-10 可见,LC 柱出口端直接插入流动池中,可消除柱外效应的影响。

2. 流动相去除接口

这一类的接口也有许多用于正相 LC 的,如反射转盘接口、缓冲存储接口、连续雾化接口;反相 LC 用

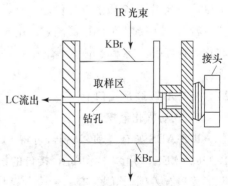

图 21-10　柱式透射流动池

有连续萃取式漫反射转盘接口、加热雾化接口、同心流雾化接口等。

（1）缓冲存储接口

本接口适用于正相 HPLC 微形柱，装置见图 21-11。LC 柱流出液经不锈钢毛细管连续喷到以一定速度平移的 KBr 晶片上，在靠近毛细管旁有一细管，其中通入热氮气，用以吹除溶剂，使分离组分在 KBr 晶片上留下分开的斑点，然后用 FTIR 进行检测。很适合微型柱的低流量，其特点是 LC 流出液以窄线形式连续沉积在平移的 KBr 晶片上，用这种溶剂去除法可以消去溶剂的干扰，检测灵敏度较高。

（2）加热雾化接口

这种接口是连续雾化接口的改进，适用于反相 HPLC。HPLC 流出液与一定压力的氮气混合后经过一条不锈钢毛细管。毛细管外套一不锈钢管，两管间通以热 N_2 气，流出液经加热后，喷雾于高反射表面的介质，被测组分以小斑点的形式沉积在反射表面上，然后用 FTIR 检测各斑点的红外反射-吸收光谱，加热雾化器与沉积介质表面呈 45°角（见图 21-12）。

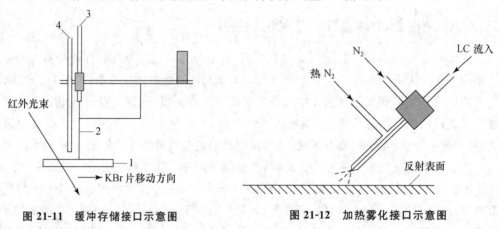

图 21-11　缓冲存储接口示意图

1—KBr 片　2—不锈钢毛细管　3—接 HPLC　4—接 N_2 气

图 21-12　加热雾化接口示意图

21.3.4　液相色谱-等离子体发射光谱的联用

液相色谱-电感耦合等离子体发射光谱（LC-ICP-AES）联用和 GC-MIP-AES 联用一样，同样可以检测金属、非金属的存在价态和化学形态，并具有同时有效检测多种元素的能力。正是由于这一特点，才引起人们的广泛注意。基本分成两类：一类是雾化直接导入法，即将 LC 柱流出液雾化后直接引入等离子体光源；另一类是将 LC 柱流出液还原为氢化物，直接引入等离子体光源。

【LC-ICP-AES 联用接口】

1. 气动雾化器接口

ICP-AES 如有气动雾化器，可将 LC 柱流出液直接导入雾化器中进行雾化。图 21-13 为 LC-ICP-AES 联用装置示意图，接口的设计是一很细的 T 形管，用于正相 LC；反相 LC 所用的 T 形管稍有差别，其侧管有一弯嘴。这种接口的缺点是雾化室死体积较大，因之色谱峰宽，检测灵敏度较低。如果 LC 柱流出液流量较小，可以将雾化室去掉，流出液直接喷入等离子体光源中（见图 21-13）。

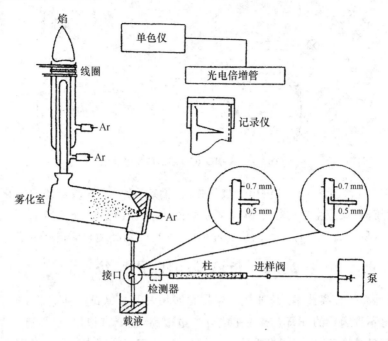

图 21-13　微型 HPLC-ICP-AES 联用示意图

2. 热喷雾化器接口

热喷雾化器接口由加热雾化器和去溶剂装置组成,LC 柱末端接传输石英毛细管并导入加热雾化器,LC 柱流出液由同心喷嘴以热雾的形式喷至去溶剂装置,冷凝溶剂由排废口排出,含被测组分的雾滴则以气溶胶的形式进入等离子体光源,然后进行 AES 检测。这种接口雾化效率高,检测灵敏度高,去除溶剂后,等离子体炬也较稳定(见图 21-14)。

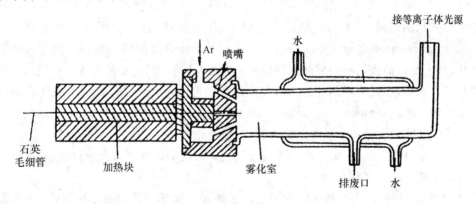

图 21-14　热喷雾化器示意图

3. 化学发生氢化物气化接口

已知 Ge、Sn、Pb、As、Sb、Bi、Se 和 Te 等化合物可被强还原剂四氢硼化钠($NaBH_4$)还原为易挥发的氢化物,而汞盐则被还原为可挥发的金属汞,因此这些物质常用原子吸收光谱、原子荧光光谱和等离子体发射光谱测定。由于它们在环境中因存在的价态和形态的不同而对人体健康影响差别很大,所以需逐一分离,然后还原气化,再进行测定。这就需要 LC-ICP-AES 联用,用氢化物发生器作为接口。图 21-15 给出了氢化物发生(HG)的 HPLC-HG-ICP-AES 的联用示意图。

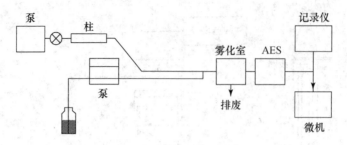

21-15　HPLC-HG-ICP-AES 联用示意图

由于 HPLC 柱流出液中的被测组分被气化,传输效率高,又比较容易原子化和激发,所以检测的灵敏度较高,反应生成的氢化物和汞易挥发,可从流出液中分离出来,消除了流出液中载体的干扰。这种方法可进行元素的价态和形态的分析,对环境科学的研究有重要意义。

21.4　色谱-色谱联用系统

已知色谱是高效分离技术,但对复杂样品有时用一种模式或一根色谱柱,即便用优化条件,也可能仍得不到满意的分离。有时主成分含量很高,主峰有拖尾,如果有一微量组分峰位置与之重叠,信息被掩盖,也可能半重叠而不得分离;还有时样品中某些组分对色谱柱有损害,需在进入色谱柱前除去,这时可采用色谱-色谱联用技术。在第一种情况下,可将前级色谱分不开的组分切割出来,导入另一色谱进行分离。主峰拖尾与痕量组分峰重叠时,可将痕量组分切割出来,使其尽可能少带主峰组分,再进行次级色谱分离。在第二种情况下,可用前级色谱柱将有害组分分离出来,其他组分进入次级色谱分离。所以一种色谱不能完全分离时,就需要将不同类型的色谱或同一类型、但不同分离模式的色谱连接起来,这就是色谱-色谱联用。色谱-色谱联用后,通称为多维色谱。如果接口的作用只是将前级色谱分离后的某一段含有被测组分的流出物切割下来,随即转移到次级色谱中,继续分离,这种联用的色谱称为二维色谱(two-dimensional chromatography),用 C+C 表示。若将分离机理不同而又相互独立的两支色谱连接起来,接口的作用不是单纯地传递某一段的切割分离物,而是先将前级色谱分离后的每一组分进行聚焦,然后再以脉冲方式依次转到次级色谱,进行分离和分析,这种联用色谱称为全二维色谱(comprehensive two-dimensional chromatography),用 C×C 或 C2D 表示。

色谱-色谱联用中,前级色谱柱称为预柱,次级色谱柱称为主柱。预柱和主柱所用的流动相可以相同,也可以不同。复杂样品中的组分通过两级色谱通常可得到分离,但有时也需要三级以上色谱联用。

色谱-色谱联用时,应注意两级柱容量要尽量匹配。如果两柱容量不同时,前级柱容量要大些。气相色谱-气相色谱联用时,可用填充柱-填充柱、填充柱-毛细管柱、毛细管柱-毛细管柱。分离分析复杂样品中的微量组分时,可使用填充性-毛细管柱。色谱-色谱联用时,各级色谱可接用不同类型的检测器,如热导、紫外-可见等,此时预柱出来的流出物可经接口直接进入主柱。如采用破坏性检测器(各类氢火焰检测器、电化学检测器),此时流出物不直接进入主柱,而必须采用流出物分流的方法,使预柱流出物分为两部分,一部分进入前级色谱检测器,另一部分进入主柱。色谱-色谱联用系统中次级色谱也可以再与 MS、FTIR、AES 等联用,用以作为色谱-色谱联用的检测器。

21.4.1 气相色谱-气相色谱联用技术

气相色谱-气相色谱联用已有 30 多年历史,得到了广泛应用,现有多种商品联用仪供应。联用接口比较简单实用,市上有接口组件供应,也可自行组装联用。

【GC-GC-联用接口——切换四通阀接口】

四通阀有 4 个通口,两种取位,结构如图 21-16 所示。阀在(a)位置时,次级色谱的载气(B)通过一通道进入次级色谱柱(柱 B),此时来自前级色谱(柱 A)的分离组分在被非破坏性检测器检测后,可从另一通道经样品窗出阀;当来自柱 A 需经柱 B 进一步分离的组分进入样品窗管时,及时切换多通阀,使阀变为图中(b)的位置,此时载气 B 就将样品窗管内被切割的流出气带入次级色谱柱 B 进行再次分离。如次级色谱柱 B 为毛细管柱时,可利用主柱 B 端口处的可调分流口调节柱 B 流量。

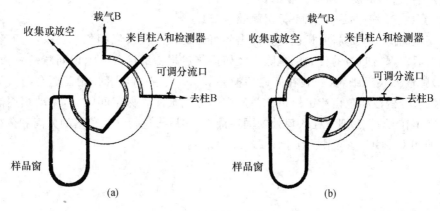

图 21-16 切换四通阀接口示意图

21.4.2 液相色谱-液相色谱联用技术

液相色谱有多种分离模式,如反正相分配色谱、吸附色谱、亲和色谱、离子交换色谱等,因此可以用不同分离模式的液相色谱联用,也可用同一分离模式。但不同类型的液相色谱联用,联用接口比较简单、便宜,所以色谱工作者可购接口组件自行组装联用,联用中多使用高效液相色谱仪。

【LC-LC 联用接口——切换六通阀接口】

液相色谱-液相色谱联用通常以切换六通阀为接口,联用示意见图 21-17。

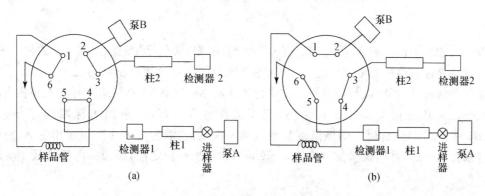

图 21-17 切换六通阀接口联用示意图

六通阀位置如图 21-17(a)时,两级色谱各自运转;当前级色谱柱 A 的流出液被测组分流至样品管时,将六通阀切换至图(b)的位置,此时被切割流出液进入次级色谱柱 B,再行分离和检测。如果使用两支六通阀作为接口,适当地连接后,也可以实施如上的联用。

21.4.3 液相色谱-气相色谱联用技术

当用气相色谱分析液体复杂样品(如血液、尿、体液或污水等)中的痕量组分时,由于样品为液体和样品中主要组分的干扰等原因,不能直接进样于气相色谱,必须将被测组分从样品主要组分中分离出来,再用气相色谱进行分离分析。解决这一问题的最佳方法是液相色谱-气相色谱联用。因为毛细管气相色谱灵敏度和分辨率都高,所以联用中毛细管气相色谱是最好的选择。这一联用中除了用前级液相色谱净化和富集被测组分外,在进入气相色柱以前还须除去其中的溶剂,这就是接口所应具备的功能。

【LC-GC 联用接口——四通切换阀-保留间隙接口】

四通切换阀的作用是将液相色谱分离出的组分切换到次级气相色谱柱中,它安装在液相色谱检测器后。保留间隙的目的则是除去经切换阀进样中的溶剂。保留间隙是一长段(几米至几十米)弹性石英毛细管,安装在四通切换阀和 CGC 进样口之间,用三通阀与 CGC 相接。当含有被测组分的液相色谱流出液以柱头进样的方式被注入保留间隙后,流动相逐渐蒸发而被测组分富集在 CGC 毛细管柱入口处的固定液上,然后再进行气相色谱的分离和分析。用上述接口的 HPLC-CGC 的联用示意于图 21-18 中。

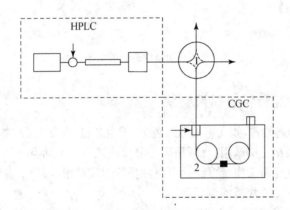

图 21-18 四通切换阀-保留间隙接口:HPLC-CGC 联用示意图
1—四通切换阀 2—保留间隙

因为液相色谱流动相在保留间隙中的蒸发速度有限,必须尽量减小液相色谱的柱容量,最好使用微填充柱或微填充毛细管柱,使进入保留间隙的液相色谱流出液为几十微升。示意图中的接头是四通阀,可用以将保留间隙中气化的流动相放空,或将被测组分导入气相色谱的毛细管柱。当液相色谱为正相液相色谱、使用低沸点流动相时,可用短保留间隙,通常为 1～5 m,不涂渍固定液,保留间隙温度高于流动相沸点;当液相色谱为反相液相色谱、使用高沸点含水流动相时,需用长保留间隙(30～50 m),涂渍极性固定液,保留间隙温度低于流动相沸点。

习　题

21.1　联用技术中,接口所起的作用如何? 接口应具备哪些条件?

21.2　联用技术因何需要而发展起来的? 发展的特点如何?

21.3　何谓多维色谱? C+C 或 C×C 各代表什么?

21.4　请介绍一种本章没提到过的联用仪,并说明其接口应具备哪些性能。

第22章 计算机与仪器分析的自动化

22.1 概　　述

　　1946 年发明了计算机。这一科学史上划时代的创新是人类最伟大的科学成就,对现代科学技术的发展产生了极其深远的影响。由于计算机的应用广泛,发展十分迅速,经过几代的更新,20 世纪 70 年代初期就出现了由几片大规模集成电路组成的微型电子计算机(简称微机),因为微机仍具有强大的数据处理功能及其在程序控制下的工作能力,运算速度快,可靠性强,加之结构简单,小巧价廉,正好合乎分析仪器自动化的需要,于 70 年代末期很快引入各种分析仪器,极大地促进了分析仪器的自动化。目前微机控制的自动化分析仪器已很普通。

　　分析仪器通常是指仪器分析中所使用的、直接用于量测、显示分析结果、给出信息的精密仪器,如分光光度计、极谱仪、色谱仪、质谱仪等。从仪器分析的发展来看,分析方法、技术和分析仪器三者是相互促进、共同成长的,因此,分析仪器在仪器分析中占有重要地位。分析仪器门类众多,发展很快,现代分析仪器总的发展趋势是自动化、智能化、微型化和不同分析仪器的联用。由此可见,分析仪器的自动化是分析仪器的发展方向之一。自动化分析仪器指的是一个系统,它通常由一个主机(如分光光度计)和其他控制部件(如微机)组成,能自动操作,在短时间内能连续分析测试很多样品,并自动记录,给出分析结果。分析仪器自动化的目的是降低分析员(analyst)在分析过程中对实验的干预,从而提高分析效率,减少或避免分析误差的产生,以便在一定的时间内获得更多、更精确的数据,提供更可靠的有用信息。另外,有些场合也非人力所能完成,如高温、低温、有毒、有辐射场合,特别是对太空、深海、核爆炸等情况的数据采集,也必须使用自动化分析仪器,所以分析仪器自动化也是社会的需要。

　　分析仪器的自动化进程,到目前共经历了 3 个阶段,其发展与分析化学的发展密切相关。在分析化学第二次大变革时期,即 1940～1970 年间,仪器分析迅速兴起,与此同时发展起来的分析仪器,使用开关、选择器、指示仪表等,是手工操作,无自动化可言,这就是第一代分析仪器。20 世纪 70 年代末,分析化学进入第三次大变革时期,由于计算机科学的发展,特别是微型电子计算机的出现,极大地推动了分析仪器的自动化,各种分析仪器在此期间先后引入了微机,用以自动控制测试过程,这就是第二代分析仪器。这一代分析仪器自动化程度较低,只是通过简单的键盘用微机控制操作,分析仪器的测试参数仍需分析员手工调节。其后经过不断探索,于 20 世纪 90 年代,出现了第三代分析仪器,其特点是分析仪器通过适配器(又称接口)与微机相连。在这种情况下,分析员与微机相联系,只要将分析要求、测试参数等指标输入到微机中,分析仪器在微机的控制下即可自动完成测试过程,并最终打印出结果。这一代分析仪器自动化程度大大提高,这其中适配器起到了关键作用,目前用于分析仪器自动化的适配器技术已较理想。微机已成为现代分析仪器的组成部分,可用以进行数据获取、数据处理和结果显示,并能按照事先设定的调节参数自动控制分析仪器操作的全过程。由于微机的融入,分析仪器更加灵巧、简便,测试更精密,一些组件,如记录仪、示波器、积分仪等已可省去。由于微机的融入,也促进了新分析仪器的出现,如傅里叶变换红外光谱仪、二维核磁共振波谱仪及各种分析仪器联用等。

22.2　计算机与分析仪器的自动化

22.2.1　计算机组成

　　一般说来,分析仪器的计算机(微机)化是分析仪器自动化的基础,所以对计算机的组成及其与分析仪器的连接应有所了解。计算机(包括微机在内)是由硬件和软件所组成,硬件包括运算器、控制器、存贮器、适配器、输入设备、输出设备等,这些部件都是由有形的电子器件所构成,故统称为硬件或硬设备。传统上将运算器和控制器合称为中央处理器(central processing unit,CPU),CPU 和存贮器合称为主机,计算机各部件通过总线连接为一体。软件是计算机系统结构的重要组成部分,利用计算机进行计算、控制或做其他工作时,需要有各种用途的指令和程序,因此,凡用于一台计算机的各种指令和程序以及用于其存贮的磁带、磁盘统称为这一台计算机的程序或软件系统。因为计算机程序是无形的,所以称为软件或软设备。计算机装有软件才能正常工作,这就是计算机不同于一般电子设备的本质所在。

　　计算机的硬件中,运算器为数据加工处理部件,可以进行算数运算和逻辑运算。运算器所进行的全部操作都是由控制器发出的控制信号来指挥的,所以它是执行部件。存贮器的功能是保存或"记忆"解题的原始数据和解题步骤,为此,在运算前需把运算数据和解题步骤通过输入设备输送至存贮器中贮存。控制器则保证计算机的正常工作。输入/输出设备通常统称为外围设备,由于种类繁多且速度各异,因而不能直接与高速工作的主机相连接,而是通过适配器与主机相连。输入设备的作用是把人们所熟悉的某种信息形式变换为计算机内部所能接受和识别的二进制信息形式,常用的输入设备有键盘、鼠标、数字扫描仪和模数转换器等。输出设备的作用是把计算机处理结果变为人或其他机器设备所能接收和识别的信息形式,常用的输出设备有打印机、绘图仪、显示器等。这些设备不仅输出文字符号,而且还能画图、作曲线。适配器是指 CPU 和外围设

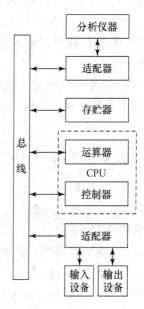

图 22-1　计算机组成及与分析仪器的连接

备之间通过总线连接的逻辑部件,在其动态连接的两个部件之间,它起着转换器的作用,能使 CPU 和外围设备并行协调地工作。总线由一系列并行的导线组成,它是构成计算机系统的互联机构,是多个系统功能部件之间进行数据传送的公共通路。计算机的组成及其与分析仪器的连接见图 22-1。

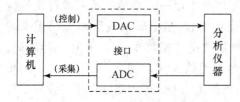

图 22-2　计算机与分析仪器的接口

　　计算机与分析仪器通过接口相连接。接口是一组电子线路,它是计算机与分析仪器连接的重要结构部分(图 22-2)。虽然不同分析仪器接口设计有所差别,但因采样和自动控制的需要,接口中都设计有模数转换器(analog-digital convertor,ADC)和数模转换器(digital-analog convertor,DAC),ADC 用于数据获取,而 DAC 则用于分析仪器的自动控制。

22.2.2　微机与分析仪器的连接模式

微机与分析仪器连接模式有以下三种(图 22-3)。

(i) 离线(off line)模式。分析员编好软件,然后进行分析实验,将所得数据输入微机中,数据经微机处理后,输出处理结果。在这一操作过程中,分析员居于主导地位,是过程的中心,微机与分析仪器没有直接联系[图 22-3(a)]。

(ii) 在线(on line)模式。微机与分析仪器通过接口紧密连接[图 22-3(b)]。在这种情况下,微机不仅处理数据和显示结果,而且也从分析器中获取数据,并自动控制分析仪器的操作。在这种情况下,分析员不处于关键地位,实验避免了人为干预,减少了误差。用微机自动控制分析仪器更高效、快速和安全可靠。在这种模式中,分析员需对分析仪器的一些参数进行调节。

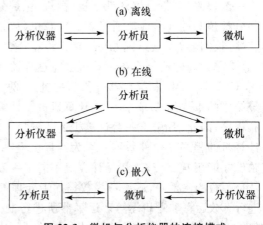

图 22-3　微机与分析仪器的连接模式

(iii) 嵌入(in line)模式。在此模式中,人只与微机发生联系,分析员只要将有关样品情况、分析要求等指标输入微机,微机就能自动化分析仪器的各种参数,并在微机的控制下完成分析的全过程。这对分析实验室的自动化很有帮助[图 22-3(c)]。

22.2.3　分析仪器的自动化

微机在分析仪器的自动化中起着关键作用,其作用主要表现在数据获取、数据处理、结果显示和自动控制等几个方面。

1. 数据获取

分析仪器输出的是模拟信号,通常为电压、电流,而计算机中所运行的是数字符号,因此,为了将分析仪器输出的模拟信号输入到计算机中,以进行数字化处理,必须先将模拟信号量转换为数字量,这一转换用模数转换器来完成。模数转换器的作用是将连续的模拟量按一定的时间间隔采样取值,并转换为非连续的、计算机可识别的二进制数组。其基本原理如图 22-4所示,图左侧为输入的模拟信号,经模数转换器的转换,右侧给出了相应的数字信号。模数转换器的类型很多,有积分式、跟踪式、多比较器式和逐次逼近式等。以后者应用为多,其转换原理示于图 22-5 中。

模数转换的原理在于用一套基准电压和被转换的模拟信号电压进行逐位比较,整个转换过程颇似用天平的称量,大小不等的基准电压组类似于天平的一套砝码。设将一个二进制数据组输入至左图之 ADC 中,经 ADC 的转换,得一对应反馈电压 U_b,即为基准电压。设一十位 ADC,其基准电压为 5 V,基准电压组则为

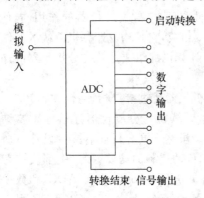

图 22-4　模数转换原理示意图

$$\frac{1}{2}\times 5，\frac{1}{2^2}\times 5，\frac{1}{2^3}\times 5，\cdots，\frac{1}{2^{10}}\times 5$$

设如模拟信号 U_i 为 3 V，先用较大的基准电压 $\left(\frac{1}{2}\right)\times 5$ V 与 U_i 比较；因基准电压较低，需要加

上比之稍小的基准电压 $\left[\left(\frac{1}{2^2}\right)\times 5\ \mathrm{V}\right]$ 再比较；此时如 U_b 大于 U_i，则应去掉该基准电压，重换以

更小的基准电压 $\left[\left(\frac{1}{2^3}\right)\times 5\ \mathrm{V}\right]$，再与 U_i 比较。如
此逐次比较 10 次，最后数字电压非常逼近输入电
压，此时模数转换即已完成，后者与前者的微小差
值即为转换的最大精确度。

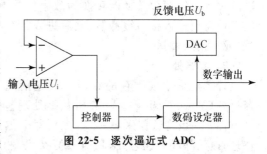

图 22-5　逐次逼近式 ADC

　　由上述可见，模数转换过程需要一定时间，因
此在模数转换中，接口都设计有采样保持电路，使
输入信号能保持一定时间，以满足转化时间上的需
要。此外，模拟信号描述的是一个连续变量，而计算机在处理变量时，只能是按一定的时间间隔
分立采样取值，因此采样频率就很重要。要精确地描述一个连续变量，从理论讲，要使用无限大
的采样频率，但受采样速度以及微机存贮容量的限制，实际上不可能实现。从模拟信号实际变化
的情况看，也不必要。因此如何确定适宜采样频率，就很重要，频率过高无必要，过低则可能遗漏
信息。采样频率选定应依据模拟信号的变化情况而定：图 22-6(a) 及 (b) 中模拟信号无突变，虽用
一般频率采样亦不失真；但在图 22-6(c) 的情况下，虽用较高频率采样，也会造成另一个峰的遗

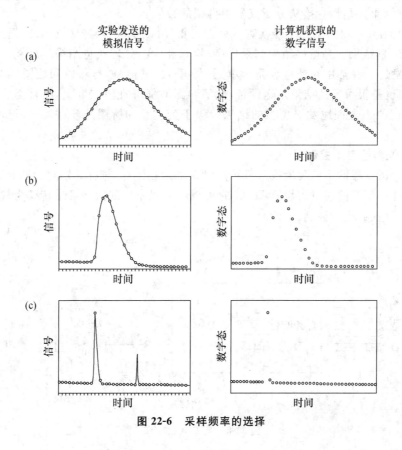

图 22-6　采样频率的选择

漏。按照 Nyquist 采样规则,采样频率应选为最小采样频率的 2 倍,有时甚或 10 倍。计算机控制的电分析仪器数据获取用的接口示意于右图中:恒电势器给出一定的电动势(E),作用于电解池(图中略去)。接口中的缓冲器(buffer)用以补偿速度上的差异。计算机通过指令软件控制采样过程。恒电势器输出两种类型的信息,即两极间的电位差(U)和其间产生的电流(i)。这两种数值经模数转换器转换为数字信号,而后经接口总线进入接口缓冲器,之后进入计算机存贮,或将结果发送。

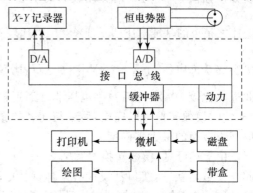

图 22-7　计算机-电分析仪的数据获取

2. 数据处理

计算机采集或贮存的数据在发送前通常要经过处理(processing)。计算机数据处理包括两个方面:一是将数据采集后,首先要对数据进行整理,以消除随机误差,提高信号信噪比,然后将实际结果(如色谱流出曲线,红外光谱图等)显示在计算机屏幕上;二是按设定的规则通过程序设计进行计算,给出各种参数和结果,如由色谱图数据计算组分的峰面积、含量等。数据处理中,常使用平均曲线拟合、插值、平滑、求导及多元分析等数值方法,并可用数据挖掘技术获取更多的有用信息。

3. 结果显示

结果显示是分析过程的最后一项,结果之分类如下。

(i) 基础结果。是指直接从分析仪器中得到的数值。

(ii) 衍生结果。将基础结果经换算或处理可得,可以是数字、电文、图表或语言信号。

(iii) 高级别结果。是指将衍生结果排序、组织和(或)处理所得结果。结果由计算机的各种外围设备发送。最常用的是直观显示单元(VDU)。其他,如打印机和绘图器等,从自动化角度看,它们也是很重要的结果发送设备,数字和图形都可打印在纸上,而且当分析员不在场时可以自动记录。合理地发送更多的结果依赖于为此目的所用的软件,结果可用线、表和图表示。

4. 分析仪器的自动控制

光或电分析仪器的不同功能或元件可用微机加以控制,如进样、数据处理和结果发送等操作。微机和分析仪器的接口中设有 DAC,它可以将微机发出的数字信号转换为模拟信号以驱动机械单元,对仪器进行控制。

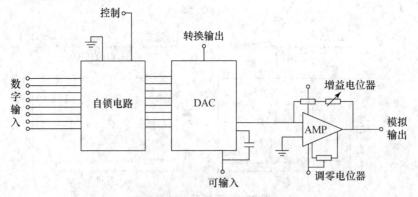

图 22-8　具 DAC 的接口

对于数据获取和过程控制,计算机至少应有如下结构组成:中央处理单元,可擦可编程只读存贮器(EPROM),存有程序,随机存贮器(RAM),存贮数据,以及辅助设备如钟表和住址译码器等。在接口中 DAC 为关键组件,其中设有自锁电路,可保持信号、满足转换时间的需要。转换器本体配一运算放大器,数字信号按比例转换为电压,其极大、极小可用增益电位器和调零电位器调节。DAC 有两种类型:一种为简单的开关控制,数字量的"0"和"1"代表开关的"开"和"关",以此来控制分析仪器的各种功能和操作;另一类是 ADC 转换的逆过程,将数字量与基准电压进行比较,就可转换为连续的模拟信号,用以控制分析仪器。

微机可控制一种或多种或全部预处理阶段的操作,如进样、物理-化学处理和分析反应等。在 FIA 中,可以控制进样、加试剂、控制泵和阀门、检测器等。

22.2.4　自动化的分析仪器

自动化的分析仪器很多,现举三例。

1. 分光光度计

计算机控制的分光光度计的方框图,如图 22-9 所示:图中微机有模拟区和数字区。数字区有 CPU,含控制程序和不同的积分电路,用以进行透射比(T)、吸光度(A)、吸光度-浓度(conc.)的转换,以及其他功能;还有一些外围设备,如键盘、记录器、显示器等。键盘可以给数字控制单元发指令,可作用于滤光器以选择光源(钨灯或氙灯),也可控制单色器以用来选择波长。

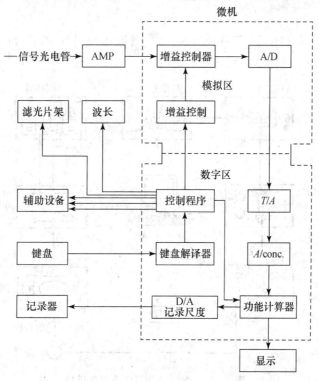

图 22-9　微机控制下的分光光度计

2. 极谱仪

图 22-10 为计算机控制的极谱仪图,仪器由两种程序进行操作,一种用于自动控制,另一

则用于采集响应信号,并评估所得结果。控制程序可自动进行以下操作:工作电极(滴汞电极)和参比电极间的电位差借辅助电极控制在一预定值,工作电极的电位随时间线性改变,测量和贮存电流-时间关系,在预定的时间间隔内测量汞滴生长周期和滴落时的电池电流。另一程序可以控制得出 $i\text{-}E$ 极谱曲线,以及极限电流、半波电位等。

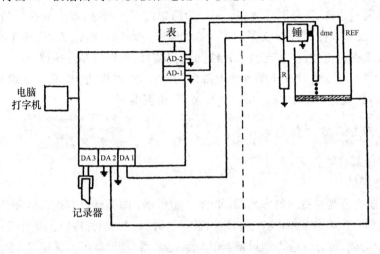

图 22-10　微机控制下的极谱仪

3. 色谱仪

不管色谱仪设计如何复杂,但柱色谱仪,如高效液相色谱(HPLC)和气相色谱(GC),通常都是由以下五部分模件所组成。

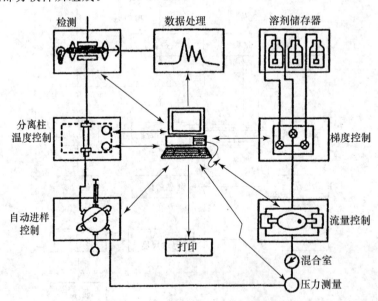

图 22-11　微机控制下的液相色谱仪

(i) 液相和气相流动装置系统;

(ii) 注入单元:样品注入到流动相中;

(iii) 分离柱:置于炉腔中,柱温可精确控制;

（ⅳ）检测器：柱中流出物到达检测器时，流出物中的溶质使检测器给出瞬时信号；

（ⅴ）数据获取和数据处理体系：$x\text{-}t$ 记录器已较少使用，现多用电子积分系统，它除能提供色谱图外，尚能给出定性和定量数据。

色谱仪的以上几部分都可用微机自动控制。计算机自动化的高效液相色谱仪示意于图 22-11 中。

22.3　计算机与仪器分析的自动化

22.3.1　仪器分析的自动化

分析仪器的自动化，并不等同于仪器分析的自动化。分析过程由 3 个主要阶段组成，即预处理、测量、数据采集和处理。分析仪器引入微机以后，3 个分析阶段的自动化实现程度并不均衡：总的来说，第三分析阶段自动化的程度最高，能自动采集数据、处理数据、绘出曲线、打印结果，已达到了满意的高水平，并快速、平稳地得到可靠的分析结果。第二分析阶段，即测量，由于操作单一，各种分析仪器也不难实现自动化，例如伏安法自动分析仪。伏安法是以测量电解过程中电流-电位曲线为基础的分析方法，由微机控制、连续改变电解池的两极间所加电压，自动记录两极间的电流，自动绘出电流-电位曲线，数据经微机处理，并打印出分析结果。又如在 FIA 仪中，微机可以有效地控制驱动泵、采样阀、检测器，也可以实现自动化。

样品不能直接用分析仪器测定时，需经预处理。预处理的目的主要为：

（ⅰ）样品制备——溶解、提取、过滤等；

（ⅱ）痕量元素的预富集；

（ⅲ）去除干扰组分；

（ⅳ）便于分析反应的进行，便于分析测试。

测量阶段操作单一而预处理涉及操作可能很多，主要操作包括溶解、消化、蒸发、蒸馏、过滤、沉淀分离、离子交换、固-液提取、溶剂萃取、分析反应等等。由于样品的组成复杂程度不同，分析的目的和要求不同，预处理的方法和步骤也不同，所需操作就不等。只需一两种操作时，自动化尚易实现，需多种操作时，则难于自动化，所以预处理阶段是仪器分析自动化的"瓶颈"。预处理阶段很重要，它是误差产生的主要来源。预处理的好坏不仅会影响结果的准确性，还因其操作复杂费时，污染环境，危害人类健康，所以解决预处理的自动化很重要。

在预处理阶段如果不能避免手工操作时，除可选择连续流动法和流动注射分析外，也可采用机器人和自动化操作单元。

22.3.2　机器人

研究机器人用以部分或全部取代预处理中人的操作，以实现分析方法的自动化。这一选择并不很早，虽然目前实验室中使用机器人仍然处于早期发展阶段，但其发展趋势显而易见。实验室中使用小型机器人，机器人的研究得益于微机械、微电子和计算机等学科的发展，机器人的活动需要微机的精确控制。

机器人是一种可编程的精密机械设备，它在计算机程序精确的控制下，可以像人一样地活动，按程序完成预先规定好的操作。机器人是可改编程序的多功能操作者，按照预编程序可以实施多种操作。机器人具备可编程性和易弯曲性的两大特点，是与其他类型自动化机械的重要区别。

机器人属于仿生机械系统，不同的机器人有不同的结构设计。总的来说，机器人由 4 个基本单元所组成,即机械手、控制系统、能源、传感器。前三者,各种机器人都必不可少,传感器则是第二代机器人的特征。从外形看,机器人由可活动的体、臂、手组成。从活动的特点看,其中的机械手由两个主要单元所组成:一是多种机件适应的连接组合,以适应于各种活动;另一则为啮合设备,可模仿人手的动作,如抓紧、移位、撒手等。控制系统为微机或微处理器,用以发送驱动信号,程序控制多种组件,如控制外围设备组件(机器人手臂、平衡、泵等)、对这些设备实施开关、控制基于逻辑结构提供指令的组件等。实验室用的机器人,其能源供应为电力,通常使用电动机或步进电动机。传感器有光传感、触觉传感和声传感。传感器系统为适应不同情况——如所持物质量、大小、脆性不同等,可改编程序。

　　图 22-12 展示的是两种不同类型的常用机器人。图 22-12(a)为柱型机器人,图 22-12(b)则为旋转型机器人。柱型机器人的手臂与柱同位,手臂可循垂直和水平方向移动,手可转动。旋转机器人基座可转动,臂与躯体相连,臂包括有肩、肘、腕等,可全方位地转动,也可完成有夹角的移动。使用机器人有许多优点:(i) 机器人可以日夜不停地工作,工作时间长;(ii) 减少了人为的干预,误差少,结果更准确;(iii) 可以操作有毒或放射性样品;(iv) 消费较低。机器人操作的缺点是工作较慢,费时。

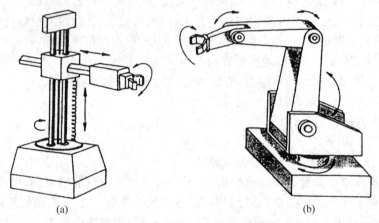

(a)　　　　　　　　　　　　　　　　(b)

图 22-12　柱型机器人(a)和旋转型机器人(b)

　　下面介绍用机器人加试剂的实例:机器人配一特殊加入单元,可在盛样品的容器中加入溶剂、试剂溶液或稀释剂等。图 22-13(a)所示为加入单元,其中有贮液瓶、分配器、精确定容针筒和三通阀,针筒为电动或气动。当阀门转至针筒与贮液瓶相通时,针筒内管下行,随之将液体定量抽至针筒中,再控制阀门,使其转至针筒与分配器相通时,针筒即可将液定量推入由机器人手把持的试管中,机器手移动后,便可自动将液体倾入锥形瓶中[图 22-13(b)]。

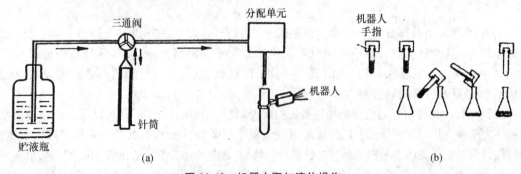

(a)　　　　　　　　　　　　　　　　(b)

图 22-13　机器人取加液体操作

22.3.3　自动化操作单元

为了解决分析中预处理阶段的自动化,除可使用机器人外,也可选择自动化操作单元。不同操作单元有各种各样的设计,这类仪器有时总称为离散分析仪。下面举两个例子,以便对其有一概括了解。

1. 固-液提取仪

图 22-14 中所示为药物中水溶性维生素的自动化提取仪,提取液为含庚烯磺酸盐和三乙基胺的磷酸缓冲液。将其预热至 70℃后引入固体样品器中适度搅拌(500 r·min⁻¹),然后再高速搅拌(2900 r·min⁻¹));此时可溶性组分被提出,样品中余下的固体沉于样品器底部;吸出提取液,冷却至 37℃后,进入透析器;提取液中的维生素通过透析膜进入透析液中,透析液充满液相色谱仪注射阀中的环,而后注入,进行色谱分析。以上全部操作均由微机程序控制。

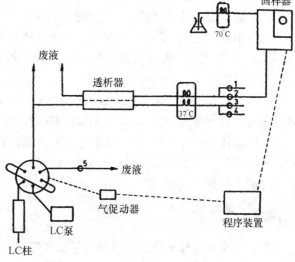

图 22-14　固-液提取仪

2. 液-液提取仪

液-液萃取用人工操作十分麻烦,所以液-液自动化萃取十分受人关注,液-液萃取的方式很多。下面介绍一种计算机控制的自动化液-液提取仪(图 22-15)。

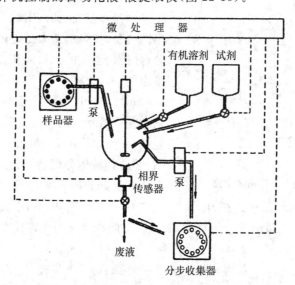

图 22-15　液-液提取仪

(i) 抽吸一定体积的液样,加入萃取容器中;

(ii) 分别加入一定体积的试剂溶液和有机溶剂;

(iii) 按预置速度搅拌;

(iv) 收集有机相。如果有机相重于水相,则可从受连续流动传感器控制的阀门全部放出来;如果有机相轻于水相,可用固定在容器适宜位置的吸出探头将有机相吸出。

22.4 计算机与分析实验室的自动化

在分析实验室中,通常设置有若干精密分析仪器(instrument)和装置(apparatus),还有用于自动化的机器人以及数据库。为了极致地发挥它们的效用,加强其间的通讯和联系,实现实验室的自动化,应以计算机为核心,将各种仪器连接为一整体,组成网络,建立工作站(work station)。为实现实验室由实验到管理的全面自动化,还需在此基础上引入数据库中的实验室信息与管理系统(laboratory information and management system,LIMS),组成区域网(local area network,LAN)。再加上专家系统(expert system)的使用,这样在以计算机为中心、分析测试与实验室管理相结合,就可实现实验室的自动化。

数据库是由计算机软、硬件资源组成的系统。数据库和数据库管理软件组成了数据库管理系统,其他,还有如上面所提到的实验室信息与管理系统、专家系统等,以实现有组织地、动态地存贮大量相关数据,方便多用户访问。

22.4.1 工作站

用计算机把实验室中的多种分析仪器和装置联成网络,并通过计算机屏幕、键盘对它们实施控制,分别完成各自的分析过程,这就是工作站(参阅图 22-16)。

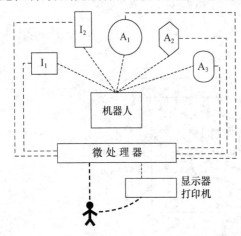

图 22-16 机器人工作站示意图

从上节介绍的内容来看,机器人是在微机控制下的精密机械组件,它能独立完成数种或多种操作。微机只专用于程序控制机器人,如果分析过程中其他操作需控制时,则需另配置其他微机。与此不同的是,如果机器人是上述工作站的一个组成部分,分析过程中的机器人和各种分析仪器以及装置都由同一计算机控制,这就是机器人工作站(robot station)。它组成合理、经济,是实验室中常用工作站。左图所示为通用的机器人工作站示意图,其中包括 4 个主要单元:机器人、微机、装置和分析仪器,装置如液体分配器、离心机、提取器、搅拌器等,分析仪器如分析天平、分光光度计、原子吸收分光光度计、极谱仪、色谱仪等。在机器人工作站中,有三种不同联系方式,即人(---)、微机(---)和机械(……)。微机与分析仪器、装置有单向和双方两种连接方式。

单向 分析仪器 ⟶ 微机 ⟶ 装置
双向 分析仪器 ⟺ 微机 ⟺ 装置

单向连接时,分析仪器发送分析信号给微机,微机控制装置的开关,使之运转;双向连接时,微机不但从分析仪器中接收信号,而且控制其操作(如分光光度计选择适宜波长,色谱仪柱温控制等)。如果装置有传感器,与计算机也可以双向连接。

计算机与分析仪器的连接方式有三种体系[见图 22-17(a)~(c)],即奉献体系(dedicateod system)、中心体系(centrallized system)和等级体系(hierarchical system)。

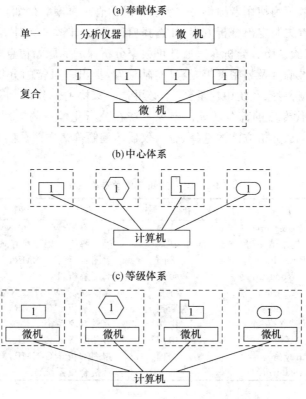

图 22-17　计算机与分析仪器连接体系

22.4.2　局域网

在工作站中引入 LIMS,则构成局域网。LIMS 是数据库中对分析测试和方法研究至关重要的一个系统,其表现特性包括:

(ⅰ) 样品鉴别;

(ⅱ) 分析报告编码;

(ⅲ) 分析结果发送;

(ⅳ) 原始数据获取和数据缩减;

(ⅴ) 分析结果的存档;

(ⅵ) 数据库功能,包括化学品、参比物、供应商、规格、人事、参考文献等。

总之,在 LIMS 中存贮了大量有关样品测试和研究项目的各种信息,对分析测试具有重要的参考价值。

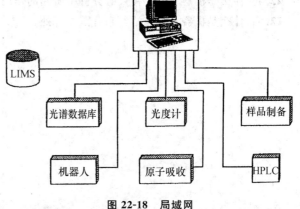

图 22-18　局域网

22.4.3　专家系统

为了实验室的自动化,LAN 中必须使用专家系统。专家系统是数据库中的一部分,它将专家在解决某类复杂问题时的判断转换为计算机程序系统。专家系统内部贮存有大量信息,通过推理和查证程序,可为使用者提供一个解决问题的合理方案。例如,当我们对某复杂分析课题进行研究时,应首先制定出分析方案,如选择何种方法、步骤及条件等,这些都依赖于相关的专业知识基础和实验经验。分析专家通常可根据分析课题的原始信息,如样品的来源、组分的大致含量、要求的准确度及精密度等,经过文献检索,提出一可行的分析方案。有关分析化学问题的经验可从分析专家系统中检索到,不必再请专家协助。分析专家系统要分析专家来开发,完成后就可替代专家的部分功能。专家系统在分析化学中的应用很广泛,涉及谱图解析、分离科学、有机合成、分析方法的选择、分析仪器的控制等诸方面。国内外知名化学专家系统列于下表。

表 22-1　国内外知名化学专家系统

系统名称	作　者	国　别	内　容
DENDRAL	J. Lederberg	美国	谱图解析,MS,^{13}C NMR
CHEMICS	佐佐木慎一等	日本	谱图解析,MS,^{12}C NMR,^{1}H NMR,IR
CASE	M. E. Munk 等	美国	谱图解析,^{13}C NMR,IR
PAIRS	H. Woodruff 等	美国	谱图解析,IR
STREC	L. A. Gribov 等	苏联	谱图解析,MS,^{12}C NMR,^{1}H NMR,UV 等
CARBON	J. Zupan 等	南斯拉夫	谱图解析,^{13}C NMR
色谱专家系统	卢佩章等	中国	色谱专家系统
ESESOC	许禄等	中国	谱图解析,^{13}C NMR,MS,IR
PLATO	Curry 等	美国	谱图解析,^{12}C NMR,MS,IR
LHASA	W. Kaurman	荷兰	有机合成系统

习　题

22.1　试分析计算机-分析仪器接口与联用技术中的接口总体看来有何异同?

22.2　微机与分析仪器有哪些连接模式?说明各连接模式的特点。

22.3　微机在分析仪器自动化中所起作用,表现在哪些方面?

22.4　什么是机器人?它在仪器分析中所起的作用如何?

22.5　什么是机器人工作站?它有哪些好处?

第 **23** 章 生物试样的制备

23.1 概　述

临床实践和医学研究常需测定生物试样中各种化学或生物活性物质的浓度和含量,其中一部分试样是单相均匀的试样,另一些却是基质十分复杂的多相不均匀试样,其中待测物质的浓度常低于 $\mu g \cdot mL^{-1}$ 级乃至 $pg \cdot mL^{-1}$ 级。要求分析人员在测定前进行正确的采样,并在采样后对生物试样进行正确的制备处理。对生物试样进行制备处理的目的是去除生物试样中的大量基质和其他对测定有干扰的内源性杂质,并使待测物质浓集而达到仪器的灵敏度要求、且将其转变成可测定的形式,然后再进行分析测定。否则,即使最好的分析技术也不可能得到正确的分析结果。进行生物试样分析的总过程一般为

采　样 ⟶ 试样制备 ⟶ 分析测定 ⟶ 分析数据处理

匀浆(固样),匀化(黏稠样),抗凝(血样),溶
解,过滤,透析,离心,分离纯化,浓缩等

在以上过程中,各个环节是相互联系的,每一环节都可对分析结果的真实可靠性产生影响,因此必须认真对待。

采样的部位应具有代表性,其量的多少也应当合适,太少不能保证分析的精度和灵敏度,太多会增加工作量、工作时间和试剂的消耗。可根据待测组分在试样中的含量、仪器灵敏度及分析方法的要求来确定采样量,也可查阅有关文献作为参考。

对生物试样中的无机组分进行分析时,常可采用消化(有干灰、湿消解、微波、光辐射和酶等)的方法制样;而分析生物试样中的有机组分时,常见制样方法有沉淀、溶解、过滤、离心、蒸馏、萃取和固相萃取、干燥、衍生、色谱及膜技术等,可根据测定对象、实验条件和分析方法进行选择。

本章主要介绍常见生物试样的制备和储存方法、蛋白质基质的去除和痕量组分萃取的方法、消化方法等。

23.2　生物试样的制备和储存

23.2.1　生物试样的制备

生物试样包括血液、排泄物、消化液、穿刺液、汗液、乳汁、痰、组织、骨髓、毛发、结石及指甲等。在此,对几种常见生物试样作一简单介绍。

1. 血液

血液约有 55% 的血浆和 45% 的细胞。血样可分为全血、血浆和血清。所需血样量少时,可在耳垂或手指部位穿刺采血,量大时以在静脉采血为宜。人一般清晨空腹采血,动物一般禁食 $12\sim16$ 小时后采血,以避免受到饮食、运动、情绪等因素的影响。

血浆是在全血中加适当抗凝剂(肝素、草酸盐、柠檬酸钠、氟化钠等)抗凝,离心(2000 r·min^{-1}下 10 min)后所得上清液(除去细胞以后的成分),含有纤维蛋白原和前凝血酶,血浆量通常为全血量的 1/3～1/2。

全血中不加抗凝剂,自然分层或离心所得的上清液为血清。血清不含纤维蛋白原和抗凝剂,其他成分与血浆相同,因此血清或血浆中待测物的测定方法和结果往往一致。由于血清采集简单,较血浆干净,所以经常使用。

2. 尿液

体内物质的代谢物主要通过尿液排出,所以尿液常用于代谢物的研究和测定。尿液的主要成分是水、尿素、盐类和其他体内代谢物质,其中的化学成分一定程度上受饮食、运动和用药的影响,并随性别、年龄、性周期、健康状况、精神状态不同而变化。通过检查尿液的组成和各代谢物的含量,可了解体内代谢情况而进行诊断。因尿液的浓度随尿的生成速率、总体积和 pH 不同而变化较大,所以,除检查肾功能的苯酚磺酞试验和尿素消除试验需要在特定时间取尿外,尿样一般应取 12 h 或 24 h 内总尿,用聚乙烯瓶收集并充分摇匀,以减少饮食等情况对尿液浓度的影响。容器对被测物的吸附可通过剧烈振荡加以消除。

对尿样作化学分析时,有时需对结合物进行水解、分离和浓缩,浓缩尿液常用透析法,该法具有浓缩效率高、被测物丢失少、取样多等优点。

3. 毛发

因毛囊有浓集微量元素的功能,所以微量元素在毛发中的含量比血液中约高 1 个数量级,且毛发易得,保存方便。因此,常常测定人发中的微量元素,以研究其含量与健康和环境的关系。

一些研究证实,某些微量元素在人发中的分布与距发根的远近有关,因此,一般采集枕部靠头皮处 1～2 cm 的毛发,用洗涤剂溶液浸泡数分钟以除去表面油污和无机离子,再用去离子水漂洗数次,低温干燥后作为试样。应注意,浸泡时间不宜过长,洗涤次数也不宜过多,以防引起部分元素损失。

4. 唾液

唾液的 pH 在 6.2～7.4 之间,主要含淀粉酶、黏蛋白质和电解质等成分。由于一些药物的唾液浓度与血浆中的药物游离浓度极为相近,而唾液的采集又很方便,所以,临床上可用唾液测定药物浓度等。

唾液的浓度、成分及分泌量受性别、年龄、精神状态和季节、时间等因素影响。一般早晨分泌较少,午后分泌最多,随年龄增加分泌减少;精神状态和刺激对分泌的影响较大。所以,唾液试样通常是在身体条件相同时空腹采取。

唾液的取样一般在漱口后 15 min,收集口内自然流出或经在口内搅动后流出的唾液,必要时咀嚼石蜡或以 10%柠檬酸液 1～2 滴滴在舌上刺激分泌。一般将所收集唾液在 2000～3000 r·min^{-1}离心 15 min,取上清液为试样,但这时试样中的黏蛋白没有完全除去(这种黏蛋白不能用一般除蛋白质试剂除去),因此只能用于一般分析。对要求较高的分析,则在唾液中加 1/10～1/5 体积比的丙酮,混合后离心去除沉淀,然后加 2～3 滴稀 HAc 煮沸,滤除沉淀即可。

此外,临床检验有时也检验穿刺液,如脑脊液、胸水、腹水、关节液等,具体可参阅有关文献。

23.2.2 生物试样的储存

生物试样在取样后最好立即进行分析。尤以血液、尿液、唾液更应如此,因为其中的某些化学成分常由于酶、细菌、空气、光的作用及蛋白质随时间变性等原因,时间一长,试样中会有多种变化,其稳定性难以保证。

1. 血样的储存

血清或血浆试样需尽快从全血中分离,否则,与细胞接触会使试样的化学成分随时发生变化。当天内进行分析的血样可储于 4℃ 冷藏,否则,需注明保存日期和保存条件等,用石蜡密封冷冻或冻干保存,并根据分析对象的性质确定储存期限和温度,时间不宜过久。在选用 4℃ 冷藏库、−20℃ 冷冻库或 −80℃ 超低温库时,应考虑分析对象。如血清 −20℃ 冷冻保存时,钠、血清白蛋白等成分在数十天内无明显变化,但有些成分(如儿茶酚胺)却会发生改变,应保存在 −80℃ 下。除保存温度和期限外,还可考虑加入抗氧化剂、酶抑制剂等,并注意一些酶的活性在冷冻时会丧失。

低温下保存的试样不能放在室温慢慢解冻,应置于 25~37℃ 的恒温槽中短时间快速解冻,充分混匀,恢复到室温校正总量。无论什么情况下,都应避免反复冻融,否则会使血样成分改变。

保存血样可使用硬质玻璃试管或聚氯乙烯、聚乙烯和聚四氟乙烯容器,这些容器在保存血样期间不会有杂质从器壁溶出。

2. 尿样的储存

尿样多采取冷藏法储存于聚乙烯瓶中。保存过程中可采取以下措施避免尿样变质、器壁吸附及析出沉淀引起的待测成分损失:(i) 暗处低温保存;(ii) 加定量硝酸或盐酸酸化;(iii) 加适量的甲苯、福尔马林等防腐剂;(iv) 分析前温热,使低温保存时析出的尿酸盐溶解。

关于其他生物试样的储存,可参阅有关生物试样分析方面的参考书。

23.3　蛋白质的去除

生物试样中的蛋白质基质,常常干扰分析测定,因此要将其破坏或生成沉淀除去。可根据所用分析方法的特点,选择合适的除蛋白方法。例如,用原子吸收法测定微量元素,需对生物试样进行消化,破坏蛋白质等有机物,使微量元素转成无机离子后测定。若用色谱法测定血样中某化学成分,也需在测定前除去其中的蛋白质,以防止污染固定相,降低柱的分离度;还需把所测定物质的与蛋白质结合部分释放出来,以便测定其总浓度。除去蛋白还能减少试样萃取过程的乳化现象,使萃取易于进行。去除蛋白质的方法很多,超速离心可除尽蛋白;但一般实验室常用沉淀法,操作简便易行。表 23-1 为常见的沉淀剂。

表 23-1　各种沉淀剂沉淀蛋白质的效率

沉淀剂	加入沉淀剂的体积/单位体积血浆							
	0.4	0.6	0.8	1.0	1.5	2.0	3.0	4.0
10%TCA	99.3	99.6	99.5	99.5	99.7	99.8	99.8	99.8
6%HClO₄	98.3	98.9	99.1	99.1	99.2	99.1	99.1	99.0
钨酸盐-H₂SO₄	35.4	98.6	99.7	99.7	99.9	99.8	99.9	100.0
乙　　腈	14.8	45.8	88.1	97.2	99.4	99.7	99.8	99.8
丙　　酮	7.4	33.6	71.0	96.2	99.1	99.4	99.2	99.3
乙　　醇	11.2	41.7	74.8	91.4	96.3	98.3	99.1	99.3
甲　　醇	17.4	32.2	49.3	73.4	97.9	98.7	98.9	99.2
饱和(NH₄)₂SO₄	24.0	41.0	47.4	53.4	73.2	98.3	试样呈浑浊	

从表 23-1 可知：三氯乙酸(TCA)是强有力的蛋白沉淀剂,但其中常含有杂质而使空白值增高;若选 TCA 沉淀蛋白并用乙醚萃取被测组分时,因 TCA 能溶于乙醚也进入乙醚相,当色谱法用电子捕获检测器进行检测时,TCA 的存在会干扰检测。高氯酸也是常用的蛋白沉淀剂,沉淀效率高,过量的高氯酸可加钾盐除去。

当使用沉淀法难以使蛋白质结合的被测组分释放时,也可根据测定要求选择使用酸消化、酶消化或光辐射消化等方法。

23.4　痕量组分的萃取

生物试样组成复杂,常共存其他干扰组分,又由于某些生物体内被测活性物质的含量常在 10^{-6}(ppm 级) 或 10^{-9}(ppb 级) 以下,需富集后才能达到分析方法灵敏度的要求。萃取(extraction)的目的是为了从大量的共存物中分离所需的痕量组分或者使痕量组分浓集。萃取的方法可分溶剂萃取和固相萃取两类。

23.4.1　溶剂萃取

溶剂萃取是目前应用最广泛的一种分离方法。当萃取生物试样中的有机组分时,应了解该组分的结构和性质特点。低分子有机物若含有—OH、—COOH、—NH₂、—CHO 等亲水基团,常可溶于水,而不溶于乙醚、苯类等有机溶剂;反之,分子大部分被烷基、苯核等封闭的多为脂溶性化合物,溶于有机溶剂而不溶于水。如按官能团的性质分类,可分为:

(i) 加酸或碱不生成盐的中性基团,如烷基、醇羟基、—CHO、—Cl 等。

(ii) 加碱后生成盐的酸性基团,如—COOH、酚羟基、维生素 C 双键上的氢氧基。

(iii) 加无机酸后生成盐的碱性基团,如—NH₂、—N=C。根据基团类型,可分别称为中性、酸性和碱性化合物。分子中既有酸性又有碱性基团的化合物是两性化合物。有机物成盐后的水溶性增加。

在此对萃取溶剂的选择及影响萃取效率的各项因素做一简介。

1. 溶剂的选择

合适的溶剂是萃取获得成功的主要条件,选择溶剂时应考虑萃取率、选择性和操作方便等因素。理想的溶剂应具备下列性质：物质的萃取率高;不和生物试样水溶液相混溶,即其密度与水溶液有明显差别,混摇静置后分层快、不易乳化;沸点较低;毒性小等。在液-液萃取中,满足物质萃取率的前提下,尽可能采用低极性溶剂,这样既可得到合适的萃取率,又可将对测定有干扰的极性杂质的量减至最小。表 23-2 中列出常用的萃取溶剂。

表 23-2　液-液萃取用的溶剂

溶剂名称	介电常数	沸点/℃	附　注
正己烷	1.89	69	
环己烷	2.02	81	
苯	2.25	80	有毒性
乙　醚	4.34	35	
氯　仿	4.81	61	有毒性
1,2-二氯乙烷		83	
乙酸乙酯	6.02	77	

2. 影响萃取率的因素

通常,若生物试样水相的 pH 能使被测物主要以非电离的分子形式存在时,被测物就易于转入有机相而被萃取;反之,若溶液的 pH 使被测物主要以易电离的盐的形式存在,那么被测物易留在水相或易从有机相转入水相而被反萃取(stripping)。由于碱性物质在碱性介质中、酸性物质在酸性介质中以及中性物质在 pH 7 附近的介质中一般以非电离的分子形式存在,利于被有机溶剂萃取,故可作为萃取液 pH 选择的一般规则。水相最佳 pH 的选择主要取决于被测物的 pK_a:pH 与 pK_a 相等时,50% 被测物以非电离的形式存在。从理论上可计算出萃取碱性物质时,pH 应比 pK_a 高 1～2 个单位;萃取酸性物质时,pH 要比 pK_a 低 1～2 个单位,这样就可使 90% 以上的被测物以非电离形式存在,从而被有机溶剂萃取。

常见的萃取程序如表 23-3 所列。某些体内物质在碱性介质中易破坏,则必须在低于其 pK_a 2 个单位以下的 pH 缓冲溶液中萃取,使其呈带正电荷的稳定状态。如儿茶酚胺类的 pK_a 在 8 左右,常在 pH 3.5～5.5 中被萃取出来。为了保持 pH 稳定,多采用缓冲溶液,这样有利于保持萃取分离的重复性。有时,在生物试样的前处理中,为提高萃取率,常加入中性盐,如无水 $NaCl$、Na_2SO_4 等,以加快分层,减少乳化。

表 23-3　酸性(A)、碱性(B)和中性(N)物质的溶剂萃取

23.4.2　以离子对形式的萃取法

根据相似相溶原理,对于某些强极性化合物(如季铵盐)和两性化合物,由于在水中溶解度很大,不易被有机溶剂萃取。但若加入一种反离子(又称平衡离子),如有机阳离子或有机阴离子,使这类化合物离子与加入的反离子形成离子对缔合物。由于离子对体积大,又无净电荷,所以有显著的疏水性,易溶于有机溶剂而被萃取,这种方法是溶剂萃取的常用方法。

离子型化合物(QR)中的 Q^+ 离子,在水相中可与过量的反离子(X^-)形成离子对(QX),萃取时转入有机相,即

$$[Q^+]_水 + [X^-]_水 \xrightleftharpoons{K_1} [QX]_水 \xrightleftharpoons{K_2} [QX]_有$$

前一反应为离子对的形成反应,平衡常数为 K_1;后一平衡则属离子对的液-液分配平衡,平衡常数为 K_2。设总反应的平衡常数为 K_{QX},则

$$K_{QX} = K_1 K_2 = \frac{[QX]_水}{[Q^+]_水 \cdot [X^-]_水} \cdot \frac{[QX]_有}{[QX]_水} = \frac{[QX]_有}{[Q^+]_水 \cdot [X^-]_水} \tag{23-1}$$

Q^+ 离子在两相中的分配系数(K_Q)为

$$K_Q = \frac{[QX]_有}{[Q^+]_水 + [QX]_水} \approx \frac{[QX]_有}{[Q^+]_水} \tag{23-2}$$

式(23-1)与式(23-2)联立,得

$$K_Q = K_{QX}[X^-]_水 \tag{23-3}$$

可见,离子型化合物中的被萃离子(Q^+)在两相中的分配系数(K_Q)与平衡常数(K_{QX})以及反离子在水相中的浓度$[X^-]_水$成正比关系。K_{QX}和$[X^-]_水$越大,分配系数也越大,Q^+离子进入有机相也越多,所以只要K_{QX}与$[X^-]_水$足够大,Q^+离子形成离子对后即可萃取完全。此外,影响离子对萃取率的因素还与水相 pH 和离子强度、有机溶剂性质、离子种类、温度等有关。上述因素都会显著影响K_{QX}和K_Q的大小。

离子对萃取技术广泛应用于儿茶酚胺类、雌激素等的提取。常用的离子对试剂列于表 23-4 中。

表 23-4　常用的离子对试剂

物　质	平衡离子(离子对试剂)
酸性物质	四丁基铵盐(A)
碱性物质	C_5-磺酸钠(B_5)
碱性物质	C_6-磺酸钠(B_6)
碱性物质	C_7-磺酸钠(B_7)
碱性物质	C_8-磺酸钠(B_8)

23.4.3　固相萃取

固相萃取(solid phase extraction)又称液-固萃取,它是 20 世纪 70 年代发展起来的试样前处理技术。由于其设备简单,操作快速便捷,萃取效率高,使用溶剂少,萃取物的背景信号小,重复性好,消除了液-液萃取的主要缺陷——乳化现象,所以近年来在环境分析、食品饮料、轻工化工、生物活性物质研究等领域获得广泛应用,也是生物体液试样处理中目前常采用的分离纯化的有效方法之一。

1. 基本原理

固相萃取的原理是根据试样中不同组分在固相填料(即固相萃取剂)上的作用力强弱不同,使被测组分与其他组分分离。早期常用柱分离的方式进行操作,近年来不仅出现了盘状膜方式的操作,而且还发展了固相微萃取技术。

固相萃取剂的种类与液相色谱固定相的种类相似,它们的选择方法也相同。固相萃取也可分为正相固相萃取和反相固相萃取。可参照液相色谱,根据试样组分的性质选择萃取方法、固相萃取剂和洗脱溶剂。例如,欲从生物试样中分离富集亲脂性物质,可采用反相固相萃取。常用的固相萃取剂是化学键合相和离子交换树脂。在固相萃取过程中,可以是保留被测组分,洗脱去杂质和基体;也可以使杂质和基体滞留于柱中,被测组分流出柱后收集之进行分析。实际过程中后者用得较少。

2. 装置和操作步骤

固相萃取装置的主要部分是萃取柱,它是将粒径为 40 μm 左右的固体填料压缩于聚丙烯(或玻璃、不锈钢)管中制成。美国的 Water's 公司推出的 Sep-Pak 微柱是最早的商品柱(见图 23-2),在聚丙烯微柱的两端有两块多孔的玻璃烧结薄片,内装约 0.1~1 g 的固相萃取剂,厚度和直径常在 1 cm 左右。这种商业微柱通常是一次性的,目前已被广泛使用。也有国产商品柱出售。

图 23-1 所示的装置是商品固相萃取装置的一种,萃取柱后接真空系统可以加快流速,真空

箱内有收集馏分的试管和试管架,箱盖上可放置 8~10 个固相萃取微柱,能同时处理多个样品。

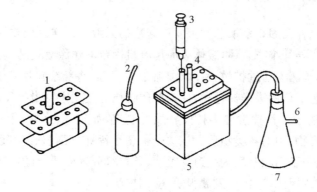

图 23-1　固相萃取装置示意图
1—试管　2—溶剂洗瓶　3—加样注射器　4—固相萃取柱
5—真空箱　6—真空系统　7—缓冲瓶

　　固相萃取的一般操作步骤见图 23-2。将试样溶于适当溶剂后,加于微型柱上端,以下端负压使大量溶剂和不易保留的组分流出,被测组分保留在柱上;加溶剂 1 淋洗,从固相萃取柱上除去其他不需要的组分;当溶剂 1 完全通过萃取柱后,最后用溶剂 2(洗脱液)把被测组分从萃取柱上洗脱下来,收集在试管中备用。

3. 固相萃取剂的形状

　　固相萃取剂的形状主要分为柱状和盘状两种。早期的固相萃取均采用柱的形式,它使用简便,应用范围广。然而也带来一些问题,例如,柱径较小,限制了流量,因此在处理大量试样时使用的时间较长;萃取柱还常易阻塞;另外,由于使用 40 μm 的填料,很易产生缝隙,致使在大流量时产生相应的动力学效应使分离浓缩效率下降。近年来出现了厚度 1 mm 左右、直径 5 cm 左右

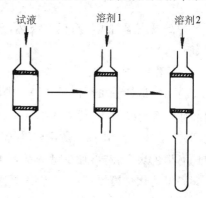

图 23-2　固相萃取过程

的盘状薄膜填料,克服了以上缺点。它们的横截面大,流量高,不易被阻塞;且填料为 8 μm 的细颗粒,改善了传质过程。盘状薄膜型固相萃取剂目前主要有以下几类:由聚氯乙烯网络包含的带离子交换基团或其他亲和基团的硅胶;由聚四氟乙烯网络包含的化学键合硅胶或高聚物填料;衍生化膜(该膜经化学反应键合了各种官能团)。它们当中,聚四氟乙烯网络状介质的性能与普通固相萃取微柱相近,可用于萃取金属离子和各种有机物;其他类型主要用于富集生物大分子。

4. 试样的在线预处理

　　前面介绍的固相萃取装置是手工预处理试样时使用的。为了把固相萃取技术用于在线试样前处理,发展了全自动试样制备系统。一种是采用机器手:试样经数个固相萃取微柱萃取后,微柱被“机器手”转移到自动进样器作为预柱,流动相可以将被分析物直接洗脱至分析柱进行分析。另一种是利用柱切换技术,将带探头的自动进样器与萃取预柱阀门的清洗接头连接。预柱保留被测组分,而将杂质冲入废液池。被分析物在预柱经自动痕量富集后,被洗脱进入分析柱。以上在线技术可使生物试样不用手工溶剂提取而直接进行预处理和分析,从进样到数

据处理和报告均由微机全自动控制。

5. 固相微萃取

固相微萃取是一种在固相萃取基础上发展起来的无溶剂试样处理技术。它用装在注射器针头内的熔融石英光导纤维作载体,载体表面用有机固定液作涂渍处理;当载体纤维从针头伸出并浸入试样中时,被测物通过扩散、萃取、浓缩于涂层上,将纤维拉回针头内即完成萃取;然后将针头移至气相色谱仪的进样口进样,使萃取的物质在气化室脱附挥发,随载气进入色谱柱分离测定。该法可用于各类挥发和半挥发物质的测定,如气样、水样、生物试样(血、尿、体液等)、固体(土壤、聚合物)中的各类物质。该法既保留了固相萃取操作简便、成本低等优点,又避免了使用溶剂,克服了固相萃取剂孔道易阻塞、萃取组分浓度低于微克级时萃取率稍差等缺点,而且易于自动化。因此,近年来发展很快,应用广泛。

23.5　生物试样的消化

测定生物试样中的痕量元素时,测定前常需将试样的有机基质破坏,使痕量元素转变成离子,以便于测定。常用方法有干式消化(又称灰化)、湿式消化、光辐射消化和酶消化法等。

23.5.1　干式消化

用高温或辐射线将有机物破坏,余下的残渣用溶剂(水或酸)溶解,使被测组分转化为离子状态。

1. 高温干式消化

将生物试样置坩埚内于 $110\,^\circ\!C$ 烘箱中烘干,然后放入马弗炉升温至 $450\,^\circ\!C$ 以上,保持一定时间而使有机物氧化,待 CO_2、H_2O、SO_2、NO 等物质挥发后,无机物以白色残渣形式存在于容器底部。这时,再用水或酸溶解,并选用适当的方法进行测定。若试样在高温处理以后,残渣中仍有黑色炭存在,可加少量的 HNO_3 处理残渣,重新在电热板上加热到只有白色灰分为止。

高温消化法简便易行,不引入外来干扰物。缺点是消化温度不易控制,某些金属高温时易损失。如 $400\,^\circ\!C$ 以上,Ag、As、Au、Hg、Sb 等易挥发损失;$500\,^\circ\!C$ 以上,Co、Pb 易损失;$700\,^\circ\!C$ 以上损失的元素更多。另外,部分金属离子在高温灼烧时会与容器起作用,造成测定误差。

2. 低温干式消化

近年来国外多用等离子体低温灰化炉进行消化。等离子体消化装置是由消化室、供气系统、真空系统和高频电源组成。试样经冷冻干燥后,置于石墨坩埚内放入消化室,以高频电源将低压氧激发,使含原子态氧的等离子体接触有机试样,并在低温($100\sim150\,^\circ\!C$)下缓慢氧化以除去有机物。由于消化在低温下进行,Se、As、Sb、Pb、Cd 等较易挥发的元素也不致损失。消化时间因试样而异,一般需 $4\sim8\;h$。

23.5.2　湿式消化

可用强氧化剂,如硝酸、硫酸、高氯酸或高锰酸钾等,在加热下分解有机物质,其优点是简便、快速、效果好。但在消化过程中产生大量酸雾以及氮和硫的氧化物等刺激性气体,具有强腐蚀性而对人体有伤害,故需良好的通风设备。消化时将试样加氧化剂放入凯氏烧瓶中加热煮沸。据所用氧化剂不同,湿式消化可分下列几种。

1. 硝酸消化

将试样与浓 HNO_3 共沸,发生以下反应

$$2HNO_3 \longrightarrow 2NO_2 + H_2O + [O]$$
$$C + 2[O] \longrightarrow CO_2 \uparrow$$

硝酸沸点为 86℃,反应快。消化一段时间后冒红棕色的烟,待冒烟完毕后,溶液呈无色透明。为了使硝化后的溶液不含亚硝酸和氮氧化物(因为其破坏显色剂或指示剂的显色反应),可延长加热时间;若去氮效果不好,可加入去氮剂(如甲醛、尿素、亚硫酸等)共沸,使残留氮氧化物和亚硝酸分解成易挥发的 NO 而除去。用硝酸分解有机物的效果良好,除金、铂外,绝大多数金属都能被硝酸溶解,但应注意生物试样中的铝、铬等在硝酸中能形成氧化膜而钝化,锡能形成难溶的 H_2SnO_2,锑与钨也能形成难溶的酸。

2. HNO_3-H_2SO_4 消化

有时只用硝酸消化温度不够高,试样消化不彻底,因此常加入硫酸以加强消化能力。HNO_3-H_2SO_4 消化的优点是沸点高、具强氧化性和脱水性。缺点是碱土金属、铅和一部分稀土金属的硫酸盐溶解度较小。为此,测生物试样中的铅应避免使用硫酸。用 5 份 HNO_3 和 2 份 H_2SO_4 配成的混合酸,对消化血、尿、头发、指甲、脏器等生物试样的效果良好。

3. HNO_3-$HClO_4$ 消化

当只用 HNO_3 不能将试样彻底消化时,可加入高氯酸以提高消化能力和消化速度。$HNO_3 + HClO_4$ 混合酸的强氧化性和脱水性,可把 Cr^{3+} 氧化成 $Cr(Ⅵ)$,V^{2+} 氧化成 $V(Ⅴ)$,S 氧化成 SO_4^{2-}。此外,余酸易于挥发,消化后残渣加水易于溶解。原子吸收光谱法常用此法处理生物试样,因 SO_4^{2-} 对金属原子化的抑制效应比硝酸和高氯酸大而不利于分析,所以不宜用硫酸处理原子吸收光谱法的生物试样。

4. 四甲基氢氧化铵(TMAH)消化

近年来,已较多利用四甲基氢氧化铵处理生物试样。有人报道以 25% 的 TMAH 乙醇溶液溶解骨、指甲、毛发、牙齿、软组织等试样,用来测定其中镉、铜、锰、铅、锌等元素含量。

5. 聚四氟乙烯-酸消化弹法

利用敞口式容器分解试样的湿消化法易导致挥发性元素的逸失。使用密闭的加压容器可避免此类损失,另外,在加压和较高温度下进行操作还可促进试样的分解。本法利用聚四氟乙烯树脂作消解弹的衬里。操作时,可称取适量试样(约 50 mg)于坩埚内,加 1~2 mL 王水,然后加入 3 mL 氢氟酸,再将此坩埚密闭置于不锈钢弹内,将此弹置于 150℃烘箱内加热 1~2 h;取出消解弹冷却到室温后再开启,将弹中内容物转移到一只聚乙烯量瓶内用蒸馏水稀释,过量的 HF 可以加入硼酸处理,使之形成稳定的氟硼酸盐阴离子。

该技术特别适合于制备供原子吸收光谱法测痕量金属用的试样,因其分解过程不易导入干扰物,并且只用很少量试剂,使带入的杂质减至最低程度。

23.5.3 微波消化

微波消化又称微波消解,是利用微波辐射技术进行试样分解的一种较新的湿式消化法。因其具有污染小,空白低,时间短,安全和易于在线操作等优点,而引起人们的广泛重视。

与传统的加热消化相比,微波消化最突出的优点是试样分解速度快、耗时少,可溶解一些很难溶的试样。主要原因是:传统加热利用热传导将热源热量传给样品;而微波加热矿物酸时,以其高频率和较强的穿透力,能渗透到离表面约 2.54 cm(1 英寸)的深度直接在液体内部均匀加热。酸吸收到微波能后,两种同步发生的作用——偶极涡流和离子传导导致其升温。

微波磁场每秒变换几十亿次正负极,每个酸分子的偶极旋转与微波电场的振动方向一致。酸分子先朝一个方向旋转,然后再朝着相反的方向旋转,引起相邻分子间的强烈碰撞,这种碰撞每秒钟发生几十亿次,导致溶液温度迅速升高;酸中的离子同样随着微波电磁场的变换产生运动,它们与液体中的其他分子强烈碰撞,从而使升温进一步加速,使试样得以快速消化。

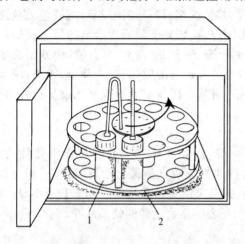

图 23-3 微波腔内转动消解容器的转动装置
1—消解容器 2—转动装置

微波消解系统主要由微波炉和消解样品的容器组成。家用微波炉功率分档间隔较大,脉冲周期长,不易精密控制合适功率,并需自己安装排酸雾设备。市售的实验室专用微波炉品种齐全,设备比较完善。炉腔内除转动装置(见图 23-3)外,还具有炉腔氟塑料涂层和大流量排风,可防止酸雾腐蚀设备;功率能以 1% 的变挡从低到高连续调节至适宜功率;磁控开关每秒一个周期开关一次降低功率输出,比家用微波炉每 12 s 开关一次所产生的加热要均匀得多;消解时间也可从1 s~100 h 连续调节。微波辅助分解试样有常压和高压两种消化方法,前者使用敞口容器,后者使用高压密封消解罐(简称消解罐)。这种消解罐由聚四氟乙烯(PTFE)制成,耐酸的腐蚀,且透射微波能极好,最高使用温度一般在 270℃ 以内,耐压 0.8~4.0 MPa 不等。有单层罐和双层罐之分,都可进行温度、压力的控制。图 23-4 所示为双层消解罐。由于消解罐为密封容器,在微波消化过程中,罐内会产生高温高压。当罐内压力超过最高允许压力时,泄压装置就会自动泄压,使消解罐不再处于密封状态,罐顶泄压管的另一头接在阀盘中心的收集容器上,使泄压时罐中排出的酸雾等直接进入收集容器,既可防止过压引起爆炸,又减少了酸污染。也可采用温度或压力传感器,当达到预先设定的温度或压力时,输出功率会自动降低或停止。

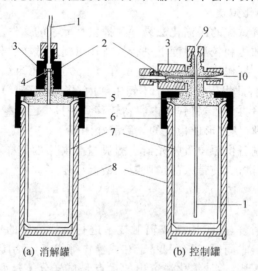

(a) 消解罐　　　　　　(b) 控制罐

图 23-4 双层消解罐(a)和控制罐(b)
1—泄压管 2—防爆膜 3—泄压管接头 4—支撑环 5—内衬罐盖
6—消解罐帽 7—内衬罐 8—消解罐体 9—测温孔 10—测压孔

微波高压分解试样环境污染小，试剂用量少，空白值低，避免了元素挥发损失和样品玷染，适于处理大批量样品，易实现自动化，因而在分析试样制备中得到广泛应用。

微波高压消解生物试样（血液、组织、头发、指甲、骨和排泄物等）因所需试样量小，便于开展活体取样，也不需对试样进行破碎、干燥等处理；无论是干枯生物体还是生物活体，都可直接取样消化，且一般几分钟内便可完成，大大缩短了试样预处理所需的时间。另外，也有用微波高压酸蒸气消解法分解生物组织的报道，该方法用酸的蒸气与试样直接作用，因酸中的杂质不蒸发，所以试样不会受到玷污，大大降低了空白值。

23.5.4　光辐射消化

在硝酸酸性条件下，试样经紫外光（UV）照射，发生如下的光化学反应：

$$\text{有机 C} \xrightarrow[\text{H}^+ + \text{氧化剂}]{\text{UV}} CO_2 \xrightarrow{H_2O} H_2CO_3$$

$$\text{有机 N} \xrightarrow[\text{H}^+ + \text{氧化剂}]{\text{UV}} NO_2^-, NO_3^- \text{(部分)}$$

$$\text{有机 P} \xrightarrow{\text{UV}} PO_4^{3-}$$

葡萄糖、草酸、软脂酸、酪酝、苯基丙氨酸等有机物在光辐射下可很快完全氧化。光辐射消化在UV灯照射的炉内进行，消化后的试液移入聚乙烯试管备用，以免容器表面对待测离子的吸附作用。

现以阳极溶出伏安法测定血铅为例，说明光辐射消化过程。血液中 90% 以上的铅是以配位键与红细胞蛋白结合的。把全血溶于少量水中，使红细胞溶血，加入硝酸，使最终浓度为1.6 mol·L^{-1}。经剧烈振摇后，铅与红细胞蛋白的配位键断裂，铅离子溶于溶液中，而大部分变性蛋白及其他有机物则被沉淀。经离心后，吸取上清液，加入 H_2O_2 并接受紫外光辐射，发生光化学反应。反应后有机铅转化为无机铅，用溶出伏安法测定，再换算成全血中的铅含量。

23.5.5　酶消化

在药物的动物试验或临床发生中毒死亡时，往往需对肝脏及其他组织进行药物检测。从生物试样中离析药物通常采用直接溶剂萃取法或先使试样变性，然后再用溶剂萃取的方法。但对某些药物上述方法不适用，例如苯并二氮杂草、酚噻嗪和保泰松等与组织蛋白键合牢固的药物或苯并二氮杂草和镇痛新等对酸不稳定的药物，此时常需用酶消化法，通过酶解，使结合态药物发生水解而释出，然后再用溶剂进行提取。最常用的酶为枯草菌蛋白酶，它与多数其他蛋白酶不同，能水解任何键合在蛋白链上的肽，而其他酶则往往只能水解某些特定的氨基酸。枯草菌蛋白酶在 pH 7.7～11.0 范围内都具有活性，pH 9.5 时活性最高；温度在 50～60℃时酶活性高且稳定，以 55℃时活性最高，能水解肝、脑和血液等各种生物试样。

操作方法通常是取肝脏或其他组织的匀浆液与 pH 10.5 的缓冲溶液相混，1 mL 肝脏加 1 mL枯草菌溶液，于 50～60℃保温 60 min，同时连续搅拌。然后以乙醚萃取，醚层用无水硫酸钠脱水，蒸发至干，残渣用无水乙醇溶解。以不含药物的肝脏作为空白对照。

23.6　净　化

由于生物试样组成复杂，虽经有机溶剂萃取或其他方法处理，但由于杂质含量过多，仍不能满足分析的要求，因此需进一步处理，这个步骤称为净化(clear up)。净化的方法有液-液反萃法、二次萃取法和薄层分离法。

1. 液-液反萃法

以分析碱性物质为例，先使试液碱化，加入合适的有机溶剂，使碱性物质及一些脂溶性杂质萃取至有机溶剂中，弃去水层；在有机溶剂中，再加酸性水溶液，振摇，将碱性物又反萃至水层中。这种萃取方法称为液-液反萃法。本法的不足之处是水溶液不易浓缩，测定的灵敏度不易提高。

2. 二次萃取法

仍以分析碱性物质为例。先将试液酸化，加入合适的有机溶剂，使碱性物质及一些水溶性杂质保留于水层；弃去有机层，将水层碱化，再加入有机溶剂，将碱性物质又萃取于有机层中，这种萃取称二次萃取法。若重复操作，多次萃取，被测物的纯净程度可显著提高，但其回收率可能受到影响。在采用内标法进行定量时，可在试样中加入与被测物结构或理化性质相似的内标物，这样能减少系统误差，使萃取时的损失得以补偿。

3. 薄层分离法

萃取试样后，将萃取液浓缩至一定体积，选择合适的展开剂，进行薄层分离；刮下待测物的斑点，洗脱、浓缩，最后进行测定。本法的缺点是试样负载量小，点样麻烦、费时，而且从斑点洗脱被测物的回收率不够理想。测定食品中的黄曲霉毒素和苯并芘时，其试样液的净化往往采用薄层分离法。

23.7　应用实例

【示例 23-1】　高效液相色谱法测定人体内氨基酸的预处理[①]

肝病患者常有氨基酸代谢紊乱的表现，其中尤以血浆中支链氨基酸/芳香氨基酸(BCAA/AAA)摩尔比值与肝性脑病和肝实质细胞功能有关，据此比值可了解血浆氨基酸代谢紊乱在急性肝病中的预后意义。

血浆试样的制备　取全血 1 mL，加肝素少许，以 4000 r·min^{-1} 离心 10 min。取上清 20 μL，加入体积分数为 80% 乙醇 60 μL 沉淀蛋白质后，再离心。取上清液 40 μL，加邻苯二甲醛 100 μL，氨基乙醇 1 小滴，在 25℃下反应 15 min，反应结束后立即用反相 HPLC 进行测定。

【示例 23-2】　荧光法测定血清中 5-羟色胺和多巴胺[②]

5-羟色胺和多巴胺是重要的神经递质，主要存在于中枢神经系统，外周血液中也有少量存在。

血清试样的制备　取新鲜血清 0.2 mL，加入 2 mL 酸性正丁醇，用匀浆器研磨后，以 2000 r·min^{-1} 离心 5 min，将上清液倾入带塞离心管内，再加酸性正丁醇 1 mL 至匀浆器中，研磨与离心。上清液合并，加入石油醚 3 mL 和 0.01 mol·L^{-1} HCl 1.8 mL，在旋涡振荡器上振荡 1 min，使溶液充分混匀，以 2000 r·min^{-1} 离心 5 min，使其分层，水相含 5-羟色胺和多巴胺，分别通过反应进行荧光测定。

---

① 谭天秩等.四川医学院学报,14(2)：160,1983
② 张更荣等.临床检验杂志,7(1)：15,1989

【示例 23-3】　可见吸收光谱法测定尿液中的 5-羟吲哚醋酸的预处理

在 24 h 内排出的尿液中,5-羟基吲哚醋酸的正常值为 2~17 mg。嗜银细胞瘤患者的尿中排出大量 5-羟基吲哚醋酸,一般每日排出量在 60~600 mg 不等,有时可高达 1230 mg。所以,测定 5-羟吲哚醋酸有一定的临床意义。

试样的制备　取尿液 6 mL,加入 2,4-二硝基苯肼液 6 mL,混合,静置 0.5 h,加入氯仿25 mL,振摇,静置分层;吸取上清液 10 mL,加入固体 NaCl 少量及乙醚 25 mL,振摇,静置分层;吸取上层乙醚萃取液 20 mL,加入 pH 7.0 磷酸盐缓冲液 3 mL,振摇,静置分层;吸取下层液 2 mL,加入 1-亚硝基-2-萘酚试液 1 mL 及亚硝酸 1 mL,混合后置于 37℃ 水浴中加热 5 min 使其显色,然后于 540 nm处测定吸光度。

附　录

附录Ⅰ　主要物理量符号和单位

符号	物理量名称	单位符号	单位名称	备注
A	吸光度			
	色谱峰峰面积	cm^2	平方厘米	
	涡流扩散项	mm	毫米	
A_{ij}	跃迁概率			
A_r	元素的相对原子质量			
$A_{1\,cm}^{1\%}$	比吸光系数			
B	纵向扩散系数	$mm^2 \cdot s^{-1}$	二次方毫米每秒	
C	传质阻力系数	s	秒	
	电容	F	法[拉][a]	$1F = 1C \cdot V^{-1}$
D	扩散系数	$m^2 \cdot s^{-1}$	平方米每秒	
	分散系数			
D_c	检出限	$mg \cdot mL^{-1}$	毫克每毫升	浓度型检测器
D_m	检出限	$g \cdot s^{-1}$	克每秒	质量型检测器
E	电动势	V	伏[特][a]	
	电场强度	$V \cdot cm^{-1}$	伏[特]每厘米	
	能量	J	焦[耳]	$1J = 1N \cdot m = 1kg \cdot m^2 \cdot s^{-2}$
F	法拉第常数	$C \cdot mol^{-1}$	库[仑]每摩[尔]	$F = 9.6485 \times 10^4 \, C \cdot mol^{-1}$
F_c	载气流速	$L \cdot s^{-1}$	升每秒	
H	理论塔板高	mm	毫米	
I	离子强度	$mol \cdot kg^{-1}$	摩[尔]每千克	
	谱线强度			
I_0	入射光强度	cd	坎[德拉]	
I_a	吸收光强度	cd	坎[德拉]	
I_F	荧光强度	cd	坎[德拉]	
I_{ij}	发射谱线强度			
I_r	反射光强度	cd	坎[德拉]	
I_t	透射光强度	cd	坎[德拉]	
J	总内量子数			
K	分配系数			
K_0	峰值吸收系数	cm^{-1}	每厘米	

符号	物理量名称	单位符号	单位名称	备　注
$K_{B/A}$	离子交换反应的选择性系数			
$K_{B,A}$	离子选择性电极的选择性系数			
K_D	分配系数			
K_d	分子筛分配系数			
K_v	原子吸收系数	cm^{-1}	每厘米	
L	色谱柱长度	cm	厘米	
	总角量子数			
M	摩尔质量	$kg \cdot mol^{-1}$	千克每摩[尔]	
M_r	物质的相对分子质量			
N	光栅刻痕总数			
N_0	基态原子数			
N_A	阿伏伽德罗常数	mol^{-1}	每摩[尔]	$N_A = 6.022 \times 10^{23} mol^{-1}$
N_j	激发态原子数			
P'	溶剂极性参数			
Q	进样量			
	电荷[量]	C	库[仑]	$1 C = 1 A \cdot s$
R	电阻	Ω	欧[姆]	$1 \Omega = 1 V \cdot A^{-1}$
	分离度			
	分辨本领			
	摩尔气体常数	$J \cdot (mol \cdot K)^{-1}$	焦[耳]每摩[尔]开[尔文]	$R = 8.314 J \cdot (mol \cdot K)^{-1}$
R_f	R_f 值(比移值)			
R_N	噪声	mV	毫伏	
R_{st}	相对比移值			
S	谱线黑度			
	总自旋量子数			
	电极斜率			
	灵敏度			
S_c	浓度型检测器灵敏度	$mV \cdot mL \cdot mg^{-1}$	毫伏毫升每毫克	
S_m	质量型检测器灵敏度	$mV \cdot s \cdot g^{-1}$	毫伏秒每克	
T	热力学温度	K	开[尔文]	
	透射比			
U	电位差,电压	V	伏[特]	$1 V = 1 A \cdot \Omega$
V	振动量子数			
	体积,容积	m^3	立方米	
		L	升	$1 L = 10^{-3} m^3$
V_i	内水体积	mL	毫升	
V_o	外水体积	mL	毫升	
V_M	死体积	mL	毫升	$1 mL = 10^{-3} L$
V_R	保留体积	mL	毫升	
V_R'	调整保留体积	mL	毫升	

符号	物理量名称	单位符号	单位名称	备　注
W	色谱峰峰宽	cm	厘米	或以 min 表示
$W_{h/2}$	半高峰宽	cm	厘米	或以 min 表示
a	离子活度			
	吸光系数	$L \cdot (g \cdot cm)^{-1}$	升每克厘米	
b	自吸收系数			
c	真空中光速	$m \cdot s^{-1}$	米每秒	$c = 2.998 \times 10^8 \, m \cdot s^{-1}$
	物质的量浓度	$mol \cdot L^{-1}$	摩[尔]每升	$1 mol \cdot L^{-1} = 10^3 mol \cdot m^{-3}$
$d(\varphi)$	直径	mm	毫米	
d_p	填充物颗粒直径	μm	微米	$1 \mu m = 10^{-6} \, m$
d_f	液膜厚度	μm	微米	
e	元电荷	C	库[仑]	$e = 1.602 \times 10^{-19} \, C$
f	活度系数			
	定量校正因子			
	振子强度			
g	统计权重			
g_0	基态统计权重			
g_j	激发态统计权重			
h	普朗克常数	$J \cdot s$	焦[耳]秒	$h = 6.626 \times 10^{-34} \, J \cdot s$
	高度	cm	厘米	
	色谱峰高	cm	厘米	
i	电流	A	安[培]	
i_d	扩散电流	A	安[培]	
k	化学键力常数	$N \cdot cm^{-1}$	牛[顿]每厘米	
	玻尔兹曼常数	$J \cdot K^{-1}$	焦[耳]每开[尔文]	$k = 1.381 \times 10^{-23} \, J \cdot K^{-1}$
	容量因子			
l	长度,厚度,光程长	cm	厘米	
m	质量	kg	千克	
		g	克	$1 g = 10^{-3} \, kg$
	磁量子数			
n	物质的量	mol	摩[尔]	
	主量子数			
	光栅光谱级次			
	理论塔板数			
n_{eff}	有效塔板数			
p	压强	Pa	帕[斯卡]	$1 Pa = 1 N \cdot m^{-2}$
		$(atm)^b$	(标准大气压)^b	$1 atm = 101.3 \, kPa$
r	半径	cm	厘米	
r_{is}	相对保留值			
s	自旋量子数,样本标准偏差			
s'	特征浓度	$\mu g \cdot mL^{-1}$ 或 $ng \cdot mL^{-1}$		火焰原子化
	特征质量	μg 或 ng		石墨炉原子化
t	摄氏温度	℃	摄氏度	
	时间	s	秒	

续　表

符号	物理量名称	单位符号	单位名称	备　注
		min	分	$1\ min=60\ s$
		h	[小]时	$1\ h=3600\ s$
t_M	死时间	min	分	
t_R	保留时间	min	分	
$t_R{}'$	调整保留时间	min	分	
u	流动相线速率	$cm \cdot s^{-1}$	厘米每秒	
v	电位扫描速率	$V \cdot s^{-1}$	伏[特]每秒	
z	电荷数、电子转移数			
γ	感光板反衬度			
ε	摩尔吸光系数	$L \cdot (cm \cdot mol)^{-1}$	升每厘米摩[尔]	
	介电常数	$F \cdot m^{-1}$	法[拉]每米	
ε^0	溶剂强度因子			
ε_0	真空介电常数	$F \cdot m^{-1}$	法[拉]每米	
η	黏度	$Pa \cdot s$	帕[斯卡]秒	
	过电位	V	伏[特]	
κ	电导率	$S \cdot m^{-1}$	西[门子]每米	
λ	波长	nm	纳米	$1\ nm=10^{-9}\ m$
		μm	微米	$1\ \mu m=10^{-6}\ m$
	填充不规则因子			
λ_{ex}	激发光波长	nm	纳米	
λ_{em}	发射荧光波长	nm	纳米	
λ_{max}	最大吸收波长	nm	纳米	
μ	电泳迁移率	$cm^2 \cdot (s \cdot V)^{-1}$	平方厘米每秒伏[特]	
μ_o	电渗迁移率	$cm^2 \cdot (s \cdot V)^{-1}$	平方厘米每秒伏[特]	
μ	偶极矩	$C \cdot cm$	库[仑]厘米	
ν	频率	Hz	赫[兹]	$1\ Hz=1\ s^{-1}$
ν_0	谱线中心频率	Hz	赫[兹]	
ρ	密度	$kg \cdot m^{-3}$	千克每立方米	
	质量浓度	$kg \cdot L^{-1}$	千克每升	$1\ kg \cdot L^{-1}=10^3\ kg \cdot m^{-3}$
σ	标准偏差			
	波数	cm^{-1}	每厘米	
φ	电极电位	V	伏[特]	$1\ V=1\ A \cdot \Omega$
$\varphi^{\ominus}$	标准电极电位	V	伏[特]	
$\varphi_{1/2}$	半波电位	V	伏[特]	
$\varphi_{(ISE)}$	离子选择性电极的电极电位	V	伏[特]	
φ_L	液接电位	V	伏[特]	
$\varphi_{(SCE)}$	饱和甘汞电极的电极电位	V	伏[特]	
ω	超电位	V	伏[特]	
Φ_F	荧光效率			
Ω	不饱和度			

[a]　表中方括号内的字是可以省略的部分。

[b]　表中以（　）[b] 标记的单位是非法定计量单位,为便于换算而列入。

附录 Ⅱ　主要参考资料

[01]　杨根元主编.实用仪器分析(第3版),北京:北京大学出版社,2001

[02]　杨根元主编.仪器分析,北京:人民卫生出版社,2005

[03]　孙毓庆.分析化学(第四版),北京:科学出版社,2003

[04]　梁文平,庄乾坤主编.分析化学的明天——学科发展前沿与挑战,北京:科学出版社,2003

[05]　R. Kellner,J. M. Mermet,M. Otto 等编写;李克安、金钦汉等译;分析化学,北京大学出版社,2001

[06]　何华,倪坤仪主编.现代色谱分析,北京:化学工业出版社,2004

[07]　方惠群等.仪器分析(第2版),北京:科学出版社,2006

[08]　汪正范,杨树民,吴侔天,岳卫华编著.色谱联用技术,北京:化学工业出版社,2001

[09]　刘志广,张华,李亚明编著.仪器分析,大连:大连理工大学出版社,2002

[10]　方惠群等.仪器分析,北京:科学出版社,2002

[11]　方惠群等.仪器分析学习指导,北京:科学出版社,2005

[12]　梁述忠.仪器分析(第二版),北京:化学工业出版社,2008

[13]　刘密新等.仪器分析(第二版),北京:清华大学出版社,2002

[14]　叶宪曾,张新祥等编著.仪器分析教程(第2版),北京:北京大学出版社,2007

[15]　姚新生主编.有机化合物波谱分析,北京:中国医药出版社,1997

[16]　刘文英主编.药物分析(第5版),北京:人民卫生出版社,2003

[17]　李好枝主编.体内药物分析,北京:中国医药科技出版社,2003

[18]　胡曼玲主编.卫生化学(第5版),北京:人民卫生出版社,2004

[19]　Dudley H. Williams 等编著.王剑波等译.有机化学中的光谱方法,北京:北京大学出版社,2000

[20]　李昌厚主编.紫外可见分光光度计,北京:化学工业出版社,2005

[21]　何华主编.生物药物分析,北京:化学工业出版社,2003

[22]　田建广等编著.生物核磁共振,上海:第二军医大学出版社,2001

[23]　马立人,蒋中华主编.生物芯片(第二版),北京:化学工业出版社,2000

[24]　邓延倬,何金兰编著.高效毛细管电泳,北京:科学出版社,1996

[25]　陈培榕,李景虹,邓勃主编.现代仪器分析实验与技术(第二版),北京:清华大学出版社,2006

[26]　张祥民编著.现代色谱分析,上海:复旦大学出版社,2004

[27]　于世林编著.高效液相色谱方法及应用(第二版),北京:化学工业出版社,2005

[28]　盛龙生,何丽一,徐连连等著.药物分析,北京:化学工业出版社,2003

[29]　王敬尊编.复杂样品的综合分析——剖析技术概论,北京:化学工业出版社,2001

[30]　李安模编著.原子吸收及原子荧光光谱分析,北京:科学出版社,2003

[31]　杨芃原等主编.生物质谱技术与方法,北京:科学出版社,2003

[32]　张玉奎等编著.现代生物样品分离分析方法,北京:科学出版社,2003

[33]　梁汉昌编著.痕量物质分析气相色谱法,北京:中国石化出版社,2000

[34]　曾永淮主编.仪器分析,北京:高等教育出版社,2003

［35］　许金生主编. 仪器分析,南京:南京大学出版社. 2002

［36］　武汉大学化学系编. 仪器分析,北京:高等教育出版社,2001

［37］　李吉学主编. 仪器分析,北京:中国医药科技出版社,2000

［38］　余船霖等主编. 现代医学免疫学,北京:人民卫生出版社,2000

［39］　中华人民共和国药典(二部),北京:化学工业出版社,2000

［40］　中国大百科全书(光盘 1.1),化学,北京:中国大百科全书出版社,2000

［41］　Harris D C. Quantitative Chemical Analysis. 4th ed. ,Saunders,1995

［42］　Skoog D A and Leary J J. Principle of Instrumental Analysis. Philadelphia. Sanders College,
1992

［43］　M. Valcarcel,M. D. Lugue de Castro 著. Automatic Methods of Analysis. Elsevier,1998

附录Ⅲ 核心期刊摘录

[01]	分析化学	月刊	长春	1972 年创刊
[02]	分析试验室	双月刊	北京	1982 年创刊
[03]	分析科学学报	季刊	武汉	1985 年创刊
[04]	光谱学与光谱分析	双月刊	北京	1981 年创刊
[05]	药物分析	双月刊	北京	1981 年创刊
[06]	色谱	双月刊	大连	1984 年创刊
[07]	中华医学检验杂志	双月刊	北京	1978 年创刊
[08]	Analytical Chemistry	半月刊	美国	1929 年创刊
[09]	The Analyst	月刊	英国	1876 年创刊
[10]	Analytica Chemica ACTA	月刊	荷兰	1947 年创刊

附录Ⅳ　关键词英汉对照

A

absorbance	吸光度
absorption cell	吸收池
adjusted retention time	调整保留时间
adsorbent	吸附剂
adsorption chromatography	吸附色谱法
adsorption isotherm	吸附等温线
affinity chromatography	亲和色谱法
aging	老化
analytical line	分析线
angular dispersion	角色散
anodic stripping	阳极溶出
atomic absorption coefficient	原子吸收系数
atomic absorption spectrophotometer	原子吸收分光光度计
atomic absorption spectrophotometry, AAS	原子吸收分光光度法
atomic fluorescence spectrophotometry, AFS	原子荧光分光光度法
atomic spectrum	原子光谱
atomizer	原子化器
attenuated total reflection, ATR	衰减全反射
auxochrome	助色团

B

background absorption correction	背景吸收校正
base line(method)	基线（法）
bioselective electrode, BSE	生物选择性电极
blank	空白
blue shift	蓝移
biosenser	生物传感器
Boltzmann distribution law	玻尔兹曼分布定律
boundary potential	界面电位

C

calibration curve method	校准曲线法
calomel electrode	甘汞电极
capacity factor	容量因子
capillary column	毛细管柱
capillary electrophoresis, CE	毛细管电泳
capillary zone electrophoresis, CZE	毛细管区带电泳
carrier gas	载气
cathodic stripping	阴极溶出
characteristic concentration	特征浓度
chemical interference	化学干扰
chemically bonded phase	化学键合相
chemiluminescence analysis	化学发光分析
chromatogram	色谱图
chromatographic column	色谱柱
chromatographic peak	色谱峰
chromatography	色谱法
chromophore	生色团
clean up	净化
color developing reagent	显色剂
colorimetry	比色法
conditioning	老化
conductivity detector	电导检测器
continuous flow method	连续流动法
correction factor	校正因子

D

dark noise	暗噪声
dead time(volume)	死时间（体积）
deformation vibration	变角振动
delayed fluorescence	延迟荧光
density of spectral line	谱线黑度
derivative spectrum	导数光谱
detection limit	检出限
detector	检测器
development	展开
developing solvent	展开溶剂
differential pulse polarography	微分脉冲极谱法
differential refractive index detector	示差折光检测器
differential spectrophotometry	示差分光光度法
diffusion current	扩散电流
diffusion potential	扩散电位

digestion	消化作用	fluorescence efficiency	荧光效率
distribution coefficient	分配系数	fluorescence spectrum	荧光光谱
Doppler broadening	多普勒展宽	fluorimeter	荧光计
dropping mercury electrode	滴汞电极	Fourier transform infrared spectrometer, FTIR	傅里叶变换红外光谱仪
E		fundamental frequency band	基频谱带
eddy diffusion	涡流扩散	**G**	
electrochemical analysis	电化学分析	gas chromatograph	气相色谱仪
electrochemical detector	电化学检测器	gas chromatography	气相色谱法
electrodeless discharge lamp	无极放电灯	gas sensing electrode	气敏电极
electrode potential	电极电位	gel filtration chromatography, GFC	凝胶过滤色谱法
electrolytic cell	电解池		
electromagnetic spectrum	电磁波谱	gel permeation chromatography, GPC	凝胶渗透色谱法
electron capture detector, ECD	电子捕获检测器		
		glass electrode	玻璃电极
electronic spectrum	电子光谱	gradient elution	梯度洗脱
electroosmosis	电渗	Gran's plot	格氏作图法
electrophoresis	电泳	graphite furnace atomizer	石墨炉原子化器
eluant	洗脱剂	grating	光栅
eluate	洗脱液	grating spectrograph	光栅摄谱仪
emission spectrometry	发射光谱法	ground state	基态
emulsion calibration curve	乳剂校准(特性)曲线	group frequency	基团频率
		H	
enzyme electrode	酶电极	half-wave potential	半波电位
exchange capacity	交换容量	hanging mercury drop electrode	悬汞电极
excitation spectrum	激发光谱	headspace gas chromatography	顶空气相色谱法
excited state	激发态	height equivalent of a theoretical plate, HETP	理论塔板高
external standard method	外标法		
extra column effect	柱外效应	high performance liquid chromatograph	高效液相色谱仪
extraction	萃取		
F		high performance liquid chromatography, HPLC	高效液相色谱法
filter	滤光片		
fingerprint region	指纹区	high performance thin-layer chromatography, HPTLC	高效薄层色谱法
flame atomization	火焰原子化		
flame ionization detector, FID	火焰离子化检测器	hollow cathode lamp	空心阴极灯
		Hund rule	洪德定则
flameless atomization	无焰原子化	hydride generation	氢化物发生
flame photometor	火焰光度计	**I**	
flame photometric analysis	火焰光度分析	Ilkovic equation	伊尔科维奇方程
flame photometric detector, FPD	火焰光度检测器	indicating electrode	指示电极
		inductively coupled high frequency plasma torch, ICP	电感耦合高频等离子体焰炬
flame spectrometric analysis	火焰光谱分析		
flow injection analysis, FIA	流动注射分析		
fluorescence analysis	荧光分析		

infrared spectrophotometer	红外分光光度计	mobile phase	流动相
infrared spectrometry, IR	红外光谱法	mobility	迁移率
instrumental analysis	仪器分析	molar absorptivity	摩尔吸光系数
instrumentation	仪器装置	molecular spectrum	分子光谱
integrated absorption	积分吸收	monochromator	单色仪
intensity ratio of line pair	线对强度比	**N**	
internal standard line	内标线	Nernst equation	能斯特方程
internal standard method	内标法	Nicolsky-Eisenman equation	尼可尔斯基-艾森曼方程
ion chromatography, IC	离子色谱法	normalization	归一法
ion exchange chromatography, IEC	离子交换色谱法	normal phase partition chromatography	正相分配色谱法
ionization interference	电离干扰	normal pulse polarography	常规脉冲极谱法
ion pair chromatography	离子对色谱法	normal vibration	简正振动
ion selective electrode	离子选择电极	number of theoretical plates	理论塔板数
ion selective field effect transistor, ISFET	离子选择场效应晶体管	**O**	
ion-selective microelectrode, ISM	离子选择性微电极	oscillopolarography	示波极谱法
		overpotential	超电位
isoelectrofocusing electrophoresis	等电聚焦电泳	overtone band	泛频谱带
isotachophoresis, ITP	等速电泳	**P**	
IUPAC	国际纯粹与应用化学联合会	packed column	填充柱
		partition chromatography	分配色谱法
L		Pauli exclusion principle	泡利不相容原理
Lambert-Beer law	朗伯-比尔定律	peak absorption method	峰值吸收法
limiting current	极限电流	peak area	峰面积
linear dispersion	线色散	peak current	峰电流
liquid crystal	液晶	peak height(width)	峰高(宽)
liquid junction potential	液体接界电位	peak width at half height	半高峰宽
liquid-liquid chromatography, LLC	液-液色谱法	phosphorescence analysis	磷光分析
		photographic plate	感光板
liquid-solid chromatography, LSC	液-固色谱法	photomultiplier	光电倍增管
		planar chromatography	平面色谱法
longitudinal diffusion	纵向扩散	Planck constant	普朗克常数
Lorentz broadening	洛伦兹增宽	polarization	极化
M		polarographic maximum	极谱极大
mass transfer resistance	传质阻力	polarographic wave	极谱波
matrix interference	基体干扰	polarography	极谱法
mercury film electrode	汞膜电极	polyacrylamide gel electrophoresis	聚丙烯酰胺凝胶电泳
membrane potential	膜电位		
memory effect	记忆效应	potentiometric titration	电位滴定
micro-packed column	微填充柱	potentiometry	电位法
migration current	迁移电流	precolumn	前置柱

pressure broadening	压致增宽
primary cell	原电池
prism spectrograph	棱镜摄谱仪
pulse polarography	脉冲极谱法
pyrolysis gas chromatography	裂解气相色谱法

Q

quantum yield	量子产率
quencher	猝灭剂
quenching	猝灭

R

Raman light	拉曼光
Rayleigh scattering light	瑞利散射光
reciprocal linear dispersion	倒数线色散
red shift	红移
reference electrode	参比电极
relative retention	相对保留值
releasing agent	释放剂
residual current	残余电流
resolution	分离度
resolving power	分辨本领
resonance line	共振线
retention time	保留时间
retention volumn	保留体积
reversed phase partition chromatography	反相分配色谱法
rotational spectrum	转动光谱

S

salt bridge	盐桥
sample injector	进样器
saturated calomal electrode, SCE	饱和甘汞电极
selectivity factor	选择性因子
self-absorption and self-reversal	自吸和自蚀
signal shot noise	信号噪声
singlet state	单重态
size exclusion chromatography, SEC	尺寸排阻色谱法
slit	狭缝
specific absorptivity	比吸光系数
spectral analysis	光谱分析
spectral band-width	光谱通带

spectral buffer	光谱缓冲剂
spectral interference	光谱干扰
spectrofluorometer	分光荧光计
spectrograph	摄谱仪
spectroscopic term	光谱项
square wave polarography	方波极谱法
standard addition method	标准加入法
standard hydrogen electrode	标准氢电极
stationary liquid phase	固定液相
statistical weight	统计权重
stretching vibration	伸缩振动
stripping	反萃取
stripping voltammetry	溶出伏安法
support	载体
supporting electrolyte	支持电解质
suppressor column	抑制柱

T

temperature programmed gas chromatography, TPGC	程序升温气相色谱法
thermal conductivity detector, TCD	热导检测器
thin-layer chromatogram scanner	薄层扫描仪
thin-layer chromatography, TLC	薄层色谱法
total ionic strength adjustment buffer, TISAB	总离子强度调节缓冲剂
transmittance	透射比
triplet state	三重态

U

ultraviolet-visible spectrophotometer	紫外-可见分光光度计
ultraviolet-visible spectrophotometry	紫外-可见分光光度法

V

van Deemter equation	范第姆特方程
vibrational spectrum	振动光谱

W

wave length	波长
wave number	波数

Z

Zeeman effect	塞曼效应